PROTOPHYSIK I

PROTOPHYSIK I

SIEGFRIED MÜLLER-MARKUS

PROTOPHYSIK

ENTWURF EINER PHILOSOPHIE DES SCHÖPFERISCHEN

1. TEIL

Spezielle Relativitätstheorie

MARTINUS NIJHOFF/DEN HAAG/1971

ISBN-13: 978-94-010-3024-3   e-ISBN-13: 978-94-010-3022-9
DOI: 10.1007/978-94-010-3022-9

DANKSAGUNG

Für das Zustandekommen dieses Buches habe ich vor allem fünf Personen zu danken. Mein erster und innigster Dank gilt meiner geliebten Frau, die mich immer wieder zu neuem Mut inspirierte. Herr Professor Henry MARGENAU, Yale-University, bereicherte mich durch eine Fülle wertvoller Bemerkungen. Seine Weise, die Welt zu sehen, erscheint mir ungemein fruchtbar. Herr General André METZ, Paris, unterstützte mich durch eine Reihe kritischer Anregungen; ihm kann ich nur über das Grab hinweg meinen Dank aussprechen. Und schließlich fand ich als Gast von Fürstin Mary und Fürst Boris DE RACHEWILTZ auf Schloss Brunnenburg bei Meran eine Stätte der Inspiration, wo der Zauber der Landschaft und eine lebendige Kultur sich in einmaliger Weise verbinden.

Zu besonderem Dank verpflichtet bin ich Herrn Professor Vladimir FOCK, Leningrad, Mitglied der Akademie der Wissenschaften der UdSSR, sowie Herrn Professor John Archibald WHEELER, Princeton-University, und Herrn Professor Edwin F. TAYLOR, Massachusetts Institute of Technology, für die freundliche Genehmigung zum Nachdruck einiger grundlegender Passagen. Es handelt sich um die Werke V. A. FOCK, Teorija prostranstva, vremeni i tjagotenija, Moskau 1955, und Edwin F. TAYLOR and John Archibald WHEELER, Spacetime Physics, W. H. Freeman, San Francisco and London 1966. Beide Darstellungen der Relativitätstheorie sind eine Quelle, aus der ich immer wieder mit Freude und Staunen schöpfe. Mein Dank gilt auch dem Verlag W. H. Freeman and Company für die Genehmigung zum Nachdruck. Frau Professor Marie-Antoinette TONNELAT, Faculté des Sciences de Paris, hatte die Liebenswürdigkeit, mir die Benutzung einiger Stellen ihres wundervollen Werks Les Principes de la Théorie Électromagnétique et de la Relativité zu erlauben. Ich danke ihr herzlich.

Gunten/Schweiz, Chalet Maria Sieg,
13. Juni 1970.

INHALTVERZEICHNIS

4. KAPITEL

DER IMPERIALE PLURALISMUS IN FUNKTION

5. KAPITEL

BEZUGSSYSTEME

6. KAPITEL

DIE RELATIVITÄT

7. KAPITEL

MODALE PLURALITÄT

8. KAPITEL

DIE EXISTENZIALE PLURALITÄT: EIGENSTEIN, KOMMUNIKATION UND TRANSKREATION

9. KAPITEL

DER RAUM DES SCHÖPFERISCHEN

I. KAPITEL

PROLEGOMENA ZU EINER PROTOPHYSIK
ALS STRENGER WISSENSCHAFT

1. VOM SINN DES TRANSZENDENTALEN IN DER PHYSIK

> Das Unbegreifliche der Welt ist, dass sie begreiflich ist.
>
> Albert EINSTEIN,

Immanuel KANT war der erste und bisher letzte Philosoph, der die Thematik einer Philosophie der Wissenschaft in ihrer Grösse formulierte, eine präzise Methode zu ihrer Bewältigung aufstellte und exakte Lösungen anbot. Was blieb heute davon übrig? Die Philosophie, soweit sie Grösse besitzt, hat keinen Bezug zur Wissenschaft, und soweit sie die Wissenschaft zum Thema nimmt, hat sie keine Grösse. Die analytische Wissenschaftsphilosophie wurde wohl zur exakten Wissenschaft, aber sie verfehlt die Synthese ihrer Ergebnisse mit den geschichtlichen Anliegen des Menschengeistes. Was sie dem Wissenschaftler zu sagen hat, ist wohl richtig, aber deshalb noch nicht wahr im Sinne imponierender Wahrheiten, wie sie die Naturwissenschaft verkündet.

Diese Naturwissenschaft und ihre neuen Zweige – die Heuristik, die Wissenschaftswissenschaft, die Kybernetik, um nur die wichtigsten zu nennen – gehen seit KANT ihren eigenen Weg. Er war der letzte der Grossen, die noch wahrhaft wissenschaftlich dachten, für die noch Philosophie und Naturwissenschaft eine Einheit bildeten. Wir haben seither nichts Aehnliches mehr erlebt. Und doch ist gerade er mitschuldig geworden, dass die einstmals majestätische Philosophie zur Winkelwissenschaft wurde, nur geduldet um ihres früheren Ansehens willen. Sie geniesst das Zeremoniell moderner Monarchen, denen gestattet ist, im Zeitalter der Raketen an Feiertagen in der Staatskarosse zu fahren.

Ich werde erzählen, weshalb es dahin kam, um anschliessend den

Weg aufzuzeigen, den wir nehmen müssen, um wieder zur grossen Philosophie zurückzufinden. Es wird nicht mehr die alte Philosophie sein, ebensowenig wie das ausgehende Jahrhundert ein barockes Sonnenkönigtum möglich macht. Aber es ist an der Zeit, wieder Philosophie zu treiben. Wir haben das Denken in seiner ganzen Wucht während vieler Menschengeschlechter in die engen Rohre der mathematischen Wissenschaften gepresst und damit Ungeahntes an Geist freigelegt. Das Ergebnis ist eine neue Sicht des Kosmos, von der sich die Alten nichts träumen liessen, selbst PLATON und LEIBNIZ nicht, die unter ihnen die Grössten waren. Es ist an der Zeit, jene Philosophie zu entwickeln, die der Grösse des Jahrhunderts der Wissenschaft angemessen ist. Sie darf nicht weniger exakt sein als diese und nicht weniger bedeutend.

Ich wage nicht zu behaupten, dass die vorliegende Arbeit auch nur entfernt etwas derartiges bietet. Was ich versuche, ist nur einige der Wege zu erhellen, auf denen ein erleuchteterer Geist in einem helleren Jahrhundert als dem unsrigen den Gipfel bezwingen kann, den ich am Horizont der Hoffnung schaue. Ist es schon möglich, ihm einen Namen zu geben? Wagen wir es getrost: ,,Die Auferstehung des Geistes aus einer Philosophie der Physik''.

Das Schlimme ist nur, dass trotz – oder vielmehr gerade wegen – des Reichtums an philosophischen Systemen wir weder die Thematik noch die Methode besitzen, um wirkliche Philosophie der Physik zu betreiben. So wäre denn unsere Aufgabe unerfüllbar? Mitnichten. Gerade die Kritik an KANT wird uns zeigen, wo die wahren Themen und die fruchtbaren Methoden liegen.

KANT fragte nach den notwendigen Bedingungen für die empirische Erkenntnis schlechthin. Im folgenden wird nach den notwendigen Bedingungen relativistischer Physik gefragt. Das Problem KANTS wird also spezialisiert. Es bleibt aber zunächst erkenntnistheoretisch.

Eine Wissenschaft, die sich mit den notwendigen Bedingungen für das Zustandekommen und die Gültigkeit der Physik befasst, nenne ich Protophysik. Sie vollzieht eine neue Deutung der KANTschen Grundfrage: Nicht die reine Vernunft, wie etwa die Metaphysik des Christian WOLFF (1679–1754), wird auf ihre Leistungsfähigkeit geprüft, sondern ein spezielles System aus theoretischer und empirischer Vernunft, die theoretische Physik, wird auf ihre letzten Voraussetzungen befragt. Soweit diese aus reiner Vernunft erzeugt sind, also reine Konstruktionen des Geistes darstellen, bleibt das KANTsche

Problem so akut wie je: Wie kann reine Vernunft empirische Sachverhalte adäquat beschreiben?

Die theoretische Vernunft des Physikers unterscheidet sich von der KANTschen reinen Vernunft zunächst dadurch, dass ihr Gegenstandsbereich ein spezielles Operationsfeld der Erfahrung ist, während die vorkantische Metaphysik es mit den Grundlagen des Seins schlechthin zu tun haben wollte. Sie hat darin freilich versagt, wie KANT in seiner transzendentalen Dialektik zeigte. Wir können KANT noch ergänzen: Was hinterliess uns etwa die Transzendentalphilosophie der Scholastik? Unter dem Einfluss von ALBERTUS MAGNUS und THOMAS VON AQUINO die „fatale Behauptung" (SCHOLZ): Omne ens est unum, verum, bonum = jedes Seiende ist ein Eines, Wahres und Gutes.

Darauf schrumpft also die Leistung einer Philosophie zusammen, die eine Theorie der ewigen Wahrheiten sein will, die jedem Gegenstand zukommen. Wir Heutigen vermögen diesen Transzendentalien, so wie sie dastehen, keinen operationellen Sinn beizulegen. Ich sage nicht, dass sie sinnleer sind: Es wird sich herausstellen, was davon gerettet werden kann. Zum Glauben des Physikers gehören sie sicher nicht, es sei denn durch lange Umwege. FREGE zeigte zuerst – wie SCHOLZ meint, – eine vernünftige Interpretation.[1] So ist die Eigenschaft, ein Planet zu sein, der die Erde umkreist, eine Einer-Eigenschaft; das heisst, es gibt genau einen Gegenstand, der diese Eigenschaft besitzt. Das angeführte Beispiel ist nicht korrekt, denn heute gibt es künstliche Monde. Man muss daher hinzufügen „der Planet x mit dem mittleren Abstand r von der Erde", um eine eindeutige Bestimmung zu erhalten. Dann aber ist nach SCHOLZ das unum keine Eigenschaft eines Gegenstandes, sondern von dessen Eigenschaft, also eine Eigenschaft zweiter Stufe. Ich werde zeigen, dass der Satz von der Identität durch einen neuen Sinn, einen FREGEschen „Gedanken", ersetzt werden muss, um für die spezielle Relativitätstheorie (im folgenden als sRT bezeichnet) sinnvoll zu werden, das heisst auf Grund der sRT als wahr oder falsch beurteilbar zu sein.[2]

Was nun das verum betrifft, so ist der Sinn völlig dunkel, sobald man ihn in der Wissenschaft und nicht in Spekulationen sucht. Auch diesem Ausdruck werde ich einen neuen Sinn geben, wobei ich zeige, dass die Naturereignisse erst durch den Physiker zu ihrer „Wahrheit"

---

[1] H. SCHOLZ, *Mathesis universalis, Abhandlungen zur Philosophie als strenger Wissenschaft*, Benno Schwabe, Basel/Stuttgart, 1961, S. 172. SCHOLZ beruft sich auf FREGE, *Die Grundlagen der Arithmetik. Eine logisch-mathematische Untersuchung über den Begriff der Zahl*. Breslau 1884.

[2] Siehe 8. Kapitel.

gebracht werden. Was unter ,,Wahrheit" zu verstehen sei, wird dabei definiert. Das bonum schliesslich ist durch eine Protophysik überhaupt nicht zu einem Sinn zu bringen, sondern erst durch eine Werttheorie. Welchen Sinn es dort haben könnte, liegt ausserhalb dieser Untersuchung. Aber es ist offenkundig, dass ein bonum, das jedem Seienden zukommt, völlig leer ist, da es keine Unterscheidung mehr zulässt.

Nun besteht kein so grosser Unterschied zwischen der reinen Vernunft im Sinne KANTS (= erfahrungsfreie Metaphysik) und der theoretischen Physik. Beide entwerfen zunächst aus sich selbst Systeme mit einer behaupteten Aussagekraft über die Wirklichkeit. Es ist eine Parodie anzunehmen, dass die theoretische Physik eine reine Erfahrungswissenschaft sei.[1] Sie benutzt weitgehend bereitliegende Konstruktionen rein mathematischer Art, um Strukturen der Realität zu postulieren. Der Unterschied von Metaphysik und Physik ist nur, dass die erstere sich statt der Mathematik der Ontologie bedient und ihre Sätze zudem so festgegründet glaubt, dass sie meint, der Probe durch die Erfahrung entraten zu können. Sie ist also spekulativ und dogmatisch zugleich. Wie im Leben: Je schwächer die Argumente, desto unduldsamer die Argumentation. Aber die gemeinsame Genesis beider Schwestern lässt sich nicht verleugnen: Beide verdanken ihre Geburt der Zeugungskraft reiner Vernunft. Daher ist es gerechtfertigt, nach der Leistungsfähigkeit der mathematischen und logischen Vernunft in der Physik zu fragen. Es ist erstaunlich, dass diese Frage im Grunde seit KANT nicht mehr konsequent gestellt wurde. Wie kommt es denn, dass die Mathematik überhaupt Einsichten in die Welt verleiht? Oder sehen wir, wie KANT meinte, nur ein, was wir in die Welt hineinsehen? Lediglich die Effizienz der Physik verbarg bislang die Aktualität des KANTschen Problems in einer Wissenschaft, die weit mehr, als es die Metaphysik je tat, sich der reinen Vernunft anvertraut. Wenn Mathematik erst Physik möglich macht, – ganz wie es KANT für die reinen Verstandesbegriffe in Bezug auf die Erfahrung behauptet –, welche Garantie haben wir dann für den Realitätsgehalt der Physik?

Nun würde dem KANT sofort entgegenhalten: Lieber Freund, du missbrauchst meine Philosophie für einen unheiligen Zweck. Meine reine Vernunft unterscheidet sich von der Mathematik gerade dadurch, dass sie keine apodiktischen und synthetischen Sätze a priori aufstellen

---

[1] Charles TOWNES, nach der Tageszeitung *Münchner Merkur*, München 18./19.3.1967. Prof. TOWNES, Nobelpreisträger für Maser-Forschung 1964, veröffentlichte 1967 die These, dass Religion und Naturwissenschaft ähnliche Betrachtungsweisen seien. Seine Ausführungen waren mir leider nur in dem zitierten Zeitungsaufsatz zugänglich.

kann. Sie schöpft ihre Wahrheit nicht aus sich selbst wie die Mathematik oder die Logik, sondern meint dies nur fälschlicherweise. Deshalb gerät sie auch unfehlbar in dialektische Widersprüche, sobald sie die Existenz einer unsterblichen substanziellen Seele, die Unendlichkeit und die atomistische Struktur des Kosmos behauptet. Deine Methode, das Problem des transzendentalen Vernunft auf die theoretische Physik zu übertragen, widerspricht also den Voraussetzungen, die ich an die Transzendentalität knüpfe.

Es gilt, an dieser Stelle die Funktion der reinen Mathematik innerhalb der theoretischen Physik im Bezugssystem der KANTschen apriorischen Tätigkeiten zu lokalisieren. KANT entwickelt im Grunde einen dreidimensionalen Raum des Apriorischen: Die transzendentale Ästhetik, die transzendentale Analytik und die transzendentale Dialektik. Die erste enthält die ,,im Gemüt" a priori anzutreffenden Anschauungsformen Raum und Zeit.[1] Die ,,Geometrie ist eine Wissenschaft, welche die Eigenschaften des Raumes synthetisch und doch a priori bestimmt".[2] Ihre Sätze sind insgesamt apodiktisch, ,,d.i. mit dem Bewusstsein ihrer Notwendigkeit verbunden". Dazu gehört die Dreidimensionalität des Raums, die kein Erfahrungsurteil sein kann.[3] Geometrie ist als synthetische Erkenntnis a priori möglich, weil die äussere Anschauung (der Raum) ,,bloß im Subjekte, als die formale Beschaffenheit desselben, von Objekten affiziert zu werden ... ihren Sitz hat".[4]

Wenn wir die Zeit einmal zurückstellen, so erheben sich sofort drei Einwände vonseiten der heutigen Physik gegen KANTs Raum-Theorie. Der erste betrifft seine unausgesprochene Annahme, nur der euklidische Raum sei eine Anschauungsform. Der vierdimensionale RIEMANNsche Raum ist aber gleichfalls eine ,,Form" (exakt ein metrisches Feld), unter der das Universum betrachtet werden kann, wie die allgemeine Relativitätstheorie zeigt. Der zweite Einwand gilt der Apriorität. Wenn auch unbestritten sein mag, dass die Geometrie eine erfahrungsfreie Wissenschaft ist, insofern ihre Axiome frei gesetzt werden können, so kann doch die Erfahrung in gewissen Fällen eine Entscheidung über die Anwendung einer bestimmten Geometrie auf einen bestimmten Erfahrungsbereich nahelegen.[5] Damit fällt drittens die Notwendigkeit

---

[1] I. KANT, *Kritik der reinen Vernunft*, A 20.
[2] a.a.O., B. 40.
[3] a.a.O., B 41.
[4] Dto.
[5] Damit soll die Diskussion über POINCARÉS Konventionalismus nicht vorweggenommen werden. Siehe H. POINCARÉ, *La Science et l'Hypothèse*, Flammarion, Paris 1906. *La Valeur de la Science*, Flammarion, Paris 1913, sowie die Erörterung des Konventionalismus durch

der Geometrie. KANT spricht vom „Bewusstsein der Notwendigkeit"
etwa der Dreidimensionalität; aber das psychische Bewusstsein ist
keine Garantie für die Apodiktik. Die heutige Physik verschärft damit
die KANTsche Frage: Wie kann eine nicht-empirische, nicht-notwen-
dige, frei entworfene Geometrie dennoch zu richtigen Aussagen
über die Wirklichkeit gelangen? Damit bleibt das KANTsche Problem
der empirischen Realität und transzendentalen Idealität der Geometrie
in seiner Schärfe bestehen.

Was die Zeit-Theorie betrifft, so hätte KANT die Symmetrie zur
Geometrie sehen müssen; das Ergebnis wäre die Postulierung einer der
Geometrie analogen Chronometrie gewesen. Dies leistet in der Tat
die MINKOWSKIwelt, in der Geometrie und Chronometrie vereint sind.
Damit wurde zugunsten der KANTschen transzendentalen Ästhetik die
Zeitlehre mit der Raumlehre symmetrisiert. Dabei ergab sich, dass
Raum und Zeit nicht den von KANT angenommenen NEWTONschen
Charakter tragen, also nicht absolut sind. Indem insbesondere die
Zeitmessung sowohl einer euklidischen wie nicht-euklidischen Geometrie folgen kann, stellen sich auch für sie die gleichen Probleme wie für
den Raum. Ferner bringt die sRT noch eine spezielle Raum-Zeit-Leh-
re, die Geometrie der Geschwindigkeit. Wie weiter unten gezeigt wird,
folgt die Zusammensetzung zweier Geschwindigkeiten nicht mehr dem
klassischen Addititonstheorem, sondern einem davon abweichenden.
Man kann nun analog zum Hodographen der klassischen Mechanik [1]
einen Raum konstruieren, dessen Metrik durch das neue Additionstheorem festgelegt wird. Ein solcher Raum folgt aber der Geometrie
LOBATSCHEWSKIS. Es ist klar, dass wir ihn nicht unmittelbar an der
Erfahrung ablesen können, sondern ihn frei entwerfen müssen. Andererseits dient er als unerlässliches Schema, um die Addition der relativistischen Geschwindigkeiten darzustellen, ist also ein Apriori der
Erfahrung mit solchen Geschwindigkeiten. Schliesslich operiert die
Mechanik mit dem Phasenraum, dessen Punkte durch die Zustands-
parameter x, y, z und p_x, p_y, p_z (die Impulskomponenten) eines Teilchens gekennzeichnet sind. Die Quantenmechanik operiert mit Kon-
figurationsräumen zur Darstellung der Koordinaten eines Teilchensystems aus N Teilchen. Ferner stellt sie die Zustände eines Systems durch

---

EINSTEIN, in *Albert Einstein, Philosopher-Scientist*, Library of Living Philosophers, ed. by
P. A. SCHILPP, Evanston 1949.
    [1] Trägt man bei einem bewegten Massenpunkt für jeden Zeitpunkt seiner Bahn von einem
gemeinsamen Ursprung aus die entsprechenden Vektoren seiner Geschwindigkeit ab, so
bilden die Endpunkte die Punkte einer Bahn, des Hodographen. Ihr Verlauf zeigt damit die
Änderungen der Geschwindigkeitsrichtung und des Geschwindigkeitsbetrages an.

einen unendlich-dimensionalen HILBERTraum dar. Alle diese Räume sind freie Setzungen des Menschen und nicht an der Beobachtung abzulesen. Andererseits sind sie die unerlässliche Bedingung, um die entsprechenden Beobachtungsdaten zu interpretieren. Auch sie teilen daher das KANTsche Problem. Damit ist die transzendentale Ästhetik über den euklidischen Raum und die – wie KANT implizit annahm – NEWTONsche Zeit hinaus auf eine unbestimmte Anzahl von Geometrien und Chronometrien zu erweitern.

Statt der Chronometrie behauptete KANT aber die Zeitlichkeit als Quelle der Arithmetik. Alles Zählen wie alle Veränderung setze die Zeitanschauung voraus und daher seien auch die Sätze der Arithmetik wie $7 + 5 = 12$ apodiktisch. Ohne in eine Diskussion der Genesis der Zahlen einzugehen, müssen wir zugeben, dass KANTS Gedanke für den Konstruktivismus der mathematischen Grundlagenforschung fruchtbar wurde. Wenn nach KANT die Zahlen durch sukzessive Hinzusetzung der Einheiten in der Zeit zustandekommen, so gibt es wohl eine Ur-Intuition des Zählens. HELMHOLTZ konnte daher in seiner Abhandlung „Zählen und Messen" die Arithmetik als eine auf rein psychologischen Tatsachen aufgebaute Methode betrachten. Gerade das wollte aber KANT im Grunde vermeiden, denn seine innere Anschauungsform Zeit hat nur dann den Charakter des Apriorischen und zugleich Apodiktischen, wenn sie logisch (nicht psychologisch!) allen arithmetischen Operationen vorhergeht. Nur dann kann für die Arithmetik überhaupt das KANTsche Problem in Bezug auf die Physik übernommen werden: Wie kommt es, dass eine frei gesetzte, axiomatisch aufbaubare Wissenschaft wie die Arithmetik dennoch zu testbaren Aussagen über die physische Wirklichkeit führt?

Das Problem ist natürlich sofort auf die übrigen Zweige der reinen Mathematik zu erweitern, denn diese besteht ja nicht nur aus Arithmetik. Analog zur Geometrie und Chronometrie hat man zu fragen, wieso der Mensch imstande ist, voneinander abweichende Algebren erfahrungsfrei zu entwerfen und weshalb die beobachteten Tatsachen überhaupt wenigstens einer davon folgen? Für die sRT stellt sich das Problem in Bezug auf die vierdimensional aufgebaute Tensoralgebra und Analysis, für die Quantenmechanik in Bezug auf die nicht-kommutative Operatorenalgebra. Die Zeit allein für deren apriorischen Charakter verantwortlich zu machen, wird zumindesten schwer sein, destomehr, als ja die Zeiterfahrung selbst relativ ist und verschiedenen Chronometrien unterliegen kann.

Was nun KANTS transzendentale Analytik anlangt, so soll die Spontaneität der Begriffe die Rezeptivität der Eindrücke ergänzen, um die ganze, nämlich die sowohl gegebene als auch gedachte Erfahrung zu ermöglichen. ,,Gedanken ohne Inhalt sind leer, Anschauungen ohne Begriffe sind blind", lautet die berühmte Formel.[1] Durch den ersten Teil dieses Satzes wurde KANT ungewollt zum Begründer des Positivismus, denn von hier führt direkt der Weg zum operationalistischen Postulat, alle physikalischen Begriffe mit den experimentellen Operationen des Physikers zu verbinden. Damit wird die auf MACH zurückgehende Definition der Gleichzeitigkeit und der Länge bei EINSTEIN historisch in KANTs Philosophie eingebettet, obwohl gerade diese Definition die Notwendigkeit von Raum und Zeit, wie sie KANT postulierte, widerlegt. Was den zweiten Teil des Satzes betrifft, so kann ihm die heutige Physik durchaus folgen, denn auch sie bedarf der physikalischen Grundbegriffe, um ihr Erfahrungsmaterial zu verarbeiten. Man denke nur an Masse, Energie, Impuls, Ladung, um sofort die Bedeutung dieser Begriffe für den Aufbau jeder physikalischen Theorie einzusehen.

Aber hier setzt denn auch die Kritik an KANT ein. Indem er nämlich für die Begriffe ,,Handlungen des reinen Denkens . . ., dadurch wir die Gegenstände völlig a priori denken" [2] verantwortlich macht, will er sie aus einer Zergliederung des Verstandesvermögens selbst ableiten, also analytisch gewinnen. Nun sind aber die Grundbegriffe der Physik, wie eine historische Betrachtung sofort zeigt, durch eine lange Begegnung mit der erfahrbaren Welt zustandegekommen und unterliegen einer permanenten Korrektur. Man denke nur an den ungemein schwierigen Begriff der Masse.[3] KANT geht es aber gar nicht um die physikalischen Grundbegriffe sondern um die objektive Gültigkeit des Denkvermögens schlechthin. Es bedient sich konstitutiver Prinzipien, der Kategorien. Diese leitet KANT aus den verschiedenen Arten des Urteils ab und glaubt so, eine vollständige Tafel aller verknüpfenden Formen des Denkens zu erhalten.[4] Daneben soll es nach KANT noch eine transzendentale Deduktion der Kategorien geben: Nämlich aus der transzendentalen Einheit der Apperzeption oder der Einheit des Ich als letzter Form der Synthese. Dadurch soll nun der Natur gleichsam das Gesetz vorgeschrieben werden, indem die Gegenstände den Gesetzen ihrer

---

[1] Kritik, a.a.O., B 75.
[2] a.a.O., B 81.
[3] Die klassische Untersuchung stammt von Max JAMMER, *Der Begriff der Masse in der Physik*, Wissenschaftliche Buchgesellschaft Darmstadt 1964.
[4] Kritik, a.a.O., B 95 ff.

Verbindung nach a priori erkannt werden, ja die Natur erst möglich gemacht wird.[1]

Wenn man das KANTsche Postulat von seinen Konsequenzen her aufrollt, so zeigt sich sofort, dass die von ihm genannten Kategorien ebenso wie Raum und Zeit relativiert werden müssen. Sie können also nicht notwendige Verstandesformen zur Verarbeitung der empirischen Daten sein. So ist die Kategorie der Subsistenz (Substanz) seit langem in der Physik jener der Struktur gewichen. Das heisst nicht, dass sie nicht logisch zu den Voraussetzungen der Physik gehören würde; aber historisch ist die Wanderung des Geistes von der Substanz zur Struktur unverkennbar. Insbesondere ist die sRT der klassische Typus einer Strukturtheorie, denn sie behandelt die chronogeometrische Struktur der Ereignisse. Hingegen erwies sich KANTS Kategorie der Relation (unter die er letztlich auch die Substanz subsumiert) als ungemein fruchtbar, denn sie führt zum Strukturbegriff. Aber Struktur ist doch mehr als reine Relation; sie ist ein geordnetes Gefüge aus Relationen. Man kann KANT keinen Vorwurf machen, dies noch nicht vorausgesehen zu haben. Die Kategorie der Kausalität wird in der sRT zu einem Höhepunkt gebracht, da jene grundlegend eine Theorie der Zeit als Ordnung von Ereignissen ist, die durch die Relation ,,wirkt auf'' verknüpft werden können oder dies nicht können. Hingegen relativiert die Quantenmechanik diese von der sRT angenommene Kausalität zugunsten der zeitlichen Entwicklung von Wahrscheinlichkeiten in der SCHRÖDINGER-gleichung. Die KANTsche Kategorie der Wechselwirkung wiederum wurde zu einem Grundbegriff der modernen Physik, insbesondere in der Physik der Elementarteilchen. Auch KANTS modales Kategorienpaar Notwendigkeit und Zufall hat dank der Wahrscheinlichkeit für die statistische Physik und die Quantenmechanik eine grundlegende Bedeutung erhalten.

Hingegen ist KANTS Ableitung der Kategorien für den Physiker dunkel. Jedenfalls wird er die von KANT angenommene Apriorität und Unvermeidbarkeit bezweifeln, denn der Physiker hat sie mit der Beobachtung zu konfrontieren und gegebenenfalls zu korrigieren. Ein kategorialer Relativismus ist mit KANTS analytischer und transzendentaler Deduktion der Kategorien unverträglich.

Aber KANT geht noch weiter. Er stellt die Grundsätze des reinen Verstandes auf.[2] Und hier muss sich seine Philosophie konkret in ihren inhaltlichen Aussagen der modernen Physik stellen. Da ist zunächst

---

[1] a.a.O., B 159.
[2] a.a.O., B 187 ff.

KANTS Postulat, die Grundsätze enthielten alle Gesetze der Naturwissenschaften als ihre Spezifizierungen.[1] Eben deshalb sei der Verstand die Gesetzgebung für die Natur. Nun kennt die Physik zweifellos allgemeine Prinzipien, die einen grossen Erfahrungsbereich durchwalten. Man denke nur an die sRT selbst, der heute jede Theorie genügen muss. Da ist das Relativitätsprinzip, das Erhaltungsgesetz der Energie, der Entropiesatz, das System der Symmetrien in der Teilchenphysik. Aber sie alle wurden durch die Erfahrung erworben und lassen sich daher in ihrer historischen Genesis verfolgen. Auch für sie gibt es möglicherweise Relativierungen. Wenn sie auch nicht an der Erfahrung ablesbar sind und in Strenge vom Menschen frei gesetzt werden, so unterliegen sie doch ständig der experimentellen Prüfung. Sogar der Energiesatz wurde vorübergehend angesichts der Quantenmechanik bezweifelt und hatte für die ,,Erfinder'' eines perpetuum mobile überhaupt keine Geltung. Dennoch besteht das KANTsche Problem weiter: So wurde etwa das Relativitätsprinzip von EINSTEIN in einem frei schöpferischen Akt vollkommener KANTscher ,,Spontaneität'' von der Mechanik auf die Elektrodynamik erweitert. Von da an gilt es als echtes Apriori aller neuen Theorienbildung: Keine künftige Theorie darf es verletzen. De BROGLIE zeigte in einem denkwürdigen Verfahren, dass seine Folgen zur Wellenmechanik führen; es erwies sich also von heuristischer Fruchtbarkeit. Tatsächlich wurde die Natur der Teilchenbewegung durch dieses Prinzip in einem gewissen Sinne vom Verstand erschaffen: De BROGLIE entwarf eine Wellenfunktion, die quantenmechanische Zustände beschreibt und die fraglos nicht von der Natur selbst aufgestellt werden kann. Trotzdem wäre es falsch, zu sagen, die Teilchen gehorchen einer vom Menschen kreierten Wellenfunktion. So weit wäre KANT sicher nicht gegangen. Was er aber gemeint hätte – und dies trifft zu – ist dies: Die menschliche Erfahrung mit Teilchen und Atomen folgt gerade der von de BROGLIE entworfenen Funktion. In ihr finden die Teilchenphänomene in einem sehr abstrakten Sinn ihre synthetische Einheit, würde KANT vielleicht formulieren. Dann aber erhebt sich sofort das Problem in seiner vollen Stärke: Wie war de BROGLIE imstande, spontan eine Funktion zu entwerfen, der die Erfahrung folgt, obwohl sie nicht aus ihr abzuleiten ist? Das KANTsche Problem wird also wiederum verschärft. KANT liess die Erfahrung von den apriorischen Grundsätzen des reinen Verstandes konstituiert sein. Indem wir nur eine historische, nicht aber logische Apriorität der

---

[1] a.a.O., B 198.

Grundsätze annehmen und zugleich die Auswahlmöglichkeit unter einander widersprechenden Grundsätzen zugeben, steht der Verstand
jetzt nicht mehr der von ihm selbst als synthetische Einheit erschaffenen Natur gegenüber, sondern der von ihm nur intendierten, aber
nicht erschaffenen Welt. Hier verstehen wir das Bekenntnis EINSTEINS,
das Unbegreifliche der Welt sei ihre Begreifbarkeit.

Das wird bei einer Bewertung der Grundsätze selbst sichtbar. So
ist KANTS erste Analogie (Grundsatz der Beharrlichkeit der Substanz)
kein logisches Apriori der Physik mehr. Selbst wenn man unter Substanz die Energie versteht (die jedoch sicher kein subsistentes Etwas
sondern ein Mass für die Arbeit darstellt), so sahen wir, dass deren
Erhaltung problematisch sein kann. Trotzdem ist es richtig, dass wir
ein physikalisches Problem unter Annahme der Energie-Erhaltung
mathematisch formulieren müssen. Nur ist dieses ,,Müssen'' entgegen
KANT eben kein absolutes. Analoges gilt, wie wir sahen, für die zweite
Analogie (Kausalitätspostulat). Falsch ist die dritte Analogie: Alle
Substanzen, sofern sie im Raum als gleichzeitig wahrgenommen wer-
den, sind in durchgängiger Wechselwirkung. Das gilt nur für die
NEWTONsche Weltkonzeption einer unendlich schnellen Fernwirkung
und wurde bereits durch die Entdeckung des elektrischen Feldes
(FARADAY, 1791–1867) widerlegt. In der sRT gilt als Axiom, dass
zwischen zwei gleichzeitigen Ereignissen oder solchen, die durch einen
Wechsel des Bezugssystems gleichzeitig zu machen sind, niemals eine
kausale Verknüpfung, also auch keine Wechselwirkung herzustellen ist.
Man könnte sich indes durchaus andere Kategorien und andere Grundsätze denken, für welche das KANTsche Problem oder seine verschärf-
te Gestalt zutrifft. Wir werden sehen, dass dies unter einem Aspekt der
Fall ist, den KANT nicht voraussah und den auch die heutigen Wissenschaftsphilosophie noch nicht systematisch diskutiert hat.

Die dritte Dimension des KANTschen Apriori-Raums bildet nach
den vorhergehenden Dimensionen der Sinnlichkeit und des Verstandes
die Vernunft. Hier soll alles Erkennen enden.[1] Hier liegen die transzendentalen Ideen, welche die Möglichkeit der Erfahrung übersteigen.[2] Sie
sind einheitsstiftende Prinzipien, aus welchen die Hierarchie der Bedingungen für das Seiende entspringt. Die Vernunft hat nach immer
höheren Bedingungen zu suchen, um etwa den Bereich der Welt voll
auszuschöpfen. Beispiel[3]: Dass Cajus sterblich ist, lässt sich durch

---

[1] a.a.O., B 355.
[2] a.a.O., B 377.
[3] a.a.O., B 378, 379.

den Verstand aus der Erfahrung entnehmen. Die Vernunft sucht nun nach der Bedingung, unter der dies zutrifft; sie findet den allgemeinen Begriff des sterblichen Menschen. Ein Prädikat ,,sterblich'' wird also in einem Obersatz zunächst ,,in seinem ganzen Umfang unter einer gewissen Bedingung gedacht.'' Der transzendentale Vernunftbegriff betrifft also die ,,Totalität der Bedingungen zu einem gegebenen Bedingten''. Die Vernunft schreitet damit zum Unbedingten als ihrem letzten Ziel fort. Sie gliedert sich in eine transzendentale Psychologie, Kosmologie und Theologie.

Es ist jedoch nicht möglich, die Totalität der Bedingungen durch die Erfahrung zu erreichen. KANTS Ideen sind daher nur heuristische, regulative Prinzipien des Wanderns der Vernunft auf ein unerreichbares absolutes Ziel hin. Die Ideen dürfen nicht für Gegenstände erachtet werden: Dies gilt für Seele, Welt und Gott. Man darf Methode und Realität nicht verwechseln. Die Vernunft besitzt keine materialen Gegenstände, sie regelt nur die Verstandestätigkeit. Wenn diese regulative Instanz verkannt wird, indem sie mit dem Verstand verwechselt wird, dann entsteht dialektischer Schein. Darin sind für die Physik insbesondere die Antinomien einer sich missverstehenden Kosmologie bedeutsam. Hier sind die transzendentalen Ideen ins Unbedingte erweiterte Kategorien, sofern sie die Vernunft durch Reihenbildung zur Synthese befähigen.[1] So stellt die Zeit eine Reihe dar, deren Glieder regressiv aneinandergereiht werden können. Das Messen eines Raums ist, da es in der Zeit geschieht, gleichfalls die Synthese einer Reihe der Bedingungen zu einem gegebenen Bedingten. Freilich sind die Teile des Raums nicht die Möglichkeitsbedingungen der anderen Teile, wie dies für die Zeit der Fall ist. Jedes begrenzte Raumstück setzt aber das angrenzende als die Bedingung seiner Grenze voraus. Die Materie ist gleichfalls eine Reihe von Bedingungen, wobei die Teile ihre inneren Bedingungen darstellen und der Fortschritt zum Unbedingten in der Suche nach dem Unteilbaren besteht: Das aber ist dann nicht mehr Materie. Unter ,,Welt'' versteht KANT ,,das mathematische Ganze aller Erscheinungen und die Totalität ihrer Synthesis, im Großen sowohl als im Kleinen''.[2]

Gegen KANTS Kritik der sich missverstehenden Vernunft sprechen wiederum zunächst seine Demonstrationen, die vier Antinomien. KANT wollte nachweisen, dass die Alternative: zeitliche und räumliche Unendlichkeit der Welt oder Endlichkeit, durch Vernunftgebrauch nicht entscheidbar ist, da für These und Antithese Vernunftgründe

[1] a.a.O., B 436.
[2] a.a.O., B 446.

beigebracht werden können. Er übersah aber die empirische Entscheidbarkeit. Die Aufstellung der Weltmodelle von EINSTEIN, de SITTER, FRIEDMAN und die Entdeckung der Expansion des Alls gestatten, anhand empirischer Daten wie etwa der mittleren Massendichte des Alls eine Entscheidung zu treffen, ob das All offen oder geschlossen ist. Ähnlich die zweite Antinomie: Ob es eine unendliche Teilbarkeit der Substanzen gibt oder nicht, ist jedenfalls nach dem jetzigen Stand der Elementarteilchenphysik ein empirisches Problem, wenn man nur den Begriff des Teils eindeutig definiert. Ferner ist der Widerstreit zwischen Freiheit und Naturgesetzlichkeit ein empirisches Problem der Quantenmechanik, wenn man ,,Freiheit'' nicht im ethischen, sondern physikalischen Sinn als fundamentale Wahrscheinlichkeit definiert und unter ,,Naturgesetzlichkeit'' (die an sich ja auch die Wahrscheinlichkeit regelt) ,,Determiniertheit'' versteht. Nur die vierte Antinomie zwischen der These: Es existiert ein notwendiges Wesen und der Antithese: Es existiert kein notwendiges Wesen, ist durch die Physik nicht entscheidbar, weil ihm hier kein Sinn beizulegen ist.

Trotzdem kann man sich regulative Prinzipien der wissenschaftlichen Heuristik denken, auf die KANTS Merkmale, eventuell in abgeänderter Form zutreffen. Es gibt mindestens zwei geschichtliche Beispiele der Suche nach dem Absoluten in der Physik. Als EINSTEIN die allgemeine Relativitätstheorie entwarf, erweiterte er die Unabhängigkeit der Naturgesetze gegenüber der Koordinatentransformation von den LORENTZtransformationen auf die allgemeinen Transformationen des RIEMANNschen Raums. Hier werden auch krumme Koordinaten zugelassen. Als er sein Weltmodell aufstellte, griff die Wissenschaft erstmalig in einem technisch präzisen Sinn nach dem Ganzen des Universums, das seither Gegenstand der Erfahrungswissenschaft ist. Den letzten Schritt tat EINSTEIN in seiner allgemeinen Feldtheorie, die alle Phänomene einschliesslich der Elektrodynamik auf die Geometrie zurückführen sollte. WHEELERS Geometrodynamik greift diese Idee in der Gegenwart wieder auf und gewisse Tendenzen der Quantenfeldtheorie gehen gleichfalls in diese Richtung. Ist der Raum jenes Unbedingte, von dem die Alten träumten, oder ist es das gequantelte Feld? Die Versuche, eine Weltformel aufzustellen, aus der alle Merkmale der verschiedenen Teilchensorten ableitbar sind, weisen gleichfalls in diese Richtung.

Die zweite denkwürdige Suche nach dem Absoluten finden wir bei Max PLANCK. Er sah in der Hohlraumstrahlung gemäss dem KIRCHHOFFschen Gesetz vom Strahlungsgleichgewicht jenes Universale und Absolute, das zu suchen ,,das erhabenste Ziel aller physikalischen

Aktivität ist".[1] Dabei entdeckte er er freilich, ohne es zu wollen, nicht nur ein neues Strahlungsgesetz sondern eine neue Naturkonstante h, die das atomare Verhalten in einer universalen Weise bestimmt. Solche Konstanten sind in einem gewissen Sinne gleichfalls ein Absolutum, sofern sie ihrerseits über alle Räume und Zeiten hinweg gelten sollen (was wir nicht wissen). Die Suche nach ihnen zeigte sich in der Physik als ungemein fruchtbar. Man denke nur an die Lichtgeschwindigkeit c, die sich als universale Höchstgeschwindigkeit jeder Wirkungsausbreitung erwies. Tatsächlich hat die Suche nach solchen Absoluta bzw. als absolut erhofften Konstanten, Strukturen und Prinzipien eine eminente heuristische Bedeutung. Das zu entdecken, war KANTs unsterbliches Verdienst. Zugleich entdeckte er die Gefahr, die in der Dogmatisierung eines als absolutum empfundenen Etwas liegt. Die Physik kann nur dann forschreiten, wenn sie solche ,,absoluta'' immer als provisorisch und relativ annimmt, d.h. auf einen begrenzten Erscheinungskreis bezieht. Die historische Gefahr, das absolutum zu vergegenständlichen, besteht für die heutige Physik nicht mehr, denn ihre absoluta sind samt und sonders Strukturen, Konstanten und Prinzipien.

KANT hinterliess uns aber noch einen weiteren Gedanken, dass nämlich die Erkenntnistätigkeit eine Abfolge schöpferischer Akte ist. In der Tat entspringen sowohl die Theorien von Raum und Zeit wie die physikalischen Kategorien und die letzten Ziele der Forschung ständigen Eruptionen der theoretischen Aktivität des Menschen. Das Dritte ist der weithin spontane, apriorische Charakter dieser Schöpfungen. Sie gehen dem experimentellen Befund oft logisch vorher und ermöglichen ihn erst.

Und doch sahen wir, dass KANT durch die heutige Wissenschaftstheorie weithin widerlegt wird. Es gilt daher, sein Hauptanliegen wieder unter veränderten Bedingungen ins Feld zu bringen: Wie ist Physik als Wissenschaft möglich? Dass sie eine wirkliche Wissenschaft ist, bestreitet niemand. Aber wie denn das Wirkliche auch möglich sei, das zu fragen hat für ein menschliches Operationssystem wohl einen Sinn, das die Welt dadurch erfassen will, indem es sich von ihr distanziert und aus der Distanz spontaner Kreativität noch einmal entwirft.

2. DIE STRUKTUR DES *MICHELSON*–VERSUCHS

Wir werden nach neuen Typen von Aprioris suchen und ihnen andere Rollen zuschreiben müssen, um die gestellte Frage zu beantworten.

---

[1] M. PLANCK, *Wissenschaftliche Selbstbiographie, Physik. Abhandlungen und Vorträge*, vol. 3, Vieweg Braunschweig 1958, pp. 389–390.

Folgende Bedingungen sind an die Aprioris zu richten:

1. Sie dürfen nicht der Erfahrung entstammen, aber auch nicht freie Konstruktionen des Menschen sein.

2. Sie müssen entweder die experimentelle Erfahrung oder die theoretischen Konstruktion ermöglichen oder beides tun.

Eine Diskussion des MICHELSONversuchs möge zeigen, was wir meinen. Da dieses Experiment am Anfang der sRT steht, liefert es zugleich eine Einführung in deren Gedankenwelt. Das Problem war folgendes: Wir wissen, dass die Erde sich mit ca 30 km/sec mittlerer Bahngeschwindigkeit um die Sonne bewegt. Nur merken wir davon anhand von mechanischen Versuchen auf der Erde nichts, deshalb konnte ja auch das geozentrische Weltbild sich so lange halten. Wie aber steht es mit optischen Versuchen? Erinnern wir uns, dass durch die Beugungs- und Interferenzversuche [1] im 19. Jahrhundert das Licht als Wellenvorgang nachgewiesen wurde. HERTZ zeigte aufgrund der Elektrodynamik von MAXWELL, dass das Licht eine elektromagnetische Schwingung ist. 1890 stellte er eine Theorie für die Elektrodynamik bewegter Körper auf, in der die Theorie von MAXWELL erweitert und zugleich von der Relativbewegung eines Körpers unabhängig gemacht wird. Wir wissen ja seit GALILEI, dass die kräftefreie Bewegung von Körpern anhand vom mechanischen und biologischen Vorgängen, die sich im Bezugsystem des jweiligen Körpers abspielen, nicht nachgewiesen werden kann. So gibt es kein mechanisches Experiment, um die Bewegung einer antriebsfreien Raumkapsel zur Erde für einen Raumfahrer innerhalb der Kapsel zu demonstrieren. Dieses als ,,GALILEIsches Relativitätsprinzip" bezeichnete Naturgesetz sollte nun nach HERTZ auch für die Elektrodynamik gelten. Dazu wurden die Begriffe des Konvektionsstroms und des RÖNTGENstroms eingeführt. Ersterer bezeichnet den durch einen bewegten elektrisch geladenen Körper, etwa ein Elektron, hervorgerufenen Strom (der also nicht nur in einem Leiter zu fließen braucht); letzterer entsteht nach einem Versuch von RÖNTGEN, wenn ein Kondensator, zwischen dessen Platten sich ein

---

[1] Unter ,,Beugung" versteht man die bereits 1650 von GRIMALDI erkannte Abweichung eines Lichtstrahls von seiner geradlinigen Fortpflanzung, z.B. beim NEWTONschen Spaltversuch: Ein durch einen engen Spalt gehender Strahl verbreitet sich umso divergenter vom Spalt aus, je enger der Spalt ist, und hinterlässt auf einer dahinter stehenden Photoplatte ein verbreitetes Bild des Spaltes mit Maxima und Minima. Interferenz ist die Überlagerung von Wellen derart, dass in einem bestimmten Punkt ihre Wirkungen sich abschwächen oder verstärken. Maßgebend ist ihr Gangunterschied (siehe MICHELSONversuch). Interferenz beobachtet man bei farbigen Ölschichten auf dem Wasser, wo der Gangunterschied durch die Reflexion des einfallenden Lichts in verschiedenen Tiefen des Ölfilms bewirkt wird (genauer an der Grenze zwischen Luft und Öl sowie zwischen Öl und Wasser).

Dielektrikum befindet, geladen und entladen wird. Dabei wird ein sog. dielektrischer Polarisationsstrom erzeugt. Die somit erweiterten Gleichungen von MAXWELL sind dann in ihrer Form von der Bewegung eines Körpers unabhängig. Anders ausgedrückt: Die Wahl des Bezugssystems, von dem aus wir einen elektrischen und magnetischen Vorgang beobachten, spielt keine Rolle für die Wahl der Grundgleichungen der Elektrodynamik.

Im Gegensatz zu HERTZ nahm der Schöpfer der Elektronentheorie, H. A. LORENTZ, 1895 ein alleinberechtigtes Bezugssystem an.[2] Es ist überall in Ruhe gegen ein besonderes Medium, in dem sich die Lichtwellen ausbreiten und das man Äther nannte. Diese Theorie stimmte mit der Erfahrung überall dort überein, wo der Einfluss der Bewegung auf die elektromagnetischen Vorgänge dem Bruch aus Relativgeschwindigkeit und Lichtgeschwindigkeit, also v/c, proportional ist. MICHELSON verfeinerte jedoch die Messapparatur so, dass statt v/c ein Faktor v^2/c^2 in Betracht kam. Soll die Erdtranslation berücksichtigt werden, so beträgt v^2 ca 900 km/sec, was gegenüber $c^2 = (300000\,\text{km/sec})^2$ ungewöhnlich klein ist. Trotzdem gelang es, diesen Faktor in folgendem Versuch von MICHELSON und MORLEY 1887 zu messen:

Wir stellen uns auf den Standpunkt, dass es einen absoluten, das heisst von allen Einflüssen freien Raum gibt. Er ist durchgängig mit einem ruhenden Äther erfüllt, in dem sich die Lichtwellen ausbreiten können. Dann muss ein Ätherwind der Erde gegen den Äther nachzuweisen sein. Wir konstruieren ein Interferometer, wie folgende Zeichnung zeigt:

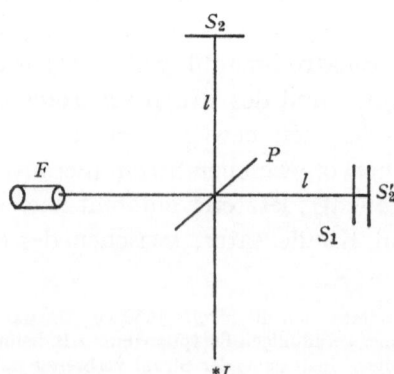

[2] H. A. LORENTZ, *Versuch einer Theorie der elektrischen und optischen Erscheinungen in bewegten Körpern.* Leiden 1895.

Von einer Lichtquelle L gehe ein Strahl zu einer dünnen, halbdurchlässig versilberten Glasplatte P und werde von ihm unter dem Einfallswinkel 45° getroffen. Ein Teil des Strahls wird gespiegelt und wird von einem Spiegel S_1 erneut gespiegelt. Der andere Teil geht hindurch und wird vom Spiegel S_2 gespiegelt. Beide Strahlen treffen sich wieder in P. Dort wird wiederum ein Teil gespiegelt, ein anderer geht hindurch und trifft auf das Fernrohr F. Haben nun beide Strahlen, die in F ankommen, genau den gleichen Weg zurückgelegt, so tritt keine Interferenz auf. Wir machen jetzt den Abstand PS_1 etwas kürzer als PS_2. PS_2' wäre dann genau der gleiche Abstand wie PS_2. Auf diese Weise kommt ein Gangunterschied der beiden in F ankommenden Strahlen zustande und die Wellen interferieren. Es ist gerade, als läge zwischen S_1 und S_2' eine planparallele Schicht. Sie erzeugt die bekannten konzentrischen Ringe im Fernrohr. Dreht man nun S_1 ein wenig, so verwandeln sich die Ringe in gerade Streifen gleicher Dicke.

Nun befestigen wir das Interferometer mit der Erde (wir könnten es ja auch irgendwo im All als zum Äther ruhend annehmen). Dann ist der Apparat mit ca 30 km/sec zum Äther bewegt. Die Lichtgeschwindigkeit der Strahlen zum Äther sei $c \approx 300\,000$ km/sec. Gegenüber dem Interferometer ist sie dann für die horizontale Richtung, falls wir die Erdgeschwindigkeit durch v bezeichnen,

$$(1) \qquad\qquad c_p = c \pm v$$

für die Strecken PS_1 und S_1P. Nach einer einfachen geometrischen Überlegung ist die vertikale Lichtgeschwindigkeit im Bezugssystem des Interferometers von P nach S_2 und zurück

$$(2) \qquad\qquad c_q = \sqrt{c^2 - v^2}$$

Daher kehrt das Licht über S_1 nach P in der Zeit

$$(3) \quad t_1 = l\left(\frac{1}{c-v} + \frac{1}{c+v}\right) = \frac{2cl}{c^2 - v^2} = \frac{2l}{c}\left(1 + \left(\frac{v}{c}\right)^2 + \dots\right)$$

zurück, über S_2 in der Zeit

$$(4) \qquad\qquad t_2 = \frac{2l}{\sqrt{c^2 - v^2}} = \frac{2l}{c}\left(1 + \tfrac{1}{2}\left(\frac{v}{c}\right)^2 + \dots\right).$$

Die Zeiten sind also nicht gleich, sondern ergeben eine für die Lage der Interferenzstreifen bestimmende Differenz von

(5)
$$t_1 - t_2 = \frac{l}{c} \frac{v^2}{c^2}.$$

Nun drehen wir den ganzen Apparat um 90°. Dadurch vertauschen die Wege PS_1 und PS_2 ihre Rollen und wir erhalten eine Differenz von

(6)
$$t_1 - t_2 = -\frac{l}{c} \frac{v^2}{c^2}.$$

Dadurch muss sich nun das Streifensystem verschieben, vorausgesetzt, es findet überhaupt eine Bewegung unserer Erde und des mit ihr starr verbundenen Interferometers zum Äther statt. Die erwartete Streifenverschiebung blieb aus.

LORENTZ änderte daraufhin seine Theorie so ab, dass der horizontale Arm des Interferometers durch die Bewegung zum Äther eine Kontraktion erfährt und zwar um genau jenen Faktor $\sqrt{1 - v^2/c^2}$, der erforderlich ist, um $t_1 - t_2 = 0$ zu machen und damit das Ausbleiben der Streifenverschiebung zu erklären. EINSTEIN verwarf statt dessen die Ätherhypothese und folgerte aus dem Versuch, dass eine Translationsbewegung der Erde weder mechanisch noch optisch nachgewiesen werden kann. Die dadurch abgeänderte Elektrodynamik erhielt den Namen ,,spezielle Relativitätstheorie''. Tatsächlich geht sie von der universellen, auch für die Optik geltenden, Gleichberechtigung aller kräftefreien Bezugssysteme aus. Sie übernimmt die LORENTZ-Kontraktion in Richtung der Erdbewegung (und jeder anderen hinreichend schnellen Relativbewegung), aber nur für einen zur Erde mit $v = 30$ km/sec bewegten Beobachter, während ein Erdbeobachter davon nichts bemerkt: Für ihn ist ja die Lichtgeschwindigkeit in der horizontalen und vertikalen Richtung gleich. Es ist genau, also ob die Erde ruhte. Dies ist der Sinn des Prinzips von der Gleichberechtigung aller kräftefreien Bezugssysteme (Inertialsysteme).

Im MICHELSONversuch (im folgenden ,,MV'') sind folgende Operationen des Physikers enthalten:

1) Wir entwerfen zur Zeit t_0 vor dem Versuch ein *Situationsmodell* S_1: Die Erde bewegt sich mit ca 30 km/sec durch den als ruhend gedachten Äther. Dieser ist mit dem als absolut gedachten Weltraum praktisch identisch. Das Licht ist ein Wellenvorgang, der sich mit ca 300 000 km/sec durch den Äther fortpflanzt. Lichtgeschwindigkeit und

Erdgeschwindigkeit lassen sich zu einer Gesamtgeschwindigkeit zusammensetzen.

2) Wir vergleichen das Situationsmodell mit den *Verhaltensmöglichkeiten* der Natur: Sind Erd- und Lichtgeschwindigkeit zusammensetzbar, so sind je nach der Richtung eines Lichtstrahls seine Wegzeiten verschieden. Das führt zum Interferenzmodell, das aus der Optik bekannt ist. Es muss also eine Ja-Nein-Alternative geben, um die Annahmen (1) zu prüfen. Wir können einen Apparat konstruieren, dessen Verhalten zu der unter (1) angenommenen Situation passt und der zugleich in Form einer Ja-Nein-Entscheidung eine Antwort gibt, ob diese Situation der Wirklichkeit entspricht.

3) Wir konstruieren das Interferometer.

4) Wir stellen es her.

5) Wir führen den MV durch.

6) Wir registrieren das Ergebnis ,,Keine Streifenverschiebung''.

7) Wir entwerfen ein zweites Situationsmodell, um (6) mit der Theorie in Einklang zu bringen.

Die experimentelle Entscheidung zieht also eine intellektuale nach sich in Form einer Art Kettenreaktion, denn aus der intellektualen Entscheidung für ein neues Situationsmodell folgen weitere Entscheidungen, welche die nachfolgende Physik beeinflussen. LORENTZ entschied sich für die Beibehaltung eines Teils von S_1, nämlich der Existenz des Äthers und der absoluten Erdbewegung zum Äther. Er korrigierte jedoch einen neuen Teil, der unausgesprochen in S_1 eingegangen war: Dass nämlich die Abmessungen des Interferometers von der Bewegung zum Äther unabhängig seien. Diese Annahme wurde aufgegeben und statt dessen eine Kontraktion in der Richtung der Bewegung zum Äther angenommen. Wir bezeichnen das abgeänderte Modell als S_1'. Damit war Programm (7) erfüllt. EINSTEIN übernimmt gleichfalls die Kontraktion, leitet sie jedoch nicht aus der Annahme eines Äthers ab, sondern gerade aus dessen Verwerfung: Nicht der Äther als absolutes Bezugssystem gehört zu den Grundannahmen der Theorie, sondern dessen Nicht-Existenz und die absolute Lichtgeschwindigkeit, die für alle Inertialsysteme die gleiche ist und durch keine Addition mit einer mechanischen Geschwindigkeit verändert werden kann. Die Kontraktion ist dann nicht, wie aus der LORENTZ-Annahme hervorgeht, absolut, sondern von der Wahl des Bezugssystems abhängig: Im Ruhsystem des Interferometers verschwindet sie. Dies ist der Grund, weshalb wir die Erdbewegung (wohlgemerkt nur die translatorische, nicht die Rotation!) durch keine Kontraktion der Entfernungen auf der Erde oder durch ein anderes Experiment nachweisen können. Von einem Weltraum-Satelliten aus wäre jedoch, falls dieser hinreichend schnell zur Erde bewegt ist, die Kontraktion zu beobachten; die Erde würde dann als abgeplattet erscheinen. Das EINSTEINsche Modell bezeichnen wir als S_2.

In diese Operationen gehen folgende Komponenten ein:

Das Situationsmodell enthält zunächst eine Mannigfaltigkeit von *Hypothesen*. Das sind unbewiesene Annahmen über die Struktur der Wirklichkeit. Sie entfalten also eine Art von *Glauben* des Physikers, dass die Wirklichkeit so und nicht anders beschaffen sei. Wir wollen sie als provisorische Glaubenssätze bezeichnen. Dazu gehören folgende Sätze, die den Operationen (1) bis (7) zugrundeliegen:

a) Es gibt einen absoluten Raum
b) es gibt einen Weltäther als Träger elektromagnetischer Wellen
c) Äther und Raum fallen zusammen
d) Licht- und Erdgeschwindigkeit lassen sich zusammensetzen (Additionshypothese)
e) Kontraktionshypothese von LORENTZ
f) es gibt eine absolute Lichtgeschwindigkeit
g) es gibt keinen absoluten Raum
h) es gibt keinen Äther.

Den Hypothesen kommen gemeinsame Merkmale zu. Sie sind reine Glaubenssätze ohne empirische Beweiskraft. Andererseits lassen sie sich unter bestimmten Bedingungen wie dem MV mit der Beobachtung vergleichen und es gibt eine Entscheidung für oder gegen sie. Damit bleiben sie nicht immer reine Glaubenssätze: Sobald eine Hypothese verworfen werden muss – dieses ,,Müssen" ist ein ziemlich verwickelter Vorgang, den wir hier nicht diskutieren –, hört sie auf, ein Glaubenssatz zu sein, sondern wird zum Irrtum. Eine als Irrtum nachgewiesene Hypothese bezeichne ich als *Mythus*. Die Ätherhypothese ist nach dem heutigen Stand der Physik ein Mythus, vor EINSTEIN war sie ein Glaube. Der Bewegung von der Hypothese zum Irrtum entspricht also eine fundamentale Bewegung vom Glauben zum Mythus. Daher die Bezeichnung ,,provisorischer Glaubenssatz".

Wird eine Hypothese jedoch empirisch bestätigt – auch dies ist ein überaus verwickelter Vorgang – [3] so hört sie auf, reiner Glaube zu sein: Sie wird zur Theorie. Dieser Bewegung entspricht also die Grundbewe-

---

[3] Das klassische Werk über die Hypothesenbildung ist H. POINCARÉ, *La Science et l'Hypothèse*, Flammarion Paris 1906.

gung Glaube→Theorie. Die empirische Entscheidung für oder gegen eine Hypothese lässt sich also darstellen durch

$$\text{provisorischer Glaube} \begin{array}{c} \text{Theorie} \\ \text{I} \nearrow \\ \diagdown \\ \text{II} \searrow \\ \text{Mythus} \end{array}$$

Dass Bewegung II überhaupt physikalisch sinnvoll ist, beruht auf der im allgemeinen nicht zuhandenen Möglichkeit einer eindeutigen Entscheidung. So konnte LORENTZ die Kontraktionshypothese unter Beibehaltung der Ätherhypothese aufstellen, weil auch jetzt der Ausgang des MV mit dem Situationsmodell in Einklang stand. Die Physik hat es also nicht nur mit Glaubenssätzen (Hypothesen) und Theorien, sondern wenigstens temporär auch mit Mythen zu tun.

Die Hypothesen können untereinander in Widerspruch treten. So ist es nicht möglich, dass in Bezug auf die Deutung des MV die Hypothesen (a) bis (d) einerseits und die Hypothesen (f) bis (h) andererseits gleichzeitig wahr sind. Hier gibt es nur eine Ja-Nein-Entscheidung. Hingegen ist es möglich, dass die Hypothesen (e) und (a) mit (d) gleichzeitig wahr sind, ebenso (e) und (f) mit (h). Die Kontraktionshypothese bildet also sozusagen die Weiche, von der aus das theoretische Denken in die Richtung der klassischen Physik mit den Hypothesen (a) bis (d) oder die relativistische Physik mit (f) bis (h) weiterwandert.

Die Kontraktionshypothese muß daher so spezifiziert werden, dass die Weiche funktioniert, anderenfalls entgleist der Zug. Dies geschieht dadurch, dass EINSTEIN die Kontraktion ihrerseits als relativ, das heisst von der Relativgeschwindigkeit des Interferometers zum Beobachter abhängig, annahm. Dann führt (e) unausweichlich zu (f) bis (h),[4] während (a) bis (d) zum „toten Geleise" werden.

Die Hypothesen sind ferner Konstruktionen des Physikers. Henry MARGENAU spricht von „constructs", deren Gesamtheit das sogenannte C-Feld bildet[5]. Die Hypothesen sind also Elemente des C-Felds. Der Nachweis ist trivial: Wären sie keine C-Elemente, so gäbe es keine experimentell nahegelegte Entscheidung für oder wider sie. Das dritte gemeinsame Merkmal der Hypothesen ist also, dass ihnen keine empirische Notwendigkeit zukommt. Sie enthalten indes auch keine Not-

---

[4] Die Relativität der Länge setzt einen universalen Zusammenhang von Raum und Zeit voraus, der gerade durch Hypothese (f) gegeben ist. Daraus folgt dann (g) und (h). Die Ableitung wird im folgenden ausführlich dargestellt.

[5] Siehe H. MARGENAU, *The Nature of Physical Reality, A Philosophy of Modern Physics*, McGraw-Hill, New York 1950. *Open Vistas, Philosophical Perspectives of Modern Science*, Yale Univ. Press, New Haven, second ed. 1964.

wendigkeit in Bezug auf die möglichen Strukturen der Welt. Es könte ja sein, dass beispielsweise eine bestimmte Geometrie wie die euklidische zwar überhaupt nicht zu prüfen ist, weil jede Beobachtung durch eine davon abweichende Geometrie widerspruchsfrei erklärt werden kann, dass sie aber ein ontisches Apriori der physischen Welt bildet. Darunter sei verstanden, dass eine Welt ohne diese Geometrie überhaupt nicht existieren könnte. Man könnte zum Beispiel fragen, ob eine Welt möglich wäre, in der nicht einmal im unendlich Kleinen die Maßverhältnisse des Raums innerhalb eines bestimmten Bezugssystems eine eindeutige Messung von Zeit- und Längeneinheiten zulassen. Unsere Hypothesen tragen aber nicht das Merkmal einer solchen ontischen Notwendigkeit: Eine Welt ohne Äther und absoluten Raum ist durchaus möglich, ja die überwiegende Wahrscheinlichkeit spricht dafür, dass die sRT zutrifft und gerade eine solche Welt existiert. Die Hypothesen sind also nicht nur Konstruktionen des Physikers, sondern auch weithin frei erzeugt. Sie sind damit ein opus der intellektualen Kreativität des Menschen. Die Hypothesenbildung ist ein schöpferischer Vorgang.

Damit stellen sie aber nur eine bestimmte Teilklasse der Glaubenssätze dar. Man kann sich nämlich auch einen physikalischen Glauben denken, der die genannten Merkmale nicht ausweist. Ein solcher Glaube ist dann weder frei noch überhaupt konstruiert, er ist nicht empirisch zu prüfen und kann daher weder zum Mythus noch zur Theorie werden; er ist schliesslich in einem noch offenen Sinn notwendig.

Um diese Möglichkeit abzuschätzen, müssen wir aber noch die Axiome und Korrespondenzregeln klären, die in den MV eingehen. Da sind die Axiome der euklidischen Geometrie und der MAXWELLschen Elektrodynamik. Die ersteren enthalten unter anderem den Satz, dass eine Schwenkung des Interferometers um 90° keine Verzerrung des Dreiecks PS_1S_2 erzeugt; denn die Maßverhältnisse dieser Geometrie sind von der Lage und Bewegung eines Körpers unabhängig, sofern wir von speziellen Maß-verzerrenden Kräften absehen. So könnten natürlich dank der Drehung des Geräts in den Armen Fliehkräfte auftreten, die den molekularen Zusammenhang der Arme verzerren. Wir nehmen aber an, dass die Drehung hinreichend langsam erfolgt, um diese Kräfte zu vernachlässigen. Dann werden die Längen PS_1 und PS_2 sowie die Winkel des Dreiecks PS_1S_2 in der neuen Lage die gleichen Beträge aufweisen wie in der alten.

Hier scheint nun ein Widerspruch zur Kontraktionshypothese vorzuliegen, wird doch der jeweils in der Richtung der Erdtranslatation liegende Arm verkürzt. Wir stellen uns vor Beginn des MV jedoch auf den Standpunkt, dass die Erde ruht und daher unter Annahme euklidischer Maßverhältnisse die Drehung keine Verzerrungen bewirkt. Nur wenn wir dies zunächst einmal voraussetzen, können wir überhaupt die Verzerrung des horizontalen Arms aufgrund der Erdtranslatation testen. Würden unabhängig von der Bewegung des Geräts die Maßverhältnisse durch die Drehung beeinflusst, so wäre eine allfällige Kontraktion nicht die Folge der Erdtranslatation sondern einer Inhomogenität des Raums in Bezug auf die Richtungen (Anisotropie).

In den MV gehen ferner die physikalischen Axiome der MAXWELLschen Theorie ein. Dazu gehört vor allem die Gleichung

$$(7) \qquad \mathrm{rot}\ \mathfrak{H} = \frac{4\pi\mathfrak{i}}{c} + \frac{1}{c}\ \frac{\partial \mathfrak{D}}{\partial t}.$$

Hier bedeutet „$\mathfrak{H}$" das magnetische Feld, „rot" bezeichnet eine Rotation,[6] etwa bei einer Wirbelbewegung, $\mathfrak{i}$ bezeichnet den elektrischen Strom, $\mathfrak{D}$ ist die dielektrische Verschiebung und bezeichnet die von einem elektrischen Feld in einem Dielektrikum hervorgerufene Verrückung der positiven und negativen Ladungen. Die zeitliche Veränderung von $\mathfrak{D}$ nennt man Verschiebungsstrom.[7] Jede zeitliche Änderung des elektrischen Feldes – wozu ja auch der Strom gehört – erzeugt also einen magnetischen Wirbel. Dieses Gesetz fand MAXWELL nicht in der Erfahrung vor, sondern er postulierte es in Symmetrie zu dem empirischen Gesetz, wonach jede zeitliche Änderung der magnetischen Induktion $\mathfrak{B}$ einen elektrischen Wirbel erzeugt. Diese beiden Gesetze plus der Gesetze

$$(8) \qquad \mathrm{div}\ \mathfrak{D} = 4\pi\rho$$

und

$$(9) \qquad \mathrm{div}\ \mathfrak{B} = 0,$$

worin „div" ein Ausdruck für die Operation $(\partial/\partial x),(\partial/\partial y),(\partial/\partial z)$ und ρ das Zeichen für die Ladungsdichte ist, bilden die bekannten MAXWELLschen Gleichungen. Sie sind aufgrund der elektromagnetischen Phänomene nur plausibel zu machen, aber nicht zu beweisen. Vielmehr verallgemeinern sie die unmittelbare Erfahrung und stellen ebenso wie die drei NEWTONschen Gesetze oder die Hauptsätze der Thermodynamik

---

[6] Ausgedrückt durch rot $\mathfrak{H}_x = (\partial\mathfrak{H}z/\partial y) - (\partial\mathfrak{H}y/\partial z)$ und entsprechend für die y- und z-Komponente von $\mathfrak{H}$.
[7] Im Vakuum ist $\mathfrak{D}$ gleich dem elektrischen Feld $\mathfrak{E}$.

die Basisätze der Theorie der elektrischen und magnetischen Erscheinungen dar. Aus ihnen lassen sich deren Gesetze ableiten. Sie sind also *Axiome*, frei gesetzte Grundannahmen ohne direkte empirische Beweisbarkeit und können lediglich an ihren Folgesätzen indirekt getestet werden.

Indem also der MV die Elektrodynamik voraussetzt, gehen auch deren Axiome in ihn ein. Ihre besondere Bedeutung sieht man dann explizit in der sRT. Dort ergibt sich nämlich, dass die MAXWELLschen Gleichungen (in der von MINKOWSKI verallgemeinerten Form) gegenüber einem Wechsel des inertialen Bezugssystems unverändert, wie man sagt, kovariant, bleiben. Die Axiome der Elektrodynamik erhalten damit eine universale Bedeutung, denn die Struktur von Raum und Zeit ist gerade so, dass eine Transformation des raumzeitlichen Koordinatensystems, das jetzt aus den drei räumlichen und der zeitlichen Koordinate gebildet wird, die Form der MAXWELLschen Gleichungen kovariant lässt. Dies ist das von EINSTEIN in seiner berühmten Arbeit 1905 [8] erzielte Ergebnis einer Analyse des MV.

Die hier gezeigten Axiome besitzen folgende Merkmale: Sie sind ebenso wie die Hypothesen freie Konstruktionen und bezeichnen daher einen Glauben des Physikers an die spezielle Struktur eines bestimmten Erfahrungsbereichs. Im Gegensatz zu den Axiomen der reinen Mathematik sind sie nicht nur die Basissätze einer widerspruchsfrei aufbaubaren Theorie, sondern es kommt ihnen nach der Intention des Physikers eine faktische Bedeutung zu. Sie sind also nicht nur frei gesetzt, sondern enthalten zusätzlich noch den Glauben an ihre physikalische Testbarkeit. Insofern gleichen sie den Hypothesen. Zugleich sind sie aber von ihnen graduell verschieden: Jede der oben genannten Hypothesen kann als durch das Experiment widerlegbar angenommen werden werden; die Nicht-Widerlegung in einer grossen Zahl von Fällen kann als Bestätigung dienen. Axiome haben demgegenüber einen höheren Grad von Wahrscheinlichkeit, denn sie werden von einer grossen Zahl von Fällen und dabei mit einer weiten Streuung der Phänomenbereiche bestätigt. Zugleich dienen sie als Basissätze einer möglichst umfassenden Theorie: Der Glaube des Physikers an ihre Gültigkeit ist unvergleichlich stärker als an jene der Hypothesen. Im strengen Sinn bilden auch sie jedoch Hypothesen; was sie von ihnen unterscheidet, ist vornehmlich der subjektive Glaube an ihre Berechtigung und die geringere direkte Aufweisbarkeit durch die Beobachtung. Die Bewegung

---

[8] A. EINSTEIN, „Zur Elektrodynamik bewegter Körper", *Ann. Phys.* 17, 4 (1905), pp. 891–921.

von der Hypothese zum Axiom ist daher eine Verstärkung des Glaubens.

Was die Korrespondenzregeln anlangt, so betreffen sie z.B. die Zuordnung des Ausfalls der erwarteten Streifenverschiebung im MV zu den Hypothesen (a) bis (d) plus der Theorie der Optik. Inwiefern „sagt" der Ausfall etwas über unser Situationsmodell S_1? ist hier die Frage. Die Korrespondenz ist also ihrer Natur nach ein „Sagen" des Beobachtungsbefunds über ein Situationsmodell. Der Befund wird als Chiffre angenommen, die es so zu entschlüsseln gilt, dass das Modell oder ein Teil desselben entweder bestätigt werden darf oder korrigiert werden muss. Damit wird der Befund zur Chiffre für eine Handlungsvorschrift des Physikers in Bezug auf das Modell. Damit die Chiffre aber zu verstehen ist, muss sie dank einer Konvention der Physiker mit einer Übersetzungsvorschrift gekoppelt werden. So soll der Befund „keine Streifenverschiebung" übersetzt werden in eine Vorschrift für den Aufbau unseres Situationsmodells: „Ändere das Modell so ab, dass die Gangzeiten der Strahlen PS_1 und PS_2 durch die Drehung des Interferometers um 90° nicht beeinflusst werden!" Auch diese Übersetzung enthält einen Glauben des Physikers, nämlich daß eine solche Korrespondenz überhaupt hergestellt werden kann. Ohne diesen Glauben wäre eine Korrespondenzregel sinnlos, weil nicht zu realisieren.

3. DIE OBLIGATE

Damit stoßen wir auf eine neue Komponente des MV. Ausser den Hypothesen, Axiomen und Korrespondenzregeln enthält er nämlich einen Typus von Sätzen, die grundlegend andere Merkmale als jene aufweisen. Da sind zunächst die sogenannten *Obligate* [1]. Der MV ist wie jeder andere Versuch in mehrfacher Weise vom ausführenden Physiker abhängig: Er ist für ihn bestimmt, um eine Frage an die Natur zu beantworten, er ist von ihm ausgeführt oder in Gedanken nachvollzogen und er wird durch Korrespondenzregeln mit einer Theorie in Kontakt gebracht, die ebenso wie die Korrespondenzregeln das schöpferische opus von Menschen ist. Diese Abhängigkeit vom Menschen lässt sich als anthropologisches Obligat bezeichnen. Ihm folgt das Obligat der sprachlich-begrifflichen Repräsentation, denn der MV „sagt" dem Physiker an sich nichts; er wird nur dadurch „zum Sprechen gebracht", dass der Physiker sein Ergebnis in je eine Wort-

---

[1] Siehe W. LEINFELLNER, *Einführung in die Erkenntnis- und Wissenschaftstheorie*, 2. Aufl., Hochschultaschenbücher, Bibliographisches Institut Mannheim 1967.

sprache, eine mathematische Sprache oder Sprache der Geometrie übersetzt. Erst dann kann er den Ausgang des MV mit dem vorhandenen Situationsmodell konfrontieren. Das Sprechen der Natur setzt also die Sprachschöpfung des Menschen voraus.

Damit eng zusammen hängt das Prozessobligat: Die gedankliche Konstruktion des MV, seine Durchführung und theoretische Bewertung unterliegen einer *Evolution* des physikalischen Erkennens. Und zwar in einem mindestens dreifachen Sinn: (1) Der MV wurde historisch erstmalig in Strenge 1887 durchgeführt [2]; es folgten weitere Prüfungen 1904 durch MORLEY und MILLER und später mit Luftballons, auf Gebirgen und mit ultraviolettem Licht. (2) Der MV gehört zum Strom des physikalischen Erkennens, der durch ihn eine neue Richtung einschlägt, nämlich zur sRT. (3) Seine Konstruktion, Durchführung und Auswertung hängt im ganzen Netzwerk der dem damaligen Physiker zuhandenen Erfahrungen, Theorien und psychischen Assoziationen. Eine direkte Begegnung Mensch–Natur ist daher ausgeschlossen. Immer schwingt ähnlich wie bei den Obertönen eines Musikinstruments eine unübersehbare Fülle von Assoziationen mit, die den Grundton der strikten Problemstellung überlagern. Dadurch ist ja das Spektrum der möglichen experimentellen Fragestellungen und Auswertungen von Physiker zu Physiker und von Generation zu Generation so reichhaltig.

Schließlich spricht LEINFELLNER noch von einem spieltheoretischen Obligat. In der Tat ist auch der MV eine Art Schachzug in der Strategie des Physikers. Er steht in der permanenten Auseinandersetzung mit der Natur, die ihn sozusagen überlisten will. Sie tritt ihm mit einer ständig wachsenden Fülle möglicher Phänomene entgegen, ja er provoziert dieses Anwachsen der gegnerischen Streitkräfte durch sein Eindringen in das Gebiet des Feindes. Der MV ist also eine Episode des *Kampfes* gegen das unübersehbare Reich des Unbekannten. Jede Erkenntnis bedeutet hier die Eroberung eines feindlichen Gebietes durch den erfolgreichen Ausgang der Schlacht. Dabei weiss der Physiker wohl, dass er niemals das ganze Gebiet erobern kann, dass alle seine Schachzüge also nur zu optimalen Lösungen führen.

Die Aufzählung dieser Obligate bildet aber den Anfang einer noch unabsehbaren Menge weiterer Obligate. Fragen wir nämlich nach der Berechtigung des anthropologischen Obligats, so lässt es sich durch keine Beobachtung begründen, denn jede Beobachtung setzt seine Gültigkeit voraus. Beobachten heisst ja immer eine aktive Beziehung

---

[2] Der erste Versuch in Potsdam 1881 erreichte nicht die erforderliche Genauigkeit.

vom Menschen zur naturhaften Objektwelt herstellen. Dass dies möglich sei, setzt eine vom Menschen nicht erzeugbare, sondern nur nutzbare Zuordnung der Natur an ihn voraus. Wenn alle Naturerkenntnis, wie insbesondere die Quantenmechanik zeigt, von der Struktur des Menschen abhängt, so muss es eine Verfügbarkeit der Natur für den Menschen geben, die der Mensch nicht selbst gemacht haben kann, denn anderenfalls wäre er der Schöpfer der Natur. Indem wir an die Möglichkeit eines Sagens der Natur im MV glauben, glauben wir zugleich an die ganz generelle Struktur der Natur-Mensch-Beziehung. Anders ausgedrückt, wir glauben, dass die Natur in Bezug auf den Menschen ein der Kommunikation geöffnetes Systems darstellt. Wir glauben damit zugleich an die Herstellbarkeit dieser Kommunikation durch den experimentierenden und theoretisch operierenden Menschen selbst. Mit anderen Worten, die Öffnung der Natur zum Menschen muss von ihm selbst durch eine schöpferische Tätigkeit hergestellt werden. Der MV ist dafür ein Beispiel. Ich möchte den Gedanken dieses Glaubens daher als *anthropo-kosmische Korrelation* bezeichnen.

Dem Obligat der sprachlichen Repräsentation liegt gleichfalls ein Glaube zugrunde. Wir glauben, dass die Natur mithilfe menschlicher Kreationen wie des MV zum Sprechen gebracht werden kann. Das setzt aber die Erschaffung von Sprachen durch den Menschen selbst voraus. Ohne die Übersetzung der Daten des MV in die Wort- und Gleichungssprache bleiben sie stumm. Dass sie aber überhaupt übersetzbar sind, dass also eine optimal eindeutige Zuordnung zwischen ihnen und den Sprachen des Menschen herstellbar ist, ist wiederum Gedanke eines Glaubens. Ich möchte ihn als *Verschlüsselungsglaube* bezeichnen: Wir setzen bei jedem Versuch voraus, dass er keine Daten enthält, die nicht in die Sprache von Begriffen oder mathematischen Zeichen übersetzt werden könnte. Dieser Glaube enthält also die Möglichkeit eines durchgängigen Wörterbuchs, in dem auf der einen Seite die unaussprechbaren Daten der Versuchsanordnung und auf der anderen in mehreren Kolonnen die Übersetzung in die menschlichen Sprachen stehen. Dies bringt zugleich eine Verschlüsselung dieser Daten; denn wenn ich etwa ,,Streifenverschiebung'' sage, so ist dies nur eine Häufung bestimmter Klänge, nicht aber das entsprechende Datum des MV [3].

---

[3] Dass es sich um eine echte Verschlüsselung handelt, zeigt sich sofort, wenn man bedenkt, dass der Nicht-Physiker ja die Zeichen und ihre Bedeutungen in der Theorie des MV nicht lesen kann. Die Physiker schufen tatsächlich eine Geheimsprache, einen Code. Nimmt man abstrakt auch die Natur als ein verstehendes Subjekt an, so ist sie (natürlich nur in abstracto) ausserstande, in ihrem eigenen, jedoch vom Menschen geschriebenen Buch, zu lesen.

In dieser Bewegung vom unverschlüsselten Datum zu seiner Chiffre ist es aber allein möglich, die in in ihm enthaltene Botschaft für den fragenden Physiker zu entziffern. Dies geschieht durch Einordnung der verschlüsselten Daten als Begriffe, Parameter, Gleichungen, Diagramme in die Systeme der Theorienbildung. Indem wir dort neue Umwandlungen der so verschlüsselten Daten vornehmen – etwa durch die Auswertung des MV – entziffern wir zugleich die Nachricht, die in den unverschlüsselten aber eben deshalb stummen Daten enthalten ist. Das Verschlüsseln der empirischen Daten durch sprachliche Repräsentanz ist also zugleich die notwendige Vorbedingung des Entschlüsselns durch die theoretische Auswertung. Einfach formuliert: Wir können theoretisch nur mit den Erzeugnissen unserer eigenen Kreativität operieren und müssen daher alle Naturdaten in solche übersetzen. Genau das tut ja ein Dolmetscher, der einem der Fremdsprache Unkundigen die unverständlichen Worte übersetzt. Nur dass hier der Physiker Dolmetscher, Sprachschöpfer und Verstehen-Wollender in einem ist. Der Verschlüsselungsglaube enthält damit zwei Grundbewegungen der Verschlüsselung: Die Übersetzung der Daten in die Sprachen des Menschen und die Begreifbarmachung der Daten durch ihre Chiffren.

Dem Prozessobligat liegt ein noch tieferer Glaube zugrunde. Er enthält die Hoffnung auf eine zielgerichtete Evolution der physikalischen Erkenntnis. Das Ziel ist im strategischen Obligat enthalten: Die Besetzung von wissenschaftlichem Neuland durch das Gewinnen des Kampfs gegen das Unbekannte. Der Gedanke dieses Glaubens ist daher am besten als *evolutive Organisation* zu bezeichnen. Evolutiv ist das Zusammenwirken aller Komponenten im MV, weil sie schliesslich zu einem Wendepunkt in der Entwicklung der Physik führten. Zugleich enthält es eine Steigerung unserer Erkenntnis, eine Aufwärtsentwicklung. Organisation ist sie, weil die Komponenten des MV sich zu einem geordneten System zusammenfügen müssen, um das Ziel des MV zu erreichen, nämlich eine Entscheidung über die Ätherhypothese. Der dazu gehörige Glaube enthält also im Grunde zwei Glaubenssätze: Dass eine Evolution der physikalischen Erkenntnis möglich sei und dass die dazu führenden Operationen einer Ordnung unterliegen.

Gehen wir die Operationsstufen des MV durch, so bemerken wir, dass auf jeder Stufe spezielle Bedingungen angenommen werden müssen, die überhaupt das Operieren des Physikers ermöglichen. Auf Stufe 1, wo wir das Situationsmodell konstruieren, müssen wir notwendigerweise einen Raum annehmen, in dem wir den Einfluss der Erdtranslation auf die Lichtgeschwindigkeit abbilden können. So ergibt sich der Ausdruck für die Lichtgeschwindigkeit quer zur Erdbewegung

(10) $$c_q = \sqrt{c^2 - v^2}$$

aus der Abbildung der entsprechenden Geschwindigkeiten auf die Vektoren im euklidischen Raum:

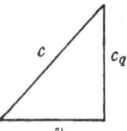

Schon der Begriff „Geschwindigkeit" setzt die Annahme räumlicher Erstreckungen voraus, deren Verhältnis zu zeitlichen Erstreckungen die Geschwindigkeit definiert. Trotzdem ist der euklidische Raum, in dem $c^2 = v^2 + c_q^2$ gilt, kein Apriori der Konstruktion des Situationsmodells im Sinne KANTs. Er ist nämlich selbst ein constructum, wie wir aus der Möglichkeit nicht-euklidischer Geometrien wissen. Insbesondere verlangt das EINSTEINsche Situationsmodell einen vom euklidischen abweichenden Geschwindigkeitsraum, welcher der Geometrie von LOBATSCHEWSKI folgt [4].

Was KANT demnach als apriorische Anschauungsform ansah, erweist sich als technisches Apriori der Konstruktion von Situationsmodellen. Hingegen bildet der Glaube an die Abbildungsmöglichkeiten der Geschwindigkeit auf irgendeinen metrischen Raum ein echtes Apriori. Nur wenn wir diesen Glauben praktizieren, sind wir imstande, ein Situationsmodell für den MV zu konstruieren. Dieser Glaube ist aber weder empirisch noch theoretisch notwendig: Er folgt aus keiner Erfahrung, denn jede Erfahrung von der Art des MV setzt bereits den Glauben an einen Geschwindigkeitsraum voraus, ohne dass hingegen dessen spezielle Metrik schon beherrscht würde. Jedes theoretische Modell, das in den MV eingeht, tut das gleiche. Der MV als eine Frage an die Natur und die ihn ermöglichenden Situationsmodelle bedürfen andererseits dieses Glaubens, um möglich zu sein. Diese Art Notwendigkeit, die weder eine durch die Logik erzwungene noch durch die Beo-

---

[4] Wir betrachten die Relativgeschwindigkeit zweier Körper, deren Geschwindigkeiten v und $v + dv$ sich nur um eine infinitesimale Grösse unterscheiden. Aus dem EINSTEINschen Ausdruck für diese Relativgeschwindigkeit lässt sich das Linienelement in einem LOBATschEWSKIschen Geschwindigkeitsraum mit einer von der euklidischen abweichenden Metrik gewinnen. Siehe V. A. FOCK, *Theorie von Raum, Zeit und Gravitation*, Akademie-Verlag Berlin 1960, S. 50 ff.

bachtung nahegelegte ist, bezeichne ich daher als *konstruktive*. Es ist die gleiche Notwendigkeit, die den Komponisten zwingt, den Glauben an die Aufführbarkeit seiner Symphonie anzunehmen, ehe er sich an die Komposition macht.

In das Situationsmodell geht ein zweiter Glaube ein, nämlich an die Möglichkeit von zueinander bewegten Bezugssystemen. Das ist nicht trivial, denn ein und derselbe Beobachter kann immer nur im Ursprung seines Ruhsystems sein, nicht aber eines dazu bewegten Bezugssystems. Nun erfahren wir wohl durch sprachliche Verständigung mit anderen zu uns bewegten Beobachtern, dass sie die Welt von einem anderen Aspekt aus erleben als wir. Wir erfahren weiter, dass auch sie Gesetzmässigkeiten der Ereignisabläufe aus ihren Beobachtungen erschliessen. Wir erfahren aber nicht, dass es einen Raum gibt, der die Umrechnung der Meßergebnisse des einen Beobachters in die des anderen zulässt. Wohl können wir im Einzelfall solche Meßergebnisse miteinander vergleichen, nachdem wir die Daten eines zu uns bewegten Beobachters mitgeteilt erhalten. Dass aber auch ohne diese Mitteilung bei Kenntnis der Relativgeschwindigkeit und Position des anderen Beobachters diese Daten umrechenbar und prognostizierbar sind, das müssen wir glauben, ehe wir eine Theorie der Transformationen suchen. Was wir nicht glauben müssen, ist nur die spezielle Form der Transformationen und der zu ihnen gehörigen Bezugssysteme. So ist in Bezug auf den MV nur der Glaube an die Existenzmöglichkeit ineinander transformierbarer Koordinaten nötig, nicht aber an die Gültigkeit einer bestimmter Transformation wie derjenigen von GALILEI oder LORENTZ.

Dies ist auch der Grund, weshalb aus einem solchen Glaubenssatz keine Theorie abzuleiten ist: Er ist zu wenig spezifiziert. Das unterscheidet ihn auch von den Hypothesen: Man kann ihn nicht an einem Experiment testen. Jedes Experiment setzt ihn seinerseits als seine Möglichkeitsbedingung voraus. Ein Glaubenssatz ist daher weder eine prüfbare Hypothese noch ein Axiom = ein frei gesetzter Basissatz einer Theorie, deren Folgesätze testbar sind. Er ist auch kein constructum, denn die Konstruktion eines Situationsmodells setzt ihn voraus. Das gleiche gilt dann auch für alle theoretische Konstruktionen, die aus dem Test eines Situationsmodells entspringen.

Operation 2 des MV enthält den Glauben an das Zuhandensein einer Struktur, welche den Vergleich des Situationsmodells S_1 mit der zu erwartenden Streifenverschiebung erlaubt. Das bedeutet: Die dem Modell entsprechende Situation des MV besitzt einen abstrakten

Nachrichtenkanal. Er führt von der Komposition der Lichtwegzeit aus Licht- und Erdgeschwindigkeit zur Streifenverschiebung. Diese Komposition gibt abstrakt eine Nachricht an das Faktum der Streifenverschiebung bzw. der Nicht-Streifenverschiebung. Nur deshalb glauben wir, dass dieses Faktum eine Nachricht über die absolute Erdbewegung zum Äther enthält. Erst wenn wir an einen generellen Kanal dieser Art glauben, ist die Suche nach dem speziellen Kanal berechtigt. Sie führt uns aufgrund der elektrischen und magnetischen Phänomene und der darüber konstruierten Elektrodynamik von MAXWELL-HERTZ zur Theorie des MV, wie sie auf Seite 16–18 dargestellt ist.

Damit gewinnen wir ein technisches und ein absolutes Apriori. Das technische gehört zur Klasse der hypothetischen Glaubenssätze und damit zur explizit formulierten Theorie. Das absolute gehört zur Klasse der Glaubenssätze besonderer Art. Wir wollen sie als echte oder absolute Glaubenssätze bezeichnen. Damit ist gemeint: Der Glaube an das Zuhandensein eines Kanals von bestimmten Elementen der Hypothese zur Ja-Nein-Entscheidung des Meßgeräts (Ausfall oder Auftreten der Streifenverschiebung) ist für den MV unerlässlich. Ohne ihn hätte es überhaupt keinen Sinn, ihn durchzuführen oder auch nur zu konstruieren. Wir wollen ihn daher wiederum als konstruktiv oder auch operativ bezeichnen, denn er geht logisch dem Operationskomplex des MV vorher. Andererseits folgt aus ihm noch nichts über die spezielle Natur dieses Kanals und der darin enthaltenen Nachricht. So müssen wir erst noch den Wert der zu erwartenden Streifenverschiebung aus unserem mathematischen Modell des MV ableiten. Dadurch unterscheidet sich der konstruktive Glaube von der Hypothese, die direkt zu der zu erwartenden Nachricht führt, aber auch vom Axiom, aus dem die Theorie direkt abgeleitet werden kann. Dieses Resultat lässt sich sofort auf alle Experimente erweitern.

Der traditionelle Unterschied zwischen qualitativer und quantitativer Betrachtung trifft die Natur der konstruktiven Glaubenssätze nicht. Die erstere liegt z.B. vor, wenn wir auf die zahlenmässige Formulierung der Streifenverschiebung verzichten und nur allgemein eine solche erwarten. Solange wir aber nur abstrakt an das Zuhandensein eines möglichen Kanals von den realen Entsprechungen unseres Situationsmodells zu *irgendeiner* Ja-Nein-Entscheidung *irgendeiner* Meßapparatur glauben, können wir noch gar keine qualitative Betrachtung anstellen. Dazu müssen wir schon das Situationsmodell spezifizieren – hier durch Einführung der Interferenz – und dann den entsprechenden Meßapparat konstruieren. Dass das aber ganz abstrakt gesprochen überhaupt möglich ist, setzt eben das Zuhandensein eines solchen Nachrichtenkanals voraus. Unsere konstruktiven Glaubenssätze intendieren damit zugleich die generellsten und abstraktesten Strukturen der Wirklichkeit.

Wir wollen den Gedanken des Glaubens an einen Nachrichtenkanal der erwähnten Art mit der Struktur der Molekularbiologie vergleichen. Auch dort besteht ein Nachrichtenkanal zwischen den Genen und den aufzubauenden Proteinen. Die Botschaften werden durch besondere messenger-RNS an die Proteinfabriken übermittelt. Ähnlich können wir die zum Problem erhobene Komponente unserer Situationsmodells als ein Gen bezeichnen, dessen Struktur sich dank eines abstrakten Vorgangs der Nachrichtenübermittlung in der Ja-Nein-Entscheidung des Interferometers wiederfindet, sozusagen dort reproduziert wird. Dann bildet das System aus Situationsmodell einschliesslich des zentralen Problems zusammen mit der Meßapparatur und der ihr zentral eingefügten Entscheidung eine Art abstrakter Zelle, einen Organismus. An ihm wirkt der Physiker als Theoretiker und Techniker ebenso wie die Natur mit. Beide zusammen bauen eine erkenntnistheoretische „Zelle" auf. Ihr Kern wird metaphorisch gesprochen vom zentralen Problem des Situationsmodells gebildet, ihre Proteine von der Ja-Nein-Entscheidung und ihre messenger-RNS von der mathematischen Ableitung des zu erwartenden Effekts aus dem Modell. Die Operation der mathematischen Ableitung des Effekts aus den Voraussetzungen des Modells setzt also einen generellen Nachrichtenkanal Modell → Effekt voraus. Wir wollen den entsprechenden Glauben daher als *messenger-Glaube* bezeichnen.

Daran schliesst sich sofort ein weiterer Glaube an. Unsere Erwartung auf die im Effekt enthaltene Botschaft von der Natur des Problems soll nämlich eine abschliessende Operation ermöglichen: Die Bewertung des Modells. Der negative Ausgang der MV erzwang eine Neubewertung. LORENTZ führte die Kontraktion ein, EINSTEIN ein neues Additionstheorem. Damit findet eine Art Rückkopplung vom Effekt auf das Modell statt; diese wirkt wiederum über einen abstrakten Kanal. Nur indem wir an die Möglichkeit einer solchen – ganz generellen – Rückkopplung glauben, dürfen wir überhaupt erwarten, dass eine Entscheidung des Geräts uns etwas über das Problem „sagt". Die Natur zum Sprechen bringen, heisst also zu allererst an die Rückkopplung Effekt → Modell glauben. Anders ausgedrückt, die Abweichung des Modells vom Sollwert „richtig" ist nur unter Annahme eines Rückkopplungswegs vom Effekt zum Modell festzustellen. Modell, Effekt und die Bewertung beider bilden also ein abstraktes nachrichtentechnisches System mit feed back. Wir wollen den dazugehörigen Glauben daher als *feed-back-Glaube* bezeichnen. Messenger- und feed-back-Glaube bilden zusammen die notwendige Vorbedingung, dass wir überhaupt etwas von einem Versuch zu erwarten haben. Dieser Glaube ist damit zugleich die Bedingung unserer Hoffnung auf empirische Erkenntnis. Wir können nach dem Modell zweier Stromkreise die bisherigen Glaubenssätze als Primärkreis bezeichnen. Er speist die experimentelle Erkenntnis wie der Strom eine Fabrik mit Energie. Dieser Primärkreis induziert nun einen Sekundärstrom von Glaubenssätzen. Sie betreffen die technische Durchführung des Versuchs. Da ist zunächst die Konstruktion des Interferometers; sie setzt notwendig den Glauben voraus, dass überhaupt das Nachrichtensystem aus Situationsmodell und Effekt seinen Niederschlag in einem realen Apparat finden kann. Das ist nicht trivial. So könnte zum Beispiel die Geometrie verhindern, dass eine Nachricht aus dem Interferometer zu unserem Auge gelangt. Man denke sich das Interferometer in einem kollabierenden Stern, dessen Massendichte so gross wird, dass die Raumzeit-Metrik eine Singularität aufweist. In diesem Fall würden überhaupt keine Nachrichten vom Innern des Sterns nach aussen gelangen [5]. Den Glauben an die Konstruierbarkeit der Versuchsanordnung wollen wir daher als *Konstruktionsglaube* bezeichnen. Er enthält im Grunde die Annahme, dass eine theoretisch mögliche Welt auch technisch konstruiert werden kann.

Das reicht indes nicht hin. Der Entwurf des MV, wie wir ihn auf Seite 16–18 darlegten, muss in die Tat umgesetzt werden. Dabei treten erfahrungsgemäss eine Reihe von technischen Schwierigkeiten auf. Sie liegen in der Natur des Materials und der Versuchsbedingungen. Die erstere kann verhindern, dass der Sollwert der Konstruktion nicht erreicht wird, etwa durch Fehler im Fernrohr. Die letzteren bringen Verunreinigungen des Versuchs durch unerwünschte Nebeneffekte. So könnte etwa die Schwenkung des Interferometers, die ja eine Beschleunigung mit sich bringt, eine Streifenverschiebung erzeugen, die mit der Erdbewegung nichts zu tun hat. Solche Abweichungen der Ist-

---

[5] Nach der allgemeinen Relativitätstheorie nimmt die Frequenz aller Vorgänge auf einem Stern mit dessen Massendichte ab. Ein elektromagnetisches Signal, das von einem schweren Stern ausgesandt wird, zeigt daher im Vergleich zu einem gleichartigen Signal auf der Erde eine Rotverschiebung (diese hat nichts mit der Rotverschiebung des Expansionseffekts zu tun). Bei Überschreiten einer kritischen Massendichte dringt dann kein Signal mehr nach aussen. Es ist, als würden die Signale – die ja als Photonen aufgefasst werden müssen – nicht mehr gegen die übermächtige Gravitationsanziehung des emittierenden Sterns ankommen. Wäre die Erdanziehung unendlich gross, so könnte kein Funksignal mehr die Erde verlassen.

von den Sollwerten eines Versuchs sind in letzter Strenge unvermeidbar, denn niemals erreichen wir jene Idealbedingungen in der Wirklichkeit, die wir zur Bewertung eines bestimmten Problems benötigen. Generell gesprochen: Die Isolierung eines Problems gegenüber der praktisch unendlichen Menge im gleichen Versuch auftretender Probleme ist nur in Gedanken, nicht aber in Wirklichkeit möglich. Unser abstraktes Nachrichtensystem ist eben gegenüber anderen, unerwünschten Nachrichten nicht abzuschliessen. Wenn wir trotzdem an die Möglichkeit eines ideal-reinen Versuchs glauben, so intendiert dieser Glaube eine Struktur der Welt, die es ermöglicht, die relative Abschließbarkeit eines realen Systems vom Universum aller übrigen Systeme als provisorisch absolut anzunehmen. Mit anderen Worten, es ist der Glaube an die Realisierung des Idealen, wo Soll- und Istwert der Versuchanordnung zusammenfallen. Wir wollen diesen Glauben, der für jedes Experiment unerlässlich ist, daher als *Idealitätsglaube* bezeichnen. Auch aus ihm lässt sich keine Theorie ableiten, wohl aber ist keine empirisch begründete Theorie möglich, ohne ihn anzunehmen.

Dies ist genau der Punkt, wo die KANTsche reine Vernunft ins Spiel tritt. Sie soll ja in einer unendlichen Reihe von hierarchischen Bedingungen zum absolutum vorstossen. KANT fasst es als Ideal auf, das wir im Realen nie erreichen können. Wir sind aber in den praktischen Operationen des Experimentierens genötigt, dieses Ideal als realisierbar anzunehmen. Damit müssen wir den Schritt zur praktischen Vernunft des physikalischen Operierens tun. Die reine Vernunft würde in unserem Fall nur dann in Antinomien fallen, wenn sie die absolute Isolierbarkeit der Versuchsbedingungen als total erreichbaren Realfall annähme. Dann würde sie nämlich einerseits die Abschliessbarkeit des Objekt-Systems behaupten, andererseits es in seiner Eigenschaft als beobachtetes Objekt-System wieder in Kommunikation mit dem Beobachter setzen. Im MV muss also einerseits eine Schwenkung des Geräts vorgenommen werden (Eingriff des Beobachters), andererseits soll diese, isoliert betrachtet (ohne Einwirkung der Erdgeschwindigkeit) keine Veränderung des Objekt-Systems herbeiführen. Dass dies einen echten Widerspruch ergibt, zeigte die Quantenmechanik durch die Unschärferelationen. Die klassische Physik einschliesslich der sRT glaubte an die Realisierbarkeit der absoluten Isolierung des Versuchsobjekts vom Beobachter. Sie täuschte sich darin ebenso, wie dies KANT für die transzendentale Vernunft annahm, wenn diese ihre Ideale als gegenständlich setzt. Als regulatives Prinzip war die Isolierbarkeit jedoch ungemein fruchtbar, denn sie führte zur klassischen

Physik mit der Annahme, dass jederzeit das Grössenpaar x, p_x den Anfangszustand eines Systems eindeutig bestimmt, auch wenn wir davon keine Kenntnis besitzen [6].

Der o.g. Idealitätsglaube erweist sich gegenüber dem Irrtum der reinen Vernunft als *reformiert*. Er *weiss* um die Nicht-Realisierbarkeit seines Ideals, glaubt aber zugleich an eine beliebige *Näherung*, die hinreicht, um im Rahmen einer umgrenzten Aufgabe das strategische Ziel zu erreichen. Dieser Glaube ist nicht kontradiktorisch, denn er verlangt nicht die Aufhebung der Störung bei den Beobachtung, sondern nur das Zuhandensein einer zulässigen *Toleranz*. Der Idealitätsglaube entfaltet sich damit als *Toleranzglaube*. Diese Bewegung von der Idealität des Absoluten zur Realität der Toleranz unterscheidet uns von KANT. Sie bedeutet damit eine zweite Wende gegenüber dem dogmatischen Anspruch der Vernunft, das Absolute bereits zu besitzen, wie er in der Metaphysik vor KANT, insbesondere in der thomistischen Philosophie, auftrat. Die erste Wende vollzog KANT, indem er diesen Anspruch ein für allemal zerstörte. Er liess aber der Wissenschaft nur Anschauung und Verstand, während die reine Vernunft höchstens als regulative Instanz fungieren durfte. Seine grosse Idee, die Vernunft habe das Feld der Heuristik zu bebauen, blieb im Schatten seiner Kritik an deren dogmatischen Ansprüchen. Heute wissen wir, wie positiv diese Funktion der Vernunft ist. Gerade hier liegt ihre schöpferische Aufgabe, die KANT im Grunde nur der Anschauung und dem Verstand zubilligte. Sonst hätte er die ungemein fruchtbare Leistung der Vernunft erkennen müssen, die gerade in der Kreation von Idealisierungen, absoluta und Näherungen liegt. Dass Toleranzen überhaupt zulässig sind, ist im Grunde das eigentliche Wunder der Welt, das zu bewältigen nicht der Verstand und schon gar nicht die Anschauung, sondern allein die schöpferische Vernunft imstande ist.

Auch die Durchführung des Versuchs setzt einen Glauben voraus. Wir sind nämlich unausgesprochen davon überzeugt, dass die gleichen Bedingungen – im Rahmen der durch den Idealitätsglauben begründeten Toleranz – immer zum gleichen Effekt führen werden. Mit anderen Worten, wir glauben daran, dass alle anderen Physiker zu allen anderen Zeiten, wenn sie nur genau die gleichen Versuchsbedingungen herstellen, auch das gleiche Ergebnis erzielen. Deshalb kommt es niemand in den Sinn, etwa heute den MV in der gleichen Weise wie seine Autoren

---

[6] x ist die Koordinate, p_x die Impulskomponente in der x-Richtung. Beide Parameter bestimmten zusammen eindeutig den Zustand eines Massenpunkts. In der Quantenmechanik müssen wir annehmen, dass die Beobachtung von x den Wert von p_x stört und vice versa.

zu wiederholen. Wenn er später hoch über der Erde oder mit ultra-violettem Licht durchgeführt wurde, so wurden die Versuchsbedingungen bewusst verändert. Es ist der Glaube an die mögliche Identität der Versuchsbedingungen zu verschiedenen Orten und Zeiten. Er setzt natürlich geometrisch gesprochen die Homogenität von Raum und Zeit, also das Relativitätsprinzip, voraus und könnte daher als Hypothese oder Axiom einer Theorie dieser Homogenität angesehen werden. Dies ist genau die Theorie der Relativität. Damit würde die sRT ihren Grundglauben als Axiom enthalten. Wir müssen daher noch einen Schritt weiter gehen und formulieren den Glauben an die mögliche Identität unabhängig von der speziellen Natur von Raum und Zeit. Darin ist dann die Identität des benutzten Materials, also die Gleichheit der darin eingehenden Atome und Moleküle enthalten. Bezeichnen wir sie als Struktur-Homogenität. Dazu tritt die Homogenität des Verhaltens, die auch die zeitliche Entfaltung der Zustände des Materials jederzeit und überall unter gleichen Anfangsbedingungen enthält. Dies ist nicht selbstverständlich, geht doch in der Quantenmechanik die eindeutige Voraussagbarkeit der Zustandsentfaltung verloren [1]. Wir glauben aber, dass zumindest die makroskopischen Apparaturen eine solche eindeutige Reproduzierbarkeit der Zustandsentfaltung erlauben. Wir wollen daher diesen Glauben als *Reproduzierungsglauben* bezeichnen. Nur dann ist zu erwarten, dass es hinreicht, historisch und örtlich einmal den MV durchzuführen, um die Bewertung unseres Situationsmodells vorzunehmen. Im Grunde glauben wir damit an die Überräumlichkeit und Überzeitlichkeit des Versuchs in genau dem angegebenen Sinn der jederzeitigen und allräumlichen Reproduzierbarkeit. Diese Über-Raumzeitlichkeit, wie wir sagen können, korrespondiert genau der Über-Raumzeitlichkeit unseres Situationsmodells, das ja als constructum der Vernunft von jedem Physiker und zu allen Zeiten reproduziert werden kann.

4. KENNZEICHNUNG DER GLÄUBENSSÄTZE

Die bisher deskripitiv aufgewiesenen Glaubenssätze wollen wir durch ein Symbol bezeichnen. Damit kürzen wir nicht nur die Sprechweise ab, sondern behaupten auch in einem Akt frei setzender Hypothese, dass allen künftig auffindbaren Glaubenssätzen gemeinsame Merkmale zukommen. Sie bilden also einen bestimmten Typus von Annahmen, der sich von anderen Typen, insbesondere den Hypothesen und Axiomen,

---

[1] Siehe S. 35 Anm. 6.

grundlegend unterscheidet. Als Zeichen wählen wir den letzten Buchstaben des griechischen Alphabets, Ω, um anzudeuten, dass es sich um vorläufig *letzte* Annahmen handelt, die nicht ihrerseits durch tiefer liegende Annahmen begründbar sind. Vorläufig ist diese Kennzeichnung, weil wir damit rechnen müssen, dass die Glaubenssätze ein System bilden, das seinerseits aus wenigen Grundannahmen aufgebaut werden kann. Zunächst wollen wir die Glaubenssätze ja nur aufweisen und rein morphologisch, nicht systematisch, behandeln. Wir sprechen von Ω-Sätzen. Ω ist dann der Gedanke eines Ω-Satzes.

Soweit wir bisher feststellen, sind ihre gemeinsamen Merkmale:

1. Sie sind die unerlässlichen Vorbedingungen für Grundoperationen des Physikers.

2. Sie werden vom Physiker in einem Akt der existenziellen Nötigung geglaubt. Darunter ist verstanden: Er kann als Physiker nicht existieren, wenn er sie nicht annimmt. Dieses Annehmen geschieht i.a. nicht bewusst und ist unabhängig von der psychischen und weltanschaulichen Verfassung des Physikers. Ihre Apriorität ist daher keine psychologische, sondern logische, aber in jenem speziellen Sinn, dass sie von bestimmten Operationen des Physikers vorausgesetzt werden. Ich möchte dies als operative oder auch konstruktive Apriorität bezeichnen, abgekürzt ω-Apriorität. ,,ω'' sei das Zeichen für ,,operativ''.

3. Sie intendieren sowohl die allgemeinsten Strukturen der Welt als jene der Erkenntnis. Darin gleichen sie den Hypothesen und Axiomen. Diese Strukturen sind aber so allgemein, dass daraus keine Schlüsse auf die Konstruktion der Theorie gezogen werden können. Sie sind wohl Bedingungen der Theorie, nicht aber ihre Prämissen.

4. Beim derzeitigen Stand unserer Erkenntnis handelt es sich bei den Ω-Sätzen zwar um die allgemeinsten Annahmen; es besteht jedoch keine Garantie, dass sie nicht auf noch allgemeinere zurückgeführt werden können. Sie sind jedoch auch noch dann durch eine Schwelle von den Hypothesen und Axiomen geschieden, da sie immerhin allgemein genug sind, um keine spezielle Theorie festzulegen.

5. Ω-Sätze sind weder aus der Erfahrung unmittelbar zu gewinnen noch an ihr zu testen. Sie werden vielmehr von jeder experimentellen Erfahrung als deren Möglichkeitsbedingungen vorausgesetzt.

6. Im Gegensatz den Hypothesen, Korrespondenzregeln und Axiomen sind sie nicht das opus des menschlichen Konstruierens. Sie sind keine constructs im Sinne MARGENAUS, gehören also nicht zum C-Feld. Anderenfalls müsste die Konstruktion der Ω-Sätze ihrerseits an Möglichkeitsbedingungen geknüpft werden, die keine constructs sind, und

dies wären dann die gesuchten Ω-Sätze. Die menschlichen Operationen des Konstruierens von Modellen, Experimenten, Theorien und Begriffen sind vielmehr an Bedingungen geknüpft, auf die der Mensch keinen Einfluss nehmen kann, die also nicht von ihm konstruiert werden können, sondern jeder Konstruktion notwendig logisch vorhergehen. Sie sind das nicht konstruierte, ausserempirische und operative Apriori des Konstruierens.

7. Daraus folgt, dass sie nicht willkürlich austauschbar sind, wie etwa die Euklidizität des Raums oder die klassische Kausalität (die in der Quantenmechanik durch die Wahrscheinlichkeit ersetzt wird). Sie sind nicht nur maximal generell sondern auch im Rahmen einer bestimmten Gruppe konstruktiver Operationen verbindlich. Der eingangs erwähnte Name ,,Obligat" kennzeichnet diesen Sachverhalt. Ω-Sätze sind Obligate.

8. Daraus folgt nicht, dass jedes spezielle System von constructs nicht sein besonderes System von Ω-Sätzen enthält. Es ist auch nicht von vornherein auszuschliessen, dass bestimmte Ω-Sätze, die für eine Theorie angenommen werden müssen, in einer anderen Theorie durch ihnen widersprechende ersetzt werden müssen. Wir wollen aber diesen Fall arbeitshypothetisch zunächst ausschliessen. Es ist also sinnvoll, nach den speziellen Ω-Sätzen einer physikalischen Theorie zu fragen. Sie bilden das Ω-System dieser Theorie. So werden wir in diesem Buch die Frage nach dem Ω-System der sRT stellen. Eine Wissenschaft, die das Ω-System einer physikalischen Theorie untersucht, wollen wir als ,,Protophysik" bezeichnen.

Den höchsten Grad an Allgemeinheit nehmen jene Ω-Sätze an, die für jede mögliche Wissenschaft gelten. Von ihnen sprach KANT, als er die Fundamentalprinzipien des Verstandes formulierte. Er verkannte indes, dass eine spezielle Wissenschaft i.a. ausser den maximal allgemeinen Ω-Sätzen auch spezielle Ω-Sätze voraussetzt, die gerade deshalb im Sinne KANTS nicht allgemein notwendig sind. Wir können daher auch die konstruktive Notwendigkeit als relativ, das heisst nur unter Bezug auf eine bestimmte Theorie als gegeben, bezeichnen, die maximal allgemeine als invariant, d.h. als für alle Theorien gültig. Das schliesst indes die Absolutheit der Ω-Satze innerhalb des einmal gewählten Bezugsstems konstruktiver Operationen nicht aus. Im Gegenteil, ebenso wie die Ruhwerte von Masse, Länge und Dauer vom als ruhend angenommenen Eigensystem der sRT aus absolut (invariant) sind, so auch die speziellen Ω-Sätze innerhalb des Operationssystems, dessen Möglichkeitsbedingungen sie liefern.

Der Schritt von KANT zu der im folgenden vorgetragenen Protophysik ist also das philosophische Gegenstück des EINSTEINschen Schritts von den absoluten Strukturen der NEWTONschen Zeit und des NEWTONschen Raums zu den relativen räumlichen und zeitlichen Erstreckungen. Die Protophysik bringt die Relativierung der Aprioris.

In der Tat, den Letztannahmen einer Theorie kommt keine absolute Notwendigkeit zu; sie gelten nicht in allen möglichen Welten. Im Gegenteil: Sie zeichnen diese unsere Welt und diese unsere Art, Theorien zu bauen, in einem besonderen Mass aus. Sie deuten auf spezielle Strukturen unserer menschlichen Wissenschaft und unserer von Menschen erfahrbaren Wirklichkeit hin. Deshalb sind sie auch wichtiger als alle Aussagen über mögliche Welten, die im Grunde nichts besagen. Wenn andererseits überhaupt physikalisches Erkennen möglich sein soll, dann müssen auch diese Annahmen gelten. Sie sind die letzten Ermöglichungsgründe der Physik. Ins Reale transponiert: Wenn überhaupt diese unsere Welt möglich sein soll, dann müssen die in diesen Gedanken ausgesprochenen Strukturen die Wirklichkeit steuern.

Es gibt also unverkennbare Unterschiede zwischen den Ω-Instanzen des Physikers und den aprioristischen Instanzen KANTS, Anschauung, Verstand und Vernunft. Sie beziehen sich

a) auf den Anwendungsbereich der Aprioris,
b) auf ihre Definition
c) auf ihre Genesis
d) auf die Notwendigkeit des Sinns ihrer Aussagen

Was den Anwendungsbereich betrifft, so meinte KANT jede nur mögliche Erfahrung, die Physik jedoch nur einen bestimmten Ausschnitt möglicher Erfahrungen, nämlich jenen, der durch Messgeräte vermittelt und mathematisch beschreibbar ist. (Diese sehr schwierige Problematik wollen wir hier nicht weiter diskutieren). Im folgenden soll die Tragfähigkeit der theoretischen Vernunft am Beispiel der sRT gezeigt werden.

Insoweit bringt also die folgende Untersuchung eine Spezifizierung der KANTschen Fragestellung. Darin liegt zugleich ein Test, ob die von KANT angebotenen Lösungen des allgemeinen Problems richtig sind. Wann sie nämlich für das spezielle Problem versagen, so können sie nicht mehr allgemein gelten. Neben den Test tritt aber noch eine Erweiterung derjenigen Ansätze KANTS, die sich als brauchbar erweisen. Es wird sich nämlich herausstellen, dass die KANTschen Aprioris nicht ausreichen, um das Problem einer transzendentalen Begründung der sRT zu lösen. Wir werden den Katalog der Aprioris erweitern müssen und dabei eine sehr verwickelte Struktur der Aprioris aufweisen.

5. GLAUBENSSÄTZE SIND KEINE KONSTRUKTIONEN

Wir setzen hypothetisch 4 Klassen von Ω-Sätzen. Das Zeichen k links unten bezeichnet „vom Menschen erzeugt", rechts oben „in Bezug auf die Theorienbildung". Das Zeichen π links unten bezeichnet „nicht vom Menschen erzeugt, sondern vorgefunden", rechts oben „in Bezug auf die Welt".

A) $_k\Omega^k =$ die vom Menschen erzeugten letzten Bedingungen für das Zustandekommen einer Theorie

B) $_k\Omega^\pi =$ die vom Menschen erzeugten letzten Bedingungen für das Zustandekommen der Welt

C) $_\pi\Omega^k =$ die nicht vom Menschen erzeugten letzten Bedingungen für das Zustandekommen einer Theorie

D) $_\pi\Omega^\pi =$ die nicht vom Menschen erzeugten letzten Bedingungen für das Zustandekommen der Welt.

Es lässt sich sofort zeigen, dass die Klassen A und B leer sind. In der Tat: Wären die Bedingungen frei konstruierbar, so bedürfte es wiederum letzter Annahmen, um die Konstruktion zu ermöglichen. Dann aber wären die Ω-Sätze nicht letzte Annahmen. Konstruktionen sind ferner austauschbar; der Wechsel eines Axiomensystems erzeugt u.U. eine neue, ebenfalls widerspruchsfreie Theorie. Die Ω-Sätze sind also keine Axiome. Wir lassen daher den Index links unten fort.

Aber auch die Erfahrung liefert keine Ω-Sätze. Es ist vielmehr gerade umgekehrt: Damit Sinnesdaten überhaupt in ein logisches System zu bringen sind, bedarf es bereits bestimmter Annahmen, welche die einschlägigen Operationen erst ermöglichen. Ein einfaches Beispiel: Der MICHELSONversuch brachte das Sinnesdatum „Keine Streifenverschiebung". Um dieses Datum in einen logischen Zusammenhang mit der Elektrodynamik zu bringen, bedurfte es eines Komplexes von Annahmen. Davon war die ausschlaggebende jene, dass die Lichtgeschwindigkeit durch die Relativbewegung von Weltäther und Empfänger beeinflusst wird nach

(11) $$c_p = c \mp v,$$

worin c die Lichtgeschwindigkeit gegenüber dem Weltäther, c_p die Lichtgeschwindigkeit gegenüber dem Empfänger und v die Bewegung

des Empfängers gegenüber dem Äther ist. Unserer o.g. Annahme geht
also die eines ruhenden Äthers oder irgend eines anderen absoluten
Bezugssystems vorher. Diese Annahme erwies sich als unbegründbar.
Sie konnte also kein Ermöglichungsgrund für eine Theorie des MICHEL-
SONversuchs sein. Dies ist vielmehr die Annahme, dass es überhaupt
Bezugssysteme gibt, die den Betrag von c_p beeinflussen oder nicht
beeinflussen. Erst jetzt kann die Frage nach dem Betrag von c_p gestellt
werden. Hier greift nun das axiomatisch setzbare spezielle Relativitätsprinzip ein: ,,Es gibt keine Unterscheidungsmerkmale für Inertial-
systeme''. Folglich gibt es auch keine optischen und der negative
Ausgang des MICHELSONversuchs ist erklärt. Wäre der Versuch positiv
ausgefallen, so müssten wir das Axiom auswechseln, jedenfalls für die
Optik.

Ω-Sätze stehen damit in einem merkwürdigen Zwischenfeld zwischen
Erfahrung und Axiomatik. Ihre Struktur ist besonderer Art. Sie lässt
sich am besten im Vergleich zu anderen Glaubenssätzen beschreiben.
Auch ein religiöser Glaube ist nicht frei gesetzt, denn er bildet ja gerade
die Voraussetzung für absolute Normen. Daher ist er auch nicht frei
auswechselbar. Glaube ist notwendig dogmatisch. Ein ungeglaubter
Glaube ist ein Unding. Glaube ist die unerlässliche Vorbedingung für
eine bestimmte Klasse von Verhaltensweisen. Er erweist sich zu allen
Zeiten und unabhängig von der speziellen Art des Glaubens als unabdingbar für die sinnvoll gelebte menschliche Existenz. Ja menschliche
Existenz ist so sehr auf Glaube gegründet, dass man sagen kann: Der
Glaube erzeugt erst spezifisch menschliche Existenz. Es ist der Glaube
an ein würdiges Lebensziel, der Glaube an eine bessere Zukunft, an den
frei gewählten Lebenspartner, an die schicksalhafte Gemeinschaft wie
Nation und Familie, der Glaube an den Wert des Leidens, Kämpfens
und Überwindens. Der Unglaube hat keine Zukunft, denn er verneint
die Zukunft. Der notwendig auf Zukunft gerichtete Mensch ist immer
gläubig – welcher Art Glaube dies auch sein mag.

Ähnlich der Glaube des Physikers: Er bedarf seiner, um überhaupt
auch nur die elementarste theoretische Operation auszuführen. Was
wäre der Experimentator ohne den Glauben an die Identität der Welt,
die ihn innerhalb der Wahrscheinlichkeitsgrenzen bei gleicher Versuchs-Situation das gleiche Ergebnis erwarten lässt? Was wäre der
Theoretiker ohne den Glauben an die mathematische Beschreibbarkeit
der Welt? Beide handelten ohne Sinn, wenn sie ihrem Glauben ab-
schwören würden.

Andererseits ist der Glaube insoweit frei, als ich ihn annehmen oder verwerfen kann. Er wäre sonst nicht Glaube, sondern notwendige Folge von tiefer liegenden Annahmen oder von Erfahrungssätzen. Nicht auswechselbar ist der Inhalt des Glaubens, sobald wir uns auf bestimmte Operationen eingestellt haben. Wer sein Leben auf die Überwindung des Bösen ausrichtet, muss annehmen, dass es in einer höchsten Instanz schon überwunden ist. Anderenfalls kann er nach allen Erfahrungen mit der Bosheit in dieser Welt nur kapitulieren, denn das Böse scheint übermächtig. Wer in der Physik experimentiert, ist gehalten, an die Identität der Welt zu glauben, anderenfalls er keinen Grund hätte zu sagen, dass die gleiche Versuchs-Situation an jeder Stelle der Welt und zu jeder Zeit das gleiche Ergebnis zeigt. Aber niemand ist gezwungen, Physik zu treiben.

Auch den charismatischen Charakter teilt der Glaube der Physikers mit dem des Religiösen: Wie dieser ist der Akt des Glaubens nicht erzwungen und nicht beliebig von jedem Menschen nachvollziehbar. Erst auf einer bestimmten Stufe der persönlichen Kultur kann der Mensch Physik treiben. Tut er dies, dann freilich muss er deren Grundannahmen akzeptieren. Er findet sie aber in einer denkwürdigen und nicht mehr erklärbaren Weise in sich vor: Weder anerzogen noch angeboren, weder konstruiert noch erfahren, sondern schlechthin daseiende Helfer in den Nöten seines Suchens.

Es liegt ein Heilsames in ihnen, ein Lebenspendendes, denn sie heilen die Spannung zwischen dem Unbekannten und dem Getrieben-Sein nach Erkenntnis. Glaube steht an der Wiege des Wissens und ohne ihn ist kein Wissen möglich. Seine Kraft zieht er aus seiner Wirksamkeit, aus seiner Bewährung an der Wissenskraft einer physikalischen Theorie. Er verleiht dem Physiker die Hoffnung, das Wissen zu erlangen, nach dem er dürstet. Es gibt ohne den Glauben an die Erkennbarkeit der Welt diese Hoffnung nicht. Wem also vertraut sich der Physiker an? Weder der Natur, denn sie schweigt, noch sich selbst, denn er redet ins Leere. Die Natur zum Sprechen zu bewegen, heisst sein eigenes Sprechen auf Vertrauen in die Sprechbarkeit der Dinge zu gründen. Dies ist der Mechanismus aller mathematischen Physik. Ihr Charisma liegt im Visionären: Den unmathematischen Ereignissen einen mathematischen Hintergrund zu geben, auf dem sie erst ihr Stück spielen können. Der Glaube macht also nicht blind, sondern sehend.

Woher aber der Friedhof falschen wissenschaftlichen Glaubens? Es ist wie mit den Religionen und Mythen: Glaube, der sich nicht an der Wirklichkeit bewährt, ist Missglaube. Wir haben von ihm zu verlangen, dass er uns nicht enttäuscht. Glaube, der sich nur auf Spekulation

gründet, wird zur Torheit. Es gab davon genug in der Philosophiege-
schichte. Der Aufstand des Empirismus erfolgte insofern zu recht.
Ohne den religiösen Bereich zu tangieren, soll daher als ,,physikalischer
Glaube" definiert werden ,,das durch Erfahrung bewährte, nie wider-
legte Vertrauen in jene Strukturen des Denkens und der Welt, die
Denken und Welt ermöglichen". Unter ,,wissenschaftlichem *Aber-
glauben*" verstehe ich das Vertrauen in Scheinkräfte des Denkens.
Dazu gehört insbesondere die Annahme der Absolutheit von Welt-
modellen wie dem mechanischen oder die Annahme, die Physik könne
jede Art von Weltstruktur beschreiben, darunter auch die biologische,
psychische und soziale. Unter einem wissenschaftlichen *Mythus* verstehe ich das Vertrauen in Scheinstrukturen der Wirklichkeit. Dazu
gehören alle falschen wissenschaftlichen Theorien, die eine gewisse Le-
benskraft aufweisen, wie z.B. die Theorie vom Weltäther. Unter einer
wissenschaftlichen I d e o l o g i e verstehe ich das Vertrauen in frag-
würdige Denkweisen, die wir selbst gemacht haben, um bestimmte
Ziele zu erreichen. Darunter fällt z.B. der methodische Atheismus: Wir
schalten bewusst jede übernatürliche Erklärung eines Tatbestands aus,
um uns den Weg für rationale Erklärungen frei zu halten. Diese Haltung hat sich begrenzt bewährt; sie scheitert indes, sobald sie den rein
physikalischen Rahmen verlässt und sich anheischig macht, die Physik
selbst aus dem Unglauben zu begründen.

6. GLAUBENSSÄTZE UND AXIOME

Es scheint, als seien die Ω-Sätze Axiome. Mit ihnen teilen sie den
Basis-Charakter gegenüber einer Theorie, gleich ihnen sind sie nicht aus
der Erfahrung zu gewinnen und auch die Axiome machen eine bestimmte Theorie erst möglich. Und doch gibt es wesentliche Unterschiede. Gerade der MV macht das deutlich. In das neue Situationsmodell geht das Axiom von der Konstanz der Lichtgeschwindigkeit ein.
Es zwingt, die NEWTONsche Absolutheit von Raum und Zeit aufzugeben, also die Axiomatik der klassischen Mechanik abzuändern. Damit
wir dies tun können, bedarf es eines Glaubens an die Zulässigkeit von
Näherungen. In der NEWTONschen Physik waren unendliche Ausbrei-
tungsgeschwindigkeiten erlaubt und Raum und Zeit absolut. Wir
können das Funktionieren dieser Physik nur dann verstehen, wenn wir
einen Näherungsübergang von der sRT zur klassischen Physik tole-
rieren. Er ist durch die Ungleichung $v \ll c$ gegeben. Das Verhältnis von
mechanischer und elektrodynamischer Geschwindigkeit steuert also

den Übergang von der klassischen zur relativistischen Physik. Die
Reform der Axiome setzt damit die Gültigkeit der klassischen Axiome
innerhalb einer bestimmten Toleranz voraus. Das aber ist ein Ω. Die
Axiomenbildung ist also an das Zuhandensein eines Glaubens gebunden. Deshalb geht das System der Ω-Sätze nicht in eine Formalisie-
rung der Theorie ein; diese hat nämlich unter anderem den Glauben an
die Formalisierbarkeit zur Bedingung. Besonders deutlich wird der
Sachverhalt bei der KANTschen Raum- und Zeitlehre. KANT hätte hier
zwischen einem axiomatischen und einem Ω-Teil unterscheiden müssen.
Der erste betraf den speziellen Inhalt der Anschauungsformen, ihre
Topologie, Metrik und Dimensionalität. Indem ihn KANT gleichfalls in
die Apriorität hineinnahm, kompromittierte er jene. Hingegen gibt es
einen unangreifbaren Ω-Teil: Die Räumlichkeit und Zeitlichkeit
schlechthin. Tatsächlich erbringt gerade die sRT den Nachweis, dass
allein die Annahme einer Raumzeit die Ableitung der LORENTZtransformationen ermöglicht – die ja Transformationen von Koordinaten
sind! – und damit eine Prognose über das Verhalten physikalischer
Grössen beim Wechsel des Bezugssystems erlaubt. Ja ohne Raumzeit
gäbe es weder diese Grössen noch Bezugssysteme und Transformationen. Der Glaube an die ordnende Funktion eines allgemeinen Verhal-
tensschemas der physischen Welt steht damit an der Wiege der Physik
selbst. Daran hat im Vergleich zu NEWTON die sRT nichts geändert, ja
sie hat diesen Tatbestand noch vertieft. Der Glaube an die Absolutheit
von Raum und Zeit war in heutiger Sicht hingegen ein regulativer, ein
heuristischer Mythus – fruchtbar unter historischen Bedingungen, aber
dennoch falsch. Nimmt man aber die spezielle Natur der Raumzeit
weg, so bleibt in letzter Abstraktion ein Extrakt übrig, ein echtes Ω,
das jeder physikalischen Reform bisher standhielt. Diesen unangreifbaren Kern des Apriori kann nun ein Axiom gar nicht erreichen. Was es
trifft, ist immer nur seine spezielle Struktur, diese aber ist zu relativie-
ren. Damit rücken die Ω-Sätze in die Nähe der absoluta der KANT-
schen transzendentalen Vernunft. Auch jene sind letzte Bedingungen,
die nicht ihrerseits wieder bedingt werden. Wir wollen aber vorsichtig
sein. Es ist nicht ausgemacht, dass Raumzeitlichkeit schlechthin die
Letztbedingung physikalischen Erkennens und/oder physischen Seins
ist. Es wäre ja denkbar, dass bestimmte Typen physischen Seins sich
ausserhalb der Raumzeit abspielen. Sollte dies zutreffen, so haben wir
nach umfassenderen Bedingungen für die Erkenntnis und/oder die
Welt zu suchen. Das würde aber nicht hindern, dass in Bezug auf alle
Erkenntnis und/oder alles physische Verhalten, wo die Raumzeit nach

wie vor apriorisch anzunehmen ist, sie dennoch eine Letztbedingung darstellt. Wir schränken also nicht den Bedingungscharakter sondern nur seinen Geltungsbereich ein.

Andererseits ist diese regionale Relativierung der Ω notwendig. Sie sollen ja die Letztbedingungen von *Operationen* sein. Darunter seien zunächst nur die Operationen des Erkennens verstanden, möglicherweise auch des physischen Seins. Operationen sind immer ein schöpferischer Akt. In Bezug auf das Erkennen machte KANT dies in eminenter Weise deutlich. Erst recht gilt es für physisches Wirken. Nun sind aber alle Operationen des Erkennens ebenso wie des physischen Wirkens in bestimmte Typen zu unterteilen. So ist ja nach KANT das Operieren der Anschauung ein anderes als jenes des Verstandes und dies wieder ein anderes als jenes der reinen Vernunft. Mathematisches Operieren unterscheidet sich von einem Meßakt. Folglich müssen jedem Operationstypus besondere Ω-Sätze zukommen. Natürlich kann dadurch ihre Gültigkeit regional eingeschränkt werden, ja sie muss es, denn anderenfalls würden die durch sie ermöglichten Operationen keine Typisierung zulassen. So ist die Annahme der Räumlichkeit für die Psychologie nicht in jenem Maß verbindlich wie für die Physik und die Annahme der Zeitlichkeit für die Geometrie unerheblich, wenngleich deren constructa natürlich vom Menschen in der Zeit erzeugt werden. Die Ω sind also Bedingungen des Schöpferischen.

Dadurch unterscheiden sie sich nun von den Axiomen. Jene sind vielmehr Erzeugnisse schöpferischer Operationen. Sie sind freie Setzungen des Menschen. Andererseits erzeugen sie in einem abstrakten Sinn die Theorie über die Ableitungsregeln und die Tätigkeit des Ableitens. Axiome und Theoretiker müssen beide zur Operation des Ableitens zusammentreffen, um die Theorie zur Welt zu bringen. Die Ω bilden dabei den abstrakten Raum, in dem das Schöpferische sich allein entfalten kann.

Eine Theorie der Ω ist daher zugleich primär eine Theorie des Schöpferischen. Daher nenne ich die Protophysik eine Philosophie des Schöpferischen. Diese Aussage soll im Laufe der Untersuchung präzisiert werden. Hier sei aber schon folgendes bemerkt:

Erst das Zusammenwirken von Letztbedingungen und Prinzipien (Axiomen) [1] ermöglicht das Zustandekommen von Welt und Wissenschaft. Ein Ω-Satz macht eine Theorie erst möglich, aber noch nicht

---

[1] Unter einem Prinzip der Physik verstehe ich den Gedanken eines physikalischen Axioms. So ist das Relativitätsprinzip in der sRT als Axiom zu formulieren.

wirklich. Dazu bedarf es der Axiome, aus denen sich durch Implikation die Grundgleichungen und aus diesen wieder die Prognosen ableiten lassen. Analog dürfen wir annehmen, dass wenn eine solche Theorie richtig ist, auch die Letztbedingungen der von der Theorie beschriebenen Welt erst zusammen mit den Prinzipien die Strukturen und Effekte erzeugen. Während jedoch das Erzeugen der Wissenschaft eine Operation des menschlichen Geistes ist, ist das Erzeugen der Welt abstrakter Natur; es sei als ungeklärt hier nur behauptet.

Das Erzeugen als Operation des Geistes weist folgende Grundstruktur auf: Die Ω machen bestimmte Operationen der Wissenschaft (Theorie) bzw. der Welt (Strukturen und Effekte) möglich, die Prinzipien machen sie wirklich. Eine Mannigfaltigkeit von Ω_i vermag weder eine Wissenschaft noch Welt zu erzeugen. Sie sind auch nicht die bereitliegenden Urbilder von Welt und Denken, wie PLATON annahm. Vielmehr handelt es sich um Schematismen, die bereitliegen, um die Prinzipien aufzunehmen; um von ihnen erfüllt zu werden, ähnlich den Formen einer Giesserei. Mit den aristotelischen ,,Formen" haben sie freilich nichts zu tun, die erst zusammen mit dem Stoff das concretum konstituieren. Vielmehr ist gerade der Ω-Schematismus reine Möglichkeit, das aufnehmende Prinzip, das im Grunde noch-nicht-Seiende, und daher eher mit der metaphysischen ,,Materie" oder dem $\mu\grave{\eta}$ $\check{o}\nu$ des Vorsokratikers Melissos von Elea (5. Jahrh. a. Chr.) zu vergleichen, der die Nicht-Existenz des leeren Raums behauptete. Damit könnte man – was sich später als fruchtbar erweisen wird – den philosophisch-mythischen Raumbegriff mit den Ω in Zusammenhang bringen. Wir wollen uns aber diese Spekulation hier aufsparen. Es sind jedenfalls die Prinzipien einer Theorie, die Gedanken ihrer Axiome, und ihre Vorschriften, die aus den bereitliegenden Möglichkeiten Ω eine fertige Theorie konstituieren. Sind die Axiome und Regeln gegeben, so folgt alles übrige. Ist die reine Möglichkeit einer bestimmten Theorie gegeben, so hat der Theoretiker nur die Einschränkungen, die alle widersprechenden Theorien ausschliessen, aber noch nicht den Zwang zu eben dieser Theorie. Ganz ähnlich ist es mit der Geometrie: Wähle ich eine bestimmte, etwa die LOBATSCHEWSKIJ-Geometrie, so sind nur bestimmte Annahmen über den Ausdruck für ds^2 und die möglichen Transformationen erlaubt, die den Ausdruck für ds^2 invariant lassen. Aber erst wenn ich das Axiom einführe ,,Der LOBATSCHEWSKIJraum bildet die Addition der Geschwindigkeiten ab", so folgt daraus das EINSTEINsche Geschwindigkeitstheorem. Das Axiom hat hier den Sinn einer Zuordnungsvorschrift zwischen der LOBATSCHEWSKIJgeometrie und den

Geschwindigkeiten. Das Erzeugnis ist der EINSTEIN-LOBATSCHEWSKIJ-sche Geschwindigkeitsraum.

Dieses Beispiel ist instruktiv. Eine bestimmte Geometrie liegt bereit; sie ist die Möglichkeitsbedingung, dass überhaupt Geschwindigkeiten in eine Struktur geordnet werden können. Aber diese Möglichkeit ist in Ansehen der Physik als Erfahrungswissenschaft völlig leer. Tatsächlich lag sie historisch fast ein Jahrhundert zur Verfügung, ehe man erkannte, dass sie als Struktur des Geschwindigkeitsraums gedeutet werden kann. Erst ein Prinzip, nämlich der Gedanke des vorgenannten Axioms, erlaubte, sie als Geschwindigkeitsstruktur zu deuten. Dann folgt das Geschwindigkeitstheorem von selbst. Das Genie liegt in den Prinzipien. Aber das Genie ist machtlos ohne die Verfügungs-Instanz der Letztbedingungen. Ich bezeichne daher die Ω als Matrix der Operationen in Welt und Wissenschaft, die Gedanken der Axiome als die Matrix-erfüllenden Prinzipien. Wir sagen: Die Gesamtheit der Ω^k ist die Matrix der Wissenschaft, die Gesamtheit der Ω^n die Matrix der Welt. Dann ist Matrix ohne Prinzipien steril, Prinzipien ohne Matrix sind machtlos. Was den Prinzipien Macht verleiht, sind ihre Möglichkeiten zu wirken; was den Möglichkeiten Fruchtbarkeit verleiht, sind die Prinzipien, die sie erfüllen. Beide verleihen sich gegenseitig in abstracto Macht und Fruchtbarkeit. Ich nenne die Ω daher die Rezeptoren von Operationen, die Prinzipien die Generatoren der Operationen.

Wir stossen hier auf einen Archetypus im Sinne der Tiefenpsychologie von Carl Gustav JUNG. Es ist der uralte Zweiklang von Weiblich und Männlich, der so alt ist wie die Menschheit. Er entstammt einem Ur-Erleben der Natur und führte schon in den Anfängen des philosophischen Denkens dazu, das Sein schlechthin als Anwendung dieser Dualität zu deuten. Im Buche J-King der chinesischen Früh-Philosophie bedingen die Urprinzipien des Yang und Yin die Bewegung des Kosmos. Das Yang wird als das Lichtvolle, Schöpferische, Geistige und Männliche aufgefasst, das Yin als das Empfangende, Nächtige und Stoffliche. Diese auf den Geschlechtern fussende Polarität des Seins ist fast allen Völkern Asiens zu eigen. Der chinesische Philosoph Tung Tschung-schan (3. Jahrh. a. Chr.) dehnte diese Dualität auf alle menschlichen Beziehungen aus. Bei den Vorsokratikern finden wir sie wieder: Schon in der Orphik des 6. Jahrhunderts a. Chr. bildet die Leere (Chaos) und die Nacht das eine und der von der Nacht (aus dem Weltei) geborene Eros das andere Prinzip. ,,Und dieser, mit der gähnenden Kluft gepaart ... heckte unser Geschlecht aus und führte es

empor ans Licht".[2] Bei ANAXIMANDER (ca. 610–545 a. Chr.) bringen
die Gegensätze des Warmen und Kalten, des Feuchten und Trockenen
unendlich viele Welten hervor, wenngleich er zunächst die Welt aus
einem einzigen Prinzip, dem Apeiron, als dem unerschöpflichen Vorrat
erklärt, das nach ARISTOTELES alles umfasst und steuert. Wir können
dieses Apeiron, das Unbestimmte schlechthin, als Archetypus der Idee
einer Mannigfaltigkeit der Ω ansehen, die erst durch die Prinzipien
Bestimmtheit erfährt. Die Annahme des PYTHAGORAS (570 bis ca. 496
a. Chr.), die letzten Elemente der Zahl seien das Unbestimmte (Apeiron) und das Bestimmende (πέρας), weist in die gleiche Richtung, obwohl er ebenso wie die Milesier Thales und Anaximander zunächst nur
eine einzige Ursubstanz annimmt. Im Sein der Eleaten und im Werden
des HERAKLIT finden wir gleichfalls – wenn auch unter verschiedene
Schulen verteilt – eine Dualität. Wir könnten diesen Archetypus von
Sein und Werden, wie er in der Lehre von den ewigen Ideen und der
werdenden Materie das ganze philosophische Denken bis auf WHITE-
HEADS events und eternal objects durchzieht, auch auf die Ω und die
Prinzipien übertragen: Dazu fassen wir die Ω als die ausserzeitlichen
bereitliegenden Schematismen auf, während die Prinzipien die be-
stimmenden Operationen darstellen, die daraus eine zeitlich entstehen-
de wissenschaftliche Theorie bzw. eine Welt von Ereignissen machen.

Dies nur andeutungsweise als Auftun eines archetypischen Horizonts. Das abstrakte Verhältnis von Ω und den Prinzipien wurde schon
von den tiefsten Denkern seit den Anfängen der Philosophie erahnt;
wobei diese ihrerseits auf die Archetypen des Unbewussten zurück-
griffen, die mit dem Menschengeschlecht selbst entstanden. Wir wollen
daraus freilich keine tiefenpsychologische Theorie unserer eigenen
Protophysik ableiten, keine Psychologie der Protophysik [3], sondern
nur den menschheitsgeschichtlichen Ort bezeichnen, wo unsere Philosophie zu lokalisieren ist.

Ich möchte hier sofort einem Missverständnis entgegentreten. Keine
Rettung philosophischer Spekulationen, und seien sie noch so ehr-
würdig, wird hier unternommen. Eine solche Rettung ist nur in wenigen

---

[2] Nach J. HIRSCHBERGER, *Geschichte der Philosophie*, Bd. I, Herder Freiburg, 4. Aufl.
1960, S. 15.
[3] Das Thema wäre freilich interessant genug, denn es stellt das Problem: Inwieweit vermag das menschliche Denken in seinen Mythen und philosophischen Spekulationen ohne
entsprechende wissenschaftliche Erfahrung und Methodik deren Ergebnisse um Jahrtausende
vorwegzunehmen? Dies führt uns unmittelbar auf eine Einbettung der Heuristik in die My-
thologie und philosophische Spekulation. Ich bemerke aber ausdrücklich, dass es sich hier
um eine Problem der Psychologie handelt und nicht um eine nachträgliche Rettung philosophischer Mythen.

ausgezeichneten Fällen möglich. Eine rigorose Philosophie der Physik muss auf alle Hemmnisse verzichten, die sich aus der philosophischen Tradition aufdrängen; sie muss tatsächlich dort anfangen, wo die Wissenschaft heute steht: Bei den gesicherten Theorien der Physik und den gesicherten Theorien der Theorien, also der logischen Analyse. Ein Zurück gibt es nicht mehr; und wer das Rad heimlich zurückdrehen will, weil er im Grunde die heutige Denkweise missversteht, der wird keinen Gewinn haben. Wer aber meint, der moderne Physiker sei ein vom Himmel gefallener Meister, dessen Einsichten sich durch logische Mittel aus der Erfahrung ableiten liessen, missversteht seine eigene Wissenschaft. Er gleicht einem Autofahrer, der wohl den Führerschein besitzt und die halbe Welt durchschweift, aber ratlos ist, sobald eine Panne eintritt. Es genügt nicht, Benzin in den Behälter zu schütten und die Verkehrsregeln zu kennen. Man muss die Prinzipien seines Wagens beherrschen. Man muss wissen, wie er konstruiert wurde und wie er funktioniert. Ebenso genügt es nicht, sich durch ein physikalisches Studium die Verkehrsregeln (die Arbeitsmethoden) der Physik anzueignen und Kraftstoff hineinzuschütten (Experimente zu machen oder zu erklären). Vielmehr muss man wissen, aus welchen Abgründen an Intuition die Physik entstand und trotz welcher Abgründe an Unwissen sie funktioniert. Das zu wissen, ist das Geschäft des Philosophen. Er korrespondiert daher nicht mit den ,,Fahrern'' der Physik, sondern mit ihren Konstrukteuren, mit jenen, die Physik ,,machen''. Und das sind erfahrungsgemäss nur die wenigen Grossen. Freilich, mit zunehmendem Informationsstrom und zunehmender Abstraktheit der Physik wird schliesslich auch der letzte Student zu schöpferischer Mit-Konstruktion herangezogen. Damit wird eine Theorie der physikalischen Theorie immer dringlicher, denn sie ermöglicht, das Geleistete zu durchschauen und das Kommende zu ahnen.

Die Notwendigkeit von Prinzipien findet sich schon bei Christian HUYGENS (1629–1695) in seiner Vorrede zu seinem Traité de la lumière 1690 angedeutet [4], worin es unter anderem heisst: ,,Man wird solcher Art Demonstrationen sehen, die keine so grosse Gewissheit wie jene der Geometrie liefern und die von diesen sehr verschieden sind, da die Geometer ihre Sätze durch sichere und unbestreitbare Prinzipien beweisen, während die Prinzipien sich durch daraus abgeleitete Folgesätze verifizieren; die Natur dieser Dinge erlaubt kein anderes procedere. Es ist indes möglich, ihnen einen Grad von Wahrscheinlichkeit

---

[4] Ch. HUYGENS, Oevres Complètes, publ. par la Société Hollandaise des Sciences Bd. 19, La Haye 1937, S. 454 f.

zuzuschreiben, die sehr häufig nicht einer völligen Evidenz nachsteht''. Obwohl sich diese Sätze auf die Kennzeichnung von physikalischen Axiomen beziehen, so gelten sie doch in noch höherem Mass für die Ω-Sätze. Nur dass dort nicht das Experiment die Wahrscheinlichkeit einer Annahme testet, sondern die Theorie als ganze, also Experiment plus der Kriterien für die Annahme einer Theorie. Zu ihnen gehört auch Einfachheit, mathematische Schönheit, logische Geschlossenheit und Allgemeinheit. Der Anteil des Vertrauens muss also gegenüber den Ω-Sätzen noch grösser sein als gegenüber den Axiomen. SCHOLZ benutzt ausdrücklich das Wort ,,Glaube'' in Bezug auf die Axiome: ,,In den physikalischen Theorien steht es so, dass die Axiome pragmatisch begründet werden. Man glaubt umso fester an ihre Wahrheit, je grösser die Zahl der Konsequenzen ist, die die Erfahrungsprobe gut bestanden haben ...''.[5]

7. TECHNISCHE UND ABSOLUTE APRIORITÄT

KANT kannte bezüglich der Apriorität und Aposteriorität nur ein Entweder-Oder. Wir wissen heute, dass die Struktur der Entstehung einer Theorie viel verwickelter ist. Möglicherweise wird sich bei einer Einzeloperation des Physikers nie exakt trennen lassen, was reine Konstruktion und was Sinnesdatum ist. Schon dieses selbst ist ein hochkomplexes Gemenge aus Nachrichten über ein Ereignis und schöpferischer Datenverarbeitung durch das Gehirn. Nehmen wir wieder unser Axiom der Raumzeit-Homogenität: Gewiss ist der Anteil konstruktiver Vernunft bedeutend, wie wir auf den ersten Blick sehen. Wer möchte aber bestreiten, dass die jahrtausendelange Erfahrung mit Maßstäben und Zeitmessern Pate stand, die zu verschiedenen Zeiten und an verschiedenen Orten und nach den verschiedensten Transporten in räumliche und zeitliche Koinzidenz zu bringen sind.

Formal folgt die Relativierung der Apriorität schon aus der Relativierung der Notwendigkeit, da für KANT vermutlich die Apriorität einer Aussage aus ihrer Notwendigkeit abzuleiten ist: ,,Notwendigkeit und strenge Allgemeinheit sind sichere Kennzeichnen einer Erkenntnis a priori'' [1].

Die Ersetzbarkeit der Axiome durch ihnen widersprechende Axiome und deren Testbarkeit an der Erfahrung spricht zum mindesten für eine psychologische Teilhabe der Erfahrung an ihrem Zustandekom-

---

[5] H. SCHOLZ, a.a.O., S. 197.
[1] I. Kant, a.a.O., B 4. Siehe dazu die Diskussion bei H. SCHOLZ, a.a.O., S. 192.

men. Dadurch sei nicht bestritten, dass sie logisch nicht aus der Erfahrung ableitbar sind, wie EINSTEIN unablässig feststellt. Man muss also dann zwischen einem logischen und psychologischen Apriori bzw. Aposteriori unterscheiden. Dann kann es sein, dass ein Axiom logisch a priori, psychologisch aber teilweise a posteriori ensteht. Diese Unterscheidung fehlt bei KANT völlig, z.B. bei der Genesis der Geometrie.

Dasselbe müssen wir zunächst auch für die Ω-Sätze annehmen. Ein Glaube, der durch keinerlei Erfahrung genährt wird, ist absurd. Auch von einem religiösen Glauben fordern wir, dass er sich an der Lebenserfahrung bewährt; andernfalls würde von unserer Vertrauensfähigkeit zu viel verlangt. Christus bestätigte seinen Sendungsauftrag unaufhörlich durch greifbare Wunder. Er überforderte die Menschen nicht. Aehnlich verlangen wir von einem Menschen, dem wir Vertrauen schenken, dass er dieses Vertrauen durch Taten rechtfertigt. Ganz analog gründet sich unser Vertrauen in die Wahrheit der Ω-Sätze auf deren Leistung für den Aufbau einer Theorie. Vertrauen ohne Gegenleistung ist eine Herausforderung der Menschennatur und ähnelt den Schimären eines Schwachsinnigen. Das tut der rein apriorischen Genesis eines Ω-Satzes keinen Abbruch. Aber erst das auf Erfahrung gegründete Vertrauen macht daraus einen Glaubenssatz. Ohne dieses wäre er nur ein Satz wissenschaftlichen Aberglaubens oder bestenfalls ein Mythus.

Die Axiome bilden in Wirklichkeit Pseudo-Aprioris der Theorie. Ein Apriori im Sinne KANTs ist eine unerlässliche und nicht aus der Erfahrung zu gewinnende Bedingung für das Zustandekommen der Erfahrung. Aber nicht nur der Erfahrung: Indem die Anschauungsform Raum der Geometrie und die Anschauungsform Zeit der Arithmetik vorhergehen soll, sind auch die mathematischen Wissenschaften apriorische Sätze (und zwar synthetische). Daraus gewinnen sie ihren apodiktischen Charakter. Desgleichen sollen die Kategorien und die Grundsätze des reinen Verstandes aller Erkenn is logisch vorhergehen und daher ihre Notwendigkeit in sich selbst tragen. Nun können die Axiome der Geometrie, Algebra und theoretischen Physik ausgewechselt werden. Sie führen dann zu neuen Theorien, die gleichfalls widerspruchsfrei aufbaubar sind. Also erfüllen die Axiome keine der Forderungen KANTs an die Aprioris. Sie erweisen sich vielmehr als freie Konstruktionen des Menschen und gehören zum C-Feld der constructs.

Die im MV aufgewiesenen Ω-Sätze enthalten indes Gedanken, die KANTs Merkmale der Aprioris erfüllen. Sie sind keine constructs, sondern deren unerlässliche Bedingungen. Sie sind nicht aus der Erfahrung

abzuleiten, sondern ermöglichen sie. Sie sind innerhalb grosser Bereiche
der Erfahrung und darauf aufgebauter Theorien vermutlich nicht aus-
zuwechseln. Freilich tragen sie eine andere Art von Notwendigkeit als
die KANTschen Aprioris. KANT formuliert: ,,... ein Satz, der zugleich
mit seiner Notwendigkeit gedacht wird, ist ein Urteil a priori''.[2] Diese
diffuse Definition des Apriorischen (die sich historisch auf die Evidenz
der scholastischen Axiome zurückführen lässt), wollen wir aufgeben
und statt ihrer eine operative Notwendigkeit definieren: Operativ notwendig ist eine Bedingung, ohne welche eine bestimmte Operation
nicht durchführbar ist. In diesem Sinne sind die Ω-Sätze notwendig.
Sie sind also die wahren Aprioris der Wissenschaft.

KANT verkannte dies, indem er die Apriorität von Kategorien, Anschauungsformen und Prinzipien behauptete, die in Wahrheit reine
constructs des Menschen und daher auswechselbar sind. Dazu verleitete
ihn jedoch die historisch berechtigte Illusion, als sei das Wissen der
klassischen Physik das einzig mögliche. Wäre dem so, dann liesse sich
KANT wohl kaum durch die Physik widerlegen, denn gerade auf die
NEWTONsche Mechanik war seine Theorie zugeschnitten. Wir wollen
daher zwischen provisorisch invarianten und relativen Aprioris unterscheiden. Die letzteren tragen nur technischen Charakter und stellen
keine echten Aprioris dar; sie können jedoch durch die Annahme einer
bestimmten Theorie zu solchen gemacht werden. Darin bestärkt uns
die Einsicht, dass zwischen den technischen Aprioris der heutigen
Physik und den von KANT formulierten Aprioris des Erkennens ein
inhaltlicher Unterschied besteht. Physikalische Aprioris sind nicht
immer auch solche der Erkenntnis. Umgekehrt ist vorphysikalisches
Denken keineswegs das notwendige Apriori der Physik. Physikalische
Aprioris werden in einer wenn auch noch so indirekten Weise durch die
Erfahrung nahegelegt, sind also zunächst deren Konsequenzen und
nicht Voraussetzungen. Erst wenn wir eine fertige Theorie mit ihrer
Hilfe aufgebaut haben, werden sie wiederum zu den notwendigen
Voraussetzungen neuer Theorien. So wurde das Relativitätsprinzip
durch die Erfahrung nahegelegt, ist aber heute die Vorbedingung für
die Gültigkeit künftiger Theorien; diese müssen LORENTZ-invariant
sein. Technische Aprioris stehen also logisch in der Mitte zwischen
früherer und späterer Erfahrung: Sie werden von der ersteren teilweise
generiert, generieren aber ihrerseits über die Theorie die letztere.
KANT täuschte sich über ihre empirische Genealogie. Für ihn waren sie

---

[2] a.a.O., B 3.

– obwohl er sich darüber nicht aussprach – letztlich eben doch wieder angeborene Ideen im Sinne KEPLERS [3]. KANT täuschte sich aber nicht nur über den empirischen, sondern auch über den konstruktiven Charakter der physikalischen Aprioris. In der Tat wissen wir bei vielen sehr wohl, wie sie entstanden sind: Wir haben sie selbst „gemacht". Sie sind menschliche Konstruktionen, die wir selbst aufstellen, um zu weiteren Konstruktionen der Theorie zu gelangen. Daher ihr technischer Charakter.

SCHOLZ formuliert in Bezug auf die klassische Physik:

„Ein Naturgesetz, das einen physikalischen Zustand oder Vorgang beschreibt, ist dann und nur dann ein Gesetz der klassischen Physik, wenn die Art seiner Formulierung zurückgeführt werden kann auf gewisse auswahlerzeugende Hypothesen, die nichts weniger als selbstverständlich sind".[4] Die von KANT in der SCHOLZschen Formulierung genannten Hauptsätze werden nun zum Teil gerade durch die sRT korrigiert:

1. Euklidisches Prinzip → LORENTZraum bzw. LOBATSCHEWSKIJraum,
2. klassische Zeitvergleichung (absolute Gleichzeitigkeit und absolutes Früher und Später) → Relativität der Zeit,
3. Objektivierbarkeit der Zustände und Zustandsänderungen → Bezugssystemabhängigkeit,
4. mechanistisches Prinzip (Allgemeingültigkeit mechanischer Modelle = Konfigurationen unveränderlicher Massenpunkte) → Konstanz der elektromagnetischen Ausbreitungsgeschwindigkeit und Umwandlung von Masse in Energie.
5. Hingegen sind geblieben die Substanzialität (Genidentität und Massenerhaltung, sofern man die Erhaltung für Masse und Energie gemeinsam annimmt),
6. störungsfreie Beobachtbarkeit,
7. Stetigkeit und
8. Kausalität.

Das Euklidische Prinzip und das der klassischen Zeitvergleichung können gar nicht absolute Ermöglichungsgründe der Physik als Wissenschaft sein, denn sie werden durch eben diese Physik ausgewechselt. Sie gelten nur für den Grenzfall $v \ll c$. Der von NEWTON und KANT angenommene Fall $c = \infty$ war reiner Glaubenssatz und dazu noch

---

[3] KANT, *Kritik der reinen Vernunft*, Felix Meiner, Hamburg 1956, S. 359: „Ich verstehe unter der Idee einen notwendigen Vernunftbegriff, dem kein kongruierender Gegenstand in den Sinnen gegeben werden kann." Ideen ... „sind nicht willkürlich erdichtet, sondern durch die Natur der Vernunft selbst aufgegeben, und beziehen sich daher notwendigerweise auf den ganzen Verstandesgebrauch".

[4] H. SCHOLZ, a.a.O., S. 160.

falsch. EINSTEIN holte diese Aprioris zu Recht aus ihrem Olymp herab. Er reformierte gewissermassen die physikalische Glaubenslehre NEWTONS. Glaubenssätze können falsch oder wahr sein, keinesfalls aber sind sie absolut gewiss. Von absoluter Gewissheit sind auch die auf Raum und Zeit bezogenen Ω-Sätze der sRT nicht, wie wir sehen werden. Das Prinzip der Substanzialität wird uns in der sRT in einer ganz neuen Deutung begegnen: Hier gilt es nicht zu reformieren, sondern neuen Glauben zu setzen. Was die Objektivierbarkeit anlangt, so präzisiert die sRT deren Bedingungen: Objektiv ist künftig nur, was auf ein Bezugssystem bezogen ist. Die ,,absolute'' Gleichzeitigkeit ist eine subjektive Einbildung.

Ferner wird neuer Glaube gesetzt: Als ,,objektiv erster Ordnung'' können wir die Invarianten bezeichnen, als ,,objektiv zweiter Ordnung'' die Transformablen. Die letzteren sind wesensmässig auf das beobachtende Subjekt oder seinen Stellvertreter, das automatische Registriergerät, zugeordnet. Was die störungsfreie Beobachtung anlangt, so wird sie von der sRT implizit in das Prinzip der Signalübertragung übernommen: Auch hier soll der Inertialzustand des Geräts nicht durch Lichtsignale gestört werden, da anderenfalls die Voraussetzungen der sRT nicht mehr gelten, wonach das Relativitätsprinzip nur für Inertialsysteme zutrifft. Aber das ist ein Glaubenssatz: In Wirklichkeit stört die Absorption eines Lichtsignals unzweifelhaft den Beobachter. Wir glauben aber, dass die Störung hinreichend gering sei, damit das Relativitätsprinzip trotzdem gilt. Analoges ist über das Stetigkeitsprinzip zu sagen. Es gehört zu den Grundvoraussetzungen der sRT; aber es ist in der Wirklichkeit nie erfüllbar, denn dort gibt es keine Massenpunkte und irgendwie aufweisbare unendlich kleine Erstreckungen. Die Quantenmechanik belehrte uns hier eines besseren. Die Stetigkeit der Welt ist reiner Glaube. Was die Kausalität [5] betrifft, so ist sie überhaupt keine Voraussetzung der sRT, sondern ein Folgesatz, und zwar aus dem Prinzip der endlichen Signalgeschwindigkeit. Es legt der Raumzeit die MINKOWSKIstruktur mit einem vierdimensionalen Hyperkegel und der daraus folgenden Einteilung in zeit- und raumartige Ereignisse auf. Die Ausbreitung irgendeiner Wirkung erfolgt hier stets innerhalb des Kegels bzw. auf seinem Mantel. Dadurch werden die Ereignisse in die Klasse der kausal verknüpfbaren und die der kausal nicht verknüpfbaren unterteilt. Nur der Ablauf der ersteren ist also durch Differentialgleichungen prognostizierbar. Hier übte

---

[5] Gemeint ist die Kausalität im relativistischen Sinn. Siehe M. BUNGE, *Causality, The Place of the Causal Principle in Moderne Science*, Harvard University Press 1959, pp. 65 ff.

EINSTEIN eine Exegese des KANT-NEWTONschen Glaubens an die Kausalstruktur. Das mechanistische Prinzip schliesslich wurde verworfen.

Aber was steht am Ende solcher Reformen, Korrekturen, Exegesen und Glaubensstiftungen? Neuer Glaube! Niedergelegt in den unausgesprochenen allgemeinsten Möglichkeitsbedingungen der Relativitätstheorie.

8. ZUR GEWISSHEIT DES PHYSIKALISCHEN GLAUBENS

Welches ist nun der Grad der Gewissheit eines Ω-Satzes?[1] Antwort: Höchstens eine Kombination aus reduktivem Aufweis (von einem Beweis aus der Theorie kann keine Rede sein) und induktiver Erwartung, dass der Ω-Satz auch für künftige Theorien gilt. Die Induktion bezieht sich hier nicht auf die Ereignisse einer Wahrnehmung, sondern auf das „Ereignis" neuer Theorien. Da aber nicht einmal ein Axiom aus einer Beobachtung logisch einwandfrei ableitbar ist, so erst recht kein Ω-Satz. Die Glaubwürdigkeit für die Wahrheit eines Ω-Satzes ist sozusagen das Produkt aus jener für die Gültigkeit einer Theorie und der Glaubwürdigkeit für die reduktiv erschlossene Ω-Annahme im Operationsfeld der Theorie selbst. Analog dem Produkt der Wahrscheinlichkeiten (die im allgemeinen Fall durch eine Zahl kleiner 1 ausgedrückt werden) ist dieses „Produkt" dann gleichfalls „kleiner" als die darin eingehenden Faktoren.

Dies ist der Grund, weshalb die Philosophie der Physik so schwierig ist und weshalb sie bisher so geringes Ansehen bei den Physikern besitzt. Wäre es nicht besser, reine Logik der Physik zu betreiben? In diesem Fall kann man weniger Falsches sagen als bei der Suche nach den letzten Aprioris. Das Beispiel KANTs sollte eigentlich abschrecken.

Und doch ist dem nicht so. Der wissenschaftliche Wert der Ω-Sätze ist ein dreifacher:

1. Wir *verstehen* eine Theorie erst, wenn wir sie auf die vermutlich letzten Annahmen zurückführen. Erst dann ordnen wir sie in das Gesamtgefüge des menschlichen Denkens ein.
2. Ist die Theorie richtig, so verstehen wir mithilfe ihrer vermutlichen Grundannahmen die Welt besser.
3. Die Formulierung der Grundannahmen gestattet die leichtere Findung neuer Theorien, indem sie diesen Restriktionen auferlegen. Sie haben einen heuristischen Wert.

---

[1] Wir müssen unterscheiden zwischen der Gewissheit für die Wahrheit des Sinns eines Ω-Satzes und für für die logisch notwendige Annahme des Ω-Satzes innerhalb einer Theorie. Nur von der ersteren ist die Rede.

Damit wird die Protophysik zur schöpferischen Heuristik. Sie erkundet die Wege, die der menschliche Geist nimmt, um spontan Strukturen einer Theorie der Welt zu setzen. Diesen Strukturen sollen durch einen zweiten schöpferischen Akt objektive Strukturen zugeordnet werden. Die objektiven Strukturen ihrerseits werden als Schöpfungsakte einer bewusstseinstranszendenten schöpferischen Macht angenommen. Die Strukturen der Welt-Ereignisse sind deren permanente Schöpfungen, die Ereignisse selbst die zeitlichen Schöpfungsakte der Welt. Nur der Mensch vermag zugleich Strukturen und Ereignisse zu erschaffen, indem er Wissenschaft von der Natur und Technik betreibt. Dies verschafft ihm eine radikale Ausnahmestellung im Kosmos. Damit haben wir zugleich KANTS Frage objektivistisch erweitert: Unter welchen Bedingungen ist die Welt als Geschehen möglich?

Ein wichtige Einschränkung gegenüber KANT soll den Philosophen warnen und den Nicht-Philosophen ermutigen: Die Ω-Sätze sind hypothetisch. Hier wird also keine transzendentale *Dogmatik* betrieben, wie sie unbewusst KANT vornahm. Indem er den dogmatischen Charakter aller Metaphysik aus den Angeln hob, fiel er selbst in einen noch schlimmeren Dogmatismus. Er glaubte nämlich, die von ihm formulierten Anschauungsformen und Kategorien seien absolut, während sie in Wirklichkeit relativ sind. KANT war vom apodiktischen Charakter der Mathematik überzeugt, im Gegensatz zum hypothetischen der Metaphysik. Hier sind zwei Korrekturen am Platz. Seit GOEDEL wissen wir, dass es unmöglich ist, alle Probleme der Theorie der natürlichen Zahlen aus den Axiomen zu entscheiden, selbst wenn man die beiden umfassendsten derzeit aufgestellten formalen Systeme der Mathematik, die PRINCIPIA MATHEMATICA von RUSSELL und WHITEHEAD und das Axiomensystem der Mengenlehre zugrundelegt, in denen alle in der Mathematik bekannten Beweismethoden auf wenige Axiome und Schlussregeln zurückgeführt werden [2].

Auch mathematische Systeme sind also nicht von jener Sicherheit, wie sie KANT annahm. Hinzu tritt, dass wir ihre Axiome auswechseln können, wodurch wir beispielsweise zu den nicht-euklidischen Geometrien gelangen. In diesem Fall ist die Geometrie G ebenso wahr wie die Geometrie G', obwohl die Axiome von G jenen von G' im allgemeinen Fall widersprechen. Ob dann G oder G' eine richtige Beschreibung der Weltstruktur gibt, kann innerhalb der Geometrie überhaupt nicht entschieden werden, sondern ist eine faktische, keine mathematische

---

[2] K. GÖDEL, Über formal unentscheidbare Sätze der Principia Mathematica und verwandter Systeme, *Monath. f. Mathem. u. Phys. 38*, 173–198 (1931).

Frage. Die von KANT gegen die Metaphysik ins Feld geführte Sicherheit der Mathematik ist also in doppelter Hinsicht eine Illusion.

Tatsächlich könnte man versuchsweise ein metaphysisches Satzsystem, etwa KANTs Analytik der Grundsätze der Substanz, Kausalität und Wechselwirkung, als ein Axiomensystem der Philosophie aufstellen. Dies wäre dann zunächst nur auf seine logische Wahrheit zu prüfen und hätte überhaupt keinen Bezug zur Wirklichkeit. Nur wäre es völlig leer, denn gerade die Kategorien Substanz, Kausalität und Wechselwirkung sind unserer Intention nach faktisch deutbar, können also im Gegensatz zu den Zeichen der Logik und Mathematik niemals sich selbst genügende Operanda einer Theorie sein. Das ist der wahre Unterschied zwischen Metaphysik und Mathematik, nicht der Grad der Gewissheit. Deshalb ist eine reine metaphysische Vernunft gar nicht denkbar: Sie ist, wenn überhaupt, nur als angewandte Vernunft möglich. Damit verschiebt sich auch die KANTsche transzendentale Dialektik: Nicht die Paralogismen und Antinomien als solche verhindern den reinen Vernunftgebrauch, sondern die originäre faktische Deutbarkeit der reinen Vernunftsätze. Geradezu das klassische Beispiel liefert die Kosmologie: Die Frage der Endlichkeit oder Unendlichkeit des Raums ist wohl entscheidbar und zwar faktisch. Theoretisch sind Modelle mit offenem (unendlichem) und geschlossenem (endlichem) Raum widerspruchsfrei konstruierbar. KANTs kosmologische Antinomie scheitert also sowohl an der widerspruchsfreien Auswechselbarkeit der Axiome einer physikalischen Kosmologie als auch an deren faktischen Bewertbarkeit.

Die Frage ist hier eine ganz andere: Wie kommt es, dass rein theoretisch konstruierte Weltmodelle überhaupt eine astronomische Aussagekraft besitzen? Dies ist geradezu das Paradepferd für unsere Arbeitshypothese, dass der Gegenstand einer Theorie nicht von uns gemacht ist. Denn auf die Rotverschiebung der Nebel und die mittlere Massendichte des Alls, also auf die kosmologischen Grundkriterien, haben wir gewiss keinen Einfluss. Dies führt uns auf das Problem der rationalen Schöpferkraft des Physikers. Gerade an diesem Beispiel sehen wir den methodischen Irrtum KANTs. Er glaubte nämlich, allein mit philosophischen Mitteln die Grenzen der Tragfähigkeit reiner Vernunft aufzuweisen. Die Physik liefert aber den Nachweis, dass diese Aufgabe für die Kosmologie bereits im Bereich der Physik selbst, also mit naturwissenschaftlichen Mitteln, lösbar ist. Erst nachdem wir anhand praktischer Beispiele wie der sRT diese Grenzen gezeigt haben, können wir eine philosophische Theorie entwickeln, weshalb solche

Grenzen nicht nur im Einzelfall, sondern generell bestehen. Dies wird uns auf das grundlegende Problem der Näherung bzw. Idealisierung führen.

9. VOM REALITÄTSGEHALT DER GLAUBENSSÄTZE

Und doch sind die Ω-Sätze mehr als reine Hypothesen. Sie sind keine gedankliche Spielerei. Ihre Wahrscheinlichkeit, objektive Seinsbedingungen zu treffen, ist von Null verschieden; denn aus ihnen lassen sich durch immer weitere Restriktionen die Gleichungen der Physik konstruieren. Sie sind die wahren Grundlagen der Physik. Was die experimentellen Befunde anlangt, so sind sie selbst weniger als Physik, was die logischen Befunde anlangt, sind sie hingegen mehr. Man könnte die *Protophysik* auch transzendentale Physik nennen, wenn wir die von KANT gesuchten Aprioris mit den Ω-Sätzen identifizieren. Insoweit die Ω-Sätze die notwendigen Bedingungen der physikalischen Erkenntnis sind, ist die Suche nach ihnen zugleich eine Philosophie des Schöpferischen im Operationsfeld des Physikers, Mathematikers und Philosophen.

Entsprechen gewissen Ω-Sätzen nun auch Strukturen der Wirklichkeit an sich? Hier scheiden sich die Geister. Wir formulieren den Glaubenssatz: In der Welt entspricht einigen Ω-Sätzen eine Struktur mit folgenden Eigenschaften [1]:

1. Sie ist die objektive Bedingung für die Möglichkeit einer speziellen Struktur der Ereignisse.
2. Sie ermöglicht zugleich die Struktur einer Theorie.
3. Sie ist durch einen entsprechenden Ω-Satz aussagbar.

Ein Ω-Satz sagt damit u.U. nicht nur über die Bedingungen einer Theorie, sondern auch über die Bedingungen der von der Theorie intendierten Struktur eines Geschehnisablaufes etwas aus. Eine solche von dem Ω-Satz intendierte objektive Bedingung der Struktur der Welt bezeichnenten wir mit π. π gibt den modus der Objektivität an, unter dem der Gedanke eines Ω-Satzes auftritt. Er bezieht sich nicht auf unsere Erkenntnis, sondern auf die Welt. Alle Erzeugnisse der Vernunft bezeichneten wir mit dem Zeichen ,,k" als Abkürzung von ,,Konstruktion". ,,π" bezeichnet nicht die Erkenntnis, sondern die Struktur der Welt. Wir unterscheiden damit Ω^k- von Ω^π-Bedingungen. Dann behaupten wir: Ein Ω^k ist die notwendige Bedingung für eine menschliche

---

[1] Henry MARGENAU spricht in seinen Vorlesungen vom ontologischen Sprung.

Konstruktion, ein Ω^π für eine Welt-Struktur. Die Schwierigkeit ist, dass wir in der Natur weder den Operateur finden, der die Ω^π erzeugt, noch die Operationen, mit deren Hilfe sie hervorgebracht werden. Beim Menschen ist dies anders: Er selbst ist der einzige Operateur seiner Konstruktionen, die von den Ω^k ermöglicht werden. Experimentell finden wir weder Geist noch Logik, sondern nur Koinzidenzen. Damit verringert sich die Glaubwürdigkeit für die Ω^π noch einmal um einige Grössenordnungen: Ihre Existenz selbst ist empirisch unauffindbar. Wir können sie in der Tat nur rekonstruieren. Sie sind als Grundannahmen von Gleichungen, deren Messgrössen im Gerät auftreten, erschliessbar (freilich nur reduktiv). In dieser seltsamen Verhülltheit präsentieren sich die Ω^π als die rekonstruierbaren *Proto-Strukturen* des Universums. Wir wissen im Grunde allein, was wir selbst konstruieren. Die objektiven Mechanismen können wir nur erschliessen. Da aber kein einwandfreies Schlussverfahren von den Ω^k zu den Ω^π führt, so sind die Ω^π in Bezug auf die Erkenntnis reine Glaubensinhalte, deren Tragfähigkeit nicht einmal durch eine menschliche Operation nachprüfbar ist. Wie sollen wir jemals erfahren, dass sich die Natur der physischen Ereignisse nach einer Protostruktur richtet, ohne selbst ein reflektierendes physisches Ereignis zu sein? Hier wissen wir in einem angebbaren Sinn für immer unendlich weniger als die Natur. Ein Satz wie

$$(12) \qquad \Omega^\pi = \Omega^k$$

ist seiner logischen Struktur nach selbst ein Ω-Satz besonderer Art, der sich weder allein auf die Natur noch die Theorienbildung bezieht, indem er die Protostruktur beider gleichsetzt, und der jeder logischen Beweisbarkeit mangelt. Und doch bildet er die unerlässliche Voraussetzung der Realitätsüberzeugung und steht damit am Beginn der Wissenschaft von der physischen Welt.

Er steht einem religiösen Glaubenssatz nahe. Wie dieser stützt er sich nur auf eine Glaubwürdigkeit; wie dieser bildet er aber die notwendige Bedingung für die Möglichkeit bestimmter Operationen: Hier für die Aufstellung einer physikalischen Theorie, für ihren experimentellen Test und für ihre Verwendung in neuen Experimenten und technischen Artefakten. Ebenso wie die Gewissheit des Glaubens aus seiner existenziellen Bewährung abgeleitet wird, so auch die Gewissheit des o.g. Satzes aus der Bewährung der Theorie. Ich nenne daher ein System der Ω^π die Wahrheit der Welt, ein System der ihnen korrespondierenden Ω^k die Offenbarung des Wissens.

Damit wird das entscheidende Problem einer Kritik der physikalischen Vernunft angeschnitten. Nach KANT liegt die einzige Garantie, dass die synthetischen Sätze a priori der Mathematik zusammen mit den Anschauungsformen und den Kategorien die Erfahrung treffen, darin, dass sie die Erfahrung konstituieren. Umgekehrt ergibt sich daraus ihre unbedingte Wahrheit, denn es kann ihnen keine mögliche Erfahrung widersprechen: Sie ermöglichen ja alle Erfahrung schlechthin. KANT: ,,Wir sind wirklich im Besitz synthetischer Erkenntnisse a priori, wie dieses die Verstandesgrundsätze, welche die Erfahrung antizipieren, dartun''.[2] SCHOLZ interpretiert das ,,ermöglichen'' bzw. ,,konstruieren'' als ,,definieren''. Wie dies aber geschieht, verschweigt er uns.[3] Dieser Punkt ist entscheidend. Geht in die Definition jedes Sinnesdatums und in die Konstruktion jeder das Sinnesdatum verarbeitenden Theorie bereits ein Ω^k-Satz ein, so sind die Ω^k-Sätze empirisch absolut wahr, weil durch keine Beobachtung umzustossen.

Der physikalische Glaube definiert jedoch nicht Erfahrung, denn er ermöglicht nur die Theorie der Erfahrung. Diese wird vielmehr durch die Definitionen und Axiome festgelegt, nicht durch die Glaubenssätze. Darin unterscheidet sich ja Glaube von den KANTschen Apriorís, dass dieser sein Ermöglichen nicht so weit treibt, um das Erzeugnis ein für allemal festzulegen. Dies tun erst die Definitionen und Axiome. Beispiel: Die euklidischen Axiome legen eine homogene metrische Geometrie mit linearen Transformationsgleichungen $x = \varphi(x')$, $x' = f(x)$ fest. Dass diese Geometrie die klassische Mechanik steuert, ist ein Axiom der Mechanik. Dass aber Ereignisse überhaupt einer Geometrie folgen, ist ein Glaubenssatz. Er setzt uns erst instand, nach genau jener Geometrie zu suchen, der eine bestimmte Ereigniskonfiguration gehorcht. Wir folgen daher zunächst einem Ω^k: ,,Die Mechanik als Konstruktion des Menschen lässt sich auf eine Geometrie gründen''. Dann nehmen wir an, dass diesem Satz ein Ω^n ,,die so konstruierte Mechanik beschreibt die Wirklichkeit'' entspricht.

Hier liegt nun das eigentliche Problem. Es bleibt nämlich immer noch offen, ob nicht unsere menschliche Art zu beobachten und darauf Theorien zu bauen, grundlegend eine Verstellung der Wirklichkeit enthält. Mit anderen Worten, gerade wegen des unbedingten Charakters der Ω^k-Sätze wäre dann ihre Uebereinstimmung mit einer unbeobachteten Wirklichkeit ein für allemal unbeweisbar, ja undiskutierbar.

---

[2] I. KANT, a.a.O., B 790.
[3] H. SCHOLZ, a.a.O., S. 210.

Für KANT ist die Frage nach der empirischen Wahrheit der Aprioris als Uebereinstimmung zwischen Annahme und Ding an sich notgedrungen sinnleer, denn es kann in seinem System nur von Uebereinstimmung mit der Erfahrung, nicht aber dem Erfahrenen an sich, gehandelt werden. Er entwickelte daher auch keine Theorie des Irrtums synthetischer Sätze a priori, sondern nur der Metaphysik. Dies ist die entscheidende Konsequenz der KANTschen Lösung, wonach synthetische Sätze a priori auf die Wirklichkeit zutreffen.

Sein Begriff der Wirklichkeit ist, wie SCHOLZ deutlich machte, ,,der Inbegriff unserer Wahrnehmungsinhalte, denen Objekte, Zustände und Zustandsänderungen (Vorgänge) zugeordnet werden können, über die man sich mit Hilfe der Gesetze der klassischen Physik auf eine allgemein verbindliche Art verständigen kann''.[4] Ersetzen wir hier ,,der klassischen Physik'' durch ,,Physik'', so sehen wir sofort, dass der Begriff der Wirklichkeit im KANTschen Sinn nicht mehr eindeutig definiert ist, denn was unter ,,Physik'' zu verstehen sei, das wissen wir eben a priori noch nicht, ehe wir alle möglichen Physiken zu allen Zeiten und an allen Orten und aller möglichen Vernunftwesen kennen. Mit anderen Worten, um eine so definierte Wirklichkeit zu erleben, muss man GOTT sein.

In Wahrheit machte KANT es sich zu leicht, wenn er die Möglichkeit einer Erfahrungserkenntnis aus synthetischen Aussagen a priori damit begründete, dass diese Aussagen unvermeidbar in jede Erfahrung eingehen. Tatsächlich sind sie vermeidbar, wie die Korrektur der physiktheoretischen Hauptsätze zeigen. Dann aber ermöglichen sie nicht Erfahrung schlechthin, sondern höchstens bestimmte Sorten von Erfahrung, die wir zudem willentlich durchbrechen können. Damit entfällt auch das Argument, die Erfahrung könne uns gar nichts anderes liefern, als was wir in sie hineingelegt hätten. Die Korrekturen werden durch neue Erfahrungen erzwungen. Wenn trotzdem bestimmte mathematische Strukturen und bestimmte philosophische Intuitionen in Einzelfällen zu faktisch wahren Theorien führen, ohne dass diese selbst der Erfahrung entnehmbar wären, so türmt sich mit einemmal ein viel grösseres Problem auf, als es KANT ahnen konnte. Wie ist die faktische Wahrheit einer Theorie möglich, von der wir lediglich die logische Wahrheit beherrschen?

Bereits im allgemeinen philosophischen Denken sind wir dank HUSSERL und Nikolai HARTMANN über KANT hinausgekommen.

---

4 H. SCHOLZ, a.a.O., S. 163.

HUSSERL erkannte, dass es unter den Erlebnissen solche gibt, die wesensmässig auf ein Objekt bezogen sind. Nach der phänomenologischen Reduktion erscheint das Bewusstsein als reiner Bezugspunkt der Intentionalität, wobei dem Objekt keine andere Existenz verbleibt, als diesem Bewusstsein gegeben zu sein. Die Mannigfaltigkeit der in reiner Intuition aufweisbaren Daten sind die Noëma. Diese tragen nicht psychischen, sondern rein idealen Charakter, sie sind die reinen idealen Strukturen eines reinen Bewusstseins. Dadurch wird die reine Mathematik und Logik zur Wesenswissenschaft („Eidetische Wissenschaft"), die von den Tatsachenwissenschaften vorausgesetzt ist. Damit kann zunächst im Idealen der Durchbruch zum „An sich" vollzogen werden, wenn wir nur das individuelle Subjekt durch ein mögliches Subjekt schlechthin ersetzen. Dann wird dessen intentionaler Gegenstand zu einem möglichen und jederzeit produzierbaren Gegenstand aller in gleicher Weise produzierenden individuellen Bewusstseine. Dadurch eröffnet sich ein Weg, die mathematischen Sätze einer physikalischen Theorie als eine Menge möglicher intentionaler Gegenstände zu deuten, die jederzeit und an jedem Ort durch das „Normalbewusstsein" des jeweiligen Physikers mobilisiert werden kann. Das reine Bewusstsein ist dann ein Datenspeicher, den das individuelle Bewusstsein sozusagen anzapft.

HARTMANN versteht die Erkenntnis als transzendentalen Akt, der das Bewusstsein mit einem an-sich-Seienden verknüpft. Die emotionalrezeptiven Akte des Erlebens lassen auch den messenden Physiker von der Härte des Realen getroffen werden. Seine emotional-prospektiven Akte machen ihn auf die Bestätigung einer Theorie durch das Experiment hoffen. Mir scheint, dass insbesondere das zweite die hohe Wahrscheinlichkeit der Existenz eines an-sich-seienden physischen Gegenstands verbürgt, da die Wahrscheinlichkeit für ein zufälliges Zusammentreffen von Prognose und Experiment minimal ist. Damit ist aber mehr als die an sich-seiende Existenz gegeben (die ja auch KANT zugibt), sondern die Wahrscheinlichkeit einer wissenschaftlichen Einsicht in seine objektive Struktur. Während also HUSSERL die Wesenserkenntnis der idealen Gegenstände ermöglicht, machte HARTMANN das An-Sich der realen Gegenstände in dieser ihrer theoretisch erkannten Struktur möglich.

Trotzdem brachten weder HUSSERL noch N. HARTMANN im Grunde eine Ueberwindung KANTs. Man kann sogar sagen, beide verfehlten KANTs fundamentales Problem, indem sie es verkürzten. KANT ging es nicht um die intentionalen Akte des reinen Bewusstseins, sondern um die Erfahrungswissenschaft. Daher wurde auch die Phänomenologie so wenig fruchtbar für die Physik. HARTMANNs Ontologie lässt sich mühelos in das KANTsche Schema von der transzendentalen Ac sthetik und Analytik einbauen, sofern man nur die HARTMANNschen Kategorien als Aprioris des Verstandes bzw. der Anschauungskraft versteht. Was garantiert uns, dass sie einem reinen Bewusstsein transzendent sind, also dem Objekt schlechthin inhärieren, ehe es im Experiment aufscheint? Nichts. HARTMANN verschweigt uns, dass all seine kunstvoll aufgebauten Kategorien reine Konstruktionen des Geistes sind. Gewiss, wir können sie an den Ereignisstrukturen ablesen, aber erst, nachdem wir sie frei gesetzt haben und in die Ereignisse hineinlesen. Dass der Test stimmt, macht HARTMANNs Ontologie glaubwürdig. Aber von einer Gewissheit, dass es sich um Ontologie und nicht Erkenntnis-Theorie handelt, ist damit noch keine Rede. Dazu müssen wir tiefer graben und vor allem den Kategorien einen genau bestimmten Ort im Operationsfeld des Physikers zuordnen.

Wie keine andere Theorie brachte nun die sRT den speziellen Nachweis, dass eine rein rational konstruierte Theorie funktioniert, will sagen, zu richtigen Prognosen über die Wirklichkeit führt. KANT würde sagen: Sie tut dies, weil der LORENTZ-Raum eben in die relativistischen Experimente eingeht. Nun wird wohl die Gleichung

$$(13) \qquad l = l_0\sqrt{1 - v^2/c^2},$$

nach der sich durch die Relativbewegung die räumlichen Abstände in der Bewegungsrichtung verkürzen (siehe MV), aus der ebenen Geometrie mit der Metrik

$$(14) \qquad ds^2 = c^2dt^2 - dx^2 - dy^2 - dz^2$$

abgeleitet. Sie gilt aber auch, wenn Gravitationswirkungen die ebene Metrik verzerren, so dass jetzt eine Geometrie mit einem davon abweichenden Ausdruck für das Linienelement gilt. In diesem Fall geht die Metrik nur lokal in die des ebenen Raums über. Trotzdem ist auch für kosmische Objekte, deren Ausmessungen als ganze eine nicht-euklidische Metrik verlangen, die Längenkontraktion zu erwarten, obwohl diese nur für den Lokalfall abgeleitet ist. Hier projizieren wir unsere euklidische Raumanschauung also nicht in die Wirklichkeit hinein, sondern eine davon abweichende. Hingegen projizieren wir die *Ergebnisse* der sRT in die RIEMANNschen Maßverhältnisse hinein, also eine von uns selbst konstruierte Theorie. Die Inverse dieser Extrapolation ist die Nicht-Extrapolation der sRT in die Geometrie der klassischen Mechanik, wo die relativistischen Effekte entfallen. Die Erweiterung einer Theorie geschieht also in einer irreversiblen Evolution des Erkennens. Anders gesagt: Die späteren Theorien übernehmen von den vorhergehenden wohl deren Ergebnisse, nicht aber ihre Grundlagen. Sie projizieren ihrerseits ihre Ergebnisse auch in künftige Theorien, obwohl für jene eine Änderung der derzeitigen Grundlagen zu erwarten ist. Mit anderen Worten: Die Grundlagen der Physik sind ihr ständiges *Problem*. KANT sah hier eine statische, ein für allemal und von Anfang an an fertig parate Menge von Aprioris, wo die moderne Physik eine in ständigem Fluss befindliche *Dynamik* ihrer Grundlagen erkennt. HEGEL wollte diese Dynamik zum Organon seiner Dialektik machen, scheiterte aber gleichfalls an dem Versuch, nun die Dynamik ihrerseits zu einem ein für allemal verbindlichen Kanon der einander ablösenden Kategorien erstarren zu lassen. Die heutige Wissenschaft ist dynamischer als ihre philosophischen Gesetzgeber aus jener Zeit und damit fruchtbarer. Dann aber gewinnen wir aus der Wirklichkeit nicht zurück, was wir in sie hineinlesen, sondern ihre Strukturen sind uns immer schon ein grosses Stück voraus. Analog trieben wir klassische Mechanik, ohne zu wissen, dass es eine nicht-klassische Quantenmechanik gibt. Es ist die irreversible Evolution der Erkenntnis, die KANT widerlegt.

Unser Problem ist also schwerer als dasjenige KANTs. Deshalb verspricht seine Lösung auch grössere Einsichten. Man erwarte nicht, dass wir uns zum Nachtrab der Physik machen, wenn wir sie als philosophisch verbindlich anerkennen. Die sRT ist nur der Gegenstand, an dem wir eine genuin philosophische Thematik erörtern, freilich der tiefste und zugleich durchsichtigste, den das wissenschaftliche Denken bisher anbot. Damit wird aber das KANTsche Problem erst in seiner ganzen Grösse sichtbar. Wir lassen es sozusagen von den Fesseln frei, die KANTs Lösung ihm anlegte, und stellen uns ihm auf offenem Kampfplatz. Jetzt heisst es: Wie kann schöpferische Vernunft durch Glaube zu Wissen gelangen? KANTs Lösung der synthetischen Erkenntnis a priori war der Verzicht auf das Noumenon. Dies war der Preis für die Kreativität der Intuition, des reinen Verstandes und der reinen Vernunft. Die letztere hatte sogar den höchsten Preis zu bezahlen: Sie vermag ihre Ideen wohl zu erzeugen, aber nicht zu erkennen. Wir behaupten: Nur indem schöpferische Vernunft das Wagnis des Glaubens eingeht, ist sie zu schöpferischer Theorienbildung befähigt. Und nur dadurch vermag sie die Strukturen der Wirklichkeit nachzuzeichnen als ein An-Sich-Seiendes, das sie nur erkennt, indem sie es erzeugt. Diese zweifache Paradoxie der Schritte vom Glauben zum Konstruieren und von diesem zum Wissen wiegt schwerer als das Problem KANTS, denn nun ist die Situation nach beiden Seiten offen, sowohl zum Absolutum der Ω als auch zur bewusstseinstranszendenten Wirklichkeit.

Mit dieser Last haben wir den folgenden Weg zu durchschreiten, denn nur dann besteht die Aussicht, ein Ziel zu erreichen, das wir nicht am Anfang der Untersuchung antizipieren. Die Wahrscheinlichkeit, durch reine Vernunft gerade die Strukturen der Wirklichkeit zu treffen, ist bei der ungeheuren Auswahl an Hypothesen und mathematischen Denkmöglichkeiten fast Null. Trotzdem macht die theoretische Physik in ihren grossen Entdeckungen das gänzlich Unwahrscheinliche wahr. Wie dies im einzelnen geschieht, soll anhand der sRT aufgewiesen werden. Haben wir aber die Ω^π des Universums richtig rekonstruiert, indem eine auf den Ω^k gebaute Theorie stimmt, so heisst dies „Die Welt zu ihrer Wahrheit bringen". Dabei ist folgender allgemeiner Glaubenssatz vorausgesetzt: DIE EREIGNISSE WERDEN VON BEWUSST-SEINSTRANSZENDENTEN ALLGEMEINSTEN STRUKTUREN GESTEUERT, DIE WEDER AN IHNEN ABZULESEN, NOCH SONST IRGENDWIE DEREN MERK-MALE SIND, WELCHE IN EINE PHYSIKALISCHE GLEICHUNG EINGEHEN KOENNTEN. INDEM DER PHYSIKER FREI SCHOEPFERISCH SICH SELBST STRUKTUREN UEBER DIE WELT BILDET, ERZEUGT ER ZUGLEICH DIE STEUERNDEN STRUKTUREN DER WELT ALS OPERANDA DES MENSCHLI-CHEN ERKENNENS.

In diesem Sinn bedeutet transzendentales Erkennen im Verein mit physikalischer Forschung – und nur mit dieser! – die Welt erstmalig als ein Ganzes aus erfahrbaren Ereignissen und konstruierten Strukturen zu erschaffen. Dem physikalisch-philosophischen Erkennen wird damit eine demiurgische Rolle zuteil.

Dies könnte zu einer verhängnisvollen Hybris des Denkens führen. Sie wird jedoch durch die Struktur unserer Erkenntnis widerlegt. Das wissenschaftliche Denken ist in der Tat nur imstande, *mögliche* Strukturen der Welt zu entwerfen. Ob es auch die richtigen sind, hängt nicht von ihm, sondern von den objektiven, aber freilich unerfahrbaren Strukturen der Welt ab. Darin liegt beschlossen, dass der Mensch nicht der Welt ihre Strukturen vorschreibt, sondern nur nachschreibt. Dieses Nach-Schreiben ist freilich kein Abschreiben; es gibt dafür kein aufgeschlagenes Buch der Natur, sondern allein echtes schöpferisches Entwerfen. Nur dass ihm ohne den Vergleich mit der Erfahrung jede

Glaubwürdigkeit fehlt. Formal unterscheidet sich das menschliche Schöpfertum also nicht von der freien und zu nichts verpflichtenden Phantasie. Der inhaltliche Unterschied tritt erst ein, wenn wir merken, dass gewisse Entwürfe sich als die notwendigen Grundlagen einer geprüften Theorie erweisen. Dass dies nur bei einigen wenigen auserlesenen der Fall ist, zeigt der unübersehbare Friedhof totgeborener philosophischer und naturwissenschaftlicher Phantasmata, denen niemals ein Wirklichkeitsbezug Leben einhauchte. Wenn sie dennoch fortleben, so nur als Leichname für den historischen Anatomisten oder weil ihnen ein Schattendasein eingehaucht wird, ähnlich den Abgeschiedenen im Hades, die durch einen Tropfen Bluts vorübergehend zum Leben erweckt werden. Nimmt man ihnen den Trank, so fallen sie wieder in ihr Totendasein zurück.

10. WECHSELWIRKUNG ZWISCHEN GLAUBE UND WISSEN

Die Struktur der Physik ist also in einer doppelten Weise auf glaubendes Vertrauen gegründet. Von der Seite des Theorienbaus bedürfen wir grundlegender Annahmen, ohne welche die betreffende Theorie nicht möglich ist. Es sind dies die Fundamente der Theorie. Insofern betreibt die folgende Untersuchung Grundlagenforschung; sie ist eine philosophische Grundlegung der sRT. Da nun aber die sRT ihrerseits eine richtige Theorie sein soll, sind wir genötigt, einige Grundannahmen zugleich als Annahmen über die Struktur des physikalischen Gegenstandsbereichs der sRT zu setzen. Der Inhalt dieser Annahmen ermöglicht dann nicht die sRT, sondern die von ihr beschriebene Welt. Ueber sie können wir freilich in keiner Weise mehr verfügen: Wir sind genötigt, ihnen zu glauben. Nur ist dieses Glauben nicht blind, sondern mit dem mathematischen Auge bewaffnet. Im Grunde glauben wir den Ω^k-Sätzen, weil sie in unsere Konstruktionen eingehen, deren Struktur wir präzis kennen. Auf die Ω^π vertrauen wir, weil sich die Ω^k über die Theorie an der Erfahrung bewähren. Wir sind damit in gleicher Weise von der Dogmatik der Metaphysik wie von der Erkenntnisbeschränkung KANTS entfernt. Die Protophysik bringt keinen Rückfall in die Zeiten HEGELS oder der Scholastik, sondern geht einen Schritt weiter als KANT und die analytische Philosophie. Sie erkennt die Methode KANTS und die Ergebnisse der logischen Analyse der Physik an, benutzt sie als ihre methodische Voraussetzung und treibt zugleich die Problemstellung weiter zur Grundfrage: Was glauben wir, wenn wir Physik treiben, damit überhaupt die Welt möglich sei?

Damit können wir die Struktur der physikalischen Erkenntnis zu folgendem Arbeits-Schema zusammenfassen:

Schema I

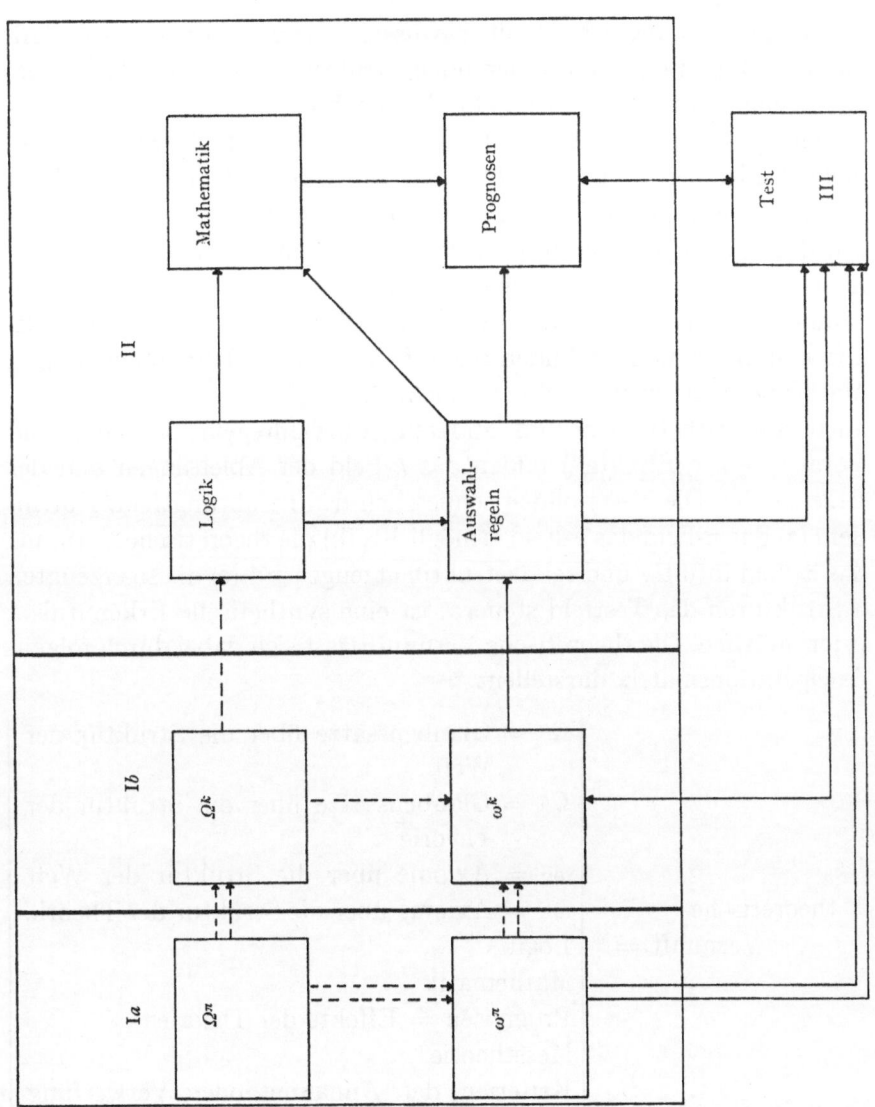

Unter Ω^π ist die intendierte bewusstseinstranszendente Weltstruktur zu verstehen, die sowohl Ereignisse als auch deren Erkenntnis *ermöglicht*. ω^π ist die bewusstseinstranszendente Weltstruktur, die Ereignisse und deren Erkenntnis *festlegt*. Ω^k ist der bewusstseinsimmanente Ermöglichungsgrund der Theorie, ω^k der die Theorie determinierende Grund.

Das Feld Ia bezeichnet die bewusstseinstranszendenten Ermöglichungsgründe und determinierenden Strukturen, das Feld Ib die bewusstseinsimmanenten. Das Feld II bezeichnet das unmittelbare Operationsfeld einer Theorie. Das Feld III enthält die Tests. Die ausgezogenen Linien bedeuten ,,erzeugt'', die einfach gestrichelten ,,ermöglicht bewusstseinsimmanent'', die Doppelpfeile bedeuten ,,erzeugt bewusstseinstranszendent'', die gestrichelten Doppelpfeile bedeuten ,,ermöglicht bewusstseinstranszendent''. Ω^π und ω^π werden zum π-Feld zusammengefasst: Dies ist die Menge bewusstseinstranszendenter Weltstrukturen. Ω^k und ω^k bilden das k-Feld der Grundannahmen. Logik, Mathematik, Auswahlregeln (die nicht nur logischer Art sind, sondern auch auf ästhetischen und anderen Auswahlregeln beruhen) und Voraussagen (,,Effekte'') bilden das k-Feld der Ableitungen und der Erzeugnisse. Die Tests bilden schliesslich das Erfahrungsfeld. Nur indem (a) das π-Feld das k-Feld ermöglicht, (b) die theoretische Vernunft das π-Feld intuitiv und rekonstruktiv erzeugt u n d (c) die so erzeugten π-Strukturen das Testfeld steuern, ist eine synthetische Erkenntnis a priori möglich. Die theoretische Vernunft lässt sich dabei durch folgende Operationsmatrix darstellen: *

$$
\text{theoretische Vernunft} = \left|
\begin{array}{l}
\Omega^\pi = \text{Glaubenssätze über die Struktur der Welt} \\
\Omega^k = \text{Glaubenssätze über die Struktur der Theorie} \\
\omega^\pi = \text{Axiome über die Struktur der Welt} \\
\omega^k = \text{Axiome über die Struktur der Theorie} \\
\text{Logik} \\
\text{Mathematik} \\
\text{Prognosen} = \text{Effekte der Theorie} \\
\text{Messtheorie} \\
\text{Kriterien der Annahme oder Verwerfung der Theorie.}
\end{array}
\right|
$$

---

* Wir unterscheiden hier nicht zwischen einem Satz und seinem Gedanken.

Wir werden in folgenden Schritten verfahren: Zunächst entwickeln wir analytisch das System der Glaubenssätze, das die Aufstellung der sRT als Theorie möglich macht. Wir nennen dieses Stadium die Fundamentalanalyse. Dann behaupten wir einen selbständigen Glaubenssatz, nämlich: „Der Realitätsgehalt der Theorie folgt aus jenem ihrer Glaubenssätze". Wir nennen diesen Schritt „Objektivierung". Wir versuchen, diese Aussage als für den Bestand der Theorie notwendig nachzuweisen. Wir stellen dann ein System der Gedanken der Glaubenssätze (Gedanken im Sinne FREGES) auf und behaupten, dass sie gerade jenes Verhalten der Welt ermöglichen, die Gegenstand unserer Theorie ist. Dieses Stadium nennen wir „Ontologie". Das führt uns zu einem neuen Kategoriensystem, das den Vorteil besitzt, durch die Erfahrung nahegelegt zu sein, das aber völlig undogmatisch als Gedanke von Glaubenssätzen erkannt wird. Damit begreifen wir, dass es Gedanken sind, die über Glaubenssätze die Aufstellung der sRT steuern, und Gedanken, die in einem noch zu klärenden Sinn die Existenz der Welt ermöglichen. Nur das inhaltliche, nicht aber modale Zusammenfallen beider macht Physik als Wissenschaft möglich. Dies ist das Thema in seiner intuitiven Vorwegnahme. Ob seine einzelnen Schritte – Fundamentalanalyse, Objektivierung und Ontologie – überhaupt durchführbar sind, kann erst das folgende erweisen.

Es ist dies zugleich ein Prüfstein, ob die Philosophie als Wissenschaft überhaupt möglich ist. Die sRT wird zum Zeugen aufgerufen, sie muss sich offenbaren. Von ihr wird es abhängen, welches Urteil die Vernunft – Richter und Befragte zugleich – sich selbst zu sprechen hat.

2. KAPITEL

ALLGEMEINE GLAUBENSSÄTZE

1. VORLÄUFIGE ORTUNG DER GLAUBENSSÄTZE

Es ist nicht nötig, einen Mythus zu entwerfen. Die theoretische Physik handelt vom Aufregendsten, der unbekannten Welt. Sie selbst gleicht einem Kolossalgemälde mit unergründlichem Hintergrund. Es bedarf nur des unbefangenen Auges, um darin mehr zu entdecken, als sich menschliche Phantasie je hätte einfallen lassen.

Unser erstes Thema sind die Letztannahmen der speziellen Relativitätstheorie (im folgenden sRT), die sie undiskutiert aus der vorhergehenden Physik übernimmt. Ich werde zeigen, dass dies weder konstruierte Axiome noch Erfahrungstatsachen, sondern reine Vertrauensakte sind. Sie nehmen unbeweisbar und im Grunde unerklärlich gerade jene Strukturen schöpferischer Vernunft und schöpferischer Ereignisse der physischen Welt vorweg, die zur Konstruktion einer Theorie unabdingbar sind. An der Wiege der Physik steht also schöpferischer Glaube. Das Zeichen „Ω" deutet auf einen jeweilig letzten Bezugspunkt hin, auf den sie gerichtet sind und von dem sie ausgehen. Wir bezeichnen ihn als den Ursprung des Vertrauens in die Tragfähigkeit unserer schöpferischen Operationen und zugleich als deren unsichtbares Ziel. Die Physik wird damit eingeordnet in das komplexe Gefüge der menschlichen Existenz. Nur indem sie wir sie vermenschlichen, lösen wir sie aus jener provisorischen Abstraktion, in die sie das Mikroskop der logischen Analyse bisher – und mit gutem Grund – verkürzte. Nun ist es Zeit, die Grundlagenforschung noch einmal eine Stufe tiefer zu treiben.

Zum Unterschied vom Positivismus in seiner reinen Gestalt wird nicht darauf verzichtet, ausser einer deskriptiven und klassifizierenden Darstellung der Voraussetzungen auch eine Begründung der Grundlagen selbst zu versuchen [1].

---

[1] Im folgenden wird die Einführung von LINDSAY-MARGENAU in die Grundlagen der Phy-

Die allgemeinen Glaubenssätze der Physik wurden vornehmlich erarbeitet von POINCARÉ [2], WEYL [3], DUHEM [4], CASSIRER [5], BRIDGMAN [6] und MARGENAU [7].

Wir übernehmen die Bedeutung der Zeichen ,,Ω", ,,π" und ,,k" aus Kapitel 1. Das Zeichen ,,$k\pi$" bedeute ,,Der Glaubenssatz bezieht sich sowohl auf die constructs wie die Ereigniswelt.

2. ERFAHRUNGSKATALOG

Der experimentellen Physik gehen mindestens 6 Letztannahmen voraus:

$\Omega^k(1)$ Möglichkeit echter Sinnesdaten, (keine Träume und Halluzinationen)

$\Omega^k(2)$ Jeder Normalmensch ist zu physikalischer Erkenntnis fähig

$\Omega^k(3)$ Es gibt eindeutigen Austausch von Erkenntnis (intersubjektive Kommunikation)

$\Omega^k(4)$ Die Erkenntnisse mehrerer Individuen lassen sich durch Kommunikation in Übereinstimmung bringen derart, dass aus gleichen ,,Anfangsbedingungen" gleiche ,,Effekte" der Erkenntnis folgen (Uniformität der Erkenntnis)

$\Omega^k(5)$ Möglichkeit kohärenter Beschreibung der Erfahrung,

$\Omega^k(6)$ Möglichkeit von kontrollierten Sinneswahrnehmungen (Experimente)

$\Omega^{k\pi}(6.1)$ Möglichkeit des Ausschneidens eines beschränkten Erfahrungsbereichs aus der Totalität der Erfahrung, und zwar ohne Verfälschung

sik benutzt, vor allem Kapitel I. –III. R. B. LINDSAY and Henry MARGENAU, *Foundations of Physics*, Dover publications, ed. 2., New York 1956. Der Leser findet hier eine vorzügliche Zusammenstellung der allgemeinen Grundlagen der Physik.

[2] H. POINCARÉ, (1853–1912), *La Science et l'Hypothèse*, Flammarion Paris, 1906; *Valeur de la Science*, ebenda, 1913; *Science et Methode*, ebenda 1908; *Dernières Pensées*, ebenda, 1913.

[3] H. WEYL, (1885–1955), *Philosophie der Mathematik und Naturwissenschaft*, Leibniz Verlag München, 2. Aufl. (Erscheinungsjahr nicht angegeben), 1. Aufl. Oldenbourg München 1928.

[4] P. DUHEM, (1861–1916), *La théorie physique*, 1907; *Les sources des théories physiques*, 1905; *Le système du monde*, 7 Bde. 1913–1917.

[5] E. CASSIRER, (1874–1945), *Das Erkenntnisproblem in der Philosophie und Wissenschaft der neueren Zeit*, B. Cassirer Berlin, 3 Bde. 1906–1920, 1922–1923, Substanzbegriff und Funktionsbegriff, 1910.

[6] P. W. BRIDGMAN, (1882–1961), *The logic of modern physics* 1927; *The Nature of Physical Theory*, Princeton Univ. Press 1936.

[7] H. MARGENAU, (geb. 1901), *The Nature of Physical Reality*, a.a.O.; *Open Vistas*, a.a.O. H. Margenau u. R. B. Lindsay, a.a.O.

$\Omega^{k\pi}$(6.2) Möglichkeit der Zuordnung von idealen Fragen zu realen Experimenten,

$\Omega^{k\pi}$(6.3) Möglichkeit der aktiven Einwirkung des Menschen (Experimentators) auf die Anlage und den Ablauf des Experiments.

Dieser Katalog gestattet zwei Bemerkungen:

I. Er enthält die wesentlichen (aber nicht alle) Annahmen über die physikalische Erfahrung. Wir bezeichnen ihn als *Erfahrungskatalog*. Hier fehlt vor allem die Annahme von der Möglichkeit des Raums und der Zeit, ohne die keine physikalische Messung möglich ist. Wir werden Raum und Zeit indes unter den speziellen Annahmen diskutieren. Es zeigt sich nämlich sofort, dass überhaupt nur spezielle Räume und Zeiten angenommen werden können; im Gegensatz zu KANT, der den speziellen euklidischen Raum und die ihm analoge Zeit schon den allgemeinsten Annahmen über die physikalische Erfahrung vorangehen liess.

II. In alle Formulierungen geht der Term ,,Möglichkeit von'' ein. Die Annahmen sind Ermöglichungsgründe der Physik.

An diesem Ω-Katalog sehen wir ferner folgendes:

1) Ohne die genannten Annahmen ist keine Physik in jenem Sinn, wie wir sie praktisch betreiben, möglich. Sie sind also echte Ω-Sätze, und zwar generelle.

2) Sie konstituieren nicht Erfahrung im Sinne der KANTschen Aprioris: Sie gehen nicht als notwendige Ingredenzien in das Experiment ein, sondern sind die notwendigen Voraussetzungen, dass wir eine bereits vorhandene Erfahrung wissenschaftlich interpretieren. Es handelt sich also nicht um erfahrungstheoretische, sondern wissenschaftstheoretische Hauptsätze. Sie beziehen sich auf die theoretischen Konstruktionen, soweit diese von der Erfahrung ausgehen und auf Erfahrung abzielen. So setzt die theoretische Physik echte Sinnesdaten voraus; sie betreibt nicht introspektive Psychologie. Den Ω-Sätzen kommt also der Index k bzw. $k\pi$ zu. Das Zustandekommen der Sinnesdaten interessiert hier nicht.

3) Aus ihnen folgen keine Axiome, die eine Theorie erzwingen würden. Woher stammen sie? Drei Antworten sind denkbar:

a) Die Ω-Sätze sind einem transzendentalen Bewusstsein, sprich einem kollektiven Unbewusstsein oder dem menschlichen Bewusstsein als einer idealen Gegebenheit, in Form von Mechanismen eingegeben, um Wissenschaft als Programm zu leisten. Dann ist der

Begriff der Wissenschaft durch sie festgelegt. Daraus folgt, dass wir keine andere Art von Wissenschaft treiben können, also auch nicht testen können, ob eine andere, eventuell bessere Wissenschaft möglich ist. Damit treten uns die o.g. Ω-Sätze als das Optimum an Voraussetzungen einer Wissenschaft entgegen: Es ist schlechterdings nicht möglich, eine andere Art von Erfahrungswissenschaft zu ersinnen. Dann aber ist ungeklärt, wieso das kollektive Unbewusstsein oder ein ähnliches Subjekt diese Annahmen enthält. Aus der biologischen Evolution sind sie sicher nicht zu erklären, denn sie werden von einem hohen Maß an Reflexion vorausgesetzt. Es ist unwahrscheinlich, dass die Evolution des Menschen die Annahmen so lange unbewusst bereithält, bis sie für die theoretische Physik benötigt werden. Auch ist die eingebende Instanz ungeklärt. Ist sie weltimmanent, so muß man einen glaubenstiftenden Weltgeist annehmen. Ist sie welttranszendent, so braucht es kein transzendentales Subjekt: Sie kann sich direkt an die konkrete Person des einzelnen Physikers wenden.

b) Die Ω-Sätze sind freie Konstruktionen, die wir ersinnen, um überhaupt Physik treiben zu können. Ihr praktischer Nutzen ist dann eine Folge der Struktur der Physik: Wir machen gerade jene Physik, die mit den Ω^k verträglich ist. Dann bleibt unverständlich, dass keine andere Physik möglich ist. Die Ω^k sind ja notwendige Bedingungen für die Möglichkeit von Physik. Indem wir sie als Vorschriften formulieren, rekonstruieren wir bereits aussermenschlich gegebene Vorschriften der Erkenntnis schlechthin. Die physikalische Erfahrung selbst ist ja nicht notwendig, sondern ein Geschenk. Wir könnten auch Wesen ohne die Möglichkeit physikalischer Erfahrung sein, zum Beispiel Pflanzen, die ja nur über eine beschränkte physikalische Erfahrung verfügen. Andererseits ist offen, ob es Wesen mit einer umfassenderen physikalischen Erfahrung gibt als wir. Ausserdem ist die Uebereinstimmung zwischen Erfahrung und ihrem intendierten Gegenstand selbst nicht frei konstruierbar.

c) Sie sind Glaubenssätze mit einem von Null abweichenden Wahrscheinlichkeitsgrad: Wir glauben, dass die von ihnen ermöglichte Physik die einzig mögliche ist. Das Geglaubte ist seinerseits entweder

aa) eine zufällige Struktur der Welt einschliesslich jener des Menschen oder

bb) eine bewusste Vorschrift für diese Struktur.

Die Wahrscheinlichkeit für das erste ist fast Null, denn das Zusammentreffen so vieler Faktoren zum Zustandekommen der physikalischen Erfahrung ist mit einem hohen Grad von Unwahrscheinlichkeit behaftet.
Bleibt also die bewusste Vorschrift. Aber wer gibt sie? Hier berühren sich
religiöse und physikalische Glaubenssätze fastunmittelbar. Ihre Bestätigung erhalten sie durch die Erfahrung; keine Erfahrung mit Experimenten oder Theorien wider-spricht ihnen. Sie sind damit geoffenbarte
Wahrheiten über die Struktur der Welt, unserer Sinnesdaten und theoretischen Operationen.

Die Welt nennen wir künftig Kosmosphäre, die Sinnesdaten gehören
zur Biosphäre und die theoretischen Operationen zur Noosphäre.

Annahme (c) lässt freilich noch nicht verstehen, wie die einzelnen
Faktoren aus der Kosmosphäre mit der Bio- und Noosphäre zusammenwirken, um die physikalische Erfahrung hervorzubringen. M.a.W.
es bedarf einer Heuristik der experimentellen Physik. Der Glaube an
die Vorsehung stellt nur eine mögliche Aufgabe. Andererseits würde
auch eine vollständige Theorie der Physik das Zusammenspiel so hete-
rogener Faktoren nur dekriptiv und einzelursächlich, nicht aber ge-
samtursächlich erklären können. Wir stehen hier erst am Beginn einer
Wissenschaft. Sie befindet sich noch auf dem Niveau des Ersatzes von
Wissenschaft durch Metaphysik. Man wird gut tun, die Forschung
zunächst so weit als möglich auszuklammern, jedoch für den letzten
Akt der Theorie in Bereitschaft zu halten, wo es gilt, die architektoni-
schen Bögen zum Schlussstein zusammenzufügen, damit das Gewölbe
trägt.

Wir haben es bei den Ω-Sätzen in der Tat mit eigenartigen Gebilden
zu tun: Sie sind weder frei konstruierbare Axiome (weil nicht austauschbar), noch allein Aprioris der Erkenntnis. Vielmehr handelt es
sich um Bedingungen der Erkenntnis, die sowohl die Natur der Erfahrung als auch jene der Welt betreffen. Dass wir zum Beispiel nach
$\Omega^{k\pi}(6.1)$ einen in sich logisch abschliessbaren Teilbereich aus der Kosmosphäre herausgreifen können, der durch eine bestimmte Theorie
wie die NEWTONsche Mechanik, nicht aber etwa durch die Quantenmechanik (QM) beschreibbar ist, liegt nicht allein in der Struktur
unseres Erkennens, sondern der Welt: Anderen falls wären wir nie über
NEWTON hinausgekommen. Von einer anderen Welt, in der $\Omega^{k\pi}(6.1)$
nicht gilt, wissen wir aber notwendigerweise nichts, denn ohne $\Omega^{k\pi}(6.1)$
können wir keine Physik treiben. Um mit einer einzigen Theorie alles zu
beschreiben, müssten wir mehr als Menschen sein. Es handelt sich also
wirklich um einen Glaubenssatz über die Struktur der Kosmosphäre in

ihrer Beziehung zur Bio- und Noosphäre. Den Sinn solcher Glaubenssätze, die sich auf das Zusammenwirken der Sphären beziehen, nennen wir *integrale Bedingungen*. Die biopsychische Natur des Menschen und die aussermenschliche Natur des Physischen ist dann derart, dass Physik überhaupt möglich ist.

3. DARSTELLUNGSKATALOG

Zu einer neuen Klasse von Annahmen gelangen wir, indem wir die *Darstellung* der Erfahrung einbeziehen. Wir finden folgenden *Darstellungskatalog*:

$\Omega^k(7)$ Möglichkeit der Messung von Erfahrungsdaten.

$\Omega^k(8)$ Möglichkeit metrischer Räume und Zeiten

Ω (9) Möglichkeit von Zahlen.

$\Omega^k(10)$ Möglichkeit der Abbildung von Messungen auf Raum- und Zeit-Geber (geeichte und mit einer Skala versehene Messinstrumente)

$\Omega^k(11)$ Möglichkeit der Abbildung von Raum- und Zeit-Messungen auf Zahlen

Bemerkung: Diese Ω sind nicht identisch. Die Messung von Erfahrungsdaten muss nicht unbedingt metrische Räume und Zahlen voraussetzen, obwohl man gemeinhin das annimmt. Man könnte sich ein geeichtes Verhaltensschema, etwa eines Elementarteilchens, vorstellen, und daran das Verhalten anderer Teilchen „messen", z.B. die „Einheit": ein Teilchen A zerfällt in ein Teilchen B. Wenn dann ein Teilchen x beobachtet wird, das entweder in B zerfällt oder nicht zerfällt, so können wir sein Verhalten durch eine Ja-Nein-Entscheidung messen.

Eine Messung im konventionellen Sinn enthält immer eine zahlenmässig bestimmbare Grösse. Es ist aber nicht von vornherein klar, dass sie auch in einem Meßgerät aufscheinen muss. Dies setzt vielmehr eine bestimmte Struktur der Welt voraus.

$\Omega^k(12)$ Möglichkeit von Symbolen für Operationen und Operanda aus $\Omega^k(7\text{--}11)$

$\quad\quad$ $\Omega^k(12.1)$ Möglichkeit der Zusammenfassung von Elementen aus $\Omega^k(7\text{--}11)$ zu einem einzigen Symbol (Annahme der Stellvertretung „Eines für alle").

$\quad\quad$ $\Omega^k(12.2)$ Möglichkeit von Beziehungen zwischen den Symbolen, vornehmlich der Gleichheit und Ordnung

Ω^k(12.3) Möglichkeit der Kombination der Symbole

Ω^k(12.4) Möglichkeit des Zeitgewinns durch Symbole

Ω^k(12.5) Möglichkeit eindeutiger Operationsregeln für Symbole und damit der eindeutigen Regulierung von Operationen mehrerer Menschen.

Ω^k(12.6) Möglichkeit 1-1-deutiger Zuordnung einer Zahl n zu einem Symbol s für ein Erfahrungsdatum „s". Beispiel: In der BOYLE'schen Beziehung

$$PV = \text{const}$$

symbolisiert „P" den Druck, „V" das Volumen und „const" den Term konstant. Es ist nicht gewiss, dass die Zuordnung von Zahlen zu P und V die Bedeutung dieser Zahlen invariant lässt. Dies führt zum grundsätzlichen Problem der Abbildbarkeit physikalischer Erfahrungsdaten auf die Noosphäre.

Ω^k(13) Möglichkeit der Zusammenfassung und Transformation einer Menge von Operationen zu einem Begriff.

Ω^k(14) Möglichkeit der Darstellung eines Begriffs durch ein Symbol.

Ω^k(15) Möglichkeit der Ableitung neuer Operationen und Operanda aus wenigen Grundsymbolen plus Operationsregeln (Möglichkeit eines geometrischen, algebraischen, logischen Systems von Sätzen).

Ω^k(15.1) Möglichkeit von Prognosen über künftige Erfahrungen aufgrund von Ω^k(15). Die Menge möglicher Erfahrung wird dabei an die Menge möglicher Operationen mit Symbolen *angeschlossen* wie ein elektrisches Netz an ein anderes.

Die Annahmen Ω^k(7–15.1) enthalten die Möglichkeit der theoretischen Physik. Ihr logischer Zusammenhang – der mit der Numerierung natürlich nicht übereinstimmt – sei hier nicht diskutiert. Sie sind nicht die einzigen, die einer Theorie vorhergehen. Insbesondere beruht Ω^k(15.1) auf der Ω^n-Annahme von Gesetzen für physisches Verhalten.

In Bezug auf das Ω-Problem lässt sich leicht folgendes einsehen: Auch der Darstellungskatalog betrifft menschliche Konstruktionen; die genannten Ω-Sätze tragen also das Zeichen k. Es sind alles Ω^k-Sätze. Während die Sätze des Erfahrungskatalogs sich integral auf die Kosmosphäre, die Bio- und Noosphäre bezogen, beziehen sich die Sätze des Darstellungskatalogs nur auf die Noosphäre. Sie sind nicht integral sondern partikulär. Ferner: Die integralen Ω-Sätze waren nicht frei verfügbar, also keine menschlichen Konstruktionen. Die Sätze des Darstellungskatalogs sind es mindestens teilweise, wie eine genauere Analyse anhand der sRT zeigen wird. Um nur einige Beispiele zu nennen: Ω^k (7) setzt die freie Konstruktion von Maßstäben und Uhren voraus, zugleich aber die Homogenität und Isotropie der Raumzeit. Das erstere ist verfügbar, das zweite nicht. Ω^k (8) setzt die Konstruktion metrischer Räume voraus, Ω^k (9) die Konstruktion von Zahlen, anderenfalls wir über die Möglichkeit solcher Konstruktionen nichts wüssten. Dass sie freilich ausführbar sind, ist wiederum nicht frei verfügbar. Dasselbe gilt wiederum mutatis mutandis für die anderen Ω-Sätze dieses Katalogs. Objektiv, zu π gehörig, ist jeweils die Möglichkeit des Erfolgs unserer Konstruktionen; diese haben wir nicht in der Hand, sie müssen wir stets testen. Subjektiv, zu k gehörig, ist die Theorie als Voraussetzung für den Erfolg, nämlich die Konstruktion von Messgeräten, Räumen, Zahlen, Symbolen usw. selbst. GOTT gibt uns die Chancen, aber nutzen müssen wir sie selbst. Solcher Art Ω-Sätze bezeichnen wir als gemischt. Die Mehrzahl der generellen Ω-Sätze der Physik sind dieser Art. Trotzdem geben wir ihnen nicht den Index $k\pi$, weil sie sich nicht auf die Kosmosphäre sondern auf die Noosphäre beziehen.

4. BESTIMMUNGSKATALOG

Es gilt ferner folgender *Bestimmungskatalog*:

Ω^k(16) *Berechtigung* zum Ersatz einer diskreten Punktmenge, die Erfahrungsdaten symbolisiert, durch kontinuierliche Linien. Beispiel: Messungen über Druck und Volumen eines Gases liefern in der P,V-Koordinatendarstellung diskrete Werte. Wir ziehen eine Kurve P als Funktion von V, die mit den Punkten der Daten nur angenähert zusammenfällt. Darin liegen zwei π-Annahmen:

   Ω^π(16.1) Kontinuumannahme: Das Kontinuum lässt sich aus discreta aufbauen.

   Ω^π(16.2) Näherungsannahme: Die Idealisierung bestimmt das concretum.

Ω^k(17) Berechtigung zum Ersatz der geometrischen Kurve durch eine Funktion: Uebergang von der Geometrie zur Analysis = Umschaltung Ω^k (8) $\rightarrow$ Ω^k(9). Die Funktion bestimmt die Kurve.

Ω^π(18) Berechtigung zum Ersatz einer grossen Zahl solcher Kurven und Funktionen, die unter verschiedenen Umständen gewonnen werden, durch den Term ,,Naturgesetz": Umschaltung von der Menge von Konstruktionen auf die bewusstseinstranszendenten physischen Operationen unter der Annahme:

Ω^{π}(18.1) physisches Verhalten folgt bestimmten Regeln, die durch Funktionen abgebildet werden können.

Ω^{π}(18.2) Die Annahme solcher Regeln beruht auf der Annahme der Einfachheit und Homogenität der Natur: Das physikalische Gesetz ist eine symbolische Beschreibung (in der ,,einfachsten Form'') einer beobachteten Routine in einem begrenzten Feld von Phänomenen (LINDSAY-MARGENAU) [1]. Unter ,,einfach'' werden verschiedene Kriterien verstanden, so ,,Minimum an Grundbegriffen bei der Darstellung eines Gesetzes'', z.B. ,,Druck'' und ,,Volumen'' im Gesetz von BOYLE.

Ω^{π}(18.3) Die Annahme von Regeln schliesst die Annahme der *Notwendigkeit* oder der *Wahrscheinlichkeit* ein. Bezieht sie sich auf die Verknüpfung von Ereignissen, so wird die erstere allgemein gesprochen zu

Ω^{π}(19) Annahme der Kausalität.

Die Annahmen Ω(16–19) drücken

a) eine Berechtigung statt der reinen Möglichkeit und

b) eine Bestimmung von Operanda oder Operationen durch andere Operationen oder Operanda aus. Im BOYLE'schen Gesetz wird das ,,Verhalten'' von V durch P bestimmt und P und V zusammen durch das Gesetz $PV =$ const. Die Annahmen über die Bestimmung gehen in die Annahmen über die Darstellung nur zum Teil ein, nämlich dort, wo die letztere durch die spezielle Annahme ihrer allgemeinen Gültigkeit ergänzt wird, also vom Einzelfall auf den Satz aller gleichen Einzelfälle erweitert wird. Dieser Uebergang bringt jedoch m e h r als die reine Darstellung, die an sich immer den konkreten Einzelfall repräsentiert.

Der Bestimmungskatalog ist eigener Natur. Innerhalb von k ist es klar, dass eine diskrete Punktmenge durch das Ziehen von Linien zu einer stetigen Punktmenge ergänzt werden kann: Wir fügen einfach durch den Stift die fehlenden Punkte hinzu oder postulieren axiomatisch die Existenz der fehlenden Punkte in einer abstrakten Mannigfaltigkeit. Das Konstruieren wird dabei durch den Stift oder durch gedankliche Operationen (ein Postulat) vorgenommen. Nun fügen wir aber das Postulat hinzu: ,,k ist in der Kosmosphäre deutbar'' = ,,der

---

[1] a.a.O., p. 17.

Operation ‚Ergänzung der diskreten Punktmenge zur stetigen' in k entspricht eine bewusstseinstranszendente abstrakte Operation in π''. Sie erlaubt es uns überhaupt, aus den als Punktmenge dargestellten diskreten Messergebnissen eine stetige Funktion $PV = $ const zu konstruieren. Das gleiche gilt mutatis mutandis für $\Omega^\pi(17)$ bis $\Omega^\pi(19)$. Solche abstrakten Operationen sind keine Wechselwirkungen in der Kosmosphäre, sondern Operationen eigener Natur, deren Operator wir vorläufig nicht kennen. Jedenfalls sind es weder der Mensch noch die Naturereignisse selbst. Wir nennen ihn vorläufig Θ. Wir werden bei der Ω-Analyse der sRT noch eingehend darauf zu sprechen kommen. Insbesondere steht das Problem der Idealisierung zur Diskussion. Tatsächlich gibt es ja in der Natur weder mathematische Punkte noch genau jene Stetigkeit, die wir für die Analysis verlangen. Auch der Induktionsschluss bedeutet eine Idealisierung, denn er setzt eine völlige Identität aller beobachtbaren Fälle voraus. Diese ist aber nie gegeben. Schon die zeitliche Abhängigkeit der Ereignisketten verbietet sie. Der klassische Fall, dass die Sonne immer im Osten aufgehen wird, nachdem dies einige Jahrhunderttausende vom Menschengeschlecht beobachtet wurde, macht dies deutlich. Ehe die Erde entstand, gab es auch keine Erdrotation, und das gleiche wird nach dem Untergang der Erde sein. Ausserdem wissen wir, dass die Erdachse schwankt. Also geht die Sonne selbst an den gleichen Stellen der Erdbahn nicht immer an der gleichen Stelle des Horizonts auf.

5. THEORIEKATALOG

Wir haben noch keine fertige Theorie. Das Gesetz $PV = $ const ist höchstens Einzelsatz einer Theorie (Grundannahme oder Folge). Eine Theorie verknüpft Annahmen mit Folgesätzen und testet die letzteren am Experiment. Sie setzt dabei zunächst Beziehungen zwischen Symbolen. Wir kommen damit zum *Theoriekatalog*. Erst jetzt treiben wir Physik.

$\Omega^k(20)$ Die Möglichkeit der Konstruktion von Grundbegriffen wie ,,Masse'', ,,Intervall'', ,,Geschwindigkeit'', ,,Beschleunigung'' aufgrund von intuitiven (ungeklärten) Raum- und Zeit-Begriffen, denen Operationen zugeordnet werden derart, dass wir angeben können, wie wir Masse, Beschleunigung usw. messen.

$\Omega^k(21)$ Die Möglichkeit der Wahl der Hypothesen (= Grundrelationen zwischen den Symbolen).

Ω^k(22) Die Möglichkeit der Aufstellung der Ableitungsvorschriften.

Ω^k(23) Die Möglichkeit der Ableitung der Gesetze.

Ω^k(24) Die Möglichkeit der Wahl der Kriterien für die Annahme der Gesetze.

Ω^k(21) setzt einen Komplex von speziellen Annahmen voraus. Wie sollen die Grundrelationen formuliert werden? Antwort: Als Differentialgleichungen. Diese Antwort ist überraschend. Nichts dergleichen finden wir in den Erfahrungsdaten. Im Gegenteil: Es ist offen, ob wir überhaupt räumliche und zeitliche Intervalle sowie die Werte von Verhaltensweisen der physischen Wirklichkeit wie Masse, Ladung, Geschwindigkeit usw. beliebig klein machen können. Vieles spricht dagegen. Wir müssen mit der Möglichkeit rechnen, dass Differenzgleichungen die Realität besser beschreiben als Differentialgleichungen. Die Annahme für die Berechtigung der letzteren führt in grosse mathematische, physikalische und philosophische Tiefen, die hier nicht ausgelotet werden sollen. Eine der wesentlichsten Annahmen, die dazu führen, ist folgende

Ω^k(25) Die mathematische Idealisierung regelt innerhalb bestimmter Grenzen die von ihrem Inhalt verschiedene physische Wirklichkeit.

Wir werden auf diese Annahme noch ausführlich zurückkommen. Ferner gehört zur Bedingung Ω^k (21) noch

Ω^k(21.1) Zur Lösung der Differentialgleichungen müssen *Randbedingungen* angenommen werden. Sie stellen den klassischen Fall von Erkenntnis-ermöglichenden Voraussetzungen dar, gehören freilich bereits nicht mehr in den philosophischen, sondern den mathematisch-physikalischen Bereich. Wir können jedoch erweiternd sagen: Die Grundannahmen der Physik sind die Randbedingungen für die Lösung des Problems Erkenntnis. In dieser Sicht schränken sie das Problem ein. Beispiel: Ω^k(1) schränkt die Struktur der menschlichen Vernunft und Sinnesorgane derart ein, dass eine zum mindesten angenäherte Abbildung von Wirklichkeitsstrukturen möglich ist. Ω^k(9) schränkt die physikalische Erkenntnis auf die Darstellung von Experimenten durch Zahlen ein. Ω^k(15.1) schränkt die Menge möglicher physikalischer Theorien auf diejenigen ein, die Prognosen über künftige Experimente erlauben.

Dieser Katalog lässt sich erweitern. Er soll nur die grundlegenden Voraussetzungen formulieren, auf denen auch die sRT beruht. Ein Teil wird dabei durch die sRT begründet werden können, ein anderer Teil zeigt sich an der sRT noch deutlicher in seiner wahren Natur. Wir werden aber sehen, dass die sRT eine Reihe von weiteren Ω-Sätzen enthält, die bisher nicht aufgeführt wurden. Grundlegend ist dabei die Diskussion von Raum und Zeit. Sie werden sich als die fundamentalen Möglichkeitsbedingungen sowohl der Erkenntnis als auch der Welt erweisen.

3. KAPITEL

DER IMPERIALE PLURALISMUS

1. INTENDIERTES UNIVERSUM UND INTENTIONALE UNIVERSA

Der von der sRT intendierte Gegenstandsbereich ist die physische Ereignismenge und ihre Struktur unter dem Aspekt der sRT. Wir bezeichnen ihn als das Universum der sRT, U_0^p (sRT). Mit dem Index 0 bezeichnen wir eine bewusstseinstranszendente Menge physischer Ereignisse und ihrer Strukturen, mit dem Index p ,,physisch wirkend''. Im folgenden lassen wir ,,(sRT)'' fort, sofern nicht etwas anderes gesagt ist. Die Menge der U_0^p-Ereignisse bezeichnen wir mit (P_0) die Menge aller U_0-Strukturen mit (σ_0).

Ueber das intendierte Universum U_0^p können wir nur durch einen besonderen Glaubenssatz Aussagen machen. Das uns unmittelbar Gegebene ist immer konstruierter Gegenstand unseres Bewusstseins: Das Ereignis A als vom Akt des Bewusstseins imaginiertes. Wir können als Theoretiker nur mit den imaginierten Ereignissen A' operieren, nicht mit den Naturereignissen A: Auf A wirken wir energetisch, auf A' durch Imagination. Andererseits ist der intendierte Gegenstandsbereich der sRT nicht die Menge (A'), sondern (A). Ein A lässt sich nur erleben, ein A' nur konstruieren (durch Imagination). Die beiden Grundoperationen des theoretisierenden Menschen sind also Erleben und Ersinnen (Imaginieren, Konstruieren). Die Operanda beider Felder sind grundsätzlich geschieden: Das Erlebbare lässt sich nicht ersinnen und das Ersinnbare nicht erleben. Die einzige Brücke von A' zu A ist die Intention. Die sRT meint eine Ereignismenge (A) als Teilmenge von (P_0); sie operiert aber nur mit imaginierten Ereignissen (A') als Teilmenge aller möglichen Konstrukta, die wir durch (K) bezeichnen[1]. Die Intention ist eine Brücke, deren erster Pfeiler nur im Bewusstsein festgegründet ist, während der andere in (P_0) liegende Pfeiler für unser

---

[1] Das C-Feld MARGENAU's. Siehe H. MARGENAU, *Open vistas*, a.a.O., p. 16.

geistiges Auge für immer verdunkelt bleibt. Nur wenn die Brücke trägt, indem wir aus Prognosen über (A') zu Erlebnissen über (A) gelangen, dürfen wir glauben, dass auch im Niemandsland der bewusstseinstranszendenten (A) ein Pfeiler ruht.

Die logischen und mathematischen Zeichen der sRT bezeichnen nicht den objektiven Gegenstandsbereich U_0^p, sondern eine Menge von Konstruktionen wie ,,Impuls'', ,,Weltlinie'', ,,Tensor'' oder ,,Ereignis''. Diese Konstruktionen sollen gemäss den Intentionen der sRT stellvertretend für Elemente aus U_0^p stehen. Nur über sie verfügen wir, nur mit ihnen können wir innerhalb der sRT operieren. Nur sie kennen wir, denn nur sie haben wir gemacht. Elemente aus U_0^p sind wohl im Erleben der Welt und in der Herstellung von Experimenten und Artefakten beeinflussbar, aber nicht total machbar. Sie liegen jenseits der Schwelle unseres Bewusstseins und nur teilweise diesseits der Schwelle der Machbarkeit.

Die von den Zeichen der sRT gemeinten Konstruktionen sollen ein Modell des Kosmos liefern. Wir bezeichnen es im Gegensatz zum *intendierten* Universum U_0^p (sRT) als *intentionale* Schöpfung der sRT. Den Ausdruck ,,intentional'' übernehmen wir zunächst von HUSSERL. HUSSERL unterscheidet zwischen dem Erlebnis als einem Bewusstsein von aktuell gedachten Gegenständen und deren potentiellem Hintergrund. Der Erlebnisstrom kann nie aus lauter Aktualitäten bestehen. Der im Wahrnehmungserlebnis ,,gegebene'' bewusstseinstranszendente Gegenstand muss nach HUSSERL durch eine phänomenologische ἐποχή ausgeklammert werden, damit auch die gesamte auf die natürliche Welt bezogene Wissenschaft, soweit sie Geltung über Reales beansprucht. Ein materielles Ding ,,ist prinzipiell kein Erlebnis, sondern ein Seiendes von total verschiedener Seinsart'', es ist im Erlebnis ,,nicht als reales Bestandstück enthalten''. Jede Dingwahrnehmung hat einen Hof von Hintergrundanschauungen (Erinnerung, Phantasie). Es gibt also eine Modifikation, die ,,Bewusstsein im modus aktueller Zuwendung in Bewusstsein im modus der Inaktualität überführt, und umgekehrt''. Auch die modifizierte cogitatio ist Bewusstsein und zwar vomselben Etwas wie die entsprechende unmodifizierte. Alle Erlebnisse, die diese Eigenschaft gemein haben, nennt HUSSERL ,,intentional'' oder ,,Akte in dem weitesten Sinn der ,Logischen Untersuchungen'''[2]. Intentionalität charakterisiert nach HUSSERL Bewusstsein im prägnanten Sinn und gestattet, den ganzen Erlebnisstrom als Einheit *eines* Be-

---

[2] E. HUSSERL, *Ideen zu einer reinen Phänomenologie und phänomenologischen Philosophie*, 1. Buch, Martinus Nijhoff, Den Haag 1950, pp. 76 ff, pp. 203 ff.

wusstseins zu bezeichnen. Die sensuellen Erlebnisse wie Farbdaten sind freilich nur eine ὕλη und haben an sich nichts von Intentionalität, sondern sind der Stoff für intentionale Formungen, die μορφή.

Wir werden nun den Ausdruck „intentional" etwas modifizieren. Im folgenden bedeute er zunächst „vom Menschen durch immaterielle Operationen erzeugt". Das Intentionale ist also das opus des Erzeugens in einer Abfolge schöpferischer Akte, die weder physischer noch biologischer Natur sind, sondern in einem hier unspezifizierten Sinn psychischer Natur. Es versteht sich, dass dafür als Operator nur ein Individuum in Betracht kommt. Dabei ist zunächst gleichgültig, ob es sich um Sinnesdaten, deren Mobilisierung im Gedächtnis oder freie Konstruktionen handelt. Sie alle tragen den modus des immateriellen Erzeugtseins durch das menschliche Einzelwesen. Wir geben ihnen daher das Zeichen rechts oben k, z.B. c^k. Wir unterscheiden also nicht zwischen der nicht-intentionalen ὕλη und der intentionalen μορφή, dem sinnlichen Stoff und der aussersinnlichen Form. Für uns sind bereits die bewusst gemachten oder im Gedächtnis gespeicherten Sinnesdaten intentional. Wir behaupten nun: Es gibt eine intersubjektive Kommunikation der Art, dass durch eine nicht näher spezifizierte schöpferische Operation die intentionalen Gegenstände des einen Individuums in jene der anderen Individuen übertragen werden können. Dieses Übertragen vollzieht sich als induzierte Erzeugung oder als In-Beziehung-Setzen der originären intentionalen Daten des Individuums. Wir behaupten drittens: Indem dies geschieht und überhaupt möglich ist, lässt sich das Vorhandensein intentionaler Gegenstände als opera *aller* zur Erzeugung solcher Gegenstände befähigter Individuen annehmen, und zwar unabhängig davon, ob sie von irgendeinem Individuum aktuell gedacht werden oder nicht. Voraussetzung ist nur, dass wenigstens *ein* Individuum sie einmal gedacht oder in irgendeinem anderen hier nicht spezifizierten Sinn auf immaterielle Weise erzeugt hat.

Der Ausdruck „immateriell" muss erklärt werden. Wir meinen damit diejenige Grundeigenschaft von schöpferischen Operationen des menschlichen Gehirns, die es erlaubt, Daten zu mobilisieren, zu verarbeiten und anderen Individuen mitzuteilen. Kurz gesagt, es handelt sich um Informationen im abstraktesten Sinn, um menschliche *Nachrichten*. Intentionale Gegenstände können wir daher auch als menschliche Nachrichten bezeichnen. Wir deuten damit an, dass es auch aussermenschliche Nachrichten gibt; von ihnen ist aber zunächst nicht die Rede. Im Gegensatz zu Husserl werden wir aber nicht darauf verzichten, den menschlichen Nachrichten von Anfang an die Fähigkeit zuzuschreiben, dass das menschliche Individuum durch sie einen aussermenschlichen Gegenstand intendiert. Wir werden also die phänomenologische ἐποχή nur insoweit nachvollziehen, als damit ausdrücklich gesagt ist, dass die Nachricht Erzeugnis des Menschen ist, und zwar von den sinnlichen Daten angefangen bis zu den abstraktesten gedanklichen Schöpfungen. Wir lassen aber gleichzeitig zu, dass diese Nachricht *mehr* enthalten kann als nur eine Nachricht über menschliche Operationen, nämlich genau jenes Mehr, das sie in Beziehung zu aussermenschlichen Gegenstünden setzt. Mit anderen Worten, intentionale Gegenstände können unter bestimmten Bedingungen über aussermenschliche Gegenstände etwas *sagen*. In diesem Sinn bezeichneten wir die physischen Ereignisse P_0 als intendiert.

Wir stellen nun ein vorläufiges Verzeichnis der Reiche von intentionalen Gegenständen oder Nachrichten des Physikers auf. Wir verfügen, dass zu diesen Reichen auch die schöpferischen Operationen des Menschen gehören, die diese Nachrichten erzeugen. Da alle hier gemeinten Gegenstände und Operationen Konstruktionen darstellen, geben wir ihnen rechts oben den Index k.

U_1^k = alle für die sRT relevanten Erlebnisse, die aus der Wechselwirkung der Sinnesorgane mit (P_0) stammen,

U_2^k = alle Imaginierungen von Elementen in U_1^k,

U_3^k = alle beobachteten Meßwerte, soweit sie Elemente von U_1^k betreffen,

U_4^k = alle geometrischen Objekte und Operationen, soweit sie zur Darstellung von Elementen aus U_1^k, U_2^k und U_3^k benutzt werden,

U_5^k = alle Zahlen und numerischen Operationen, soweit sie zur Darstellung von Elementen aus U_1^k, U_2^k, U_3^k und U_4^k benutzt werden, ferner alle einschlägigen algebraischen und analytischen Operationen,

U_6^k = alle logischen Operationen und deren operanda, alle Begriffe, soweit sie zur Darstellung von Elementen aus U_1^k, U_2^k, U_3^k, U_4^k und U_5^k benutzt werden,

U_7^k = alle Prinzipien, die zur Ordnung der Elemente von U_1^k, U_2^k, U_3^k, U_4^k, U_5^k und U_6^k aufgestellt werden,

U_8^k = alle Kriterien (Werte) für die Annahme oder Verwerfung von Sätzen der sRT, sowie der Einsatz der Kriterien.

Bemerkung: Wir verstehen unter einem U_i^k immer das konstruierte Universum, das sich auf die sRT bezieht. Es müsste daher nach U_i das Zeichen ,,(sRT)'' folgen. Wir lassen dieses Zeichen der Einfachheit halber fort, sofern nicht ausdrücklich etwas anderes verfügt wird. Die Schöpfung der sRT besteht also aus 8 Universa.

Die plurale Stufenfolge von Gegenstandsarten wird heute von mehreren philosophischen Richtungen anerkannt. Am besten ausgearbeitet ist sie bei Nikolai HARTMANN und CARNAP. Von dem ersteren unterscheidet sich die vorliegende Untersuchung dadurch, dass die Reiche der sRT zunächst als reine Konstruktionen aufgefasst werden und ihre Korrelation mit dem intendierten physischen Gegenständen (P_0) erst später auf eine ziemlich verwickelte modale Pluralität zurückzuführen ist. In diesem Sinn gehe ich also von einem methodischen Solipsismus (CARNAP), besser von einem systematischen Konstruktivismus aus. Von R. CARNAP (*Der logische Aufbau der Welt*, Felix Meiner, Hamburg, 2. Aufl. 1961) unterscheidet sich diese Untersuchung unter anderem dadurch, dass nicht eine „Konstitution" der Gegenstandsfelder aus den Grundelementen einer Basis angestrebt wird. Die Numerierung der Reiche bezeichnet also keineswegs ein genetisches Prinzip, etwa der Art, dass alle über U_1^k liegenden Reiche aus Sinnesdaten hervorgingen oder die Werte aus den Prinzipien. Das würde die zunächst angenommene echte Pluralität der Reiche bereits wieder einengen. Wir werden vielmehr am Zeitbegriff gerade zeigen, dass die Wanderung der den Zeitbegriff konstruierenden Instanz (der Mensch) von den Sinnesdaten bis zu den LORENTZ-Transformationen bereits das Zuhandensein plural geschiedener Reiche voraussetzt. Wie diese Reiche als solche entstehen, wird in diesem Buch noch nicht untersucht; dies ist einer späteren Arbeit vorbehalten. Sie werden zunächst nur in der Art technischer Aprioris als einfach zuhanden vorausgesetzt. Hingegen wird eingehend untersucht, wie die speziellen Gegenstände der sRT, vornehmlich die Zeit, anhand eben dieser Reiche erzeugt werden.

Die Erlebnisse in U_1^k sind nicht total frei verfügbar, denn die Welt $(P_0) = U_0^p$ ist ausserhalb der technischen Machbarkeit nicht unser Geschöpf. Wohl aber ist jeder Bewusstseinsakt eine Komposition aus nicht verfügbaren Signalen der Aussenwelt und der neurophysiologischen und psychischen Kreativität des Menschen. Der Hauptunterschied zu den Universa U_2^k bis U_8^k ist der, dass die letzteren weitgehend bewusst und gewollt konstruiert werden, die Elemente in U_1^k jedoch unbewusst, ehe sie zu Daten des Bewusstseins werden.

Fassen wie die Universa U_2^k bis U_8^k unter den Term „Kreation" zusammen und bezeichnen wir ihn durch „c", so bildet c den Bereich aller Operationen und ihrer operanda der sRT. So ist U_k^2 die Gesamtheit der dazu notwendigen Gedankenexperimente. c ist einer Achse vergleichbar, die in U_1^k rotiert.

Nun brauchen wir aber noch ein zweites Lager, wenn das mechanische Modell stimmt. Dies sind die Glaubenssätze. Sie haben wir ja als die provisorisch letzten Bedingungen erkannt, damit menschliches Operieren im Feld der Physik überhaupt möglich sei. Sie müssen also den ganzen Bereich der Erlebnisse, Imaginationen, Meßakte, geometrischen und algebraischen Repräsentationen, der Begriffe und logischen Operationen, der Bildung von Prinzipien und Werten erst eigentlich begründen im Sinne von ,,ermöglichen''. Dazu dürfen sie aber nicht, wie wir früher sahen, ihrerseits Kreationen des Menschen sein. Sie sind keine constructs und tragen nur den Index k rechts oben. Nicht als wären sie constructs, sondern weil sie sich direkt auf solche beziehen, sie intendieren. Alle unsere Universa sind ja constructs, die z.T. wiederum constructs intendieren. Nur U_1^k macht eine Ausnahme; Wir müssen also ein letztes Universum aller die sRT ermöglichenden Glaubenssätze annehmen, die sich auf die sRT als Gesamtheit aller constructs von U_2^k bis U_8^k beziehen. Wir geben ihm jedoch wie in Kapitel 1 den Index k oder π. Damit wird das Gesamtuniversum der sRT durch U_9 abgeschlossen.

c ist das opus der sRT, der Weltentwurf aus der Spontanität des theoretisch operierenden Menschen. In Bezug auf U_0^p bildet c eine hypothetische Repräsentation des Kosmos, im Falle der Richtigkeit der sRT dessen gedankliche Rekonstruktion. Wir sagen dann: ,,U_0^p projiziert auf c'' oder ,,c ist die Projektion von U_0^p''.

Unser erster Glaubenssatz lautet:

Ω^k(26) DIE NOTWENDIGE, JEDOCH NICHT HINREICHENDE BEDINGUNG FUER DIE SCHAFFUNG DER SRT IST DIE SCHAFFUNG UND DAS ZUHANDEN-SEIN VON 8 RELATIV ABSCHLIESSBAREN KLASSEN VON OPERATIONEN DES MENSCHEN, EINER RELATIV ABSCHLIESSBAREN KLASSE AUSSERMENSCH-LICHER EREIGNISSE UND EINER NICHT ABGESCHLOSSENEN KLASSE VON GLAUBENSSÄTZEN.

Unter ,,abschliessbar'' sei hier verstanden, dass die Universa der sRT von Prinzipien beherrscht werden, die ausserhalb der sRT entweder nur deshalb gelten, weil die sRT übernommen wird, oder die dort gar nicht gelten. So gilt das spezielle Relativitätsprinzip nicht in der vorrelativistischen Physik, in der nach-relativistischen nur, weil die relativistische als ganze übernommen wird. Anderenfalls wäre die sRT zugleich eine Theorie der Thermodynamik (was sie erst später durch

Max PLANCK wurde) [1], der nicht-relativistischen Mechanik, Quanten-mechanik (QM) usf. Man darf die Gültigkeit der sRT für die gesamte Physik nicht mit dem von der sRT ausdrücklich intendierten Objekt-bereich verwechseln. Nur insoweit die LORENTZ-Struktur der Raumzeit die Ereignisse beeinflusst, gilt auch die sRT. Dies ist aber z.B. für die nicht-relativistische QM nicht der Fall, aber auch nicht im Grossen für eine moderne Gravitationstheorie. Wir haben also das Recht, von einem relativ abschliessbaren, nämlich genau durch die LORENTZ-Invarianz beherrschten Universum der sRT zu sprechen.

Zu den notwendigen Voraussetzungen der sRT gehört der Glaube an die Existenz eines von der sRT intendierten physischen Universums. Die sRT ist keine solipsistische Theorie, sie ordnet auch nicht allein Sinneserlebnisse, wie der frühe Positivismus glauben machen wollte. Zu ihren wesentlichen Fundamenten zählt die Ueberzeugung des die sRT benutzenden Physikers, eine objektive Wirklichkeit zu beschrei-ben. Damit ist das Vertrauen in ein Universum U_0^p vorausgesetzt.

Die zweite Bedingung für das Funktionieren der sRT ist der Glaube an die Existenz von Erlebnissen, die mit U_0^p in einen 1-1-deutigen Zu-sammenhang gebracht werden, obgleich wir diesen Zusammenhang erst nachträglich durch den Test vorausgesagter Erlebnisse erschlies-sen. Auch U_1^k (sRT) ist relativ abschliessbar, denn die Erlebnisse sollen sich nur auf die LORENTZ-Struktur von Raum und Zeit beziehen. Ich nenne dies „horizontale Abschliessbarkeit". Es ist aber auch sofort eine vertikale Abschliessbarkeit gegenüber U_2^p und U_2^k, ... U_8^k einzusehen: Erlebnisse sind Inhalte des Bewusstseins, physische Ereignisse nicht. Messungen ihrerseits sind ein compositum eigener Art aus spontanen Erlebnissen und rein konstruierten, also verfügbaren Zuordnungen von Erlebnissen zu Koordinaten, Zahlen und Begriffen.

Messungen ergeben aber noch keine sRT. Dazu bedarf es der freien Konstruktion von Koordinaten als einer der wesentlichen Operationen des die sRT benutzenden Physikers. Gezeichnete Koordinatensysteme (im folgenden KS) sind aber ein mixtum compositium besonderer Art aus stofflichen Teilchen in U_0^p, Erlebnissen in U_1^k, Messungen in U_3^k und

---

[1] M. PLANCK, *Ann. d. Phys.* 26 (1808), 1. Die Thermodynamik hat ihren eigenen, vom Entropiebegriff beherrschten Bereich (M. v. LAUE, *Die Relativitätstheorie*, Bd. 1, Vieweg, Braunschweig, 5. Aufl. 1955, S. 174). Die LORENTZ-Invarianz der Entropie lässt sich sowohl aus der Proportionalität zwischen Entropie und dem Logarithmus einer ganzzahligen thermo-dynamischen Wahrscheinlichkeit (BOLTZMANNsches Prinzip) als auch aus der Umkehrbarkeit aller rein mechanischen, den inneren Zustand des Körpers nicht beeinflussenden Beschleu-nigungen ableiten. Da die Entropie bei diesen konstant bleibt, ist sie nach PLANCK invariant, denn eine physikalische Grösse, die von den Bewegungen ihres Trägers unabhängig ist, ist LORENTZ-invariant (v. LAUE dto.).

Zahlen in U_4^k. Ihr Konstruktion setzt intentionale KS als rein geometrische Objekte voraus, die wir zunächst gedanklich-imaginativ mit den Erlebnissen, Zahlen, Begriffen und geometrischen Operationen (Drehung, Translation) in Korrelation bringen. Wir brauchen also ein eigenes Reich der jederzeit reproduzierbaren Vorstellungen, in dem wir Erlebnisse aus U_1^k, Messdaten aus U_3^k, KS aus U_4^k, Zahlen aus U_5^k und Begriffe aus U_6^k mobilisieren. U_2^k ist das eigentliche Feld aller technischen Operationen des Physikers, in dem sich die „Züge" der verschiedenen Reiche treffen und „rangiert" werden. Ich vergleiche U_2^k mit einem Weltbahnhof, der genauen Regeln unterliegt: Logischen Verboten, heuristischen Fahrplänen, Datenverarbeitung der Erlebnisse zu Messungen mit Hilfe von U_4^k, U_5^k und U_6^k, Konstruktion von Gedankenversuchen und so fort.

KS sind aber als rein intentionales Objekt der Imagination aussagbar, nämlich wenn wir in der sRT von „KS" schlechthin sprechen, etwa in der Aussage: „Aus der Drehung kartesischer Vierer-KS lässt sich eine LORENTZ-Transformation ableiten". Hier meinen (intendieren) wir nicht ein hic et nunc vorgestelltes kartesisches KS, sondern kartesische KS schlechthin. Diese KS sind aber weder Erlebnisse noch Messungen noch aktuelle Bewusstseinsdaten noch Zahlen oder Begriffe, sondern Gebilde eigener Art, mit denen eine bestimmte Klasse von Operationen vorgenommen werden kann, z.B. Drehungen. Zahlen lassen sich nicht drehen (Begriffe nur im übertragenen Sinn).

Das gleiche gilt mutatis mutandis von den Zahlen und den an ihnen vornehmbaren Operationen und daraus konstruierten opera, sowie für die Begriffe und die Ausdrücke und Operationen der Logik. Die logische Analyse des Gleichzeitigkeitsbegriffs spielt sogar für die sRT eine grundlegende Rolle. Sie ist mehr als alle vorhergehenden Theorien eine logiko-physikalische Theorie. Deshalb kann kein Relativitätstheoretiker der Logik entraten. Ein besonderes Gebiet ist die Axiomatisierung der sRT. Sie gehört nicht zu ihren Voraussetzungen, wohl aber lassen sich ihre Voraussetzungen wie die keiner anderen Theorie in ein strenges logisches System bringen. Dies hängt mit der Natur der von der sRT intendierten Raumzeit zusammen.

Wie kaum eine andere Theorie bedarf die sRT der Prinzipien, also des Reichs U_7^k. Das spezielle Relativitätsprinzip (im folgenden sRP) und das Prinzip der invarianten Lichtgeschwindigkeit sind nicht Elemente eines der vorgenannten Reiche. Man könnte sie höchstens mit U_5^k und U_6^k verwechseln. Aber das sRP ist keine Funktion ähnlich einem in differentieller Form geschriebenen Naturgesetz, sondern es schränkt die Formulierung aller Naturgesetze in einer bestimmten Weise ein, ohne die Gesetze deshalb bereits eindeutig festzulegen. Es wirkt durch die Forderung der LORENTZ-Kovarianz und -Invarianz restriktiv auf die Fassung aller künftigen und vergangenen Funktionen, denen Naturgesetze entsprechen sollen. Das sRP wirkt also heuristisch-restriktiv, nicht funktional-determinativ. Um z.B. zu den LORENTZ-Transformationen zu gelangen, müssen wir ausser dem sRP noch Vierer-KS und ihnen zugeordnete Zahlenquadrupel konstruieren und das spezielle Verhalten der (x, y, z, t)-Werte bei einer Drehung des KS untersuchen. Das sRP legt dann den möglichen Transformationen genau jene Einschränkung auf, dass die gefundenen Transformationen die Gestalt einer physikalischen Grundgleichung nicht verletzen dürfen, sofern diese Gleichung einen Zusammenhang von Messwerten ausdrückt, die von einem inertialen Beobachter festgestellt werden. Der sprachliche Ausdruck der Prinzipien der sRT sind deren Axiome [1]. Die Axiome der sRT sind zwar mit logischen Mitteln aus einer Theorie findbar, sie regulieren auch zunächst den logischen Gang der sRT (z.B. als Vorschrift: „Kein Naturgesetz darf die LORENTZ-Kovarianz verletzen"). Trotzdem wird in der sRT angenommen, dass das sRP nicht nur die Theorie, sondern auch Sachverhalte in der intendierten Ereignismannigfaltigkeit regelt. Es ist also ebensowenig nur zur Logik gehörend wie ein Naturgesetz nur zu U_5^k gehört, wenn es einen Sachverhalt in U_0^p treffen soll. Die Prinzipien der sRT regeln den Aufbau der Theorie allein, insofern angenommen wird, dass sie U_0^p regeln. Gerade diese Annahme ist aber ein Glaubenssatz. Dies ist möglich durch das Eingreifen von Korrespondenzregeln, wie operational definitions. Sie verbinden die Symbole der Theorie mit den Erlebnissen in U_1^k. Will man beispielsweise ein opus der Theorie mit einem intendierten Element des P-Felds identifizieren, so ist das nur über ein Element des Erlebnis-Felds möglich. Die Korrespondenzregeln wirken direkt also nur auf die Erzeugnisse der Theorie und erzeugen ihrerseits nur Zuordnungen zwischen jenen und einem Element des Erlebnis-Felds. Solche Regeln *können* ihrer Natur nach also gar nicht vom Erlebnis-Feld stammen (dessen Interpretation setzt sie voraus). Auch entstammen sie wohl in

[1] Zur Axiomatisierung siehe A. A. ROBB, *A Theory of Time and Space*, Cambridge 1914; *The absolute Relations of Time and Space*, Cambridge 1921; *Geometry of Time and Space*, Cambridge 1936. H. REICHENBACH, *Axiomatik der relativistischen Raum-Zeit-Lehre*, Braunschweig 1924; *Philosophie des Raum-Zeit-Lehre*, Berlin 1928. K. SCHNELL, „Eine Topologie der Zeit in logischer Darstellung", Diss., Münster 1938. A. D. ALEKSANDROV, „Teorija otnositel'nosti kak teorija absoljutnogo prostranstva-vremeni". In *Filosofskie voprosy sovremennoj fiziki*, Moskau 1959.

ihrer sprachlichen Formulierung und nach der Absicht des Theoretikers der Theorie, aber kein Mensch kann darüber verfügen, ob sie zu einem widerspruchsfreien System von Zuordnungen zwischen theoretischen Erzeugnissen und der Erlebniswelt führen. Solche Korrespondenzregeln sind also Prinzipien, die wir wohl festsetzen und – im allgemeinen durch Konvention – annehmen, die aber Zweier-Relationen mit einem nicht frei verfügbaren Glied (den Erlebnissen) erzeugen.

Was die Werte der sRT betrifft, so gehören sie nicht explizit zu ihr; wohl aber wird vom Relativitätstheoretiker angenommen, dass er es mit einer faktisch wahren, mathematisch schönen und technisch guten Theorie zu tun habe. Wahr, Schön und Gut sind aber Werte. Die ganze sRT hätte für uns ohne das Erreichen dieser Werte (kybernetisch gesprochen, dieses Soll-Wert-Systems) keinen ,,Wert''. Sie wird erst ,,Wert-voll'', voll des Wertes, wenn sie tatsächlich eine wahre und gute Theorie ist. Das Vertrauen der Physiker rührt aber nicht nur daher, sondern vornehmlich sogar aus ihrer logischen und mathematischen Schönheit. Also müssen wir ein eigenes Reich, U_8^k, annehmen.

Wir brauchen hier nicht das Zuhandensein eines eigenen Reichs der Glaubenssätze der sRT aufzuweisen: Unsere ganze bisherige Diskussion zeigt, dass solche Glaubenssätze von der sRT impliziert werden. Ein von der sRT speziell implizierter Satz wird im folgenden die Notwendigkeit operationeller Definitionen sein. Das gilt natürlich auch für die klassische Physik; aber erst die sRT machte ihren Wert deutlich. Sie ist wie keine Theorie zuvor (und danach!) eine von logischen Operationen durchtränkte und daher durchsichtige Theorie. Das ist wiederum nur möglich, weil sie von klar formulierten Prinzipien ausgeht. Das gleiche machte, nur in minderem Mass, auch die NEWTONsche Mechanik so glaubwürdig und fruchtbar. Diese Prinzipien lassen sich ihrerseits aber auf einen spezifischen Glauben an die Natur der Dinge und die Möglichkeit menschlicher Operationen gründen.

Wir können jetzt den in $\Omega^k(26)$ eingeführten Ausdruck ,,relativ abschliessbar'' klären. Wir definieren: Ein Objektbereich ist vertikal abschliessbar, wenn seine Elemente die operanda mindestens einer Klasse von Operationen sind, die in keinem anderen Bereich durchführbar sind. Die horizontale Abschliessbarkeit wurde bereits diskutiert. Es gilt für U_0^p: Ereignisse, die wir als ,,physisch' bezeichnen, werden allein durch energetische Operationen erzeugt. Dies gilt für keines der übrigen Reiche. Problematisch ist dies nur für U_1^k, U_2^k und U_3^k. Aber die Entzifferung energetisch wirkender Informationsströme der Neuronen zu bewusst gemachten Nachrichten ist als solche nicht

energetischer Natur, sondern psychischer [1]. Sie setzt, wie schon HELM-
HOLTZ annahm, die Aktivität einer lernenden Instanz voraus; das
Lernen ist dabei nach der Erwartungstheorie ein Lernen am Erfolg.
Wir werden das Problem besonders beim Zeiterlebnis in relativistischer
Auffassung diskutieren. Ist schon ein physisches Ereignis von einem
Bewusstseinsinhalt verschieden, so erst recht von einer Messung und
der reinen Imagination (z.B. einem Gedankenexperiment). Hier reichen
die energetischen Operationen innerhalb der Neuronen nicht aus, um in
U_3^k die Zuordnung von Erlebnissen zu den Markierungen von Skalen
und in U_2^k das Operieren mit rein vorgestellten Gegenständen zu rechtfertigen. Selbst wenn zwischen den Vorgängen in Neuronen und den
Inhalten des Bewusstseins ein eindeutiger Zusammenhang herstellbar
sein sollte (was wegen der praktisch unendlichen Menge möglicher
Bewusstseinsinhalte auf Schwierigkeiten stösst), so impliziert eine
solche hypothetische Entsprechung noch keine inhaltliche Gleichheit:
Niemals können wir an einem energetischen Vorgang in einer Nerven-
zelle den Bewusstseinsinhalt ablesen ,,die Operation Z ordnet dem
Radarsignal L die Entfernung x zwischen Radar und Flugzeug F zu'',
wie er für eine Entfernungsmessung charakteristisch ist.

Andererseits sind alle Erlebnisse an Neuronenvorgänge und an energetische Signale von U_0^p an U_1^k gebunden. U_0^p ist also gegenüber U_1^k und
vice versa nicht absolut abgeschlossen. Dies ist der Sinn des Ausdrucks
,,relative Abgeschlossenheit''.

Analog liegen die Verhältnisse für U_1^k gegenüber U_3^k und den darüber
liegenden Reichen: Eine Messung setzt eine Theorie voraus. So geht
dem Satz ,,F ist vom Radar x Meter entfernt'' die Theorie der elektromagnetischen Signale vorher; diese enthält logische und mathematische Operationen, die nicht auf Sinnesdaten wirken, sondern auf abstrakte Gebilde wie Zahlen, Koordinaten und Begriffe. Andererseits ist
Gegenstand der Messung immer eine Erlebnisreihe in U_1^k: Auf diese
wirkt die Operation ,,Messung''. Das verbindet U_3^k mit U_1^k, trennt aber
wieder U_3^k von den darüber liegenden Reichen.

U_2^k ist gegenüber den tiefer liegenden Reichen abgeschlossen, insofern die Operationen der Imaginierung (der Mobilisierung von ge-

---

[1] ,,Unsere Sinnesorgane transformieren physikalisch-chemische Energien in Störungen des
biologischen Gleichgewichts von Nervenzellen, die sodann als elektrische Impulse in den
sensorischen Bahnen weitergeleitet werden und die schliesslich zur Erregung bestimmter
Ganglienzellen in der Hirnrinde führen ... Diese physiologische Schilderung des Wahr-
nehmungsvorgangs lässt nur schwer erkennen, wieso wir uns im Wachzustand stets Dingen,
Lebewesen und Ereignissen gegenüber befinden, nicht aber bloss dem sehr feinkörnigen
Mosaik isolierter Reize'' R. HOFSTAETTER, ,,Psychologie'', *Das Fischer Lexikon*, Aufl. 1957,
S. 322.

speicherten Daten des Gedächtnisses und ihre Kombination) nicht den geringsten Einfluss auf die U_0^p-Ereignisse und die U_1^k-Wahrnehmungen besitzen. Dies ist der operationelle Einwand gegen den ontologischen Gottesbeweis. Ein Gedankenexperiment wie das von EINSTEIN imaginierte Einschlagen zweier Blitze an den Zugenden beschwört keinen Blitz und ist keine Wahrnehmung, wohl aber ein mögliches Bewusstseinsdatum. Seine jederzeitige und durch jeden normalen Menschen vollziehbare Reproduzierbarkeit unterscheidet es von U_0^p und U_1^k. Trotzdem ist es nicht total gegenüber diesen abgeschlossen, denn ohne das Erlebnis mit Blitzen können wir uns unter dem Gedankenexperiment nichts vorstellen. Die Abgeschlossenheit gegenüber U_4^k, das U_2^k am nächsten liegt, ergibt sich aus folgendem: Das Gedankenexperiment ist kein geometrisches Objekt; wir können das imaginierte Einschlagen der Blitze nicht als solches transformieren, wie t in t', ebenso nicht die imaginierte Schiene zwischen den Zugenden, wie x in x'. Kurz gesagt: U_2^k ist die Mannigfaltigkeit aller anschaulich vorgestellten Gegenstände; diese können (und müssen oft) unanschaulichen geometrischen, arithmetischen und logischen Objekten (Begriffen) zugeordnet werden; aber die letzteren sind als solche eben nicht anschaulich vorstellbar. Beispiele: Die Tensoren $g_{\mu\nu}$ und $T_{\mu\nu}$, die Vierergeschwindigkeit y_i, die vierdimensionale Raumzeit, der Begriff ,,Relativität''. Trotzdem lässt sich zuweilen eine 1-1-deutige Entsprechung zwischen den Operationen an imaginierten Gegenständen und nicht-anschaulichen Operationen geometrischer, arithmetischer und logischer Natur herstellen. Wir sagen dann, diese Operationen seien anschaulich zu machen. Ich nenne dies ,,Anschaulichkeit 2. Art''. Insofern ist U_2^k gegenüber den darüber liegenden Reichen gleichfalls nur relativ abgeschlossen.

Ueber das Verhältnis der über U_2^k liegenden Reiche untereinander braucht hier nichts gesagt zu werden. Allein die analytische Geometrie, deren sich die sRT bedient, zeigt, dass etwa U_4^k und U_5^k teilweise aufeinander abbildbar sind, andererseits von Operationen toto genere verschiedener Natur beherrscht werden: Ich kann die Grösse $\sqrt{1 - v^2/c^2}$ durch die Operation des Teilens zum Nenner einer LORENTZ-Transformation machen, nicht aber die Drehung eines KS.

Noch ein Wort über die Instanzen, von denen die verschiedenen Reiche beherrscht werden. Wir haben nur zwei anzunehmen: Die physische Ereigniswelt ausserhalb des Menschen und den Menschen selbst. Dabei muss man sich hüten, innerhalb des Menschen besondere Instanzen für die Operationen in den verschiedenen Reichen zu setzen.

Dieses Problem ist für die Diskussion der sRT unerheblich. Insbesondere wollen wir die Frage, ob im Sinne von KANT für die Bildung der verschiedenen Operationsreiche (Universa) verschiedene Instanzen angenommen werden müssen, bis auf den Schluss des Buchs zurückstellen. Wir bezweifeln aber jetzt schon, ob dazu die Intuition (Anschauung), der analytisch verfahrende Verstand und die Ideen-bildende Vernunft ausreichen. Vermutlich ist die Zahl dieser Instanzen zu erweitern und möglicherweise wirken alle Instanzen innerhalb eines bestimmten Operationsfelds (Universums) zusammen. Da wir über U_0^p nur als intendierten Gegenstandsbereich etwas ausmachen können, so ist jedenfalls die einzig uns unmittelbar zugängliche Instanz der Mensch. Die Physik wurde erst seit EINSTEIN zur wirklich menschlichen Wissenschaft, denn erst seither gehen wir explizit von den menschlichen Erlebnissen in Bezug auf die vom Menschen intendierten physischen Ereignisse aus. Dieser Trend zur Vermenschlichung (den man ungenau „Subjektivierung" nennt) zeigt sich noch stärker in der QM.

Die sRT machte aber auch die innermenschlichen Reiche in ihrer relativen Abgeschlossenheit erst eigentlich sichtbar: Indem sie von einer Diskussion der Zeitmessung ausgeht, setzt sie das Reich der Messungen voraus, indem sie Gedankenexperimente (vorgestellte BS) zur Definition der Gleichzeitigkeit und des Abstandes benutzt, setzt sie das Reich der Imaginierungen voraus. Dass sie als Raumzeit-Theorie eine typisch geometrisierende Wissenschaft ist, scheint schon trivial; aber es muss doch noch gesagt werden, um auch U_4^k abzuheben. Von U_5^k brauchen wir nicht zu reden: Erst mit der sRT setzt der moderne Trend der Physik zur Mathematisierung und damit zur Abstraktion von jeder Anschauung ein, wie er besonders in der vierdimensionalen Tensorform zur Ausdruck kommt und in der allgemeinen Relativitätstheorie (aRT) einen Höhepunkt erreicht. Dass die sRT das Reich der Logik U_6^k und der Prinzipien U_7^k erstmalig in eminenter Weise vorausgesetzt, wurde gesagt. Wir müssen daher auf Grund einer ersten Untersuchung der Struktur der sRT den aus $\Omega(26)$ folgenden Glaubenssatz formulieren:

$\Omega^k(26.1)$ DIE STRUKTUR DES OPERATIONSFELDS DER SRT IST $(8 + 1 + 1)$ – PLURAL.

Damit meinen wir: Der Mensch konstruiert 8 Universa der sRT und benötigt dazu das U_0^p-Reich der intendierten Ereignisse und das U_9-Reich der Glaubenssätze.

Wir bezeichnen diesen Satz als Satz des *imperialen Pluralismus*. Dabei haben wir „Operationsbereiche" durch „Imperien" ersetzt.

Wir führen noch folgende Bezeichnungen ein: Durch das Symbol c wird ein opus des Menschen dargestellt, sofern es nicht physischen Charakter trägt, also ein technisches Erzeugnis ist. Der Index rechts unten bezeichnet dann die Nummer des Reichs, z.B. c_1 ist ein Erlebnis, c_5 eine Zahl oder algebraische Operation. Ferner unterscheiden wir, ob ein c-Element ein operandum, eine Operation oder ein opus ist. Wir stellen also eine *Syntax* der Operationen des Physikers auf. An sich müssten wir die Symbole c dementsprechend besonders kennzeichnen. Wir sehen aber aus den Formeln sofort, welche syntaktische Stelle ein c einnimmt, so dass wir darauf verzichten können. Lediglich den Operator, der die Operationen durchführt, wollen wir durch ein eigenes Zeichen bezeichnen. Wir nehmen dazu grosse lateinische Buchstaben. Im Falle des theorienbildenden Menschen benutzen wir das Zeichen $\underline{C}$. Der Doppelstrich unten bedeutet stets einen operierenden Faktor, also z.B. einen Menschen, ein Teilchen oder Teilchensystem, eine Pflanze. Der Doppelstrich bezeichnet also immer ein System real wirkender Individuen. Unsere operative Syntax besteht also aus Operatoren, Operationen, opera und operanda.

2. THEORETISCHE BEZUGSSYSTEME

Nun wissen wir, dass die Aussenwelt nicht nur auf eine einzige Theorie projiziert. Bezeichnen wir diese Theorien durch c_i und verstehen unter $U_{0,i}^n$ das von der Theorie c_i intendierte Universum. Dann ist das physisch Wirkliche die Gesamtheit aller durch alle richtigen c_i intendierten Universa. Bezeichnet der Index i die i-te Theorie der Physik (wir ordnen die Theorien der natürlichen Zahlenreihe zu), so muss zu dem ersten Index rechts unten noch ein zweiter hinzugefügt werden, um die jeweilige Theorie zu bezeichnen, die dieses Reich entwirft. Sei z.B. die klassische Mechanik durch den Index 1 bezeichnet und ihre Algebra durch 5, so bezeichnet $U_{5,1}^k$ die in der klassischen Mechanik benutzte kommutative Algebra. Die physische Wirklichkeit wird damit durch eine Anzahl von physikalischen Universa repräsentiert, deren Indices rechts unten eine Art Matrix durchlaufen. Bezeichnen wir durch 10 Zeilen das jeweilige Reich, durch N Spalten die jeweilige Theorie, so erhalten wir das Schema:

Schema II

	1	2	3	4	5	6	7	..
0								
1								
2								
3								
4								
5								
6								
7								
8								
9								

Nun sei das von einer Theorie intendierte physische Universum durch ebenfalls zwei Indices gekennzeichnet. Dabei lassen wir den Index 0 fort, da er sich von selbst versteht, sobald wir rechts oben den Index p setzen. Dann ist z.B. das von der sRT generell und deren Transformationsgruppe speziell intendierte physische Universum symbolisiert durch $U^p_{5,\mathrm{sRT}}$. Dabei haben wir den zweiten Index rechts unten explizit hingeschrieben, und zwar nicht als Zahl, sondern als Zeichen für „spezielle Relativitätstheorie". Allgemein wird ein von einer Theorie intendiertes physisches Universum symbolisiert durch

$$U^p_{m,i}$$

Dabei gilt im allgemeinen

$$U^p_{m,i} \neq U^p_{m,k}; \qquad i \neq k$$

So ist das von der NEWTONschen Mechanik intendierte Universum von dem durch die QM intendierten verschieden. Trotzdem gilt auch das NEWTONsche in gewissen Grenzen nach wie vor weiter, es ist also ein *berechtigtes Universum*. Dies ist der Sinn des Satzes, es sei ein Grenzfall der SRT und QM.

Die durch U_m^k $(m = 1, 2, 3, \ldots, 9)$ bezeichneten Operationsfelder bezeichnen wir als c-Reiche

$$U_{m,i}^k = c\text{-Reich} = {}_{Df} \text{ das von der Theorie } c_i \text{ benutzte}$$
$$\text{Operationsfeld } m \text{ des Menschen.}$$

Dabei gilt im allgemeinen

$$U_{m,i}^k \neq U_{m,l}^k; \qquad i \neq l \text{ und } U_{n,i}^k \neq U_{m,i}^k; \qquad n \neq m$$

In der Tat benutzen verschiedene Theorien im allgemeinen verschiedene Erlebnisbereiche, Klassen von Messungen, Gedankenversuchen und anderen imaginierten Gegenständen, Geometrien, Algebren, Begriffe, Prinzipien, Werte und Glaubenssätze.

Wir führen noch weitere Einteilungen ein, um die Operationsfelder zusammenzufassen. Das Operationsfeld des Kosmos bezeichnen wir als ,,Kosmosphäre'', das der Erlebnisse als ,,Biosphäre'', das der Geometrie, Arithmetik, Logik, Prinzipien, Werte und Glaubenssätze als ,,Noosphäre''. Die Gesamtheit aller Sphären bezeichnen wir als ,,*Welt des Physikers*''.

Eine Sonderstellung nimmt $U_{3,i}^k$ ein, denn hier treffen alle Sphären zusammen. Tatsächlich benutzt der messende Physiker sowohl intendierte Wechselwirkungen mit dem Gerät (das selbst zu U_0^p gehört) als auch Erlebnisse mit Hilfe der Sinnesinformationen, wie auch die rein geistige Zuordnung der Messdaten zu Zahlen, Koordinaten und Begriffen. U_3^k muss daher als die eigentliche Nahtstelle und Drehscheibe der Sphären gelten. Es nimmt eine zentrale Stellung ein und wirft die am meisten komplexen Fragen auf.

Ueber den Wert von N lässt sich a priori gar nichts aussagen. Jede physikalische Theorie vermittelt nur eine bestimmte Sicht des Kosmos, indem sie bestimmte c-Reiche entwirft. Der invariante Kosmos wäre uns nur erreichbar, wenn wir alle ,,Komponenten'' erzeugt hätten. Unter der Voraussetzung, dass die $U_{m,i}^p$ ein Universum $U_{0,i}^p$ treffen, müssen wir folgern: Der Kosmos ist ebenso wie die theoretische Physik *plural*. Andererseits behauptet unser Glaubenssatz $\Omega^k(4)$ die Uniformität der physikalische Erkenntnis. Dies ist nur möglich, wenn der gleiche Kosmos von verschiedenen Menschen uniform erlebt wird, denn dass verschiedenen Menschen Verschiedenes uniform erleben, ist ganz unwahrscheinlich. Glaubenssatz $\Omega^k(5)$ behauptet ferner die Möglichkeit kohärenter Beschreibung. Die verschiedenen Universa dürfen sich also nicht widersprechen. Des Kosmos fällt also nicht in verschiedene einander widersprechende Teilbereiche (Universa) auseinander, sondern bildet trotz aller Pluralität eine Einheit.

Woher dann die Pluralität? Antwort: Aus der Zerlegung in verschiedene ,,Komponenten''. Dies setzt die ,,Koordinatensysteme'' möglicher Weltbeschreibungen voraus, wie mechanische, thermodynamische, relativistische, quantenmechanische und elektromagnetische. Schon die relativistische Weltbeschreibung zerfällt in die LORENTZ-geometrische und die RIEMANN-geometrische. Wir formulieren daher einen neuen Glaubenssatz über den bewusstseinstranszendenten Kosmos:

Ω^π(27) DAS PHYSISCHE GESCHEHEN IST EINE KOMPOSITION AUS VERSCHIEDENEN KOMPONENTEN, DIE WIR π-STRUKTUREN, IN ZEICHEN $\sigma_{m,i}^\pi$, NENNEN. DAS JEWEILIGE UNIVERSUM $U_{m,i}^p$ EINER PHYSIKALISCHEN THEORIE FOLGT EINER BESTIMMTEN π-STRUKTUR. DIE VERSCHIEDENEN π-STRUKTUREN ÜBERLAGERN SICH ANALOG DEN PROJEKTIONEN EINES VEKTORS AUF VERSCHIEDENE KOORDINATENSYSTEME. DIE INVARIANTE DER TRANSFORMATIONEN, DIE EINE π-STRUKTUR IN EINE ANDERE ÜBERFÜHREN, BEZEICHNEN WIR ALS ,,KOSMOS''.

Wir bezeichnen die Strukturen des physischen Universums durch den modus π, da sie nicht energetisch, sondern abstrakt auf die p-Operationen der Ereignisträger wirken. Ich nenne diese Art der Pluralität der kosmischen Strukturen horizontal, da die $\sigma_{0,i}^\pi$ Teilstrukturen eines Gesamtuniversums U_0^p bilden. Wir können auch sagen: Die verschiedenen Theorien c_i enthalten Bezugssysteme theoretischer Art (Begriffe, Geometrien, Algebren, Auswahl von Messdaten und Erlebnissen) sowie die Abbildungen des Kosmos auf das jeweilige BS. Nun gehört die Benutzung von geometrischen BS zu den Grundoperationen der sRT. Ein Ω^k-Satz der sRT wird lauten: ,,Es gibt Klassen von relativen Kennzeichnungen physischer Ereignisse, die sinnvoll nur unter Angabe eines BS in physikalische Aussagen eingehen''.

Wir formulieren entsprechend unter Um-Interpretation des Ausdrucks ,,BS'' von ,,geometrisches BS'' in ,,$U_{m,i}^k$'':

Ω^k(28) JEDE AUSSAGE ÜBER DEN KOSMOS SETZT DAS ZUHANDENSEIN EINER THEORIE c_i VORAUS, AUF DIE EINE π-STRUKTUR $\sigma_{m,i}^\pi$ DES KOSMOS PROJIZIERT.

Dieser Satz ist alles andere als selbstverständlich. Er rechtfertigt die Benutzung verschiedener physikalischer Theorien zur Beschreibung des Kosmos und wird nahegelegt durch deren Effizienz. Die Struktur dieses Satzes ist analog zum oben genannten Ω^k-Satz der sRT. Er rechtfertigt die sRT selbst als eine berechtigte Theorie neben anderen unter Umständen von ihr abweichenden Theorien. Die durch σ^π_m (sRT) gegebene Struktur des Kosmos wird angenähert festgelegt durch folgende Fälle:

1) v vergleichbar mit c
2) $g_{\mu\nu} = \delta_{\mu\nu}$ $(\delta_{\mu\nu} = +1, -1, -1, -1)$
3) es liegen bewegte Systeme von Ladungen vor
4) es liegen Umwandlungen von Masse in Energie und von Energie in Masse vor.

$\Omega^k(28)$ behauptet dann zusammen mit $\Omega^k(27)$, dass die Bedingungen (1) mit (4) eine Struktur des Kosmos festlegen, die durch eine Theorie c_i, hier die sRT, rekonstruiert wird. Und zwar darart, dass die Voraussagen aus c_i mit den Erlebnissen in $U^k_1 (c_i)$ übereinstimmen. Wir folgern analog zum oben genannten Ω-Satz der sRT den Glaubenssatz

$\Omega^k(29)$ JEDE PHYSIKALISCHE THEORIE c_i STELLT UNTER UMSTÄNDEN, DIE DURCH DIE WAHRHEITSKRITERIEN FESTGELEGT WERDEN, EIN BERECHTIGTES BS DER WELTSICHT DAR, OBWOHL DIE VERSCHIEDENEN WELTSICHTEN, DIE DADURCH VERMITTELT WERDEN, IM ALLGEMEINEN VERSCHIEDEN AUSFALLEN.

Wir interpretieren demgemäss eine physikalische Theorie als theoretisches BS, das sinnvolle Aussagen über den Kosmos gestattet. Dies ist eine Re-Interpretation des Satzes von KANT, dass die Aprioris notwendig in die Erfahrung eingehen und die Erfahrung konstituieren (nach SCHOLZ definieren). Die Re-Interpretation betrifft sowohl die Definition des Apriori wie den Ausdruck „konstituieren". Die Reiche $U^k_{m,i}$ sind weitgehend frei konstruiert; auch in U^k_1 und U^k_2 gehen schöpferische Entwürfe des Bewusstseins ein, erst recht in U^k_3; die darüber liegenden Reiche sind bis auf U_9 restlos frei konstruiert; nur U_9 hat wieder einen Anteil im Bewusstseinstranszendenten. Das Apriori einer Theorie ist also technischer Natur, ebenso wie die Konstruktion eines BS im Sinne der sRT. Der von KANT niemals präzis angegebene Sinn von „Konstituieren" erhellt sich nun als „Projizieren": Der die Theorie c_i benutzende Physiker $\underline{C}_i$ projiziert eine intendierte Struktur $\sigma^\pi_{m,i}$ des Kosmos auf c_i als theoretisches BS. Diese Projektion ist sowohl eine *Voraussetzung* für die Erkenntnis (insofern hatte KANT recht) als auch eine „dimensionale", sprich strukturelle *Verkürzung* des Kosmos: Durch seine Projektion auf c_i werden die übrigen, im Grenzfall unendlich vielen Projektionsmöglichkeiten ausgeschlossen. Wenn wir dies wieder auf das Schema der KANTschen Philosophie zurückübersetzen, so ergibt sich der Glaubenssatz

Ω^k (30) DIE PROJEKTION EINER STRUKTUR $\sigma^\pi_{m,i}$ DES KOSMOS IST EINE NOTWENDIGE, ABER NOCH NICHT HINREICHENDE BEDINGUNG FUER DIE ERKENNTNIS DES KOSMOS. DARIN LIEGT ABER NOTWENDIG EINE VERKUERZUNG DES KOSMOS ZUM PHAENOMEN.

Unter ,,Phänomen" verstehen wir also jetzt exakt ,,der auf ein c_i projizierte Kosmos". Dank Ω^π(27) wird dadurch die Realität der Phänomene nicht eingeschränkt. Dies gilt analog zu den relativen Kennzeichnungen von Ereignissen: Die sRT nimmt den relativen Geschwindigkeiten, Massen, Energien usw. nichts von ihrer Realität, wohl aber von ihrer Absolutheit im Sinne der BS-Unabhängigkeit. Im Gegenteil: Die einzigen Realitäten, die im Experiment aufscheinen, sind zunächst gerade die relativen Grössen. Verstehen wir unter dem Noumenon KANTS jetzt entsprechend die invariante Gesamtstruktur des Kosmos, wie sie erst durch den limes-Fall aller überhaupt möglichen c_i erfassbar wäre, so wird uns das Noumenon des Kosmos freilich nicht mehr erreichbar. Es zu erfassen, hiesse im Besitz aller physikalischen Theorien zu sein, die überhaupt von einem Geistwesen ersonnen werden können. Der Mensch ist nicht GOTT. Dies und nicht das notwendige Eingehen der c_i in die Erkenntnis des Kosmos ist also der Grund für die Einschränkung unserer Erkenntnis. KANT meinte, nur ein einziges System c_k, nämlich das von ihm entwickelte der NEWTONschen Weltsicht, verbürge die Möglichkeit von wissenschaftlicher Erfahrung. Wir sahen, dass im Gegenteil gerade die Pluralität der c_i die Noumenalität der Erfahrungswissenschaft ausschliesst.

Wir dürfen aber nicht bei der Physik halt machen. Auch die Biologie, Biophysik, Anthropologie und Psychologie sind Projektionen von intendierten Operationsfeldern auf menschliche BS, also auf Artefakte. Dies bringt eine doppelte Ueberlagerung von Strukturen. Jede dieser Wissenschaften erfasst eine ihr zukommende Teilstruktur 1. Art. Alle richtigen Theorien, die innerhalb einer Wissenschaft gebildet werden, erfassen wiederum eine ihr zukommende Teilstruktur 2. Art. Wir lassen offen, ob die Pluralität 1. Art nur ein Unterschied der Operationsfelder in ihrer Projektion oder schon in ihrem invarianten Sein ist. Dies hängt z.B. davon ab, ob wir das Leben als etwas grundlegend vom physischen Kosmos Verschiedenes ansehen oder nicht. Im bejahenden Fall tritt zur kompositorischen Pluralität der Welt eine invariante Pluralität. Die Physik sagt darüber zunächst nichts.

$\Omega^k(28)$ enthält eine merkwürdige Folge. Einsichten in den Kosmos sollen nur durch theoretische Konstruktionen möglich sein. Man müsste zunächst annehmen, dass die grösste Nähe zum Kosmos, nämlich das Erleben U_1^k, die grösstmögliche Einsicht in den Kosmos verbürgt. Wie wir an der sRT sofort sehen, ist gerade das Gegenteil der Fall. Ohne die Konstruktion von geometrischen BS erfahren wir gar nichts über das mögliche Verhalten von Maßstäben und Uhren. Der ganze Trend der heutigen Physik zielt darauf, durch eine optimale Mathematisierung der Erfahrung Einsichten in den Kosmos zu erlangen. Wir fassen den mathematischen Apparat einer Theorie als ein theoretisches BS zur Projektion einer kosmischen Struktur auf. Nur mit solchen Projektionen lässt sich theoretisch operieren, vornehmlich rechnen. Jede Theorie nimmt also eine Art Uebersetzung des Kosmos in die Sprache eines theoretischen Reichs $c_{m,i}$ vor. Wir können ein $c_{m,i}$ auch als abstraktes Gerät der Datenverarbeitung betrachten. Ein solches Gerät muss konstruiert werden, ehe es zuhanden sein soll. Wir erblicken darin eine fundamentale Einteilung der Welt des Physikers in die zwei Hauptbereiche Kosmosphäre und Noosphäre [1]. Wir bezeichnen die Kosmosphäre kurz als p-Sphäre, die Noosphäre als k-Sphäre. Folgende Kennzeichnungen unterscheiden beide Sphären:

	k-Sphäre	p-Sphäre
1) *modal*	die k-Wesen sind intentionale Gegenstände eines möglichen Bewusstseins und haben ausserhalb eines solchen kein Sein.	die p-Wesen sind intendierte Gegenstände des Bewusstseins, die nach der Intention des Bewusstseins auch ausserhalb ihrer Intendiertheit ein Sein besitzen.
2) *genetisch*:	k-Wesen sind opera des menschlichen Konstruierens und daher frei verfügbar.	p-Wesen sind opera energetischer Operationen und daher nicht frei verfügbar.

---

[1] Insofern eine Theorie auch die Erlebnisse, Imaginationen und Messungen in der Bio- und Psychosophäre umfasst oder zum mindesten voraussetzt, nehmen wir an, dass die Noosphäre diese Sphären zum Teil überlagert. Dies aber ist kein Problem der Physik-Philosophie.

3) *operativ*:

k-Wesen sind keiner Operationen fähig und damit selbstgenügsam, zeit- und schicksallos, sie nehmen nicht an schöpferischen Operationen teil. Sie existieren nicht, sondern sind nur zuhanden.

p-Wesen sind schöpferischer Operationen fähig, die wir „Wechselwirkungen" nennen. Sie sind zeitlich, schicksalhaft und damit existierend.

Bemerkung: Wir bezeichnen die zu U_0^p gehörenden p-Wesen als p_0-Wesen, die Lebewesen als p_1-Wesen, den imaginierenden Menschen als p_2-Wesen und den Beobachter als p_3-Wesen. Der Mensch ist damit ein p_{0123}-Wesen.

4) *inhaltlich*:

es gibt eine Mannigfaltigkeit von Postulaten, denen die k-Wesen exakt genügen.

die p-Wesen genügen ihnen nur angenähert.

Beispiel: Es gibt keine idealen Massenpunkte.

3. DIE DEFINITION DER GLEICHZEITIGKEIT

Wie funktioniert nun das System der c-Reiche und des Universums U_0^p? Ist die imperiale Pluralität für die sRT notwendig?

Den Aufweis bringt eine Diskussion des Grundbegriffs der sRT, der Gleichzeitigkeit.

EINSTEIN definiert die Gleichzeitigkeit in ein und demselben BS anhand folgender Gedankenschritte:

1) Jede Wissenschaft sucht unsere Erlebnisse in ein logisches System zu bringen [1].

2) „Die *Erlebnisse* eines Menschen erscheinen uns als in eine Erlebnisreihe angeordnet, in welcher die einzelnen unserer Erinnerung zugänglichen Einzelerlebnisse nach dem nicht weiter zu analysierenden Kriterium des „Früher" oder „Später" geordnet erscheinen. Es besteht also für das Individuum eine Ich-Zeit oder subjektive Zeit. Diese ist an sich nichts Messbares". Man kann zwar den Erlebnissen Zahlen zuordnen, aber zunächst nur willkürlich. Diese Zuordnung

---

[1] A. EINSTEIN, *Grundzüge der Relativitätstheorie*, 1. Aufl. Vieweg, Braunschweig 1956, S. 1, 2, 10, 11, 18; *Ueber die spezielle und allgemeine Relativitätstheorie*, 17. Aufl. Vieweg, Braunschweig 1956, S. 15.

lässt sich durch eine *Uhr* fixieren. ,,Unter einer Uhr versteht man ein Ding, welches abzählbare Erlebnisse liefert ...'' Den intersubjektiv vergleichbaren, entsprechenden Erlebnissen, die in gewissem Sinn überpersönlich sind, ,,wird eine Realität gedanklich zugeordnet. Von ihr, daher mittelbar von der Gesamtheit jener Erlebnisse, handeln die Naturwissenschaften ...'' [1]

3) Die Gleichzeitigkeit distanter Ereignisse erhält hypothetisch eine objektive Bedeutung, indem wir ein kubisches Stahlgerüst mit den Gitterdistanzen 1 aufbauen, im Ursprung eine Einheitsuhr aufstellen und feststellen, dass ein Ereignis mit der Uhrzeit t der Einheitsuhr gleichzeitig ist.

4) Die Lichtgeschwindigkeit ist konstant.

5) Es gibt kein Momentansignal, also auch keine momentanen Vergleiche eines Ereignisses mit einer räumlich davon entfernten Uhr.

6) Wir denken uns in dem Stahlgerüst ,,gleich beschaffene Uhren ruhend angeordnet und nach folgendem Schema gerichtet: Wird ein Lichtstrahl von einer dieser Uhren U_m, wenn diese Uhr t_m zeigt, durch den leeren Raum nach einer anderen Uhr U_n gesandt, die von der ersten die Entfernung r_{mn} besitzt, so soll die Uhr U_n bei der Ankunft des Lichtstrahls die Zeit $t_n = t_m + r_{mn}/c$ zeigen. Das Prinzip von der Konstanz der Lichtgeschwindigkeit sagt dann aus, dass dies Richten der Uhren nicht auf Widersprüche führt''. EINSTEIN korrigiert sich aber in der dazu gehörigen Anmerkung, indem er schreibt: ,,Eigentlich ist es richtiger, die Gleichzeitigkeit räumlich entfernter Ereignisse zuerst zu definieren, etwa durch die Festsetzung: zwei in den Punkten A und B des Systems K stattfindende Ereignisse sind gleichzeitig, wenn sie im Mittelpunkt M der Strecke $\overline{AB}$ gleichzeitig gesehen werden können. Die Zeit ist dann definiert durch den Inbegriff der Angaben gleichbeschaffener, relativ zu K ruhender Uhren, welche gleichzeitig gleiche ,Zeigerstellung' aufweisen''. [2]

EINSTEIN beschreibt eine Reihe gedanklicher *Operationen*.

Operation 1: EINSTEINS Weg beginnt mit einer Vorschrift: Die Aussage (1) enthält eine Vorschrift c_8, die auf Erlebnisse c_1 einwirkt derart, dass ein opus c_6 entsteht: Ein System aus logisch geordneten Elementen.

c_8 ist eine Konstruktion des Physikers. Er findet sie weder in einem Experiment noch fertig in seiner eigenen biopsychischen Struktur vor.

---

[1] *Grundzüge*, a.a.O., S. 1.   [2] a.a.O.S. 18/19.

Die Vorschrift gründet sich auf einen *Wert*, nämlich ,,logische Durch-schaubarkeit''. Wir können den Wert auch als *Kriterium* bezeichnen. MARGENAU spricht in diesem Zusammenhang von logical fertility. Man könnte fragen, ob darin nicht ein Prinzip zur Steuerung des theoreti-schen Operierens liegt, also ein c_7 statt ein c_8. Das führt uns auf eine tiefe Struktur der Theorienbildung. Tatsächlich ging EINSTEIN von einem *Ziel* aus, das es durch die Zeitdefinition in der Strategie des Erkennens zu erreichen galt. Dieses Ziel bestand in der logischen Durchschaubarkeit des neuen Zeitbegriffs. EINSTEIN hätte es nicht erstrebt, wäre es nicht Träger eines Wertes gewesen. Wir können ihn allgemein als ,,gut'', in diesem speziellen Fall als ,,fruchtbar für die Theorienbildung'' bezeichnen. In der Wertpyramide steht dabei der Wert ,,Erkenntnis'' an der Spitze, analog wie in der Wertpyramide des politisch operierenden Menschen beispielsweise Werte wie ,,Freiheit'' oder ,,Macht''. Von hier aus leitete EINSTEIN den Wert ,,logisch durch-schaubar'' ab: Diesen muss der neue Zeitbegriff tragen. Insofern be-wegte er sich auf der Stufe von U_8^k. Dabei sieht man sofort, dass ,,logisch durchschaubar'' von EINSTEIN bewusst konstruiert ist, denn vor ihm benutzten die Physiker diesen Wert nicht oder nicht in jenem Maß. Hingegen dürfte die Spitze der Wertpyramide EINSTEINS ein nicht frei konstruierter Wert sein, vermutlich ,,maximal universale und zugleich maximal einfache Erkenntnis''. Der Term ,,einfach'' bedeutet hier ,,aus einem Minimum an Prinzipien ableitbar''.

Der Wert ,,logisch durchschaubar'' ruft nun nach einer Vorschrift. Werte haben nur dann ihren Stellenwert im System menschlichen Han-delns, wenn sie zu durchführbaren und auch durchgeführten Vorschrif-ten, also zu Prinzipien führen. Es lautet in unserem Fall: ,,Man bringe die Theorie der Zeit in ein logisches System''. Dies ist ein noch sehr allgemeines Prinzip, das keinen brauchbaren Mechanismus des weiteren Operierens enthält. Die Vorschrift benutzt das Zuhandensein logischer Operationen wie Definition, Systematisierung, Zuordnung von Mess-werten zu Zahlen usw. Sie wendet sich also an U_6^k.

Wir fassen die weiteren Operationen zu Gruppen zusammen.

Operation 2: Der nächste Schritt enthält den Aufweis des Zeit-Er-lebens. Erlebnisse sind Operationen c_1. Dabei ist es offen, ob sie durch p_0 oder durch einen inneren Mechanismus des Menschen selbst ausge-löst werden. Zunächst ist die elementare Früher-Später-Beziehung zwischen Erlebnissen ein opus des Menschen, denn sie setzt eine Gerichtetheit der eigenen Existenz auf die Zukunft voraus, die wir ausserhalb unser nicht unmittelbar vorfinden, sondern wohl erst aufgrund unseres Zeiterlebnisses in die Aussenwelt zurückprojizieren. Ein existenzialer innerer Antrieb richtet den Menschen in die Zukunft. Der ganze Komplex aus Trieben wie Nahrungstrieb, Fortpflanzungstrieb, Machtsteigerung, Aggressivität, Angst, Sorge und Hoffnung ist in elementarer Weise auf die Zukunft gerichtet und setzt den Menschen als etwas voraus, das sich um Zukunft sorgt. Es liegt ein fast unausschöpflicher philosophischer Sinn in der Tatsache, dass EINSTEIN seine Theorie auf das Zeiterlebnis gründet. Damit verknüpft er den Kosmos U_0^p (sRT) mit dem Menschen in seinen menschlichsten Eigenschaften: Sorge und Hoffnung.

Zeiterleben ist von Raumerleben grundsätzlich durch die Einsinnigkeit geschieden. Zeit ist damit der Biosphäre unmittelbar zu eigen: Als Lebensrhythmus von Tag und Nacht, Jahreszeiten, Geburt, Familie und Tod. Damit wird die Biosphäre grundsätzlich von der sRT vorausgesetzt. Diese Stellung hat der Raum nicht. Ueberspitzt gesagt: Zeiterleben ist Leben. Nur das Tote ist ausser Zeit. Damit enthält das Zeiterleben eine Ahnung von der Zeit als Mass für das Leben: ,,Ich bin 50 Jahre alt'' – in diesem Mass des Lebens liegt Schicksal gegründet. Das Zeitmass lässt sich primitiv als ein Faden darstellen, in den mit jedem Lebensjahr ein neuer Knoten geflochten wird. Ich trage dann meine Zeit ,,um den Hals''. Oder als Sanduhr mit zunehmendem Volumen der abgelaufenen Zeit, also anhand der Gravitation und einer Sandmenge. Oder als wandernder Schatten eines Stabs, also anhand der Optik und Erddrehung.

Das Urerlebnis der Zeit war wohl immer mit den Himmelskörpern verknüpft: Mit Sonne, Mond und Sternen. Sie demonstrieren die Erhabenheit der Zeit, ihren kosmischen Charakter: Der Rhythmus des Menschen, der Pflanzen und Tiere erweist sich als den Gesetzen des Universums eingeordnet, zugleich unterworfen und von ihnen erhöht. Durch die Zeit hat der Mensch an Erschaffung und Schicksal des Universums teil, ist er ein Sohn des Alls. Damit erhält die Zeit etwas Kosmisches, Universales, das sich in den Bahnen der Gestirne behauptet. Die sRT setzt also in einem speziellen Sinn die Kosmosphäre voraus. Indem sie auf das Zeiterlebnis zurückgreift, gründet sie sich ferner auf die Psychosphäre. Wir können daran sofort ein Doppeltes ablesen:

1. Das Zeiterlebnis gründet sich auf die fortlaufende Erzeugung von Erlebnissen. Nicht deren Erzeugung durch äussere oder innere Reize, sondern das Hervorgehen eines als gegenwärtig empfundenen Erlebniskomplexes aus dem als vorhergehend empfundenen führt

dazu, unser Erleben als einen fortlaufenden Strom zu empfinden. Es ist dies nichts anderes als ein Ausdruck für das Bewusstsein eines ständigen schöpferischen Generierens von Erlebniskomplexen. Ohne dieses Generieren würde der je gegenwärtig empfundene Erlebniskomplex nicht als von dem vorgängig empfundenen verschieden empfunden werden. Die Gegenwart ist das stets Neue, Erstmalige, ja Einmalige. Langeweile ist nichts als der Verlust schöpferischen Erlebens, der Vorbote des Todes. Eine Generation, die aus Langeweile zu Schein-Schöpfertum greift, nämlich zu physischen und psychischen Drogen aller Art, insbesondere zur antischöpferischen Aggressivität, ist dem Tode geweiht [1].

Wir haben also den Beginn der sRT auf den grundlegenden Begriff des Schöpferischen zu verlegen. Durch EINSTEINS Diskussion der subjektiven Zeitlichkeit als Ausgangspunkt der sRT wird diese Theorie mit dem Schöpferischen in der Welt verbunden. Formal kommt dies durch die axiomatische Zurückführung des Zeitbegriffs auf die Kausalität zum Ausdruck. Der erste, der dies erkannte, war LEIBNIZ. KANT nahm in seiner zweiten Analogie der Erfahrung mit dem Untertitel ,,Grundsatz der Zeitfolge nach dem Gesetz der Kausalität'' [2] diesen Gedanken auf. SCHNELL baute darauf eine axiomatische Zeit-Topologie [3]. Der Grundmechanismus der Kausalität ist das schöpferische Hervorbringen eines Ereigniskomplexes durch einen anderen. Wer den Zeitbegriff auf die Kausalität zurückführt, muss ein schöpferisches Prinzip anerkennen. Die sRT ist also, insoweit sie von einer Theorie der Zeit ausgeht, eine kreationistische Theorie.

2. Dabei ist zunächst nicht vorausgesetzt, dass das Zeiterlebnis seinerseits ein schöpferisches opus des Menschen ist. Angenommen wird nur, dass es als solches empfunden wird. Das Bewusstsein enthält – oder vielmehr: das Bewusstsein *ist* – die stetige Erzeugung neuer Erlebnisdaten. Insofern diese Daten einen stets neuen Zustand des Menschen konstituieren, insofern also der Mensch als bewusst-

---

[1] Diese so erlebte Zeit hat noch nichts Intersubjektives an sich und erst recht keine intersubjektiv mitteilbare Metrik. Wir müssen vielmehr besondere Korrespondenzregeln aufstellen, um innerhalb der theoretischen Sphäre des Individuums das amorphe Zeiterlebnis mit Ereignissen in U_0^p in Verbindung zu setzen. Das kann auf sehr verschiedene Weise geschehen, man denke nur an die unterschiedlichen Typen von Zeitgebern. Die physikalische Zeit muss also erst durch Korrespondenzregeln aus der Erlebniszeit kreiert werden.

[2] I. KANT, a.a.O., B 233 f. Für eine historische Darstellung s. H. MEHLBERG, *Essai sur la théorie causale du temps*. I. *La théorie causale du temps chez ses principeaux représentents*. Studia Philosophica I, Leopoli 1935.

[3] K. SCHNELL, a.a.O.

seiendes Wesen sich die Gegenwart als von der Vergangenheit abgehoben bewusst macht, unterliegt er einem stetigen schöpferischen Tun.

Vermutlich ist aber das Zeit-Bewusstsein eine spezielle Schöpfung des Menschen [1], und zwar bereits in seiner rein biologischen Wirksphäre. Er trägt die Uhr buchstäblich in seiner Brust: Als Herz und Lunge. Das Urerlebnis des eigenen Lebens ist an die notwendigen Rhythmen des eigenen Körpers geknüpft, an Nahrungsaufnahme, Stoffwechsel und Wach-Schlaf-Zustand. Damit ist die Grundlage für das Zeiterlebnis noch vor jenem des Abstandserlebnisses gelegt. Die sRT steht logisch in Kommunikation mit der Biosphäre.

Die Annahme EINSTEINS, das Zeit-Erlebnis müsse am Anfang der sRT stehen, beruht auf folgenden Glaubenssätzen:

I. *Das Objektivitätspostulat* $\Omega^{\pi}(31)$: DIE ZEIT UNSERER ERLEBNISSE IST MIT DER PHYSIKALISCHEN ZEIT IDENTISCH.

Ohne diese Annahme würde die sRT zu einer psychologischen Theorie. $\Omega^{\pi}(31)$ unterscheidet den positivistischen Zugang zu einer Theorie vom physikalischen: Der Physiker setzt $\Omega^{\pi}(31)$ voraus, wenn er die Messbarkeit der physischen Zeit behauptet, denn unmittelbar zugänglich ist ihm nur die erlebte Zeit. $\Omega^{\pi}(31)$ enthält die Rechtfertigung des Vertrauens in die Objektivität unseres Zeiterlebens.

II. *Das Unizitätspostulat* $\Omega^{k}(32)$: IN EIN UND DEMSELBEN BS DES ERLEBENDEN MENSCHEN IST DIE ERLEBBARE UND DER PHYSIKALISCHEN ZEIT ZUORDENBARE ZEIT UEBERALL DIE GLEICHE.

Eine Verletzung dieses Glaubenssatzes würde eine eindeutige Messung der Zeit unmöglich machen: Es gäbe keine Synchronisierung. Ohne $\Omega^{k}(32)$ könnte man nicht mit den Messwerten für die physikalische Zeit rechnen.

$\Omega^{\pi}(31)$ lässt sich auch als Ausdruck einer speziellen abstrakten Operation fassen. Verstehen wir unter c_{10} diejenige Operation, welche ein Objekt c_1 (ein Erlebnis) in ein Objekt $\vec{p}_0$ (ein Element des intendierten Kosmos) überführt, und bedeutet ein Punkt „wirkt auf", das Zeichen $\Rightarrow$ „erzeugt" und t das Zeichen für „Zeit", so gilt

$$c_{10} \cdot \underset{\rightarrow}{t_1^k} \Rightarrow t_0^{\pi}.$$

---

[1] Zeitliches Erleben haben natürlich auch Tiere und vermutlich Pflanzen. Aber sie kennen kein Zeit-Defizit, sie leben nicht in der Sorge um die Nutzung der Zeit. Dies ist kein Problem der Abstraktion des Zeitbegriffs, sondern des Erlebens der Zeit als eines für die Existenz bedrohlichen Faktors.

t_1^k ist die Erlebniszeit, t_0^π die intendierte physische Zeit. Der modale Index π deutet an, dass die Zeit nicht an Wechselwirkungen teilnimmt, sondern diese ermöglicht. Das Problem wird noch ausführlich diskutiert. c_{10} ist genau jene Operation, die von $\Omega^\pi(31)$ gefordert wird. Im Gegensatz zur Konstruktion der t_1^k-Zeit durch biopsychische Mechanismen ist der Erfolg der Operation c_{10} nicht verfügbar. Ob die Erlebnis-Zeit mit einer physischen Zeit identisch ist – ja, ob es überhaupt eine physische Zeit gibt–, liegt gänzlich ausserhalb unserer menschlichen Operationen. Nur die Formulierung des Glaubenssatzes $\Omega^\pi(31)$ ist eine Konstruktion, nicht aber seine Rechtfertigung. M.a.W. die linke Seite der Operationsgleichung enthält ausser dem Wunsch, es gäbe eine Uebersetzung von t_1^k in t_0^π, die nicht verfügbare Möglichkeit (oder Unmöglichkeit) seiner Erfüllung. Wir werden daher solcher Art Ω-Sätze, die eine Beziehung zwischen einem construct und U_0^π aussprechen, nicht mit dem Index k, sondern mit π bezeichnen, um die intendierte Objektivität des Glaubensinhalts auszudrücken. Das heisst nicht, dass jeder Glaubenssatz wahr ist. Im Gegenteil, die Wahrheit eines Glaubenssatzes lässt sich gerade nicht beweisen, wie man leicht an obigen Beispielen sieht. Es heisst nur, dass wenn der Glaubenssatz wahr ist, es auch eine ihm zugehörige erfolgreiche Operation c_{10} gibt. Die Struktur der Glaubenssätze ist eben derart, dass wenn sie wahr sein sollen, ihnen eine erfolgreiche Operation zuzuordnen ist.

Dem Satz $\Omega^k(32)$ entsprechen drei Umformungsoperationen. Die erste, die wir c_{11} nennen, formt die erlebte Zeit t_1^k in $t_1^{k'}$ um. Die zweite, c_{10}, übersetzt t_1^{k} in t_0^π und $t_1^{k'}$ in $t_0^{\pi'}$. Die dritte, die wir durch c_{00} bezeichnen, intendiert eine objektive, dem Menschen nicht mögliche, Umformung von t_0^π in $t_0^{\pi'}$. Insbesondere kann c_{11} die konstruierte und c_{00} die intendierte Identität $t' = t$ enthalten. c_{10} bezeichnen wir als eine inter-imperiale und c_{11} sowie c_{00} als eine inner-imperiale *Transkreation*.

Nun sehen wir sofort, dass die Transkreation c_{00} gar nicht mithilfe der Transkreation c_{10} durchführbar ist. Von Zeiterlebnissen können wir nicht auf die Gleichzeitigkeit oder Nichtgleichzeitigkeit objektiver Zeigerstellungen von Uhren schliessen, die wir nicht unmittelbar überschauen. Dazu müssen wir vom Zeiterlebnis abstrahieren. Wir kommen damit zu

Operation 3: Nicht der erlebte Rhythmus physiologischen Geschehens ist die von EINSTEIN geforderte Ich-Zeit, sondern erst die vom erlebten Rhythmus abstrahierte (wenngleich noch nicht notwendig begrifflich gefasste) Zeit. Sie kommt dadurch zustande, dass die Erlebnisdaten im Gedächtnis gespeichert und durch das Bewusstsein reproduziert werden. Die reproduzierten (mobilisierten) Erlebnisdaten sind das Ausgangsmaterial, um ein ihnen allen gemeinsames Kennzeichen als besonderes Datum abzuheben, das die Ur-Form des Zeitbegriffs bildet. Zunächst geschieht dies vermutlich in mythologischer Form: Die „Zeit" wird zum kosmischen Prinzip, etwa in der griechischen Chronos-Sage. Dies ist noch kein Begriff, sondern das hypostasierte Erlebnisdatum, eine gegenständliche, ausser-subjektive und machtvolle Realität. Als Zeit-Mythus der erwachenden Kulturen ist die Zeit aber nicht mehr ein direktes oder reproduziertes Sinnesdatum c_1^k, sondern eine Imagination, eine imago. Der antike Chronos ist geradezu dessen klassischer Ausdruck. Es ist offenkundig, dass hier ein schöpferisches opus des Menschen vorliegt, das dem Tier oder der Pflanze nicht zugänglich ist. Wir müssen also ein von den Erlebnissen abgehobenes Reich U_2^k annehmen, das die Imaginationen, darunter auch die Mythen, enthält.

Die mythische „Zeit" als Prinzip, als Gott, als Gegenstand schlechthin, wird also gleichfalls in die Grundbedingungen der sRT einbezogen. Damit steht die sRT in Kommunikation mit der Religion *und den Mythen*. Sogleich wird damit ein weiteres deutlich: U_2^k ist auch der Sitz der Archetypen der Tiefenpsychologie. Der mythische Archetypus „Zeit" prägt in einem nachweisbaren Grad die religiösen, künstlerischen (vornehmlich musikalischen) und philosophischen Operationsfelder des Menschen zu allen Zeiten und in allen Kulturen. Es ist kennzeichnend für unser Jahrhundert einer Schein-Entmythologisierung, dass die Zeit in einem nie dagewesenen Mass zum Mythus der Industriegesellschaft wurde: „Time is money" ist dafür nur ein snobistisch-verharmlosender Ausdruck. Das Gefühl der Zeit-Not, des Zeit-Defizits aller im Lebenskampf Stehenden wurde universal. Wettlauf mit der Zeit – das ist die Peitsche, die den modernen Menschen statt der magischen Angst den Zeit-Göttern dahinopfert. Zum Mythus wurden Ausdrücke wie „unsere Zeit", „neue Zeit", „Vorzeit" und „Endzeit". Sie kennzeichnen nicht abstrakte Dauern, sondern soziale Epochen. Die Zeit wird hier stellvertretend für Grundhaltungen der Menschheit oder der Natur benutzt. All dies gehört nicht mehr in die Biosphäre des Menschen, sondern in seine Psychosphäre. Ihr Kennzeichen ist die Imagination. Sie ist reines Schöpfertum, das nur ihr Ausgangsmaterial aus U_1^k entnimmt, aber zu neuen und kaum wiederzuerkennenden opera umwandelt.

Gerade die so trans-kreierte Zeit als Archetypus der Psyche bildet die notwendige Bedingung für die Kreation einer Zeit, die an Zeit-Messern abzulesen ist. Es ist paradox, aber eindrücklich, dass die damit wissenschaftlich begründbare Zeit t_3^k das Zuhandensein eines mythischen oder irgendwie archetypischen Zeit t_2^k zur Voraussetzung hat. Dies sollte jenen zu denken geben, die heute noch glauben, eine voraussetzungslose reine Axiomatik oder gar reine mathematische Begründung der Physik bieten zu können. In der hier durchgeführten Untersuchung zeigt sich gerade das Ungenügen der Axiomatik, um die letzten Annahmen einer Theorie zu formulieren.

Voraussetzung der Erzeugung von t_2^k ist

Das Imaginationspostulat

$\Omega^k(33)$: NICHT NUR DIE ERLEBTE, SONDERN AUCH DIE PHYSIKALISCHE ZEIT IST IMAGINIERBAR.

Diesem Satz ist die Transkreation c_{12} zuzuordnen, die aus der erlebten die imaginierte Zeit macht, nach $\longrightarrow$

$$c^{12} . t_1^k \Rightarrow t_2^k.$$

c_{12} ist die Klasse jener Operationen, die den Zeitmythus, die reprozierbare abstrakte Zeit der Gedankenexperimente oder den tiefenpsychologischen Archetypus ,,Zeit'' hervorbringt[1]. In all diesen Fällen handelt es sich um schöpferische Operationen des menschlichen Geistes. Dabei ist die Uebersetzung von t_1^k in t_2^k bewusstseinsimmanent, also eine k-Operation, nachdem wir die Imaginierung bewusst selbst vollziehen. Aber über die Möglichkeit solcher Imaginierung verfügen wir nicht. Dass wir aus einer erlebten Zeit ein Gedankenexperiment analog dem EINSTEINschen mit den Blitzen an den Zugenden aufbauen können, setzt das Zuhandensein einer imaginierbaren Zeit voraus. Es ist analog wie beim Portrait: Wohl erzeugt der Künstler das Antlitz des Abgebildeten noch einmal durch freie Konstruktion (die das Original bis zur Unkenntlichkeit verfälschen kann). Aber dass es eine 2-dimensional verkürzte imaginierte Bild-Wirklichkeit als reine Möglichkeit überhaupt gibt, kann er nicht bestimmen. Das findet er in der Struktur der Welt vor. So ist auch die imaginierte Zeit eine Verkürzung der Realität unserer Erlebnisse: Sie wird gewissermassen von allen konkreten Erlebnissen, an denen Zeit beobachtet wird, gereinigt und als hypostasierter Mythus und Archetypus neukonstruiert. Von ihm abstrahieren

---

[1] Man sollte annehmen, dass es eine Übersetzung c_{02} gibt, welche die physische Zeit imaginiert. Diese ist uns aber gar nicht als direktes Datum zugänglich. Nur Erlebnisse sind das Material der Imagination.

wir dann den leeren Zeit-Schematismus, mit dem wir in Gedanken-experimenten operieren. Als reine Möglichkeit muss er aber im Men-schen bereitliegen. Noch aber ist diese Zeit nicht messbar. Dazu bedarf es einer Reihe verwickelter Operationen. Zunächst bringt der Ueber-gang $t_1^k \rightarrow t_2^k$ eine Veranschaulichung der Erlebniszeit. Wir denken die mythische Zeit als kosmische Gestalt, später (nicht weniger mythisch) als Zeit-Strom und zuletzt (nur noch imaginativ-metaphorisch) als Vorrücken des Zeigers auf einem Zifferblatt. Immer aber verräumli-chen wir die an sich gänzlich unräumliche Zeit. Den letzten Schritt dieser Entwicklung bringt die Interpretation der Zeit als Koordinate x_0 in der MINKOWSKI-Welt. t_2^k ist damit nicht nur eine Abbildung von t_1^k auf eine gestalthafte Imago, sondern die Neuschöpfung der Erlebniszeit als Verlagerung von Punkten im Raum. Die Erzeugung von Erlebnissen in U_1^k wird jetzt zur Erzeugung von Punkten in U_2^k. Dies ist eine völlige Neuschöpfung der Ereigniswelt unseres Erlebens, also ein anderes Reich als U_1^k.

Operation 4: Die schaubare Zeit t_2^k lässt sich nun messen. Die Erleb-niszeit ist der Messung nicht zugänglich, da wir im Bewusstsein keine Fixpunkte anbringen können, um die Koinzidenzen der Ereignisse mit ihnen festzustellen. Erst die in räumliche Ausdehnung übersetzte Er-lebniszeit wird messbar [1]. Dies geschieht durch drei schöpferische Operationen: (1) Durch die Erzeugung (oder Entnahme aus der Natur) eines artefaktischen periodischen Vorgangs; (2) durch die Setzung einer Skala; (3) durch den Vergleich der Phasen des Vorgangs mit der Skala. Operation (1) setzt eine Operation in U_2^k voraus, nämlich die Imaginie-rung des Vorgangs als eines für die Zeitmessung geeigneten. Die Kreati-vität der Erfindung von Sonnen-, Unruh- und Atomuhren liegt auf der Hand. Ohne sie gäbe es überhaupt keine messbare Zeit. Mit der ganzen

---

[1] Man kann entgegenhalten, das Abzählen des Uhrtickens sei bereits die gemessene Zeit, eine Verräumlichung sei eine im allgemeinen unnötige Spezialvorschrift der sRT. Ich ver-danke diesen Einwand Professor MARGENAU. Nun setzt das Abzählen das Gedächtnis voraus. Der sinnesphysiologische Informationsreiz wird in den Ribonukleinsäuren bzw. Ribonu-kleinproteinen bestimmter Nervenzellen gespeichert. Der Gedächtnisreiz veranlasst dabei eine bestimmte räumliche Anordnung der vorgefertigten Eiweissbausteine. Wie bei allen biologischen Informationssystemen legt die Sequenz dieser Bausteine die gespeicherte Infor-mation fest: Sie bildet einen Code. Stimmt diese Vorstellung, so ist auch das Abzählen eines Uhrtickens nur möglich, weil wir das je vorhergehende Ticken mit einer bestimmten Zahl fixiert im Gedächtnis speichern und später für die Fixierung des nächstfolgenden Zahl an das nächstfolgende Tickgeräusch mobilisieren. Das geschieht aber durch räumlich gelagerte Sequenzen in den Gedächtnismolekülen. In diesem Sinne setzt das Abzählen der Zeitmar-kierungen den Raum bereits voraus. Das impliziert aber noch nicht die räumliche Vorstel-lung, d.h. den Raum als Nachricht der Sequenz. Darin hat Prof. MARGENAU zweifellos recht.

Messtechnik gemeinsam enthält sie einen fundamentalen Glaubenssatz:

$\Omega^\pi(34)$: EINE KLASSE VON NATURVORGAENGEN p_0 LIEGT BEREIT, UM ENTWEDER DIREKT ODER MITHILFE VON TECHNISCHEN MANIPULATIO-NEN JEDERZEIT EINSETZBARE GERAETE ZUR MESSUNG ANDERER NATUR-VORGAENGE ZU ERZEUGEN.

Der Hauptgedanke dieses Satzes ist, dass eine bestimmte Auswahl von Naturvorgängen für den Menschen verfügbar ist, um die Kenn-zeichen anderer Naturvorgänge dem Reich der Geometrie als Koordi-natenwerte oder dem Reich der Arithmetik als Zahlen zuzuordnen. Das ist gar nicht selbstverständlich: Wir könnten uns eine Welt den-ken, in der keine Uhren herstellbar sind. Dies wäre der Fall, wenn alle Vorgänge aperiodisch verliefen. Ob wir diese Aperiodizität feststellen könnten, ist eine andere Frage.

Operation (4) setzt den Glaubenssatz voraus:

$\Omega^\pi(35)$: IN U_0^p SIND MARKIERUNGEN MIT GLEICHEN RAEUMLICHEN AB-STAENDEN VORHANDEN ODER HERSTELLBAR.

Auch das ist nicht selbstverständlich, denn es setzt die Homogenität des physischen Raums voraus. Wir werden darauf zu sprechen kommen.

Operation (4) schliesslich setzt voraus

$\Omega^\pi(36)$: GLEICHEN ABSTAENDEN EINES ZEIGERS DES ZEITGEBERS ENT-SPRECHEN GLEICHE ZEITEN.

Dieser Satz setzt voraus, dass Raum und Zeit in ein 1-1-deutiges Zuordnungsverhältnis gebracht werden können. Nun wissen wir aber durch introspektive Erfahrung, dass die Erlebniszeit unräumlich ist. Es kann also nur die bereits verräumlichte imaginierte Zeit t_2^k gemessen werden, niemals die Erlebniszeit t_1^k [1]. Nun wollen wir aber gar nicht unsere Erlebniszeit noch die vorgestellte Zeit messen; wir treiben ja nicht Psychologie, sondern Physik. Etwas anderes als unsere Erlebnisse ist uns aber per constructionem apperceptionis nicht zugänglich. Was messen wir also?

EINSTEIN sieht die Schwierigkeit wohl: Die Ich-Zeit sei nicht mess-bar, gibt er zu. Auch die Zuordnung der Erlebnisse zu Zahlen sei will-kürlich. Auch die Uhr liefere nur abzählbare Erlebnisse. Erst den intersubjektiv vergleichbaren Erlebnissen werde *gedanklich* eine Reali-tät zugeordnet. Das ist grosso modo richtig. Exakter müssen wir sagen:

---

[1] Man könnte einwenden, dass doch unsere Zeiterlebnisse der Reihe nach durch die Zeiger-stellung einer Uhr benannt werden und damit gemessen werden können. Eine physikalische Zeitmessung abstrahiert aber gerade von den Zeiterlebnissen und sucht nach einer (freilich in Erlebnisse rückübersetzbaren) objektiven Zeit.

Es gibt ein konstruiertes Reich der Artefakte, die sich von den Erlebnissen und Imaginationen dadurch unterscheiden, dass die Intention des ein Artefakt benutzenden Menschen das erlebte Artefakt einem bewusstseinstranszendenten Reich U_0^p zuordnet. Diese Zuordnung ist ein schöpferischer Akt des Vertrauens, das ein U_0^p setzt, obwohl es weiss, dass uns nur U_1^k und U_2^k gegeben sind. Dazu bedarf es nicht der intersubjektiven Prüfung: Schon der Uhrmacher nimmt an, dass seine Uhren U_0^p angehören, ohne auf den Käufer zu warten. Freilich, die Intention ist klar: Er verkauft nicht Erlebnisse und Gedanken, sondern ein Ware. Die Intersubjektivität ist nur eine Kontrolle über den U_0^p-Charakter der Uhr (für Gedanken gibt es noch kein Geld), nicht aber dessen Erzeugende. Hier irrt EINSTEIN. Das Vertrauen ist durchaus individuell, seine Rechtfertigung freilich weitgehend kollektiv. Dadurch wird aber der Glaubenscharakter des Realitätspostulats noch verstärkt.

Die intersubjektive Verständigung setzt ihrerseits eine Reihe weiterer Glaubenssätze voraus:

$\Omega^k(37)$: DIE ZEITERLEBNISSE SIND UNIFORM.

Nur wenn dies gilt, ist die Erlebnisreihe der Person A durch B nachprüfbar und die von B durch C sowie diejenigen von A durch C und so fort[1].

Ω (38): DIE ZEITERLEBNISSE SIND IN ZEICHEN UEBERSETZBAR.

Jede intersubjektive Verständigung ist an das Zuhandensein eindeutiger Bezeichnungen der Erlebnisse gebunden. Damit kommen wir zu einer neuen Transkreation der Erlebniszeit, nämlich über die anschauliche Zeit in die arithmetische Zeit t_5^k. Was wir etwa durch Radio erfahren, sind Zahlen, die durch den Ausdruck „Uhr" vom Empfänger als Zeiten entziffert werden. Damit findet die Transkreation $\overrightarrow{c_{25}}$ statt, die auf t_2^k wirkt:

$$\overrightarrow{c_{25}} \cdot t_2^k \Rightarrow t_5^k.$$

---

[1] Sicher kann man die Gleichförmigkeit intersubjektiv prüfen, indem man Zeitintervalle von verschiedenen Personen messen lässt. Aber das setzt ja gerade voraus, dass es einen bewusstseinstranszendenten Schematismus gibt, der überhaupt in gleiche Intervalle eingeteilt werden *kann*. Beispiel: Zwei Physiker A und B beobachten die Zahl ihrer Herzschläge mithilfe eines Elektrokardiogramms. Sie verzichten darauf, eine Uhr zu benutzen. Dann kann die Zeit dadurch gemessen werden, dass etwa der ältere der Physiker seinen Puls als Normalzeitmass benutzt und der jüngere die Zahl seiner Herzschläge mit jener des älteren vergleicht. Beide beginnen gleichzeitig zu zählen und hören gleichzeitig damit auf. Dann ist etwa die Zahl 100 des Jüngeren mit der Zahl 120 des Älteren nur dann sinnvoll zu vergleichen, wenn beide annehmen, dass im Prinzip überhaupt gleiche Zahlen beobachtet werden können. Anderenfalls könnten beide voraussetzen, dass ihre subjektiven Intervalle auf jeden Fall das Einheitsmass abgeben und es gar keinen Sinn hat, mit dem Einheitsmaß des anderen zu rechnen. Dann wäre jedes Eigen-BS der Beobachter das einzig mögliche, es gäbe also keine Transformation der Intervalle des einen auf die des anderen. Eine solche Zeitmessung wäre solipsistisch und keiner Intersubjektivität fähig.

c_{25} setzt aber als notwendige Bedingung den Gedanken des Glaubens-
$\overrightarrow{\text{satzes}}$ voraus:

$\Omega^k(39)$: ES IST EIN VON U_1^k, U_2^k, U_3^k VERSCHIEDENES REICH VON ZAHLEN
UND DEREN SYMBOLEN SOWIE VON OPERATIONEN AN ZAHLEN UND
IHREN SYMBOLEN ZUHANDEN, AUF DESSEN ELEMENTE DIE IMAGINIER-
TEN ZEITEN t_2^k NACH-EINDEUTIG ABBILDBAR SIND.

Diesem Satz geht die ganze Fülle schöpferischer Operationen vorher,
deren Opus die Arithmetik ist. Die ganze Zahl schuf der liebe Gott, alles
andere ist Menschenwerk, sagt L. KRONECKER. Eine Zeitmessung
nimmt daher das Reich der Arithmetik als zuhanden an. Ein spezieller
schöpferischer Akt ist indes die Annahme, dass die Uebersetzung von
t_2^k in t_5^k möglich ist. Es könnte ja sein, dass zwischen beiden Reichen
keine Entsprechung herstellbar ist, nämlich dann, wenn die Ordnung
der Zahlen eine grundlegend andere wäre als die von Zeiten (wenn also
die Früher-als-Beziehung in U_2^k nicht durch die Kleiner-als-Beziehung
in U_5^k abgebildet werden könnte). Es war eine intellektuelle Grosstat,
die erste Beziehung auf die zweite abzubilden; erst jetzt wird Zeitmessung möglich.

Und doch sind wir erst bei den auf Zahlen abbildbaren Zeiterlebnissen. Wir müssen durch einen besonderen Akt des Vertrauens die von
uns hergestellten (oder erworbenen) Uhren mit unseren persönlichen
Zeiterlebnissen in eine 1-1-deutige Relation bringen. Erst dann nützt
uns die Uhr, erst dann durchbrechen wir den Operationsbereich des
Persönlichen und intendieren eine U_0^p-Zeit, die wir als t_0^π bezeichnen
wollen. Die Zahlen-Zeit t_5^k interpretieren wir dann durch einen neuen
Akt des Vertrauens als eine von der Uhr gemessene Zeit t_0^π; sie *soll nicht
nur* ein Zeiterlebnis und nicht nur eine imaginative Zeit, sondern eine
bewusstseinstranszendente Zeit physischer Ereignisse sein. Ob sie es
ist, können wir mit absoluter Gewissheit niemals sagen. Das einzige,
was die intersubjektive Kontrolle und der Vergleich verschiedener
Uhren durch die gleiche Person bringen, ist die Invarianz der so intendierten Eigen-Zeit t_0^π gegenüber verschiedenen Uhren und verschiedenen
Ereignisfolgen. Sie gründet sich wieder auf einen speziellen Glaubenssatz

$\Omega^\pi(40)$: ES GIBT UNIFORME ZEITGEBER IN U_0^p.

Dies ist der Satz der Homogenität der Zeit. Er ist kein Axiom, obwohl er als solches in die Ableitung der sRT aufgenommen wird. Aus
ihm folgt ohne das Prinzip der Invarianz der Lichtgeschwindigkeit
noch keine Transformationsgruppe: Es genügt, in die LORENTZ-

Transformationen ein variables c einzusetzen, um zu sehen, dass sie ds^2 und die Grundgleichungen der Physik nicht mehr invariant lassen. Wir müssen also den Satz von der Homogenität der Zeitgeber (um diese handelt es sich beim Homogenitätspostulat!) zunächst als einen Ω-Satz glauben; er ist dann die notwendige Bedingung für die Ablesbarkeit einer Eigenzeit t_0^π an einem Zeitgeber, unabhängig von der Natur des Zeitgebers, von seinem Ort und der Zeit seines Funktionierens.

Eine Illustration der Homogenität der Zeit bietet die Reise der schweizer Atomuhr „Oscillatom". Die Resonanzfrequenz von Caesium 133 ist zeitbestimmend. Der absolute Wert dieser Frequenz muss nicht an andere Maßsysteme angepasst werden (etwa an eine Nanosekunde). Um solche Atomuhren, die an verschiedenen Stellen des Globus hergestellt werden, zu synchronisieren, müssen sie sich gegenseitig besuchen. Radiozeitsignale sind nicht präzis genug, da ihre Ausbreitungsdauer je nach der Höhe der ionisierten Schichten der Atmosphäre variiert. „Oscillatom" besuchte z.B. New York, Washington, Hongkong, Singapure, Tokio, Manila, Quebec und das NASA-Zentrum Greenbelt. Unser Glaubenssatz $\Omega^\pi(40)$ sagt nun aus, dass die Frequenz von Caesium 133 weder durch die Ortsverlagerung von „Oszillatom" noch die zeitliche Verlagerung während der Reise (8 Millionen Sek.) noch durch die Wahl der Caesium-Atome beeinflusst wird. Die Uniformität ist also eine dreifache: eine rein räumliche, rein zeitliche und eine materialmässige.

Dies alles geht in die Erzeugung und Benutzung von Zeitgebern als Messinstrumenten ein. Trotzdem – und eben deshalb – ist die Uhr Element eines eigenen Reichs U_3^k. Die an ihr vornehmbaren Operationen setzen das Zuhandensein von mindestens 4 Reichen voraus: U_0^p, weil die Uhr ein als real intendiertes Gerät ist; U_1^k, weil sie Erlebnisse auslöst; U_2^k, weil ihre Zeigerstellungen als verräumlichte Zeit verstanden werden; U_5^k, weil die Messung eine nacheindeutige Zuordnung der Zeigerstellung zu einer Zahl enthält [1]. Gerade das Zusammenwirken von 4 Operationsfeldern macht die Eigenart einer Messung c_3^k aus. U_3^k ist damit in seinem Zuhandensein die notwendige Bedingung für Physik. Die gemessene Zeit t_3^k ist die einzig exakte zugängliche Zeit des Kosmos U_0^p. Sie ist zugleich die zu ihrer Wahrheit gebrachte Zeit: Keine der vorgenannten „Zeiten" t_0^π, t_1^k, t_2^k, t_5^k ist Zeit in jenem Sinn, wie der Physiker diesen Ausdruck benutzt. In der Tat, von t_0^π können wir nichts wissen, als was t_3^k uns sagt; ohne Zeitgeber ist keine Aussage über

---

[1] Wir werden später noch die Koordinaten-Zeit t_4^k hinzufügen, um die gemessene Zeit auf Koordinaten abzubilden. Im Grunde repräsentiert bereits die Uhrzeigerspitze eine Polarkoordinate φ.

eine kosmische Zeit möglich, es sei denn das blosse Vorher und Nachher von Ereignissen. M.a.W. zwar lässt sich die Topologie der Zeit zur Not aus U_0^p mitilfe von U_1^k ablesen, nicht aber ihre Metrik. Die erlebte Zeit t_1^k enthält gleichfalls nicht mehr, solange sie nicht die Erddrehung oder die Mondphase oder Planetenstellung als Zeitgeber benutzt. Die veranschaulichte Zeit t_2^k gibt nur die Möglichkeit der Eintragung von Messwerten in eine Skala, desgleichen t_5^k. Erst als gemessene Zeit kommt die Zeit in einem abstrakten Sinn zu sich selbst. Der Mensch erhält hier eine demiurgische Rolle, die Zeit zu ihrer Wahrheit, d.h. zu ihrer Vollständigkeit zu bringen. Dieses Zur-Wahrheit-Bringen ist, wie wir sahen, das opus einer Reihe von Glaubenssätzen und schöpferischen Operationen.

Der folgende Schritt ist die imaginative Herstellung eines Stahlgerüsts und die Anbringung von Uhren an den Knotenpunkten gleicher Gitterdistanzen. Wir bauen also jetzt mithilfe des zuhandenen Reichs der Geometrie U_4^k rein gedanklich in U_2^k ein BS zur Zeitmessung von Ereignissen an verschiedenen Orten. Dies setzt den speziellen Glaubenssatz voraus:

$\Omega^k(41)$: t_2^k LAESST SICH MIT EINEM IMAGINATIVEN RAEUMLICHEN BS EINDEUTIG KOPPELN UND GEMAESS DIESEM MODELL EIN ARTEFAKTISCHES BS AUS UHREN UND MAßSTAEBEN HERSTELLEN.

Die Erzeugung des gedanklichen BS dieser Art war eine schöpferische Operation EINSTEINS.

Operation 5: Als nächster Schritt werden Prinzipien formuliert, das sind Vorschriften an unsere Erlebnisse: Kein Erlebnis darf derart sein, dass der MICHELSON-Versuch positiv ausfällt oder dass die Echolotung der Venus innerhalb des Intervalls $t_{Abs} - t_{Emit} = 0$ zustandekommt. Wir formulieren den Glaubenssatz:

$\Omega^\pi(42)$: DIE VORSCHRIFTEN SIND NUR DESHALB FUER ERLEBNISSE ERFUELLBAR, WEIL SIE ZUGLEICH VORSCHRIFTEN AN U_0^p SIND.

Einen Beweis dafür gibt es nicht: Kein Prinzip der Physik, das sich an die Natur wendet, ist beweisbar. Vorschriften sind überhaupt nicht Gegenstand eines Beweises: Sie sind nur erfüllbar oder nicht erfüllbar.

Operation 6: Die *Definition* der Gleichzeitigkeit räumlich entfernter Uhren mitilfe eines BS und von Lichtsignalen operiert in folgenden Feldern: Zunächst ist die Definition eine Operation in U_6^k. Lichtstrahlen sind Elemente aus U_0^p, die wir zur Zeit- und Raummessung benutzen. Insofern wir sie artefaktisch (beispielsweise als Radar- oder Laserstrahlung) herstellen, haben sie ihrem Zweck nach teil an U_1^k und U_5^k.

Entfernungen sind Elemente aus U_4^k (also Konstruktionen!). Schliesslich ist die Vermeidung von Widersprüchen wiederum ein Element aus U_6^k. In die Definition geht der Mittelpunkt von $\overline{AB}$, also U_4^k, ein und das Beobachten des Mittelpunktes, also U_1^k. Am Ende steht die Messung der Gleichzeitigkeit, also U_3^k. Das Ganze spielt sich als Gedankenversuch in U_2^k ab.

Die Operationsgruppen werden in folgendem Schema veranschaulicht:

Schema III

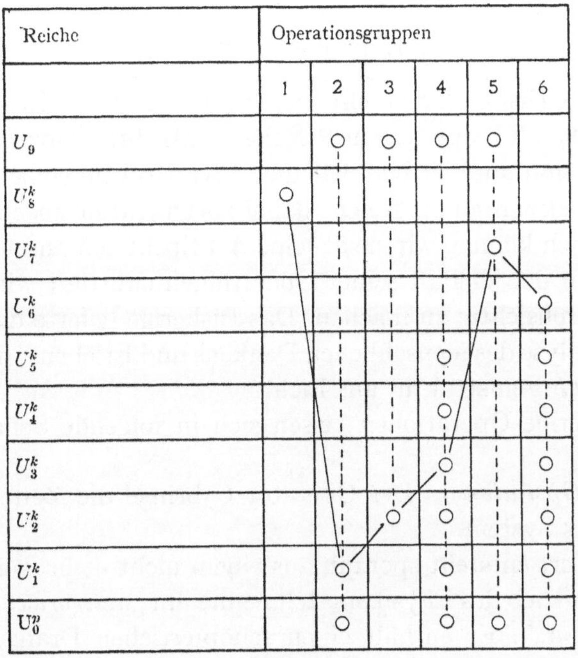

Reiche	Operationsgruppen					
	1	2	3	4	5	6
U_9		O	O	O	O	
U_8^k	O					
U_7^k					O	
U_6^k						O
U_5^k				O		O
U_4^k				O		O
U_3^k				O		O
U_2^k			O	O		O
U_1^k		O		O		O
U_0^n		O		O	O	O

4. KAPITEL

DER IMPERIALE PLURALISMUS IN FUNKTION

1. DER SOLLWERT

Die bisherige Diskussion brachte den Nachweis für das Bestehen von 10 Reichen. Die sRT operiert in 9 Reichen als ihren Operationsfeldern. Wir wollen nun untersuchen, wie dieser Apparat im einzelnen funktioniert. Wir betrachten die Reiche daher als Operationsmechanismus der sRT. Zugleich können wir sie als eine Art Spektrum ansehen, das vom Menschen in der Vielfalt seiner Operationen emittiert wird, um seine Umwelt durchsichtig zu machen. Das Bisherige lieferte dann eine Art Spektralanalyse des menschlichen Denkens und Erlebens; das Folgende bringt dessen Feinstruktur ans Licht.

Die bisherige Operationen lassen sich in folgende Schaltwege zerlegen:

Gruppe I, Operation 1: Der Operator $\underline{C}$ bringe die Zeiterlebnisse in ein logisches System.

Dieser Wert entsteht spontan aus einem nicht mehr weiter kontrollierbaren Antrieb des Physikers. Ich nenne ihn *,,kategorischer Imperativ der Erkenntnis''*. Er enthält einen schöpferischen Drang, bestimmte Sollwerte aufzustellen, die sein theoretisches Verhalten regeln. Der Wert ist die Grund-,,Idee'' seiner schöpferischen Konstruktionen. $\underline{C}$ sucht eine Klasse von möglichen Konstruktionen – hier die Zeit-Definition – aus und unterwirft sie einem Wert. Der Sollwert wirkt auf die Zeiterlebnisse gemäss

$$c_8^k . c_1^k \rightarrow \text{logisch geordnete Zeiterlebnisse}$$

Operation 1a: Man finde eine 1-deutige und stets reproduzierbare Verständigung beliebig vieler Physiker an beliebig vielen Orten und zu beliebigen Zeiten über den Zeitbegriff. Der Wert dieses Zeitbegriffs wird durch ,,physikalisch gut'' bezeichnet. Physikalisch gut ist nur ein Zeitbegriff, der den eben genannten Kennzeichnungen genügt.

Der Sollwert wirkt auf die Kommunikation der Physiker, also auf ein opus c_1^k (das erlebte Zeichen für ,,Zeit") in Verbindung mit einem opus c_2^k (das imaginierte entschlüsselte Zeichen für Zeit) nach

$$c_8^k \cdot (c_1^k + c_2^k) \Rightarrow \text{logisch geordnete und intersub-}$$

jektiv mitteilbare Zeiterlebnisse

Operation 1 setzt den speziellen Glaubenssatz voraus

$\Omega^k(43)$ ZWISCHEN U_1^k UND U_6^k IST EINE ENTSPRECHUNG HERZUSTELLEN.

Dies ist nicht selbstverständlich. Es könnte sein, dass unsere Zeiterlebnisse grundsätzlich a-rational sind. Die Rationalisierung in Form einer Zeit-Definition mit widerspruchsfreier Anwendbarkeit auf die Erlebniszeit t_1^k setzt ein ursprüngliches Vertrauen in die Logifizierung unserer Erlebnisse voraus. Das bedeutet nicht, dass sie selbst logischer Natur sind. Sie sind es wegen des inhaltlichen Unterschieds von U_6^k und U_1^k gerade nicht, sonst könnten bereits Tiere in U_6^k operieren. Aber sie lassen sich in ein logisches Schema bringen, indem wir ihnen Individuenzeichen, Variable und logische Verknüpfungen zuordnen. M.a.W. die Erlebniszeit ist in die Sprache der Logik übersetzbar. Ich nenne das entsprechende Postulat unseres Vertrauens das *Rationalitätspostulat*. Es führt zu einer Uebersetzungsvorschrift für U_1^k, die U_1^k in U_6^k überführt. Aber die Vorschrift kann nur funktionieren, wenn eine nicht mehr verfügbare Entsprechung zwischen U_1^k und U_6^k zuhanden ist. Schliesslich ist der psychische Ursprung beider Reiche ein grundverschiedener; die Entsprechung beider kann daher nicht daraus rühren, dass wir das eine zum anderen mit dem Zweck der Entsprechung konstruieren. $\Omega^k(43)$ ist die unabdingbare Voraussetzung der sRT. Sie erzwingt andererseits noch nicht die Zeit-Definition. Dazu sind vielmehr gerade die hier diskutierten schöpferischen Operationen notwendig.

Operation 1a setzt $\Omega^k(39)$ voraus: Zur Verständigung bedarf es der der Uebersetzung der Zeiterlebnisse in Zeichen gemäss dem allgemeinen Glaubenssatz $\Omega^k(12)$. Die Zeichen könnten aber auch rein solipsistisch verwertet werden. Indem wir verlangen, dass sie in jedem Physiker die gleichen imaginativen Zeiten erzeugen, glauben wir (a) an eine schöpferische Imaginationsfähigkeit aller Physiker und (b) an die Unizität von deren opus. Dies ist ein ungeheures Vertrauen in die homogene Struktur menschlichen Erkennens von Zeichen. Es beruht auf dem generellen Glaubenssatz:

Ω^k(44) DIE STRUKTUR DES MENSCHEN IST DERART, DASS ER IN GLEICHEN ZEICHEN DAS GLEICHE BEZEICHNETE WIEDERERKENNT.

Ihm folgt der spezielle Glaubenssatz für die Verständigung über die Zeiterlebnisse:

Ω^k(45) DIE STRUKTUR EINER KLASSE VON MENSCHEN, NAEMLICH DER PHYSIKER, IST DERART, DASS DIESE AUS MITGETEILTEN ZEICHEN ER-KANNTE, MOEGLICHE ZEITERLEBNISSE IN EIN LOGISCHES SCHEMA BRIN-GEN KOENNEN, DAS SEINERSEITS WIEDER IN ZEICHEN UEBERSETZT WERDEN KANN UND ALLEN ANDEREN PHYSIKERN MITGETEILT WIRD. DIESE KOENNEN ES IHRERSEITS WIEDER EINDEUTIG ENTSCHLUESSELN [1].

Es ist klar, dass das Zutreffen dieses Satzes eine prinzipielle Zuord-nung der Physiker zueinander voraussetzt: Sie bilden eine Art Kollek-tivbewusstsein. Es funktioniert so, als würde die Uebersetzung der Zeiterlebnisse in eine Zeit-Definition von einem über-individuellen Bewusstsein vorgenommen. Ich nenne dies das *Postulat der kollektiven Bewusstmachung*. Es legt der Klasse von Menschen eine starke Be-schränkung auf: ,,Menschen'' sind nur diejenigen Operatoren, die prinzipiell einer kollektiven Bewusstmachung ihrer Erlebnisse fähig sind.

Schon jetzt formulieren wir hypothetisch zwei Prinzipien der Heuristik des Gleichzeitigkeitsbegriffs:

I. *Prinzip von Glaubensanleihen*: Jede Operation, die einen heuristi-schen Sollwert in den Istwert überführt, lebt von einem Kredit an Vertrauen in spezielle Strukturen der Erkenntnis und des Erkann-ten.

II. *Prinzip der imperialen Quantensprünge*: Es gibt Operationen, die von einem Reich zu einem anderen springen, ohne dass dabei ein stetiger Uebergang zu verzeichnen ist.

Wir werden die Gültigkeit dieser Prinzipien noch diskutieren.

---

[1] Sicher sind dies Wiedererkennen aus Ω^k (44) und die Operationen in Ω^k (45) psycholo-gisch prüfbar. Aber wir besitzen keine Garantie, dass (1) das Invididuum über einen hin-reichend sicheren Gedächtnisapparat verfügt, um im gleichen Zeichen immer das gleiche designatum wiederzuerkennen und dass (2) die Ver- und Entschlüsselung der Zeichen immer zu den gleichen Ergebnissen führt. Wir können nur eine induktive Vermutung aus der Zahl der bisher eingetretenen positiven Fälle aussprechen, die aber niemals einen prüfbaren Schluss auf alle künftigen Fälle zulässt. Analog den Naturgesetzen müssen wir eben das Eintreten der positiven Fälle für alle Zukunft glauben. Ich bezeichne diese nicht unbedingt naturge-setzliche Homogenität als Chiffrier-Homogenität. Sie ist analog zum Reproduzierungsglauben aus Kapitel 2, Absatz 2.

2. HEURISTISCHE ANFRAGEN: DAS BEOBACHTUNGSPOSTULAT

Operation 2: Imperialer Quantensprung von U_8^k nach U_1^k. Dies ist der Sinn des Beobachtungspostulats. Es enthält folgende, nicht sofort realisierbare („durchgestrichene") Operationen:

(2a) Anfrage von U_8^k an U_7^k: Welches Prinzip verbürgt ein definiens von „Gleichzeitigkeit", in das nur imaginierte Erlebnisse eingehen? Antwort: Frage U_6^k!

(2b) Anfrage von U_7^k an U_6^k: Wie soll man „Gleichzeitigkeit" definieren? Antwort: Frage U_5^k!

(2c) Anfrage von U_6^k an U_5^k: Welche numerischen Relationen (Gleichungen) sichern die eindeutige Definition von „Gleichzeitigkeit"? Antwort: Frage U_4^k!

(2d) Anfrage von U_5^k an U_4^k: Welche Operationen sichern die Verräumlichung der Gleichzeitigkeit zu Koordinatenwerten? Antwort: Frage U_3^k!

(2e) Anfrage von U_4^k an U_3^k: Kann man die Zeit messen? Antwort: Frage U_2^k!

(2f) Anfrage von U_3^k and U_2^k: Lässt sich ein Zeitmesser ersinnen? Antwort: Frage U_1^k! Realisierbar ist sofort

(2g) Anfrage von U_2^k an U_1^k: Welche Erlebnisse stehen zur Konstruktion einer Uhr zur Verfügung? Antwort: Wiederkehrende Erlebnisse.

Hier muss der heuristische Weg halt machen, denn über die Erlebnisse hinaus gibt es keine Brücke zum Jenseits der physischen Wirklichkeit. Die Anfragen sammelten sich zu einem „Zug" aus 7 leeren Wagen: U_8^k bringt den Sollwert „physikalisch brauchbare Gleichzeitigkeitsdefinition" mit; U_7^k hält Prinzipien bereit, U_6^k Definitionen, U_5^k Zahlen, U_4^k Koordinaten, U_3^k Messungen, U_2^k Imaginationen. Nun gilt es, den Zug mit einer Klasse spezieller Erlebnisse zu „beladen" und an die einzelnen „Instanzen" (Reiche) abgehen zu lassen, damit dort eine Datenverarbeitung stattfindet. Das Verfahren ähnelt einem Fliessband, an dem leere Behälter angebracht sind: die Reiche U_8^k bis U_2^k. Diese werden jetzt als Apparaturen zur Datenverarbeitung aus U_1^k aufgefasst. Die Daten c_1^k (die Zeiterlebnisse) werden aufgeladen, nachdem man den Zug von der Planungsinstanz U_8^k abgehen und durch die Instanzen U_7^k bis U_2^k mit Behältern versehen liess. Dann geht der Zug wieder an diese Instanzen zurück. Dort werden die Daten ausgeladen und durch spezielle Datenverarbeitungsgeräte umgewandelt, bis sie bei der von U_8^k befohlenen Instanz ihre letzte Umwandlung in das gewünschte Produkt erfahren. Dabei können Instanzen auch übersprungen werden. Der Schaltweg ist, wie Schema III zeigt, also nicht an einen bestimmten Instanzenzug gebunden. Dies ist wichtig, denn es zeigt folgendes heuristisches Prinzip: Der aufsteigende Instanzenzug der Datenverarbeitung kann beliebig gewechselt werden. Grund: Die Reiche stehen dem Operator $\underline{C}$ (dem schöpferischen Denker) unabhängig zur Verfügung. Dadurch vereinfacht sich der Operationsweg erheblich. Es ist analog, als hätte in einem Betrieb jeder Angestellte das Recht, jeden anderen Angestellten gleich welchen Ranges ohne den Dienstweg zu konsultieren. Die Informationswege des physikalischen Denkens sind also beliebig umschaltbar.

Jede Teiloperation 2a bis 2g setzt einen grundlegenden Ω-Satz folgender Struktur voraus:

Ω^k(46) DIE ERZEUGUNG EINES GEWUENSCHTEN THEORETISCHEN PRODUKTS DURCH $\underline{C}$ IST AN DAS ZUHANDENSEIN VON WENIGSTENS SECHS DATENVERARBEITENDEN INSTANZEN SOWIE EINER PLANENDEN INSTANZ U_8^k, EINER URSPRUENGLICHE DATEN LIEFERNDEN INSTANZ U_1^k UND EINER DAS FUNKTIONIEREN DER REICHE SICHERNDEN GLAUBENSINSTANZ U_9^k GEBUNDEN.

Ich nenne dies den Glauben an die Pluralität der imperialen Operationsinstanzen, kurz an die imperiale Pluralität. Sie sichert die „Fabrikation'' eines theoretischen Produkts wie des wissenschaftlichen Zeitbegriffs.

Zu Operation 2 gehört noch eine spezielle *Operation 2a*: Sie beruht auf dem Objektivitätspostulat Ω^{π}(31) und besteht in folgendem: Den Daten c_1^k wird eine Markierung „0'' aufgeprägt, $c_{1,0}^k$, um anzuzeigen, dass es sich um Erlebnisse handelt, von denen wir annehmen, dass sie durch U_0^p ausgelöst wurden. Es ist analog, als würden wir bei klinischen Untersuchungen gezeichnete Isotopen in den Stoffwechsel eingeben. Ihre chemischen Eigenschaften sind dieselben wie die ihrer gleichnamigen Geschwister, hingegen sind ihre physikalischen Eigenschaften verschieden. Aehnlich bei den Sinnesdaten c_1^k: Sie sind a priori nicht von Täuschungen unterscheidbar. Erst im Zuge der Datenverarbeitung stellt sich heraus, ob sie „normal'' durch U_0^p ausgelöst wurden oder auf Anomalien des Organismus beruhen. Die Kontrollinstanz ist i.a. die intersubjektive Verständigung.

3. VER- UND ENTSCHLÜSSELUNGEN

Operation 3: Dies ist die erste Datenverarbeitung des Zeiterlebnisses. Räumliche Erlebnisse liegen gespeichert bereit. Sie werden durch $\underline{C}$ mobilisiert und wirken transformierend auf die gleichfalls aus dem Speicher mobilisierten Zeiterlebnisse. Das opus ist eine als räumliche Erstreckung anschaulich gemachte Zeit, z.B. als Wandern eines Schattens während der Erdumdrehung.

Operation 3 wird bedingt durch den Glaubenssatz

$\Omega^k(47)$ ZWISCHEN DEN ORIGINAEREN DATEN DER EINZELNEN REICHE SIND ENTSPRECHUNGEN HERZUSTELLEN.

Dies ist nicht selbstverständlich, denn die Zeit ist an sich durchaus umräumlich, schon wegen ihrer Nichtumkehrbarkeit. $\Omega^k(47)$ ist unerlässlich für die weitere Datenverarbeitung. Wir können dies als *Verschlüsselungspostulat* bezeichnen. $\Omega^k(47)$ ist einer der wichtigsten Glaubenssätze. Er gestattet, spezielle Korrespondenzregeln zur Korrelation der Reiche U_0^n bis U_8^k aufzustellen. Erst jetzt ist die *Totalisierung* eines Begriffs oder Erlebnisses oder eines Prinzips, überhaupt eines Elements in U_i zum Ganzen seiner Bestimmungen möglich. Insofern nimmt dieser Glaubenssatz eine Sonderstellung ein: Er gleicht einem Airport, von dem aus allein der Start in die Höhen der Theorie möglich ist.

Mit einer unräumlichen Zeit kann $\underline{C}$ nichts anfangen, wenn $\underline{C}$ sie als Datum in die höher liegenden Instanzen eingeben will. Gerade die sRT bedarf einer geometrisierten Zeit, um daraus die MINKOWSKIwelt zu konstruieren. Speziell ist die EINSTEINsche Definition der Gleichzeitigkeit räumlich entfernter Ereignisse mithilfe eines räumlichen BS daran gebunden, dass es ein Mittel gibt, um die Zeigerstellung von Uhr A mit jener von B zu vergleichen. Das leisten nur Signale. Dann wird aber die Zeigerstellung von B durch den Beobachter in A aus dem Signalweg erschlossen: Das Signal bringt zur A-Zeit t_A die Nachricht „B-Zeit $= t_B'$". Der Beobachter muss dann den Abstand $\overline{AB}$, die Signalgeschwindigkeit c und die A-Zeit t_A für das Eintreffen des Signals kennen. Daraus errechnet er den Unterschied der Zeigerstellungen in A und B. Die Erschliessungsoperation „$t_B'' = t_B' + r_{AB}/c$ im Zeitpunkt t_A des Eintreffens der Nachricht" enthält die verräumlichte Zeit r_{AB}/c.

Jedes derart verschlüsselte Datum ist eine Neuschöpfung, wie man leicht sieht. Andererseits lässt sich erst mit verschlüsselten Zeiterlebnissen rechnen. Wir würden die Struktur der physikalischen Zeit nicht erfassen, wenn wir nicht den Zeitdaten t_1^k Koordinaten, Zahlen und logische Zeichen zuordnen könnten. Insofern diese Struktur der Zeit von der sRT als objektiv angenommen wird, lässt sie sich erst durch eine Transkreation der Zeiterlebnisse zu ihrer Wahrheit bringen. In diesem philosophisch-heuristischen Sinn ist die Umformung der t_1^k-Zeit in die t_2^k-Zeit und weiter hinauf bis zur t_6^k-Zeit (als Sinn eines logischen Zeichens) zugleich eine Entschlüsselung der ursprünglich unverarbeiteten Zeit.

Wir formulieren daraus den Ω-Satz

Ω^k(48) INDEM $\underline{C}$ DIE URSPRUENGLICH ROHEN SINNESDATEN DURCH DIE UEBERSETZUNG IN HOEHERE REICHE VERSCHLUESSELT, ENTSCHLUESSELT $\underline{C}$ ZUGLEICH MEHR UND MEHR IHRE WAHRHEIT. DIE WAHRHEIT EINES c_1^k-DATUMS IST NUR DURCH VERSCHLUESSELUNG UND DATENVERARBEITUNG ERFASSBAR.

Dieser wichtige erkenntnistheoretische Satz besagt, dass die Daten unserer Wahrnehmungen, so wie sie ankommen, nicht geeignet sind, uns eine Theorie der Struktur der sie auslösenden U_0^p-Ereignisse anzubieten. $\underline{C}$ kann mit ihnen nichts anfangen, es muss sie buchstäblich neu schaffen. Nur die neu geschaffene, die um-geschaffene Wirklichkeit, ist theoretisch erfassbar.

4. DIE ZEITMESSUNG

Operation 4 (Zeitmessung) zerfällt in folgende Teiloperationen:

(4a)   Suche nach einem periodischen Vorgang in U_0^p, z.B. der Erdrotation. Dazu gelten die Ω-Sätze Ω^k(33), Ω^π(34) und Ω^π(35). Wir müssen aber noch einen generellen Ω-Satz annehmen:

Ω^k (49) DER DATENSPEICHER DES MENSCHLICHEN BEWUSSTSEINS ERLAUBT DIE MOBILISIERUNG VON SINNESDATEN, DIE DURCH PERIODISCHE VORGAENGE IN U_0^p AUSGELOEST WURDEN, DERART, DASS IHRE PERIODIZITAET BEWUSST GEMACHT WERDEN KANN.

Die Voraussetzung einer Zeitmessung ist also das Gedächtnis und die Reproduktion periodischer Vorgänge in U_2^k.

(4b)   Konstruktion periodischer Vorgänge in U_0^p: Herstellung einer Uhr. Voraussetzung ist die Gültigkeit von Ω^k(39). Es gibt aber noch eine allgemeinere und wichtigere Vorbedingung:

Ω^π (50) $\underline{C}$ KANN KUENSTLICHE PERIODISCHE VORGAENGE HERSTELLEN, DEREN ANGABEN MIT NATUERLICHEN PERIODISCHEN ODER APE-

RIODISCHEN VORGAENGEN IN EINE EINEINDEUTIGE ENTSPRECHUNG
GEBRACHT WERDEN KOENNEN.

Dies ist die Voraussetzung jeder Messung.

($4c$) Uebersetzung der Zeigerabstände in Zahlen durch die Operation c_{15}^{k}.

Dies liefert Zeitwerte $\vec{t_5^k}$. Die Uebersetzung von t_5^k in den Begriff
„Zeit" erlaubt schliesslich, die Daten als Messwerte zu verstehen:

$$\overrightarrow{c_{56}^{k}} \cdot t_1^k \Rightarrow t_3^k$$

Mann sollte meinen, dass die Aufzeichnung eines automatischen
Messers der Höhenstrahlung in einer Raumsonde ohne das Bewusstsein
erfolgt. Die Aufzeichnung ist aber noch kein Messwert im eigentlichen
Sinn. Das Zählrohr gibt seine Anschläge an den automatischen Datenspeicher, dieser funkt sie zur Bodenstation. Erst dort wird das Datum
(nachdem es entschlüsselt ist) ausgewertet, nämlich als Messwert für
die Anzahl der einschlagenden Teilchen pro Zeiteinheit *verstanden*. Der
Computer liefert nur Zahlen. Dass es sich um die gefragte Teilchensorte
handelt, muss aus der Konstruktion der Apparatur und dem Aussehen
der Reaktionsweise erschlossen werden. M.a.W. $\underline{C}$ entschlüsselt noch
einmal den Datenkomplex des Geräts als Antwort auf die gestellte
Frage. Erst diese Entschlüsselung macht das Datum zum eigentlichen
Messwert. Das Gerät liefert nur uneigentliche, weil unverstandene
Messwerte.

Ein typisches Beispiel ist die Entfernungsmessung im Flugverkehr.
Da wir hier keine starren Stäbe benutzen können, sind wir auf die Lauf-
zeiten von Funksignalen angewiesen. Das Distanzmessystem (DME)
im Flugzeug hat ein uhrzeigerähnliches Zifferblatt. Das gleiche DME
besitzt die Bodenstation. Die Entfernung wird durch die Messung der
Laufzeit von Hochfrequenzpulsen (HF-Pulsen) gemessen. Die Azimut-
messung erfolgt durch UKW-Drehfunkfeuer (VOR), das von der
Bodenstation radial ausgehende Vertikalebenen festlegt. Indem der
Kurswähler des Flugzeugs auf einen bestimmten Kurs eingestellt wird,
können links-rechts-Abweichungen durch das links-rechts-Instrument
beobachtet werden.

Mit diesen Geräten kann aber nur etwas anfangen, wer Navigation
beherrscht, das heisst wer die Zeigerstellungen richtig deutet. Genau
das leistet die Uebersetzung c_{56}^{k}. Um das Bewusstseinsdatum „Zeigerstellung" zu verstehen, um es $\vec{\text{im}}$ Hinblick auf den Flug zu bewerten,
muss man es auf den Begriff „Entfernungsmessung" projizieren. „Nur
Begriffe erlauben zu begreifen" ist ein alter Satz der PLATONschen
Philosophie.

Das beste, was uns der Computer liefert, ist ein Zeichen, das wir per constructionem als Uhrzeit deuten müssen. Aber der Akt der Deutung, der Entschlüsselung des Zeichens, wird von $\underline{C}$ vollzogen, nicht vom Automaten. Noch einfacher: Mein Blick auf die Uhr wandelt die Koinzidenz der Zeiger mit Markierungen in Erlebnisdaten um, aber erst das als Zeit gedeutete Datum ist die gemessene Uhrzeit. Die Zeigerstellung ist noch kein Messwert, sondern erst sein physischer Anteil. Zu seiner Wahrheit gebracht wird er erst durch einen Akt schöpferischen Denkens. Von hier aus zu weiteren Berechnungen ist es dann nicht mehr schwer, weil die folgenden Operationen allein durch $\underline{C}$ vorgenommen werden. Vollzieht der Computer die Auswertung, so bleibt die Auswertung immer noch unterhalb der Schwelle der eigentlichen Messwerte. Erst die vom Menschen als ,,Zeit'' verstandenen Daten sind die *ganzen* Messwerte. M.a.W. das Gerät liefert immer nur den U_0^p-Anteil an den Erlebnissen.

Operation (4d): Uebersetzung von t_3^k in t_4^k (= Werte der Zeit-Koordinate) gemäss

$$c_{34}^k \cdot t_3^k \Rightarrow t_4^k$$

Diese Uebersetzung ist notwendig, damit die Zeit mithilfe der analytischen Geometrie berechnet werden und als Koordinatenwert in Gleichungen eingehen kann.

Schema IV

	0	1	2	3	4	5	6
0	c_{00}						c_{06}
1							
2							
3							
4							
5							
6	c_{60}						c_{66}

Bemerkung: Die leeren Felder sind mit c_{ik} ($i = 0, 1, \ldots, 6; k = 0$, $1, \ldots, 6$) erfüllt zu denken (die Pfeile lassen wir künftig fort).

Die c_{ik} enthalten die Operation, welche ein i-Element in ein k-Element übersetzt. Wir haben formal alle Felder des Schemas besetzt, obwohl wir bisher nur einige der Übersetzungen diskutierten. Die c_{ik} zerfallen in bestimmte Klassen. Klasse I wird aus den Diagonalelementen gebildet. So ist c_{11} die Übersetzung eines Sinnesdatums in ein anderes; dies geschieht beispielsweise durch die Beobachtung eines zeitlichen Ablaufs mit konstanten Merkmalen, die von dem Wert bei t_0 in jenen der nachfolgenden Momente übersetzt werden. c_{44} ist die Transformation eines geometrischen Objekts, c_{55} einer Zahl, c_{66} eines Begriffs. Klasse II wird von den Übersetzungen aufsteigender Art gebildet. So ist c_{12} die Chiffrierung des Sinnesdatums als imaginierter Gegenstand, c_{56} die Umwandlung einer Zahl in einen Begriff. Klasse III schliesslich umfasst die absteigenden Übersetzungen, auch ,,Interpretation'' genannt. So ist eine in U_1^k interpretierte Gleichung aus U_5^k die Erlebnis-Konfiguration, welche die Gleichung erfüllt. Es gibt ferner einen bestimmten Durchschnitt der genannten Klassen und zwar jene Übersetzungen, die eine Null im Index enthalten. Er zerfällt wiederum in zwei Teilklassen A und B: A enthält alle c_{0i}, B alle c_{i0} ($i = 1, 2,$ $\ldots 6$). Teilklasse A enthält die Sinneswahrnehmungen und ihre Datenverarbeitung. So baut c_{01} die wahrgenommene Ereigniskonfiguration, c_{06} das zum Begriff umgeformte Ereignis. Teilklasse B enthält die Intention des Menschen, dass einem constructum eine Ereigniskonfiguration entsprechen soll. Schliesslich gibt es eine Teilklasse C aller c_{00}-Übersetzungen. Sie gehört in Strenge nicht zu unserem Schema, denn dieses enthält nur menschliche constructa. Formal ergänzen wir jedoch das Schema zu einem bewusstseinstranszendenten Bereich von ,,Übersetzungen''. Dann verstehen wir unter einer Übersetzung in U_0^p das physische Korrelat einer Übersetzung durch den Menschen. So ist die Transformation des physischen Datums für ,,Impuls p'' in das Datum für ,,p''' ein c_{00}.

$\Omega^k(51)$ DIE ÜBERSETZUNGOPERATIONEN, DIE DIE ZEIT t_m IN DIE ZEIT t_n ÜBERFÜHREN, HABEN FOLGENDE EIGENSCHAFTEN: SIE SIND

1-1-DEUTIG,

REFLEXIV,

TRANSITIV.

DIE c_{mn} BILDEN DAHER EINE GRUPPE.

Dieser Satz ist wichtig: Die Eigenschaft der 1-1-Deutigkeit besagt, dass wir unter dem Zeichen t_n^k stets eine und nur eine Bedeutung t_m^k finden, wenn wir t_n^k in t_m^k übersetzen und umgekehrt. Die Uebersetzung bringt keinen Bedeutungswechsel, keine semantische Verzerrung. Anderenfalls wären erlebte Zeiten nicht in gemessene übersetzbar, oder wir könnten die Koordinatenzeit nicht erleben. Dies führt uns auf einen tiefliegenden Glaubenssatz:

Ω^k(52) DIE REICHE SIND DURCH UEBERSETZUNGSOPERATIONEN c_{mn} AUSTAUSCHBAR.

Wer also etwa durch die Konstruktion der MINKOWSKIWELT c_4^k eine Zeit-Theorie aufstellt und die LORENTZ-Transformation c_{55}^k für die Zeitmessung konstruiert, hat die Gewähr, damit Aussagen über die Kausalstruktur von Erlebnissen c_1^k zu finden. Auf diesem Satz beruht die ganze mathematische Physik.

Die Reflexivität der c_{mn} besagt: Es gibt ein c_{mn} mit $m = n$, das ein t_m^k in sich selbst überführt. Dies ist nicht trivial, denn anderenfalls könnten wir nicht innerhalb ein und desselben Reichs von ,,Zeit'' schlechthin sprechen. Beispiel: Wir nennen die Zeigerstellung ,,XII'' auf einer Uhr ,,die Zeit zwölf Uhr''. Wenn der Zeiger wieder nach der Markierung ,,XII'' zurückkehrt, nennen wir die Zeigerstellung wieder ,,die Zeit zwölf Uhr''. Dies verdanken wir der Reflexivität.

Die Eigenschaft der Transitivität ist gleichfalls unerlässlich: Wenn wir t_1^k in t_2^k übersetzen, dann besteht die Gewähr, dass es eine Operation c_{12}^{-1} gibt, die uns wieder auf t_1^k führt, d.h. es gilt aufgrund der Definitionsgleichung $c_{ik}^{-1} \equiv c_{ki}$

$$c_{ik}^{-1} . c_{ki} \Rightarrow 1$$

Wenden wir die richtigen Uebersetzungsvorschriften an, so wissen wir, dass eine noch so lange und noch so abstrakte mathematische Theorie der Zeit wieder zu testbaren Prognosen über Zeiterlebnisse führt. Dies ist der protophysische Grund für das Vertrauen des Physikers in den heuristischen Wert unanschaulicher Operationen, die im Sinne des BRIDGMANschen Postulats irgendwann einmal mit t_1^k beginnen.

5. UHREN

Die Uhr ist ein Bezugssystem, das folgenden Anforderungen genügen muss:

(a) Es gibt verschiedene Zeigerstellungen, die mit Ereignissen einer zeitlichen Folge koinzidieren derart, dass die Zeigerstellung t das Ereignis $x(t)$ identifiziert, welches zur Zeit t eintritt. t ist die Stellung des Zeigers. Dadurch wird die wichtige Operation der Koinzidenz eingeführt. Sie sie ein opus in U_2^k, das aus folgender gedanklicher Operation erzeugt wird: Ist $x(t)$ ein Ereignis und ist die Zeigerstellung t ein Ereignis, so koinzidieren beide, wenn innerhalb einer zu fixierenden Toleranzmarge durch ein und denselben Messakt $x(t)$ und t an der gleichen Raumstelle festgestellt wird. Damit wird der Raum in die Operationen eingeführt, die zur Definition der Gleichzeitigkeit führen.

(b) Die Koinzidenzen $K_1, K_2, \ldots, K_i$ lassen sich (1) in eine Reihe ordnen, (2) dem reellen Zahlenkontinuum in U_5^k zuordnen und (3) auf die Zeitkoordinaten in U_4^k abbilden.

(c) Jeder Koinzidenz K ist eine und nur eine Zahl ,,K'' bzw. ein und nur ein Punkt x in ein und demselben Bezugssystem zuzuordnen. Wir entwerfen nach den Prinzipien der Mechanik in Gedanken ein anschauliches Abzählwerk c_2^k, das widerspruchsfrei und eindeutig die erlebten Koinzidenzen auf U_4^k und U_5^k abzubilden gestattet. Die Widerspruchsfreiheit verlangt: Registriert die Uhr U die Koinzidenz ,,Zeigerstellung-Ereignis'' zur Zeit t, dann darf eine mit U synchron gehende unmittelbar benachbarte Uhr U' nicht für das gleiche Ereignis t' mit $t \neq t'$ anzeigen. Eindeutigkeit verlangt: Registriert von der Uhr U hat das Ereignis x einen und nur einen Wert der Zeigerstellung von U. Die Eindeutigkeit wird durch den Mechanismus garantiert, die Widerspruchsfreiheit durch die Natur von Raum und Zeit. Eindeutigkeit und Widerspruchsfreiheit gehören also zu den Glaubenssätzen der sRT, ohne die keine Uhren herzustellen wären.

Die Uhr ist damit an einen Zweck gebunden. Zwecke sind ihrerseits wertgebunden, hier an den Wert ,,widerspruchsfreie und eindeutige Zeitmessung''. Diesem Wert entsprechend wird die Uhr als reines k-Wesen konstruiert. Das Werk des Mechanikers ist es nun, diesen k-Komplex in einen modal gemischten (k, p)-Komplex zu überführen. Diese schöpferische Operation bezeichnen wir als ,,artefizieren'', ihr opus als Artefakt. Dies geschieht durch eine besondere Art der Wirkung auf die Konstruktion c_2^k, die wir durch das Zeichen c_{20}^k (art) bezeichnen wollen. Es gilt

$$c_{20}^k \text{ (art)} . c_2^k \Rightarrow c_{01}^{pk} = \text{Artefakt}$$

Die Transkreation eines reinen k-Wesens in ein gemischtes (k, p)-Wesen ist der Grundtyp jedes Artefizierens. Das Artefakt „Uhr" trägt den Index 0, weil es ein in U_0^p wirkender Mechanismus ist, und den Index 1 durch seine Erlebbarkeit.

Eine Uhr soll jedoch mehr als Erlebnisse liefern. Sie liefert Daten, die durch $\underline{C}$ als Messwerte verstanden werden. Diese werden ihrerseits auf Koordinaten, Zahlen und Begriffe abgebildet. Damit ist die Uhr ein Artefakt, das auch auf U_2^k, U_3^k, U_4^k, U_5^k und U_6^k projiziert. Diesen Typus bezeichnen wir als Messgerät. Seine Daten lassen sich schliesslich als die beobachtete, gemessene, die als „Zeit" begrifflich dimensionierte und auf Koordinaten und Zahlen imaginativ abbildbare Zeit t verstehen. Die Benutzung der Uhr bezeichnen wir durch die Uebersetzung

$$c_{0123456}^{pk}.$$
$$\xrightarrow{\hspace{1cm}}$$

Der Pfeil deutet die Richtung des Erkennens von Daten an. Ihm entspricht ein entgegengerichteter Pfeil, der das Verfertigen von Uhren bezeichnet. Es setzt den Begriff der Uhr, die mit Zahlen versehenen Markierungen, eine räumliche Skala, die Imaginierbarkeit durch das Gedächtnis, die Erlebbarkeit und die Wechselwirkung mit den p-Ereignissen voraus. Das Artefizieren trägt danach endgültig das Zeichen

$$c_{0123456}^{pk} \text{ (art)}.$$
$$\xleftarrow{\hspace{1cm}}$$

Wir gewinnen damit zwei Grundoperationen des Menschen: Erkennen und Artefizieren. Die erste ist ohne die zweite hilflos, die zweite ohne die erste nicht möglich. Beide sind also aufeinander angewiesen. Damit zerfallen die opera des Physikers in die beiden Grundklassen Erkenntnis und Artefakte.

Indem $\underline{C}$ Uhren konstruiert, setzt er den Kosmos zu sich in eine eindeutige Beziehung. Er schaut den Kosmos unter dem Aspekt seiner Uhr. Damit führt er in den Kosmos imaginativ eine zeitliche Ordnung ein. Sie besteht in U_0^p als Topologie der Wechselwirkungen (Zeit-Topologie). Erst durch den Menschen wird sie in ein nicht an Wechselwirkungen gebundenes, rein imaginatives Schema gebracht, nämlich als Markierung aller Vorgänge des Kosmos durch die Zeigerstellungen von Uhren. Verstehen wir wohl: Zeit ist ein Erzeugnis des Menschen, nicht der Natur. Die Naturereignisse in U_0^p sind nur kausalen Relationen unterworfen, wie sie aus Wechselwirkungen resultieren. Für sie gibt es keine Relation „Früher als" oder „weder früher noch später =

gleichzeitig", sondern nur „erzeugt" und „erzeugt nicht". Die imaginierte Zeit, wie sie in die Zeitmessung eingesetzt wird, lässt sich nicht an U_0^p „ablesen": Das Wandern des Schattens ist ein schöpferischer Vorgang, der aus einer Ereigniskonfiguration eine neue erzeugt, aber nicht Zeit im Sinne einer Grösse, Strecke oder eines Begriffs, ja auch nur eines Sinnesdatums.

Heisst das, dass wir im Sinne KANTs den Zeit-Schematismus in die Sinnesdaten einfliessen lassen, damit diese überhaupt möglich werden? Ja und nein. Ja, denn Erlebnisse von äusseren und inneren Vorgängen enthalten immer schon ein „Regelgerät", das die Erlebnisse auf den Sollwert „Nicht vorher und nicht nachher" einstellt, d.h. wir empfinden Daten immer nur als von der Vergangenheit und Zukunft abgehobene gleichzeitige Menge gegenwärtiger Ereignisse. Die Gegenwart ist der in jedes Erlebnis einfliessende und es eigentlich erst ermöglichende topologische Schematismus des „weder früher als jetzt noch später als jetzt". Die Koinzidenz ist die Bedingung des Erlebens. Ohne Gegenwart kein Erleben, ohne den topologischen Zeit-Schematismus keine Gegenwart. Das konstituiert aber nur den je gegenwärtigen Erlebniszustand, nicht den Strom der Erlebnisse. Dazu bedarf es der Erinnerung und der Erwartung. Für den topologischen Schematismus des „Früher als" und „Später als" ist die Reproduktion von erlebten Sinnesdaten und die existenzielle Gerichtetheit des Menschen verantwortlich.

Die Nicht-Gleichzeitigkeit wird damit zum partiell aposteriorischen und apriorischen Schematismus, der mindestens teilweise aus der Erlebnismannigfaltigkeit abgeleitet werden kann. Dies ist auch der Grund, weshalb wir berechtigt sind, die Zeit auf U_0^p zu projizieren und eine objektive t_0^π-Zeit zu behaupten: Zwar finden wir dort nicht Zeit, wohl aber zeitlich geordnete Ereignisse. Die Zeit ist noch nicht in U_0^p geoffenbart, wohl aber zu ihrer Offenbarung zu bringen, indem wir sie aus der Bio-, Psycho- und Noosphäre, also aus der Welt des Physikers, auf U_0^p projizieren. Sie wird nicht von dort als solche auf die Welt des Physikers projiziert, denn dort ist sie gar nicht zuhanden. Dort gibt es nur Wechselwirkungen und deren topologische Ordnung des „A erzeugt B". Deshalb gaben wir der objektiven Zeit den modalen Index π.

6. KOINZIDENZEN

Die Gleichzeitigkeit räumlich zusammenfallender Ereignisse bezeichnen wir als Gleichzeitigkeit I, räumlich getrennter Ereignisse als Gleichzeitigkeit II. Was ist nun der eigentliche physikalische Anteil einer Zeitmessung? Antwort: Die Koinzidenz I von Ereignissen in U_0^p, die ihrerseits mit dem Bewusstseinsdatum koinzidiert. Der Blick auf die Uhr enthält also eine doppelte Koinzidenz: Die intendierte in U_0^p und die intentionale in U_1^k. Diese wird dann in einem (fast momentanen, aber doch nicht unendlich schnellen) Uebersetzungs- und Auswertungsvorgang als Uhrzeit verstanden.

Wir werden nun provisorisch die Koinzidenz von Ereignissen als eine Operation der *Kommunikation* bezeichnen. Die Operatoren der Kommunikation, deren es mindestens zwei gibt, bezeichnen wir als *Eigenwesen*. Das Opus der Kommunikation ist ein neues Ereignis, nämlich die Transkreation einer Ereigniskonfiguration in eine neue Ereigniskonfiguration. In unserem Beispiel: Die Koinzidenz I von Zeigerspitze und Zahlzeichen auf dem Zifferblatt löst zusammen mit der Belichtung der Uhr in U_0^p im Grenzfall einer absolut exakten Koinzidenz von Zeigerspitze und Zeichen einen Komplex von Wechselwirkungen aus. Sie können thermodynamischer, elektrischer, gravitationsartiger, mechanischer oder sonstiger Art sein. Jedenfalls hinterlassen sie (unmerkliche) Spuren auf der Zeigerspitze und dem Zeichen des Zifferblatts. Wir bezeichnen die dadurch erzeugte neue Ereigniskonfiguration als *Transkreationsopus*. Selbst wenn keine physikalische Wechselwirkung stattfindet, so wird zum mindesten eine raumzeitliche Konstellation von Zeigerspitze und Zifferblatt erzeugt. Diese nennen wir eine reine Kommunikation. Die Koinzidenz ohne nachfolgende Transkreation ist reine Kommunikation. Ueberall, wo aber Spuren im Gerät und/oder im beobachteten Objekt zurückbleiben, liegt eine Transkreation vor. Bei der Zeitmessung interessieren wir uns aber nicht für die Spuren auf dem Zifferblatt, im Funkgerät, im Radar oder Zählrohr, sondern nur für die Koinzidenz mit dem jeweils herrschenden Zustand eines Zeitgebers. Ein klassisches Beispiel ist der radioaktive Zerfall als Zeitgeber für geologische Prozesse. Die Spur des Zerfalls ist die Menge der Zerfallsprodukte. Aber sie interessiert uns hier nur als Indikator für das Alter der Erdrinde, nämlich als Koinzidenz zwischen dem Zerfallsanfang und einer astronomisch errechneten Zeit (der Zahl der Erdumläufe um die Sonne).

Wir gewinnen damit vorläufig einen grundlegenden Satz über die Struktur der sRT: Die sRT hat zunächst nur zeitliche Kommunikationen zwischen Ereignissen, nicht aber deren Transkreationsopera zum Gegenstand.

Koinzidenzen spielen bei den Teilchendetektoren eine grundlegende

Rolle. So wird in der *Funkenkammer* ein Hochspannungs-Parallelplattenzähler durch ein System aus Geigerzählern in Betrieb gesetzt. Der Geigerzähler erzeugt einen Koinzidenzimpuls, der als Auslösungssignal für einen Hochspannungsgenerator funktioniert, sobald ein Teilchen den Detektor passiert. Antikoinzidenzzähler wirken zur Unterdrückung der Auslösung bei unerwünschten Teilchen. Der Ausdruck „Koinzidenz" ist hier nicht unendlich scharf wie im Kontinuum der MINKOWSKI-Welt gefasst (als Kreuzung zweier Weltlinien), sondern als räumlicher Bereich von den Ausmassen des sensitiven Mediums der Zählapparatur (Gas, Flüssigkeit oder Festkörper) und den zeitlichen Ausmassen von einigen Nanosekunden. Das Teilchen erzeugt im Medium Ionen, die durch die hohe Spannungsdifferenz der Elektroden beschleunigt, vermehrt und gesammelt werden. Die Entladung ruft dann ein elektrisches Signal hervor. Szintillationszähler haben ein Zeitauflösungsvermögen von weniger als einer Nanosekunde. Trotzdem besteht ein zeitlicher Unterschied zwischen der ersten Ionisierung durch das einfallende Teilchen (der eigentlichen Koinzidenz) und dem Signal, das den Generator auslöst.

Das Beispiel ist in mehrfacher Hinsicht lehrreich: (1) Die Koinzidenz (Ionisierung) in U_0^p verläuft selbst nicht punktartig. Es besteht also ein unaufhebbarer quantitativer Unterschied zwischen dem von dem sRT angenommenen Raumzeitkontinuum und U_0^p. Das intendierte Universum der sRT ist strukturell vom intentionalen verschieden. (2) Eine direkte Umwandlung der Koinzidenz in ein Wahrnehmungsdatum ist nicht möglich, da wegen der endlichen Ausbreitungsgeschwindigkeit des Signals von der ersten Ionisierung bis zur Entladung ein endliches Zeitintervall liegt (einige Nanosekunden). U_1^k enthält also über U_0^p nur Daten, die sich auf die Vergangenheit beziehen und bereits umgewandelt sind. Die originären Daten (Ur-Daten) sind prinzipiell dem Reich U_1^k wegen der endlichen Ausbreitungsgeschwindigkeit jeder Wirkung verschlossen. (3) Die Entschlüsselung der Nachricht erfolgt entweder durch $\underline{C}$ oder durch einen Apparat. Im 1. Fall rekonstruiert $\underline{C}$ anhand einer Theorie der Zählapparatur den Vorgang. Das Urteil „Koinzidenz" setzt dabei den Begriff "Zeit" bereits voraus. Nur nachdem wir die Koinzidenz als Toleranz von einigen Nanosekunden definiert haben, können wir Koinzidenzzähler bauen: Wir berechnen zuerst die Zahl der Nanosekunden, dann schätzen wir ab, ob die Signalgeschwindigkeit ausreicht, um die eigentliche Registrierapparatur (den Funkenzähler) einsatzbereit zu machen, ehe das Teilchen den ersten Kondensator durchquert. Diese Abschätzung setzt den Zeitbegriff voraus. Andererseits geht in die Definition der Gleichzeitigkeit die Koinzidenz bereits ein. Logisch und psychologisch geht also das Koinzidenzerlebnis dem Gleichzeitigkeitsbegriff voraus, dieser jedoch seinerseits der erweiterten, technisch nutzbaren Koinzidenz. Wir haben eine Kette von Aprioris, wobei das einzelne Apriori „nach rückwärts" sich als erzeugt, nach vorne als erzeugend präsentiert. In die Messung der Gleichzeitigkeit gehen also Erlebnisse und noetische Konstruktionen ein. Uebernimmt der Apparat die Messung, indem der Funkenzähler automatisch bei Vorliegen einer Koinzidenz anspricht, so geht die noetisch konstruierte Gleichzeitigkeit in dessen Programm ein. Die Programmierung ist aber selbst wieder ein noetischer Akt, der die Gleichzeitigkeit-Definition voraussetzt.

7. DIE ZEIT-PRINZIPIEN

Nachdem wir die Gruppe der Uebersetzungstransformationen c_{ik} aufgestellt haben, verfügen wir über ein Operationsfeld aus erlebten, imaginierten, gemessenen, geometrischen, arithmetischen und begrifflichen Zeiten. Aber noch ist die Zeit nicht eindeutig definiert. Hier fällt nun die eigentliche heuristische Entscheidung. $\underline{C}$ sucht nach den Prinzipien in U_7^k, die den in U_8^k gesetzten Sollwert "eindeutige und jederzeit eindeutig mitteilbare Zeitdefinition" realisierbar machen. Warum konnten wir diesen Schritt nicht am Anfang tun? Weil physikalische Prinzipien nicht auf eine Zeit wirken, die nur durch ein einziges Reich ausgewählt wird. Das sRP legt noch nicht Zeiterlebnisse fest, denn ohne die Uebersetzung der Zeiterlebnisse von Beobachter A in diejenigen von B haben wir keine Kontrolle über die Transformation der Zeiterlebnisse beim Uebergang von BS_A nach BS_B. Die Kontrolle über die Gültigkeit des sRP verlangt die Uebersetzung der erlebten Zeit in die imaginierte, gemessene, auf Koordinaten abgebildete, durch Zahlen markierte und als Begriff dimensionierte Zeit.

Wir wählen frei als Prinzipien zur Zeitdefinition das sRP und das Prinzip der invarianten Lichtgeschwindigkeit. Wir nennen sie „Zeitprinzipien". Dies setzt folgenden Glaubenssatz voraus:

$\Omega^{k\pi}(53)$: EINE DURCH PHYSIKALISCHE PRINZIPIEN FESTLEGBARE ZEIT IST DIE WAHRE PHYSIKALISCHE ZEIT. [1].

Der Glaube EINSTEINS ist also ein anderer als derjenige NEWTONS. Dieser glaubte, die Zeit lasse sich ohne Rückgriff auf physikalische

---

[1] Dabei ist die Wahl der Prinzipien nicht a priori festgelegt, wie KANT meinte. Die durch das sRP bestimmte Zeit geht vom Verbot von Überlichtgeschwindigkeiten aus. Das ist aber

Prinzipien definieren. Er war darin noch dem spekulativen Denken der Scholastik verhaftet. EINSTEIN erwies sich als Glaubens-Reformator; die eigentliche Revolution vollzog sich bei MACH.

Der Rückgriff auf das sRP und die invariante Lichtgeschwindigkeit wird dabei logisch nicht durch die bisherigen Operationen erzwungen. Hier machte EINSTEIN einen heuristischen Quantensprung aus den Reichen U_1^k bis U_6^k nach U_7^k. Dabei half ihm keine Uebersetzungsvorschrift: „Zeit" lässt sich nicht in ein Prinzip übersetzen. Auch die logische Analyse des Zeitbegriffs hilft nicht weiter. Nachträglich stellt sich heraus, dass die Zeitprinzipien die Erfüllung des eingangs aufgestellten Sollwerts ermöglichen.

EINSTEIN liess sich vermutlich von folgender Intuition leiten: "Der eindeutigen Verständigung über die Zeiterlebnisse entspricht eine eindeutige physikalische Wechselwirkung zwischen aussermenschlichen Zeitgebern." Nun haben aber die Noosphäre und die Kosmosphäre zunächst nichts gemein. Die Verständigung ist ein rein gedanklicher Akt, die Wechselwirkung ein rein energetischer. Wenn trotzdem beide in einer Entsprechung stehen sollen, so setzt dies die Gültigkeit folgenden weittragenden Glaubenssatzes voraus:

$\Omega k^\pi (54)$: DIE VERSTAENDIGUNG UEBER ERLEBNISSE UND IHNEN ZUGEORDNETE VORSTELLUNGEN, MESSDATEN, KOORDINATEN, ZAHLEN UND BEGRIFFE WIRD DURCH DIE EINDEUTIGKEIT VON WECHSELWIRKUNGSSTRUKTUREN IN U_0^p ERMOEGLICHT.

Mit anderen Worten: Nur weil in der Natur eine bewusstseinstranszendente Zeitstruktur herrscht, die in alle Wechselwirkungen eingeht, ist überhaupt eine Verständigung aller Menschen über ihre Zeiterlebnisse möglich.

Dieser Satz enthält einen grundlegenden Parallelismus von Kosmosphäre und Noosphäre. Er unterscheidet sich vom aristotelisch-scholastischen Realismus indes dadurch, dass in den Parallelismus notwendig die Zeit-Messung eingeht. Die alte Metaphysik verkannte daher das wahre Verhältnis von Noo- und Kosmosphäre, indem sie der Messung glaubte entraten zu können. Die neue Protophysik sieht in der Messung den Angelpunkt und die Drehscheibe jeder Entsprechung beider Sphären. Das bedeutet einfach, dass keine menschliche Konstruktion, und sei sie noch so „evident", Anspruch auf Realitätsgültigkeit besitzt, solange sie nicht durch rigorose Messungen getestet wird. Es

selbst wieder ein Glaubenssatz, der durch keine Beobachtung direkt zu prüfen ist. Die „Wahrheit" der so definierten Zeit ist also eine rein geglaubte.

gibt wohl einen allgemeinen Parallelismus Kosmosphäre: Noosphäre, aber nicht zwischen jeder Struktur der ersteren und jeder widerspruchsfreien Konstruktion der zweiten. Die Wahl der letzteren wird allein durch die Messung erzwungen.

8. DIE GLEICHZEITIGKEIT ENTFERNTER EREIGNISSE

Das Problem ist die Definition von Gleichzeitigkeit II. Nachdem die imperial transformierten Zeiten und die Prinzipien bereitliegen, ist das Erzeugen der Gleichzeitigkeitsdefinition II nur noch ein handwerkliches opus. Es setzt freilich eine Reihe von Teiloperationen voraus, denen die bekannten Axiome zuzuordnen sind, wie Homogenität und Isotropie von Raum und Zeit, Starrheit des Messkörpers, Existenz einer 10-parametrigen homogenen Transformationsgruppe, die umkehrbar eindeutig jeden Zeitwert im BS_A in einen solchen in BS_B überführt.

Die Teiloperationen sind (zunächst in U_2^k dann in U_1^k):

(a) Konstruktion einer Mannigfaltigkeit von Uhren, die beliebig erweitert werden kann.

(b) Konstruktion eines als starr angenommenen Gerüsts mit gleichen Gitterabständen nach dem Schema kartesischer Koordinaten.

(c) Befestigung der Uhren an den Knotenpunkten.

(d) Konstruktion von Lichtsignalen ohne Wechselwirkung mit einem Medium.

(e) Synchronisierung der Uhren mit Hilfe des Satzes:

$$t_A = t_B, \begin{cases} \text{wenn entweder ein Signal von } A \text{ mit der Nachricht} \\ \text{,,}t_A\text{'' und ein Signal von } B \text{ mit der Nachricht ,,}t_B\text{''} \\ \text{gleichzeitig in der Mitte von } \overline{AB} \text{ eintrifft und } t_A = t_B, \\ \text{oder ein Signal von } B \text{ in } A \text{ mit der Nachricht ,,}t_B\text{''} \\ \text{eintrifft und } t_A = t_B + \overline{AB}/c. \end{cases}$$

In beiden Fällen ist die Voraussetzung für die Konstatierung der Gleichzeitigkeit die Messung von t_A und t_B durch verschiedene Messakte. Der Vergleich der Nachrichten ,,t_A'' und ,,t_B'' ist dem Menschen dank des Verbots von unendlich grossen Signalgeschwindigkeiten und der Zugehörigkeit zu einem und nur einem Ort des Kosmos nur möglich, indem

(a) Signale von A und/oder B hergestellt werden,

(b) die Nachrichten dieser Signale an ein und demselben Ort verglichen werden,

(c) die Nachrichten später ankommen, als sie ausgesandt werden,

(d) die Nachrichten, sofern sie von räumlich entfernten Orten ausgesandt wurden, durch $\underline{C}$ rein gedanklich wieder in die Vergangenheit und an den Emissionsort zurückprojiziert werden.

Bedingung (d) ist der klassische Aufweis, dass U_0^p nicht mit U_1^k, und U_0^p und U_1^k nicht mit U_2^k inhaltlich zusammenfallen können, sobald es sich um räumlich und zeitlich vom Beobachter entfernte Ereignisse handelt. Die Rückprojizierung in U_2^k der aufgrund von U_3^k und U_1^k beobachteten Gleichzeitigkeit am Ort des Beobachters in die räumlich entfernten Ereignisse A und B ist die rein gedankliche Rekonstruktion eines Teils des Universums U_0^p, der niemals direkt erfahrbar ist. Somit impliziert das Verbot von Ueberlichtgeschwindigkeiten (= Verbot von gleichzeitiger Beobachtung räumlich entfernter Uhren), zusammen mit dem dazu symmetrischen Verbot von Multilokation des Beobachters (= Verbot von gleichzeitiger Existenz an räumlich entfernten Punkten), den inhaltlichen Unterschied der Kosmo-, Bio- und Noosphäre.

Alle genannten Operationen laufen psychologisch innerhalb der Zeit ab. Sie sind psycho-technischer Natur. Ob ihrem Ablauf ein Axiomensystem der Zeit isomorph zu machen ist, sei hier offen. Sollte es der Fall sein, so gäbe es einen psychisch-logischen Parallelismus; nötig ist er nicht. Wichtig ist nur, dass alle Operationen schöpferische Akte des Denkens sind. Sie werden damit zum Gegenstand einer neuen Wissenschaft, der Kreativitätsforschung. Sie bilden das technische (nicht unbedingt das logische) Apriori (die notwendige Vorbedingung) für die physikalische Zeitmessung. Wir nennen sie daher Protooperationen der Zeitmessung. Deren Möglichkeit ist andererseits nur gegeben, wenn die imperialen Schaltwege zuhanden sind. Das setzt die Operationsfelder (die Instanzen) U_1^k bis U_8^k voraus.

Als EINSTEIN die Gleichzeitigkeit definierte, verfügte er bereits über die nötigen Reiche. Daraus ergibt sich ein dreifaches: (1) Die Reiche haben eine *technische* Bedeutung als Hilfsmittel der Konstruktion einer Theorie. Sie sind zuhanden. (2) Sie sind es nur, weil sie *vor*handen sind, und zwar als opera schöpferischer Operationen der wissenschaftlichen Vorfahren EINSTEINS. Er brauchte nur die einzelnen mathematischen, logischen und physikalischen Apparate zu ersinnen, nicht aber die Reiche, aus denen sie genommen werden. Sie fand er fertig vor. Daraus ergibt sich ein zeitlich-psychologisches Apriori der Reiche gegenüber der sRT. (3) Es gibt auch ein logisches Apriori: Ohne die Imperien liesse sich die sRT nicht aufstellen. Sie bilden die notwendigen Bedingungen der relativistischen Physik. Nur weil EINSTEIN an ihr Vorhandensein und ihre mitteilbare, konstante *Struktur* glaubte, vermochte er die Gleichzeitigkeit allgemeinverbindlich zu definieren. Der wissenschaftlichen Gleichzeitigkeitsdefinition geht also logisch ein System von Glaubenssätzen voraus. Kreativität und Glaube sind aufeinander angewiesen.

9. ZUGZWANG UND FREIHEIT

Ist dieser Schaltvorgang determiniert? Nachträglich möchte man meinen, dass ein logischer Zugzwang besteht. Aber auch dann erzwingt er keinesweg den genetisch-psychologischen Operationsweg. Zwei Beispiele: 1) Die Sollwerte sind weder empirisch noch logisch erzwingbar. Sie beruhen auf einer philosophischen Entscheidung EINSTEINS. Wir nennen sie Ω-Instanz. Wer gibt sie ein? Darauf lässt sich aus der sRT keine Antwort finden. Vielmehr gehen sie ihr genetisch voraus. Aber auch logisch: Ohne sie hängt das ganze nachfolgende Operationssystem in der Luft. 2) Die Frage „Wie lässt sich das Zeiterlebnis auf U_4^k abbilden?" ist nicht durch die vorhergehenden Schritte (Züge) determiniert. Wir wissen ja noch gar nicht, ob diese Abbildung überhaupt möglich ist. Dazu stellen wir ja gerade die Zeit-Koordinate her. Dies ist ein schöpferischer Vorgang. Der Erste, der die Zeit auf den Raum abbildete, war ein Genie. Er tat etwas ganz Unglaubliches: Er verräumlichte die an sich unräumliche, weil unanschauliche, irreversible, 1-dimensionale Zeit. Dieser Verräumlichungsvorgang ist eine *Transkreation* analog der „Fortpflanzung" eines Massenpunktes bei der Translation (LEIBNIZ); nur dass sich hier nicht p-Wesen, sonder die k-Operationen fortpflanzen. Die Transkreation bildet den notwendigen Schritt für die Zeitmessung. Auch hier also eine Entscheidung EINSTEINS, die nicht von den vorhergehenden Schritten determiniert ist.

Damit ist das Schema des *Behaviourismus* zu korrigieren. "Der Behaviourismus knüpft an die auf DESCARTES (1596–1650), LAMETTRIE (1709–1751), CONDILLAC (1715–1780), HELVETIUS (1715–1751) und CABANIS (1757–1808) zurückgehenden Versuche an, den tierischen und später auch den menschlichen Organismus nach dem Vorbild eines mechanischen Apparats zu verstehen bzw. zu rekonstruieren. Seelische und geistige Kräfte, Erlebnisse, Ideen und Intentionen sollen sich dabei in Reiz- und Reaktions-Zusammenhänge, im einfachsten Fall in Reflexe, auflösen lassen".[1] P. W. BRIDGMAN weist die Behauptung eines

---

[1] P. HOFSTAETTER, a.a.O., S. 63–64.

freien Willens zurück, weil nach der einmal vollzogenen Entscheidung keine Möglichkeit bestehe, zu beweisen, dass in diesem Fall auch eine andere Entscheidung hätte gefällt werden können. Paradoxerweise wird dieses Argument gerade durch EINSTEINS Konstruktion der Gleichzeitigkeit widerlegt. Sie soll ja im Sinne BRIDGMANS als identisch mit den Operationen aufgefasst werden, die zu ihrer Ueberprüfung vorgenommen werden: Eine andere als die durch die Operationen 8a bis 8e definierte Gleichzeitigkeit soll nach EINSTEIN nicht physikalisch sinnvoll sein. Gerade diese Forderung ist aber selbst eine freie Willensentscheidung, die nicht durch äussere oder innere „Reize" determiniert wird. Vor EINSTEIN haben nämlich praktisch alle Physiker die genau gegenteilige Entscheidung für einen nicht operationellen Zeitbegriff getroffen. Natürlich fiel EINSTEINS Entscheidung nicht vom Himmel; sie wurde durch die Diskussion des MICHELSONversuchs nahegelegt; auch waren schon die LORENTZtransformationen aufgestellt. Aber richtig gedeutet hat diese doch erst EINSTEIN. Dabei zog die Entscheidung für eine operationalistische Zeit-Definition die Operationen 1.1 bis 8e nach sich. Diese beruhen ihrerseits samt und sonders auf freien Entscheidungen („Erfindungen"), denn ihnen gehen Glaubenssätze vorher; diese können wie alle Glaubenssätze angenommen oder verworfen werden.

In einem hat aber der Behaviourismus sicher recht: Der auf den Pragmatismus von JAMES (1842–1910) und DEWEY (1859–1952) zurückgehende Hinweis, dass es in der Psychologie letztlich auf das Handeln ankomme, zeigt uns eine wesentliche Struktur der Glaubenssätze.

Nehmen wir $\Omega^{k\pi}(53)$: Der ganze Operationsweg von der freien Setzung eines Sollwerts bis zur Definition der Gleichzeitigkeit enthält eine Kette von Handlungen EINSTEINS, die jeder Relativitätstheoretiker nachvollziehen muss. Diesem Handeln ist ein Ziel eingegeben, nämlich der Sollwert „logisch geordnete und eindeutig mitteilbare Zeiterlebnisse". Dieser Sollwert hängt seinerseits an dem Ziel „Rekonstruktion der physikalischen Strukturen". Dieser wiederum wurzelt in einem schwer zu entwirrenden Komplex von Trieben, die zur Konstruktion einer guten Physik führen. Da ist der Erkenntnistrieb, aber auch der Geltungstrieb, der Wille zur Macht, die Aggressivität gegenüber der Tradition des Zeitbegriffs und nicht zuletzt, ja sogar vermutlich als erster, der Trieb zur konstruktiven Neuschöpfung eines Begriffs. Das Schöpferische durchtränkt alle genannten Triebe und Motive. Schöpferisch ist aber immer nur ein Tun. Die reductio ad actionem des Behaviourismus erlaubt auch, die zu den Operationen erforderlichen Glaubenssätze als Anweisungen zum Handeln zu deuten. Gerade der Satz $\Omega^{k\pi}(53)$ muss so aufgefasst werden, dass es in der Natur eine Anweisung zum Handeln des Ereignisträgers gibt, die wir als Relativitätsprinzip bezeichnen und die zugleich den Erfolg theoretischen Handelns, nämlich der Konstruktion der Gleichzeitigkeit, verbürgt. Wäre nämlich das sRP nicht gültig, dann gingen die Uhren bereits in den Eigensystemen zueinander bewegter Beobachter verschieden, m.a.W. ihre Eigenzeiten wichen voneinander ab. In diesem Fall wären die Frequenzen strahlender Atome von Stern zu Stern verschieden, wenn wir mitbewegte Beobachter einführen. Wir können noch weiter gehen: Wären die Frequenzen in ein und demselben *BS* ortsabhängig, so liesse sich überhaupt keine Gleichzeitigkeit entfernter Ereignissen eindeutig definieren. Das sRP ist also die notwendige Bedingung für logisches Handeln, nämlich die Definition der Gleichzeitigkeit. Nur das Vertrauen in die Parallelität solcher Art Handelnsvorschriften (Prinzipien) in U_0^p mit den heuristischen Prinzipien U_7^k macht überhaupt die Anwendung solcher Prinzipien sinnvoll. Glaube hängt also eng mit dem Vertrauen in die „Güte", sprich die Nutzbarkeit des Glaubens für die Realisierung lebenswichtiger Ziele zusammen. Kurz gesagt: Physikalische Glaubenssätze enthalten die Möglichkeitsbedingungen physikalischen Handelns.

10. ZIEL UND VORWISSEN

Aber auch ein vom Ziel der Operationen her determinierter Zwang liegt nicht vor. Erst in einem späten Stadium der Züge, wo EINSTEIN kurz vor dem Ziel steht, wo er *weiss*, dass man ein Gerüst mit synchronen Uhren zur Zeitmessung aufbauen kann, werden die weiteren Züge durch das Ziel-Wissen bestimmt, wie Synchronisierung und Einheitsabstand der räumlichen und zeitlichen Markierung zur Abbildung auf U_5^k. Es gibt aber Stadien, wo nur das Genie den nächsten Zug findet, weil die Varietät der Züge zu gross ist, als dass man hinreichend viel Züge vorausplanen kann. Wir haben hier eine komplizierte Netzplanung analog dem Schachspiel und der Strategie des Kampfes vor uns. Unter den ungewöhnlich vielen möglichen Zügen, die von U_6^k aus dank der Widerspruchsfreiheit erlaubt wären, fand EINSTEIN gerade jene, die zum Ziel führten. Die entscheidenden Stellen sind dabei

1) Operative Definition der Gleichzeitigkeit
2) Benutzung von Invarianzsignalen
3) Hypothese der Relativität der Gleichzeitigkeitsmessung.

Wir können (3) als Vorauswissen bezeichnen. Hier liegt die Grundanweisung für den ganzen Lernvorgang, der sich in EINSTEINS Schaltwegen abspielte, und den übrigens jeder Schüler der sRT erneut vollziehen muss, will er sie verstehen. Jeder Schritt wird von einem noch so geringen Vorauswissen (Vorwegnahme, Antizipation) um die letzten Schritte begründet. Dies mag durchaus unbewusst geschehen. Aber nur so ist die Genialität der Findung radikal neuer und hocheffektiver Schaltungen zu verstehen. Dass es sich um echte Schaltungen handelt, zeigt ja schon der Volksmund an, wenn er sagt, „Ich habe richtig geschaltet".

Wir treffen hier auf eine eigenartige Struktur der Glaubenssätze. Sie enthalten nämlich gerade jenes Vorauswissen, das uns instand setzt, die Gleichzeitigkeit erfolgreich zu definieren. „Erfolgreich" heisst hier „Eigenschaft einer Theorie mit eintreffenden Voraussagen". Glaube ist also in einem inuitiven Sinn „Wissen um den Erfolg". Dieses Vorwissen ist ein schwieriges Problem. Wir haben es nur demonstriert, wollen aber nach keine Lösung angeben. Denkmöglichkeiten sind:

(1) PLATONsche Erinnerung. Dies setzt aber ein Supergedächtnis voraus, über das wir keine Erfahrung haben.

(2) JUNGsches kollektives Unbewusstsein. Es reicht nicht aus, weil vor EINSTEIN niemand diese Wege ging. DANTES Wort
   > Noch keiner hat durchquert die Wasser,
   > In die ich stieg (Divina Comedia)
   war ein Lieblingsspruch des Relativitäts-Kosmologen FRIEDMAN.

(3) Adaption durch trial and error. Dies scheidet aus, weil EINSTEIN gar nicht lange versuchte, sondern gleich fand. Erst bei der aRT gewinnt das Verfahren an Bedeutung (Feldgleichungen).

Hier sei die Hypothese vorgeschlagen: $\underline{C}$ ist ein Operator, der in besonders erregten Zuständen – schöpferischen Spannungen – die empirischen und rationalen Operationen überspielt und transempirisch-transrational das Problem und die Lösung durch einen Akt der visionären Oeffnung schaut. Dies nannte man immer schon Intuition. Es sei dahingestellt, ob die visionäre Oeffnung erzwungen (manipuliert) werden kann – wahrscheinlich nicht – oder ob ähnlich wie dies bei der biologischen Liebe und der existenzialen Entscheidung für eine Person oder eine Sache der Fall ist, – auch der theoretische Eros auf eine vorgängige Kommunikation mit einem nicht im individuellen $\underline{C}$ befindlichen Ueber-Bewusstsein zurückgeht. In diesem Fall würde das Vorauswissen auf direkter Eingebung beruhen. Wir könnten sie kybernetisch als Eingabe (input) in den Mechanismus $\underline{C}$ betrachten. $\underline{C}$ wäre dann nur „beauftragt", das Problem zu lösen.

11. DIE SPHÄREN

Die Definition der Gleichzeitigkeit demonstriert den Zusammenhang der Sphären, wie wir sie in den „Prolegomena" hypothetisch behaupteten. Wir brauchen zur Gleichzeitigkeitsdefinition die rein imaginative Zeit. Sie gehört sicher nicht nur zur Biosphäre, denn unser Organismus allein ist nicht imstande, sie zu entwerfen. Sie ist auch kein Erzeugnis der Noosphäre, wenn wir darunter die rein rationalen Produkte verstehen; denn etwa der Zeitmythus ist sicher kein rationales Produkt. Wir müssen daher U_2^k als den eigentlichen Sitz aller rationalen und ausserrationalen, aber nicht zur reinen Biosphäre gehörenden Operationen auffassen. U_2^k wollen wir – ohne dadurch eine Theorie zu akzeptieren – als Psychosphäre bezeichnen. U_3^k ist jener Ort, wo sich alle Sphären treffen. Ohne die messbare Zeit wäre EINSTEINs Gleichzeitigkeitsdefinition ein reines Gedankending ohne Fundament in U_0^p.

Die Gleichzeitigkeitsdefinition setzt also ein System von Glaubenssätzen über das Zuhandensein und die Relationen der genannten Sphären und der in ihnen enthaltenen Operationsfelder voraus. Welches?

Folgende Antworten sind denkbar, wie aus einer Zeichnung hervorgeht:

Schema V.

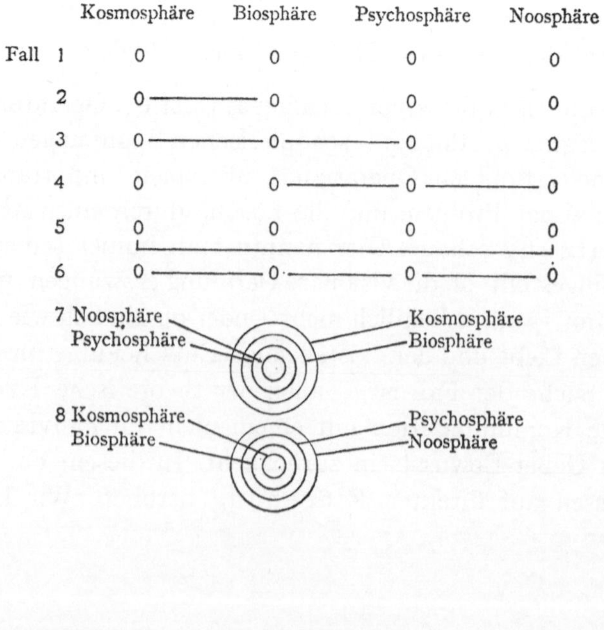

Die übrigen Fälle paarweiser Verknüpfung, etwa von Psycho- und Biosphäre ohne Verknüpfung von Bio-, Kosmo- und Noosphäre, seien nicht erörtert.

Fall (1) enthält eine vollständige Trennung der Sphären. Keine Information zwischen den Sphären ist möglich. Dies behauptet der Occasionalismus für das Leib-Seele-Verhältnis. Diese Auffassung wird aber durch die Gleichzeitigkeits-Erzeugung widerlegt. Fall (2) sieht Informationen zwischen der Kosmosphäre und der Biosphäre vor. Dies ist der Inhalt eines Glaubenssatzes der experimentellen Physik. Die Psychosphäre und Noosphäre sind abgeschlossen analog einem durch überstarke $g_{\mu\nu}$-Felder aus dem beobachtbaren Raum abgeschnürten Teilraum,[1] aus dem keine Signale mehr nach aussen dringen oder von dort empfangen werden. Dies wird durch den operativen Zusammenhang von theoretischer und experimenteller Physik widerlegt. Fall (3) isoliert nur die Noosphäre. Es gilt dasselbe wie für (2). Fall (4) isoliert die Kosmosphäre von den in Austauch stehenden Bio-, Psycho- und Noosphäre. In diesem Fall hätte die Gleichzeitigkeit keine operationelle Bedeutung, sie wäre eine reine Imagination von $\underline{C}$ ohne experimentelle Testbarkeit. Dies wird von der experimentellen Physik widerlegt. Fall (5): Kosmo- und Noospäre stehen in direktem Informationsaustauch ohne Vermittlung von Bio- und Psychosphäre. Es liegt eine Art prästabilisierter Harmonie vor. Die Erzeugung der Gleichzeitigkeit ist jedoch an Messungen gebunden. Wir haben kein Organ, um ohne Instrumente die Gleichzeitigkeit räumlich entfernter Ereignisse festzustellen. Bei Koinzidenzen bedienen wir uns des Auges oder der Tastempfindung. Die Existenz der biologischen Organe und der Instrumente legt den Glaubenssatz nahe, dass statt dessen Fall (6) gilt: Die Bio- und Psychosphäre vermitteln den Informationsabtausch zwischen Kosmo- und Noosphäre. Ohne Gehirn, Vorstellung und Instrumente ist keine theoretische Physik als Physik möglich, wohl aber als logisch geschlossenes Satzsystem ohne Deutbarkeit. Der Informationsstrom fliesst in beiden Richtungen: Von der Kosmosphäre kommen Signale zur Bio- und Psychosphäre und von dort in Form von Messwerten an die Noosphäre. Von dort wiederum gehen Befehle an die Bio- und Psychosphäre, bestimmte Messgeräte und -Anordnungen herzustellen. Die Bio- und Psychosphären ihrerseits stellen Instrumente und Messanordnungen her und erhalten Nachrichten aus der Kosmosphäre über den Ausgang des Experimentes. Das Problem der Färbung

---

[1] Beim Gravitationskollaps verhindert eine überstarke Dichte, dass Signale aus dem Ge-Gebiet der kollabierenden Teilchen zur Aussenwelt dringen.

der Nachrichten durch den Rezeptor sei hier nicht diskutiert. Es tritt erst bei der Relativität auf und später in der QM durch den Zwang zur Benutzung von Makrogeräten. Fall (6) bezeichnen wir als *imperiale Verkettung*.

Fall (7) enthält das Denkschema des Materialismus: Bio-, Psycho- und Noosphäre sind Teilräume der Kosmosphäre (Materie). In diesem Fall ist zwar das Informationsproblem leichter zu lösen als in den obigen Fällen. Aber es ist nicht zu verstehen, dass erfahrungsfreie schöpferische Operationen wie die Gleichzeitigkeits-Definition in der Noosphäre vorgenommen werden können. Gerade dieses Beispiel zeigt das Versagen des Empirismus.

Fall (8) ist gleichfalls mysteriös: Hier wird durch den Spiritualismus das Leben und die physische Welt vergeistigt. Etwas derartiges versuchte HEGEL durch die These, die Welt sei nur das Ausser-sich-Sein des Logischen, dessen Negation. Freilich müsste man hier besser die Kosmosphäre von der Noosphäre durch eine Scheidewand trennen und durch einen Ueberraum wieder vereinigen. Wie immer: Die Gleichzeitigkeitsdefinition demonstriert, dass die EINSTEINsche Definition Widersprüche nur vermeidet, wenn Vorschriften für die Kosmosphäre, wie das sRP und die Invarianz der Lichtgeschwindigkeit, angenommen werden. Diese sind aber nicht frei verfügbar, sondern werden an der Messung getestet.

Das Zusammenspiel der Sphären ähnelt einem Organismus. Das Auf- und Absteigen der Informationsströme besitzt eine analoge Struktur wie die beiden Informationswege Reiz→Gehirn und Gehirn→ Muskel im tierischen Körper. Die Kosmosphäre übernimmt hier die Funktion der sensorischen und motorischen Nerven, die Noosphäre die Funktion des Gehirns. In einem sehr abstrakten (keinesfalls konkret-mystischen!) Sinn bilden also Kosmosphäre und Mensch ein Ganzes. Wir bezeichnen dieses Zusammenspiel der Sphären in der theoretischen Physik als *kosmischen Organismus*. Er bildet die Vorbedingung, dass überhaupt Erkenntnis als aufsteigender Informationsstrom und Artefakte als absteigender Informationsstrom möglich sind.

12. SCHÖPFERISCHE EREIGNISSE

Bisher haben wir innerhalb U_2^k rein gedanklich die Gleichzeitigkeit entfernter Ereignisse definiert. Dabei nahmen wir alle Reiche U_1^k bis U_9 zuhilfe und verknüpften die Gleichzeitigkeit als definiendum mit dem intendierten Universum U_0^p durch die Forderung: Die so definierte

Gleichzeitigkeit lässt sich beobachten und führt zu beobachtbaren physikalischen Effekten.

Dies setzt eine operative Bestimmung dessen voraus, was denn nun als „gleichzeitig" angesehen werden soll. Es sind – wiederum nach einer freien Willensentscheidung EINSTEINS – physikalische Ereignisse. Er hätte auch die Existenz von Teilchen oder Körpern nehmen können. Das hätte ihn aber in eine Sackgasse geführt, denn es muss definiert werden, was denn unter „Existenz" zu verstehen sei. Ein Ereignis im Universum der sRT ist zwar nicht explizit definiert, lässt sich aber implizit aus der Struktur der sRT definieren als

Ereignis $=_D$ ein räumlich und zeitlich punktartiges, grundsätzlich beobachtbares opus von Wechselwirkungen.

Es wird gefordert, dass ein Ereignis punktartig sei. Wie wir aus der QM wissen, ist diese Forderung wegen der Unschärferelationen unerfüllbar. Hier zeigt sich der inhaltliche Unterschied zwischen U_0^p (sRT) und U_0^p (QM). Das Ereignis der sRT ist eine Idealisierung.

Wir fordern weiter, dass das Ereignis beobachtbar sei. Eine Definition der Gleichzeitigkeit, die auch unbeobachtbare Wechselwirkungen, etwa virtuelle Prozesse, in das definiens hereinnimmt, macht die Gleichzeitigkeit selbst unbeobachtbar und verletzt damit den Sollwert. Diese Forderung beruht auf dem Vertrauen in einen grundlegenden Glaubenssatz

$\Omega^{k\pi}(55)$: ES BESTEHT EINE VOR-EINDEUTIGE ZUORDNUNG EINER KLASSE VON WECHSELWIRKUNGEN DES PHYSISCHEN UNIVERSUMS U_0^p ZU DEN SINNESORGANEN DES MENSCHEN.

Dieser Satz ist so wenig selbstverständlich, dass wir ihn geradezu als Akt eines aussermenschlichen Charismas bezeichnen müssen. Wie kaum zuvor, steht er am Anfang der sRT. Sie ist eine Theorie der beobachteten Zeit und des beobachteten Raums. Ueberall, wo also das Beobachtungspostulat in die Voraussetzungen einer Theorie eingeht, ist damit zugleich das Vertrauen in die charismatische Zuordnung von Ereignissen und Sinnesorganen impliziert.

Ereignisse sollen schliesslich opera von Wechselwirkungen sein. Damit wird aus der Menge aller Ereignisse einschliesslich der psychischen, historischen und künstlerischen jene Teilmenge ausgesondert, die durch energetische Wechselwirkungen erzeugt wird. Wir können daher das Universum der sRT definieren als die Menge aller physischen

Ereignisse:

$$U_0^p \text{ (sRT)} =_{Df} \text{Menge aller physischen Ereignisse.}$$

Nun ist aber jede Wechselwirkung eine schöpferische Operation. Sie besteht genau darin, dass sie aus einer fixierten Ereigniskonfiguration eine neue fixierte Ereigniskonfiguration erzeugt. Die Ereignisse der sRT sind das opus von bewusstseinstranszendenten schöpferischen Operationen. Sie spielen sich nicht im Menschen, sondern ausserhalb seiner selbst ab, vorausgesetzt die sRT ist richtig. Wir bezeichnen solche Operationen, ihre operanda und opera durch p_0 und die dazu gehörigen Operatoren durch $\underline{P}_0$. Die Operatoren sind im Universum der sRT die Teilchen, Körper und Felder. Da ihnen Existenz zugeschrieben wird, bezeichnen wir sie auch als Existoren. Wir sagen dann: Ereignisse der sRT sind die opera physischer Existoren. Die sRT ist also sowohl nach ihrem Gegenstand wie nach ihrer Methode eine schöpferische Theorie.

Wir haben damit eine zweite Klasse schöpferischer Operationen gefunden. Es sind im weitesten Sinn die energetischen [1]; sie führen zu raumzeitlich lokalisierten, beobachtbaren Ereignissen. Sie unterscheiden sich von den Konstruktionen global gesprochen dadurch, dass die ersteren beobachtbar sind, die letzteren nur aus Beobachtungen von Zeichen erschliessbar. Wir teilen daher die Welt des Physikers in die beobachtbare Welt = U_0^p und die erschliessbare Welt = $U_1^k + U_2^k + + \ldots U_9$ ein.

Gibt es einen Grund, auch die Operationen in U_0^p analog zu den Operationen der sRT zu setzen? Die schöpferischen Operationen der Theorie scheinen zunächst mit jenen der physischen Operatoren nichts zu tun zu haben. Das Universum der sRT und die Welt ihrer eigenen Operationen: – Fallen sie tatsächlich so radikal auseinander? Dies wird schon durch den Glauben an den kosmischen Organismus fragwürdig. Natürlich bleibt der Unterschied bestehen, obwohl es einen wechselseitigen Informationsstrom gibt: Das intentionale Datum des Bewusstseins ist mit dem intendierten Kosmos nicht dadurch verwandt, dass es dessen Struktur eventuell trifft. Es geht hier gar nicht um die abstrakte Struktur des Kosmos, sondern um seine konkreten Wechselwirkungen. Sind sie wenigstens entfernt mit den Operationen der theoretischen Vernunft verwandt?

Ein Nein lässt die Welt in die dualen Hälften Energie und Vernunft

---

[1] Dies ist eine sehr vorläufige Kennzeichnung. Das intendierte Realobjekt der *sRT* sind die physischen Ereignisse.

auseinanderfallen. Aber lässt sich auch nur ein mögliches Ja behaupten?

Wir sahen, dass die Vorbedingung theoretischen Handelns das Vertrauen in eine bestimmte Struktur der Welt und des Menschen ist. Glaube und Handeln sind aufeinander angewiesen.

Jedes Handeln enthält in sich eine Erwartung, ein Hoffnung. Diese wird nur gerechtfertigt, wenn das opus des Handelns mit der Erwartung zusammenfällt. So erhalten die Ω-Sätze der sRT ihre Rechtfertigung durch den Erfolg der sRT.

In U_0^p gibt es nun keine Operatoren wie die schöpferische Instanz $\underline{C}$, deren Operationen an Glaubenssätze gebunden sind. Dort herrschen statt Konstruktionen Wechselwirkungen. Ganz gleich wie sie ausgehen, sie sind allein durch ihr Vorhandensein gerechtfertigt: Die Natur hat keine Zwecke wie der Mensch. Und doch handeln ihre Existoren so, als würden sie von einer Erwartung getrieben. Jedes Handeln ist in sich Ausdruck einer Erwartung. Jede Wechselwirkung, insofern sie innerweltlich und nicht durch einen ausserweltlichen Operator verursacht ist, enthält die Erzeugung einer noch nicht vorhandenen Zukunft, die durch eben dieses Handeln erzeugt wird. Zeit ist nichts anderes als ein Indiz für die Erzeugung dieser Zukunft. Sie ist das Zeichen und Siegel des Schöpferischen in der Natur und im Menschen. Der Kosmos ist also eine Welt in Erwartung. Ein Handeln aus Hoffnung, ein schöpferisches Hervorbringen des noch nicht-Seienden, noch nicht Gegenwärtigen. Des Kosmos ist gerechtfertigt aus seiner Zukunft.

Ich bezeichne nun dieses der Zukunft Zugewandt-Sein, diese schöpferische Erwartung, ebenfalls als eine Art von Vertrauen. Sie ist das genaue Gegenteil des allzu menschlichen Anti-Vertrauens, des Anti-Glaubens an die Zukunft, des Todes und der Selbstaufhebung. Insoweil überhaupt Handeln in der Welt ist, ist auch Hoffnung und Vertrauen. Deshalb können wir die Wechselwirkungen der Kosmosphäre als schöpferische Operationen des Vertrauens bezeichnen. Dazu gehören nun in einem abstrakten Sinn gleichfalls Glaubenssätze; nur dass sie nicht von Menschen bewusst, sondern von physischen Operatoren unbewusst vorausgesetzt werden. Solche "Glaubenssätze" setzen wir in Anführungszeichen und bezeichnen sie durch „$_\pi\Omega_0$". Das Zeichen π links unten bezeichnet die Tatsache, dass sie keinem Bewusstsein entspringen, sondern die Existoren unbewusst lenken. Das Zeichen 0 rechts unten gibt das Reich U_0^p an, in dem sie wirken.

Das Vertrauen der physischen Existoren in die Zukunft bezeichnen wir als den allgemeinsten Glaubenssatz, den es gibt. Er lautet

$\pi\Omega_0$ (56): ES GIBT EINE ZUKUNFT, UND ES LOHNT SICH ZU HANDELN.

Wir haben diesen Satz absichtlich nicht exakter gefasst, denn sonst müssten wir Annahmen über die Struktur der Kosmosphäre machen, die auf dieser Stufe nicht möglich sind. Wir sehen jedoch, dass die physikalische Zeit ebenso wesenhaft mit Hoffnung, Erwartung und Glauben zusammenhängt wie mit dem schöpferischen Handeln. In der Zeit werden beide Komponenten vereint.

Es ist bemerkenswert, dass der gleiche Ω-Satz auch an der Wiege jeder Theorie steht. Gibt es nun analog der sRT auch spezielle Glaubenssätze für die Kosmosphäre? Wir können diese Frage sofort bejahen. Mindestens einen Glaubenssatz haben wir bereits implizit angenommen, als wir die Gültigkeit eines Relativitätsprinzips und einer invarianten Geschwindigkeit für die Gleichzeitigkeits-Konstruktion voraussetzten.[1] Diese Prinzipien steuern nicht allein das theoretische Handeln des Physikers, indem sie ihn in bestimmte Denkbahnen leiten, sondern auch das energetische Handeln der physischen Existoren. Sie legen ihnen bestimmte Beschränkungen auf, in unserem Fall die Gleichheit aller determinierten Ereignisabläufe gleicher Natur in einer noch zu findenden Klasse von BS. In diesem Sinn befinden sich alle entsprechenden BS im gleichen Zustand. Wäre etwa die physische Wirklichkeit so eingerichtet, dass eine kräftefreie Bewegung den Zustand eines Existors änderte, so gäbe es rein kinematische Ursachen für die Zustandsänderung, also einen absoluten Raum. In diesem Fall würde EINSTEINS Definition der Gleichzeitigkeit zu falschen Voraussagen führen. Die räumliche und zeitliche Struktur des Universums wäre nicht homogen. Dies brächte eine Verletzung der Autonomie der Existoren, soweit sie sich im Inertialzustand befinden. Die Welt wäre jedenfalls grundlegend anders. Die gesamte moderne Physiks einschliesslich der Kosmologie, Gravitationstheorie und der klassischen und relativistischen QM wären falsch. Wir wissen nicht, ob ein Universum Bestand hätte, für das diese Theorien nicht gelten. Hypothetisch können wir sagen: Ohne das sRP wäre das Universum nicht möglich. Wenn dies gilt, ist jedes Operieren der physischen Existoren an das sRP gebunden und abstrakt betrachtet ein Akt des Vertrauens zu Prinzipien.

---

[1] Das sRP und die Invarianz der Lichtgeschwindigkeit sind Axiome (Prinzipien), aus denen die sRT axiomatisch aufzubauen ist. Hingegen ist die Annahme irgendeines Relativitätsprinzips und irgendeiner invarianten Ausbreitungsgeschwindigkeit für Wirkungen reiner Glaube. Er wird erst durch Einziehung einer empirisch prüfbaren Restriktion zum Axiom.

5. KAPITEL

BEZUGSSYSTEME

1. KOMMUNIKATOREN

In die Uebersetzung c_{56}^k geht der grundlegende Begriff des Bezugs-systems (im folgenden BS) ein, z.B. als verstandene Uhrzeit ,,5 Uhr MEZ''. Die Auswertung des Messdatums ,,Uhrzeit t'' ist erst voll-ständig, wenn wir das BS angeben, in dem t gemessen wird. Dies gilt bereits für das Eigen-BS, nicht erst für den Wert von t' beim Ueber-gang BS → BS'. Zunächst diskutieren wir die Koinzidenz Uhrzeiger: Zifferblattmarkierung an der uns unmittelbar zugänglichen Raumzeit-stelle. Das Koinzidenzschema lautet hier

$$\text{Koin }[\text{Koin }(c_0^p, c_0^{p'}), c_1^k] = \text{Koinzidenz K I}$$

K I besteht aus zwei Teil-Koinzidenzen: K Ia zwischen zwei p-Ereig-nissen (Zeigerstellung: Markierung) und K Ib zwischen dieser Koin-zidenz und dem Bewusstsein. Die letztere bezeichnen wir als biophy-sische, die erstere als physische Koinzidenz.

Eine nicht mehr direkt überschaubare Koinzidenz bezeichnen wir als K II. Um sie in K Ib zu verwandeln, müssen wir Signale verwen-den. Das Eintreffen der Signale wird dann zu K Ib führen, z.B. als beobachtete Koinzidenz zwischen Radarsignal und Zeigerstellung. Die Transformation K II → K Ib bezeichnen wir als *Signalisierung*. Sie besteht aus dem Signal und der verstandenen Nachricht. Die Nachricht ist nur verständlich, wenn wir K Ib wieder in K II rücktransformieren. Das Signal ist eine Transformation innerhalb von U_0^p, die wir mit p_{00} bezeichnen. Sie wird durch Energieübertragung geleistet. Die Rück-transformation (Entschlüsselung) ist eine Transformation c_{20}. Sie setzt das Zuhandensein von U_2^k voraus: Nur in der Vorstellung lässt sich die Koinzidenz K Ib, die hier an meiner Raumzeitstelle eintritt, als von mir nicht überschaubare Koinzidenz K II verstehen.

K I schien die Frage nach dem BS zu unterdrücken: Was hier in meiner unmittelbaren Nähe geschieht, beziehe ich unbesehen nur auf mein Eigen-BS. Anders bei rückprojizierten Koinzidenzen. Dort wird sofort die Frage akut: Position wozu? Uhrzeit nach welchem Zeitgeber-System? Ist der Signalemittor zum Empfänger bewegt? Diese Fragen wurden vor EINSTEIN natürlich auch gesehen, man denke nur an das retardierte Potential der Elektrodynamik

$$\varphi(\boldsymbol{r}, t) = \int \frac{[\rho]}{|\boldsymbol{r} - \boldsymbol{r}'|} \, dV'$$

Hier wird die Ladungsdichte ρ in den Emissionsmoment $t - (|\boldsymbol{r} - \boldsymbol{r}'|/c)$ zurückprojiziert, wobei t die Zeit für das Eintreffen des Signals beim Beobachter ist, also für Koinzidenz K Ib. Die gestrichenen Werte $\boldsymbol{r}'$, dV' kennzeichnen den Emissionswert in Bezug auf den Empfangsort $\boldsymbol{r}$, setzen also ein bestimmtes BS voraus.

Der FIZEAUsche Mitführungskoeffizient in bewegten Flüssigkeiten und der DOPPLEReffekt gehen von der Bewegung zum Beobachter aus. Aber die *philosophische* Einsicht, dass jedes Messdatum notwendig die Angabe des BS voraussetzt, brachte erst EINSTEIN. Dies war ein gewaltiger Schritt über LORENTZ und POINCARÉ hinaus.

Das BS steht damit an der Nahtstelle zwischen erlebten und verstandenen Daten. Das Gerät kann uns das BS explizit nicht angeben, da es per existentiam sein eigenes BS und nur dieses darstellt. Kein Gerät kann sich auf den Standpunkt eines anderen Geräts stellen. Deshalb ist die Transformation der Messwerte von einem BS zum anderen ein reiner Akt schöpferischer Konstruktion. Aber schon die explizite Angabe des Eigen-BS, innerhalb dessen allein ein Gerät Daten aufnehmen und verarbeiten kann, ist schon eine gedankliche Operation. Dass wir diese auch dem Computer zur Berechnung eingeben können, ändert daran nichts. Der Computer denkt dann nur für uns, aber sein Programm (das Kommando BS → BS') ist Menschenwerk.

Schematisch sieht der Instanzenzug für K II folgendermassen aus:

1. Wir beobachten das Eintreffen des Signals an unserem Radar: K Ib'. Schon hier geht implizit das Eigen-BS ein.
2. Wir erinnern uns an eine frühere Beobachtung: Die Emission des Signals von unserem Radar: KI b.
3. Wir imaginieren beide Beobachtungen und vergleichen sie anhand der Signaltheorie.

4. In die Signaltheorie geht explizit das aus früheren Beobachtungen erschlossene BS ein.

5. Wir entschlüsseln Beobachtung (1) als K II.

Das ergibt folgendes Schema:

$$BS$$
$$c_1^k \rightarrow c_2^k \rightarrow c_6^k \rightarrow \updownarrow \rightarrow p_0 \rightarrow \text{Auswertung in } c_m^k, c_n^k \ldots$$
$$c_6^k$$

Die Konstruktion des BS geht also in die Rückprojektion des Beobachtungsdatums auf die Emissionsstelle ein. Vielmehr: Die Emissionsstelle und der Emittor sind reine Konstruktionen von $\underline{C}$. Die Folge ist für U_0^p: Die Zeit ist keine einstellige, sondern eine zweistellige Relation.

Das BS stellt in U_2^k eine Kommunikation zwischen K II und K Ib' her. Wir nennen es daher Kommunikator. Der uns verfügbare Kommunikator ist unser Leib mit den Sinnesorganen. Er vermittelt ein geordnetes System aus Positionen und an diesen Positionen ablaufenden Ereignissen (Sinnes-Uhren), auf das wir alle Erlebnisse beziehen. Dieser Kommunikator ist unser Eigen-BS. Nur hier ist K I möglich. Dabei können wir sofort einen Grundsachverhalt aller biologischen Existoren feststellen: Die Welt ist für ein Bio-Wesen nur als Mannigfaltigkeit von K I erlebbar. Die Rückprojektion auf K II erfolgt durch schöpferische Akte der Imagination. Damit geht das Operationsfeld U_2^k bereits in jedes räumlich und zeitlich verstandene Erlebnis von unmittelbar nicht überschaubaren Ereignissen ein. Durch ein physisch erfahrendes Wesen ist also wesensmässig ein und nur ein BS realisierbar. Unser Leib ist unser eigentliches und einziges BS. Niemals und unter keinen Umständen können wir das BS eines anderen Wesens einnehmen. Die Benutzung eines BS gehört damit zu den Vorbedingungen physischer und biopsychischer Existenz.

Sind wir deshalb restlos isoliert von den unzählbaren BS aller anderen Wesen, die in der gleichen Lage sind wie wir? Ja, aber nur solange, als wir nicht die Transformation für den Uebergang von unserem eigenen BS zu einem beliebigen anderen kennen. Damit wird die enorme Bedeutung der LORENTZ-Transformationen deutlich. Die sRT wird somit zur Theorie der menschlichen Existenz.

Gleichzeitigkeit I definierten wir als die hic et nunc beobachtbare Gleichzeitigkeit lokal zusammenfallender Ereignisse. Gleichzeitigkeit II ist die erschlossene Gleichzeitigkeit entfernter Ereignisse im Eigen-BS. Als Gleichzeitigkeit III definieren wir nun die Gleichzeitigkeit entfernter Ereignisse, die von einem Nicht-Eigen-BS aus erschlossen wird.

Wir fordern nun, dass auch Gleichzeitigkeit III eindeutig für alle inertialen BS (im folgenden IS) auszusagen ist, denn nur dann ist eine eindeutige und logisch widerspruchsfreie Verständigung aller inertialen Physiker über ihre Zeiterlebnisse möglich. Wie kaum irgendwo, zeigt sich hier das Vertrauen des Physikers in die Gültigkeit eines Postulats für U_0^p. Es trägt nur, wenn die Zeitprinzipien (sRP, Lichtprinzip) zutreffen. Dies ist aber durch keinen schöpferischen Akt des Theoretikers verfügbar.

Um das Vertrauen zu rechtfertigen, bedarf es einer genauen Definition des BS. Unter ,,BS" verstehen wir eine geordnete Mannigfaltigkeit von Daten (x), in die ein-eindeutig andere Daten (ξ) zu übersetzen sind derart, dass Operationen an x Prognosen über das Verhalten von ξ ermöglichen.

Wir haben zur Definition von Gleichzeitigkeit II räumliche BS bzw. den Begriff der Mitte zwischen zwei räumlich getrennten Ereignissen benutzt. In die Definition ging also in beiden Fällen ein räumliches BS ein, denn nur in Bezug auf dieses hat der Begriff ,,Entfernung" einen Sinn. Um nun die Gleichzeitigkeit für eine Ereigniskonfiguration zu bestimmen, die von einem nicht mitbewegten BS aus beurteilt wird, müssen wir den Begriff des bewegten BS einführen. Erst jetzt wurde historisch das BS relevant, obgleich es implizit bereits in die Definition von Gleichzeitigkeit II einging. Gleichzeitigkeit I kann indes BS-frei definiert werden, es ist eine Invariante.

Die Verwendung von räumlichen und zeitlichen BS enthält folgende Operationen:

1. Herstellung oder Auffindung eines BS, z.B. Längen-und Zeitmesser
2. Herstellung von Koinzidenzen von Ereignissen mit einer Skala
3. Annahme einer isomorphen Struktur der Koinzidenzen und der Ereignisse.

Dementsprechend wird folgender Glaubenssatz vorausgesetzt:

$\Omega^\pi(57)$: ES GIBT EINDEUTIG UND WIDERSPRUCHSFREI GEORDNETE SYSTEME, DENEN EINDEUTIG UND WIDERSPRUCHSFREI ALLE EINSCHLAEGIGEN ELEMENTE ANDERER SYSTEME ZUZUORDNEN SIND.

Die Isomorphie kann für BS, Daten und Ereignisse innerhalb des gleichen Imperiums gelten, z.B. für Uhren in Bezug auf Ereignisse. Dann sprechen wir von inner-imperialer, kurz innerer Isomorphie. Ist dies nicht der Fall, sprechen wir von inter-imperialer, kurz äusserer Isomorphie. Beispiel für die letztere: Das Koordinatensystem in Bezug auf Ereignisse.

Die äussere Isomorphie ist von höchster Wichtigkeit. Es ist in hohem Grad unwahrscheinlich, dass Mengen von Elementen eines Imperiums die gleiche Struktur wie Mengen von Elementen eines anderen Imperiums besitzen. Die Genesis und die Operationsregeln für Zahlen und Punkte sind beispielsweise toto genere verschieden. Und doch sind gewisse Mengen beider isomorph. Immerhin sind beide Menschenwerk. Noch unwahrscheinlicher ist aber, dass etwa die LORENTZ-Geometrie – ein offenkundiges Menschenwerk – und die nicht vom Menschen geschaffene Struktur der Ereigniswelt isomorph sein sollen. Jetzt erst zeigt sich die ganze Bedeutung des Glaubenssatzes von der Spiegelung der unerfahrbaren und unmachbaren π-Strukturen durch die gemachten k-Strukturen. BS haben die Aufgabe, eine π-Menge abzubilden, um damit in k zu manipulieren.

An den BS zeigt sich nun besonders eindringlich die imperiale Pluralität. Sie macht die Pluralität der Zeit erst eigentlich zum Gesetz. Ein BS kann sowohl eine vom Menschen vorgefundene Datenmenge als auch eine speziell konstruierte Datenmenge sein. Das klassische Beispiel für das erste ist der menschliche Körper, dessen Struktur der Sinnesorgane Prognosen über das Verhalten der Umweltdaten erlaubt. Die sRT benutzt indes künstliche BS, nämlich zunächst Gerüste aus starren Stäben mit Uhren. Die BS der Welt der sRT sind also Kunst-Werke, Artefakte, und damit schöpferische opera des menschlichen Geistes. Dadurch wird die sRT ein zweitesmal an das Schöpferische angeschlossen, nachdem ihr Gegenstand, die Ereignisse, bereits schöpferischer Natur ist. Nicht nur der Gegenstand, sondern auch die Mittel der sRT sind ursprunghaft schöpferisch.

Wir treffen nun folgende Festsetzungen: Ein Ereignis in U_0^p werde durch ξ bezeichnet. Die Raumzeitstelle des BS, mit dem ξ die Koinzidenz K Ib eingeht, heisse x. Die Zuordnung $\xi \to x$ ist das opus eines besonderen Typus von Uebersetzungen $c_{\xi x}^k$. Wir nennen ihn *Korrelation*. Im weiteren nehmen wir an, dass ξ jedes beliebige Datum von U_0^p sein kann, z.B. eine Feldstärke oder ein Impuls. Die Korrelation ist ein schöpferischer Akt, den nur der Mensch vollziehen kann: Die Koinzidenz K Ia enthält lediglich eine Wechselwirkung zwischen einem p-Operator und den an der Markierung x liegenden p-Operatoren des physischen BS. Wenn wir jedoch sagen: "Das Ereignis ξ hat den Koordinatenwert x", so geben wir ξ den neuen Namen „x". x ist dann stellvertretend für ξ. Wir wollen in x keine Eigenschaft von ξ sehen,

sondern eine Benennung. Wäre x eine Eigenschaft, so hätte ξ ebensoviele Eigenschaften x, x', x'', ... x^N, als es BS gibt. Dann verliert
der Ausdruck „Eigenschaft'' aber seinen Sinn, denn x, x' usw. sind ξ
nicht mehr zu eigen. Die Namengebung vermittels der Korrelation ist
ein sehr allgemeiner menschlicher Akt; er findet z.B. auch statt, wenn
wir mithilfe eines Wörterbuchs einen Satz unserer Sprache in eine
Fremdsprache übersetzen: Das BS ist die Fremdsprache, das Wörterbuch enthält alle Stellen des BS. Die ξ sind die Ausdrücke unserer eigenen Sprache. Durch die Nebeneinanderschreibung im Wörterbuch wird
die Koinzidenz Ia hergestellt. Schaue ich hin, so habe ich K Ib: Das
Lesen des Wörterbuchs ist dann eine Abfolge von KIb.

Die Uebersetzung von ξ in x erzeugt damit den Wert x von ξ. Die
Natur der Daten x bleibe vorläufig noch unbestimmt. Die ξ sind zunächst Daten aus U_0^p. Die Uebersetzung $\xi \to x$ muss sein (a) ein-
eindeutig: Jedem ξ entspricht in ein und demselben BS ein und nur
ein x; (b) umkehrbar: Jedem x entspricht ein und nur ein ξ, (c) transformierbar 1. Art: Wenn $x \to x'$ und x, x' = Daten des gleichen BS,
dann auch $\xi \to \xi'$ mit $\xi' \to x'$; (d) transformierbar 2. Art: Wenn BS $\to$
$\to$ BS', dann alle $(x) \to (x')$ und alle $\xi \to \xi'$ mit $\xi' \to x'$.

Damit haben wir drei Klassen von Uebersetzungsvorschriften: Bei
festgehaltenem BS (1) von $\xi \to x$ und (2) von $x \to x'$, (3) bei wechseln-
dem BS von $x \to x'$. Diese Vorschriften regeln schöpferische Operationen des Geistes in U_2^k, sie sind reine Imaginationen. Folge: Durch
die Uebersetzung $\xi \to x$ wird nur der Wert von ξ erzeugt, nicht
aber ξ selbst.

Der letzte Satz bedarf einer Präzisierung. Wenn wir das Ereignis ξ
auf das BS eines Radarschirms projizieren (übersetzen), so erhalten
wir den Wert x für ξ. Nun hat aber ξ nach den Postulaten der sRT wegen des Fehlens eines absoluten Raums ohne diese Uebersetzung überhaupt keinen Ort. Insofern erzeugt die Uebersetzung erst den Ort x
von ξ. Sie erzeugt also die Werte x. Jeder Messwert ist bereits ein x,
ist ein auf das BS des Geräts projiziertes Erlebnisdatum. Wir müssen
aufgrund des sRP sagen: Ein Ereignis hat vor der Uebersetzung in
ein x überhaupt keinen Ort. Es ist Ort-los. Trotzdem existiert es, aber
mit einer nackten Existenz. Es ist stumm und blind. Erst die Uebersetzung gibt ihm einen Ort. Es ist also der schöpferisch beziehende
Mensch, der den Ort von Ereignissen offenbart und damit zu seiner
Wahrheit bringt.

Bedeutet das, dass ohne den Menschen die Aussage „ξ hat den Ort
x'' sinnlos ist? Ja! Das ist die notwendige Konsequenz der operativen

Definitionen von Ort und Zeit. Was soll aber dann der physikalische Raum ohne den Menschen? Antwort: Mehr als nichts und weniger als alles. Weniger orakelhaft: Raum und Zeit sind ohne den Menschen nur leere Möglichkeitsschemata, die eine bestimmte Uebersetzung eines ξ in *ein und nur* ein x zulassen, wenn ein bestimmtes BS gegeben ist.

Einem ξ kommt also wohl die Menge aller überhaupt möglichen x zu, nicht aber ohne den Menschen ein bestimmtes x. Wir bezeichnen die möglichen x als x^π. Die Uebersetzung $\xi \to x$ reduziert also momentan die Menge aller möglichen x^π in ein einziges x^k. Orte und Zeiten von Ereignissen sind also vor der Zuordnung zu einem BS (und damit auch vor der Messung) nur die Möglichkeitsbedingung für die Realisierung eines einzigen Ortes durch die Wahl eines bestimmten BS. Ein x^p oder eine Zeit t^p als wirkende Wirklichkeit gibt es nicht. x und t gehören entweder zur Welt möglicher oder zur Welt konstruierter Werte. Wir können auch sagen: Die x^π bilden ein kontinuierliches Spektrum möglicher und die Messung ermöglichender Positionen; sie werden durch die Messung zu einem und nur einem x^k reduziert. Wir werden in der quantenmechanischen Reduktion auf ein ähnliches Problem stossen. Dies ist unsere erste Einsicht über Raum und Zeit im Universum der sRT.

Nun lässt sich durch Konstruktion aller nur möglichen BS die Menge aller möglichen Orte und Zeiten eines Ereignisses in konstruierte Orte x und Zeiten t überführen. Die Menge der möglichen Werte ist damit als gleichmächtige Menge konstruierter Werte realisierbar. Nur dass der Mensch dies niemals in U_1^k und U_3^k leisten kann, wohl aber in U_2^k, indem er frei imaginativ verfügt:[1]

$$\{x^\pi\} \doteq \{x^k\}$$

In Worten: Die Menge aller möglichen Positionen eines Ereignisses ist einer gleichmächtigen Menge aller durch Korrelation konstruierten Positionen zuzuordnen; vorausgesetzt, der Mensch verfügt über alle nur denkbaren BS, die für die Positionsbestimmung zugelassen sind.

Nun wird man mit Recht sagen, alle Wechselwirkungen von Makrokörpern sind räumlich lokalisiert und zeitlich determiniert. Folglich haben die daran teilnehmenden Ereignisse bestimmte Orte und Zeiten in Bezug auf die wechselwirkenden Körper. Auch ohne astronomische Positionsmessung „besitzt" die Erde zu jeder Zeit t eine bestimmteEntfernung von der Sonne, die in den Wert des Gravitationspotentials $U = \gamma(M/r)$ eingeht. Der Ausdruck „besitzt" ist aber falsch. Die Erde

---

[2] Das Zeichen „$\doteq$" bedeute im folgenden „ist zuzuordnen".

hat nach dem sRP ebensoviele mögliche Positionen, als es zueinander bewegte IS gibt. Erst der Mensch teilt ihr durch Wahl eines bestimmten BS eine bestimmte Position zu. Sie besitzt also nicht ihre Positionen, wie sie etwa ihre Rotation besitzt. Was sie besitzt, ist die Menge aller möglichen Positionswerte. Nun ist die Gravitationswechselwirkung mit der Sonne sicher ein bewusstseinstranszendentes Faktum und auch bewusstseinstranzendent an einen bestimmten Abstand r gebunden. Das ist aber nur ein möglicher x-Wert. Möglich in genau jenem Sinn, dass er ohne die Imagination des Menschen noch kein Koordinatenwert ist, denn es gibt ja noch gar kein BS, auf das die Erde projiziert werden könnte. Es fehlt also die Sprache, in die der Ereigniskomplex „Erde" übersetzt werden könnte. Was in der Gravitationswechselwirkung auftritt, ist also die Möglichkeit der Erde, in einen Positionswert übersetzt zu werden. Diese Möglichkeit ist bestimmt, sobald Wechselwirkung auftritt, und als bestimmte geht sie in die Stärke der Wechselwirkung ein. Trotzdem bleibt sie stumme (wenn auch bestimmte) Möglichkeit, ehe der Mensch ihr die Sprache der Bezugssysteme verleiht, ehe der Mensch sie zu ihrer räumlichen und zeitlichen Wahrheit bringt. Die Sonne vermag dies nicht, denn sie vermag nicht zu denken oder auch nur zu erleben. Was der Mensch mehr ist gegenüber der Sonne, ist genau, dass er den Dingen eine Sprache gibt, zunächst die Sprache der Orts- und Zeitbestimmungen. Der Physiker handelt hier als Dichter. Ich nenne dies die orphische Funktion des Physikers.

Wir trafen auf das grundlegende Problem der *bestimmten* Möglichkeit in der Physik. Bestimmte Möglichkeiten gehen in Wechselwirkungen ein wie z.B. der Abstand Erde: Sonne. Aber er ist keine Position im Sinne eines gemessenen Abstandes r_3^k. Auch die Sonne oder die Erde sind keine Messapparaturen, keine BS. Sie sind lediglich mögliche BS. Als möglicher Messwert r_3^π geht r_0^π in die Gravitations-Wechselwirkung ein. Der Begriff des BS setzt den beziehenden Menschen voraus. Hier müssen wir die Mitte zwischen einem naiven Objektivismus und einem ebenso naiven Subjektivismus halten. Der erste sieht in dem möglichen Abstand r_3^π bereits den einzig realen Positionswert der Erde und leugnet damit die Relativität, der zweite sieht nur die relativen Messwerte und leugnet die von ihnen vorausgesetzten objektiven Möglichkeiten.

2. DIE INFORMATION: EINE VORLÄUFIGE ERLÄUTERUNG

Wir begegnen hier dem grundlegenden Begriff der Information. Ein BS hat den Zweck, Informationen über das Bezogene zu vermitteln. Wir bezeichnen den Vorgang der Information als eine Operation η, die Nachricht als η, den Emittor als $\underline{\eta}$ und den Empfänger als $\bar{\eta}$. Dann ist das physische BS zugleich Empfänger und Emittor: Es empfängt die Nachrichten η von einer Ereigniskonfiguration und gibt sie an den Beobachter weiter. In unserem Fall lautet die empfangene Nachricht ,,K Ia". Die Uhr empfängt die Nachricht ,,K Ia" des Inhalts: Das Ereignis A koinzidiert mit der Zeigerstellung t. Die Uhr gibt diese Nachricht an $\underline{C}$ weiter. Sie wird dabei zu ,,K Ib" transformiert: Die Koinzidenz von $\overline{\text{K Ia}}$ mit dem Bewusstseinsakt. $\underline{C}$ transformiert diese Nachricht je nach seiner Fragestellung mithilfe des Datenspeichers (Gedächtnis) in ,,K I" (Identität) oder ,,K II" (Koinzidenz räumlich entfernter Ereignisse). Eine solche Doppelstellung des BS bezeichnen wir durch das Symbol $\underline{\bar{\eta}}$. Informationen innerhalb von U_0^p bezeichnen wir mit η_0^p, entsprechend die Operatoren, Operanda und Operationen. Sofern es sich um physische BS handelt, sind die Emittoren stets p-Operatoren: Teilchen und Felder. Die Information ist hier eine energetische Wechselwirkung (Signalaustausch), also eine p-Operation, der Empfänger ist gleichfalls ein p-Operator. Was aber ist die Nachricht? Weder Energie noch ein Merkmal von Existoren, das ihnen als solchen zu eigen ist. Die Nachricht ,,Position" oder ,,Koinzidenz" enthält stets eine mindestens zwei-stellige Relation, da die Angabe des BS notwendig in sie eingeht. Es würde daher naheliegen, den Informationen ein eigenes Seinsreich zuzuordnen. Nun durchziehen aber Informationen das ganze Reich U_0^p. Jede p-Wechselwirkung enthält eine Information über die Merkmale der Partner (Position, Zeit, Masse, Impuls, Energie usf). Wir bezeichnen daher alle Merkmale von p-Operatoren als Nachricht $\eta_0{}^1$. Aus den Eigenschaften werden daher Nachrichten. Schon darin ist die Relativität begründet, denn es ist a priori klar, dass eine Nachricht an den Informationsweg und das empfangende BS gebunden ist.

Wir haben hier den Fall einer *neuen Dimension* des Seins. Sie gehört nicht als neues Operationsfeld zu den bisher bekannten Feldern U_0^k bis U_9. Es lässt sich zeigen, dass die Information alle diese Felder durchzieht. So haben wir das Erlebnis als eine Nachricht η_1^k aufzufassen, mit η_0^p als Operator, η_{01}^{pk} als Operation und $\bar{C}$ als Empfänger (operandum). Das imaginierte Datum (die Vorstellung) ist eine Nachricht η_2^k, mit $\underline{C}$ als Operator, U_1^k als Emissionszentrum (Erlebnissphäre), $\underline{\eta}_{12}^k$ als Operation der Datenmobilisierung und $\bar{C}$ als Empfänger. Ein

---

[1] Alle Nachrichten als reine Möglichkeit ausserhalb der Wechselwirkung tragen den Index π, als Wirklichkeit innerhalb der Wechselwirkung den Index p und als Meßwert den Index k.

Messdatum werden wir künftig als eine Nachricht $\eta_{\underset{3}{k}}$ verstehen. Darin bedeuten die ersten drei Punkte, dass die Emission der Nachricht von U_0^p, U_1^k und U_2^k ausgeht, also bereits einen komplizierten Nachrichtenweg voraussetzt. Die letzten drei Punkte bedeuten, dass in die Messung auch Informationen aus der Geometrie, Arithmetik und Logik eingehen. Die Geometrie selbst ist ein Geflecht von Nachrichten über konstruierte Räume. Hier tritt nun ein Sprung auf: Der Raum kann nicht Operator von Informationen sein; er wirkt nicht energetisch. Solcher Art Nachrichten, die aus reiner Konstruktion entspringen (nicht wie bisher aus Wechselwirkungen, bzw. diesen plus Konstruktionen), nenne ich künftig k-Nachrichten, in Zeichen η^k. Nachrichten innerhalb von U_0^p bezeichnen wir als p_0-Nachrichten, η_0^p. Erlebnisse, Imaginationen und Messdaten bezeichnen wir als modal gemischt, in Zeichen η^{pk}. Von der Geometrie aufwärts ist einziger Emittor der Information der konstruierende Mensch: Er entwirft selbst die Geometrie und zieht aus seiner Schöpfung jene Nachrichten, die er benötigt. Das gleiche gilt mutatis mutandis für die Arithmetik, Logik, die Prinzipien und Werte.

Wir möchten aber hier sofort eine Einschränkung machen. Schon bei den Prinzipien, erst recht bei den Werten, wird deutlich, dass der Mensch nicht beliebige Informationsspeicher entwerfen kann. Der Wert „brauchbar" ist z.B. in der Physik nicht allein durch den Menschen, sondern wesentlich durch die Natur seiner Existenz festgelegt: Will er nämlich Nachrichten über die Welt erhalten, so muss er bestimmte Sollwerte akzeptieren wie „definiere die Zeit operationell!". Werte sind Imperative, die als solche gerade ein Moment des Nicht-Willkürlichen einschliessen. Gewiss, wir brauchen sie nicht zu erfüllen, aber dann scheitern wir. Mit den Prinzipien ist es ähnlich: Wenn ich das sRP einmal konstruiert habe, muss ich meine künftigen Theorien auch danach bauen, sonst scheitern sie. Die Struktur ist also folgende: $\underline{C}$ konstruiert frei die noetischen Reiche; von da an ist er aber an sie gebunden. Er kann aus einem axiomatisch gesetzten geometrischen System keine anderen Informationen ziehen, als dort verfügbar sind.

Das ist ja gerade der Wert der noetischen Reiche: Enthielten sie nur, was wir bewusst von Anfang an in sie hineinlegten, so wäre uns alle Information bereits zugänglich. Dass dies nicht der Fall ist, zeigt gerade der Fortschritt der Mathematik. Daraus folgt nun ein bemerkenswerter Hinweis: Wir müssen annehmen, dass die Information, die in einem k-Reich enthalten ist, nicht bewusst von $\underline{C}$ bei der Konstruktion des betreffenden Reichs oder seiner Regionen (einer Theorie) hineingelegt wurde. Wenn $\underline{C}$ also neue Information daraus gewinnt, so heisst dies, dass es vor der bewussten Konstruktion spezifische Informationsvorräte gibt, die durch die Konstruktion nur mobilisiert werden. Ich nenne diesen unbewussten Informationsvorrat den *Welt-Vorrat*. Wir geben nun allen allein *möglichen*, aber strukturell genau determinierten Informationen das Zeichen π.[1] Die Bedingung für die Möglichkeit der k-Information ist also die π-Information aus dem Welt-Vorrat. Damit gewinnen wir den grundlegenden Glaubenssatz:

$\Omega^{k\pi}(58)$: DIE MOEGLICHKEITSBEDINGUNG FUER DIE GEWINNUNG VON INFORMATIONEN AUS DEN k-REICHEN IST DAS ZUHANDENSEIN EINES π-WELT-VORRATS AN NUR MOEGLICHEN INFORMATIONEN.

Wir sagten, die Information bezeichne eine neue Dimension des Seins. Darunter sei folgendes verstanden: Die Operationen jeder Art zerfallen in bestimmte Grundklassen. Sie durchziehen zugleich mehrere Reiche, u.U. alle. Bisher lernten wir die Grundoperationen c und p kennen. c bezeichnet die Operation des Konstruierens, p der Wechselwirkung. Wir können in einem abstrakten Sinn aber beide zur Operation der ,,creatio'', der schöpferischen Erzeugung, zusammenfassen. Dann wäre die Wechselwirkung in U_0^p als c_0^p zu bezeichnen, das Erzeugen von Erlebnissen durch c_1^k, die Mobilisierung von Daten und ihre Neukonstruktion durch c_2^k, das Erzeugen von Messwerten durch c_{03}^{pk}....., das Erzeugen von Geometrien durch c_4^k und so fort. Nur Glaubenssätze werden nicht konstruiert: Sie sind gerade, was wir nichtkonstruiert voraussetzen, wenn wir konstruieren. Es gibt also kein c_9^k.

Ausser c_m^n fanden wir die Information η_m^n. Wir fügen noch die Grundoperation ,,determinieren'', in Zeichen d_m^n, hinzu. Ein physisches BS determiniert allein durch seine Existenz eine bestimmte Weise des Informations-Emittors, sich zu offenbaren. Jede andere Weise der Offenbarung ist ausgeschlossen, solange das betreffende BS in Betracht kommt. Wir können in unserem speziellen Fall auch von ,,Programmierung'' sprechen: Indem ein BS durch seine Existenz eine bestimmte Klasse von Informationen an den Beobachter festlegt, programmiert es dessen Erlebnisse, Vorstellungen und Messdaten. Das gilt nicht nur in Bezug auf den Beobachter. Fassen wir ein Teilchen als BS auf. Dann erhält es durch Wechselwirkungen mit einem anderen Teilchen Informationen über dessen Merkmale. Diese Informationen programmieren das Verhalten des BS-Teilchens, insoweit seine Merk-

---

[1] Damit wird der Sinn von ,,π'', das wir bereits kennen, erläutet.

male in einer funktionalen Abhängigkeit von jenen des Emittor-Teilchens stehen. Einfachstes Beispiel: Das Potential φ ist eine Funktion des reziproken Teilchenabstandes r^{-1}.

Nun stehen c, η und d in einem Abhängigkeitsverhältnis. Jede Kreation c setzt eine Information η voraus, aufgrund derer überhaupt die Kreation stattfinden kann. Weder die physischen Operatoren noch der Mensch können ins Leere operieren. Wechselwirkungen und Konstruktionen sind stets an eine Information über die Ereigniskonfiguration bzw. die theoretische Konfiguration gebunden. Die Information führt ihrerseits zu einer Determination von c. Der operationelle Gang jeder Operation ist also

$$\underline{\eta} \cdot c \Rightarrow c(d)$$

In Worten: Die Information wirkt auf die Kreation derart, dass die Kreation eine Funktion des Programms wird. Damit erhalten wir eine neue Deutung der Werte. Die Sollwerte c_8^k programmieren die Konstruktionen des Physikers. Wir können aber auch abstrakte Sollwerte für p-Operationen annehmen. Wir bezeichnen sie als c_8^π. Es sind dies jene – noch unbekannten – Sollwerte, auf die sich das physische Verhalten einstellt. Einen dieser Sollwerte können wir sofort postulieren: Die Bezugsabhängigkeit von Nachrichten über das Verhalten von Emittoren $\underline{\eta}_0^p$. Alle Empfänger von Nachrichten in U_0^p stellen sich auf diesen Sollwert ein. Das Ergebnis: Die Relativität der kommunikationsbedingten Merkmale. Wir können diesen Sollwert als ,,objektiven Operationalismus'', kurz als ,,Objekt-Operationalismus'' bezeichnen. Er ist das objektive Gegenstück zum subjektiven, kurz ,,Subjekt-Operationalismus''. Lautet für $\underline{C}$ das Kommando: ,,Definiere die Zeit operativ'', so lautet für $\underline{P}_0$ das Kommando: ,,Operiere so, dass alle Nachrichten auf Signale gegründet sind.'' Das scheint selbstverständlich, und doch ist dem anders. In der NEWTONschen Welt konnte ein Teilchen momentan über den Zustand aller gegenwärtigen Weltereignisse informiert werden. Dann gab es auch keine Relativität. Die EINSTEINsche Wende ist im Grunde nicht nur eine erkenntnistheoretische (Sollwert: ,,operative Definition der Zeit''), sondern eine Welt-theoretische mit dem Sollwert: ,,Signalisiere alle Merkmale!'' Dieser richtet sich zunächst nur an Operatoren $\underline{P}_0$. Wenn aber der Mensch deren Struktur erfahren will, ist er gehalten, sich diesem Sollwert anzupassen und seinerseits einen Sollwert für seine Konstruktionen zu entwerfen. Der Subjekt-Operationalismus kommt also nur dank der Anpassung an einen Objekt-Operationalismus zum Erfolg. Wir gewinnen daraus den Glaubenssatz

$\varOmega^{\pi k}(59)$: DER OBJEKT-OPERATIONALISMUS IST DIE VORBEDINGUNG FUER DEN ERFOLG DES SUBJEKT-OPERATIONALISMUS.

Eine Bemerkung zum Zuhandensein von U_8^k. Man könnte einwenden, das Determinieren sei doch eine Klasse von Operationen, also kein Operationsfeld, kein Reich. Das ist richtig, aber der Ursprung des Determinierens (Programmierens) ist immer ein Wert. Wir haben daher ein eigenes Wert-Reich anzunehmen. Ebenso ist der Ursprung des Informierens immer ein Element der Reiche. Der Ursprung des Generierens ist ein Element von U_0^p oder der Operator $\underline{C}$ (der in allen k-Reichen wirkt).

Noch drei Beispiele, wie ich die Struktur des Generierens, Informierens und Determinierens verstanden wissen will. $\underline{C}$ generiert als Instrument ein BS, z.B. ein starres Gerüst mit Uhren. Der Operator ist $\underline{C}$, das operandum das Material des Instruments, die Operationen sind Konstruieren und Verfertigen, das opus ist das Instrument. Das Instrument seinerseits ist zunächst ein p_0-Wesen, also ein Operator $\underline{P}_0$. Es generiert dank seiner Wechselwirkung mit den interessierenden Objekten, den Emittoren, Zeigerausschläge als opus p_0. Die Generierung des Zeigerausschlags ist eine energetische Operation am Operandum Zeiger. Soweit die Struktur des Erzeugens.

Nun die Struktur des Informierens. Das Gerät wirkt hier als Empfänger $\bar{\eta}_0^p$ von Signalen $\underline{\eta}_0^p$. Diese gehen von Emittoren $\underline{\eta}_0^p$ aus und tragen die Nachricht η_0^p, die energetisch wirkt und daher den modalen Index p trägt. Zugleich wirkt das Gerät als Emittor für die Nachricht an den Beobachter $\underline{C}$. Es ist also selbst ein $\bar{\underline{\eta}}_0^p$-Wesen.

Die Struktur der Determination (des Programmierens) ist folgende: Das Gerät wird durch die Nachrichten über den Zustand des Emittors η_0^p in seinem eigenen Verhalten festgelegt: Es zeigt durch Zeigerausschlag eben diesen so festgelegten eigenen Zustand an. Dabei ist durch $\underline{d}_0^p$ der programmierende Emittor bezeichnet, durch $\underline{d}_0^p$ die Programmierung des Empfängers (des Geräts), durch $\bar{d}_0^p$ dieser selbst und durch d_0^p das opus, nämlich der neue Zustand des Empfängers.Insofern aber das Gerät seinerseits den Zustand von $\underline{C}$ programmiert, ist es zugleich ein Determinator $\underline{D}$, so dass es analog zur Bedeutung von η_0^p das Symbol $\underline{d}_0^p$ trägt.

Der *Zustand* des Emittors ist also Inhalt einer Nachricht an das Gerät; er löst eben durch die Nachricht einen neuen Zustand des Geräts aus; dieses wiederum löst durch die Nachricht an $\underline{C}$ einen neuen Zustand von $\underline{C}$ aus: $\underline{C}$ ist jetzt „im Bilde". Einen physikalischen Zustand ebenso wie einen Bewusstseins-Zustand des Beobachters bezeichne ich daher als eine *mögliche Nachricht*. Möglich, weil ein Zustand noch nicht die Nachricht selbst ist, solange kein bestimmtes BS gewählt ist. M.a.w. „Zustand" ist kein Merkmal eines Operators, das von der Wahl des BS und der Art der Information unabhängig wäre. Es ist vielmehr ohne diese überhaupt nicht auszusagen; es ist nur als reine (freilich bestimmte) Möglichkeit vorhanden. Der Ort, die Zeit, die Feldstärke, Impuls, Energie und Geschwindigkeit können den Zustand eines Teilchens nur festlegen, wenn dieser durch Informationen an ein BS seinerseits festlegbar ist. BS plus Information programmieren damit nicht nur kausal den Zustand des Geräts, sondern auch – abstrakt – den Zustand des Objekts. Diese Einsicht wird uns in der QM noch beschäftigen. Hier sei nur der Sinn von „abstrakt" erläutert. Während das Gerät durch die Nachricht über den Zustand seines Objekts (des Emittors) kausal bestimmt wird (Zeigerausschlag durch Wechselwirkung), geht in diese kausale Bestimmung bereits notwendig eine nichtkausale Bestimmung des Objekts ein. Ich nenne diese Art der nicht-kausalen Programmierung „inverse Programmierung", in Zeichen $\underline{d}^{-1}$. Die kausale Programmierung nenne ich „direkte Programmierung", in Zeichen $\underline{d}^{+1}$ oder, falls nicht besonders hervorzuheben, einfach $\underline{d}$. $\underline{d}^{-1}$ besteht genau in folgender Operation: Durch die Struktur der Raumzeit und eine dieser Struktur entsprechende Transformationsgruppe werden die Verhaltensmerkmale des Emittors mitbestimmt. „Mitbestimmt" heisst hier: Der Emittor besitzt nur potentiell die Menge aller möglichen Merkmal-Werte gemäss allen möglichen Raumzeitstrukturen und der ihnen entsprechenden Gruppen. Zur Aktualisierung sind diese Strukturen und Gruppen sowie das bestimmte BS nötig. Die inverse Programmierung ist also eine *Aktualisierung*. $\underline{d}^{-1}$ bedeutet ein Bestimmen als Auswahl unter nur möglichen Werten, $\underline{d}^{+1}$ ein Bestimmen als Erzeugen neuer aktueller Werte aus bereits vorhandenen aktuellen.

Wir haben damit eine neue Pluralität gewonnen. Bisher verfügten wir über die imperiale und die modale. Die jetzt gefundene bezeichnen wir als operative. Wie wir im folgenden sehen werden, gehen alle drei Pluralitäten in die Existenz eines physischen BS ein. Wir fassen zunächst die Pluralitäten formal als Matrizen zusammen und bezeichnen ihr abstraktes Zusammenwirken durch das Multiplikationszeichen „×". Dadurch wird die Indizierung der Operatoren, Operationen, operanda und opera rein formal ausgedrückt. Die Elemente eines Reichs bezeichnen wir durch u_m. Dabei fügen wir noch die Grundbezeichnungen „Operatoren", „Operationen", „operanda" und „opera" formal hinzu und geben ihnen die Zeichen $\underline{a}$, $\underline{q}$, $\bar{a}$ und a respektive.

So bedeutet der Ausdruck

$$\underline{q} \times d \times \pi \times u_4$$

eine geometrische Determinierung der reinen Möglichkeit nach, z.B. durch die Struktur einer noch gar nicht axiomatisch konstruierten neuen Geometrie, die nichtsdestoweniger das physische Geschehen beeinflusst. Wir sehen sofort, dass zahlreiche dieser Produkte Null sind, so das Produkt

$$\underline{a} \times c \times k \times u_4$$

Es gibt kein geometrisches Objekt, das als Operator einer Determination in der k-Sphäre auftreten könnte. Der einzige Operator der k-Sphäre ist $\underline{C}$. Wir setzen

$\underline{a}$		c		p		u_0
$\underline{q}$	$\times$	η	$\times$	k	$\times$	u_1
$\bar{a}$		d		π		u_2
a						u_3
						u_4
						u_5
						u_6
						u_7
						u_8
						u_9

Zwei Beispiele sollen andeuten, dass die Struktur der physikalischen Information keineswegs auf die Physik beschränkt ist. In der *Genetik* sind die Informations-Operatoren die Gene. Sie übermitteln durch die Messenger-Gene als Informations-Boten (Signale) ein direktes Programm an die Bausteine des Organismus. Diese Bausteine sind die Informations-Empfänger; die Nachricht ist im Gen-Molekül verschlüsselt. In der *Musik* – um ein gänzlich anderes Gebiet zu nehmen – ist der Komponist der Informations-Operator (Emittor), der Hörer der Empfänger, das Instrument der Signal-Bote und die Notenschrift enthält die Nachricht, die einen bestimmten Zustand des Hörers auslöst. Damit haben wir bereits vier gänzlich verschiedene Operationsfelder, die eine gleiche Informationsstruktur aufweisen: Die physische Wirkichkeit, die physikalische Theorienbildung, die Genetik und die Kunst.

Wir wagen die Hypothese: Das Sein ist seinem Wesen nach schöpferische Information oder informatorisches Schöpfertum.

3. IDEALISIERTE BEZUGSSYSTEME

Wenn schon der Mensch allein BS benutzen kann, um Zeiten und
Orte von Ereignissen zum Sprechen zu bringen, so scheint es doch
wenigstens, dass er seine BS aus der Natur selbst entnimmt. Das ist
aber nicht der Fall. Er benutzt nur imaginative BS. Hier tritt eine
Schwierigkeit auf: Wie sollen imaginative BS eine eindeutige Zuordnung von realen Ereignissen erlauben? Es kommt zu einer Reihe von
Paradoxien:

(a) Das BS soll *alle* Vorgänge in einem hinreichend grossen räumlichen Bereich erfassen, anderenfalls erfüllt es seinen Zweck nicht. Die
Stäbe müssen also im Grenzfall unendlich lang sein oder mindestens so
lang als der grösste Abstand im Universum. Dann aber ist wegen des
Verbots unendlicher Signalgeschwindigkeiten keine direkte Ueber-
schauung des BS durch den Menschen möglich.

Ein Photon werde im Punkt x des Bezugsgerüsts von einem Atom
emittiert. x ist vom Beobachter hinreichend entfernt, damit er zur
Beurteilung aller Ereignisse in x Signale verwenden muss. Dies gilt
für den weitaus grössten Teil des makroskopischen Universums. Von
der Registrierung des Photons in x weiss er zunächst nichts, bis ein
von x ausgehendes Signal in dem direkt vom Beobachter überschaubaren Gebiet vom Ereignis Kunde gibt. Damit aber alle x im Universum auf solche Weise indirekt überschaubar werden, damit also mein
BS überhaupt den Zweck erfüllt, nur Koinzidenzen anzuzeigen und
sie zu numerieren, müssten Signale in beliebiger Richtung und Entfernung von allen Punkten meines BS zu jeder Zeit im Ursprung des
BS eintreffen können. Das erfordert aber eine leere Welt. In einer
solchen Welt gibt es nichts, was zu signalisieren wäre. So können wir
den Mond nur solange als Registrier-Basis für Radioortungen kosmischer Objekte benutzen, als er nicht durch Funkstörungen verfinstert
wird.

(b) Die Forderung der Starrheit der BS ist unerlässlich, da sonst
keine eindeutigen Messungen möglich sind. Aber sie widerspricht (1)
dem Verbot von Ueberlichtsignalen und (2) der Abhängigkeit der Metrik von Gravitationsfeldern in hinreichend grossen Gebieten.

(c) Nur Inertialsysteme sind als BS für die sRT zugelassen. Aber
die völlige Störungsfreiheit eines BS wird gerade durch die Absorption

von Signalen ausgeschlossen. Zudem ist – selbst wenn man die Störung durch Signale vernachlässigt – kein reales IS herstellbar, da alle physikalischen Systeme in Wechselwirkung mit anderen Systemen stehen. Auch unsere Erde ist unabhängig von ihrer Rotation kein IS, weil sie an der beschleunigten Bewegung des Sonnensystems teilnimmt. Dieselben Mängel zeigt ein System aus Radargeräten. Hier wird Starrheit der Spiegel bzw. Antennen und der Abstände zwischen den Radarstationen vorausgesetzt. Die Erdrinde unterliegt aber Schwankungen (z.B. durch die Gezeiten), und ein absolut starres Antennen-Material ist nicht herstellbar. (Man denke an Riesenteleskope von 100 m Durchmesser). Ein physikalisches BS wird also immer nur innerhalb bestimmter *Toleranzen* präzise Orts- und Zeitmessungen ermöglichen.

(d) Aber auch ein ideal starres physikalisches BS wäre kein System, das physikalische Grössen zu einem Standort in Beziehung setzt. Das Verbot von Ueberlichtgeschwindigkeiten ermöglicht einen direkten „Kontakt" zwischen den Stellen eines BS und dem Informations-Emittor nur dann, wenn dieser mit der betreffenden Stelle koinzidiert. Dann können wir aber keine Ereignisse registrieren, die nicht mit einem Punkt des Gerüsts zusammenfallen. Wie klein dürfen aber die Gitterdistanzen sein? Also sind wir auf eine Nachricht von räumlich distanten Emittoren angewiesen. Dazu ist aber ein physikalisches BS nicht imstande! Nehmen wir an, im Radioteleskop wird eine Radioquelle entdeckt, deren Spektrum eine Rotverschiebung aufweist. Das ist alles, was die Beobachtung zu leisten vermag. Eine Aussage wie „Das Objekt Q bewegt sich zum BS K mit der Geschwindigkeit-$c/3$" (c ist die Lichtgeschwindigkeit, das Minuszeichen bezeichnet die Abstandsvergrösserung) wird nur möglich durch Rekonstruktion von Q auf Grund der Beobachtung plus der Theorie des Dopplereffekts und der HUBBLE-Expansion. Natürlich ist – sofern die Aussage stimmt – das bewusstseinstranszendente Q mit – 100 000 km/sec zur Erde bewegt, aber die Beziehung „Geschwindigkeit Q-Erde" wird durch das Bewusstsein konstruiert, ehe sie überhaupt beurteilbar ist. Nicht das Radioteleskop bezieht Q auf die Erde, sondern der Beobachter. Die Beziehung selbst ist objektiv. Ihr Auffinden erfolgt durch ein physikalisches Signal, aber gesetzt wird sie erst durch den Beobachter $\underline{C}$.

Insofern ist zum Beispiel der Ausdruck „magnetische Feldstärke im BS des Elektrons" nicht exakt. Das Elektron *erfährt* die Wechselwirkung mit dem elektromagnetischen Feld nur an seiner eigenen Raumzeit-Stelle. Gerade das Fehlen des Bewusstseins gestattet ihm nicht, deren Ursachen auf andere Raumzeit-Stellen zu transponieren.

Es kann überhaupt Ereignisse nur an seiner eigenen Raumzeitstelle lokalisieren: Das Universum reduziert sich für das Elektron auf dessen lokales Eigen-System: Die LEIBNIZsche Monade im Sinn der sRT. Erst $\underline{C}$ konstruiert die Raumzeit und setzt nicht-lokale Ereignisse an Orte, die nicht mit dem Eigen-System zusammenfallen.

Wir können den physikalischen Unterschied zwischen einem Operator $\underline{P}_0$ und dem Bewusstsein auch so formulieren: Die Welt existiert für Elemente $\underline{P}_0$ nur lokal, für $\underline{C}$ auch als ausgedehnte Raumzeit. M.a.W. Raum und Zeit werden erst für den denkenden Menschen in ihrer Realität einsehbar; Messungen von Entfernungen und Zeitintervallen sind daher nur vom Bewusstsein durchzuführen.

Die Bedingungen, die dem idealen BS auferlegt werden, sind in U_0^p (sRT) nicht erfüllbar, gerade weil die übrigen Annahmen der sRT dies verhindern. Ist damit die sRT widersprüchig? Wir werden sehen, dass wir dieser Konsequenz nur entgehen, wenn wir den idealen BS einen eigenen modus zuschreiben.

Aber zunächst noch ein weiteres. Es gibt auch Bedingungen, die wegen der Annahmen anderer Theorien als der sRT nicht erfüllbar sind. In diesem Fall erweist sich die sRT als eine Idealisierung. Dazu gehört die Starrheit der Stäbe und der ideal synchrone Gang der Uhren bei einer räumlichen Verlegung der BS. Abgesehen von der quantenmechanischen Unerfüllbarkeit im Mikroskopischen verhindert die Gravitation eine derartige Starrheit im Megaskopischen. Nur in der makroskopischen Mitte beider sind derartige BS angenähert herzustellen. Solcher Art angenähert erfüllte Bedingungen lassen sich durch eine Differenz zwischen dem Sollwert und dem Istwert darstellen, die man innerhalb eines angebbaren Rahmens vernachlässigen kann. Wir werden daher ein technisches Zeitmess-BS als Näherungs-BS bezeichnen. Solche Näherungen sind unvermeidbar. Eine weitere Näherung liegt in der Forderung nach Kräftefreiheit des BS. Tatsächlich würde es sonst deformiert. Nun ist aber keine Kräftefreiheit absolut herstellbar. Wir haben damit folgende Divergenzen zwischen den gemäss den Sollwerten imaginierten und den realisierbaren BS:

Sollwert $c_8^k(1)$: Kräftefreiheit   → keine Deformation durch äussere Störungen

Istwert $c_0^p(1)$: Wechselwirkungen → Deformation

Sollwert $c_8^k(2)$: Starrheit   → keine Deformation durch Translation in Raum und Zeit

Istwert $c_0^p(2)$: Gravitation $\rightarrow$ Wechsel der Metrik räumlicher und zeitlicher Abstände bei Translationen

Wir halten die Situation unter Kontrolle, wenn wir die Brauchbarkeit eines BS auch dann als gesichert annehmen, solange wir die zahlenmässig erfassbaren Unterschiede zwischen den Ist- und Sollwerten kleiner als eine angebbare Toleranz ε_i halten. Ein physisches BS soll auch dann als brauchbares BS gelten, wenn

$$|c_0^p(1) - c_8^k(1)| < \varepsilon_1$$

$$|c_0^p(2) - c_8^k(2)| < \varepsilon_2$$

Wir bezeichnen nun als imperiale Interferenz die Zugehörigkeit eines Elements zu mehreren Reichen. So bedeutet z.B. c_{246}^k ein Element, das den Reichen U_2^k, U_4^k und U_6^k angehört. Der erste Index, hier „2", gibt an, dass es sich um ein Element von U_2^k handelt; die übrigen Indices deuten an, dass es in irgend einer Weise auch durch die Reiche U_4^k und U_6^k bestimmt wird.

Wir unterscheiden ferner zwischen intendierten BS als Elementen des Universums U_0 (sRT) und intentionalen BS als Elementen des Bewusstseins. Wir unterscheiden daher

1. $\mathrm{BS}_0^\pi =_{\mathrm{Df}}$ die von der sRT intendierten idealisierten Bezugssysteme der Realwelt, die in Strenge nie vorkommen (idealreale BS),

2. $\mathrm{BS}_0^p =_{\mathrm{Df}}$ die von der sRT stillschweigend geduldeten realen BS, die von den idealisierten abweichen (reale BS),

3. $\mathrm{BS}_m^k =_{\mathrm{Df}}$ die von der sRT intentional konstruierten Bezugssysteme wie Koordinaten, Zahlen-n-tupel, Begriffsapparaturen, Wertsysteme usw. (ideale BS).

Andere Theorien intendieren bzw. konstruieren andere BS. Die QM benutzt z.B. keine starren BS, da Position und Geschwindigkeit von Teilchen nicht gleichzeitig genau festlegbar sind. Ihr grundlegendes BS ist der Basisvektor $< A \mid$ im HILBERT-Raum, der einer anderen Geometrie unterliegt als der MINKOWSKI-Raum.

Damit zeigt sich auch U_0^p (sRT) nicht als die ganze Realität des Physischen, sondern nur als die von der sRT intendierte Realität. Die realen BS der sRT unterscheiden sich von imaginierten dadurch, dass sie faktisch benutzt werden, nämlich als Gerüste mit Uhren, Radargeräte, Meterstäbe, Caesium-Frequenzen und ähnliches. Ihre Benutzung schliesst die oben genannten Toleranzen ein. Bleiben sie unterschritten, so kümmert sich der Physiker nicht weiter um den Unterschied zwischen Soll- und Istwert. Er tut so, als wäre der Sollwert absolut eingehalten, obwohl er weiss, dass dies niemals der Fall sein wird. Gerade darin zeigt sich der inhaltliche Unterschied zwischen den Universa der verschiedenen physikalischen Theorien. So ignoriert die aRT nicht mehr den Unterschied zwischen idealer und praktischer Starrheit der Massstäbe bei der Translation, sondern macht ihn zum Kriterium für das Vorliegen einer nichteuklidischen Metrik.

Das von der sRT intendierte BS ist nun ein imperial und modal gemischtes Element; es hat eine imperiale und modale Interferenz. Wir bezeichnen es durch das Symbol

$$c_0^{p\ \pi\ k}{}_{0,\ 1} \cdots\cdot$$

Hierin bedeutet

„c": Das intendierte BS ist ein technisches opus, hier des Menschen und der physischen Wechselwirkungen

„$_0^p$": Das intendierte BS gehört zu Sphäre physischer Wechselwirkungen

„$_0^\pi$": es ist eine Idealisierung, die von dem realen BS abweicht

„$_1^k$": es vermittelt das Erlebnis von Koinzidenz K I.

Die fünf Punkte bedeuten: Das BS ist die notwendige Bedingung für die Imaginierung der Daten, ihre Deutung als Messdaten, ihre Projizierung auf Koordinaten, Zahlen und Begriffe.

Die imperiale Interferenz scheint zunächst der Annahme autonomer Reiche zu widersprechen. So kann eine Zahl nicht zugleich ein Punkt sein, wohl aber einen solchen bedeuten. Ein physisches Wesen, das an Wechselwirkungen teilhat, kann nicht zugleich imaginiert sein, und so fort. Auch das intendierte BS wird als ein Wesen angenommen, das seiner Bestimmung nach durch Signale mit anderen physischen Wesen in Wechselwirkung tritt (was ein imaginiertes BS nicht kann!). Aber ein BS wird es erst dadurch, dass ihm durch den handelnden Menschen die übrigen Indikationen rein imaginativ aufgeprägt werden. Aeusserlich, also in U_0^p, ändert sich dadurch gar nichts: Eine Uhr bleibt ein Konglomerat aus Molekülen, ob wir sie als Zeitgeber benutzen oder nicht. Aber indem wir sie benutzen, bringen wir sie in bestimmte Konfigurationen (a) mit unserer Umwelt und (b) mit uns selbst. Eine Uhr ist also ein Werkzeug zur Kommunikation zwischen Mensch und Umwelt. Wie haben sie als Kommunikator bezeichnet. Alle BS sind Kommunikatoren. Insofern sie dies leisten, werden sie in den Zusammenhang zwischen Mensch und Kosmos eingeschaltet, sozusagen als Probekörper des Feldes aller menschlichen und kosmischen Operationen, die diesen Zusammenhang herstellen. Sie gehören nicht mehr allein zu den physischen Feldern, sondern auch zum Operationsfeld der physikalischen Erkenntnis.

Die Indikationen, welche mehr als nur die Zugehörigkeit zu U_0^p enthalten, sind also durch den Zweck des Benutzers imaginativ-pragmatisch den BS aufgeprägt. So bedeutet das Indexpaar $_1^k$ nicht, dass ein physisches BS ein Erlebnis des Menschen ist. Anderenfalls würde es seinen Zweck der Kommunikation Mensch: Umwelt nicht erfüllen. Wohl aber bedeutet es, dass das BS Erlebnisse zeitlicher und räumlicher Art vermittelt. Das gleiche gilt mutatis mutandis für die Indexpaare $_2^k$ bis $_6^k$.

Die Idealisierung bedarf einer eingehenderen Untersuchung. Sie besteht genau in folgendem: Wir konstruieren einen maximal homogenen und istropen (x, y, z, t)-Raum und fordern, dass die geometrischen Gesetze dieses Raums zugleich die Gesetze des Verhaltens eines BS seien. In das Indexpaar $_0^\pi$ geht also zunächst eine bestimmte Geometrie ein. Insofern damit eine bestimmte Transformationsgruppe verbunden ist, geht darin auch ein bestimmtes Gleichungssystem ein. Schliesslich enthalten die Ausdrücke „maximal homogen und isotrop'' ein bestimmtes Kategoriensystem.

Gerade dadurch, dass wir ein BS (z.B. einen Meterstab) nach diesen Strukturen konstruieren, wirken sie auf das BS. Sie tun dies aber nur angenähert, nicht absolut. In Wirklichkeit wird diese Beeinflussung durch Wechselwirkungen gestört. Trotzdem bleibt sie als eine Grund-Struktur des BS erhalten: Sobald die Wechselwirkungen aufhören *würden* (Konjunktiv!), würde auch die Idealstruktur allein herrschen. Dies ist der genaue Sinn von „π''.

Wir können (und müssen) wohl Uhren und Maßstäbe nach den Vorschriften der von uns entworfenen homogenen Raumzeit herstellen. Aber ob sie sich auch danach verhalten, wenn wir sie erst einmal selbst handeln lassen (sobald sie zu U_0^p-Wesen wurden), darüber verfügen wir ganz und gar nicht. Wie wir oben sahen, tun sie dies gerade nicht, sobald wir die Toleranz nach Null gehen lassen. Es muss also bewusstseinstranszendente Strukturen geben, denen reale BS wenigstens angenähert folgen und die nicht vom Menschen gemacht sind.

Wir haben hier den grundlegenden Fall der *Idealisierung durch Näherung*. Ihre Berechtigung beruht auf einem fundamentalen Glaubens satz:

$\Omega^{\pi}(60)$: U_0^p WIRD VON BEWUSSTSEINSTRANSZENDENTEN IDEALSTRUK-
TUREN GEREGELT DERART, DASS DIE EREIGNISSE SICH DANACH RICHTEN,
OBWOHL SIE DIESE STRUKTUREN IHRER NATUR NACH GAR NICHT ABSO-
LUT ERFUELLEN KOENNEN. DIES IST DER GRUND FUER DIE MOEGLICH-
KEIT VON MESSUNGEN MITHILFE VON BS, DENEN UNERFUELBARE IDE-
ALE FORDERUNGEN AUFERLEGT WERDEN.

Damit ist sofort ein zweiter Ω-Satz verbunden. Wenn nämlich die
sRT eine andere Struktur auf die BS wirken lässt als andere Theorien,
diese aber gleichfalls mit Erfolg BS verwenden, dann müssen wir eine
Ueberlagerung von Strukturen annehmen. Sie entspringen verschiedenen
Näherungsannahmen über die Wirklichkeit. Das klassische Beispiel
ist die maximal homogene und isotrope (x, y, z, t)-Geometrie der sRT
und die nur lokal homogene und isotrope Geometrie der aRT. Beide
Theorien beschreiben aber die Wirklichkeit. Also muss gelten:

$\Omega^{\pi}(61)$: DIE EREIGNISSE c_0^p WERDEN VON IDEALSTRUKTUREN GESTEUERT,
DIE SICH UEBERLAGERN.

Die Strukturen überlagern sich: Das heisst, sie schliessen sich in
ihrer Wirkung auf die Ereignisse nicht aus, obwohl sie logisch einander
widersprechen. So schliesst ein reales System aus Stäben und Uhren die
Annahme eines ideal starren Bezugsgerüsts aus. Trotzdem regelt das
letztere die Ereignisse, *als ob* es ideale BS in U_0^p gäbe.
Die Strukturen bilden dabei ein System von Näherungen der je vorhergehenden an die je nachfolgende. Sie sind also hierarchisch geordnet.
Dabei ist die limes-Struktur diejenige Struktur, die ohne Differenz
zwischen Soll- und Istwert die Ereignisse in U_0^p steuert. Bisher fanden
wir zwei Strukturen, nämlich die der sRT und der aRT. Wir lassen
offen, dass es in dieser Reihe noch weitere gibt. Bezeichnen wir die
Struktur der Raumzeit, die ideale BS ermöglicht, als $\sigma_0^{\pi}(0) = \sigma$ (sRT),
die nächst konkretere Struktur der RIEMANNschen Raumzeit mit Gravitationswirkungen als $\sigma_0^{\pi}(1) = \sigma$ (aRT), die näherungsfreie limes-
Struktur der Ereignisse mit $\sigma_0^{\pi}(N)$ und die Gesamtstruktur mit σ_0^{π}, so
gilt als Ausdruck der Ueberlagerung der Strukturen die der FOURIER-
Analyse analoge Summengleichung

$$\sigma_0^{\pi} = \sum_{i=0}^{N} a_i \sigma_0^{\pi}(i) = a_0 \sigma_0^{\pi}(0) + a_1 \sigma_0^{\pi}(1) + a_2 \sigma_0^{\pi}(2) + \ldots + a_N \sigma_0^{\pi}(N)$$

Die Koeffizienten a_i bezeichnen das „Gewicht", d.h. die Wirksamkeit der Strukturen in einem Ereignisbereich. Zahlenmässig lassen sie

sich beispielsweise durch die Reichweite der Wechselwirkungen ausdrücken. Dann ist innerhalb eines Megabereichs des Kosmos das Gewicht a_1 der RIEMANNschen Struktur des Kosmos grösser als das Gewicht der nuklearen Wechselwirkungen.

Wir haben hier eine der wichtigsten Gleichungen der Ω-Analyse. Ihre Bedeutung liegt darin, dass sie die Idealisierung der Realwelt in Form von Idealstrukturen $\sigma_0^\pi(0)$, $\sigma_0^\pi(1)$... erlaubt, ohne deshalb die Realwelt zu verfehlen, obwohl die so idealisierten Strukturen in ihr nur angenähert zu finden sind. Wenn nun eine Theorie wie die sRT die Realität richtig beschreibt, so heisst dies andererseits, dass ihre Effekte nicht angenähert, sondern exakt eintreten. Tatsächlich gelten die LORENZtransformationen exakt. Das gleiche gilt für $E = mc^2$ und die anderen Effekte. Und dies, obwohl die Voraussetzungen der Theorie unerfüllbare Näherungen darstellen. $\sigma_0^\pi(0)$ geht daher als Summenglied in die obige Formel ein, das heisst es regelt exakt den Ablauf der Ereignisse. Diese scheinbare Paradoxie löst sich durch die Annahme der Superposition von σ_0^π-Strukturen.

4. AUTONOME TRANSPHYSISCHE BS

Eine Uhr wollen wir als $BS_{0,\ldots}^{p,\cdot\cdot}$ bezeichnen. Darin bedeuten die oberen Punkte die Zahl der nicht mit p identischen modalen Indices, die unteren die der nicht mit „0" identischen imperialen. Jedes physische BS, also auch ein Gerüst aus Stäben, ein Radargerät oder ein Funkfeuer, bezeichnen wir als $BS_{0,\ldots}^{p,\cdot\cdot}$.

Nun müssen wir die Nachrichten, die uns Informationen eines $BS_{0,\ldots}^{p,\cdot\cdot}$ liefern, verstehen, um sie zu nutzen. Die Koinzidenz des Uhrzeigers mit den Zeichen „7" sagt uns nichts, wenn wir nicht wissen, was sie bedeutet. Wir müssen die Instrumente lesen können. Dazu bedarf es einer Reihe von Uebersetzungsvorschriften, nämlich:

c_{01}^k übersetzt die Nachricht der Uhr in das Erlebnis „Zeigerstellung koinzidiert mit Zeichen „7".

c_{12}^k übersetzt das Erlebnis in den Gedanken „Immer, wenn der Zeiger mit einem Zeichen koinzidiert, ist es so spät, als das Zeichen angibt".

c_{23}^k übersetzt den Gedanken in das Messdatum „Es ist jetzt sieben Uhr".

c_{34}^k übersetzt das Messdatum in den Koordinatenwert „$t = 7$", wobei das Zeichen „7" nun eine geometrische Markierung auf dem Zifferblatt bedeutet.

c_{45}^k übersetzt die Markierung „7" in die Zahl sieben.

c_{56}^k übersetzt die Zahl „sieben" in die begriffliche Dimension „Zeit".

Erst jetzt können wir exakt sagen: „Die Uhr zeigt die Zeit sieben". Alle Operationen wirken ihrerseits auf operanda. Welches sind die operanda der Uebersetzungsoperationen $c_{mn}^{\ k}$? Offenbar bereitliegende Sprachen, in die ein Ausdruck übersetzt wird. Nun können wir in einem erweiterten Sinn eine Sprache, etwa die Geometrie, als „BS" bezeichnen, auf das Ausdrücke projiziert werden. Sie haben dann dort einen genau bestimmten Wert. So hat das Erlebnis „Die Zeigerstellung koinzidiert mit dem Zeichen "7" in der Sprache der mobilisierten gedanklichen Daten auf Grund einer Konvention die Bedeutung „Die Uhr zeigt 7". Dass es sich nämlich um einen Zeitgeber handelt, können wir nur in einem gedanklichen Akt der Mobilisierung unserer Konvention über Uhren erkennen. Eine solche Konvention plus aller mobilisierten Erlebnisse mit Uhren und Verständigungen über Uhrzeiten bildet einen geordneten Vorrat an Daten, auf die wir unser Erlebnis projizieren, also ein BS.

Damit wir aber Informationen aus U_0^p auf die k-Reiche projizieren können, müssen bereits entsprechende k-BS zuhanden sein.

Die logische Bedingung für die Zuordnung einer p-Information zu diesen *transphysischen* BS ist also deren Zuhandensein. Dies ist der exakte Sinn von KANTS These: Die transzendentale Idealität garantiert die empirische Realität. Müssten wir diese transphysischen („idealen") BS erst in der Projektion der Daten des physikalischen BS erzeugen, so gäbe es überhaupt keine Projektion: Wir wären als Physiker mit dem Messapparat identisch. Nur indem wir dies n i c h t sind, haben wir überhaupt eine Grundbedingung für die theoretische Beurteilung des Messwerts. Die Erkenntnis der Gleichzeitigkeit von Ereignissen ist an das Zuhandensein verfügbarer, also a u t o n o m e r, transphysischer BS gebunden. Sie allein verleihen uns die Maßstäbe für die B e u r t e il u n g der empirischen Daten. Wären sie nicht autonom, so könnten sie nur von den Messapparaten selbst erzeugt oder mindestens dem Bewusstsein nahegelegt sein. Dann aber wären Richter und Zeugen in einer Person im Gerät vereint: Der zu verhandelnde F a l l wäre tatsächlich „zu Fall gebracht", ehe er aufgenommen wird. Die Autonomie der transphysischen BS ist also eine Grundbedingung der sRT, ja eine Bedingung der Möglichkeit von Urteilen über raum-zeitliche

Distanzen überhaupt. Sie wird damit zur Grundbedingung der Physik. Sie ist ein Grundsatz der Protophysik. Er lautet:

$\Omega^k(62)$: ES GIBT TRANSPHYSISCHE BS^k_m ALS REINE KONSTRUKTIONEN DER THEORETISCHEN VERNUNFT. SIE ERMOEGLICHEN DIE VERWENDUNG VON PHYSIKALISCHEN $BS^p_{0,\ldots}$:...

Die Erzeugung von BS bezeichnen wir als Imagination. Sie spielt sich in U^k_2 ab und ist also eine Operation c^k_2. Unter ,,imago'' verstehen wir ein System geordneter Elemente, das zur Korrelation des Objekts mit anderen Objekten erforderlich ist. Seine Erzeugung ist reine schöpferische Konstruktion.

Selbst wenn ein bereits fertiges System, etwa als physisches Modell wie der Uhr, vorliegt, so ist die Aufprägung des Instrumentalen als Mittel zur Urteilsfindung nicht im System selbst findbar. BS sind Einordnungshelfer. Die Zuordnung eines Elements zu einem BS^k_m nennen wir dessen *Imaginierung*. Auch sie findet in U^k_2 statt. Die Imagination ist also eine Kreation, die Imaginierung eine Transkreation.

Schon die Wahrnehmung der Gleichzeitigkeit setzt beide Operationen voraus. Die von U^p_0 kommenden Signale lösen die Mobilisierung der im Gedächtnis gespeicherten Daten aus. Diese sind als fertiges Begriffssystem aufgrund der Definition der Gleichzeitigkeit gespeichert. Die Definition selbst ist eine logische Imaginierung mit Hilfe eines Systems aus Begriffen, Vorschriften und Kategorien. Das Erlebnis der Gleichzeitigkeit imaginiert die aus U^p_0 kommenden Signale auf einen Komplex aus mobilisierten Daten von Begriffen, Zahlen und Koordinaten. Die Datenverarbeitung endet mit dem Urteil ,,A ist gleichzeitig mit B''. Die gespeicherten Daten – der Komplex aus den BS^k_m – sind das notwendige Apriori der Wahrnehmung der Gleichzeitigkeit. Nicht Raum und Zeit als solche, sondern raumzeitliche BS^k_m sind also die apriorischen ,,Anschauungsformen'' von $\underline{C}$, wenn es um physikalische Urteile geht. Auch sind die BS^k_m nicht vom ,,Gemüt'' bei sich fertig vorgefunden, sondern von $\underline{C}$ bewusst konstruiert. Die BS^k_m sind damit auch die Bedingungen für das mögliche Funktionieren von $BS^p_{0,\ldots}$:.... Beispiel: Wir wissen, dass Quasar A und Quasar B gleich weit von uns entfernt sind. Es treffen gleichzeitig zwei Signale von A und B mit der Nachricht ,,Helligkeitsmaximum'' ein. Wir verstehen die Nachricht nur, wenn wir ein imaginatives Koordinatensystem (KS) aus astronomischen Koordinaten herstellen ($BS^k_{4,5}$) und darauf die Nachrichten projizieren (imaginieren). Erst jetzt sagt uns das Signal im Radioteleskop mithilfe von Uhren und Positionsbestimmungsgeräten etwas. Wüssten wir nichts über die Struktur unseres astronomischen KS, so bliebe die Nachricht unverständlich.

Die transphysikalischen BS bezeichnen wir in aufsteigender Reihe unter Hinzufügung der Prinzipien und Werte durch

$BS_{1,0}^{k\,p} = $ Df   Schematismus möglicher Erlebnisse, z.B. als erkanntes Zeiterlebnis, Raumerlebnis, Wechselwirkungserlebnis, entsprechend der Struktur der Sinnesorgane und der bedingten Reflexe.

$BS_{2,01}^{k\,pk}\ldots\ldots = $ Df   Schematismus möglicher Vorstellungen, die durch Mobilisierung von Erlebnissen erzeugt werden, entsprechend der Struktur des menschlichen Vorstellungsvermögens.

$BS_{3,012}^{k\,pk}\ldots\ldots = $ Df   Schematismus möglicher Messdaten, entsprechend der Struktur einer Messtheorie

$BS_{4}^{k}\ldots\ldots = $ Df   Schematismus möglicher geometrischer Operationen, operanda und opera, entsprechend der Struktur einer Geometrie.

$BS_{5}^{k}\ldots = $ Df   Schematismus möglicher arithmetischer Operationen, operanda und opera, entsprechend der Struktur einer mathematischen Theorie.

$BS_{6}^{k}\ldots = $ Df   Schematismus möglicher logischer Operationen, operanda und opera, entsprechend der Struktur einer Logik.

$BS_{7}^{k}\ldots = $ Df   Schematismus möglicher Prinzipien und Vorschriften, entsprechend der Struktur der Operationen, auf die diese Prinzipien wirken.

$BS_{8}^{k} = $ Df   Schematismus möglicher Werte, entsprechend den Zielen von Operationen.

Durch die Anzahl der Punkte geben wir an, wieviel Komponenten aus den höheren Reichen in den betreffenden Ausdruck einfliessen. Ihre Zahl nimmt nach oben ab. Das bedeutet, dass etwa das rein geometrische KS nicht der Ereignisse, der Erlebnisse und Messungen bedarf. Wir können – und müssen! – ein KS erfahrungsfrei konstruieren. Nach oben gehen jedoch notwendig Elemente der Arithmetik zur Benennung der Koordinatenwerte sowie logische Vorschriften für das Operieren mit Koordinatenwerten ein. Das $BS_{5}^{k}\ldots$ bedarf nur der Logik, Prinzipien und Werte. Es lässt sich anschauungsfrei ein System aus n-Tupeln aufstellen, um damit Elemente aus U_{5}^{k} oder aus anderen Imperien zu bezeichnen. Schliesslich ist ein System physikalischer

Grundbegriffe und logischer Operationen, mit deren Hilfe wir Erlebnisse kategorial lokalisieren, nicht an die Mathematik gebunden, sondern autonom konstruierbar. Ich nenne dies das *Gesetz der aufsteigenden Autonomie*, formulierbar durch den Glaubenssatz:

Ω^k(63): ORDNEN WIR DIE REICHE DER ERLEBNISSE, VORSTELLUNGEN, MESSWERTE, GEOMETRIE, ALGEBRA UND LOGIK IN EINE AUFSTEIGENDE REIHE, SO SIND FUER EIN BS, DESSEN SCHWERPUNKT DEM REICH m ANGEHOERT, $(8 - m)$ PROJEKTIONEN AUF HOEHER LIEGENDE REICHE ERFORDERLICH.

In diesem Satz ist ein zweifaches enthalten: Alle Bezugsschematismen von $BS_{1,0}^{k\ p}$...... aufwärts sind an alle darüber liegenden Reiche gebunden. Sie können ohne diese nicht konstruiert werden. Beispiel: Eine rein geometrische Beschreibung von Zeiterlebnissen liefert uns nur Markierungen auf Koordinaten, aber nicht die Möglichkeit, mit ihnen zu rechnen.

Ein KS erfüllt seinen Zweck erst, wenn seine Markierungen mit Zahlen versehen sind, die ihrerseits bestimmten Bedingungen genügen. Natürlich würden auch andere Benennungen, etwa mit Buchstaben, eine eindeutige Kennzeichnung erlauben. Dies ergäbe eine Art Chiffre, bei der z.B. dem Namen „abf" eine bestimmte Markierung entspräche. Aber rechnen können wir damit nicht. Das wollen wir gerade, um zeitliche Abstände zu vergleichen und ihre Veränderung abzubilden. Es war die Grosstat von DESCARTES, Geometrie und Algebra zu verschmelzen. Auch die sRT macht davon Gebrauch. Sie geht so weit, KS und Zahlen-n-tupel x^1, x^2, x^3, x^4 praktisch zu identifizieren, so dass der Kontext gelegentlich keine Unterscheidung mehr erlaubt. So lassen sich Tensoren sowohl aus ihren Transformationseigenschaften, also algebraisch, aufbauen, wie auch geometrisch-anschaulich als Linien- und Flächentensoren, deren Komponenten die ko- oder kontravarianten Projektionen auf die Koordinaten darstellen. Die Vernachlässigung des geometrischen Verfahrens zum Aufbau von Grössen der sRT rächte sich in der aRT: Hier wird die Existenz von Vier-Beinen zur eindeutigen Messung von Längen und Zeitintervallen akut. Ohne solche geometrischen Objekte und ihre physischen Urbilder, die Korrelate anschaulicher Skalen, wäre die Algebra der sRT hilflos: Jede Messung läuft letzlich auf die Koinzidenz von Zeigern mit räumlichen Markierungen hinaus. Dasselbe gilt vice versa: Ohne die Numerierung der Skalenmerkierungen und die mathematische Struktur der Zusammenhänge zwischen den Nummern, insbesondere die Regeln der Algebra und Analysis, wäre die Messung und Prognose neuer Messergebnisse hilflos. Geometrie und Algebra sind also aufeinander angewiesen und zugleich nach Eigenschaften und Genesis unterschieden.

Ein zweites Beispiel: Die rein rechnerische Darstellung der nacheinander im Radar ankommenden Signale eines Satelliten durch den Computer liefert uns beispielsweise die Zahlenwerte 100, 101, 102, 103..., aber noch nicht die Deutung der Zahlen als zeitlich zunehmender azimutaler Abstand von der Bodenstation. Dazu brauchen wir Begriffe und logische Operationen. Die einzelnen Reiche lassen sich also wohl autonom konstruieren, nicht aber die aus ihnen konstruierbaren BS. Ein BS ist also stets ein *imperiales Interferenzglied*. BS stellen die operative Brücke zwischen den Reichen her: Das Operieren mit den Reichen zum Zweck einer Messung von p-Daten und ihrer Benutzung für Prognosen über andere p-Daten setzt ihre Interferenz voraus.

Die Reiche sind daher konstruktiv autonom, operativ aber interdependent. Daraus folgt:

Es ist nicht möglich, eine Messung der Zeit nur durch eine einzige imperiale Klasse von BS durchzuführen. Im Messakt treffen sich die aus allen Reichen genommenen BS in genau festgelegter Weise. Zur Aussage: ,,Das Ereignis A fand im BS der Uhr U zur Zeit t statt'' gehören 6 Uebersetzungen plus der Uebersetzung c_{67}^{k}. Die als Zeit dimensionierte Zahl wird auf das Prinzip der Homogenität der Zeit abgebildet durch die Zuordnungsvorschrift ,,Zeigt die Uhr A am Ort x des räumlichen BS die Zeit t, so gibt es eine Konstruktionsvorschrift, die an allen anderen Orten x', x'',.... des BS die gleiche Zeit t durch Uhren n x', x''..... anzeigt''. Die Zuordnungsvorschrift heisse ,,Prinzip der Synchronisierung''. Erst jetzt hat das Zeitzeichen einer Radiostation für alle Bewohner der Erde einen Sinn.

$c_{7\,8}^{k}$: Die synchronisierte Zeit ,,sieben Uhr'' wird von den Bewohnern der Erde als die Erfüllung des Sollwerts ,,eindeutige Verständigung über die Zeit'' empfunden. Sie erfüllt den obersten Wert ,,gut''. Erst jetzt wird die Radiozeit eine ,,gute'' Zeit, erst jetzt ist sie für uns wertvoll, Wert-erfüllt.

Eine Theorie der Zeit ist also zunächst eine Folge der Konstruktion von 8 BS_{m}^{k} und von 8 Uebersetzungen des p-Datums ,,Zeit''. Wir können auch sagen: Die Zeit wird durch 8 Uebersetzungen auf 8 BS_{m}^{k} zu ihrer Wahrheit gebracht.

Die Zuordnung (Uebersetzung) ist in jedem Fall ein Akt des Vertrauens in die nacheindeutige Entsprechung zwischen dem Uebersetzten und seinem Ort im BS_{m}^{k}. Die Schematismen der BS_{m}^{k} sind a priori nicht entwickelt, um beispielsweise Zeiterlebnisse zu ordnen. Sie wurden vielmehr von $BS_4^k \ldots$ ab autonom konstruiert. Wenn trotzdem Operationen mit den übersetzten Zeitwerten zu Prognosen über künftige erlebbare Zeitwerte führen, die mit den Erlebnissen übereinstimmen, so ist das an sich ein reines Wunder. Es hört nur auf, ein solches zu sein, wenn wir den bereits früher formulierten Glaubenssatz von der Zuordnungsmöglichkeit der Reiche untereinander und der Reiche zum Universum U_0^n (sRT) annehmen.

Wir haben damit folgende imperiale Klassen von BS_m^k:

Schema VI

In U_1^k	Schema der Zeiterlebnisse	$BS._1^k \ldots$
U_2^k	Anschauungsraum- und Zeit	$BS._2^k \ldots$
U_3^k	idealisierte Gerüste mit Uhren	$B\,S_{\ldots 3}^k \ldots$
U_4^k	Koordinatensysteme	$BS_4^k \ldots$
U_5^k	n-Tupel	$BS_5^k \ldots$
U_6^k	Begriffe und Kategorien	$BS_6^k.$.
U_7^k	Vorschriften und Prinzipien	$BS_7^k.$
U_8^k	Wertsysteme	BS_8^k

5. IMPERIALE PLURALITÄT UND OPERATIONALISMUS

Es hat gelegentlich den Anschein, als sei der entscheidende Schritt EINSTEINs die Gleichzeitigkeitsdefinition mithilfe von Lichtsignalen. Der Erfolg dieses Verfahrens war gewiss schlagend. Er veranlasste den Siegeszug des Beobachtungspostulats in der heutigen Physik. BRIDGMAN wollte freilich zeigen, dass EINSTEIN in der aRT dieses Prinzip verletzte.[1] Aber untersuchen wir einmal, was das Postulat für die Gleichzeitigkeitsdefinition genau bedeutet.

Die Imperien der Noosphäre, U_k^7, U_k^6, U_5^k und U_4^k, reichten nicht aus, um die Gleichzeitigkeit zu definieren, daher das Kommando aus U_8^k, sich physikalischer Operationen zu bedienen. Es gibt eben für einen Begriff, dessen intendiertes Fundament in U_0^n ruht, keine Definition, die nicht auf U_0^n zurückgreift. Diese triviale Forderung hat die bisherige Ontologie vernachlässigt, sonst könnte N. HARTMANN nicht heute noch eine absolute philosophische Zeit behaupten.[2] Damit voll-

---

[1] SCHILPP, a.a.O., S. 225 f.
[2] N. HARTMANN, *Philosophie der Natur*, Walter de Gruyter Berlin 1950, S. 177.

zog EINSTEIN eine nochmalige Wende gegenüber der KOPERNIKanischen Wende KANTS: Er löste den Zeitbegriff aus seiner absoluten
Apriorität und konfrontierte ihn mit der Erfahrung. KANT hatte sich
getäuscht, als er annahm, die Zeitanschauung sei Bestandteil eines absoluten Aprioris. Sicher: Die Benutzung zeitlicher Grössen ist
die notwendige Vorbedingung zur Aufstellung von Gleichungen für die
Dynamik. Auch in die LORENTZ-Transformationen geht der Zeitparameter durch $v = s/t$ ein. Das heisst aber nicht, dass der Zeitbegriff auch
absolut einer Theorie vorhergehen muss: Die sRT korrigierte den
früheren Begriff unter Rückgriff auf die Erfahrung und setzte den
neuen Begriff nur als *technisches* Apriori in die Theorie ein. M.a.W.sie
änderte die Gestalt des Begriffs, beliess aber das Apriori der Zeit
schlechthin.

Die Annahme, ,,Es gibt zeitliche Relationen zwischen Ereignissen'',
gehört freilich zu den Axiomen der sRT. Sie ist also kein Glaubenssatz.
Sie kann daher reduktiv durch die Erfahrung aufgewiesen werden.
Ein Glaubenssatz ist hingegen die Forderung, den Zeitbegriff eindeutig
durch den Rückgriff auf Lichtsignale zu definieren. Der Operationalismus setzt also den Ω-Satz ^{kn}(6.2) voraus.[1] Es ist ähnlich wie in der
Ethik: Könnten sich die Menschen von Natur aus nur von Menschenfleisch ernähren, so wäre das Gebot ,,Du sollst nicht töten'' unerfüllbar,
weil im Widerspruch zur menschlichen Existenz. Freilich würde diese
gerade durch die Natur des Menschen aufgehobenen – wenigstens für
den Unterliegenden. Wäre das Denken imstande, nur aus sich selbst
Begriffe hervorzubringen, so wäre der Operationalismus eine unerfüllbare Forderung.

Das gleiche gilt für die Annahme, das Denken könnte nur aus der
Erfahrung Begriffe hervorbringen, wie der Materialismus meint. Ohne
Anschluss der Kosmo- und Biopsychosphäre an die Noosphäre durch
die Messung – die hier eigentlich als Nahtstelle des Informationsaustausches zwischen Denken und Natur auftritt – gäbe es überhaupt
keinen *Begriff* der Gleichzeitigkeit, sondern nur Messergebnisse. Protokollsätze wie ,,Um 17^h Moskauer Zeit koinzidierten Kosmos 186 und
188'' sagen wohl etwas über die Koinzidenz der Ereignisse, aber es
gibt ohne die *Definition* der Gleichzeitigkeit entfernter Ereignisse
keinen Protokollsatz der Art ,,Um 13^{15h} wurde in Baikonur von
Kosmos 188 ein Signal empfangen und um 13^{16h} ein Signal von
Kosmos 186. Beide Signale wurden von Kosmos 186 und Kosmos

---

[1] Siehe S. 72.

188 gleichzeitig emittiert". Dazu bedarf es einer Theorie der Gleichzeitigkeit, das heisst einer konstruierten und an Messoperationen testbaren Zeit.

Hier scheint ein Widerspruch zu liegen: Wenn die Zeit eine gedankliche Konstruktion darstellt, dann ist sie nicht messbar. Ist sie aber messbar, so ist sie keine gedankliche Konstruktion. In der Tat verläuft EINSTEINS Definitionsweg zum grössten Teil in der Noosphäre. Andererseits hat die Definition nur einen technischen *Sinn*, wenn sie mit U_0^p vergleichbar ist und zu Prognosen über U_1^k Anlass gibt. Wie kann das Empirische konstruiert sein und das Konstruierte empirisch? Antwort: Durch Rekonstruktion einer Struktur, entsprechend Glaubenssatz $\Omega^{k\pi}(58)$. Wäre die Zeit in der Tat nur ein constructum wie eine mathematische Theorie, dann ginge sie nicht in die Physik ein. Das gleiche gilt, wenn sie nur ein Messergebnis wäre. Sie ist weder das eine noch das andere. Zeit finden wir nicht in der Erfahrung, Erfahrung setzt vielmehr Zeit voraus. Darin hatte KANT recht. Zeit finden wir aber auch nicht im Denken oder in der Intuition als fertiges Schema vorangelegt, sonst könnte sie nicht mit der Erfahrung verglichen und korrigiert werden. Zeit ist aber aus dem gleichen Grunde auch nicht reines Gedankenprodukt. Wir müssen vielmehr annehmen, dass es zwei Klassen von Zeiten gibt: Eine rein imaginative, die wir Noo-Zeit oder k-Zeit nennen wollen, und eine rein kosmologische, die aber nicht zur Welt der Ereignisse, sondern zur Welt ihrer Strukturen gehört. Diese Zeit bezeichnen wir als *Protozeit* oder π-Zeit. Dann ist π-Zeit keine Rekonstruktion von Ereignissen, sondern ihrer Struktur. Eine durch U_0^p bestätigte Zeitdefinition ist weder die ausschliesslich erkannte noch die ausschliesslich erzeugte Zeit, sondern beides: Erkennen ist nach einer uralten Menschheitsvorstellung eben Erzeugen.[1] Wir fügen heute hinzu: Erzeugen ist auch Erkennen.

6. IMPERIALE PLURALITÄT DER GLEICHZEITIGKEIT

Dementsprechend gibt es auch sechs imperial verschiedene Zeiten. Der Begriff „Gleichzeitigkeit" ist überhaupt nicht autonom in einem einzigen Reich aufzustellen. Immer gehen schon Operationen aus mehreren Reichen ein. Wir sagen: Gleichzeitigkeit ist ein imperial interferenter Begriff. Wäre er beispielsweise allein in U_0^p definierbar, so wüssten wir nichts von der Relativität der Gleichzeitigkeit, denn

---

[1] MOSES 4, 1: Adam erkannte seine Frau Eva.

dazu brauchen wir BS; diese sind aber Schöpfungen des Menschen. Und doch gibt es einen reinen $^p_0$-Anteil der Gleichzeitigkeit: Zwei Ereignisse A und B sind gleichzeitig, wenn sie koinzidieren. Gleichzeitigkeit I ist also in U^p_0 ohne Zuhilfenahme anderer Reiche herzustellen. Aber sie ist auch völlig wertlos für die sRT: Diese fragt ja nach Gleichzeitigkeit II und III für räumlich entfernte Ereignisse. Analog ist es mit der erlebten Gleichzeitigkeit von Ereignissen: Sie ist nur für koinzidierende Ereignisse des Bewusstseins auszusagen. Erst die imaginierte Gleichzeitigkeit wird zum Problem: Jetzt können Ereignisse an ihren Emissionsort zurückprojiziert werden. Aber auch das genügt nicht zu einer exakten Beurteilung von Gleichzeitigkeit II und III. Dazu bedarf es der Geometrie. Erst hier ist die Gleichzeitigkeit zweier Weltpunkte gegeben, wenn sie (1) auf raumartigen Weltlinien liegen und (2) in einem KS ihre zeitlichen Abstände von den Raumachsen die gleichen sind. Damit ist eine horizontale, genauer inner-imperiale Pluralität der Gleichzeitigkeit gegeben, denn sie gilt nur in einem einzigen BS, in jedem dazu bewegten nicht mehr. Trotzdem sind alle BS gleichwertig für die Beurteilung der Gleichzeitigkeit. Es gibt also ebensoviele zeitliche Abstände zwischen zwei raumartigen Ereignissen, als es zueinander bewegte BS gibt, das heisst ∞^3. Diese Auffächerung der Gleichzeitigkeit ist ein opus ihrer Bestimmung in der MINKOWSKIwelt.

Von hier strahlen nun die anderen imperialen Ortungen der Gleichzeitigkeit aus. In U^k_5 ist sie das opus einer Gleichung $t_A - t_B = 0$, in U^k_6 das opus einer Definition und eines darauf gegründeten Satzes über die Ereignisse A und B. In U^k_7 wird sie zum Prinzip der Messung von Längen: Länge wird jetzt als rein räumlicher Abstand der Ereignisse A und B bei $t_A - t_B = 0$ definiert. Damit wird die Gleichzeitigkeit zur Vorschrift für die Definition der Länge. In U^k_8 wird die Gleichzeitigkeit zum Träger des Wertes ,,Eindeutige Beschreibung von Erlebnissen"; erst jetzt können wir Erlebnisse und Messungen in eine eindeutige zeitliche Ordnung bringen.

Damit wird der Zeitbegriff selbst imperial interferent. Um zu sagen, was die Zeit ist, müssen wir immer das Reich angeben, in dem ,,Zeit" definiert wird. Die Reiche zeigen sich damit als eine Art von BS. Dessen Angabe geht notwendig in die Definition der Zeit ein. Zum Unterschied von den BS als intentionalem Gegenstand der sRT sind die Reiche kein nur intentionaler Gegenstand der sRT, sondern deren (psychisch meist unbewusste) Vorbedingung.

So können wir z.B. ein KS nur entwerfen, wenn das Reich der Geometrie verfügbar ist, auf dessen Axiome, Definitionen und Folgesätze das KS projiziert. In einer auch lokal gekrümmten Welt lässt sich kein kartesisches KS herstellen. Die „Lokalisierung" eines BS verlangt immer ein Ueber-BS (das betreffende Reich), durch dessen Angabe wir erfahren, mit welcher Art von BS wir es zu tun haben.

Wir bezeichnen die Reiche daher gleichfalls als eine Art „BS", in Zeichen Ω-BS. Darunter verstehen wir eine imperiale Ortung des BS oder irgend eines anderen Gegenstandes. Zur Zeit-Definition bedarf es also (1) eines intentionalen technischen BS und (2) eines Ω-BS. Es gibt also in einem zweifachen Sinn keine Zeit als solche, sondern stets die konstruierten Zeiten in doppelter Auffächerung, wie die nachfolgende Matrix-Multiplikation zeigt (Die Punkte bei den Indices lassen wir fort):

Schema VII

technische BS

$$\Omega\text{-BS} \times \begin{vmatrix} U_0^p \\ U_1^k \\ U_2^k \\ U_3^k \\ U_4^k \\ U_5^k \\ U_6^k \end{vmatrix} \times \begin{vmatrix} \mathrm{BS}_0^p(1) & \mathrm{BS}_0^p(2) & \dots & \mathrm{BS}_0^p(N) \\ \mathrm{BS}_1^k(1) & \mathrm{BS}_1^k(2) & \dots & \mathrm{BS}_1^k(N) \\ \mathrm{BS}_2^k(1) & \mathrm{BS}_2^k(2) & \dots & \mathrm{BS}_2^k(N) \\ \cdot & \cdot & \cdot & \cdot \\ \cdot & \cdot & \cdot & \cdot \\ \cdot & \cdot & \cdot & \cdot \\ \mathrm{BS}_6^k(1) & \mathrm{BS}_6^k(2) & \dots & \mathrm{BS}_6^k(N) \end{vmatrix} \times \begin{vmatrix} t \end{vmatrix} \Rightarrow \begin{vmatrix} t_0^\pi \\ t_1^k \\ t_2^k \\ t_3^k \\ t_4^k \\ t_5^k \\ t_6^k \end{vmatrix}$$

Erläuterungen: Die eingeklammerten Zahlen bedeuten das konkrete BS, von dem aus die Zeit beurteilt wird. Ihre Menge hat die Mächtigkeit ∞^{10}. Auch die begrifflichen BS weisen die gleiche Mächtigkeit auf: Wir verstehen darunter den logischen Ausdruck für das n.te physische oder transphysische BS (also einen Individuenausdruck, da das n.te BS wesenhaft nur einmal vorkommt). Indem nun alle Glieder der ersten Matrix mit allen Gliedern der zweiten multipliziert werden, kommen wir zu imperialen Interferenzgliedern. So bedeutet $U_6^k \times \mathrm{BS}_0^p(1) \times t \Rightarrow t_6^k$ den logischen Individuenausdruck für die in einem physischen BS beobachtete Zeit. $U_4^k \times \mathrm{BS}_1^k \times t \Rightarrow t_4^k$ bedeutet die der erlebten Uhrzeigerstellung, entsprechende Koordinate x^0. Die Matrix $|t|$ besteht dabei nur einem einzigen Zeichen, dem gänzlich unbestimmten reinen Zeit-Wesen als Operandum möglicher Bestimmungen.

7. SCHÖPFERISCHER GEIST

Wir bezeichneten den Operator schöpferischer Konstruktionen als theoretische Vernunft, in Zeichen $\underline{C}$. Wir können nun als erstes Ergebnis einer Ω-Analyse der BS folgende Merkmale von $\underline{C}$ feststellen:

1. $\underline{C}$ konstruiert 8 Reiche U_1^k bis U_8^k
2. $\underline{C}$ konstruiert mit ihrer Hilfe 8 transphysische BS-Typen
3. $\underline{C}$ konstruiert mit deren Hilfe und mit Hilfe von U_0^p die physischen $BS_{0,\ldots}^{p,\ldots}$
4. $\underline{C}$ ordnet Elemente irgendeines Reichs irgendeinem BS zu (Imaginierung)
5. $\underline{C}$ benutzt zu diesen Operationen Glaubenssätze aus U_9

$\underline{C}$ erweist sich damit als Bezugs-Konstrukteur und Bezugs-Imaginator.

$\underline{C}$ operiert dabei in allen drei Sphären. In der Kosmosphäre realisiert der Leib des Physikers ein $BS_{0,\ldots}^{p,\ldots}$, ein Gerät zur Aufnahme von Daten. In der Bio-Psychosphäre realisiert der Leib ein Gerät zur Zuordnung der Daten zu gespeicherten analogen Daten: Zeiterlebnis mit Hilfe von $BS_{.2\ldots}^{k}$. In der Noosphäre realisiert die theoretische Vernunft die Messgrössen mit Hilfe von $BS_{.4\ldots}^{k}$, d.h. einem Gerät zur Orts- und Zeitmessung. In der Noosphäre aufsteigend realisiert die theoretische Vernunft die Einsetzung der Messwerte in Koordinaten, Zahlwerte und Begriffe. Schliesslich bedient sie sich der Werte und Vorschriften. Erst all dies zusammen bildet die Bedingung für die Möglichkeit einer physikalischen Theorie wie der sRT. Damit gewinnen wir folgenden Glaubenssatz:

$\Omega^{\pi}(64)$: DER PHYSIKER IST EIN IMPERIAL PLURALER OPERATOR MIT INTERFERENZ VON OPERATIONEN AUS ALLEN 10 REICHEN.

Einen solcherart imperial komplexen Operator bezeichnen wir als *Menschen*. Im Gegensatz zum Spiritualismus ist der MENSCH kein reines trans-natürliches Wesen, sondern mit der leiblichen Natur verzahnt. Sein Operationsfeld und deren Möglichkeitsbedingungen liegen in allen Reichen. Er ist überall zuhause. Seine Heimat ist die ganze Welt – vom Elementarteilchen bis zur Religion. Er ist damit der umfassendste bisher bekannte Typus des Operators. $\underline{C}$ wirkt damit als *Hauptschalter* der auf- und absteigenden Informationsströme, als die wahre Drehscheibe und der Mittler des Seins.

8. VERZAHNTE SUBJEKT-OBJEKT-BEZIEHUNGEN

Die Subjekt-Objekt-Beziehung zeigt sich viel komplexer, als es von der bisherigen Philosophie angenommen wird. Zunächst ist das Objekt „Gleichzeitigkeit" kein reines U_0^p-Wesen: In der Koinzidenz von Ereignissen beobachten wir nur die Zeigerstellung eines Gerätes plus der damit koinzidierenden Ereignisse A und B. Dies ist noch nicht Gleichzeitigkeit: Es fehlt die Angabe des BS. Um die reine Koinzidenz zur Gleichzeitigkeit umzuwandeln, bedarf es folgender Operationen:

Information $U_0^p \rightarrow U_1^k$: „Ich beobachte die Koinzidenz der Zeigerstellung und der Ereignisse A und B anhand meines identischen Bewusstseinsakts". Nun kann man den primären Bewusstseinsakt durch eine Vorrichtung ersetzen, etwa ein Zählrohr, das nur anspricht, wenn Teilchen A mit B koinzidiert. Mit dem Zählrohr ist eine Uhr verbunden, die das komplexe Ereignis (A, B) mit einer Zeigerstellung C als koinzidierend registriert und zum überkomplexen Ereignis (A, B, C) zusammenfast. Dann bedarf es aber je eines Beobachtungsaktes, um (A, B, C) zu *konstatieren*, d.h. die von (A, B, C) ankommende Information (Photonen auf der Netzhaut) zu *rezipieren*, diese in einen Bewusstseinsakt zu *transformieren* und schliesslich für die nachfolgenden Operationen zu *speichern*. Diese drei Grundoperationen der Kommunikation des Physikers mit U_0^p leistet U_1^k. Dies ist ein sehr komplizierter Apparat von $\underline{C}$. $\underline{C}$ projiziert schliesslich das Datum $(A, B, C)_1^k$ auf ein intendiertes $\underline{U_0^p}$: Er setzt ein bewusstseinstranszendentes komplexes Ereignis $(A, B, C)_0^p$, das seiner Existenz nach von dem gespeicherten Datum $(A, B, C)_1^k$ verschieden und zugleich inhaltlich mit ihm gleich *sein soll*; ob es das ist, wird zunächst unreflektiert angenommen. Diese Projektion setzt vier Glaubenssätze voraus:

$\Omega^p(65)$: ES EXISTIERT EIN U_0^p MIT ELEMENTEN $(A, B, C)_0^p$.

$\Omega^{pk}(66)$: AUS U_0^p KOMMT DAS DATUM (A, B, C) ALS NACHRICHT ZU U_1^k.

$\Omega^k(67)$: U_1^k VERFUEGT GRUNDSAETZLICH UEBER EINE APPARATUR DER DATENAUFNAHME-, VERARBEITUNG-UND SPEICHERUNG VON EREIGNIS $(A, B, C)_0^p$ ALS EREIGNIS $(A, B, C)_1^k$.

$\Omega^{kp}(68)$: $(A, B, C)_1^k = (A, B, C)_0^p$.

Diese Analyse ist nicht trivial. Sie bringt die Entscheidung über die metaphysische Behauptung von der Existenz einer absoluten Zeit. Zeitartige Daten $(A, B, C)_0^p$ sind bereits das opus einer Rück-Transfor-

mation aus den Erlebnisdaten $(A, B, C)_1^k$ in die intendierte Kosmosphäre U_0^p. Nur die reine Koinzidenz, ohne als Gleichzeitigkeit gedeutet
zu sein, gehört einer bewusstseinstranszendenten Kosmosphäre U_0^p an.
Die unerlebte Gleichzeitigkeit gibt es nicht. Unerlebt sind nur Koinzidenzen. Gleichzeitigkeit ist die bereits durch $\underline{C}$ mithilfe des K-Appa-
rates *verstandene* Nachricht, die in der Information von U_0^p an U_1^k
enthalten ist. Wir sagen abgekürzt: *Gleichzeitigkeit ist die entschlüsselte Koinzidenz.* In die Entschlüsselung geht aber notwendig das BS
ein. Unbewusst geschieht dies in U_1^k, indem $\underline{C}$ dort das Eigen-BS als
selbstverständlich voraussetzt. Damit kommt ein Moment von Un-
bestimmtheit in die verstandene Koinzidenz: Wir haben erst das BS
zu wählen, von dem aus die Koinzidenz und damit die Gleichzeitigkeit auszusagen ist. Dies ist bei räumlich und zeitlich koinzidierenden
Ereignissen kein Problem. Diskutieren wir aber eine rein zeitliche
Koinzidenz ohne räumliche Koinzidenz (Gleichzeitigkeit entfernter
Ereignisse), so muss das BS explizit angegeben werden. Dann aber
wird die Aussage, ob die Ereignisse A und B gleichzeitig sind, objektiv
unbestimmt, solange das BS nicht gewählt ist. Bestimmt ist auf jeden
Fall das Eigen-BS des erlebenden Menschen. Es ist uns primär gewiss.
Ja es ist das einzig Gewisse, denn andere BS sind uns wegen der zeit-
räumlichen Individualität unseres Organismus nicht zugänglich.

EINSTEINS Rückgriff auf das Zeiterlebnis kann man als Kartesische
Wende der Physik bezeichnen: Es ist eine Antwort auf die Frage
des DESCARTES, „Was ist mir absolut gewiss?''. Antwort: Das subjektive Zeiterlebnis in meinem Eigen-BS. Dass EINSTEIN mit dem
Zeiterlebnis begann und nicht etwa mit dem Raumerlebnis, wie es
naiverweise scheinen sollte, oder auch mit dem Massenerlebnis, das
uns ebenso vertraut ist, hat seinen Grund in einer tiefen Intuition
EINSTEINS. Das unmittelbar Bewusste ist nicht das Denken, wie
DESCARTES irrtümlich meinte, sondern unsere eigene schöpferische
Existenz. Unser permanentes Operieren mit Daten aus der Innen-
und Aussenwelt, der ständige Datenstrom unseres Bewusstseins, der
buchstäbliche elektrische Strom in den Neuronen mit den von ihm
getragenen Nachrichten – das ist der primäre Inhalt unserer Gewissheit eigener Existenz.[1] Abstrakt gefasst: Das Zeit-Erlebnis, die erlebte
Zeit oder das zeitliche Erleben, wie immer man will. Unser eigenes
permanentes Erzeugen von Daten, dieser das Ich manifestierende
Zeugungsakt neuer Daten, – dies ist das Urerlebnis der Zeitlichkeit,

---

[1] Das ist der Sinn des „Hintergrunds'' bei HUSSERL. Siehe Seite 83.

dies ist Zeitlichkeit. Daher die Magie des Rhythmus bei den Primitiven, daher die Bedeutung der Musik bei SCHOPENHAUER als Erlösungswerk im Vollzug der Vereinigung mit dem Welt-Willen, daher die Befriedigung im Schöpfungsakt selbst, in welcher Sphäre auch immer, als die Ek-stasis des eigenen Selbst im Erzeugen.

Es besteht eine verwunderliche Parallelität zwischen dem durchsichtig-rationalen Entschluss EINSTEINS, vom Zeiterlebnis auszugehen, und den magischen Zeit-Kulten biologischer, ästhetischer und religiöser Art. In der Biopsychosphäre sind es die Fruchtbarkeitskulte, die erst Zeit setzen und in der Ekstase zugleich aufheben, oder der Totenkult der Aegypter, der Zeit entzeitigt. Innerhalb der Noosphäre und zugleich eingetaucht in die Bio- und Psychosphäre: die Musik als ästhetischer Zeit-Kult. Innerhalb der reinen Noosphäre das Kirchenjahr mit dem grossen Zyklus der Verzeitlichung (Geburt) und Entzeitigung (Auferstehung) Christi. Zwischen theoretischer Physik bis zur Religion spannt sich damit ein seltsamer Brückenbogen.

Gewissermassen als eine unerwartete Antwort auf diese Struktur von U_1^k ist die Kosmosphäre U_0^p gerade so strukturiert (,,konstruiert''), dass die Messung aller physikalischen Grössen mit der Zeit-Messung beginnt. Die Länge einer Strecke können wir, sofern sie unsere direkt überschaubaren Bereiche unter- oder überschreitet, nur mithilfe von Spektrallinien im Mikrobereich oder elektromagnetischen Signalen im Megabereich messen; und zwar anhand des zeitlichen Intervalls: über die Wellenlänge als Angströmanzahl bzw. den Uhrzeigerabstand bei der Echolotung. Nun sind, wie EINSTEIN hervorhebt, alle Messungen letztlich solche von raumzeitlichen Koinzidenzen. Das führt wieder zur Relativität von Energie, Impuls, Masse, elektrischem und magnetischem Feld. Die Zeit ist also verantwortlich für die relativistische Grundstruktur der Physik. Weshalb? Weil auch das physische Geschehen nichts ist als schöpferische Selbstverwirklichung. Das ist der Ω-Sinn von EINSTEINS Rückgriff auf die Ereignisse als den Ansatzpunkten der sRT. Denn zur Koinzidenz bedarf es der koinzidierenden Ereignisse. Ein Ereignis ist aber schöpferischer Akt. Eine Physik, deren Gegenstand die raumzeitliche Struktur von Ereignissen ist, muss daher notwendig von der Klärung des Zeitbegriffs ausgehen. So steht am Anfang des Erkennens und des Erkannten die Zeit.

Aber nur am Anfang. Bliebe die sRT beim gespeicherten Datum $(A, B, C)_1^k$ stehen, so käme sie nicht über das intellektuelle Niveau von Kindern und Primitiven hinaus. Eine radikal empiristische Physik ist keine Wissenschaft. Das denkende Bewusstsein *misst*. Es verarbeitet das gespeicherte Datum zu einer Aussage über die Zuordnung von $(A, B, C)_1^k$ zu einem geeichten Messapparat, der mit Strichen oder/ und Zahlen versehen ist. Erst jetzt beginnt Wissenschaft. Auch das ist nicht trivial, denn es brauchte Jahrhunderttausende, ehe es der Mensch lernte. Im Grunde war der Beginn der Neuzeit mit dem Ueber- gang von U_1^k nach U_3^k, dem Messergebnis, verbunden. Dieser schlichte Uebergang ist für den Zusammenbruch unseres Vertrauens zur Meta- physik verantwortlich. Er steht an der Wiege des technisch-industriel- len Zeitalters.

$\underline{C}$ erzeugt ferner ein geometrisches Koordinatensystem: Die Skalen- einteilung der mit dem Zählrohr gekoppelten Uhr wird nach U_4^k trans- formiert. $\underline{C}$ erzeugt ferner Zahlen, Begriffe und Zuordnungen. $\underline{C}$ er- zeugt die Aussage ,,Ereignis C fällt mit Ereignis A und Ereignis B zusammen, also fällt nach dem Gesetz der Transitivität A mit B zu- sammen. A ist mit B und B mit A gleichzeitig''.

Erst auf dieser Stufe tritt der Ausdruck ,,gleichzeitig'' explizit über- haupt auf. Die dazu benutzten Gesetze der Transitivität, Symmetrie und Reflexivität sind zudem aus U_7^k genommen, das hier vorausge- setzt wird. Schliesslich ist für den ganzen Operationsweg ein Sollwert aus U_8^k verantwortlich: ,,Finde die Gleichzeitigkeit zur *wahren* Be- urteilung von $(A, B, C)_8^p$!''

An diesem mehrschichtigen Operationsweg zur Findung der Aus- sage über die zeitliche Koinzidenz zweier Ereignisse zeigt sich die ganze Verzahnung von Subjekt und Objekt. Beide sind komplexer Natur, und zwar in folgendem Sinne: Das Objekt (die Gleichzeitig- keit zweier Ereignisse) ist kein reines U_0^p-Element. Der Teilchenstoss enthält die Gleichzeitigkeit gar nicht, sondern nur eine Wechselwirkung innerhalb eines kleinen Raumgebietes. Er ist ein Ereignis, weiter nichts. Das Erlebnis des Teilchenstosses ist gleichfalls nicht das Objekt der sRT, denn sie hat es mit physikalischen, nicht mit biopsychischen Ereignissen zu tun. Auch das Messergebnis ist nicht das ganze Objekt, denn wir müssen den speziellen Glaubenssatz hinzufügen ,,$(A, B, C)_3^k$ ist durch $(A, B, C)_0^p$ erzeugt''. So könnte z.B. das Zählrohr nicht auf den Teilchendurchgang, sondern auf eine Störung im Gerät selbst ,,an- sprechen''. Das Objekt ist also ebenso wie das Messgerät ein komplexes opus aus Operationen in allen Reichen. Es ,,projiziert'' nicht nur auf U_0^p, die ,,Realwelt'', sondern auch auf U_1^k, U_2^k und U_3^k – und weiter aufwärts. Die Messung setzt nämlich Operationen in der Noosphäre voraus.Es gibt keine Messung ohne räumliche Einteilungen und deren Zahlindizes. Da U_3^k seinerseits also an U_4^k und U_5^k partizipiert, schreiben wir dem Objekt „Gleichzeitigkeit'' zusätzlich die Indizes 4 und 5 hinzu, von Index 3 jedoch durch ein Komma getrennt:

$$\text{„Gleichzeitigkeit''} = c^k_{0123,45678}$$

Das Objekt der sRT ist also bis zur Noosphäre hinauf mit dem Subjekt verzahnt und ohne dieses gar nicht zu denken.

Das heisst nicht, dass die sRT eine subjektivistische Theorie ist. Im Gegenteil: Gerade durch die operationelle Definition der Gleichzeitigkeit setzen wir erst die Voraussetzung, um zu *wissen*, ob A mit B gleichzeitig ist, und zwar in einem zu allen anderen einschlägigen Daten widerspruchsfreien Sinn.

Damit erweist sich aber auch das Subjekt der sRT als komplex und mit dem Objekt verzahnt. Komplex ist es, weil wir dem Physiker nicht nur biopsychische, sondern auch rein rationale Operationen zuschreiben müssen, damit er ein Urteil über die Gleichzeitigkeit aufstellen kann. Das scheint trivial, und doch ist dem nicht so. Vor EINSTEIN glaubte man naiverweise, wir wüssten, was Gleichzeitigkeit ist, ohne es anhand der Logik und der Erfahrung zu analysieren. Die logische Untersuchung brachte den Nachweis, dass dazu Messungen und BS erforderlich sind. Die operationelle Untersuchung brachte die Verwendung von Lichtsignalen. Der Physiker operiert also zugleich in allen 10 Reichen, er ist gleichfalls ein Komplex aus den verschiedenen Operationen. Wir können daher nur technisch von einem „Geist'' $\underline{C}$ sprechen, der im Feld der Geometrie, Arithmetik, Logik, Prinzipien, Werte und Glaubenssätze operiert. In Wirklichkeit bildet $\underline{C}$ mit der Kosmosphäre und der Biopsychosphäre des Seins ein System. Experimentator, Theoretiker und Mathematiker sind in einer Person vereinigt. Dazu kommt als besonderes Operationsfeld das Reich des Glaubens U_9.

Der Idealphysiker, der „ganze Physiker'', ist damit ähnlich wie das BS und die Gleichzeitigkeit ein imperial komplexes Wesen. Nur mit dem Unterschied, dass wir ihn als „Operator'' bezeichnen müssen, während die Gleichzeitigkeit ein opus von theoretischen und energetischen Operationen ist und das BS ein operandum, an dem sich Operationen vollziehen. Wir können auch sagen: Der Operator „Physiker'' projiziert auf alle Dimensionen des Seins, mit dem Schwerpunkt in der Noosphäre. Die Gleichzeitigkeit projiziert auf alle Dimensionen, ausgenommen U_9, denn nicht sie bedarf des Glaubens, sondern der sie zu ihrer Wahrheit bringende Physiker. Ihr Schwerpunkt liegt in U^p_0, obwohl sie – ebenso wie der Physiker – auf andere Reiche angewiesen ist. Der Schwerpunkt des BS liegt in U_3^k; aber auch es ist auf alle anderen Reiche, ausgenommen U_9, angewiesen. Der Glaube ist also ein Vorzug von Operatoren: Opera und operanda bedürfen seiner nur deshalb nicht, weil sie nicht schöpferisch handeln.

Trotz der Verzahnung zwischen Objekt und Subjekt bleibt ein entscheidender Unterschied. Das Subjekt ist imstande, jederzeit den reinen k-Anteil vom Objekt zu trennen, indem es mit der Gleichzeitigkeit schlechthin innerhalb einer Theorie operiert. Das Objekt hört davon nicht auf, Objekt zu sein: es verliert nur seinen Anteil an U_0^p. Es wird reines intentionales Objekt des Denkens bzw. der Erinnerung. Trotzdem tritt keine Verdoppelung der Welt ein, denn dieses reine k-Objekt ist ein opus des Subjekts und daher sein Eigentum. Es kann das k-Objekt jederzeit aus dem Datenspeicher des Gedächtnisses mobilisieren. Nicht Ewigkeit, sondern permanente Verfügbarkeit zeichnet die k-Objekte aus. Sie sind es aber nur, nachdem sie einmal konstruiert wurden, also sind sie nicht ewig. Die reinen U_0^p-Wesen – in unserem Fall der Teilchenstoss und das Ansprechen des Zählrohrs – unterliegen hingegen der Entropie: Sie gehen unwiederbringlich im Vorkegel der Raumzeit unter.

Damit entsteht aber eine grundlegende Schwierigkeit. Wie kann C eine widerspruchsfreie Bestimmung der Gleichzeitigkeit konstruieren, nachdem der Teilchenstoss überhaupt nicht die Gleichzeitigkeit enthält? Noch schärfer: Das Objekt der sRT ist kein Element der physischen Ereigniswelt, sondern eine Konstruktion unter Teilhabe der Ereignisse; es gibt keine *physische*, sondern nur eine *physikalische*, eine konstruierte Gleichzeitigkeit. Die Gleichzeitigkeit ist das opus einer Reihe schöpferischer Konstruktionen. Keine der dazu nötigen Transformationen findet innerhalb von U_0^p statt. Diese Transformationen sind Neuschöpfungen, Transkreationen, würde LEIBNIZ sagen. Schon die Koinzidenz setzt eine U_0^p-Struktur voraus, die es gar nicht gibt, nämlich einen punktartigen Teilchenstoss und die momentane Information Teilchenstoss-Zählrohr. Das letztere widerspricht sogar den Voraussetzungen der sRT selbst, kann also schon im Rahmen der sRT nicht aufgehoben werden. Trotzdem funktioniert die Konstruktion der EINSTEINschen Gleichzeitigkeit. Wieso? Wir werden diese Frage erst nach der Diskussion der MINKOWSKIwelt beantworten können. Hier sei nur bemerkt: Der Physiker ist auf die Konstruktion imperial verschiedener Gleichzeitigkeiten angewiesen. Er operiert zunächst im Feld erlebter Gleichzeitigkeit, geht dann zu den imaginierten Gleichzeitigkeiten über; von dort gelangt er schliesslich mithilfe der auf Koordinaten abgebildeten, mit Zahlen versehenen und als Begriff bestimmten Gleichzeitigkeit zur messbaren Gleichzeitigkeit. In U_0^n findet er nie und nimmer eine Gleichzeitigkeit, sondern nur koinzidierende Ereignisse. Wenn dennoch die Konstruktion einer imaginativen Gleichzeitigkeit zum Erfolg führt, dann offensichtlich nur, weil die realen Ereignisse von einer nichtkonstruierten, aber re-konstruierbaren Gleichzeitigkeits-Ordnung gesteuert werden. Wir müssen also zusätzlich zu den modalen Seins-Gebieten p und k noch ein drittes annehmen, nämlich π. In π ist die Gleichzeitigkeit als reine Möglichkeit enthalten, die sowohl zeitlich geordnete Ereignisse als auch die zeitliche Ordnung der Erlebnisse festlegt.

6. KAPITEL

DIE RELATIVITÄT

1. ERSTE SCHRITTE

Bisher gewannen wir lediglich die Definition der Gleichzeitigkeit, also t_6^k. Damit können wir aber noch nicht rechnen. Wir setzen als Sollwert: „Berechne die Gleichzeitigkeit in zueinander bewegten BS!" Jetzt erst kommen wir zum eigentlichen Anliegen der sRT.

Die Schritte sind:

I. Eine Operation c_8^k setzt den Sollwert „Berechnung von t_6^k bei BS → BS'", so dass $t_5^k → t_5^{k'}$.

II. Annahme eines Ω-Satzes

$\Omega^k(69)$: SETZEN WIR IN DIE BERECHNUNG DER GLEICHZEITIGKEIT DIE OBEN GEWONNENE DEFINITION DER GLEICHZEITIGKEIT EIN, SO WIRD t_5^k VON DER WAHL DES BS ABHAENGIG.

Dieser Schritt ist entscheidend. Er setzt den allgemeineren Glaubenssatz voraus:

$\Omega^k(70)$: LOGISCHE KONSTRUKTIONEN, DIE BESTIMMTEN BEDINGUNGEN GENUEGEN, STEUERN DAS VERHALTEN VON U_0^p-EREIGNISSEN.

Es ist doch ganz unglaublich, dass die Definition der Gleichzeitigkeit einen Einfluss auf Ereignisse haben soll! Hier lagen denn auch die Hauptschwierigkeiten für die anfängliche philosophische Bewältigung der sRT. Nur durch die Annahme von Ω^k (70) werden sie behoben, ohne deshalb die objektive Zeitordnung der Ereignisse aufzugeben. Die Definition von t_6^k muss nämlich der Bedingung genügen, dass t_6^k auf die gemessene Zeit t_3^k zurückführbar ist. Dadurch wird sie mit U_0^p verklammert, ohne deshalb der menschlichen Konstruktion zu entraten. Wir müssen also annehmen, dass t_6^k einer bewusstseinstranszendenten Struktur von U_0^p entspricht. Wir nennen sie vorläufig t_6^π.

III. Umschaltung auf U_2^k: Wir suchen die qualitative Bestimmung der Gleichzeitigkeit bei BS → BS'. Dazu bedürfen wir des heuristischen Glaubenssatzes:

$\Omega^k(71)$: DIE GLEICHZEITIGKEIT IST RELATIV, UND ZWAR IN ALLEN REICHEN VON U_0^p BIS U_6^k.

Dieser Satz steht am Anfang, nicht am Ende der Untersuchung der Gleichzeitigkeit! EINSTEIN *wusste* um die Relativität der Gleichzeitigkeit, ehe er sie berechnete. Nur deshalb konnte er überhaupt den richtigen Weg finden. Seine Zeitgenossen und Vorgänger – LORENTZ, POINCARÉ und VOIGT – hatten bereits die richtigen Transformationsformeln, aber sie verkannten deren Wesen. Dies ist ein Beispiel für folgenden Glaubenssatz der Heuristik:

$\Omega^k(72)$: DER THEORETIKER WEISS UM DIE LOESUNG, EHE ER SIE SUCHT.

Dieses Wissen vollzieht sich in einem anderen Operationsfeld als das Suchen. Das Suchen wird von der theoretischen Vernunft geleistet, das Wissen von der Intuition. Darunter verstehe ich eine zunächst im Dunkeln liegende *Kommunikation* von $\underline{C}$ mit einem abstrakten Vorrat an Strukturen der Wirklichkeit. Wir nennen sie π-Strukturen. Dann „kannte" EINSTEIN die π-Zeit, ehe er die k-Zeit konstruierte.

Das übrige vollzieht sich nun durch Gedankenexperimente in U_2^k. Dabei ist bemerkenswert, dass sich die Vorschrift aus U_8^k nicht an U_1^k wenden kann, denn dort finden wir nie und nimmer die Relativität. Jeder Existor ist wesensmässig auf sein und nur sein Eigen-BS angewiesen. Er kann also gar nicht den Standpunkt eines anderen BS einnehmen. Das muss man aber, wenn man den Uebergang $t_1^k \rightarrow t_1^{k'}$ vollziehen will. Er ist in U_0^p und U_1^k überhaupt nicht möglich. Desgleichen ist der Uebergang $t_3^k \rightarrow t_3^{k'}$ verboten, denn ein und dasselbe Messgerät kann nicht von verschiedenen BS aus messen. Der Vergleich von Daten verschiedener Geräte ist kein Akt in U_3^k, sondern in U_2^k. Aber auch an U_4^k, U_5^k und U_6^k kann sich der Sollwert nicht wenden, denn dort liegen noch nicht die geeigneten Operationswege bereits, um die Lösung zu finden. Wir müssen daher zunächst einmal ein qualitatives Modell in U_2^k schaffen, um daran die höher liegenden Operationswege abzulesen. Dazu dienen die EINSTEINschen Gedankenversuche mit Blitzen an Zugenden und ähnliches. Dies setzt den Glaubenssatz voraus:

$\Omega^{k\pi}(73)$: IMAGINATIVE MODELLE SIMULIEREN UNTER BESTIMMTEN BE-
DINGUNGEN DIE WIRKLICHKEIT DERART, DASS DARAUS DIE HEURISTI-
SCHEN BAHNEN FUER GEOMETRISCHE, ARITHMETISCHE UND LOGISCHE
MODELLE ZU FINDEN SIND.

Der Satz setzt die Möglichkeit der Stellvertretung der Reiche voraus. Sie ist grundlegend für das Operieren in mehreren Reichen und
die Ueberzetzungsmöglichkeit von $U_m^k \to U_n^k$. Wir glauben:

$\Omega^k(74)$: DIE EINZELNEN REICHE KOENNEN UNTER BESTIMMTEN BE-
DINGUNGEN STELLVERTRETEND FUEREINANDER EINTRETEN, OHNE DES-
HALB UNTER ALLEN UMSTAENDEN ERSETZBAR ZU SEIN.

Man kann also bei der Lösung eines Problems i.a. ein Reich aus-
lassen, Teillösungen in U_m^k in Elemente von U_n^k übersetzen und den
weiteren Operationsweg in U_n^k durchführen, ohne die Lösung zu verfälschen.

IV. Wir konstruieren ein geometrisches Modell, die MINKOWSKIWELT.

V. Wir finden durch Operation IV die LORENTZtransformationen
(LT).

VI. Wir formulieren aufgrund der LT den Satz von der Relativität
der Zeit und der Länge.

VII. Wir testen die LT an U_3^k.

2. RELATIVITÄT UND GLAUBENSSÄTZE

Wir rekapitulieren noch einmal: Gleichzeitigkeit I bedurfte explizite
keines BS; sie ist invariant wie jedes Ereignis als solches. Ja wir müssen
das Ereignis in U_0^p schlechthin als Gleichzeitigkeit auffassen. Ereignisse
sind das schöpferische opus koinzidierender Teilchen in U_0^p (sRT).
Gleichzeitigkeit II bedarf hingegen explizite des BS zu ihrem Zustandekommen: Definiert als Koinzidenz im Mittelpunkt von $\overline{AB}$ setzt sie ein
räumliches BS voraus, zu dem die Strecke $\overline{AB}$ definiert ist. Definiert
durch $t_n = t_m + r_{mn}/c$ setzt sie ein Bezugsgerüst mit Uhren voraus, mit
dessen Punkten die Ereignisse koinzidieren. Gleichzeitigkeit II ist
das schöpferische opus von Operationen in mehreren Reichen, also ein
imperiales Interferenzglied, und damit ihrer Natur nach eine Konstruktion, ein k-Wesen. Als solches ist sie aber von der Wahl des BS
abhängig. Dies zeigt sich formal am Index k. Jedes k-Wesen ist opus
einer Konstruktion; ändere ich diese, so auch das opus. In unserem

Fall ist die Konstruktion durch die Rückprojektion $c_{6\,0}^{k}$ unter Eingang des BS in das definiens gegeben.

Auch Gleichzeitigkeit II wurde im Eigen-BS des Beobachters definiert. Nur ist dies nicht mehr das lokale, unmittelbar überschaubare BS, sondern ein gedanklich oder physisch erweitertes, z.B. ein Radarsystem. Wir werden daher die Eigen-BS in lokale und erweiterte unterteilen. Nun muss man aber nach dem sRP auch jedes andere inertiale lokale und erweiterte BS als berechtigt zulassen. Damit definierten wir als Gleichzeitigkeit III die von einem nicht mitbewegten BS aus signalisierte Gleichzeitigkeit. Sie kann erst recht allein durch den Menschen konstruiert werden, denn ihre Beobachtung ist als Koinzidenz I überhaupt unmöglich, sobald wir relativistische Geschwindigkeiten zulassen: Fliegt eine Uhr mit nahezu Lichtgeschwindigkeit vorbei, so lässt sich ihre Zeigerstellung nur mithilfe von Geräten rekonstruieren. Das gleiche gilt mutatis mutandis für den Stoss relativistischer Teilchen.

Darin liegt nicht ein Verlust, sondern ein Gewinn an Erkenntnis. Erst durch die Angabe des BS wird die Gleichzeitigkeit III vollständig definiert und damit selbst ,,vollkommen''. Erst jetzt wird sie die ganze, die fertig konstruierte Gleichzeitigkeit. Die vorrelativistische Physik lebte in einem Haus ohne Dach. Sie merkte dies nur nicht, weil sie nicht mit mechanischen Geschwindigkeiten von der Ordnung der Lichtgeschwindigkeit operierte. Es kam sozusagen nie ein Sturm über das Haus. Ein anderes Bild: Die Aufnahmen der Ereignisse sind unterbelichtet, solange man dem ,,Entwickler'' nicht das BS hinzufügt. Das BS bringt die Gleichzeitigkeit erst zu ihrer Wahrheit. Die sRT hat damit im Sinne HEGELS eine wahrheitserzeugende Funktion: Sie macht die Welt erst zu dem, was sie ihrer eigentlichen Natur nach ist: Die Welt in Korrelation.

Mit der Konstruktion eines BS treffen wir eine Wahl unter der Menge aller möglichen BS. Darin liegt eine Erweiterung und eine Einschränkung. Die Erweiterung besagt, dass der Begriff des BS bereits die Möglichkeit mehrerer, im limes unendlich vieler BS enthält, anderenfalls die Wahl eines bestimmten BS nicht nötig wäre. Damit ist bereits die Möglichkeit der Relativität vorgegeben. Eine Befragung der Experimente ergibt, dass alle BS gleichberechtigt sind, sofern sie den Bedingungen der Inertialität genügen. Darin liegt die Einschränkung: Nur eine Teilmenge der BS, die sogenannten Inertialsysteme (im folgenden IS), sind zugelassen. Den Grund hierfür haben wir in der Metrik von Raum und Zeit zu suchen. Wir treffen damit auf den Raum als Ermöglichungsgrund der physikalischen Wahrheitserzeugung.

Hier zeigt sich erst recht, dass Gleichzeitigkeit III eine Konstruktion ist: (1) Nur der konstruierende Mensch vermag sein ihm naturhaft zugewiesenes Eigen-BS durch ein davon verschiedenes BS gedanklich zu ersetzen. Nur er vermag sich auf einen anderen Standpunkt zu stellen. (2) Dies ist innerhalb von U_0^n und U_1^k unmöglich. Kein Teilchensystem kann in einem und demselben Akt zu BS und BS' ruhen, wenn BS und BS' zueinander bewegt sind. Das gleiche gilt für die erlebten Gleichzeitigkeiten: Es ist grundsätzlich und zwar aufgrund der elementarsten Struktur physischen und biopsychischen Seins unmöglich, die Gleichzeitigkeit in BS und BS' zu erleben. $\underline{C}$ befindet sich entweder im BS von Sputnik I *oder* von II. Jedes $\underline{\text{Natur}}$wesen ist wesenhaft auf sein Eigen-BS angewiesen. (3) Die Durchbrechung erfolgt also – wenn überhaupt – nur in Gedanken. Auch der Messapparat gibt nur die Werte, bezogen auf sein Eigen-BS, und der Mensch kann sie nur unter Bezug auf dieses als Nachricht verstehen. Erst in U_2^k *imaginiert* er die Nachricht, bezogen auf ein vom Gerät oder dem eigenen Leib verschiedenes BS. Er beurteilt qualitativ die Messgrösse als von BS zu BS' wechselnd. Damit taucht erst der Begriff der Invarianz und der Relativität auf. Für das natürliche Wesen – wozu auch der naive Menschenverstand gehört – gibt es keine Relativität. Der primitive Mensch kann sich nie auf den Standpunkt des anderen stellen, dazu bedarf es eines hohen Masses von Abstraktion. Das leistet gerade U_2^k. Die quantitative Berechnung erfolgt dann durch U_5^k (die Transformationsgleichungen), deren anschauliche Begründung durch U_4^k (die MINKOWSKIwelt). EINSTEIN stiess erst eigentlich das Fenster der Monaden auf: Er durchbrach die Enge des von der Natur zugewiesenen Eigen-BS und öffnete den Blick in die unendliche Mannigfaltigkeit möglicher Aspekte der Welt. Die menschliche Monade wird damit mit der Menge aller Monaden der Welt verschmolzen: Sie wird zur Welt.

Der Preis ist die Relativität. Dafür sind zwei Glaubenssätze verantwortlich:

Ω^k(75): ES GIBT EINE IM LIMES UNENDLICHE MANNIGFALTIGKEIT VONEINANDER VERSCHIEDENER BS ZUR BEURTEILUNG VON EREIGNISSEN. ALLE BEURTEILUNGEN SIND UNTER BESTIMMTEN BEDINGUNGEN GLEICHBERECHTIGT.[1]

---

[1] Ω^k(75) ist reiner Glaube, da ohne die Einschränkung der BS auf die IS daraus noch keine Theorie abzuleiten ist, die an der Erfahrung zu testen wäre. Erst durch diese Einschränkung wird Ω^k(75) zum Axiom.

$\Omega^k(76)$: DIE BEURTEILUNGEN FALLEN DABEI IM PRINZIP VERSCHIEDEN AUS.

Satz $\Omega^k(75)$ ist Bedingung des sRP ,Satz $\Omega^k(76)$ der Relativität. Man könnte meinen, $\Omega^k(75)$ sei durch die Erfahrung erzwungen. Dies ist nicht der Fall. LORENTZ deutete den MICHELSONversuch ohne sRP. Wir können immer annehmen, dass negativ ausfallende Versuche, die Wirkung der Inertialbewegung auf physikalische Vorgänge zu testen, durch besondere Veränderungen des Messgeräts bewirkt werden, hier durch die Verkürzung des Hebelarms in Richtung der Translation des Interferometers. Das sRP folgt dabei nicht induktiv, sondern nur reduktiv, also nicht logisch zwingend, aus der Erfahrung. Aber die Relativität ist doch wenigstens logisch und mathematisch zwingend abgeleitet? Ja, wenn man an das sRP glaubt, sonst aber nicht. Man kann immer besondere Kräfte ersinnen, die eine Längenkontraktion oder die Verlängerung der Lebensdauer kosmischer Mesonen bewirken. Nur dass man eben dann an solche Kräfte glauben muss. Um Glaubenssätze kommt man nicht herum. Die Frage ist nur: Welches ist der bessere Glaube? Die Physiker sind überzeugt, der EINSTEINsche. Beweisen kann es aber niemand.

Die Relativität wird nun wie folgt erzeugt:

1. In U_0^p gibt es keine Relativität. Die Erlebniswelt jedes physischen Operators sind die mit ihm koinzidierenden Wirkungen, also Gleichzeitigkeit I. Er hat keine Möglichkeit, ein BS zu konstruieren, keine Möglichkeit, Transformationen vorzunehmen. In U_1^k herrscht aufgrund der grossen Lichtgeschwindigkeit der *Schein* absoluter Gleichzeitigkeit räumlich entfernter Ereignisse. Dem Auge (richtiger dem Bewusstsein) scheint es, als ob die Helligkeitsschwankung eines Quasars mit meiner Eigenzeit gleichzeitig wäre, obwohl diese vor Milliarden von Jahren erfolgte. Für ein Teleskop, das weit genug reichte, um Objekte im Zustand unmittelbar nach Expansionsbeginn zu registrieren, wird der Weltbeginn lebendige Gegenwart. Die relative Gleichzeitigkeit wird erst in U_2^k erzeugt.

2. In U_3^k folgt die Relativität von Gleichzeitigkeit III aus der Benutzung zueinander rasch bewegter Zeitmesser. Beispiel: Das π-Meson der Höhenstrahlung wird von einem mitbewegten und vom einem auf der Erde befindlichen Zeitmesser aus registriert. Dann sind die Intervalle der Zeitmesser von der Erzeugung des π-Mesons bis zum Zerfall verschieden. Wir *glauben* an diesen Satz, ohne ihn bisher experimentell

nachzuweisen. Der Satz, der Mesonenzerfall in der Atmosphäre beweise die Zeitdilatation, hat folgende Glaubenssätze zur Bedingung:

$\Omega^\pi(77)$: DIE LEBENSDAUER EINES TEILCHENS IM EIGEN-BS IST UNABHAENGIG VON POSITION UND INERTIALBEWEGUNG.

$\Omega^\pi(78)$: ALLE TEILCHEN DER GLEICHEN SORTE HABEN DIE GLEICHEN GRUNDEIGENSCHAFTEN, DARUNTER AUCH GLEICHE LEBENSDAUER.

Daraus folgt, dass, *wenn* man das π-Meson der Höhenstrahlung im mitbewegten BS messen könnte, seine Lebensdauer die gleiche wäre wie die eines im Laboratorium erzeugten. Wir glauben an eine homogene Struktur des Teilchenverhaltens, die fast bis zur Identität aller gleichsortigen Teilchen reicht.

EINSTEINs Gedankenexperiment mit den Blitzen, die an den Enden eines fahrenden Superschnellzuges einschlagen, ist nicht ganz korrekt.[1] Voraussetzung der Relativität ist, dass die gleichen Ereignisse von BS und BS' aus beurteilt werden. Nun wird aber vom Bahndamm aus der Einschlag auf dem Bahndamm und vom Zug aus der Einschlag im Zug beobachtet. Würden die Blitze *nur* im Zug einschlagen, so würden sich die Lichtwellen nur in diesem, nicht aber längs des Bahndamms ausbreiten. Es sind also nicht die gleichen Lichtwellen, die von einem Fahrgast und dem Bahnwärter registriert werden.

Ein anderes Gedankenexperiment vermeidet diese Schwierigkeit. Es finde ein kosmischer Wettkampf zwischen Russen und Amerikanern um die Eroberung des Mondes statt. Schiedsrichter sei die Schweizer Sternwarte am Jungfraujoch. Die Startrampen seien so gewählt, dass das Schiedsrichter-Observatorium genau in der Mitte der sie verbindenden Geodäte liege. (Von den Unebenheiten der Erdrinde wollen wir absehen). Der Start beider Raketen werde durch den Schiedsrichter gleichzeitig ausgelöst (Gleichzeitigkeit I am Ort des Schiedsrichters, Gleichzeitigkeit II in der Imagination des Schiedsrichters, rückprojiziert auf die Startrampen). Die Landeplätze auf dem Mond seien genau vorgeschrieben und seien im erwarteten Zeitpunkt vom Schiedsrichter gleich weit entfernt. Damit kann er beurteilen, welche Rakete gewinnt. Die Geschwindigkeit der Landeplätze zum Schiedsrichter werde praktisch vernachlässigt. Dabei nehmen wir an, dass die Landezeiten so wenig differieren, dass zwischen ihnen kein Signalaustausch möglich ist. Die Amerikaner gewinnen. Der Schiedsrichter urteilt: „Nicht Gleichzeitigkeit I, also auch nicht Gleichzeitigkeit II." Die

---

[1] A. EINSTEIN, *Über die spezielle und die allgemeine Relativitätstheorie*, 17. erweiterte Aufl., Vieweg, Braunschweig 1956, S. 15–16.

Russen fechten das Urteil an. Sie sandten vor dem Start ein Weltraum-Observatorium in den Kosmos, das mit relativistischer Geschwindigkeit während der Landung der Raketen am Mond vorbeifliege derart, dass beide Landeplätze von ihr funkmässig eingesehen werden können. (Wir idealisieren natürlich). Auch diesem Observatorium seien die genauen Entfernungen zu den Landeplätzen in jeder Nanosekunde bekannt. Der Einfachheit halber nehmen wir an, dass es sich in jenem Augenblick genau in der Spitze eines gleichseitigen Dreiecks befinde, dessen Basis die Verbindung der Landeplätze bildet, als von dem russischen Landeplatz das Signal ,,Landung" eintrifft. Erst 1 Nanosekunde später treffe das Signal ,,Landung" vom amerikanischen Landeplatz ein. Also werden die Russen behaupten, sie hätten gewonnen. Sie urteilen gleichfalls: ,,Nicht Gleichzeitigkeit I, also auch nicht Gleichzeitigkeit II, aber mit umgekehrter Zeitfolge. Wer hat recht?

Gleichzeitigkeit II [1] ist absolut, Gleichzeitigkeit III ist es nicht. Gleichzeitigkeit II verkürzt die Welt zum Eigen-BS. Sobald aber mehrere Eigen-BS konkurrieren, wie in unserem Fall, müssen wir gedanklich von Gleichzeitigkeit II auf III umschalten.

Solange die Wettkämpfer nicht vereinbaren, dass nur die Erde ein berechtigtes BS ist, entsteht ein Widerspruch: Nimmt man nur Gleichzeitigkeit II, so haben beide recht, denn nach dem sRP ist auch das kosmische Observatorium berechtigt.[2] Ebensowenig kann man ein juristisches Verfahren entscheiden, ohne den Sachverhalt auf ein einschlägiges Gesetz zu beziehen. Aendert man das Gesetz, so auch das Urteil. Die Erzeugung eines BS ist ein Akt der Gesetzgebung, die Zuordnung einer Messung zum BS ein Urteil. Der Materialist wird sofort einwenden: Damit wird die theoretische Vernunft zum Gesetzgeber der Natur; das ist die Entwirklichung der Natur. Falsch: Denn Gleichzeitigkeit II und III kommen gar nicht in der Natur vor, sie werden erst durch die Vorschrift für die Definition und das Messverfahren künstlich hergestellt. Sie sind Objekte mit imperialer Interferenz. Zu U_0^p gehört nur der Flug der Raketen, nicht aber die raumzeitliche Einordnung in ein BS aus Entfernungs- und Zeitgebern. Gleichzeitigkeit II und III sind opera menschlichen Schöpfertums. Die Bedingung für die Möglichkeit der so erzeugten Gleichzeitigkeit sind die Glaubenssätze $\Omega(69)$ bis $\Omega(78)$. Man muss sie nicht akzeptieren. Es steht darum nicht anders wie mit religiösen Glaubenssätzen. Nur wird man nicht weit kommen, denn die Lebensdauer der kosmischen π-Mesonen wird

---

[1] Das Eigenzeit-Intervall $\Delta\tau = 0$.
[2] Der Widerspruch verschwindet erst durch das Wissen um Gleichzeitigkeit III.

dann unverständlich. Man braucht Gleichzeitigkeit II und III nicht unter Verwendung von Lichtsignalen zu bestimmen. Nur muss man dann ein anderes Verfahren angeben, das mit den Messungen nicht im Widerspruch steht. Die Verwendung von Unterlichtsignalen gibt keine Eindeutigkeit, die Verwendung von Ueberlichtsignalen ist nicht realisierbar. Es ist genau wei bei der Religion: Wer sie leugnet, muss eine bessere Alternative anbieten. Wer Physik treibt, muss immer irgendwelche Glaubenssätze annehmen. Nur ihre Spezifizierung ist Gegenstand der Diskussion. *Die Physik ist existenzieller Glaube.*

Die Relativität der Gleichzeitigkeit hat also keine grössere Wahrscheinlichkeit als die Glaubenssätze, die sie ermöglichen. Andererseits führt sie (1) zu verifizierten Prognosen, (2) steht sie mit keinem bekannten Experiment in Widerspruch und (3) ist sie auf die einzig operationelle Definition von Gleichzeitigkeit III gegründet. Das verleiht auch den vorausgehenden Glaubenssätzen eine hohe Wahrscheinlichkeit.

Andererseits wird man zu recht fragen, wie denn die konstruierte Relativität der Gleichzeitigkeit III zu den Effekten der sRT führen könne, die doch zweifellos an bewusstseinstranszendenten Strukturen getestet werden müssen. Denn das kosmische π-Meson lebt im BS der Erde *wirklich* und nicht nur imaginativ länger als im Eigen-BS. Nur dass es nichts „davon hat", denn das Erd-BS ist ihm per existentiam verschlossen. Es kann sich nicht soweit „umkrempeln", um zu einem zu sich selbst bewegten Meson zu werden. Dies ist die Grundtatsache, über die keine Relativität hinausführt. Auch wir können unser Leben durch einen kosmischen Höhenflug verlängern, der uns nach tausend Erdjahren nur um 10 Jahre gealtert zurückbringt. Abgesehen von den Fliehkräften, die während des Starts und der Landung auf uns wirken (die man vielleicht überleben könnte), können wir aber nicht zu unserem Eigen-BS bewegt sein. *Für uns* altern wir also genau so schnell wie auf der Erde. Unser biopsychischer Apparat wird dies ebenso registrieren, als ruhten wir. Nur für unseren Zwillingsbruder sind (sofern er ein Methusalem wäre) inzwischen vielleicht tausend Jahre vergangen. Wenn wir dann zur Erde zurückkehren, nehmen wir wiederum das gleiche BS ein wie vor dem Start: Erst dann erfahren wir den Unterschied in der Menge des Erlebten. In diesem Augenblick wird aber die Frequenz der Erlebnisse so dicht auf uns niederprasseln, dass wir von der himmelsteigenden Woge des Lebens verschlungen werden. Es ist wie im Märchen: Der jahrhundertelang verwunschene Jüngling wird vor den Augen der Nachfahren zusehends weiss und verfällt.

3. KEINE WIRKURSACHEN

Man hat gelegentlich Wirkursachen für die Relativität finden wollen. Dies gilt vor allem für die Längenkontraktion und die Massenzunahme. Nun leitet die sRT die übrigen Effekte aus der Relativität der Zeit ab. Also müssten auch für diese besondere Wirkursachen verantwortlich sein. Dies beruht aber auf einem philosophischen Missverständnis. Die Zuordnung von Ereignissen zu einem BS ist stets Menschenwerk. Daher ist es auch die Relativität. Wäre sie freilich nur das Werk des Menschen, so verbliebe sie im Reich der Imagination, ohne empirische Gewissheit. Das gleiche gilt – nur schwächer –, wenn wir im Sinne KANTS die Relativität allein für das Phänomen aussagen, das durch ein Zusammenwirken von apriorischen Elementen und Sinnesdaten erzeugt wird. Vielmehr ist das U_0^p-Ereignis „an sich" (das KANTsche Noumenon) noch gar nicht das ganze wirkliche Ereignis: Es ist nicht fertig, nicht „bei sich", würde HEGEL sagen, solange es nicht durch die Beziehung zu einem BS zu seiner totalen Wirklichkeit gebracht wird. Daher ist die Definition von Gleichzeitigkeit II und III ohne Angabe des BS sinnleer, das heisst wirklichkeitsleer. Es ist nur die halbe Gleichzeitigkeit, die nicht leben kann, eine Art Embryo, der zu früh zur Welt kommt. Ihr fehlt noch das „Organ" des BS. Die von einem BS aus *beurteilte* Gleichzeitigkeit ist erst die „wahre" im Sinne der ontologischen Wahrheit. Mit den PLATONschen Ideen hat dies nichts zu tun: Wir schauen durch die Verwendung von BS nicht die Idee der Gleichzeitigkeit, sondern die Ereignisse in ihrer raumzeitlichen Korrelation.

Andererseits wäre der Eintritt von Effekten, wie sie durch die Folgesätze aus der Relativität der Gleichzeitigkeit III vorausgesagt werden, unverständlich, würde die bewusstseinstranszendente Wirklichkeit nicht auch die Notwendigkeit von BS enthalten. Dass sie möglich sind, scheint trivial; denn anderenfalls könnten wir sie nicht herstellen. Dass sie aber notwendig sind, um die Gleichzeitigkeit erst zu ihrer Wahrheit zu bringen, dafür kann nicht eine konstruierte, sondern muss eine nicht-konstruierte, eine *ontische* Struktur, verantwortlich sein. Wieder treffen wir auf den Raum. Alle Wechselwirkungen vollziehen sich unter endlicher Ausbreitungsgeschwindigkeit in einem topologisch und metrisch geordneten Gefüge möglicher Wechselwirkungen. Ein Teilchen ist nur wirklich, insofern es Wechselwirkungen erfährt, also wirkt und Wirkungen empfängt. Nun sind aber die Relationen zu einem BS notwendigerweise nicht energetischer Natur, anderenfalls die

Entfernung (proportional $1/r^2$) in die LT eininge. Die LT gelten auch, wenn keine Informationen zwischen einem Teilchen und dem Beobachter oder seinem Gerät ausgetauscht werden. Die Energieübertragung realisiert nur die bereits berechnete Information. Solcher Art Relationen bezeichnen wir als protowirklich, weil sie wirkliche Wechselwirkungen erst in ihrer Ordnung ermöglichen. Insoweit also Wirkungen geordnet sind, geht ihnen als Bedingung ihrer Möglichkeit ein protowirkliches Relationensystem voraus. Dies nennen wir „Raum-Zeit". Darin geht das BS notwendig ein, und zwar als die 10-fach unendliche Schar zueinander gedrehter und bewegter raumzeitlicher Bezugsgerüste.

Freilich „urteilt" mit ihrer Hilfe nicht nur der Mensch über die Struktur möglicher Wechselwirkungen zwischen einem Teilchen und einem das Bezugsgerüst realisierenden Tielchensystem, sondern die Wirklichkeit selbst. Sie wird damit abstrakt zum Richter in eigener Sache.

4. INFORMATION UND RELATIVITÄT

Wir sagten früher, das BS sei ein Informations-Operator und -Empfänger. Wenn dem aber so ist, dann ist die Gleichzeitigkeit kein Merkmal von physischen Ereignissen, sondern eine Nachricht. Die sRT macht aus den invarianten Merkmalen der klassischen Physik die transformablen (relativen) Nachrichten der modernen Physik. Dies ist auch der Grund, weshalb die operationelle Definition der Gleichzeitigkeit zu den getesteten Prognosen über relative Zeiten führt: Die sRT lässt zu recht Signale in die Gleichzeitigkeits-Definition eingehen, denn nur Signale vermitteln Nachrichten. Wenn die Gleichzeitigkeit eine Nachricht ist, dann bedarf sie des Trägers. Dies ist gerade das Signal. Die Natur der Signale ist also verantwortlich für die Relativität der Zeit. Noch rigoroser: *Es gibt gar keine Zeit ohne die Signale.* „Zeit" ist genau die Nachricht einer Klasse von Signalen, nämlich jener, die sich mit Lichtgeschwindigkeit ausbreiten. Deshalb ist es nicht möglich, von einer Zeit ausserhalb von Signalen zu sprechen. Signale aktualisieren die als reine Möglichkeit zuhandenen ∞^{10} verschiedenen BS. Die Aktualisierung ist also eine Restriktion, eine Auswahl und Einschränkung durch die Existenz des BS. Aktualisieren ist also Informieren plus Restringieren, genauer Restriktion in der Information selbst. Wir gewinnen damit einen neuen Typus von Operationen zu den bereits bekannten des Erzeugens, Informierens und Determinierens. Die Restriktion erfolgt dabei genau durch das Vorhan-

densein des BS selbst: Sobald das Gerät existiert, ist die Wahl der
Zeit nicht mehr frei: Das Objekt kann auf das Gerät mit einem und
nur einem Wert seiner zeitlichen Merkmale projizieren. Wir geben dem
Restringieren das Zeichen, dem zugehörigen Operator r, dem operandum
$\bar{r}$ und dem opus das Zeichen r. Dann ist das BS $\underset{3}{\overset{k}{..}}$ wiederum sowohl
ein Operator wie ein operandum, denn es restringiert die möglichen
Daten des Bewusstseins auf genau die Nachricht „Gleichzeitigkeit in
BS" und wird seinerseits durch seine Existenz auf eine bestimmte Auswahl möglicher Zeit-Werte restringiert, nämlich auf die ihm allein zugänglichen. Das BS ist also ein r-Wesen. Es wirkt in dreifacher Weise
als Mittler zwischen Mensch und Welt: als Informator, Determinator
und Restriktor. Das Gerät wird damit zum Urteils-Finder der Verhaltensmerkmale der Welt.

5. DER WELTBEOBACHTER

In dieser Ausdrucksweise wird aber die ganze Schwierigkeit deutlich. Natürlich kann die Wirklichkeit nicht die Gleichzeitigkeit beurteilen. Sie ist nicht theoretische Vernunft. Und doch ist es gerade
so, als ob ein höchster Richter mögliches Verhalten von Teilchen so
steuert, dass die Effekte der sRT „herauskommen". Es muss also eine
bewusstseinstranszendente theoretische Vernunft in die Welt eingehen,
welche die Bedingungen für mögliche geordnete Wechselwirkungen
setzt. Geordnet gerade so, dass alle Vorgänge innerhalb eines IS unabhängig von dessen Bewegungszustand ablaufen. Geordnet so, dass
keine andere Information von einem anderen Teilchensystem möglich
ist, als wie sie durch $c' = c$ und $c = $ max festgelegt ist. Geordnet
schliesslich so, dass aufgrund dieser Struktur die Wechselwirkung
an einen kausalen Ablauf gebunden ist, für den alle Ereignisse gleichzeitig gemacht werden können, die nur durch Ueberlichtsignale zu
verknüpfen sind. Damit mündet die Zeit-Struktur der U_0^n-Welt in die
Kausalität.[1] Die Kausalstruktur der Welt ist mit hoher Wahrscheinlichkeit bewusstseinstranszendent; anderenfalls nicht einzusehen wäre,
weshalb wir sie als heuristisches Prinzip in der Quantenfeldtheorie
verwenden. Relativität der Zeit und Kausalität hängen aufs engste
zusammen und damit Raumzeit und Wechselwirkung. Gilt also die
durch die sRT implizierte Kausalität bewusstseinstranszendent, so ist

---

[1] Wir benutzen hier den Ausdruck „Kausalität" im Sinne der sRT: Zwei Ereignisse sind
kausal verknüpft, wenn das eine das andere durch Genidentität erzeugt. Zwei Ereignisse
sind kausal verknüpfbar, wenn in irgendeinem IS Genidentität herzustellen ist.

auch die Verwendung von BS notwendig. Anderenfalls bleibt der Unterschied zwischen kausal verknüpfbaren (nicht gleichzeitig zu machenden) und kausal nicht verknüpfbaren (gleichzeitig zu machenden Ereignissen) dunkel. Wer verwendet BS aber dort, wo der Mensch nicht misst und erlebt? Antwort: Ein personales Wesen, das dem Menschen die Fähigkeit verlieh, BS zu konstruieren, um die Welt zu einer Wahrheit zu bringen, die sonst nur ihm bekannt ist.

Es ist also so, als würde ein dem Menschen unzugänglicher Ueber-Beobachter virtuell alle nur möglichen BS realisieren, um die zeitliche Ordnung der Ereignisse herzustellen. Wir wollen ihn zunächst als π-Beobachter bezeichnen, als einen nur potentiellen, nichtsdestoweniger aber höchst wirksamen protophysischen Beobachter. Er heisse „Welt-Beobachter" und trage das Zeichen $\underline{\Theta}$. Der Welt-Beobachter $\underline{\Theta}$ ist also für den projektiven Charakter der Ereignisse verantwortlich. Dies ist seine der Kosmosphäre zugewandte Funktion. Er ermöglicht aber auch die Herstellung aller BS, die wir zur Zeitmessung benutzen. Unsere Definition der Gleichzeitigkeit trägt nur deshalb, weil sie auf dem Fundament einer objektiven, aber protophysischen Zeitordnung ruht. $\underline{\Theta}$ ermöglicht damit nicht nur zeitliche Ordnung der Ereignisse, sondern auch das Ordnen der Zeitfolgen durch den Menschen. $\underline{\Theta}$ ist daher der Vermittler von physikalischen Erkenntnissen über die Zeitfolgen. Kurz, $\underline{\Theta}$ macht sowohl den zeitlich geordneten Kosmos wie auch dessen Erkenntnis möglich.

6. RELATIVITÄT UND PHÄNOMENCHARAKTER DER WELT

Die Relativität bringt eine merkwürdige Neu-Interpretation KANTS. Wir bezeichnen relative Grössen künftig als *Transformable*. Die Existenz einer Transformablen kann ohne die Existenz des BS und die Zuordnung zu diesem nicht gegeben werden. Das BS geht notwendig in die Existenz von Ort, Bewegung, Energie, Impuls, elektrischem und magnetischem Feld und relativistischen Masse ein. Dies sind also keine „Eigen"-schaften der Dinge an sich. Andererseits gehören sie jenen an, insofern jene existieren: Kein Teilchen mit Ladung existiert ohne elektromagnetisches Feld, kein Teilchen mit Ruhmasse ohne relative Masse in Bezug auf irgend ein IS. Die Existenz der physischen Existoren ist also wesentlich kommunikativ.

Dazu KANT: „Gesetze existieren ebenso wenig in den Erscheinungen, sondern nur relativ auf das Subjekt, dem die Erscheinungen inhärieren, sofern es Verstand hat, als Erscheinungen nicht an sich existieren, sondern nur relativ auf dasselbe Wesen, sofern es Sinne hat."[1]

Bezeichnen wir hier das Phänomen durch x, das BS durch y, die Eigenschaft des BS, Verstand, Sinne usw. zu sein durch z, das Existieren durch ex, und die Relation durch Rel, so gilt nach KANT

$$(1) \qquad\qquad (x)z(y) . \sim \text{Rel}(x, y) . \supset . \sim \text{ex}(x)$$

Deuten wir jetzt x als physisches Merkmal, y als physisches BS, z als IS, ex als physische Existenz und Rel als mögliche Signalisierung von x nach y, so ist die Formel ein Hauptsatz der sRT. Diese Umdeutung bezeichnet aber sofort den ganzen inhaltlichen Unterschied zwischen KANT und der Relativität: „ex" bedeutet für die sRT Erlebbarkeit durch Signale, für KANT ist es ein ungeklärter Begriff. „x" bedeutet für KANT das auf ein wahrnehmendes Subjekt bezogene Phänomen, für die sRT ein Messobjekt, das auch durch einen Automaten beobachtet werden kann, also keiner Sinnesorgane des Rezeptors bedarf. „Rel" bedeutet für KANT vermutlich das Erzeugtsein durch das Subjekt, für die sRT das Mit-Erzeugtsein durch Signalübertragung plus Eigensein (invariante Kennzeichnungen), „y" ist für KANT das wahrnehmende bzw. denkende Subjekt, für die sRT das physische BS und „z" schliesslich ist für KANT Wahrnehmungsfähigkeit oder Verstand, für die sRT Inertialität plus Signalisierung. Die sRT verlegt also das Erzeugtwerden der Transformablen in die Raumzeit plus Energietransport, KANT in den abstrakten Raum der Wahrnehmungen und Kategorien.

7. PROJEKTIVE REALITÄT

Indem wir die Gleichzeitigkeit immer relativ zu einem BS definieren, wird die Zeit zu einer projektiven Wesenheit. Formal sehen wir dies daran, dass ein Weltlinienelement der MINKOWSKIWELT eine Invariante der in U_4^k imaginierten Erlebniswelt ist, die Zeit aber nur als deren relative Projektion auftritt. Nun intendieren wir eine zeitliche Ordnung der bewusstseinstranszendenten Wechselwirkungen, die genau mit jener der MINKOWSKIWELT übereinstimmt. Intendiert ist also der reale Geschehnisablauf stets relational, genauer projektiv. Geschehnisabläufe sind Transkreationen von Ereigniskonfigurationen. Wir müssen daher sagen: Die zeitliche Ordnung der schöpferischen Ereignisse, die wir „Transkreationen" nennen, ist bezugsprojektiv.

Diese Projektivität ist horizontal und vertikal aufgefächert. Hori-

---

[1] KANT, a.a.O., B. 164.

zontal, insofern innerhalb ein und desselben Reiches unendlich viele BS zur Verfügung stehen und jede Projektion der zeitlichen Ordnung einer Ereigniskonfiguration berechtigt ist. Das ergibt ∞^{10} Projektionen. Vertikal, insofern 7 imperial verschiedene Mannigfaltigkeiten BS_0^p bis BS_0^k bereit liegen, die in sich gleichfalls ∞^{10}-fach auffächern. Hingegen sind die prinzipialistischen und axiologischen BS nicht mehr frei wählbar, wenn wir einmal die Gleichzeitigkeit definiert haben.

Nun steht eigentlich in U_0^p überhaupt kein nicht interferierendes BS zur Verfügung. Wechselwirkungen laufen intendiert zwar nach einer Zeitordnung ab, wie sie durch die MINKOWSKIWELT gefordert wird. Aber diese Ordnung wird in U_0^p spontan und unbewusst hergestellt. Trotzdem nimmt die sRT an, dass sie stets so konstituiert wird, *als ob* der Mensch die betreffende Ereigniskonfiguration genau auf jenes BS_m^k bezöge, das durch den wechselwirkenden Ereigniskomplex realisiert ist. Beispiel: Ein Radar empfange Signale künstlicher Satelliten. Dann lauten die von einem Computer ausgewerteten Nachrichten über die Frequenzen der Satelliten-Geräte genau so, als ob ein Beobachter mit dem Radar ein BS aus Stäben und Uhren identifizierte. Halten wir noch einmal unsere Prämisse fest: In U_0^p gibt es in Strenge keine BS; jede Signalisierung ist ein Akt menschlich entschlüsselter Wechselwirkung. Teilchen empfangen keine Nachrichten, sondern nur Wechselwirkungen. Sie entschlüsseln diese nicht. Das Entschlüsseln, das Verstehen von Nachrichten, ist nur dem Leben vorbehalten. Es ist also so, als könnten die Teilchen die in den Signalen enthaltenen Nachrichten über zeitliche Abstände entschlüsseln; sie tun es aber nicht. Wohlverstanden: Wir brauchen den Menschen nicht, um eine zeitliche Ordnung der Ereignisse zu ermöglichen. Wohl aber, um sie durch die Entschlüsselung von Nachrichten aufgrund der Lichtsignale zu realisieren. Sie muss also ihrer reinen Möglichkeit nach zuhanden sein, und zwar als eine Möglichkeit, die (1) exakt die realisierte Zeitordnung vorwegnimmt und (2) die realen Ereignisse steuert. Wir werden zeigen, wie dies geschieht.

8. DIE MINKOWSKIWELT

Die Begründung der Relativität durch ein Gedankenexperiment liefert noch keine physikalische Theorie. Gedankenversuche spielen sich im reinen Imaginationsfeld ab. Sie liefern nur eine qualitative Einsicht. Mit ihrer Hilfe *begreifen* wir die Relativität, aber wir berechnen sie nicht. Wir nennen die so verstandene Relativität der Gleichzeitigkeit daher $\frac{k}{2}$-Relativität. Um sie zu berechnen, müssen wir zu U_4^k übergehen. Das führt uns auf die MINKOWSKI-Welt, abgekürzt M_4^k.

M_4^k ist offenkundig eine Konstruktion, ihr Schöpfer war MINKOWSKI. Ihr Zweck ist zunächst ein heuristischer: Sie soll dem Sollwert „Vereinfachung durch Veranschaulichung" dienen. Damit wird sie zum Träger eines physikalischen Wertes und hat Anteil an U_8^k. Wir bedienen uns ihrer als einer Art Schlüssel zur Nachrichten-Dechiffrierung. Die Nachrichten stammen aus U_3^k; es sind die Messdaten der Gleichzeitigkeit I, II und III. Wir haben sie in U_2^k einer Bearbeitung mithilfe der imaginativen BS unterzogen. Sie kommen nun als deren Daten zu $\underline{C}$; dort sollen sie in rechnerisch auswertbare Daten umgeformt werden. Dazu bedarf $\underline{C}$ eines anschaulichen Modells, das möglichst korrekt die Erlebnisdaten zu ordnen erlaubt. Dies ist a priori nur möglich, wenn das Modell eine Struktur der Koinzidenzen I und II wiedergibt. Ihre allgemeinste Struktur ist nun offenbar diejenige, die der Konstruktion eines raumzeitlichen BS zugrundegelegt wurde. Dazu muss man Raum und Zeit vereinen, also die Zeit geometrisieren oder den Raum verzeitlichen. Letzteres widerspricht dem Sollwert „Anschaulichkeit"; also bleibt nur die Geometrisierung der Zeit.

Dies ist eine echte Transkreation, die in U_0^p nicht vorkommt. Deshalb können wir M_4^k nicht als ein $\frac{p}{0}$-Modell herstellen: Uhren sind räumlicher Natur, nicht aber die Bewegung des Zeigers. Diese setzt den Raum voraus, ist aber ihrerseits mehr als Raum, nämlich die Erzeugung von Ereignissen. Auch wenn wir die t-Achse durch einen längs einer Raumachse wandernden Zeitgeber darstellen, so unterscheidet sie sich doch eben durch ihr Unfertigsein, ihr ständiges Werden von einer statischen, ein für allemal ausgedehnten Raumachse.

M_4^k ist ein autonomes Konstruktum. Auch ohne Deutung als Modell von U_0^p stellt sie eine mögliche vierdimensionale Geometrie dar. Sie braucht keine Ereignis-„Welt" zu sein. Ihre Axiome, Definitionen und Theoreme tragen sich selbst auch ohne Bezug auf die Physik. Wohl müssen wir sagen: Das Verhalten der Inertialsysteme ist MINKOWSKI-artig. Aber von M_4^k zu sagen, sie habe eine Trägheit, ist sinnlos. Hier besteht eine grundlegende *Asymmetrie* in der wechselseitigen Prädizierbarkeit von Elementen aus U_0^p und U_4^k, die auf die Autonomie von U_4^k verweist.

Aber auch inhaltlich gibt es einen Unterschied. M_4^k ist nur die Mannigfaltigkeit imaginierter Ereignisse, bezogen auf die Menge aller möglichen BS_4^k. Reale Ereignisse sind nie punktförmig, reale Bahnen nie allein 1-dimensional ausgedehnte Weltlinien; reale Teilchen haben gemäss der QM überhaupt keine Bahn. Daher wird für sie auch der Begriff einer exakten Relativgeschwindigkeit in Position x, die durch $\tan \varphi$ dargestellt wird, in U_0^p ungültig. Für M_4^k ist er aber grundlegend. Wir brauchen nicht einmal auf die QM zurückzugreifen. Schon in der aRT verliert der Begriff „Relativgeschwindigkeit" i.a. seinen Sinn, da es für hinreichend entfernte Punkte keine Parallelen in der RIEMANNschen Geometrie gibt.

M_4^k ist ein Beispiel, dass $\underline{C}$ frei schöpferisch autonome Gebilde entwirft. Erst nachträglich wird ihre Struktur physikalisch interpretiert. Dazu bedarf es einer besonderen schöpferischen Operation der „Ent-Schlüsselung".

Wir haben also zwei Arten von Uebersetzungen: die aufsteigende, die wir „Verschlüsselung" nennen, und die absteigende, die „Entschlüsselung".

Im Universum der sRT sind die Operatoren durch Teilchen und Teilchensysteme vertreten, die Operationen durch ihre raumzeitliche Verlagerung, Signale und übrigen Wechselwirkungen, ihre operanda durch andere Teilchen(-systeme) und ihre opera durch Ereignisse. Die „Welt" MINKOWSKIS ist also die genaue geometrische Uebersetzung des Universums der sRT. Es müsste gelten:

$$c_{04}^k \cdot U_0^p \Rightarrow M_4^k(?)$$

Eine intendierte Ereigniswelt U_0^p soll als M_4^k dargestellt werden. Dies ist aber gar nicht möglich, denn über U_0^p wissen wir ohne Erlebnisse und Messungen nichts. Die Formel ist also verboten. Um dennoch nicht unsere Erlebnisse, sondern die Realität zu erreichen, verfahren wir in Wirklichkeit umgekehrt. Wir konstruieren M_4^k und testen vermittels einer Uebersetzungsvorschrift die Struktur von M_4^k an Messungen, in die von uns nicht machbare Ereignisse eingehen. Wir müssen also mit einer absteigenden Uebersetzung, d.h. mit einer Entschlüsselung beginnen. M_4^k kann überhaupt nur als bereits verschlüsseltes System möglicher $_3^k$-Daten konstruiert werden. Dies ist grundlegend für die ganze theoretische Physik: Wir beginnen heuristisch mit der Verschlüsselung. Sie wird gerechtfertigt durch den Glaubenssatz:

$\Omega^k(79)$: ES IST MOEGLICH, EINE PHYSIK ZU BAUEN, INDEM MAN MIT DEN VERSCHLUESSELTEN DATEN BEGINNT, DIE AUS NICHT AKTUELLEN,

SONDERN NUR MOEGLICHEN MESSUNGEN ERZEUGT WERDEN. ERST NACH-
TRAEGLICH TESTET MAN DURCH DEN VERGLEICH DER ENTSCHLUESSEL-
TEN DATEN MIT MESSDATEN DAS VERSCHLUESSELTE CONSTRUKTUM.

Voraussetzung dieses Satzes ist die Autonomie geometrischer und
arithmetischer Theorien. Die Uebersetzungsvorschrift c_{40}^k ist aber
gleichfalls nicht zu realisieren. Es gibt keine Formel

$$c_{40}^k \cdot M_4^k \Rightarrow U_0^p(?)$$

Desgleichen scheiden die Uebersetzungen c_{14}^k, c_{34}^k aus. Lediglich die
Uebersetzung c_{24}^k ist durchführbar: Wir können nur vorgestellte Ereignisse auf geometrische Punkte abbilden. Das erlebte Ereignis ist überhaupt nicht mit einem geometrischen Punkt zu identifizieren, denn
dazu bedarf es bereits der Imagination, die es aus dem Strom des
Erlebens heraussondert und zu einem jederzeit mobilisierbaren Datum
macht. Auch ein Messdatum ist nicht in einen Punkt zu übersetzen:
Das Knacken des Zählrohrs in der Funkenkammer kann natürlich mit
einem Zeitmesser gekoppelt und auf einem Oszillographen aufgezeich-
net werden. Dort erscheint es als Pik einer Kurve, so dass es zeitlich
hinreichend genau lokalisiert werden kann. Aber die Niederschrift
wird nie einen geometrischen Punkt konstruieren.

Wir kommen hier auf das grundlegende Problem der inhaltlichen
Unterschiede zwischen M_4^k und den Ereignissen in U_0^p, U_1^k und U_3^k.
Jene sind nicht punktartig. Daher sind auch die Bewegungen der
Teilchen in U_0^p, der Erlebnisse in U_1^k (die wir auf der Zeitachse ab-
tragen können) und der Messdaten in U_3^k keine Weltlinien in M_4^k. Ehe
wir demnach in U_2^k die Ereignisse dieser Reiche als Punkte imaginieren, müssen wir bereits Punkte haben! Man kann diese Einsicht
nicht genug unterstreichen. Sie zeigt uns handgreiflich, dass ohne den
o.g. Glaubenssatz die theoretische Physik hilflos wäre. Der Glaube ist
es, der sie funktionstüchtig macht.

Es gilt nun folgende hintereinandergeschaltete Doppel-Entschlüs-
selung:

$c_{423}^k = c_{42}^k \cdot c_{23}^k$. Sie wirkt zunächst auf M_4^k und transformiert die
Punkte in vorgestellte punktförmige Ereignisse. Dann wirkt eine
zweite Uebersetzung auf U_2^k und transformiert die vorgestellten Punkt-
Ereignisse in Messdaten, indem Beobachtungen angestellt werden.
Eine Uebersetzung c_{40}^k ist in Strenge nicht möglich: Es gibt in U_0^p
keine Punktereignisse. Was wir durch den Test in U_3^k erfahren,
ist nur die Struktur der $\frac{p}{0}$-Ereignisse: Diese soll jener der Punkte in

M_4^k isomorph sein. Wir sehen an untenstehender Tafel, dass die Uebersetzung von M_4^k nach den tiefer liegenden Reichen nur die imaginativen Ereignisse erreicht. Hingegen hat M_4^k nur dann einen Sinn als
Erkenntnis-Instrument, wenn dadurch die Struktur σ_0^π der realen Ereignisse getroffen wird.

Schema VIII

U_4^k	U_2^k
kartesisches KS	starrer Körper mit Uhren
Drehung des KS	Verlagerung des Körpers
tang φ	Verlagerungsgeschwindig- keit
Punkt	Ereignis oder Teilchen
Weltlinie	Teilchenbewegung
Doppelkegelmantel	Photonenbewegung
Doppelkegel mit Mantel	Mannigfaltigkeit aller kausal verknüpfbaren Ereignisse
Durch Doppelkegel ausgespartes Gebiet	Mannigfaltigkeit kausal nicht verknüpfbarer Ereignisse

Dies ist ein Wörterbuch zur Uebersetzung von M_4^k in U_2^k. Aber Informationen über U_0^p erhalten wir erst, wenn wir die Ausdrücke der
$\frac{k}{2}$-Sprache in Protokollsätze der $\frac{k}{3}$-Sprache übertragen. Dazu müssen wir
von starren Körpern zu angenähert starren Körpern übergehen, von
Punktereignissen zu ausgedehnten Ereignissen und von extrem scharfen Bahnen zu angenähert scharfen Bahnen. Dieser Uebergang entspricht einem Wechsel des begrifflichen BS und bezeugt die philosophische (nicht physikalische!) Relativität der Forderungen an M_4^k:
Wir müssen in U_3^k auf die Absolutheit der Forderung vonPunktereig-
nissen usf. verzichten. Invariant bleibt hingegen die Forderung nach
exakt gleicher Struktur der Ereignisse in M_4^k und U_3^k. Dieser Unterschied zwischen den relativen Objekten der geometrischen Operationen
in M_4^k und der invarianten Struktur der Objekte unter der Transformation $c_{42}^k \cdot c_{23}^k$ zeigt ein zweifaches: Einmal fordert die sRT die Gültigkeit einer Struktur für U_0^p, deren Relata dort gar nicht vorkommen.

Zum anderen sehen wir den geradezu nachtwandlerischen Weg, den MINKOWSKIS geniale Intuition ging. Dies wird besonders deutlich, wenn wir bedenken, dass die Entschlüsselung genau an jener Stelle, wo wir U_3^k erreichen, eine schwerwiegende inhaltliche Verwandlung von Punkten in nicht punktartige Ereignisse erzeugt. Man muss es mit aller Deutlichkeit aussprechen: M_4^k ist ein reines Schöpfungsprodukt des Menschen, das wir als solches nicht aus der Erfahrung entnehmen können.

Und trotzdem funktioniert die Uebersetzung c_{40}^k. Was heisst hier „funktionieren"? Genau folgendes: Wenn wir durch Operationen an Objekten in M_4^k das Verhalten von Punkten, Linien und Winkeln beschreiben und in die $_3^k$-Sprache übersetzen, so gewinnen wir eine Prognose über mögliche $_3^k$-Daten, die immer dann eintrifft, wenn die Uebersetzung möglich ist. Beispiel: Wir erzeugen durch Projektion eines Weltlinienelements ds auf die Achsen die Strecken dx, dy, dz, cdt. Wir erheben ihre Werte zum Quadrat und formulieren aufgrund der Homogenität von M_4^k das geometrische Theorem

$$(2) \qquad ds^2 = - (dx^2 + dy^2 + dz^2) + c^2 dt^2 = \text{inv.}$$

Dann können wir erwarten, dass die Messungen räumlicher und zeitlicher Abstände zweier Ereignisse A und B sich zu einer von der Wahl des BS unabhängigen Grösse zusammenfassen lassen. In die Gleichung geht aber eine Messung überhaupt nicht ein, sondern nur ein System aus geometrischen und arithmetischen Operationen. Ferner: In U_3^k gibt es überhaupt keine Limes-Abstände ds, dx usw. Hier herrschen Differenzen, nicht Differentiale. Es sind also sowohl die Operationen wie auch die operanda und opera grundlegend für M_4^k und U_3^k verschieden. Und schliesslich: Der Operator für M_4^k ist ausschliesslich der Mensch, für die Messungen U_3^k aber sowohl der Mensch als die Natur. Diese dreifache inhaltliche Verschiedenheit macht das Funktionieren des M_4^k-Mechanismus fast unglaublich. Die Physik ist die Verwirklichung des Unglaublichen. Ihre Möglichkeit beruht auf dem Ω-Satz:

$\Omega^k(80)$: ES LAESST SICH EINE GEOMETRISCHE MANNIGFALTIGKEIT M_4^k KONSTRUIEREN DERART, DASS IHREN ELEMENTEN UND OPERATIONEN 1-1-DEUTIG MESSUNGEN ZUZUORDNEN SIND, OBWOHL ZWISCHEN DIESEN UND DEN GEOMETRISCHEN OBJEKTEN KEINE INHALTLICHE ENTSPRECHUNG HERZUSTELLEN IST.

Wir sehen sofort, dass die Intendierung realer Ereignisse an die

Uebersetzung $M_4^k \to c_3^k$ geknüpft ist. Ohne Messung keine Realität, könnte man vereinfacht sagen.

Aber wir bleiben bei der Messung nicht stehen, denn sonst erfahren wir nur Messdaten. Sie interessieren uns nur als verschlüsselte $\frac{p}{0}$-Daten. Indem wir nun die Koordinatenzeit ct bzw. ict (der Unterschied ist rein rechnerisch-konventionell) in die Perioden-Zahl der Schwingung eines Zeitgebers übersetzen, glauben wir, dass auch ohne Hinschauen unser Zeitgeber periodisch schwingt. Dieser Glaube ist die Voraussetzung des Funktionierens von M_4^k. Erst jetzt können wir uns nach der Berechtigung für die Verschlüsselung von unbeobachteten Schwingungsperioden t_0^π in eine räumlich veranschaulichte Zeit t_4^k fragen. Es ist doch erstaunlich: Wir übersetzen Schwingungen in eine Koordinate; wir machen aus der Zeit einen Raum. Daran ändert auch die Einsinnigkeit und die Hinzufügung von i nichts. Die letztere ist reine Konvention; lassen wir i weg, so erhalten wir eben eine LORENTZgeometrie mit

$$(3) \qquad ds^2 = c^2 dt^2 - \sum_{i=1}^{3} dx_i^2$$

Die Einsinnigkeit besagt nur etwas über das Abwandern der Weltlinien, nicht aber über ein Verbot der Transformation (Spiegelung):

$$(4) \qquad T \cdot (dt, dx, dy, dz) = (-dt, -dx, -dy, -dz)$$

wodurch die Beschreibung einer Teilchenbewegung umgekehrt abläuft. Die von der sRT beschriebenen Vorgänge sind reversibel, solange nicht ausserhalb der sRT liegende Zusatzbedingungen, etwa aus der Thermodynamik, geholt werden. Was wir hingegen in M_4^k nicht können, ist in der einmal gewählten Beschreibung Teilchen mit verschiedenem Zeitsinn zu beschreiben. Dies ist eine Folge der Kausalannahme, und dadurch unterscheidet sich auch die Zeitkoordinate grundlegend von den Raumkoordinaten.

Die Hinzufügung der Zeitkoordinate ist weniger verwunderlich, wenn man folgendes bedenkt: (1) Jede Koinzidenz setzt Zeit und Raum voraus; Zeit durch die Bedingung der identischen Zeit, Raum durch die Bedingung des identischen Orts. (2) Positions- und Längenmessungen müssen durch zeitartige Signale, wie Funkfeuer, vorgenommen werden, sobald wir den unmittelbar überschaubaren Ereignisbereich überschreiten. Zudem ist das Meter durch eine Frequenz, die Cadmium-Linie, festgelegt, also durch die Zeit. Nicht die Hinzufügung der Zeitkoordinate zu den Raumkoordinaten, sondern der Raumkoordinaten zur Zeitkoordinate ist eigentlich das Erstaunliche an M_4^k. Primär ist die Zeitkoordinate, intendiert in U_3^k, als beständig fortlaufender 1-dimensionaler Zeit-Zeiger. Erst durch Funksignale gewinnen wir überhaupt den korrekten Begriff der Entfernung im Makrobereich. Eine weitere Operation definiert die Länge als Abstand von Ereignissen, die kausal nicht zu verknüpfen, also raumartig sind. Der Raum wird damit zum opus der Zeit. Schon daraus folgt direkt die Relativität der Länge. Man kann einwenden, die Zeitmessung verlange doch ihrerseits bereits eine räumliche Skala wie das Zifferblatt. Dies ist nur aus Bequemlichkeit so: An sich können wir die Zeit durch die Anzahl sich in gleichen Abständen wiederholender Geräusche messen, etwa als Ticken der Taschenuhr oder durch ein Pendel. Eine andere Zeitmessung ist die Bestimmung durch Farben oder Töne. Da wir indes einen Apparat brauchen, um die Anzahl zu fixieren, so erwies sich ein Zifferblatt als geeignet. Aber auch hier benutzen wir noch die reine Anzahl, wenn wir das Datum ablesen. Insofern wäre es logischer, die Zeit zunächst auf unbenannte Zahlen abzubilden. Nur können wir damit nicht geometrisch operieren. Deshalb wandeln wir die Zeit in Strecken um und machen sie so zur Koordinate.

Die so kreierte Zeit nannten wir t_4^k-Zeit. Sie ist die ontisch wahre Zeit. Erst jetzt verstehen wir den allgemeinen Grund für die Relativität der Zeit. In U_2^k müssten wir für jede Situation neue Gedankenexperimente ersinnen, um die Relativität qualitativ abzuleiten. Jetzt können wir den Uebergang BS → BS' unmittelbar durch eine Achsendrehung veranschaulichen und daraus den Uebergang der Einheitszeit $t \to t'$ ableiten. Dies geschieht durch folgende Operationen:

I. Wir konstruieren einen Zahlenraum U_5^k.

II. Wir ordnen den Punkten in M_4^k Zahlen oder deren algebraische Symbole zu. Damit wird U_5^k zum BS von M_4^k. Algebra und Analysis empfangen über $\underline{C}$ Informationen von M_4^k, verarbeiten sie und emittieren die transformierten Daten an $\underline{C}$.

III. Wir formulieren den Glaubenssatz:

$\Omega^k(81)$: ZWISCHEN M_4^k UND U_5^k BESTEHT EINE INTERDEPENDENZ DERART, DASS BEI DER ABLEITUNG EINES THEOREMS IN M_4^k VORUEBERGEHEND OPERATIONEN IN U_5^k BENUTZT WERDEN KOENNEN, OHNE DASS SIE IN M_4^k DEUTBAR ZU SEIN BRAUCHEN. DAS GLEICHE GILT FUER U_5^k IN BEZUG AUF M_4^k.

IV. Wir formulieren die Gleichungen in U_5^k:

(4) $$x_1^2 - x_4^2 = -1; \qquad x_1^2 - x_4^2 = +1$$

(5) $$x_1^2 - x_4^2 = 0$$

V. Wir deuten die Gleichungen in M_4^k als Zusammenhang zwischen den Punkten der Zeitkoordinate $x_4 = ct$ und der Raumkoordinate x_1. Dann beschreibt (4) ein Hyperbelpaar, (5) deren gemeinsames Asymptotenpaar. Diese aus der analytischen Geometrie geläufige Umformung $c_5^k \rightarrow c_4^k$ ist seltsam. Wie können zwei toto genere verschiedene Reiche derart sich wechselseitig ersetzen? Man wende nicht ein, wir hätten eben M_4^k so konstruiert, dass (4) und (5) Hyperbeln und ihre Asymptoten beschreiben. Dies ist nicht der Fall. Als wir das Koordinatennetz (x_1, x_4) konstruierten und in die M_4^k einsetzten, wussten wir noch gar nicht, ob (4) und (5) überhaupt widerspruchsfrei einen geometrischen Sinn annehmen können. Nur durch lange Gewohnheit haben wir uns davon überzeugt. Es genügt zu bedenken, dass in U_5^k und M_4^k noch unbekannte Strukturen stecken können, die wir erst später entdecken. Die Teil-Isomorphie beider Reiche ist eben nur in der Anlage konstruiert, dann aber nicht mehr frei verfügbar.

Wir stossen hier auf ein neues Problem. Was ist für die wechselseitige Ersetzungsmöglichkeit von Geometrie und Algebra in der analytischen Geometrie verantwortlich, solange wir diese Ersetzung nicht ausdrücklich konstruieren? In unserem Beispiel: Wir konstruieren die Gleichungen (4) und (5), worin wir x_1 und x_4 als Variable setzen. Wir übersetzen nun alle möglichen Werte, die x_1 annimmt, in eine räumliche Koordinate und entsprechend für x_4 in die Zeit-Koordinate. Soweit verfügen wir über die eineindeutige Zuordnung von Koordinaten und Zahlen. Aber wir wollen ja durch die Gleichung (4) etwas über das Verhalten einer Punktmannigfaltigkeit (Kurve) erfahren. Dazu übersetzen wir die durch (4) konstruierten Werte in die Projektionen einer Punktmannigfaltigkeit auf die Koordinaten x_1 und x_4. Die so gefundene Punktmannigfaltigkeit bezeichnen wir als Hyperbel. Dass es aber eine geordnete Punktmannigfaltigkeit in M_4^k gibt, die genau den Bedingungen (4) entspricht, wissen wir a priori nicht! Anderenfalls wären alle Gleichungen in Punktmannigfaltigkeiten übersetzbar; was a priori nicht feststeht. Dass ferner alle Aussagen über das Verhalten von Variablen x_1 und x_4 aufgrund von (4) in Aussagen über das Verhalten von Punktmannigfaltigkeiten übersetzbar sind, wenn dies für eine hinreichend grosse Punktmenge gilt, folgt nicht aus dem Induktions-

gesetz, denn dann wäre die Prognose über das Verhalten von Punkt-
mengen nur wahrscheinlich. Sie folgt vielmehr mit *Gewissheit* aus der
ein für allemal gesetzten Zuordnung von Hyperbeln zu Gleichung (4);
und zwar auch dann, wenn die Hyperbeln nicht mehr durch eine Zeichnung herzustellen sind, also auch im Unendlichen.

Wir müssen daher annehmen, dass es die Möglichkeit für die Konstruktion von Hyperbeln gibt, ehe wir Gleichung (4) aufstellten und
unabhängig davon. Gleichung (4) programmiert dann nur das Verhalten der aktualisierten, gedachten oder gezeichneten Punktmannigfaltigkeit „Hyperbelpaar", nicht aber enthält sie bereits die Möglichkeit,
dass Hyperbeln überhaupt konstruiert werden können. Diese Möglichkeit ist vielmehr nur in einem bestimmten, metrisch und topologisch
geordneten Raum als die Menge möglicher Punkte und Operationen
enthalten. Dieser rein mögliche, noch nicht gedanklich konstruierte
Raum ist die *Bedingung* dafür, dass überhaupt Hyperbeln gezogen
werden können. Er ist keine Konstruktion des Menschen, sondern wird
von dieser vorausgesetzt. Wir müssen an ihn glauben, ehe wir geometrische Operationen vornehmen, nach dem Satz

$\Omega^k(82)$: DIE MOEGLICHKEITSBEDINGUNG FUER DIE KONSTRUKTION ISO-
MORPHER GEOMETRISCHER UND ALGEBRAISCHER MANNIGFALTIGKEITEN
IST DAS ZUHANDENSEIN NICHTKONSTRUIERTER GEORDNETER SCHEMATA
AUSSERHALB DES MENSCHLICHEN BEWUSSTSEINS UND DER MENSCHLI-
CHEN MACHBARKEIT.

Wir wollen diese möglichen Mannigfaltigkeiten, gleich welcherArt,
ebenfalls π-Strukturen nennen. π-Strukturen geometrischer Art gehören dann zu einem bewusstseinstranszendenten Reich U_4^π, π-Strukturen
algebraischer Art zu U_5^π. Das Konstruieren von U_4^k bzw. U_5^k wird dann
als Re-Konstruieren oder auch „Verwirklichen" verstanden, das Zuhandensein von U_4^π und U_5^π als dessen Möglichkeitsbedingung oder
Programm. Wir bezeichnen daher diese Reiche als *Proto-Reiche*. U_4^π
ist der Protoraum für U_4^k und U_5^π die Protomannigfaltigkeit der Zahlen
U_5^k. Wir sagen auch: Wählen wir eine bestimmte Art von Geometrie, so
programmiert der Protoraum U_4^π den Konstruktionsraum U_4^k. Entsprechendes gilt für die Protoalgebra und die Konstruktionsalgebra.

Unser Glaube ist nun, dass auch diese Protoreiche nach bestimmten
Vorschriften geordnet sind, anderenfalls wäre die eineindeutige Zuordnung der konstruierten Reiche nicht zu verstehen, sobald wir uns
in das unbekannte Feld der Voraussagen über das Verhalten der zugeordneten Elemente des je anderen Reiches begeben. Wir müssen sogar

annehmen, dass sie von einem einzigen Ueber-Geist gebaut wurden. Sie ermöglichen analytische Geometrie. Damit hat dieser Ueber-Geist bewusst die Möglichkeit analytischer Geometrie im Auge gehabt, als er die Protoreiche aufstellte. Wir bezeichneten diesen Uebergeist schon früher durch das Zeichen $\underline{\Theta}$. Der entsprechende Ω-Satz lautet:

$\Omega^{\pi}(83)$: U_4^k UND U_5^k SIND DIE BILDER VON BEWUSSTSEINSTRANSZENDENTEN PROTOPHYSISCHEN STRUKTUREN U_4^{π} UND U_5^{π}, DIE VON EINEM SCHOEPFERISCHEN GEIST $\underline{\Theta}$ KONSTRUIERT WURDEN DERART, DASS ZUMINDEST FUER TEILBEREICHE BEIDER π-REICHE EINE EINEINDEUTIGE ENTSPRECHUNG BESTEHT.

Dann ermöglicht dieser Satz das Vertrauen des Menschen, auch für künftige Theoreme Entsprechungen in U_4^k zu entdecken und umgekehrt. Wir formulieren daher als heuristisches Prinzip:

$\Omega^k(84)$: HAT MAN ENTSPRECHENDE TEILGEBIETE AUS VERSCHIEDENEN REICHEN, SO GENUEGT ES, IN EINEM REICH EINE STRUKTUR ZU FINDEN, UM DIE GLEICHE STRUKTUR FUER DAS ANDERE REICH ZU BEHAUPTEN.

Nun ist aber M_4^k nicht um der analytischen Geometrie willen konstruiert. M_4^k soll das Verhalten von Uhren und Maßstäben in U_3^k und damit auch in U_0^p voraussagen. M_4^k hat eine prognostische Funktion. Es kann dies nur, indem es eine bereits vor ihrer Entdeckung durch MINKOWSKI zuhandene Proto-Raumzeit M_4^{π} verwirklicht, die ihrerseits das Verhalten von bewusstseinstranszendenten Zeit- und Raumabständen in U_0^p programmiert. Wenn dies so ist, dann *bringt der Physiker physisches Verhalten zu dessen Wahrheit, indem er dessen Protostruktur verwirklicht.*

Dies ist einer der entscheidenden Sätze unserer Untersuchung. Wir formulieren ihn als Voraussetzung für geometrische Raumzeitphysik (die sRT) als

$\Omega^k(85)$: DER RELATIVITAETSTHEORETIKER BRINGT DAS VERHALTEN VON BEWUSSTSEINSTRANSZENDENTEN UHREN UND MAßSTAEBEN NUR DADURCH ZU IHRER GEOMETRISCHEN WAHRHEIT, INDEM ER IHRE RAUMZEITLICHE PROTOSTRUKTUR M_4^{π} ALS M_4^k VERWIRKLICHT.

Damit haben die π-Strukturen eine zweifache Ermöglichungsfunktion: Gegenüber dem Verhalten von Uhren und Maßstäben in U_0^p und – eben weil dies so ist! – gegenüber der Konstruktion von M_4^k und U_5^k (LT) als Basis von Prognosen über U_0^p. Es gilt

	1. Verhalten von Uhren und Maßstäben,
U_m^π ermöglicht und programmiert	2. Prognosen über Uhren und Maßstäbe durch Konstruktion von U_m^k

Wir formulieren daher den allgemeinen Glaubenssatz für die Möglichkeit der Konstruktion theoretischer Verhaltensmodelle physischer Ereignisse:

$\Omega^\pi(86)$: UEBER DER KOSMOSPHAERE ERHEBT SICH EIN NICHT UNMITTELBAR ERLEBBARES UND NICHT MESSBARES π-STRUKTURGEFUEGE. ES IST ZU DEN k-STRUKTUREN DER NOOSPHAERE SPIEGELBILDLICH, SOFERN DIESE ENTSPRECHEND GEWAEHLT WERDEN: ES ERMOEGLICHT UND PROGRAMMIERT DAS GEORDNETE WIRKEN DER ELEMENTE DER KOSMOSPHAERE UND ZUGLEICH DIE GEORDNETE ERKENNTNIS MITHILFE VON FREI KONSTRUIERTEN k-STRUKTUREN DER NOOSPHAERE.

Das gleiche gilt mutatis mutandis für die aus der Struktur von M_4^k abgeleiteten LORENTZtransformationen. Wir formulieren:

$\Omega^k(87)$: DER RELATIVITAETSTHEORETIKER BRINGT DAS VERHALTEN VON BEWUSSTSEINSTRANSZENDENTEN UHREN UND MAßSTAEBEN ZU IHRER ARITHMETISCHEN WAHRHEIT, INDEM ER DEREN PROTOSTRUKTUR ALS LORENTZTRANSFORMATIONEN LT_5^k VERWIRKLICHT.

Diese Sätze erlauben, geometrische und algebraische Physik zu treiben: Sie sind für den Erfolg von M_4^k und LT_5^k verantwortlich. Das folgende ist eine Illustrierung:

VI. Wir konstruieren die Geraden

$$(6) \qquad x_1 = \beta x_4$$

$$(7) \qquad x_4 = \beta x_1 \quad \text{mit} \quad \beta < 1$$

Diese Geraden sind konjugierte Durchmesser des Hyperbelpaares $x_1^2 - x_4^2 = \pm 1$

VII. Wir bezeichnen die (gleichen) Neigungswinkel der Geraden (6) und (7) zu den Achsen x_4 und x_1 durch φ. Wir übersetzen φ aus der U_4^k-Sprache in die U_5^k-Sprache nach

$$(8) \qquad tg\varphi \to \beta$$

Hier folgt nun die eigentliche Genialität MINKOWSKIS. Aus ihr folgt

Schema IX

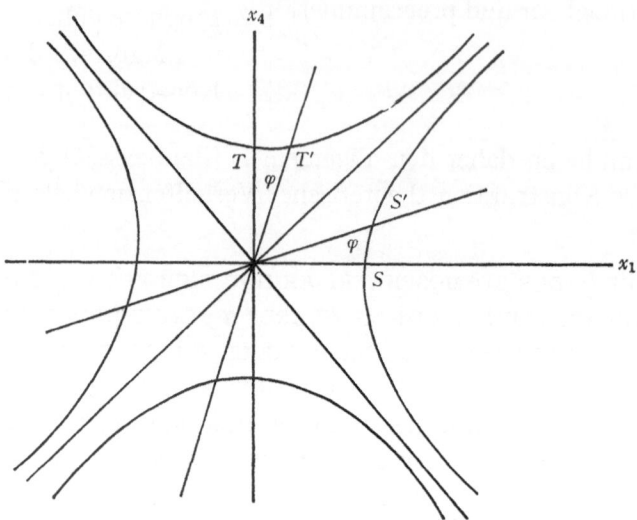

mühelos alles übrige. „Genialität" bedeutet hier heuristisch: Eine Verschlüsselung finden, die M_4^k in U_3^k übersetzt derart, dass das Verhalten von M_4^k Voraussagen über U_3^k gestattet, die dort i.a. nicht gewonnen werden können. Ein Winkel hat mit einer Geschwindigkeit zunächst nichts gemein. Die Geschwindigkeit kann durch eine abzählbar unendliche Menge von Zeichen dargestellt werden. MINKOWSKI verknüpfte sie aber mit einer *Operation* in M_4^k, nämlich einer Achsen-Drehung um den Winkel φ .Das war seine Grosstat. Denn er konnte a priori nicht wissen, dass alle geometrischen Folgen der Achsentransformation Prognosen über die physikalischen Folgen eines Wechsels der Bezugskörper enthalten. Er fand vielmehr intuitiv aus allen zuhandenen geometrischen Operationen gerade jene einzige, die das Verhalten bewegter Uhren und Maßstäbe programmiert. Mit anderen Worten: Er fand die π-Struktur für Uhren und Maßstäbe.

Zunächst haben wir den Koeffizienten β in (6) und (7) zu seiner geometrischen Wahrheit gebracht, umgekehrt den Winkel φ zu seiner algebraischen Wahrheit: Wir haben beide in ihrer Bedeutung für den Mechanismus von M_4^k verstanden.

Wir entschlüsseln nun β in U_3^k als Betrag $\sqrt{v^2/c^2}$, worin v die Geschwindigkeit eines BS' zu einem BS und c die invariante Lichtgeschwindigkeit bedeutet. Dann gilt die Entschlüsselung

$$\beta \rightarrow \text{tg}\, \varphi \rightarrow \sqrt{v^2/c^2}$$
$$\|\quad\quad\|\quad\quad\quad\|$$

(9) $\qquad\qquad$ (5) $\rightarrow$ (4) $\rightarrow$ (3)

Sie lässt sich in U_5^k verschlüsseln und lautet dann

(10) $\qquad\qquad \beta = \text{tg}\, \varphi = \sqrt{v^2/c^2}$

Zugleich werden die Geraden $x_1 = \beta x_4$ und $x_4 = \beta x_1$ aus U_4^k in U_3^k entschlüsselt: Wir deuten sie als ein BS'(x_1', x_4') das sich mit der Geschwindigkeit v gegenüber einem BS bewegt, das durch (x_1, x_4) in M_4^k dargestellt wird.

VIII. Wir fragen nun nach dem Transformationsgesetz für den Uebergang aller Werte (x_1, x_4), wenn wir eine durch (x_1, x_4) dargestellte Messgrösse auf (x_1', x_4') projizieren. Dies ist ein Kommando aus U_8^k: „Man finde die Welt beim Wechsel der BS!" Wir benutzen die KS jetzt als Apparat, um Erkenntnisse über U_3^k zu gewinnen. Wir wissen zunächst noch gar nichts über die Form des Transformationsgesetzes. Wir können jedoch annehmen, dass Gleichung (5) die Fortpflanzung von Lichtwellen beschreibt, weil $c = $ maximum $= $ constant $= $ invariant gilt und wir die Raum- und Zeiteinheiten so wählen können, dass $x_1/x_4 = 1$ wird. Diese Forderung ist für (5) erfüllt. Dann beschreibt (5) die Weltlinie des Lichtes (Nullinie).

IX. Wir entschlüsseln die Hyperbeln als U_4^k-Apparat, der die Einheitsmasse der Raum- und Zeitstrecken in (x_1, x_4) und (x_1', x_4') erzeugt. Die Hyperbeln selbst besitzen zunächst keine Deutung in U_3^k. Wir setzen die Schnittpunkte der Hyperbeln mit der Koordinate x_1 als Streckeneinheit und mit x_4 als Zeiteinheit des BS$\cdots_3^k\cdots$. Auch das ist eine geniale schöpferische Entschlüsselung, die nur zum Ziel führt, weil in M_4^π bereits Raum- und Zeiteinheiten bereitliegen, die das Verhalten von bewegten Uhren und Maßstäben steuern.

Dann liefern die Schnittpunkte der gleichen Hyperbeln mit x_1' die Streckeneinheit S' und mit x_4' die Zeiteinheit T'. Die Koordinaten der Schnittpunkte S' und T' sind gegeben durch

(11) $\qquad x_4^{T'} = \dfrac{1}{\sqrt{1 - \beta^2}}, \quad x_1^{T'} = \dfrac{\beta}{\sqrt{1 - \beta^2}}$

$$x_4^{S'} = \dfrac{\beta}{\sqrt{1 - \beta^2}}, \quad x_1^{S'} = \dfrac{1}{\sqrt{1 - \beta^2}}$$

Wenn (x_1', x_4') ein schiefwinkliges KS darstellt, so gilt $x'^{S'}_4 = x'^{T'}_1 = 0$.

Wir setzen als Einheitsmasstab $x_1'^{S'} = 1$, $x_4'^{T'} = 1$ und entsprechend $x_1^S = 1$, $x_4^T = 1$. Dann hängen die Einheitsmaßstäbe durch die Transformationsgleichungen zusammen (LT)

$$(12) \qquad x_1 = \frac{x_1' + \beta x_4'}{\sqrt{1 - \beta^2}} \qquad x_4 = \frac{x_4' + \beta x_1'}{\sqrt{1 - \beta^2}}$$

Durch Einsetzen der gestrichenen Werte in die ungestrichenen bleiben die Gleichungen (4) und (5) in ihrer Gestalt unverändert. Die Transformation $BS_{..3...}^{k} \rightarrow BS_{..3...}^{k'}$ lässt die Gleichung für die Lichtausbreitung invariant. Desgleichen muss die Hyperbelgleichung als Transformationsapparat invariant bleiben. Tatsächlich wird die Gestalt von Kurven durch das Ziehen von Koordinaten ebensowenig verändert wie die Kugelgestalt der Erde durch das Ziehen von Längen- und Breitenkreisen.

Wir erweitern das Koordinatensystem (x_1, x_4) zum vierdimensionalen Raum $^{(4)}M_4^k$, kurz M_4^k. Dann berührt der Kegelraum

$$(13) \qquad (x_1^2 + x_2^2 + x_3^2) - x_4^2 = 0$$

die Hyperboloidräume

$$(14) \qquad (x_1^2 + x_2^2 + x_3^2) - x_4^2 = \pm 1$$

asymptotisch mit Invarianz von (13) und (14).

Wir setzen als Zeitachse $x_0 = ict$ und erhalten die invariante Gleichung der Weltlinie eines geradlinig gleichförmig bewegten Teilchens

$$(15) \qquad x_1^2 + x_2^2 + x_3^2 + x_0^2 = \text{Inv.}$$

Dann werden die LT durch eine imaginäre Drehung der Kartesischen Koordinaten um den imaginären Winkel ψ und die Gleichsetzung $i\beta = \text{tg } \psi$ gewonnen. Damit ist die Relativität zu ihrer vollen Wahrheit gebracht. Der mathematische Grund für die Relativität der Zeit und der Strecken ist die imaginäre Drehung eines orthogonalen KS in M_4^k, ersetzbar durch die LORENTZgruppe. Erst jetzt haben wir die Relativität verstanden. Früher erkannten wir, dass die Zeit eine Nachricht und deshalb bezugsabhängig ist. Jetzt wissen wir, zu welchen Messwerten diese Bezugsabhängigkeit führt. Dies ist der Schritt vom sog. qualitativen zum quantitativen Wissen.

Der Grund für die längere Lebensdauer eines Mesons in der Höhenstrahlung hat also mit Kraftwirkungen nichts zu tun. Er ist durch genau jene Protostruktur der Raumzeit gegeben, die in M_4^k verwirk-

licht wird. Wer also an die Effekte der sRT glaubt, muss auch an die
Proto-Struktur glauben. Er muss an die Möglichkeit widerspruchsfreier Vergleiche zwischen den Informationen der vom Menschen konstruierten M_4^k und den Informationen aus U_3^k glauben, obwohl die
ersteren aus der reinen Noosphäre stammen, die letzteren aus einem
Komplex aus Kosmo-, Bio-, Psycho- und Noosphäre. Noch mehr:
Dieser Informationsvergleich setzt eine besondere Art von Information voraus, die ich ,,*Proto-Information*'' nenne: Sie wird in einer psychisch unaufweisbaren Weise von den Proto-Strukturen σ_4^π an $\underline{C}$ weitergegeben. $\underline{C}$ empfängt sie als Intuition, Eingabe, Charisma, wie immer
wir diesen psychisch im Dunkeln liegenden Informationsstrom bezeichnen wollen. Was er bringt, ist freilich Licht vom reinsten Lichte
der Vernunft. Ich verstehe daher unter der Proto-Information einen
Akt göttlicher Erleuchtung.

9. INFORMATIONSTYPEN

Wir haben damit folgende 6 Typen von Informationen gefunden:

1. Die p-Information in U_0^p: Sie wird durch Wechselwirkungen (physische Signale) vermittelt und enthält eine Nachricht über Verhaltensmerkmale von p-Operatoren.
2. Die p–k-Information: Sie wird durch Wechselwirkungen zwischen
   p-Operatoren und dem Menschen vermittelt und enthält gleichfalls Nachrichten über die Verhaltensmerkmale von p-Operatoren.
3. Die k–k-Information: Sie wird durch Konstruktion eines k-Reichs
   oder k-Teilreichs und Ablesen von dessen Struktur vermittelt und
   enthält eine Nachricht über die Struktur eines anderen k-Bereichs.
4. Die k–p-Information: Sie wird durch Prognosen über Messergebnisse vermittelt und enthält eine Nachricht über Verhaltensmerkmale von p-Operatoren.
5. Die π–k-Information: Sie wird durch Rekonstruktion von π-Reichen
   bzw. π-Strukturen vermittelt und enthält das Programm für k-
   Reiche. Dies ist, was wir ,,Proto-Information'' nannten.
6. Die π–p-Information: Sie wird durch eine hypothetische Instanz
   $\underline{\Theta}$ vermittelt und enthält das Programm der Verhaltensmerkmale
   von p-Operatoren.
   Ueber eine mögliche π–π-Information wissen wir nichts.
   Wir fassen die p–p-Informationen mit der k–k-Information zum
Typus der *inneren Information* zusammen, die übrigen Informationen

zum Typ der *äusseren Information*. Das eigentlich Verwunderliche ist nun die Tatsache der äusseren Informationen: Dass der Mensch durch k-Entwürfe Prognosen über Messergebnisse erhält und dass überhaupt p-Daten zu Bewusstseins-Daten werden. Beides ist gleich wunderbar. Aber hier kennen wir wenigstens die Partner der Information. Bei der π–p-Information und der π–k-Information kennen wir nur den Empfänger, nicht aber den Informations-Emittor (den Sender). Das Symbol $\underline{\Theta}$ ersetzt vorläufig unser Unwissen.

Es gibt wohl kaum einen eindrucksvolleren Aufweis für die schöpferische Macht des menschlichen Geistes als die Operationen in der MINKOWSKIwelt. Stufe um Stufe arbeitet er sich nach oben, bis er das Universum vor sich liegen sieht: Die vierdimensionale Raumzeit-Welt mit ihrem wundervoll durchsichtigen Achsenkreuz, dessen Verlegung uns momentan ohne die geringste physische Mühe eine Ereigniskonfiguration zugleich von allen ∞^{10} Bezugssystemen beurteilen lässt. Es ist, als habe sich der Mensch in dieser Geometrie selber zum Weltgeist erhoben, um die Welt als erster in ihrer raumzeitlichen Totalität zu überschauen. Damit durchbrach er endgültig die monadische Enge seines von der Natur zugewiesenen Bezugssystems. Er vereinte sich mit allen nur denkbaren Aspekten, er wurde diese Aspekte.

Der Schritt ins All der ∞^{10} BS war aber nur möglich durch das *Vertrauen* EINSTEINS und MINKOWSKIS in die Harmonie von Geometrie, Algebra, Logik und Erfahrung. Geführt von ihrem Glauben an die mathematische Erschaffbarkeit der Welt, wagten sie Operation um Operation, um den ewigen Kampf gegen das Dunkel des Unwissens zu bestehen.

10. IMPERIALER HÖHENWEG

Wir fassen die bisherigen Operationen zu Schema X zusammen.

Wir erkennen daran sofort, dass die Lösung des in U_8^k gestellten Problems anders als bei der Definition der Gleichzeitigkeit überhaupt nicht mehr auf U_1^k und U_2^k zurückgreift. Wir befinden uns im Operationsfeld der reinen Theorie. Auch U_3^k wird erst für den Test benötigt. Erst *nach* dem Test machen wir den letzten Schritt: Wir verfügen: „Die LT sollen die Prognose über alle künftigen Zeit- und Raummessungen an Ereigniskonfigurationen enthalten''. Es bedarf der Operation IX, um die LT überhaupt zu deuten. Die Deutung einer Theorie vollzieht sich in Form einer Prognose über künftige Messergebnisse. Der Operationsweg endet also mit einer testbaren

Prognose in Form eines Allsatzes. Dies ist, was wir ein Naturgesetz nennen.

Schema X

	I	II	III	IV	V	VI	VII	VIII	IX
U_9			○		○				
U_8^k									
U_7^k									
U_6^k									
U_5^k	○	○	○	○	○	○	○	○	○
U_4^k		○	○		○	○	○	○	○
U_3^k								○	○
U_2^k								○	○
U_1^k								○	○
U_0^p								○	○

Wir haben hier das Schema einer quantitativen Untersuchung. Sie nimmt den einfachen alternierenden Weg zwischen U_5^k und U_4^k. Dies ist durch den Sollwert „quantitative Prognose!" geboten. Die Ausführung setzt indes mehrfach Ω-Sätze voraus. Von einer autonomen mathematischen Physik kann also keine Rede sein: Sie ist ebenso wie eine vor-mathematische qualitative Diskussion des Problems an Vertrauen gebunden.

11. IMPERIALE INTERDEPENDENZ

Wir sahen, dass die LT nicht nur im Operationsfeld der MINKOWSKIwelt gefunden werden. Es ist nicht möglich, allein in U_4^k die Strukturen von M_4^k zu entdecken. Dazu bedarf es immer schon der Mitwirkung von U_5^k. Wir formulieren daher den Glaubenssatz

$\Omega^k(88)$: DIE STRUKTUREN EINES REICHES LASSEN SICH NUR DURCH MITWIRKUNG HOEHER LIEGENDER REICHE ENTDECKEN.

Dies ist der Grund, weshalb wir keine analytische Geometrie ohne Algebra betreiben können. Auch jeder metrische Raum setzt Zahlen oder deren algebraische Stellvertreter voraus. Das Umgekehrte gilt nicht: Wir können eine Algebra ohne Zuhilfenahme der Geometrie aufbauen. Aber auch diese bedarf der Logik. Die Logik ihrerseits bedarf der Prinzipien, nach denen sie gebaut wird. Daher gibt es 2- und höher-wertige Logiken. Die Prinzipien ihrerseits bedürfen der Werte, um sich zu rechtfertigen. Die ganze theoretische Vernunft aber bedarf des Glaubens.

Die Findung der relativen Zeit ist ein klassisches Beispiel. Wir können über $_0^p$-Koinzidenzen nichts ohne Zeiterlebnisse ausmachen. Diese wiederum sind ohne Zuhilfenahme mobilisierter $_2^k$-Daten nicht zu verstehen. Gedankenversuche zur Gleichzeitigkeit bedürfen der Messungen, um sich zu rechtfertigen. Messungen brauchen Koordinaten, um verstanden zu werden, diese wiederum bedürfen der Berechnung und jene der Logik. Wir finden also eine absteigende Dependenz der Reiche und eine aufsteigende Autonomie. So können wir z.B. die LT ableiten, ohne auf M_4^k zurückzugreifen, wie in allen Lehrbüchern der sRT nachzulesen. Die Relativität der Gleichzeitigkeit lässt sich auch rein logisch-axiomatisch beweisen, freilich nicht berechnen. Daraus finden wir einen weiteren Ω-Satz:

$\Omega^k(89)$: JE HOEHER DIE LOESUNG EINES PHYSIKALISCHEN PROBLEMS IMPERIAL LIEGT, DESTO UNANSCHAULICHER UND DAHER WENIGER AUSSAGEKRAEFTIG IST SIE.

Beispiel: Die LT geben zwar eine exakte Berechnung der Gleichzeitigkeit, aber der Grund dafür ist abstrakter, weniger einsichtig, als der Bewcis durch Operationen in M_4^k. Noch weniger einsichtig ist der rein axiomatische Beweis; dieser liefert zudem keine rechnerisch operable Relativität. Die Struktur von $\underline{C}$ ist also derart, dass die Begründungen desto einsichtiger werden, je näher sie U_1^k liegen (je ,,konkreter'' sie sind), aber desto exakter, je weiter sie von U_0^p entfernt liegen. Bei U_5^k tritt ein Maximum ein; von da ab werden die Beweise abstrakter, aber nicht mehr quantitativ formulierbar. Von U_7^k ab hört das Beweisen überhaupt auf. In U_9^k beginnt der Glaube.

12. DIE π-ZEIT

Wir können nun die früher gestellte Frage lösen, weshalb die vom Physiker konstruierte k-Zeit die p-Ereignisse trifft, obwohl dort gar keine Zeit vorkommt, sondern nur Koinzidenz. Antwort: Die p-Ereignisse werden erst durch die π-Zeit-Ordnung M_4^π als bestimmte möglich und programmiert. Zugleich wird die Konstruktion der k-Zeit durch die π-Zeit ermöglicht. Wir erhalten damit folgende zweifache Auffächerung der Zeit: (1) k- und π-Zeit, (2) imperial aufgefächerte Zeit. Dazu kommen noch die bezugsabhängigen Auffächerungen der Zeit innerhalb dieser Zeiten. Letzteres ist aber ein rein physikalisches Problem, während die ersten zwei Auffächerungen ein Ω-Problem sind. Wir bezeichnen die Auffächerung als *Spektralzerlegung*. Dann gibt es (1) ein physikalisches Zeitspektrum = die ∞^{10} bezugsabhängigen Zeiten, (2) ein imperiales, (3) ein modales Spektrum. Wir entwerfen folgendes Matrix-Produkt der Zeit (Das Zeichen „0" bedeutet „an dieser Stelle kommt ein t nicht vor"):

$$
(16) \qquad \left\| \mathrm{BS}_m^n(i) \right\| \times
\begin{array}{c|ccc}
 & p & \pi & k \\
\hline
0 & 0 & t_0^\pi & 0 \\
1 & 0 & t_1^\pi & t_1^k \\
2 & 0 & t_2^\pi & t_2^k \\
3 & 0 & t_3^\pi & t_3^k \\
4 & 0 & t_4^\pi & t_4^k \\
5 & 0 & t_5^\pi & t_5^k \\
6 & 0 & t_6^\pi & t_6^k \\
\end{array}
$$

Das ergibt insgesamt 13 verschiedene Zeiten, die mit ∞^{10} imperial zugeordneten $\mathrm{BS}_m^n(i)$ zu multiplizieren sind.

KANT sah in der Zeit die Bedingung der Möglichkeit des Phänomens, also der von der Erfahrung erzeugten Erscheinungsform des Dings an sich. Insofern gehörte sie zur empirischen Realität. Zugleich war die Zeit nur eine Anschauungsform der Erfahrung, also von transzendentaler Idealität. Welche Stellung nimmt nun die Zeit in der Ω-Analyse ein? KANT hatte recht, wenn er die Zeit zur Bedingung a priori der physikalischen Erfahrung machte: Ohne die Annahme der Gleichzeitigkeit gibt es keine Messung. Messung ist immer Koinzidenz von Gerät-Reaktion mit einem p-Ereignis. KANT sah aber nicht, dass die Zeit selbst ein physikalisches Problem ist. Erst EINSTEIN „holte sie aus dem Olymp des Apriori herab", wie er schreibt. Auch wusste KANT nicht, dass die von ihm intendierte Zeit nicht die k-Zeit ist (die wir machen, also nicht der Erfahrung voraussetzen), sondern die π-Zeit. Nur diese ist unproblematisch, weil sie auch niemals zum intentionalen Gegenstand der Theorie werden kann. Wir können sie weder denken noch erfahren, sie ist lediglich vom Denken intendiert. Damit müssen wir die intendierte bewusstseinstranszendente Mannigfaltigkeit vo

Gegenständen um die π-Zeit erweitern. Wir sagen: Die Gegenstände der sRT zerfallen modal in die intendierte p-Welt und in die intendierte π-Welt. Um in der Terminologie KANTS zu bleiben: Das „Ding an sich", das Noumenon, ist entweder ein Wirkwesen oder ein Ermöglichungsgrund, ist entweder Ereignis oder Zeit (und was noch zur noumenalen π-Welt gehört).

Nun kann aber theoretische Vernunft die π-Welt re-konstruieren, indem sie die k-Welt entwirft. Die sRT trifft mit ihrer Zeit-Konstruktion prognostisch die p-Welt, also auch die dazu gehörige π-Welt. *Die Zeit der sRT ist die Realzeit,* wenn wir darunter die π-Zeit verstehen. Eine p-Zeit gibt es nicht und kann es nicht geben, denn Zeit wirkt nicht: sie gilt.

KANT irrte in folgendem:

Die zeitliche Struktur der Ereignisse ist nicht das ganze Noumenon. Ereignisse sind in der Auseinandersetzung miteinander und damit auch mit dem $\frac{p}{0}$-Anteil unseres Leibes Komplexe schöpferischer Operationen. Dies wissen wir gewiss, denn gerade dazu bedürfen wir keiner apriorischen Glaubenssätze. Es ist uns ebenso gewiss, als Leben gewiss ist. Leben ist schöpferische Auseinandersetzung mit dem je anderen, um uns und in uns, Erschaffen unser selbst und des je anderen. Im permanenten Schöpfungsvorgang werden wir unser selbst als eines Erschaffenden und des je anderen als eines Mit- oder Gegen-Schaffenden bewusst. Ja Bewusstsein ist nichts als schöpferische Auseinandersetzung. Damit freilich ist aber die Erfahrung des An sich auch erschöpft. Alles daran Bestimmte beruht auf der Konstruktion von Strukturen, primär von Räumlichkeit und Zeitlichkeit. Das An sich der physischen Welt ist also ein dualer Komplex aus nur erlebbaren schöpferischen Operationen und nur rekonstruierbaren steuernden Strukturen.

In diesem Satz liegt ein letzter Einwand gegen KANT: Die noumenale Gleichzeitigkeits-Struktur ist eine notwendige Bedingung der Möglichkeit noumenaler schöpferischer Operationen. Gäbe es keine Gleichzeitigkeit von Ereignissen, so auch keine Koinzidenz.[1] Die π-Zeit ist also nicht nur das logische Apriori der Zeit-Konstruktion in k, sondern auch das ontische Apriori der p-Koinzidenzen. Teilchenstösse, die Absorption von Photonen in der Atomhülle, das Auftreffen von Licht-

---

[1] Hier wird das früher beschriebene logische Verhältnis von Koinzidenz und Gleichzeitigkeit in der U_0^p-Welt naturgemäss umgekehrt. Die Umkehrung ergibt sich aus folgendem: In k geht dem Gleichzeitigkeitsbegriff die Erfahrung der Koinzidenz vorher, ohne die wir keine Gleichzeitigkeit messen könnten. In p bedarf es zur Möglichkeit der Koinzidenz von Ereignissen der π-Gleichzeitigkeit. Ich nenne daher, auf diesen Fall bezogen, den ordo essendi die Inverse des ordo cogitandi.

wellen an streuenden oder spiegelnden Flächen, all dies setzt die Gleichzeitigkeit von Ereignissen voraus. Ja jede Wechselwirkung ist schöpferische Begegnung und daher an die Gleichzeitigkeit gebunden. Dies ist
das Gegenstück zum EINSTEINschen Satz, dass jede Messung (und
damit die experimentelle Physik) auf Koinzidenzen beruht. Die Welt
unserer Wahrnehmung ist eine Welt von Koinzidenzen. Die Grund-
Koinzidenz ist jene von U_0^p mit den Sinnesorganen in U_1^k. Ja der Ausdruck ,,Bewusstsein'' selbst ist nur eine Umschreibung für die fortlaufende ,,flächenhafte'' Gleichzeitigkeit von Ereignissen in der Gross-
hirnrinde, die das zu jedem Zeitpunkt bewusste Gegenstandsfeld ausmachen. Somit ist *Gegenwart* die Ur-Struktur von schöpferischem Sein
schlechthin: Sein als Bewusst-Sein und Sein als elementare physische,
biophysische, biopsychische und rationale Begegnung; die letztere
dabei als schöpferische Konstruktion verstanden: als Begegnung mit
dem opus des Geistes.

Wir sahen, dass die noetische Erzeugung der Gleichzeitigkeit von
einem strategischen Kommando aus U_8^k ausgeht: ,,Finde die operationelle Definition der Gleichzeitigkeit!'' Aehnlich müssen wir annehmen,
dass auch die U_0^p-Operationen einer Strategie unterliegen und daher
von bestimmten Sollwerten gesteuert werden. Es sind jene Werte, die
überhaupt geordnetes physisches Operieren, also Wechselwirkungen,
ermöglichen. Dazu gehört zuerst eine eindeutige zeitliche Ordnung und
hier primär die Gleichzeitigkeit als Vorbedingung der Koinzidenz. Wir
haben also für die p-Welt eine Hierarchie von π-Reichen anzunehmen,
welche die p-Ereignisse ermöglichen und eben im Ermöglichen in bestimmte Schematismen lenken, also programmieren. Es ist ähnlich wie
im Strassenverkehr: Elektronisch gesteuerte Ampeln plus der festen
Strassen ermöglichen und programmieren die Bewegung der Verkehrsteilnehmer. Ebenso ist die Koinzidenz von Ereignissen an die π-Zeit
gebunden, ohne die überhaupt kein geordneter Fluss der Ereignisse
stattfände. Die π-Zeit ist sozusagen das Verkehrsrecht der Ereignisse.

Dabei fächert die π-Zeit ihrerseits imperial auf. Unter ,,Regeln'' ist
hier verstanden: Das Programm der verschiedenen Weltlinien unterliegt einer Restriktion (einem Sollwert). Kausalverbindungen dürfen
nur durch zeitartige Weltlinien generiert werden, deren Neigungswinkel
zur t-Achse kleiner als 45° ist. Koinzidenzen werden nicht durch eine
Weltlinie, sondern durch rein räumliche Verknüpfungen generiert. t_1^π
entspricht dem geschauten Licht der Ampeln (bei Grün gleichzeitiger
Start!) und regelt die erlebten Koinzidenzen des Bewusstseins. t_2^π entspricht dem vorgestellten Verkehrsmodell (am Sandkasten) und regelt

die imaginierten Daten des Bewusstseins. t_3^π entspricht dem Auge des Verkehrspolizisten und regelt die zeitliche Ordnung der Messungen. t_4^π entspricht dem elektronischen Verkehrsplan der Stadt mit Automatik und regelt das Verhalten der zeitlichen Werte in M_4^k. t_5^π entspricht einer elektronischen Berechnung der Verkehrsdaten und regelt die Berechnung der Zeit durch die LT. t_6^π schliesslich entspricht den logischen Operationen, die der Verkehrscomputer bei all diesen Operationen ausführt, und regelt die Theorie der Zeit: Die sRT.

Nun könnte man verleitet sein, darin nur ein Steuern der theoretischen Vernunft des Physikers zu sehen. Es gibt aber auch eine Art Verkehrsrecht der Wirklichkeit, das sowohl die Theorienbildung als die Ereignisse steuert. Das ist das sRP. Indem wir seine Gültigkeit für die zeitliche Ordnung der Ereignisse intendieren, intendieren wir zugleich ein π-Reich U_7^π, das erst diese Ordnung ermöglicht. Nun wirkt aber das sRP in der Theorie nur über die MINKOWSKIWELT oder entsprechende geometrisch-arithmetisch-logische Konstruktionen. Es ist also wahrscheinlich, dass auch in π das sRP nicht direkt auf die Ereignisse wirkt, sondern auf dem Umweg über die dazwischen liegenden π-Reiche U_4^π, U_5^π und U_6^π. Anders ist die geometrische, arithmetische und logische Bestimmtheit der Zeitordnung der Ereignisse nicht zu verstehen. Dem k-Apparat der sRT entspricht also genau ein π-Apparat der Natur: Die Natur ist ihr eigener Theoretiker.

Dies ist freilich nur eine Metapher, denn Teilchen entwerfen keine Theorie. Sie bedürfen einer über-natürlichen Ordnung ebenso wie die Verkehrsteilnehmer einer juristischen. Wiederum stossen wir auf $\underline{\Theta}$, den Theoretiker der Uebernatur.

13. ERSTE AUSKUNFT ÜBER DEN RAUM

Wir fanden den theoretischen Apparat zur Berechnung der Gleichzeitigkeit und der durch die Gleichzeitigkeit definierten Länge. An sich hätten wir den Operationsweg zur Definition der Länge besonders aufweisen müssen, wollen aber darauf verzichten, da er gegenüber der Zeit nichts Neues bringt. Wir halten fest: Die Berechnung von t_5^k erlaubt auch die Berechnung der Länge l_5^k. Dies ist das erste Ergebnis dessen, dass wir von der Zeit-Definition ausgingen. Durch die Zeit wird also auch der Raum festgelegt. Raum wird jetzt definiert als drei-dimensionale Hyperfläche, mit gleichen Zeitkoordinaten als Normalen. Wir nennen den Raum daher „Gleichzeitigkeitswelt''. Wir können dazu symmetrisch die Zeit als „Gleichräumigkeitswelt'' bezeichnen. Wir mussten indes schon deshalb von der Zeit ausgehen, weil U_0^n ein Reich von Ereignissen ist. Es ist operativ günstiger, vom Komplexeren, den zeitartigen Weltlinien in M_4^k, auszugehen und dann den Raum als das Einfachere abzuspalten, als zu dem Geschehnisraum, der ohne die Zeit gar nicht definierbar ist, das zeitartige Geschehen hinzuzufügen. Uhren stehen auch im Eigen-BS nicht still, wohl aber der Raum.

14. DAS FELD

Wir formulieren nun den Sollwert: ,,Finde die Vorschrift für eine eindeutige Berechnung elektrischer und magnetischer Feldstärken bei BS $._3^k$... $\to$ BS $._3^{k'}$... ''.

EINSTEINS Leistung, im Gegensatz zu seinen Vorgängern LORENTZ, MAXWELL und HERTZ, ist folgender Glaubenssatz zur Lösung des Problems:

$\Omega^\pi(90)$: DAS VERHALTEN VON MASSTAEBEN UND UHREN BEIM WECHSEL DES BS STEUERT AUCH DAS VERHALTEN DER ELEKTRISCHEN UND MAGNETISCHEN FELDSTAERKEN BEIM GLEICHEN WECHSEL.

Dieser Satz ist alles andere als selbstverständlich. Er setzt den allgemeineren Glaubenssatz voraus:

$\Omega^\pi(91)$: RAUM UND ZEIT SIND UNIVERSALE STEUERUNGSSCHEMATISMEN FUER PHYSIKALISCHE TEILCHEN UND FELDER.

Dann ist $\Omega^\pi(90)$ ein Sonderfall von $\Omega^\pi(91)$. Indem die sRT eine Theorie von Raum und Zeit ist, wird sie damit zugleich eine Generaltheorie der Physik. Der Glaube daran rechtfertigte sich glänzend, wie die ganze weitere Geschichte der Physik zeigt. Der Glaube der Physiker an die universale Gültigkeit der sRT impliziert also $\Omega^\pi(91)$.

Die Schritte zur Lösung des eingangs gestellten Problems sind nun folgende:[1]

I. $\Omega^\pi(90)$ und $\Omega^\pi(91)$ in U_9.

II. Umschaltung auf U_4^k: Rechnerische Analyse von M_4^k. Dazu Umschaltung auf U_5^k mit wechselnder Stellvertretung von U_4^k und U_5^k

Wir fordern als LORENTZ-Invariante (im folgenden L-Invariante)

(17) $$\text{inv} = x_1^2 + x_2^2 + x_3^2 + x_0^2$$

---

[1] Es gibt verschiedene Operationswege, die stellvertretend füreinander eintreten. Wir folgen dem Weg von M. v. LAUE, *Die Relativitätstheorie*, 1. Bd., *Die spezielle Relativitätstheorie*, 6. Aufl. Vieweg, Braunschweig 1955 Par. 7 bis 12. Dort findet der Leser die genauen mathematischen Ableitungen. Hier sind nur die Hauptschritte formuliert.

Die allgemeinste Transformation, die (17) erfüllt, lautet

(18)
$$
\begin{aligned}
x_1' &= a_1^1 x_1 + a_1^2 x_2 + a_1^3 x_3 + a_1^0 x_0 \\
x_2' &= a_2^1 x_1 + a_2^2 x_2 + a_2^3 x_3 + a_2^0 x_0 \\
x_3' &= a_3^1 x_1 + a_3^2 x_2 + a_3^3 x_3 + a_3^0 x_0 \\
x_0' &= a_0^1 x_1 + a_0^2 x_2 + a_0^3 x_3 + a_0^0 x_0
\end{aligned}
$$

worin wegen der Orthogonalität der Koordinaten

(19) $\quad \sum_n a_n^{m2} = 1; \quad \sum_n a_n^m a_n^p = 0 \quad \text{mit} \quad (m, p = 1, 2, 3, 0, m \neq p)$

Gleichung (18) lässt sich auflösen nach den ungestrichenen Koordinaten mit den Koeffizienten a_m^n. Die a_m^n lassen sich zur Determinante aufbauen

(20)
$$
A = \begin{vmatrix}
a_1^1 & a_2^1 & a_3^1 & a_0^1 \\
\cdot & \cdot & \cdot & \cdot \\
\cdot & \cdot & \cdot & \cdot \\
a_1^0 & a_2^0 & a_3^0 & a_0^0
\end{vmatrix}
$$

mit $A^2 = 1$ und folglich $A = +1$ ($A = -1$ wird durch die Möglichkeit des stetigen Uebergangs von BS$..^{k'}... \to$ BS$..^k_3...$ ausgeschlossen). Damit haben wir in einem heuristisch schöpferischen Schritt von U_4^k endgültig auf U_5^k umgeschaltet, denn den Determinanten lassen sich unmittelbar keine geometrischen Objekte zuordnen. Wir vertrauen uns damit der Struktur von U_5^k an im Vertrauen auf

$\Omega^k(92)$: DIE UMSCHALTUNG VON U_4^k NACH U_5^k FUEHRT AUCH DANN ZUM ERFOLG, WENN DEM MATHEMATISCHEN MODELL, AUF DAS UMGESCHALTET WIRD, KEIN OBJEKT IN U_4^k DIREKT ZUGEORDNET WERDEN KANN.

Es ist dabei wie mit einem Analogrechner: Nur dass wir dort die Berechnung einer Grösse durch einen physikalischen Vorgang ausführen lassen, z.B. die Integration durch den MILLER-Integrator, der mit einer Eingangsspannung U_e operiert, die durch einen Kondensator C, den Widerstand R und den Operationsverstärker $-A$ in die Ausgangsspannung U_a umgeformt wird. Am Kondensator liegt zur Zeit $t = 0$ die Spannung U_0. Dann liefert der Analogrechner die Ausgangsspannung in Form eines Integrals nach

(21)
$$
U_a = -\frac{1}{RC} \int_0^t U_e \, dt + U_0 \;[1]
$$

---

[1] Man sieht das ungeheure Vertrauen der Kybernetiker in die π-Steuerung der Welt!

Nun kann man das mathematische Modell der Determinanten-Alge-
bra als Analogrechner ansehen, der ähnlich wie das physische Verhalten eines Stroms Prognosen über das rechnerische Verhalten von
elektrischen und magnetischen Feldstärken erlaubt. Die imperiale Umschaltung ist dabei genau umgekehrt wie beim Analogrechner. Dort ist
die Umschaltung

1. rechte Seite von (21) → MILLER-Integrator nach der Uebersetzung
   c_{53}^k.
2. MILLER-Integrator → linke Seite von (21) nach c_{35}^k.
   Um das Verhalten der Feldstärken zu berechnen, schalten wir
1. Messgerät zur elektrischen und magnetischen Feldstärke → Deter-
   minanten-Algebra mit LT-Koeffizienten nach c_{35}^k.
2. Transformationsgleichung für die Feldstärken → Prognose und Test
   nach c_{53}^k.

Die Inverse zur Operationsfolge des Analogrechners in der Ableitung
des Transformationsgesetzes für die Feldstärken zeigt genau den Unterschied zwischen theoretischer Physik und der innermathematischen
Lösung von Gleichungen durch Analogrechner. Die sRT macht eine
imperiale Stellvertretung, gewissermassen eine Anleihe, bei U_5^k, der
Analogrechner bei U_3^k. Beide Uebersetzungen hängen indes logisch an
dem o.g. Glaubenssatz von der Stellvertretung der Reiche, $\Omega^k(84)$.

Wir schalten nun innerhalb von U_5^k zu den allgemeinen Sätzen über
lineare Gleichungen um. Dann muss (18) auflösbar sein gemäss der
Form

$$(22) \qquad A x_m = A_1^m x_1' + A_2^m x_2' + A_3^m x_3' + A_0^m x_0'$$

Daraus folgt, dass

$$(23) \qquad a_m^n = A_m^n$$

worin A_m^n die Unterdeterminante von A ist. Damit haben wir die
Uebersetzung der Transformationskoeffizienten a_m^n in die Unterdeter-
minanten A_m^n vollzogen. Dies ist eine inner-imperiale Uebersetzung.
Wir bezeichnen ferner die vorzeichenversehene Unterdeterminante 2.
Stufe (der die Spalten p und q sowie die Zeilen m und n fehlen) durch
A_{pq}^{mn} und ihre Ergänzung durch B_{pq}^{mn}. Wir ordnen die A_{pq}^{mn} in einem
heuristisch schöpferischen Akt nach Schematismus (24).

Die Punkte deuten die entsprechenden A_{pq}^{mn} an.

Die Ordnung der Transformationskoeffizienten zu einem Schema
führt zu ihrer Uebersetzung in eine Determinante A mit $a_m^n = A_m^n$

	F_{10}''	F_{20}''	F_{30}''	F_{23}''	F_{31}''	F_{12}''
F_{10}	A_{10}^{10}	A_{20}^{10}	A_{30}^{10}	A_{23}^{10}	A_{31}^{10}	A_{12}^{10}
F_{20}	A_{10}^{20}	$\dots$	$\dots$	$\dots$	$\dots$	A_{12}^{20}
F_{30}	A_{10}^{30}	$\dots$	$\dots$	$\dots$	$\dots$	A_{12}^{30}
F_{23}	A_{10}^{23}	$\dots$	$\dots$	$\dots$	$\dots$	A_{12}^{23}
F_{31}	A_{10}^{31}	$\dots$	$\dots$	$\dots$	$\dots$	A_{12}^{31}
F_{12}	A_{10}^{12}	$\dots$	$\dots$	$\dots$	$\dots$	A_{12}^{12}

(24)

als Elementen. Damit haben wir zunächst nichts gewonnen. Wir müssen einen Schematismus finden, der die Umrechnung der Feldstärken leistet. Nun haben magnetische Feldstärken zwei Indices i und k, wenn wir die Komponenten eines Vektors $\mathfrak{A}$ einführen und durch folgende Gleichungen definieren:

$$(25) \qquad \mu H_x = F_{yz} = \frac{\partial A_z}{\partial y} - \frac{\partial A_y}{\partial z}$$

$$\dots\dots\dots\dots\dots \quad d.h.$$

$$(26) \qquad \mu \mathfrak{H} = \text{rot } \mathfrak{A}$$

F_{mn} sei zunächst rein formal eingeführt. $\mathfrak{A}$ ist das von MAXWELL eingeführte Vektorpotential, μ ist die Magnetisierungskonstante. Aus Symmetriegründen nehmen wir an, dass auch die elektrischen Feldstärken durch zwei Indices bezeichnet werden. Dann liefert Schema (24) die Umrechnung des Systems (F_{mn}) in $(F_{mn})'$ beim Wechsel des BS. Dem Zusammenhang der Transformationsschemata (18) und (24) entspricht demnach Glaubenssatz $\Omega^k(90)$.

Wir fordern nun, dass die Umformungskoeffizienten durch die LT dargestellt werden. Dies legt den an sich gänzlich unbestimmten a_m^n und A_{pq}^{mn} bestimmte Einschränkungen auf. Sie entsprechen genau der Struktur von M_4^k und bedeuten diejenigen Umformungen, die bei einem Wechsel des IS in einem homogenisotropen Raumzeitgebiet vorgenommen werden müssen. Die Operation der Restriktion (in Zeichen r) ist eine Grundoperation der theoretischen Vernunft. Sie wird überall dort ausgeführt, wo es gilt, aus einer Mannigfaltigkeit von Operationen eine Teilmenge abzusondern, die einer bestimmten Struktur der operanda entspricht. Die operanda sind in unserem Fall die elektrischen und magnetischen Feldstärken, ihre Struktur die

Transformationen der zeitlichen und räumlichen Abstände in M_4^k. $\Omega\pi(90)$ legt also den Feldstärken eine bestimmte Struktur auf. Wir bezeichnen sie als MINKOWSKIstruktur, abgekürzt $\sigma_4^k(M)$. Wir werden dieses Problem später ausführlich diskutieren.

Durch die obige Restriktion nehmen die Transformationsschemata folgende Gestalt an:

(27)

	x_1'	x_2'	x_3'	x_0'
x_1	$\dfrac{1}{\sqrt{1-\beta^2}}$	0	0	$\dfrac{-i\beta}{\sqrt{1-\beta^2}}$
x_2	0	1	0	0
x_3	0	0	1	0
x_0	$\dfrac{i\beta}{\sqrt{1-\beta^2}}$	0	0	$\dfrac{1}{\sqrt{1-\beta^2}}$

(28)

	$F_{1'0'}$	$F_{2'0'}$	$F_{3'0'}$	$F_{2'3'}$	$F_{3'1'}$	$F_{1'2'}$
F_{10}	1	0	0	0	0	0
F_{20}	0	$\dfrac{1}{\sqrt{1-\beta^2}}$	0	0	0	$\dfrac{-i\beta}{\sqrt{1-\beta^2}}$
F_{30}	0	0	$\dfrac{1}{\sqrt{1-\beta^2}}$	0	$\dfrac{i\beta}{\sqrt{1-\beta^2}}$	0
F_{23}	0	0	0	1	0	0
F_{31}	0	0	$\dfrac{-i\beta}{\sqrt{1-\beta^2}}$	0	$\dfrac{1}{\sqrt{1-\beta^2}}$	0
F_{12}	0	$\dfrac{i\beta}{\sqrt{1-\beta^2}}$	0	0	0	$\dfrac{1}{\sqrt{1-\beta^2}}$

Wir schalten nun um auf M_4^k. Dort fanden wir die L-Invarianz der Hyperbelgleichung $x_1^2 - x_4^2 = \mp 1$. Wir schalten von M_4^k auf U_7^k. Dort finden wir das sRP. Wir schalten zurück auf U_5^k und fordern dementsprechend die L-Invarianz (Kovarianz) der Grundgleichungen der Elektrodynamik. Diese Forderung und die ihr vorhergehenden Schaltungen sind freie Konstruktionen der schöpferischen Vernunft. Sie dienen zunächst der Heuristik beim Aufsuchen der Lösung $(F_{mn}) \to$

$\rightarrow (F_{mn})'$. Die Transformation muss derart sein, dass die Grundgleichungen der Elektrodynamik erhalten bleiben. Damit wird die Relativität von Transformablen mit der Invarianz von Gleichungen, in welche die betreffenden Transformablen eingehen, in einen logischen Zusammenhang gebracht.

Wir schalten um auf den euklidischen Raum in U_4^k: Dort finden wir invariante Vektoren und ihre transformablen Projektionen. Wir erweitern die damit verbundenen Operationen auf M_4^k. Wir schalten um nach U_5^k. Dort suchen wir Viererinvarianten. Analog zum polaren Dreiervektor konstruieren wir den Vierervektor P mit den Komponenten P_1, P_2, P_3, P_0. Wir lassen das Transformationsschema (27) auf seine Komponenten wirken; dann erhalten wir die Umrechnungen $(P_i) \rightarrow (P_i)'$. Das skalare Produkt zweier Vierervektoren P und ϕ ist L-invariant:

$$(29) \qquad\qquad (P\phi) = \text{inv.}$$

daher auch der Absolutbetrag $|P|$. Wir konstruieren nun völlig frei als Inbegriff der sechs Grössen F_{mn}, die wir zunächst rein formal einführten, einen Sechservektor $\mathfrak{F}$. Dann sind die F_{mn} seine transformablen Komponenten. Die F_{mn} seien in den Indices antisymmetrisch, d.h. $F_{ik} = -F_{ki}$. Ferner sei $\mathfrak{F}^*$ der zu $\mathfrak{F}$ duale Sechservektor mit den Komponenten $F_{ik}^* = F_{mn}$, wobei die Indices alle voneinander verschieden sind und durch eine gerade Zahl von Vertauschungen aus der Reihenfolge 1, 2, 3, 0 hervorgehen. Diese Konstruktion ist eine Erweiterung des axialen Vektors des dreidimensionalen Raums, dessen Komponenten die Projektionen auf die drei Raumebenen sind. M_4^k enthält 6 Koordinatenebenen, daher deuten wir die F_{mn} als Projektionen von $\mathfrak{F}$ auf die Koordinatenebene mn. Wir schalten um nach U_5^k und finden dort aufgrund der Orthogonalitätsbedingungen

$$(30) \qquad\qquad \sum_{p<q} \sum A_{pq}^{mn^2} = 1$$

$$(31) \qquad\qquad \sum_{p} \sum_{q} A_{pq}^{mn} A_{pq}^{mr} = 0 \qquad (n \neq r)$$

Also sind die skalaren Produkte aus zwei Sechservektoren $\mathfrak{F}$ und $\mathfrak{H}$ L-invariant nach

$$(\mathfrak{F}\mathfrak{H}) = \text{inv.}$$

Die Vektoranalysis zeigt, dass die Divergenz eines Vierervektors P ein Skalar ist, eines Sechservektors $\mathfrak{F}$ ein Vierervektor, die Rotation eines Vierervektors P ein Sechservektor und die Rotation eines Sechservektors ein Vierervektor.

Wir schalten um auf das Universum der Elektrodynamik $U_0^n(ED)$. Es wird intendiert durch die MAXWELLschen Gleichungen (in der Erweiterung durch LARMOR und LORENTZ):

$$\text{rot } \mathfrak{H} = \frac{1}{c}\left(\frac{\partial \mathfrak{E}}{\partial t} + \rho \boldsymbol{q}\right)$$

(32)
$$\text{div } \mathfrak{E} = \rho$$

$$\text{rot } \mathfrak{E} = -\frac{1}{c}\frac{\partial \mathfrak{H}}{\partial t}$$

$$\text{div } \mathfrak{H} = 0$$

Darin ist $\mathfrak{H}$ die magnetische und $\mathfrak{E}$ die elektrische Feldstärke, ρ die Ladungsdichte und $\boldsymbol{q}$ die Ladungsgeschwindigkeit. Die Gleichungen sind in Bezug auf ein IS mit der zugehörigen Inertialzeitskala formuliert. Wir führen nun als Zeitvariable $ict = x_0$ ein und ordnen die Gleichungen wie folgt:

$$
(33)\quad
\begin{aligned}
&+\frac{\partial \mathfrak{H}_3}{\partial x_2} - \frac{\partial \mathfrak{H}_2}{\partial x_3} - \frac{\partial i\mathfrak{E}_1}{\partial x_0} = \frac{1}{c}\rho q_1
& &-\frac{\partial i\mathfrak{E}_3}{\partial x_2} + \frac{\partial i\mathfrak{E}_2}{\partial x_3} + \frac{\partial \mathfrak{H}_1}{\partial x_0} = 0\\[1mm]
&-\frac{\partial \mathfrak{H}_3}{\partial x_1} + \frac{\partial \mathfrak{H}_1}{\partial x_3} - \frac{\partial i\mathfrak{E}_2}{\partial x_0} = \frac{1}{c}\rho q_2
& &+\frac{\partial i\mathfrak{E}_3}{\partial x_1} - \frac{\partial i\mathfrak{E}_1}{\partial x_3} + \frac{\partial \mathfrak{H}_2}{\partial x_0} = 0\\[1mm]
&+\frac{\partial \mathfrak{H}_2}{\delta x_1} - \frac{\delta \mathfrak{H}_1}{\delta x_2} - \frac{\partial i\mathfrak{E}_3}{\partial x_0} = \frac{1}{c}\rho q_3
& &-\frac{\partial i\mathfrak{E}_2}{\partial x_1} + \frac{\partial i\mathfrak{E}_1}{\partial x_2} + \frac{\partial \mathfrak{H}_3}{\partial x_0} = 0\\[1mm]
&+\frac{\partial i\mathfrak{E}_1}{\partial x_1} + \frac{\partial i\mathfrak{E}_2}{\partial x_2} + \frac{\partial i\mathfrak{E}_3}{\partial x_3} = i\rho
& &-\frac{\partial \mathfrak{H}_1}{\partial x_1} - \frac{\partial \mathfrak{H}_2}{\partial x_2} - \frac{\partial \mathfrak{H}_3}{\partial x_3} = 0
\end{aligned}
$$

Nun schalten wir um auf M_4^k im Zusammenhang mit den eingeführten Vierer- und Sechservektoren. Wir übersetzen die Grössen (33) aus U_5^k in M_4^k. Dies ist eine grundlegende Operation. Sie setzt voraus, dass M_4^k als Analogrechner für die MAXWELLschen Gleichungen fungiert. Die Uebersetzungsvorschrift lautet (die rechts stehenden Ausdrücke werden nicht als algebraische, sondern als geometrische Zeichen verstanden, F_{10} ist also die Projektion eines Sechservektors $\mathfrak{F}$ auf die (x_1, x_0)-Ebene):

$$c^k_{54} \cdot U^k_5 \Rightarrow M^k_4$$

(34)

$-i\mathfrak{E}_1$	$\mathfrak{F}_{10}$
$-i\mathfrak{E}_2$	$\mathfrak{F}_{20}$
$-i\mathfrak{E}_3$	$\mathfrak{F}_{30}$
$\mathfrak{H}_1$	$\mathfrak{F}_{23}$
$\mathfrak{H}_2$	$\mathfrak{F}_{31}$
$\mathfrak{H}_3$	$\mathfrak{F}_{12}$
$\dfrac{1}{c}\rho q_1$	P_1
$\dfrac{1}{c}\rho q_2$	P_1
	P_2
$\dfrac{1}{c}\rho q_3$	P_3
$i\rho$	P_0

Damit lassen sich die MAXWELLschen Gleichungen in geometrische Objekte übersetzen. Diesen werden gleichzeitig arithmetische Grössen (Beträge) zugeordnet, s.d. die MAXWELLschen Gleichungen als Zusammenhänge von Grössen geschrieben werden können, die in M^k_4 gedeutet werden müssen. Sie lauten dann in L-invarianter Form

(35) $$\mathit{Div}\,\mathfrak{F} = P$$

(36) $$\varrho o\tau\,\mathfrak{F} = 0$$

Damit ist das Problem der L-Kovarianz für die Grundgleichungen der Elektrodynamik gelöst, indem deren Terme als Vierer- und Sechservektoren in M^k_4 gedeutet wurden. Wir bezeichnen daher M^k_4 als Analog-Problem–Löser, kurz *Analog-Löser*. Die von MINKOWSKI konstruierte Raumzeit ist der Analoglöser für die Elektrodynamik. Daraus folgt sofort, dass wir auf die in Uebersetzungsvorschrift (34) links stehenden Grössen die Transformationsvorschriften (27) und (28) wirken lassen müssen, wenn BS$_{..3...}^{k}$ → BS$_{..3...}^{k'}$. Damit ist auch der eingangs formulierte Sollwert erfüllt.

Dieses Ergebnis ist vielleicht noch frappanter als die Zeitdilatation infolge der LT. Bei der Lebensdauer der kosmischen Mesonen ging es um einen Effekt, den man leicht als perspektivisch einsieht. Hier aber entstehen und verschwinden Felder ausschliesslich als Folge von Transformationsgleichungen und zugeordneten Projektionen in M^k_4. So gilt für $\mathfrak{H}_2 \to \mathfrak{H}'_2$

(37)
$$\mathfrak{H}_2' = \frac{\mathfrak{H}_2 + \beta\mathfrak{E}_3}{\sqrt{1 - \beta^2}},$$

analog

(38)
$$\mathfrak{E}_2' = \frac{\mathfrak{E}_2 - \beta\mathfrak{H}_3}{\sqrt{1 - \beta^2}}$$

Die Zerlegung des elektromagnetischen Feldes ist daher von der Wahl des IS abhängig. Umgekehrt lassen sich seine Komponenten ebenso zu invarianten Grössen aufbauen wie die räumlichen und die zeitlichen Komponenten von ds zur Invarianten ds^2. Die Vereinigung von Raum und Zeit ist daher die Begründung für die Vereinigung von elektrischen und magnetischen Feldern zum Sechservektor $\mathfrak{F}$.

Wir sehen, dass auch die elektrische und magnetische Feldstärke eine Nachricht darstellt, die an das BS gebunden ist. Nur die Invarianten (PP) and $(\mathfrak{F}\mathfrak{F})$ sind nicht bezugsabhängig, dafür aber auch keine Nachrichten, die ein BS aufnehmen könnte: Nur die relativen Feldstärken sind absorbierbar durch den Menschen oder einen p-Operator. Die Invarianten lassen sich lediglich in k konstruieren. Ein Produkt $(\mathfrak{F}\mathfrak{F})$ ist unterhalb U_4^k unmöglich. Wir erleben in U_2^k nur die relativen Komponenten $\mathfrak{F}_{ik}$, denn wir sind immer schon auf ein bestimmtes IS angewiesen. Die Invariante $(\mathfrak{F}\mathfrak{F})$ ist unerlebbar. Das gleiche gilt für die Invariante ds^2. Beide sind aber auch nicht imaginierbar, weil unanschaulich. Was wir uns vorstellen können, ist allein die Komponente $\mathfrak{F}_{mn}$ als Betrag einer Fläche in M_4^k. Ebenso können wir uns einen dreidimensionalen Raum und einen Uhrzeiger vorstellen, nicht aber die zur Koordinate verräumlichte Zeit in einem vierdimensionalen Raum. Die Zeitkoordinate ist selbst im zweidimensionalen (x, t)-Raum nicht die vorgestellte Zeit, sondern nur die in den Raum übersetzte Zeit. Damit wird die moderne Physik unanschaulich. Der Grund: Wir müssen Analog-Löser aufbauen, die oberhalb von U_3^k liegen, also nur aufgrund von Vorschriften frei konstruierbar sind. Beispiel: Die $\mathfrak{F}_{mn}$ werden aus ihren durch (28) vorgeschriebenen Transformationseigenschaften definiert, desgleichen ein Tensor. Oberhalb von U_3^k herrschen Vorschriften und nicht Erlebnisdaten, seien sie aktuell oder imaginiert.

Eine Ausnahme scheint U_3^k zu machen; und doch ist dem nicht so. Jede Messung enthält eine Vorschrift zur Deutung der Koinzidenz zwischen Gerätmarkierung und intendiertem Ereignis. Damit wird ein Teil der U_0^0-Wirklichkeit instrumentalisiert, durch Sollwerte ergänzt. Aber auch die Messung liefert noch keine invarianten Grössen ds^2 oder

($\mathfrak{FF}$), sondern nur relative Uhrzeiten, Längen, elektrische und magnetische Feldstärken. Der Operationsweg zur Findung der Invarianten der sRT und der zugehörigen Transformationsgleichungen verläuft also ausschliesslich in der Noosphäre. Er taucht erst beim Test wieder in die darunter liegenden Sphären hinab.

Wir haben nun in gleicher Weise wie für die Zeit auch für elektrische und magnetische Feldstärken einen π-modus anzunehmen, kraft dessen die in U_0^π nicht vorhandenen Invarianten ($\mathfrak{FF}$) und (PP) und die Viererform der MAXWELLschen Gleichungen (35) und (36) die elektrodynamischen Verhaltensweisen der p-Operatoren steuern. Das heisst wiederum: Es gibt Protostrukturen zu den Vierer- und Sechservektoren und ihrer Analysis, die nur deshalb die k-Strukturen zum Erfolg führen, weil sie die objektiven Strukturen der p-Ereignisse darstellen. Dies ist der Grund, weshalb wir sie in U_0^π gar nicht vorfinden, aber zugleich konstruieren *müssen*, wenn wir die MAXWELLschen Gleichungen dem Sollwert L-Invarianz anpassen wollen. ,,Steuern'' bedeutet hier ebenfalls wie für die π-Zeit ,,die p-Ereignisse so restringieren, dass die ihnen zuzuordnenden MAXWELLschen Gleichungen invariant sind''. Das legt den Feldstärken bestimmte Einschränkungen auf, wenn eine bestimmte Feld-Konfiguration vorliegt und ein bestimmtes BS gewählt wird. π wirkt also auch hier restriktiv. Wir setzen

$$\mathfrak{F}^\pi \doteq \mathfrak{F}^k$$

$$P^\pi \doteq P^k$$

$$\text{Kovarianzforderung}^\pi \doteq \text{Kovarianzforderung}^k$$
$$\text{MAXWELLsche Gleichung}^\pi \doteq \text{MAXWELLsche Gleichung}^k$$

15. VISIONÄRE PHYSIK

Nach EINSTEIN gibt es keinen logischen Weg von der Erfahrung zu den Begriffen. Das bisherige ist eine Bestätigung, sofern es den Begriff der Gleichzeitigkeit anlangt. Wir wiederholen es nochmals: Eben weil die π-Zeit das Apriori der Ereignisse ist und nicht in ihnen selbst angetroffen wird, *muss* ihr Gegenstück, die k-Zeit, frei konstruiert werden. Das gleiche trifft auf $\mathfrak{F}^\pi$ zu. Umgekehrt gilt aber ebenfalls: Eben weil dies so ist, besteht auch die grundsätzliche Möglichkeit, dass die k-Zeit die π-Zeit und $\mathfrak{F}^k$ ein $\mathfrak{F}^\pi$ *trifft*. Wie ist solches möglich? Das ist nun das eigentliche Wunder der theoretischen Physik. Das Unbegreifliche der Welt ist ihre Begreifbarkeit, ist eine der tiefsten Einsichten

EINSTEINS. Wohl gibt es keinen logischen Weg von π zu k, aber einen Weg von k nach π über die Messung. Die Messung *testet* die Richtigkeit von k. Darin unterscheidet sich theoretische Physik von *reinen* k-Operationen wie der Mathematik und der Logik. Ebenso wie es keine Aesthetik ohne die Existenz von Kunstwerken gibt, so auch keine Physik ohne die physischen Ereignisse und ihre Struktur.

Das Unwahrscheinliche, ja ganz Unglaubliche, ist nun diese Asymmetrie des logischen Wegs, der zur Messung führt. An sich müsste man empiristisch annehmen, dass der Weg von der Messung zur k-Zeit und zu π führt, diese also eine reine Re-Konstruktion, eine Wiederfindung und eventuell Transformation der π-Zeit und von $\mathfrak{F}^{\pi}$ darstellt. Das ist gerade nicht der Fall. Darin liegt das Wunder der Erkenntnis.

Und doch ist es kein Zufall. Anderenfalls müssten wir an der nach Null gehenden Wahrscheinlichkeit verzweifeln, die Messung je durch die k-Zeit zu erreichen. So bleibt nur ein Weg, um theoretische Physik als mögliche Wissenschaft zu erklären: Wir müssen eine besondere Art der Begegnung zwischen π und $\underline{C}$ annehmen. Sie ist nicht physischer (energetischer, neg-entropischer) Natur, denn die Zeitstruktur der Ereigniswelt ist ohne Energie. Das Energielose hinterlässt keine Spur in unseren Sinnesorganen. Die Begegnung ist auch keine solche zwischen $\underline{C}$ und seinen eigenen schöpferischen Erzeugnissen: Auch hier sind energetische Spuren im Gedächtnis notwendig: Die Gedächtnismoleküle.

Und doch gab es wissenschaftshistorisch solche Begegnungen. Sie tragen das Merkmal der Einmaligkeit, des genuin Personellen, an einen bestimmten Namen Geknüpfte. EINSTEIN ist EINSTEIN, weil er die Gleichzeitigkeit in fast elementarer Weise operativ definierte und darauf eine neue Physik baute. Wie geschah dies? Er kann darüber selbst letztlich keine Rechenschaft geben. Keiner der Grossen vermag es im Grunde, die solcher Art Einmaliges in der Physik schufen. Dies ist so mit der NEWTONschen Gravitation, dem FARADAYschen Feld, der EINSTEINschen Verbindung von Metrik und Gravitation, den de BROGLIEschen Materiewellen, den BOHRschen Quantenbedingungen, den HEISENBERGschen Matrizen und dem achtfachen Weg GELL-MANNS. Was geschieht hier?

In all diesen Fällen erfolgt ein logischer *Sprung* vom Bekannten zum Unbekannten. Später lassen sich die historischen Fäden im allgemeinen ziehen und die mathematische Physik tut ihr Uebriges, um den Sprung zu kitten. Aber im Grunde bleibt das Einmalige des Findens neuer Einsichten doch unerklärlich.

Suchen wir daher nach Parallelen in anderen Lebensbereichen. Hier
bietet sich vor allem die Kunst an. Abstrakte Malerei ist das Bemühen
um die Konstruktion jener π-Strukturen, die dem Sein zugrundeliegen,
ohne die Gegenständlichkeit der p-Wesen. Deshalb scheitert sie notwendig: Das schlechthin Unanschauliche ist nicht anzuschauen. Es
bleibt daher diese Art von Schein-Kunst reiner Schein. Im Gegensatz
zur Mathematik und Logik kann Kunst ihrer Natur nach nicht formal
sein, denn sie trägt die Gesetze ihrer Operationen nicht in Form von
Axiomen, Vorschriften und Ableitungen in sich selbst. Das Anliegen
der abstrakten Malerei ist daher zwar tief, aber undurchführbar. In
gleicher Weise bezeichnen wir das Abbilden der reinen p-Wesen nicht
als Kunst. Jeder Photo-Realismus, jeder Verismus ist daher gleichfalls Schein-Kunst. Wahre Kunst ist daher dual: Eine höchst seltene
und unglaubbare Harmonie von Erleben innerer oder äusserer Be-
gebenheiten (der p-Welt) und von Konstruktion ihrer unerfahrbaren
Strukturen. Schöpferischer Wurf: Das heisst die Welt um oder in uns
demiurgisch aus den spontan entworfenen Strukturen noch einmal –
und in einem präzisen Sinn als Kunst – Werk: neu, erstmalig, einmalig
– zu erschaffen. Klebt die realistische Kunst am Erleben, so bleibt abstrakte Kunst in der luftleeren Weite der Strukturen. Beides lebt nicht.
Das Lebendige ist ebenso wie in der U_0^p-Welt auch in der Kunst das
Duale, das Ganze aus schöpferischer Begegnung und schöpferischer
Struktur.

Wie findet der Künstler aber die Struktur, die doch gänzlich unerlebbar ist? Das Beispiel der Poesie liegt mir am nächsten. Nehmen
wir RILKES ,,Der Panther'':

> Sein Blick ist vom Vorübergehn der Stäbe
> So müd geworden, dass er nichts mehr hält.
> Ihm ist, als ob es tausend Stäbe gäbe
> Und hinter tausend Stäben keine Welt.
>
> Der starke Gang geschmeidig weicher Schritte,
> Der sich im allerkleinsten Kreise dreht,
> Ist wie ein Tanz von Kraft um eine Mitte,
> In der betäubt ein grosser Wille steht.
>
> Nur manchmal hebt der Vorhang der Pupille
> Sich lautlos auf und lässt ein Bild herein.
> Geht durch des Herzens angespannte Stille
> Und hört im Innern auf zu sein.

Das Vollendete dieses Gedichts liegt nicht in der direkten Wiedergabe des Panthers (den wir leibhaft vor uns sehen) durch die sprachlichen Bezeichnungen wie „Blick", „Stäbe", „geschmeidig", „Pupille". Davon gibt es in dem Gedicht unter 38 bedeutungsvollen Zeichen nur elf, also weniger als ein Viertel. Dieser Photodarstellung durch direkte Symbole ist eine Struktur durch einen Komplex indirekter Symbole unterlagert, die das Erlebte nach der Intention RILKES steuert: Der Kerker wird zum Abertausend von Stäben, in der die ganze Welt der Freiheit verschlungen ist: Es ist die Welt des Panthers. In dieser erzwungenen Miniaturwelt hebt spontan ein Ausdruck der Freiheit an: Der Tanz. Tanz im Kerker? Ja – um die Mitte eines von der Unfreiheit betäubten Willens, dem Ur-Sein der lebendigen Natur, beginnt der Gefangene zu tanzen. Er kann nicht anders. Jeder Muskel an ihm ist Tanz, ist Freiheit, ist Schönheit, Selbstbestätigung und Einkreisen einer magischen Mitte, die der eigene Tanz nun seinerseits gefangen nimmt, in Besitz nimmt: Die grosse Letter des Seins, die durch den Tanz beschworen wird. In diesem Hereinzwingen des Kosmischen in die schreckliche Verlassenheit des Gefangenen wird dieser eins mit dem Leben schlechthin, *ist* er das Leben – über alle Stäbe hinaus. Und doch: Welche Illusion! Die Pupille hebt sich auf, um Bilder aus dem wirklichen Draussen, jenseits der Stäbe hereinzulassen: Neugierige, Gaffer, Nichtsnutze, die für den Gefangenen bezahlen, statt sich in freier Wildbahn mit ihm zu messen. Kann es Traurigeres, Empörenderes geben als den Käfig?

Und hier wird der Panther zum Gefangenen schlechthin. Ob Mensch, ob Tier, ob Gedanke: Die Ursünde des Menschen gegen die Freiheit des Lebendigen, die Ur-Schuld der Gewalt gegen die Ohnmacht des Ergriffenen. Der Hohn des Jägers, seine Beute, den König der Savanne, auszustellen gegen Eintrittsgeld: Seht, den hab' ich gefangen! Ist dies nicht der Ursprung der Sklaverei, der Gefangennahme des überwundenen Feindes? Wäre es nicht besser, ihn zu töten, um ihm den Schimpf zu ersparen? Nur wer selbst das vae victis erlebte in asiatischer Knechtschaft, weiss, *wen* RILKE darstellt: Den Menschen von Urbeginn bis heute und zum Ende der Zeiten.

Das alles ist in dem Gedicht gesagt, aber durch indirekte Symbole, welche die abstrakte Struktur des Geschilderten abbilden. Diese Struktur steuert zugleich das Gedicht, zwingt es zum Fortschreiten von der ersten Welle „Sein Blick..." bis zum Ozean allen Leides der Natur, in dem sich Wellenschlag auf Wellenschlag ablösen und schliesslich zur alles überflutenden Springwoge steigern: Dem Unrecht schlechthin. Diese Struktur findet RILKE nicht im zoologischen Garten, sonst müsste es jeder mündige Beschauer gleich so empfinden und formulieren. Er findet sie in sich selbst, in der Einswerdung mit dem je Anderen, dem Gefangenen schlechthin. Die Mit-Weltlichkeit, das Mit-Leiden mit dem gestörten Willen, beflügelt ihn, sich über die Erde des Erlebbaren zu erhöhen zum Kosmos noetós der Strukturen. Aus sich selbst schafft er diesen Teil der Welt, indem er mit dem Erlebten verschmilzt. So verliebte sich SCHILLER in seine Helden, obwohl er sie ursprünglich nicht lieben konnte; ein typisches Beispiel ist Philipp II. Hier liegt der Schlüssel zum Tragischen in der Kunst, wie er wohl am eindringlichsten DOSTOJEWSKIJ zu Gebot stand, jenem Christen unter den Dichtern, der noch das Hässlichste in die eigene Brust hereinnahm, um es zu verstehen. Vom Typ des ,,Idiot'' ist daher im Grunde jede Kunst, und in diesem Sinne Vollzug der Bergpredigt. Man kann dies nicht lernen. Es muss einem ,,gegeben sein''. Man kann es aber ebenso wie die Mit-Menschlichkeit kultivieren.

Im Bereich der theoretischen Physik liegt nun eine ähnliche Struktur des Schöpfertums vor. Der Gegenstand Panther: Dies ist in unserem Fall die Ereigniswelt. Ihre direkte Symbolik – das ist die $U_{\frac{k}{2}}$-Welt der Erlebnisse. Der Vollzug der Mit-Weltlichkeit – dies ist die Entdeckung der Zeitlichkeit in uns selbst als Erlebnisstrom, ist der Befehl: Zeit sei auch im Aeusseren. Die spontane Konstruktion der Struktur – das ist die k-Zeit als opus meines eigenen Schaffens. Die indirekte Symbolik des Erlebten – dies ist die Messung, das Zusammentreffen von Struktur und Erlebnis. Der Dichter hat eine Art zweiten Gesichts, um die richtige Struktur zu konstruieren, jene, die das ,,*Wesen*'', die π-Struktur des Erlebten trifft. Es ist eine Schau im eigentlichen Sinn. Denn RILKE schaut nicht die abstrakten Zusammenhänge von allgemeiner Knechtschaft und konkretem Panther, er ahnt sie auch nicht nur, er *weiss* um sie. Aber nicht als opus einer Information aus dem Aussen, sondern aus dem zunächst unbewussten Innen seiner eigenen Mit-Weltlichkeit. In jenem innersten Operationsbereich, wo der Künstler mit dem Kosmos eins ist, mit allen Menschen, Tieren, Pflanzen und Gestirnen – wo er ganz und gar nur ein ,,Wir'' ist, ein Ueber-Ich und Ueber-Du- eingetaucht in den alles befruchtenden Informationsstrom, dort findet er die wahren Strukturen des Erlebten. Analog der Physiker. Nur dass hier der schöpferische Schwung nicht in die Neuschöpfung des Erlebten durch eikonische Symbole, sondern durch die mathematisch-geometrisch-logischen Symbole mündet. Wir müssen zusätzlich zu den Welten des Physikers noch mindestens ein weiteres Universum annehmen, innerhalb dessen der Dichter operiert, das Universum der gedichteten Sprache. Der Musiker operiert im Universum der Töne, der Maler im Universum der Bilder und Farben. Für sie alle gibt es gemeinsame schöpferische Strukturen, die das noetische Schaffen steuern. Am durchsichtigsten sind sie beim Dichter.

Ich bezeichne diese Art des noetischen physikalischen Schöpfertums als visionäre Physik. Damit ist genau jene Operation gemeint, die notwendig ist, um die π-Strukturen zu re-konstruieren. EINSTEIN *sah* mit einer Art zweiten Gesichts, dass man die Gleichzeitigkeit als ein komplexes Objekt aus allen Imperien einschliesslich der Ereignis-Koinzidenz komponieren muss, um den widerspruchsfreien Anschluss der Theorie zum MICHELSONversuch zu finden. LORENTZ und POINCARÉ hatten nur die von VOIGT aufgestellte Transformationsgleichung für $t \to t'$ *benutzt*, nicht aber verstanden. Sie kamen daher nicht über die Transformationsformeln hinaus, sie bauten keine neue Physik. EINSTEIN *sah* das. MINKOWSKI *sah* die Sechservektoren, die vor ihm im Dunkeln lagen. Der Sprachgebrauch meint hier kein natürliches Sehen, sondern ein übernatürliches, wenn man unter ,,Natur'' die Gesamtheit von Kosmosphäre und Bio-Psychosphäre versteht. Es ist das Auge des Geistes; um in der klassischen Ausdruckweise zu bleiben: die schöpferische Vernunft.

Mit dem weiteren Gang der modernen Physik verstärkt sich der Anteil des Visionären. Seinen vorläufigen Gipfel erreicht er in der Quantenfeldtheorie. Dort wird aus der rein noetisch entworfenen Struktur mathematischer Felder mithilfe des LAGRANGE-Formalismus die Existenz bestimmter Teilchensorten abgeleitet. Die HEISENBERG-Gleichung der allgemeinen Feldtheorie verdichtet die Vision zu einer einzigen Weltformel und ist damit eine vorläufige Grenze.

16. DER GLAUBE DES PHYSIKERS

Der Glaube an die imperiale Pluralität erweist sich als tragfähiges Fundament für die Operationen, die schliesslich zur Relativität führen. Aus den Ω-Sätzen lassen sich, wie wir sehen, keine Folgesätze der sRT zwingend ableiten. Wohl aber bilden sie die Vorbedingung für die Operationen, die zu diesen führen. Ihre Wahrheit ist also *pragmatischer* Natur. Sie kann anderer Art nicht sein, denn sie sind weder aus Axiomen noch aus der Erfahrung ableitbar, sie gehen beiden logisch als deren Bedingungen vorher. Und doch glaubt der Physiker an ihre

Wahrheit, weil er anderenfalls aufhören müsste, Physiker zu sein. M_4^k ist ein klassisches Beispiel. Selbst ist M_4^k nicht aus der Erfahrung zu entnehmen, da es dort keine unausgedehnten Ereignisse, keine mathematische Stetigkeit und überhaupt keine vierdimensionale Raumzeit gibt. Und doch liefert M_4^k den Mechanismus der Koordinatendrehung, aus der nicht nur die LT als Berechnungsapparat hervorgehen, sondern erst der Grund für die Relativität der Gleichzeitigkeit und Länge zu entnehmen ist.

Wir müssen also bereits im Operationsfeld des Physikers einen pragmatischen Wahrheitsbegriff einführen. Ich definiere ihn wie folgt:

Pragmatische Wahrheit des Physikers = Ermöglichen von Operationen der theoretischen Vernunft, die eine an U_3^k getestete Theorie erzeugen.

Ω-Sätze tragen daher eine pragmatische Wahrheit.

Dieses Kennzeichnen teilen sie mit religiösen und ethischen Glaubenssätzen. Auch diese sind oft so allgemein gehalten, dass daraus keine speziellen Annahmen über die Natur der Dinge und des Menschen gefolgert werden können, die wir dann mit dieser vergleichen könnten. Wo die Glaubenssätze aber speziell sind – die sogenannten Dogmen –, da lassen sie höchstens eine historische, aber keine reproduktiv-empirische Nachprüfbarkeit zu. Sie sind also aus den Strukturen der Erfahrung nicht zwingend zu erschliessen und meist nicht einmal durch diese zu falsifizieren. Im empirischen Sinne sind sie oft einfach leer. Andererseits ermöglichen sie eine umfangreiche Klasse menschlicher Existenzweisen. Es gehört zu den Gemeinplätzen selbst einer aufgeklärten Denkart, dass beispielsweise ethische Prinzipien für das Zusammenleben der Menschen notwendig sind. Die Ω-Sätze der Ethik wie „Ich glaube, dass gilt: Liebe deinen Nächsten wie dich selbst", sind aus keiner Erfahrung erschliessbar, sondern stellen Vorschriften an die Erfahrung dar: „Wenn du nicht danach handelst, wirst du Schiffbruch erleiden". Gerade dadurch aber erweist sich der Satz als notwendig für die menschliche Existenz: Er ermöglicht überhaupt vernünftiges Zusammenleben von Menschen. Dabei enthält er keine unerträgliche Forderung, die wiederum die Existenz verunmöglichen würde: Er geht davon aus, dass wir legitimerweise uns selbst lieben, also einem gesunden Antrieb der Selbstbestätigung Raum geben dürfen. Nur sollen wir aus ethischen Symmetriegründen dem je anderen das gleiche Recht zubilligen. Um den Widerspruch zwischen beiden Rechten zu vermeiden, sind wir gehalten, die Sphäre der Bestätigung der Existenz auch auf den je anderen zu erweitern. Der je andere wird damit zum alter ego im wahren Sinne – eine an sich ganz unglaubliche Denkmöglichkeit. *Logisch* lässt sich das Gebot aber nicht aus dem menschlichen Zusammenleben ableiten, sonst würden ja ihres Verstandes mächtige Menschen danach handeln. Es kommt vor, dass ein Logiker diesen Grundsatz selbst aufs gröblichste verletzt. Indem die wenigsten Menschen dem Gebot der Liebe folgen, obwohl sie die Folgen ihres Versagens erfahren, sehen wir, dass wir es hier mit einem ausser-logischen Zusammenhang zu tun haben. Wir wollen diese Art von Notwendigkeit im Gegensatz zur logischen (der logischen Implikation) daher als *existenzielle* bezeichnen.

17. GLAUBE UND FREIHEIT

Im Grunde ist dies evident. Beweise gibt es nur für die Sätze der theoretischen Vernunft, nicht aber der praktischen. Die Wahrheit einer physikalischen Theorie ist nicht beweisbar: Vom Messergebnis führt kein eindeutiger Weg zu den Axiomen einer Theorie. Nur theoretische Systeme wie die Mathematik lassen logische Beweise zu. Aber gilt für Ω-Sätze wenigstens die historische Form des Beweises durch Zeugen? Der historische Beweis gründet sich auf die Glaubwürdigkeit von Zeugnissen über eine Begebenheit. Hier handelt es sich stets um einmalige und logisch nicht notwendige Ereignisse, die auf menschlichen Entscheidungen beruhen, also weitgehend im Raum der Freiheit getroffen werden. Solche Entscheidungen sind nicht prognostizierbar; anderenfalls wäre die Geschichtsforschung zugleich Futurologie – was sie evidenterweise nicht ist. Das gleiche gilt für die Kriminalistik. Auch hier wird der Beweis nicht in Form einer logisch abgeleiteten Notwendigkeit für die Tat erbracht, sondern in Form von Zeugnissen. Diese freilich müssen in einen logischen Zusammenhang mit der Tat gebracht werden und dürfen sich nicht widersprechen. Die logische Notwendigkeit figuriert hier als Schlusskette von den Zeugen bzw. Beweisstücken zum Urteil über die Tat, nicht aber als Schlusskette von den logischen Voraussetzungen der Tat zu dieser selbst. Eine solche Schlusskette gibt es für frei entscheidende Wesen nicht.

Ebenso ist die theoretische Vernunft in der schöpferischen Erzeugung von Axiomen, Definitionen und Experimenten weitgehend frei entscheidend. Sicher nicht total, denn sie legt sich durch den Sollwert „richtige Theorie" Restriktionen vonseiten der Logik und Erfahrung auf. Aber doch ist der Spielraum freier Entscheidung hinreichend gross, um die freie Hypothesenbildung, den Kampf der Meinungen und den Fortschritt der Wissenschaft zu ermöglichen. EINSTEIN wies immer wieder mit Nachdruck darauf hin, dass physikalische Begriffe wie die Gleichzeitigkeit *freie* Setzungen des Geistes („Fiktionen") sind. Die Definition der Gleichzeitigkeit ist ein klassisches Beispiel: Die insgesamt mindestens 6 Operationen beruhen auf einer Reihe freier Entscheidungen. Unter ihnen ist die Entscheidung für die operationelle Definition die grundlegende. Sie unterscheidet EINSTEIN von seinen Vorgängern VOIGT, LORENTZ und POINCARÉ. Diese hatten bereits dieselbe Transformationsgleichung für die Zeit, verstanden aber noch nicht, dass sie eine wirkliche Relativität der Zeit enthalte! Eine weitere Entscheidung war die Benutzung von Lichtsignalen für die Definition, eine dritte die Benutzung von Gerüsten mit Uhren, eine vierte die Festsetzung über die Synchronisierung (sie beruht auf der Annahme der Homogenität und Isotropie des Raums), eine fünfte der Verzicht auf die absolute Gleichzeitigkeit, die freilich nach den vorhergehenden Entscheidungen nur noch als eine ausser-physikalische möglich wäre.[1]

Es gibt also eine fundamentale *Freiheit* der theoretischen Vernunft. Sie ist der Grund für die Schwierigkeiten einer Programmierung der Theorienbildung. Die Heuristik hat es mit dem Grundelement der Kreativität zu tun. Kreativität ist aber notwendig frei. Die Analogie zur praktischen Vernunft lässt sich noch weiter führen: Wie dort, gibt es auch hier eine Strafe für den Missbrauch der Freiheit. Wer eine falsche Theorie aufstellt, wird durch das Vergessen der Mit- oder Nachwelt gestraft. Er ist wissenschaftlich tot – die höchste Strafe, die vom Gericht der Wahrheit ausgesprochen werden kann. Wenn sich nun die Entscheidungen der theoretischen Vernunft nicht logisch determinieren lassen, dann gibt es erst recht keinen logischen Beweis für die Wahrheit derjenigen Glaubenssätze, die sie ermöglichen. Was wir allein erreichen können, ist der *historische* Beweis für die bewusste oder unbewusste Annahme der Glaubenssätze. Unsere Zeugen sind die Theorien selbst, nicht einmal ihre Schöpfer: Diese können sich über ihre eigenen Annahmen täuschen. Ein klassisches Beispiel ist EINSTEIN: Bei Aufstellung der sRT glaubte er noch unter dem Einfluss von MACH, eine empiristische Gleichzeitigkeitsdefinition zu schaffen, ohne zu wissen, dass darin protophysische Glaubenssätze eingingen. Erst später verstand er, dass Empirie und ratio die Säulen der theoretischen Physik sind. Die These von der Ausschliesslichkeit des Opera-

---

[1] N. HARTMANN behauptet noch 1950 einen Gleichfluss der Realzeit. a.a.O., S. 177 f.

tionalismus ist gerade *kein* protophysischer Glaubenssatz, denn er ist
für die Aufstellung einer Theorie keine notwendige Bedingung, sondern
nur ein *psychischer* Leitfaden, der zudem oft genug in die Irre führt.
Solcher Art psychischer Glaubenssätze schliessen wir aus unserer Betrachtung aus. Sie ist keine wissenschafts-*historische*, sondern eine wis-
senschafts-*theoretische*, analytische. Die Logik spielt hier die Rolle
einer Lehrerin, die das stumme Zeugnis der Theorie zum Sprechen
bringt. Der Gegenstand dieser Untersuchung ist gerade kein histori-
scher; nicht wie historisch die sRT entstand, sondern welches ihre logisch notwendigen allgemeinsten Voraussetzungen sind, untersucht
die Ω-Analyse. Noch einmal: Der Beweis für die logische Notwendigkeit der technischen Grundlagen enthält nicht den Beweis für die logische oder faktische Wahrheit der Ω-Sätze. Wahr wären sie erst, wenn
sie entweder (a) aus dem Zeugnis der Messwerte eindeutig gefolgert
werden könnten (was nicht einmal für eine richtige physikalische
Theorie zutrifft) oder (b) die Folgesätze eines noch allgemeineren Axiomensystems wären. Nun sind sie selbst von maximaler Allgemeinheit,
also scheidet auch Kriterium (b) aus. Die Glaubenssätze der theoretischen Vernunft sind damit weder faktisch noch logisch wahr, noch
sind sie frei gesetzte Axiome, sondern Gebilde sui generis, die nur mit
der Religion und Ethik vergleichbar sind. Die Paradoxie liegt darin,
dass sie zugleich höchste Wichtigkeit für die Theorienbildung besitzen:
Ohne sie wäre Physik nicht möglich.

Wir müssen daher für Ω-Sätze einen neuen Wahrheitsbegriff fordern. Sie enthalten nicht die Uebereinstimmung von Theorie und intendiertem Gegenstand, sondern die Uebereinstimmung von theoreti-
schem Handeln und einem *Wert*. Der Wert lautet: ,,Schöpferisches
Operieren der Vernunft''. Man wird einwenden, dies sei doch nur ein
Träger von Werten, nicht selbst ein solcher. Wir müssen aber entsprechend dem Selbstverständnis der zeitgenössischen Wissenschaft
das theoretische Schöpfertum als einen autonomen und rangmässig
sehr hohen Wert anerkennen. Diesem Wert zu genügen, dienen die
Ω-Sätze. Indem sie theoretisches Handeln ermöglichen, realisieren sie
einen Wert. Nur in diesem Sinne sind sie wahr und überhaupt als
wahr zu testen.

7. KAPITEL

MODALE PLURALITÄT

1. PARADOXIEN DER INERTIALSYSTEME

Am Schluss des vorigen Abschnitts stiessen wir auf die modale Pluralität. In die Konstruktion der k-Zeit ging die Voraussetzung ein, dass wir nur Inertialsysteme (im folgenden IS) als BS zulassen. Ihre Gleichberechtigung folgt aus dem sRP: „In allen IS laufen alle physikalischen Vorgänge in gleicher Weise ab und die Lichtgeschwindigkeit ist gleich c". Dieses Axiom setzt die Existenz von IS voraus. Damit sind folgende spezielle Ω-Sätze impliziert:

$\Omega^{\pi}(93)$: IN U_0^p EXISTIEREN TEILCHENSYSTEME, DIE FOLGENDEN BEDINGUNGEN GENUEGEN: (a) ES BESTEHEN KEINE AEUSSEREN STOERUNGEN UND KRAEFTE. (b) BEWEGUNG DES SCHWERPUNKTS LAENGS EINER GERADEN IM MINKOWSKIRAUM. DANN IST NACH DEM sRP DIE BAHN JEDES ANDEREN KRAEFTEFREIEN SCHWERPUNKTS, BEZOGEN AUF DAS IS, GLEICHFALLS EINE GERADE.

$\Omega^k(94)$: IN U_1^k GIBT ES BEOBACHTER, DEREN LABORATORIUM DEN BEDINGUNGEN VON $\Omega^{\pi}(93)$ GENUEGT: DIE WELT IST DURCH EINEN INERTIALEN BEOBACHTER ERFAHRBAR.

$\Omega^k(95)$: IN U_3^k GIBT ES MESSUNGEN VON EREIGNISKONFIGURATIONEN, VORGENOMMEN VON EINEN BS, DAS DEN BEDINGUNGEN $\Omega^{\pi}(93)$ GENUEGT.

$\Omega^k(96)$: ES GIBT EINE METRISCHE GEOMETRIE, IN DER DIE KUERZESTE ENTFERNUNG ZWISCHEN ZWEI PUNKTEN EINE GERADE IST. IN DIESER GEOMETRIE IST DIE BEWEGUNG EINES IS ALS GERADE DARZUSTELLEN.

$\Omega^k(97)$: ES GIBT EINE ALGEBRA MIT EINER LINEAREN VERKNUEPFUNG DER MESSGROESSEN FUER POSITION UND ZEIT.

$\Omega^k(98)$: EIN IS LAESST SICH EINDEUTIG DEFINIEREN (NAEMLICH DURCH $\Omega^{\pi}(93)$).

$\Omega^\pi(99)$: ES GILT EIN BEWUSSTSEINSTRANSZENDENTES PRINZIP, DAS DIE EXISTENZ VON IS ERMOEGLICHT. WIR NENNEN ES VORLAEUFIG ,,EIGEN-SEINPRINZIP''.

$\Omega^\pi(100)$: ES GILT EIN SOLLWERT FUER DAS PHYSICHE SEIN, DER DIE EXISTENZ VON IS VERLANGT. WIR NENNEN IHN ,,FREIHEIT''. TATSAECH-LICH BEZEICHNEN WIR DIE IS ALS KRAEFTEFREIE ODER STOERUNGS-FREIE SYSTEME. WIR NENNEN DAHER DIE IS AUCH FREIHEITSSYSTEME.

Die Existenz von IS wird nicht nur für die Formulierung des sRP vorausgesetzt. Wir benötigen sie vielmehr ständig für die Operationen unserer eigenen Existenz:

(1) In U_1^k wäre das Leben unmöglich ohne eine angenäherte Bewe-gungsfreiheit. Nur die Gravitation wirkt permanent auf das Lebe-wesen, aber lediglich in der Vertikalen. Würden ständige Störungen die horizontale Bewegung einschränken, so hätte sich das Leben – wenn überhaupt – anders entwickelt. Insbesondere gäbe es ohne Iner-tialität keine relative Ruhe von Lebewesen; sie wären ständigen Be-schleunigungen oder Drücken ausgesetzt. Die Existenz von IS ist also Leben-ermöglichend.

(2) In U_3^k: Eindeutige Orts- und Zeitbestimmungen lassen sich nur von einem IS aus vornehmen. So müssen bei einem Flugzeug, das seinen Inertialzustand beim Start verlässt und beschleunigt auf-steigt, die Messinstrumente selbst durch die Beschleunigung in einem solchen Grad ungestört bleiben, dass wir sie als starr ansehen können. Würde beispielsweise der Höhenmesser selbst durch Kräfte deformiert, so könnte die Nadel nicht mehr die richtige Höhe anzeigen. Innerhalb des beschleunigten Flugzeugs müssen also angenähert inertiale Instru-mente herzustellen sein. Das gleiche gilt allgemein für die Instrumente jedes Laboratoriums. Sie dürfen durch die Erdrotation nicht derart beeinflusst werden, dass ihre Messungen breitenabhängig werden, es sei denn, dass sie die Rotation der Erde selbst messen sollen. Längen-messungen mit starren Stäben setzen deren Inertialität voraus, an-dernfalls die Stäbe durch die Beschleunigung deformiert werden. Das gleiche gilt für Uhren. Entfernungsmessungen durch Funksignale set-zen voraus, dass die elektromagnetischen Wellen sich innerhalb eines unbeschleunigten Mediums ausbreiten, andernfalls nach dem Versuch von SAGNAC die Lichtgeschwindigkeit nicht mehr konstant ist. Cäsium-Frequenzen können als Standard für die Längenmessung nur benutzt werden, solange das Cäsium störungsfrei ist. Bringen wir das Cäsium

in ein äusseres Feld, so tritt zum Hamiltonoperator des ungestörten
Zustands der Operator W für die Störung nach

(1) $$H = H_0 + W$$

Die Eigenwerte von H werden also von den Eigenwerten von H_0
abweichen und damit andere Spektralfrequenzen ergeben. Dies ist
sogar ein besonders durchsichtiges Beispiel, dass wir zur eindeutigen
Messung störungsfreie Instrumente (hier das Cäsium) benutzen müssen. Andernfalls müsste die Störung für jeden einzelnen Fall der Benutzung des Instrumentes berechnet werden. Wir wollen aber gerade
identische Ausgangszustände der Messapparatur vor jener besonderen Störung, die wir als Messobjekt wählen.

(3) In U_4^k: In krummlinigen KS wird die Darstellung der Messergebnisse i.a. sehr verwickelt. Insbesondere werden Scheinkräfte vorgetäuscht, die nur aus der Benutzung des betreffenden KS entstehen.
So können wir als BS ein frei fallendes Gerüst mit Uhren benutzen.
Die Weltlinien der starr miteinander verbundenen Punkte dieses beschleunigten BS bilden dann in M_4^k eine Schar von Gekrümmten. Ein
Beobachter, der eine dieser Weltlinien abwandert (der die Welt also
vom frei fallenden BS aus beurteilt), wird die Positionen aller IS als
beschleunigt beurteilen. Er wird sich selbst aufgrund des Aequivalenzprinzips als unbeschleunigt und alle Positionen der Erde als zu
seinem BS beschleunigt ansehen. Dies ist aber sicher nicht die normale
Weise der Orts- und Zeitmessung, denn sie täuscht eine Beschleunigung und damit Kräfte vor, wo keine sind. Die Beschleunigung soll
ja gerade gegenüber einem Wechsel des IS invariant bleiben. Dass
wir das Aequivalenzprinzip heuristisch für die aRT benutzen, tut dem
keinen Abbruch. Benutzen wir aber nicht ein frei fallendes, sondern
durch äussere Kräfte beschleunigtes BS, so können wir die zeitlichen
und räumlichen Abstände innerhalb unseres BS auch nicht mehr als
konstant ansehen, da sie durch Störungen deformiert sind. Deshalb
lassen sich dann auch keine starren Koordinatensysteme (Vierbeine)
als Abbilder physischer Verhältnisse herstellen. Nun müssen wir aber
selbst in der aRT lokale starre Vierbeine benutzen, um eindeutige Sig-
nalisierungen von Ort zu Ort durchzuführen. Wenigstens lokal behaupten wir also die Existenz von IS.

(4) In U_5^k: Wird der Uebergang von einem unbeschleunigten BS zu
einem beschleunigten beschrieben, so müssen wir nichtlineare Transformationsgleichungen benutzen. Beispiel: Im BS des Erdbeobachters

(das hier als inertial angenommen wird), ist die Fallbewegung durch

$$(2) \qquad x^{1'} = x^1 + \frac{\gamma}{2} x^{4^2}$$

dargestellt. Setzen wir $x^{2'} = x^2$; $x^{3'} = x^3$; $x^{4'} = x^4$, so lautet im KS des fallenden Systems der Ausdruck für ds^2

$$(3) \qquad ds^2 = dx^{1'^2} + dx^{2'^2} + dx^{3'^2} - 2\gamma x^{4'} \, dx^{1'} \, dx^{4'} - (1 - \gamma^2 x^{4'^2}) \, dx^{4'^2}$$

Fassen wir die Koeffizienten der Terme als metrische Tensoren $g_{\mu\nu}$ auf, so ist $g_{44} = 1 - \gamma^2 x^{4'^2}$ und $g_{14} = g_{41} = -2\gamma x^{4'}$. g_{44} ist also zeitabhängig und damit auch die Einheitszeit im BS des fallenden Systems. Eine eindeutige Zeitmessung an beliebigen Raumstellen mit beliebigen Gravitationsfeldern und zu beliebigen Zeiten lässt sich also nur durchführen, wenn wir die dort geltenden g_{44} kennen. Die Gravitationsfelder beeinflussen tatsächlich die Frequenzen von Strahlern.

(5) In U_7^k: Das sRP gilt nur gegenüber IS. In einer Welt ohne das sRP gäbe es überhaupt keine eindeutigen Naturgesetze in U_7^k. Die Gesetze der Physik könnten nicht BS-unabhängig (kovariant) formuliert werden. Jeder Beobachter hätte seine eigene Physik, seine eigene Welt. Dem scheint die aRT zu widersprechen. Dort werden die Naturgesetze allgemein kovariant formuliert. Aber das ist nur möglich aufgrund des Aequivalenzprinzips. Frei fallende BS verhalten sich gegenüber inneren Vorgängen ebenso wie IS. Wir müssen also auch BS, die sich in Schwerefeldern längs von Geodäten bewegen, als IS bezeichnen. Sobald andere Kräfte als die Gravitation auf sie wirken, gilt das sRP nicht mehr.

Damit ergibt sich folgende Schema:

$$(4) \qquad \text{IS ermöglichen die Universa} \quad \left| \begin{array}{ccc} U_0^p & U_4^k & U_7^k \\ U_1^k & U_5^k & \\ U_3^k & U_6^k & \end{array} \right| \quad \text{(sRT)}$$

Nur die Imagination ist frei, sich beliebige Verhältnisse in beschleunigten BS vorzustellen.

Die Paradoxie ist nun, dass es in der Natur in Strenge überhaupt keine IS gibt. Dies gilt für U_0^p, U_1^k und U_3^k. In U_1^k werden uns IS nur durch die angenäherte Ruhe unseres Leibes vorgetäuscht. In der Mikrowelt ist aber jedes Teilchensystem äusseren Feldern unterworfen. In der Makrowelt der uns gewohnten Körper herrscht das Schwerefeld der Erde (das wir nur für frei fallende Systeme ausschalten können), in der Megawelt des Kosmos unterliegen alle bekannten Körper der Gravitation; und selbst wenn sie auf Geodäten bewegt sind, so wirken doch auf sie mannigfache magnetische und Strahlungsfelder. Eine Inertialbewegung im Sinne unserer Forderung $\Omega^\pi(93)$ ist nur für ein total isoliertes System denkbar. Ein solches System wäre aber von jedem anderen System des Alls unendlich weit entfernt, also überhaupt nicht auffindbar und damit für die Physik irrelevant. Alle relevanten Systeme unterliegen Störungen und sind daher im Sinne von $\Omega^\pi(93)$ keine IS. Die Paradoxie ist also: Die Existenz von IS ist die notwendige Vorbedingung für die Gültigkeit der sRT. Die Effekte der sRT sind exakt bestätigt. Es gibt aber keine IS. Also ist entweder die sRT keine mögliche Folge der Annahme von IS, oder sie ist falsch. Beides trifft nicht zu.

Man hilft sich mit der Annahme von *Näherungen*. Die Beweisführung läuft dann so: Es gibt zumindest angenähert kräftefreie, geradlinig gleichförmig bewegte oder im GALILEIraum ruhende Systeme. Innerhalb der Messgenauigkeit können wir sie praktische IS nennen. Tatsächlich kann ich mich hier auf meinem Stuhl als ruhend betrachten. Auch kann ich die Gravitationskraft vernachlässigen, wenn ich in einer Hochvakuumröhre einen hinreichend beschleunigten Teilchenstrom im feldfreien Raum waagrecht zur Erdoberfläche ein hinreichend kleines Wegstück fliegen lasse. Dann ist die „Bahn" praktisch eine Gerade des MINKOWSKIraums.[1] Auch der antriebsfreie Flug eines Satelliten ist praktisch inertial. Das 1. NEWTONsche Gesetz ist dann keine Imagination, sondern ein Näherungsfall, der immer eintritt, sobald praktisch ein IS verwirklicht ist.

Dies ist aber eine *pragmatische* Haltung, die mit der logischen Strenge der sRT nicht im Einklang ist. Schliesslich steht an ihrer Wiege eine präzise Korrektur des Gleichzeitigkeitsbegriffs. Auch sie ist im normalen Leben so klein, dass wir sie ruhig unterschlagen können. Vergleicht man die Grössenordnungen der „normalen" Störung eines Systems mit der relativistischen Abweichung eines „normalen" Systems vom klassischen Zustand, so fällt der Vergleich zuungunsten der letzteren aus. Und doch gehört die sRT heute zu den logischen Fundamenten der Physik, und zwar nicht als Näherungstheorie, sondern exakt.

Wir finden sogleich ein weiteres Dilemma. Zwar lassen sich IS in Strenge nicht herstellen, wohl aber die Abweichungen vom Inertialzustand exakt nachweisen, z.B. als CORIOLISkraft. Dem Begriff des IS

---

[1] Unter der Einschränkung, dass wir nur die Mittelwerte benutzen.

muss also eine Realität entsprechen, obwohl es nach der Struktur des Kosmos nie zu realisieren ist.

Wir können nun in Form eines Konjunktivs folgende Forderung aufstellen: Schiessen wir 3 Raketen im schwerefreien Weltraum von einer Plattform in die Richtungen der Achsen eines kartesischen BS aus starren Stäben (Abschussrampen), so realisieren die Raketen je ein IS, wenn der rechnerische Zusammenhang zwischen den auf der Plattform gemessenen Entfernungen der Raketen und den dazu gehörigen Uhrzeiten der Plattform-Uhren linear ist. Da nun Plattform und Raketen selbst um die Erde rotieren, müssen wir uns dabei auf hinreichend kurze Messperioden beschränken, innerhalb deren die Umlaufbewegung der Flugkörper zu vernachlässigen ist. Die Linearität wird also nur durch die kurze Messperiode vorgetäuscht. Eine operative Definition des IS ist nur für den zeitlich und räumlich begrenzten Lokalfall möglich, nicht aber für den allgemeinen Fall. Hier versagt der Operationalismus.

Auch seine Gegenpole, der Pragmatismus und die Lebensphilosophie, lösen das Problem nicht. Beide erklären die rationale Begreifbarkeit der Welt für unmöglich. Sie berufen sich auf die Intuition. Nun soll nicht geleugnet werden, dass die Ω-Sätze einer pragmatischen Wahrheit genügen und genetisch der Intuition entspringen. Gerade unsere Untersuchung macht dies deutlich. Wenn wir also die Existenz von IS fordern, ohne dass diese realiter exakt herstellbar sind, so leitet uns dabei zunächst eine Art Instinkt, genau jene Annahmen zu machen, die eine möglichst einfache Physik ermöglichen. Die einfachsten Gleichungen sind zweifellos die linearen. Ein linearer Zusammenhang zwischen räumlichen und zeitlichen Intervallen ist stellvertretend für die Inertialbewegung gegenüber einem IS. Aus dieser Annahme folgt nun aber keine irrationale Physik, sondern die rational perfekt durchschaubare sRT. Wir stossen hier auf ein neues Dilemma: Die logischen Anfänge dieser Theorie liegen im Dunkel, sie selber aber bringt Licht in die Welt. Wie können die logischen Folgesätze einer im Irrationalen verankerten Theorie empirisch wahr sein?

Es gibt zwei Auswege:

Den einen zeigte KANT. Er lässt den Ursprung der Aprioris im Dunkeln, zeigt aber, dass sie allein rational geordnete Erfahrung möglich machen. Auf unser Problem angewandt: KANT würde sagen, dass die Annahme von IS denknotwendig in die Physik eingeht, da wir andernfalls keine eindeutigen Raum- und Zeitmessungen erhalten. Anders ausgedrückt: Wir müssen mit linearen Bewegungsgleichungen beginnen, wenn wir die nicht-linearen (die Beschleunigungen) verstehen wollen. Das 2. NEWTONsche Gesetz setzt das erste voraus, andernfalls haben wir kein Recht, eine Kraft als Ursache der Störung eines Inertialzustands zu behaupten. In Bezug auf die sRT: Nur wenn wir die Existenz von IS annehmen, gilt auch das sRP und die Konstanz der Lichtgeschwindigkeit (das Lichtprinzip). Nur dann können wir eindeutig Raum und Zeit mithilfe von Signalen definieren. Nur dann gelten die LT und damit die ganze relativistische Physik. Dann ist aber die Folge genau die These KANTS, dass wir durch die sRT nicht das Noumenon der Wirklichkeit treffen, sondern nur deren Phänomen.[1] Es ist die Inertialität der BS, die überhaupt geordnete Erfahrung möglich macht. Der Preis: Sie geht notwendig in die Erfahrung ein.

Diese an sich bestechende Lösung hat zwei Schwierigkeiten:

(1) Sie verlegt die Inertialität in das Subjekt und macht damit unverständlich, weshalb die aRT zu einem erweiterten Begriff der Inertialität kommt. Es ist dies parallel und logisch zusammenhängend mit der Durchbrechung der euklidischen Geometrie durch die RIEMANNsche.[2]

(2) KANTS Erklärung verletzt den Gang der eigenen Beweisführung. Ginge die Annahme der IS notwendig in jede Physik ein, so hätten wir kein Kriterium, um nachzuweisen, dass IS realiter nicht existieren. Es ist gerade so, als würde KANT behauptet haben: Wir wissen zwar, dass die Welt nichteuklidisch ist, aber die euklidische Geometrie ist die notwendige Anschauungsform unserer Erfahrung.

Wir müssen zugeben, dass wir das Problem falsch gestellt haben. Die Annahme von IS ist weder irrational noch apriorisch im Sinne KANTS, sondern ein Glaubenssatz, dem eine objektive, aber nur angenäherte Struktur der Realwelt entspricht. Die o.g. Paradoxien lassen sich nämlich auf die folgende zurückführen: In der QM impliziert der Glaube an atomistische Wesenheiten eine untere Schwelle für die Störungsfreiheit im Meßakt. Also wird entweder die Meßgrösse selbst oder eine andere Variable gestört. In der sRT gilt hingegen ein dritter Fall: Eine Änderung des Bewegungszustands des IS durch die Messung (Beschleunigung) „stört" eine Voraussetzung der Theorie. Dieses *operative* Dilemma kennzeichnet zugleich die ausweglose Situation, dass keine korrekte Antwort auf eine korrekte Frage nach dem Ort und

---

[1] Das Noumenon wäre eine Welt ohne *IS*, das Phänomen mit vorgetäuschten *IS*.
[2] Dies ist auch der Einwand gegen EDDINGTONS selektiven Subjektivismus.

der Zeit eines IS möglich ist, ohne die Voraussetzung der Existenz von IS zu zerstören.

In der QM führte diese Situation zur HEISENBERG-Relation. Die unvermeidbare Wechselwirkung im Akt der Beobachtung verändert den Bewegungszustand des Elektrons, indem sie seine Position scharf fixiert. In der QM haben wir es aber grundsätzlich mit einer so tief angesetzten Schwelle der Messgenauigkeit zu tun, dass die Impulsstörung des Elektrons relevant wird. Schliesslich fragen wir ausdrücklich danach. Anders in der sRT. Dort fragen wir gerade nicht nach der Zustandsänderung des IS durch den Signalaustausch, obwohl eine quantenmechanische Störung der einzelnen Moleküle des Empfängers und Senders eintritt, sobald hinreichend starke Impulse benützt werden. Aber innerhalb der grossen Zahl von Molekülen des BS – etwa einer Raumsonde mit Sender und Empfänger – fällt dies nicht mehr ins Gewicht, und wir können – und wollen schliesslich! – das BS als ungestört annehmen. Trotzdem beruht diese Annahme auf einer Näherung, während die Unschärferelationen gerade keine Näherung darstellen. Die Annahme, dass ein IS auch nach der Beobachtung ein IS bleibt, beruht also auf einem Entschluss, nur Näherungswerte zu benutzen.

2. NÄHERUNGEN

Wir stossen hier auf den grundlegenden Sachverhalt der physikalischen Näherung. Obwohl wir wissen, dass jede Signalisierung das IS stört, so entschliessen wir uns, die Störung zu ignorieren. Wir verlangen nur die praktische Inertialität. Das Verlangen wird pragmatisch durch den Erfolg der sRT gerechtfertigt: Obwohl ihre Grundannahme von der Existenz von IS exakt nicht zutrifft, tun es doch ihre Voraussagen. Wir können uns also gerade so verhalten, als gäbe es IS. Ich nenne dies „*Als-Ob-Glauben*". Das Universum der sRT ist daher grundlegend etwa von jenem der QM unterschieden, in der diese Störungen nicht mehr ignoriert werden. Daher gelten in U_0^p (sRT) auch keine Unschärferelationen.

In welcher Beziehung steht nun die Realwelt ausserhalb des Universums der sRT zu diesem Idealfall? Wir wollen ihn der Kürze halber als ideale Freiheit im Gegensatz zur praktischen Freiheit bezeichnen. Die praktische Freiheit lässt einen Makrokörper wie eine Rakete durch Funksignale unbeeinflusst, andernfalls sie deren Bahn störten, was nicht der Fall ist. Makrokörper haben also eine Art von Reizschwelle, die sie nur auf Signale bestimmter Energie ansprechen lässt.

Unterhalb der Schwelle sind die Trägheitskräfte stärker als die Störung.

Dies ist aber eine halbe Lösung. Die sRT schliesst ja Teilchen – BS nicht aus. Hier wirkt aber jedes Signal als Störung. Gilt deshalb für Teilchen nicht die Relativität von Raum und Zeit? Wir müssen daher nach einer logisch befriedigenden Erklärung suchen, die nicht auf der Existenz einer Reizschwelle obiger Art beruht.

EINSTEIN selbst fand eine Lösung für die Störung durch die Gravitation. Seine Intuition erlaubte ihm, durch die Erweiterung der sRT auf die aRT zugleich die logische Begründung der sRT zu finden. In der Tat sind die lokal frei fallenden BS die einzig realen IS. Ein nur der geodätischen Weltlinie folgender Körper verhält sich, als ob er ein IS wäre: Alle Vorgänge innerhalb des Körpers laufen, von diesem aus beobachtet, ebenso ab wie in einem idealen IS. Natürlich ist auch ein frei fallender Fahrstuhl kein ideales IS, denn die Weltlinien seiner Teilchen laufen in einem inhomogenen Schwerefeld nicht parallel. Nehmen wir aber Teilchen mit einer nach dem Durchmesser Null gehenden Weltröhre, so sind sie keine Bezugsgerüste mehr, innerhalb derer man Vorgänge registrieren könnte. Ihre Inertialität ist also operationell nicht aufweisbar, wie dies noch bei einem frei fallenden Lift oder einer antriebsfreien Raumrakete der Fall ist.

Wir haben damit folgendes System von Näherungen, um ein praktisches IS zu erzeugen:

a) Die Aufnahme- und Abgabeenergie von Signalen liegt unterhalb der durch die träge Masse des IS gegebenen Reizschwelle,

b) die Bewegung erfolgt längs lokaler Geodäten in Raumzeitgebieten, für die im Grenzfall die Metrik GALILEIsch zu machen ist.

Es gibt drei Gründe, dass diese Näherungen berechtigt sind:

a) Die grosse Genauigkeit, mit der trotz des Signalaustausches Raumsonden auf weite Entfernungen antriebsfrei ihre berechnete Bahn einhalten,

b) die grosse Genauigkeit von Entfernungs- und Zeitmessungen mithilfe praktischer IS (Geräte),

c) die Richtigkeit einer Physik, die von der Existenz idealer IS ausgeht.

Schon auf dieser Stufe des Diskussion liegt es nahe, den idealen IS eine besondere Art Realgeltung zuzuschreiben. Nun gibt es zusätzlich noch zwei merkwürdige Paradoxien, die eng zusammenhängen. Die erste besteht in der Gültigkeit der sRT auch in nicht-lokalen Bereichen.

Dass sie im Lokalen beim Uebergang zu GALILEIschen $g_{\mu\nu}$ gilt, ist trivial, wenn man einmal die RIEMANNsche Metrik annimmt. Dass sie aber auch dort gilt, wo evident $R_{\mu\nu\lambda\rho} \neq 0$ zu machen ist, mutet seltsam an. Hier werden nämlich die Voraussetzungen der sRT explizit aufgehoben: $c' \neq c$; die Bahnen von Teilchen sind keine Geraden des MINKOWSKIraums; die Beschleunigungseffekte sind nicht wegtransformierbar. Es sind also hier auch keine praktischen IS herzustellen. Dies ist z.B. beim Raumschiff der Fall, das in die Atmosphäre zurückkehrt und dabei gebremst wird, oder beim Fahrstuhl, wenn er aufschlägt. Trotzdem gilt auch für einen Beobachter, der innerhalb dieser BS überlebt, die sRT: Seine Uhr läuft langsamer als die jedes zu ihm bewegten BS; auch in seinem BS ist die Paarerzeugung nach dem Prinzip $E = mc^2$ möglich. Ein besonders eindrucksvolles Beispiel ist die Kernfusion in starken Gravitationsfeldern der Sterne.

Die zweite Paradoxie besagt das gleiche für beliebig beschleunigte BS. So gelten die Gesetze der sRT auch während des Antriebes von Raumraketen weitab vom Schwerefeld eines Himmelskörpers. Auch dort spaltet für einen Kosmonauten der elektromagnetische Feldtensor eines nicht mitbewegten Teilchens in eine elektrische und magnetische Komponente auf; die Uhren gehen langsamer als die Erd-Uhren; die Erde erscheint abgeflacht und ihre Masse nimmt zu. Das gleiche gilt für ein hochbeschleunigtes Teilchen im Zyklotron, obwohl es diesem gegenüber beschleunigt ist.

Ich nenne diese Art Superposition der Ursachen ,,*Strukturüberlagerung*''. Nicht Ursachen im Sinne der Wechselwirkung sind für die Effekte verantwortlich, sondern die Struktur der Wechselwirkungen.

Es handelt sich hier nicht um den trivialen Fall der Ueberlagerung zweier nicht interferierender Ursachen. So kann ein Atom durch ein magnetisches Feld und das Schwerefeld der Erde gleichzeitig abgelenkt werden, ohne dass das eine das andere behindert. In unserem Problem widersprechen sich aber die logischen Voraussetzungen, welche die Struktur des Bewegungszustandes eines BS festlegen. Die Beschleunigungseffekte setzen die Nicht-Inertialität des BS voraus, die relativistischen Effekte aber die Inertialität. Um den logischen Widerspruch zu vermeiden und dennoch beide Strukturen beizubehalten, müssen wir den Ω-Satz formulieren:

$\Omega^{\pi}(101)$: ES GIBT STRUKTUREN DES BEWEGUNGSZUSTANDS EINES BS, DIE SICH LOGISCH AUSSCHLIESSEN, JEDOCH FUER GLEICHZEITIGE EFFEKTE VERANTWORTLICH SIND. SIE BESITZEN FOLGENDE MERKMALE:

(a) SIE UEBERLAGERN SICH, (b) SIE ENTSPRECHEN VERSCHIEDENEN ALLGEMEINHEITSGRADEN, (c) SIE SIND NICHT PHYSISCHER, SONDERN PROTOPHYSISCHER NATUR.

$\Omega^\pi(101.1)$: INERTIALSYSTEME SIND KEINE PHYSISCHEN WESENHEITEN, SONDERN STRUKTUREN.

Hier werden drei Probleme aufgeworfen:

(1) Gibt es Strukturen im Bereich des Nicht-Realen, die ebenso wirken wie Realursachen, obwohl ihnen kein Realzustand entspricht?
(2) Welches ist ihr Seinsmodus?
(3) Kann das Physische ohne solche Strukturen existieren?

3. STRUKTUR-HIERARCHIE

Um diese Fragen zu beantworten, müssen wir ein Näherungsverfahren der aRT analysieren. EINSTEIN lieferte selbst den exakten Aufweis für die Ueberlagerung der Strukturen in einer von Gravitation erfüllten Welt. Dabei ist sogleich folgende Einschränkung nötig. Die Gravitation ist zwar eine Form der Wechselwirkung – die schwächste, die wir kennen –; deshalb sind auch die EINSTEINschen Feldgleichungen nicht-linear. Im Uebergang von der Diagonalmatrix $|\delta_{\mu\nu}|$ mit $\delta_{\mu\nu} = \pm 1$ der GALILEI-Metrik zur Matrix $|g_{\mu\nu}|$ mit Interferenzgliedern für die Gravitationsmetrik mit im allgemeinen $\mu \neq \nu$ zeigt sich die Wechselwirkung zwischen gravitierenden Körpern: Die Interferenzglieder führen direkt zur Darstellung der Teilchenbahnen als Gekrümmte in einem krummlinigen KS. Dort enthält der Ausdruck für ds^2 auch Interferenzglieder der Form

$$g_{\mu\nu}\, dx_\mu\, dx_\nu.$$

Hier sind dann in endlichen Bereichen überhaupt keine Geraden formulierbar: Alle Teilchenbahnen, auch die Geodäten, sind notwendig gekrümmt. Darin zeigt sich formal die Einwirkung einer beschleunigenden Kraft.

Andererseits lässt sich die Gravitation bekanntlich nicht als Kraft im klassischen Sinn auffassen, denn wir können die für den Kraftterm stehenden $\Gamma^\alpha_{\mu\nu}$ lokal immer zum Verschwinden bringen, was für gewöhnliche Kräfte nicht der Fall ist. Der physikalische Grund ist unmittelbar einsichtig: Ein frei fallender Körper verhält sich aufgrund der numerischen Aequivalenz von schwerer und träger Masse inner-

halb seines Eigen-BS gerade so wie ein ideales IS. Er *ist* das einzig
verfügbare IS. Bezogen auf Vorgänge innerhalb seines Eigen-BS ist er
also kräftefrei und unbeschleunigt. Daher können wir die Gravitation
nicht als eine gewöhnliche Wechselwirkung auffassen. Sie unterscheidet sich von den übrigen Wechselwirkungen eben wegen ihres metrischen Charakters auch dadurch, dass sie nicht abzuschirmen ist, im
Gegensatz etwa zur Abschirmung elektromagnetischer Felder im FA-
RADAYkäfig.

Wahrscheinlich fällt wegen dieser Eigenart der Gravitation die
Näherung der Inertialstruktur an die nächst konkretere Struktur,
die Gravitation, deshalb so einfach aus. Die Inertialstruktur (die
GALILEIsche Metrik) ist dann ein lokaler Sonderfall der allgemeineren
RIEMANNschen Gravitationsstruktur. Für die übrigen Strukturen gilt
dies möglicherweise nur dann, wenn auch sie auf die Metrik oder mindestens auf die Topologie der Raumzeit zurückgeführt werden können. Bisher ist das nicht gelungen. Immerhin können wir provisorisch
und formal auch die Elektrodynamik im Sinne von EINSTEIN, WEYL
und anderen als eine Raumzeit-Struktur auffassen.[1] Dann zeigen sich
bereits drei Grundstrukturen der physischen Welt als ineinander über-
führbare Näherungen an die konkrete Wirklichkeit. Bezeichnen wir
das intendierte Universum der aRT mit U_0^p (aRT), das der Elektrodynamik mit U_0^p (ED), so können wir versuchsweise setzen:

$$(6) \qquad U_0^p = U_0^p \text{ (sRT)} + U_0^p \text{ (aRT)} + U_0^p \text{ (ED)} + \cdots$$

U_0^p ist dann die physische Welt in ihrer Totalität. Fassen wir den
abstrakten HILBERTraum als ein Universum U_4^k (QM), so müssen wir
auch diesen Term hinzufügen, ebenso den Phasenraum U_4^k der klassischen Mechanik, den wir mit U_4^k (kM) bezeichnen wollen.

Wir erhalten dann formal eine Art FOURIERanalyse der physischen
Wirklichkeit U_0^p. Die einzelnen Terme entsprechen den relativ abschliessbaren physikalischen Theorien wie klassische Mechanik, sRT,
aRT, QM, Quantenfeldtheorie, Thermodynamik, Elektrodynamik usw.
Dabei sind diejenigen Terme zusammenfassbar, die gleichen Strukturen des Raums bzw. der Raumzeit entsprechen. Wir können mög-

---

[1] So postuliert EINSTEIN einen antisymmetrischen Anteil der $g_{\mu\nu}$; dieser repräsentiert die
Elektrizität. Er ist entweder reell oder gänzlich imaginär. Dann setzen sich die $g_{\mu\nu}$ zusam-
men aus einem reellen, symmetrischen Anteil, der Gravitation, und einem antisymmetrischen
Anteil, der Elektrizität, nach

$$(5) \qquad g_{\mu\nu} = s_{\mu\nu} + a_{\mu\nu}$$

Bisher lässt sich aus diesen und analogen Hypothesen keine neue Physik ableiten.

licherweise alle Strukturen auf mehr oder weniger abstrakte Räume abbilden, wie der HILBERTraum, der LOBATSCHEWSKIJsche Geschwindigkeitsraum und der Isospinraum zeigen. Dies berechtigt uns zur provisorischen Annahme, dass U_0^p in räumliche bzw. raumzeitliche Strukturen zerlegt werden kann, die sich analog den Zuständen eines quantenmechanischen Systems überlagern. Die Analogie darf natürlicht nicht zu weit getrieben werden, denn dort herrschen Wahrscheinlichkeiten für die Auswahl eines bestimmten Zustandes durch die Messung, während eine vorliegende physikalische Situation mit Sicherheit diese oder jene Struktur bzw. eine Ueberlagerung bestimmter Strukturen enthält. So ist es gewiss, dass ein strahlendes Atom der Struktur des HILBERTraums folgt, aber ebenso sicher ist, dass es (wenn auch minimal) durch den RIEMANNschen Raum in seinem Verhalten festgelegt wird. Untersucht man also eine bestimmte Klasse von Verhaltensweisen, so ist man sicher, dass man diese und nur diese ihr zugehörige Raumstruktur vorfindet. Unter anderem ist die Gültigkeit einer Wahrscheinlichkeitsstruktur nicht ihrerseits wieder nur mit Wahrscheinlichkeit auszusagen, sondern vielmehr mit Gewissheit, vorausgesetzt, wir haben die richtige Theorie entwickelt.[1]

Andererseits können wir die einzelnen Terme in (6) mit Koeffizienten versehen, die das ontologische „Gewicht" der Teil-Strukturen innerhalb der totalen Wirklichkeit angeben. Dies ist durch den unterschiedlichen Anteil der Wechselwirkungen bei einem vorliegenden System gerechtfertigt. So ist der Anteil der Gravitation gegenüber der COULOMB-Wechselwirkung eines Teilchen-Systems durch das Verhältnis $1 : 10^{40}$ gekennzeichnet. Die „Gewichte" a_i lassen sich also in U_5^k quantitativ genau angeben. Wir formulieren endgültig:

$$\text{Totale physische Wirklichkeit} = U_0^p = a_1 U_0^p(I) + a_2 U_0^p(II) \ldots + a_n U_0^p(\dot{N})$$

Die römischen Ziffern bezeichnen dabei die Strukturen nach aufsteigender Kompliziertheit. „I" bezeichnet den sicher einfachsten Fall der euklidischen Metrik. Ob N eine endliche oder unendliche Menge abzählbarer Strukturen angibt, lässt sich a priori nicht sagen. Wir müssen jedenfalls damit rechnen, dass wir bisher nur eine geringe Zahl von Strukturen in der Hand haben und N möglicherweise viel grösser ist, als wir annehmen.

---

[1] Das Problem des POINCARÉ'schen Konventionalismus sei hier nicht diskutiert. Siehe EINSTEINS Antwort an REICHENBACH, *Albert Einstein, Philosopher, Scientist*, a.a.O.

4. DIE NULL-STRUKTUR

M_4^k stellt nur einen Näherungsfall der allgemeinen Gravitationsgeometrie R_4^k der RIEMANNschen „Welt" dar. Da prinzipiell die Gravitation durch keine physikalische Manipulation abzuschalten ist,[1] müssen wir in endlichen Gebieten annehmen, dass der Krümmungstensor nicht verschwindet. Es lässt sich jedoch zeigen, dass die Bedingung

$$(7) \qquad\qquad R_{\lambda\mu\nu\rho} = 0$$

hinreichend ist, um die CHRISTOFFEL-Symbole lokal zum Verschwinden zu bringen und damit ein lokal-geodätisches KS zu ermöglichen, in dem die Koordinaten bis auf Glieder dritter Ordnung lineare Funktionen eines Parameters werden. Der Beweis ist aufschlussreich für das Zuhandensein von Protostrukturen[2]. Er demonstriert zugleich den logisch-mathematischen Schaltweg, um vom konkreteren Fall zum abstrakteren, dem Näherungsfall, zu gelangen.

Es ist zu beachten, dass der Beweis nicht tiefer als in U_5^k erfolgt: Weder die Geometrie ohne Analysis noch gar die Messung und Imagination können beweisen, dass es eine σ_0^π-Struktur überhaupt geben kann[3]. Der von FOCK formulierte Beweis ist ein c_5^k-Mechanismus. Seine Aufgabe ist zu zeigen, dass eine σ_0^π-Struktur in nullter Näherung möglich ist. Mehr leistet er nicht. Dass sie vorhanden ist, kann nur der Test erbringen. Nun ist sie aber in Strenge nie vorhanden. Trotzdem verhält sich $U_0^p(\mathrm{sRT})$ geradeso, als ob sie vorhanden wäre. Dies ist der Sinn von „σ_0^π-Struktur". Die mathematische Ueberlegung zeigt damit die modale und imperiale Pluralität in Funktion. Der Unterschied zur Gleichzeitigkeits-Definition ist aber folgender: Dort werden die Kosmo-, Bio- und Psychosphäre herangezogen; „gleichzeitig" soll ja operativ definiert werden. Hier ist dieser Rückgriff gar nicht möglich, denn wir finden (1) überhaupt keine Strukturen unterhalb von U_4^k, sondern nur Erlebnisse, Messwerte und Vorstellungen; (2) finden wir nicht einmal die Ereignisse, die durch

---

[1] Die Ausschaltung des Schwerefelds lässt sich nur für Vorgänge *innerhalb* eines frei fallenden *BS* vollziehen. Dies ist das physikalische Aequivalent zur MINKOWSKInäherung. Lassen wir in der Bestimmung des Gravitationspotentials $r \to \infty$ gehen, so verletzen wir die bisher bekannten kosmologischen Bedingungen: Wir kennen kein System, das von jedem Gravitationszentrum astronomisch unendlich weit entfernt wäre. Praktisch benutzen wir indes eine hinreichend grosse Entfernung, damit wir die Gravitationswirkung vernachlässigen können, z.B. für nicht abgelenkte Lichtstrahlen. Siehe V. A. FOCK, *Theorie von Raum, Zeit und Gravitation*, Akademie-Verlag Berlin 1960, S. 221.

[2] a.a.O., S. 171–176. Für das folgende siehe Anhang I, S. 413. Die Formeln werden dort fortlaufend zum Text numeriert.

[3] Siehe S. 170.

eine Nullstruktur verknüpft werden können, da sie ihrer Natur nach physikalisch unfrei sind.

An dieser Ableitung wird folgendes deutlich:

Wir stellen einen speziellen „Glaubens"-Satz auf: Es gibt eine quadratische Grundform mit konstanten $g_{\mu\nu}$ auch in R_4^k. Beschreibt R_4^k das Verhalten von Teilchen unter dem Einfluss der Gravitation, so gibt es in U_0^p eine nullte Näherung an die Gravitation, die dem Verhalten kräftefreier Teilchen in M_4^k entspricht.

Dies ist zunächst kein echter Ω-Satz, denn wir haben ihn mathematisch bewiesen. Solcher Art vorläufiger, beweisbarer Ω-Sätze nennen wir Pseudo-Ω-Sätze.

Ein echter Ω-Satz geht aber dem Beweis voraus:

$\Omega^{k\pi}(102)$: WENN WIR IN U_5^k DIE MATHEMATISCHE EXISTENZ DER LOESUNGEN VON GLEICHUNG (16) BEWEISEN KOENNEN, SO ENTSPRICHT IHNEN EIN GEBIET IN U_4^k MIT MINKOWSKIMETRIK UND DIESEM WIEDERUM DIE MOEGLICHKEIT, WENN AUCH NICHT DIE NOTWENDIGKEIT, VON PHYSISCHEN INERTIALSYSTEMEN IN U_0^p.

Dieser Satz enthält die Annahme, dass es genügt, in einem frei konstruierten System wie R_4^k oder der Tensoralgebra die mathematische Existenz von Objekten zu beweisen, um damit auch die Möglichkeit einer Struktur in U_0^p abzuleiten, sofern nur das physische System selbst einer solchen Struktur genügt. Diese inter-imperiale Zuordnung von U_0^p zu U_4^k und U_5^k und von U_4^k zu U_5^k ist keineswegs selbstverständlich. Sie lässt sich auch durch den pragmatischen Test eines Ω-Satzes nicht beweisen, sondern nur verstärkt glauben.

$\Omega^{k\pi}(102)$ genügt aber noch nicht, um die Existenz einer Inertialstruktur des Geschehens glaubhaft zu machen. Dazu müssten wir den generellen Ω-Satz aufstellen, dass alle in U_4^k vorkommenden Strukturen auch solche von U_0^p sind. Dafür haben wir aber keinen Anlass. Wohl aber müssen wir den umgekehrten Ω-Satz aufstellen:

$\Omega^{\pi}(103)$: WO IMMER IN U_0^p STRUKTUREN AUFTRETEN, SIND SIE DAS ERGEBNIS VON ENTSCHEIDUNGEN IN U_4^{π} AUFWAERTS.

An unserem Beispiel: Wir können aus Experimenten mit dem Verhalten kräftefreier Körper keinen Beweis für die abstrakte Möglichkeit kräftefreien Verhaltens ableiten, sondern nur für das faktische Vorhandensein. Diese Möglichkeit wird überhaupt nicht in U_0^p entschieden, denn in experimentellen Daten finden wir keine Beweise.

Diese gibt es allein in der Noosphäre. Wir können den obigen Satz daher auch so formulieren:

$\Omega^{\pi}(103')$: STRUKTUREN SIND DAS ERGEBNIS VON MECHANISMEN EINER TRANSZENDENTEN NOOSPHAERE.

Erst die „Starrheit" der Metrik (das Verschwinden der $\Gamma^{\sigma}_{\mu\nu}$) ermöglicht identische räumliche und zeitliche Erstreckungen bei kräftefreier Verlagerung von BS. Sie ist damit ein Ausdruck der Homogenität und Isotropie der Raumzeit. In U^k_1 ermöglicht sie die Eindeutigkeit raumzeitlicher Erfahrungen zu verschiedenen Zeiten und in verschiedenen Gebieten des Raums. In U^k_3 ermöglicht sie eindeutige Messungen von Positionen und Zeiten. In U^k_4 ermöglicht sie die Konstruktion einer euklidischen Geometrie mit kartesischen KS. In U^k_5 ermöglicht sie die Konstruktion einer dazu isomorphen analytischen Geometrie. In U^k_6 ermöglicht sie die eindeutige Definition von Raum- und Zeit-Grössen. Der mathematische Nachweis der starren Metrik in einem nicht-starren allgemeineren R^k_4 bringt also zugleich den abstrakten Mechanismus für den Ermöglichungsgrund einer weiten Klasse von Operationen in U^p_0 bis U^k_6 zum Vorschein. Er bildet den Inhalt eines Pseudo-Ω-Satzes. Wir nennen ihn die *Technik der Freiheit*. Der Pseudosatz wird zum echten Ω-Satz, wenn wir behaupten:

$\Omega^{\pi}(104)$: ES GIBT BEWUSSTSEINSTRANSZENDENTE GEOMETRISCHE ERMOEGLICHUNGSGRUENDE FUER EIN BUENDEL ANALOGER OPERATIONEN IN DEN IMPERIEN U^p_0 BIS U^k_6.

Dies ist der Grund, weshalb wir uns bei der Suche nach Strukturen in U^p_0 stets an die Mathematik zu wenden haben. Andererseits nehmen wir mit der Akzeptierung des Universums der sRT an, dass derartige Strukturen tatsächlich in U^p_0 vorkommen. Wir glauben, es gibt IS und sie bewegen sich auf Geraden der MINKOWSKI-Raumzeit bzw. des euklidischen Raums. Dann müssen wir auch annehmen, dass deren Struktur einer bewusstseinstranszendenten, objektiven Struktur der Kosmosphäre entspricht, auf die wir durch unsere gedanklichen Konstruktionen keinen Einfluss besitzen. Das schliesst den folgenden Glaubenssatz ein:

$\Omega^{\pi}(105)$: INERTIALSYSTEME FOLGEN EINER TRANSZENDENTEN π-STRUKTUR, DIE ZUR IMMANENTEN k-STRUKTUR IM VERHAELTNIS DER ENTSPRECHUNG STEHT. DIESE BEWIRKT, DASS VORAUSSAGEN UEBER DAS „VERHALTEN" VON k-PUNKT-MANNIGFALTIGKEITEN IN R^k_4 IN VORAUS-

SAGEN UEBER DAS VERHALTEN VON p-TEILCHEN-MANNIGFALTIGKEITEN
IN U_0^p UEBERSETZBAR SIND.

Solche Ω-Sätze unterscheiden sich von einer mathematischen Bedingung wie (21) dadurch, dass sie zwar eine notwendige Voraussetzung für das Gelingen bestimmter Operationen einer Theorie sind, im Gegensatz zu diesen aber nicht als hinreichende Bedingung bewiesen werden können. Ω-Sätze gehören also weder der Mathematik noch der Logik an. Sie regeln auch nicht Operationen der theoretischen Vernunft, gehören also nicht zu U_7^k. In unserem Fall ist Satz $\Omega^\pi(105)$ keine Vorschrift für den Beweis, keine Regel, die wir uns selbst machen können wie die Beweisregeln der Mathematik. Vielmehr ermöglicht $\Omega^\pi(105)$ erst die Findung einer MINKOWSKI-Struktur in U_4^k und dann erst in U_0^p, ohne dass wir dafür überhaupt andere Regeln als die der Heuristik aufstellen könnten.

Unter der Voraussetzung, dass R_4^k die Struktur von U_0^p beschreibt, ist die MINKOWSKI-Struktur die absolute Null-Näherung, da der Tensor mit 20 Komponenten verschwindet:

(24) $$R_{\mu\nu\alpha}^\rho = 0.$$

Wir ordnen nun M_4^k einer bewusstseinstranszendenten Inertialstruktur $\sigma_{04}^\pi(M_4^k)$ zu. Dann enthält die Inertialstruktur die nullte Näherung an die totale Struktur von Ereigniskonfigurationen. Wir setzen daher

(25) $$\sigma_0^\pi = \sigma_{04}^\pi(M_4^k) + \ldots$$

Wir können sofort weitere Näherungs-Strukturen finden:[1]

Die Gravitationskräfte sind lokal durch einen entsprechend vorgegebenen RIEMANNschen Raum bestimmt. Dieser ist völlig durch die $g_{\mu\nu}$ festgelegt, da in jedem Punkt die Koeffizienten des affinen Zusammenhangs $\Gamma_{\mu\nu}^\rho$ mit den CHRISTOFFEL-Symbolen zusammenfallen und der Krümmungstensor durch die $g_{\mu\nu}$ und deren Ableitungen festgelegt ist. Wir setzen als Näherung einen stofflosen Raum mit elektromagnetischer Strahlung. Hier nimmt das EINSTEINsche Gravitationsgesetz

(26) $$R_{\mu\nu} - \tfrac{1}{2}Rg_{\mu\nu} = -\varkappa T_{\mu\nu}$$

die Gestalt von Strukturbedingungen an, indem dem verjüngten Krümmungstensor die Bedingungen auferlegt werden

(27) $$R_{\mu\nu} = 0$$

---

[1] Siehe M. A. TONNELAT, *Les principes de la théorie électromagnétique et de la relativité*, Masson, Paris 1959, Kap. 11, Par. 9–10. Mit freundlicher Genehmigung der Verfasserin.

Diese Bedingung ist schwächer als $R^\rho_{\mu\nu\alpha} = 0$, da (27) nur 10 Differentialgleichungen festlegt, während (24) zwanzig Gleichungen festlegte ($R^\rho_{\mu\nu\alpha}$ besitzt zwanzig unabhängige Komponenten). Von den zehn durch (26) festgelegten Differentialgleichungen sind wegen der Divergenzfreiheit des Ausdrucks $R_{\mu\nu} - \frac{1}{2}Rg_{\mu\nu}$ nur sechs unabhängig.

Nehmen wir einen Raum ohne Stoff und ohne elektromagnetische Felder an, so können wir verlangen, dass die Feldgleichungen (26) durch die Bedingung

$$(28) \qquad S_{\mu\nu} = 0$$

ausgedrückt werden. Die $S_{\mu\nu}$ sind nur Funktionen der $g_{\mu\nu}$ und ihrer partiellen ersten und zweiten Ableitungen. Ferner fordern wir, dass die $S_{\mu\nu}$ den Erhaltungssätzen $V_\mu S_{\mu\nu} = 0$ genügen. Dann enthält (28) nur sechs unabhängige Gleichungen. Diesen Bedingungen genügt nur die Gleichung

$$(29) \qquad S_{\mu\nu} = R_{\mu\nu} - \frac{1}{2}g_{\mu\nu}R$$

Nun wird aber für einen feld- und stoffreien Raum die rechte Seite von (26) gleich Null, und für einen stoffreien Raum hatten wir $R_{\mu\nu}$ gleich Null gesetzt. Die $g_{\mu\nu}$ werden niemals alle gleich Null. Damit finden wir als Bedingung für einen stoff- und feldfreien Raum

$$(30) \qquad R = 0$$

mit nur einer Gleichung.

Ordnen wir die Näherungsstrukturen nach der Stärke der physischen Bedingungen, so finden wir:

1) $\sigma^k_{04}(0)$ entspricht in U^p_0 einem stoff- und feldfreien Raum mit der Forderung $R = 0$
2) $\sigma^k_{04}(1)$ entspricht in U^p_0 einem stoffreien Raum mit Feldwirkungen unter
    der Forderung $R_{\mu\nu} = 0$
3) $\sigma^k_{04}(2)$ entspricht einem Raum mit stofflichen Teilchen und Feldwirkungen, aber lokaler MINKOWSKImetrik mit
    der Forderung $R^\varrho_{\mu\nu\alpha} = 0$
4) $\sigma^k_{04}(3)$ entspricht in U^p_0 einem Raum mit Gravitationswirkungen und globaler RIEMANNscher Metrik ohne Uebergang zur MINKOWSKImetrik mit
    der Forderung $R^\rho_{\mu\nu\alpha} \neq 0$

Wohl kaum tritt die Hierarchie von Strukturen deutlicher zutage als hier. Dabei zeigt sich für die imperiale Analyse, dass den Fällen in U_0^p stets ein Fall in U_4^k entspricht. Wir formulieren als Ω-Satz:

$\Omega^\pi(106)$: DER HIERARCHIE MATHEMATISCHER BEDINGUNGEN IN DER KONSTRUIERTEN RAUMZEIT ENTSPRICHT EINE HIERARCHIE VON STRUKTUREN IN DER PHYSISCHEN EREIGNISWELT.

Satz $\Omega^\pi(106)$ ist die notwendige Bedingung für das Vertrauen des Theoretikers, dass die Setzung von Restriktionen in Bezug auf die Feldgleichungen zu deutbaren Voraussagen führt. Die unter den Gleichungen (24), (27), (30) formulierten Bedingungen sind ein klassisches Beispiel für den Operationstypus r (Restriktion). r und σ hängen damit wie folgt zusammen: Es wird eine allgemeine Struktur σ^k konstruiert. Durch eine Folge immer weiterer Restriktionen wird σ^k variiert. r erzeugt also Variationen von σ^k, es zieht sozusagen eine Feinstruktur in σ ein (eine Art Spektrum). Indem wir nun glauben, dass diese Feinstruktur einer Folge bestimmter Situationstypen in U_0^p entspricht, können wir Aussagen über das Verhalten von Existoren unter diesen Situationen machen. Das setzt aber voraus, dass die betreffenden Typen von Strukturen auch bewusstseinstranszendent als σ_0^π vorkommen und die ihnen entsprechenden Typen von Situationen steuern.

Aus $\Omega^\pi(106)$ folgt ein weiterer Ω-Satz:

$\Omega^\pi(106.1)$: OBWOHL DIE EREIGNISSTRUKTUR NICHT JENE OPERATIONEN ENTHAELT, DIE IN U_4^k UND U_5^k VORKOMMEN, SO ENTHAELT SIE DOCH DEREN OPERA.

Beweis: Um zur MINKOWSKI-Metrik zu gelangen, die unmittelbar die geradlinig-gleichförmige Bahn eines kräftefreien Teilchens möglich macht, benutzen wir KS und den Uebergang von KS zu KS' (die Formel (9)). KS kommen aber mit Sicherheit in σ_0^π nicht vor. Trotzdem ist die Bedingung für das Verschwinden des Krümmungstensors $R_{\mu\nu\alpha}^\rho$ die Benutzung der durch (9) gegebenen lokal-geodätischen KS. Nun kann man sagen: Wenn wir nicht-lokal-geodätische KS verwenden (in denen $R_{\mu\nu\alpha}^\rho \neq 0$), so haben wir eben die nicht-adäquaten KS gewählt. Wenn wir ein BS aus Orientierungsstäben einer antriebsfreien Raumsonde nicht durch kartesische, sondern GAUSS'sche KS abbilden, so kommen Scheinbeschleunigungen heraus. Das gilt aber nur für M_4^k. In R_4^k *müssen* wir i.a. GAUSS'sche KS verwenden. Es ist also geradeso, als benutzte die Natur selbst GAUSS'sche KS, um im Grenzfall verschwindenden Krümmungstensors lokalgeodätische KS zu ermöglichen. Der allgemeinere Fall GAUSS'scher KS ist eben der dem Physi-

schen nähere. Das ist sehr seltsam und erweckt den Anschein, als ob
ein Ueber-Mathematiker, wie PLATO, meinte, überall Geometrie treibe.

5. DIE INERTIALBEWEGUNG

Wir müssen vom allgemeinen Fall gravitierender Teilchen ausgehen
und deren Bewegungsgleichungen suchen. Voraussetzung ist die Störungsfreiheit gegenüber äusseren Kräften. Erst dann können wir die
Inertialbewegung im euklidischen Raum als Sonderfall der Gravita-
tionsbewegung begründen. Dies geschieht auf zwei unabhängigen Wegen: Aus der Ableitung der Geodäten und aus den Feldgleichungen.
Zunächst sei die Bewegungsgleichung unabhängig von den Feldgleichungen aufstellbar, wie dies historisch geschah. Unser Ziel ist, die
Bewegung freier Teilchen in einem Gebiet der Metrik

$$(31) \qquad\qquad ds^2 = g_{\mu\nu} \, dx_\mu \, dx_\nu$$

zu finden. Für die Ableitung wird auf Anhang II verwiesen.[1] Hier
liegen folgende Näherungen vor:

Wir sehen von allen Störungen des Teilchens ab ausser jener, die
durch die Raumzeit-Metrik selbst hervorgerufen wird. Dann bewegt
sich das Teilchen auf einer Geodäte. Wenn wir den Ausdruck (37) mit
der Masse m des Teilchens multiplizieren und $\Gamma^\mu_{\nu\rho}$ nach Null gehen
lassen, erhalten wir die NEWTONschen Bewegungsgleichungen im
Grenzfall der verschwindenden Gravitation. Die Bewegungsgleichung
ist damit aus der Struktur von R^k_4 direkt gewonnen ohne Annahmen
über den Zusammenhang zwischen Metrik und Gravitation (ohne die
Feldgleichungen). Die Struktur von R^k_4 zeigt sich unmittelbar als Steu-
erungsorgan (WEYLsches Führungsfeld) der Teilchenbewegung. Die in
dieser Ableitung steckende Näherungsannahme ist ein echter Ω-Satz,
nämlich

$\Omega^\pi(107)$: ES GIBT AUSSERGEOMETRISCHE PRINZIPIEN IN U^π_7, WELCHE
BESTIMMTE OPERATIONEN IN U^π_4 EINDEUTIG FESTLEGEN.

Der spezielle Pseudo-Ω-Satz lautet hier: Das Extremalprinzip (32)
legt die Geodäten in R^k_4 fest. Nur der spezielle Satz ist durch die Beobachtung zu testen, indem die zurückgelegten Entfernungen eines
Probekörpers zusammen mit den $g_{\mu\nu}$ und ihren ersten Ableitungen in
einem bestimmten raumzeitlichen BS gemessen werden. Der Satz

---

[1] S. Anhang Seite 416. Mit freundlicher Genehmigung des Verfasserin.

Ω^π(107) ist dadurch hingegen nicht verifiziert, denn die Bewegungsgleichungen lassen sich auch aus den Feldgleichungen ableiten, also
einem innergeometrischen Prinzip. Der Näherungscharakter von (31)
ist evident:

(1) Wir verlangen, dass die Eigenschaften des Raums völlig von der
quadratischen Form des Weltlinienelements festgelegt sind. Dafür gibt
es a priori keine Garantie; wir schliessen jedenfalls dadurch alle nicht-
metrischen Räume zunächst aus.

(2) Wir verlangen, indem wir (37) als Bewegungsgleichung einer Ein-
heitsmasse auffassen, dass diese nur vom Raum selbst geführt wird.
Das ist nie der Fall: Immer gibt es elektromagnetische oder sonstige
Störungen. Ein Teilchen folgt nie allein der Gravitation, wie schwach
auch seine übrigen Wechselwirkungen sein mögen. Wir bezeichnen die
Raumführung daher als „geodätische Näherung".

Die geodätische Null-Näherung ergibt sich aus dem Uebergang
zu GALILEIschen $g_{\mu\nu}$. Man könnte meinen, der Einfluss des Raums sei
hier aufgehoben. Dem ist nicht so, wie gerade unsere Ableitung zeigte.
Er ist nur auf jene nullte Näherung reduziert, die absolut notwendig
ist, damit das Teilchen überhaupt bei völliger Freiheit einem Gesetz
folgt. Freiheit und Notwendigkeit sind hier identisch. Dies ist ein star-
ker Einwand gegen die Behauptung vom dialektischen Charakter der
Gegensätze: Nur *weil* die Bewegung eines Teilchens frei ist, wird sie
von der notwendig geraden Geodäte des GALILEIraums gesteuert, und
nur, weil es geradlinige Geodäten des GALILEIraums gibt, kann die
Bewegung eines Teilchens überhaupt frei sein. Auch mit der Komple-
mentarität hat dies nichts zu tun. Die physische Freiheit ist nicht ein
mit den Geodäten inkompatibler Aspekt, sondern mit diesem identisch. Wir formulieren als Glaubenssatz:

Ω^π(108): DER ERMOEGLICHUNGSGRUND PHYSISCHER FREIHEIT IST DIE
NULLSTRUKTUR DER METRISCHEN RAUMZEIT.

Solche nicht erkenntnis-ermöglichenden Glaubenssätze sind ihrem
Inhalt nach verhaltensermöglichend. Auch sie tragen daher zu recht
den Namen Glaubenssatz, denn sie sind nicht beweisbar. Es könnte ja
auch ein anderer als ein geometrischer Grund für die Existenz freier
Teilchen verantwortlich sein.

6. NÄHERUNGSSTRUKTUREN

Es gelten für ein Teilchenverhalten folgende Näherungsstrukturen: Ist $\sigma(0)$ [1] die ununterschreitbare MINKOWSKIstruktur von M_4^k, $\sigma(1)$ eine Metrik mit $R \neq 0$, ist ferner die Bewegung eines Teilchens durch die Operation der Transkreation des Orts mit dem Zeichen γ_0 definiert und fassen wir die Strukturen als Operationen auf, die auf γ_0 wirken, dann ist das opus solcher Operationen eine Hierarchie von Teilchenbahnen, die nur der Metrik folgen:

I. $\sigma(0).\gamma_0 \Rightarrow$ gerade Weltlinie in M_4^k

II. $\sigma(1).\gamma_0 \Rightarrow$ gekrümmte, geodätische Weltlinie in R_4^k

Wir setzen formal jene Struktur, die den Einfluss einer nicht durch den Raum bedingten Störung ausdrückt, als $\sigma(p)$, dann kommen noch hinzu

III. $[\sigma(0) + \sigma(p)].\gamma_0 \Rightarrow$ gekrümmte Bahnen in M_4^k eines wechselwirkenden Teilchens ohne Gravitationsstörung

IV. $[\sigma(1) + \sigma(p)].\gamma_0 \Rightarrow$ nicht-geodätische gekrümmte Bahnen eines wechselwirkenden und der Gravitation folgenden Teilchens in R_4^k

Die obigen Ableitungen zeigen uns auch den Zusammenhang zwischen Inertialstruktur $\sigma(0)$ und Gravitationsstruktur $\sigma(1)$. Wir forderten, dass $\sigma(0)$ als eine die sRT überhaupt ermöglichende Protostruktur die übrigen Strukturen unterlagert. Nur wenn dies der Fall ist, gilt die sRT auch in Gebieten mit nichtverschwindendem Krümmungstensor. Nun haben wir gezeigt, dass mindestens in jedem Punkt und längs jeder Geodäten eines R_4^k stets die Metrik GALILEIsch gemacht werden kann, indem man die KS-Transformation (13) durchführt. Im Grenzfall der mathematischen Punkte und mathematischen Geodäten gilt also genau $\sigma(0)$. Dies ist keine Näherung in der Ableitung von $R_{\sigma\nu\rho}^{\mu}$ (es werden keine Terme weggelassen), sondern eine Näherung in den Grundannahmen: Der mathematische Punkt und die Geodäte haben kein Gegenstück in U_0^n. Man rede sich nicht ein, ein hinreichend lokales Gebiet genüge aufgrund des Aequivalenzprinzips der Struktur $\sigma(0)$ exakt. Eine antriebsfreie Raumsonde verwirklicht annähernd eine geodätische Weltröhre. Aber der mathematische Beweis operiert nicht mit Differenzen, sondern mit Differentialen (den Ableitungen der $g_{\mu\nu}$) und beweist das Verschwinden des Krümmungstensors nur für einen Punkt bzw. eine Linie. Ob in endlichen Bereichen überhaupt $R_{\sigma\nu\rho}^{\mu}$ zum

---

[1] Wir lassen der Einfachheit halber alle Indices fort.

Verschwinden gebracht werden kann, hängt von der Voraussetzung $\Gamma^\mu_{\nu\sigma} = 0$ ab. Dies lässt sich aber in U^p_0 durch keine KS-Transformation erzwingen, wie dies in U^k_4 für den Punkt und die Geodäte der Fall ist. Könnte man das, so wäre die aRT falsch: Gerade in endlichen Gebieten lässt sich die Gravitation niemals wegtransformieren. Nur innerhalb einer Raumsonde lassen sich in Strenge wegen des Aequivalenzprinzips kartesische KS und Inertialbewegungen herstellen; die Raumsonde selbst folgt aber den Geodäten von R^k_4, für deren Gleichungen nach (35) die $\Gamma^\mu_{\nu\sigma}$ gerade nicht verschwinden.

Man muss sich diesen Unterschied deutlich machen, um zu verstehen, dass $\sigma(0)$ eben in U^p_0 *keine* Realität abbildet, sondern eine Idealität. Darunter verstehe ich zunächst eine freie Konstruktion, nämlich die Geodätengleichung (35) in R^k_4. Ferner, jedoch aufgrund der Erfahrung mit angenähert freien Bewegungen, eine konstruktionstranszendente π-Struktur, die wenigstens angenähert physische Freiheit ermöglicht. Was also in U^k_4 keine Näherung, sondern exakte Konstruktion ist, erweist sich in U^p_0 als Näherung. Und nur, weil in U^k_4 die Transformierung der RIEMANNschen Metrik auf die MINKOWSKImetrik in einem idealen Punkt exakt möglich ist, ist die physikalische Freiheit in U^p_0 wenigstens angenähert möglich. Dies ist ein erstaunlicher Mechanismus der Näherungsstrukturen. Er wurde erst durch die aRT völlig durchsichtig. Es ist anzunehmen, dass analoge Mechanismen die ganze Physik durchziehen.

Sehen wir uns den Mechanismus der Strukturen näher an. Das Verschwinden von $R^\mu_{\sigma\nu\rho}$ ist in U^k_4 nur möglich durch (1) Transformation von KS in KS', (2) Uebergang von endlichen Gebieten zum mathematischen Punkt. Beide Operationen sind Transkreationen γ^k_4. Frage A: Wie kann γ^k_4 eine Transkreation in U^p_0, also γ^p_0, erzeugen? In U^p_0 gibt es evident weder mathematische Punkte noch Koordinaten. Frage B: Die unmittelbar anschauliche Erzeugung von $R^\mu_{\sigma\nu\rho}$ ist die Parallelverschiebung eines Vektors längs einer geschlossenen Kurve. $R^\mu_{\sigma\nu\rho}$ ist eine differentielle Grösse und daher nur in einem mathematischen Punkt definiert. Der Betrag geht indes in einem entsprechend gewählten KS nach Null, wenn das betrachtete Raumzeitgebiet gleichfalls nach Null geht. Dieser Operation γ^k_4 entspricht aber in U^p_0 keine analoge Operation: Hier ist der Ausdruck „Krümmungstensor" durch den Ausdruck „Gravitation" zu ersetzen, und statt der Koordinatentransformation (13) müssen wir einen frei fallenden Sputnik besteigen. Die Gravitation ist eine Wechselwirkung. Nur über die Verwendung krummer KS kommen wir heuristisch zur Raumkrümmung. KS sind aber rein menschliche

Werkzeuge, die raumzeitliche Beziehungen „zu ihrer Wahrheit bringen", aber keine Wechselwirkungen als solche abbilden. Deshalb kann eine KS-Transformation als solche auch die Gravitation nicht zum Verschwinden bringen. Zum Aequivalenzprinzip besteht überhaupt keine eindeutige Beziehung, denn dort geht die träge Masse ein, die in den KS-Transformationen gar nicht vorkommt. Die träge Masse ist logisch der Ermöglichungsgrund für die Forderung, dass der Uebergang zu krummen KS zugleich den Uebergang zu Gravitationswirkungen darstellen soll (weil alle Körper gleichbeschleunigt sind). Aber zu dieser Forderung tritt die zweite Forderung, dass in endlichen Gebieten keine Rücktransformation auf kartesische KS möglich ist. Diese und nicht die erste Forderung führt zu einer i.a. nicht-starren Metrik. FOCK machte deutlich, dass gerade die Nicht-Aequivalenz im Nichtlokalen der Ermöglichungsgrund für die aRT ist, sie ist daher gerade eine Nicht-Relativitätstheorie.[1]

Die Nicht-Analogie der Operationen in U_4^k und U_0^p kommt noch deutlicher zum Ausdruck, wenn man die Ableitung der Geodäten in R_4^k mithilfe des LAGRANGE-Formalismus vornimmt. Setzen wir $L =$
$= \sqrt{g_{\mu\nu}\dot{x}_\mu\dot{x}_\nu}$, wobei der Punkt die Ableitung nach einem Parameter p bedeutet, so führt die Bedingung, dass

$$(44) \qquad s = \int_{p_1}^{p_2} L \, dp$$

ein Extremum sein soll, auf die LAGRANGE-Gleichungen

$$(45) \qquad \frac{d}{dp} \frac{\partial L}{\partial \dot{x}_\mu} - \frac{\partial L}{\partial x_\mu} = 0$$

Dies ergibt (wenn man einige Hilfsrechnungen ausführt), die Geodätengleichung

$$(46) \qquad \frac{d^2 x_\sigma}{dp^2} + \Gamma^\sigma_{\mu\nu} \frac{dx_\mu}{dp} \cdot \frac{dx_\nu}{dp} = 0$$

Für zeitartige Intervalle kann man die Eigenzeit τ als Parameter nehmen, für raumartige die Eigenlänge dl. Für Nullinien verliert die Ableitung mit Hilfe des LAGRANGE-Formalismus ihren Sinn, in diesem Fall kann man aber die HAMILTON-Gleichungen benutzen.

In den LAGRANGE-Formalismus geht die Punktmechanik ein. Zwar ist er allgemein kovariant, aber wir wissen a priori noch gar nicht, ob die Voraussetzungen der Punktmechanik auch in R_4^k gelten. Hier sieht man besonders deutlich, dass die RT von der geglaubten Gültigkeit

---

[1] V.A. FOCK a.a. O.S. XIII f., S. 258 f.

der Punktmechanik ausgeht. Dann wird aber die Annahme eines allgemeinen Relativitätsprinzips sinnlos, denn es gibt innerhalb eines
Massenpunkts überhaupt keine Vorgänge, die ebenso ablaufen könnten wie innerhalb eines IS. Das verstärkte Aequivalenzprinzip besagt:
Innerhalb eines frei fallenden BS laufen alle Vorgänge in gleicher Weise
ab wie innerhalb jedes anderen frei fallenden BS und innerhalb eines
idealen IS. Für punktartige IS werden aber die Voraussetzungen nicht
erfüllbar. In punktartigen „Raumsonden" lassen sich keine Apparate
aufstellen, die Vorgänge innerhalb der Sonde beobachten.

Wir idealisieren also ständig U_0^p, um Aussagen über die Struktur von
U_0^k zu machen, deren Voraussetzungen evident der Struktur von U_0^p
widersprechen. Trotzdem finden wir auf diese Weise richtige Strukturen. Einziger Ausweg ist die Superposition von Ideal- und Realstrukturen. Anders ausgedrückt: Den *Idealisierungen* entsprechen bewusstseinstranszendente π-Strukturen, denen aber in p selbst in Strenge
nichts entspricht. Sie haben nur den Zweck, reale p-Strukturen zu ermöglichen. Solche Idealstrukturen bezeichnen wir als σ_0^π-Strukturen,
die Realstrukturen als σ_0^p-Strukturen.[1] Alle Näherungen (Idealisierungen) bilden dann eine auf σ_0^p hin konvergierende Reihe $\sigma_0^\pi(0) + \sigma_0^\pi(1) +$
$+ \ldots = \sigma_0^p$. Dabei bleibt offen, ob wir den limes der Realstruktur σ_0^p
überhaupt je erreichen können. Es könnte sein – und dafür bestehen
gewichtige Gründe – dass wir nur Idealstrukturen in U_4^k und U_5^k treffen. Es besteht ein grundlegender inhaltlicher (nicht nur modaler) Unterschied zwischen der Realwelt und der mathematisch-geometrischen
Idealwelt. In diesem Fall sind alle Aussagen der theoretischen Physik
auf Näherungen gegründet. Und dies, obwohl ihre Folgesätze, die Prognosen, exakt eintreffen.

Um diese Paradoxie zu vermeiden, müssen wir folgenden Glaubenssatz annehmen:

$\Omega^\pi(109)$: WAEHREND IN U_4^k UND U_5^k DIE JEWEILS ALLGEMEINERE STRUK-
TUR DIE LOGISCHE BEDINGUNG FUER DIE FINDUNG DER SPEZIELLEN
STRUKTUR IST, BILDET IN U_0^p DIE SPEZIELLERE STRUKTUR DIE OPE-
RATIVE BEDINGUNG FUER DIE GUELTIGKEIT DER ALLGEMEINEREN.

In unserem Beispiel: R_4^k ist gegenüber M_4^k reicher und komplizierter.
R_4^k enthält in der Geodätengleichung auf der linken Seite zwei Terme.
Term I drückt M_4^k aus und entspricht der 2. Grundgleichung NEWTONS
im euklidischen Raum. Term II drückt den Einfluss der nicht-starren

---

[1] Obwohl eine Struktur nicht energetisch wirkt, bedeute p hier eine maximale Nähe zur
Realität.

Metrik aus und hat in der vorrelativistischen Mechanik kein Gegenstück. Logisch müssen wir aber vom komplexeren Fall ausgehen, da
wir keine Realität ohne Wechselwirkungen kennen. Die sRT ist ein
Sonderfall der aRT; logisch müsste die aRT zuerst gelehrt werden. Im
Grunde müssten wir von einer allgemeinen Feldtheorie ausgehen, aus
ihr die QM, aus dieser die aRT, aus dieser die sRT und aus dieser
wieder die klassische Physik ableiten. Dies ist aber bisher nur für die
Strukturfolge aRT → sRT → klassische Physik möglich.

Anders in U_0^p. Hier haben die Strukturen nicht gleiche „Aktualität''
wie in der k-Welt. Für das Denken sind alle Strukturen gleich, nicht
für die physischen Ereignisse. Sie bedürfen zu ihrer Existenz zunächst
der einfachsten Strukturen. Hätten die Teilchen keine träge Masse, so
würden sie äusseren Feldern keinen Widerstand entgegensetzen, wodurch jede geordnete Wechselwirkung aufgehoben wäre. Gäbe es im
Megabereich keine Gravitation, so keinen geordneten Kosmos, da nur
die Gravitation über eine hinreichende Reichweite verfügt und nicht
abgeschirmt werden kann, also ein Merkmal der Raumzeit selbst ist.
Diese Strukturhierarchie ist in U_0^p die gleiche wie in der Heuristik.
Physik-geschichtlich finden wir auch zuerst die spezielleren, einfache-
ren Strukturen. NEWTONS Trägheitsgesetz steht geradezu am Anfang
der theoretischen Physik. Die Heuristik folgt also der Kosmosphäre,
die Logik der Noosphäre. Für die erste ist das Spezielle grundlegend,
für die letztere das Allgemeine. „Speziell'' und „allgemein'' bedeuten
hier aber nicht das Verhältnis von „konkret'' und „abstrakt'', sondern
von „strukturarm'' und „strukturreich''. In der Realwelt ermöglicht
daher die einfachere Struktur die reichere, in der logischen Ableitung
die reichere die ärmere. Das ist der Sinn von „Näherung''. Wenn wir
also eine neue Theorie aufstellen, so gehen wir immer erst von der an
Wechselwirkungen ärmeren Struktur aus, um zur komplizierteren fort-
zuschreiten. Haben wir aber die fertige Theorie, so müssen wir die
einfachere Struktur als Sonderfall der reicheren ableiten. Wir setzen
daher als formalen Ausdruck dieses Sachverhalts:

(47a)   I. In $(U_4^k \cup U_5^k)$ gilt

$$\sigma_{45}^k = \sigma(N) + \sigma(N-1) + \sigma(N-2) + \ldots \sigma(N-N)$$

(47b)   II. In U_0^p gilt

$$\sigma_0^p = \sigma(0) + \sigma(1) + \sigma(2) + \ldots \sigma(N)$$

In Wahrheit ist diese Aufstellung nicht vollständig. Sie bestätigte
nur dann den Satz „ordo essendi non est ordo cogitandi'' (Natur- und

Denkordnung sind verschieden), wenn eine physische Situation aus isolierten Teilstrukturen bestünde, die durch einen Wechselwirkungsmechanismus als geordnete Abfolge von der einfachsten bis zur schwierigsten Struktur zusammengefasst würden. Das ist natürlich nicht der Fall. Vielmehr realisiert eine Situation in einem Stück zugleich alle Strukturen, die den vorkommenden Wechselwirkungen entsprechen. Die Natur zerfällt also nicht in isolierte Universa der klassischen Mechanik, sRT, aRT. σ_0^p ist vielmehr in Teilstrukturen beliebiger Ordnung zerlegbar, wenn wir nur die experimentelle Situation im Auge haben. Dort finden wir zunächst die maximal strukturreiche Realität. Erst durch das Dominieren einer besonderen Art Wechselwirkung und damit einer besonderen Art von Struktur stellen wir eine Hierarchie her.

Es gibt aber auch einen anderen Standpunkt. Wir können nach den Bedingungen fragen, unter denen überhaupt eine physische Situation zustande kommen kann. Dies ist eine Frage theoretischer, nicht experimenteller Natur. Und hier zeigt sich als Ur-Bedingung für physisches Sein die absolute Null-Struktur der euklidischen Metrik. Ohne sie gäbe es keine physische Freiheit und damit das in jede Wechselwirkung notwendig eingehende Gegenstück der Nicht-Wechselwirkung, nämlich der Trägheit.[1] Ohne euklidische Massverhältnisse keine Homogenität und Isotropie der Raumzeit und damit kein sRP. Die euklidische Metrik besitzt damit eine Art ,,konditionales Apriori'' gegenüber der nicht-euklidischen. Unter diesem Aspekt steht also $\sigma(0)$ zu recht am Anfang der Reihe.

Fragen wir jedoch nach der Genesis von $\sigma(0)$, so müssen wir die Reihe mindestens in Bezug auf den ontischen Ort von $\sigma(0)$ und $\sigma(1)$ umkehren. Das Vorhandensein einer euklidischen Metrik ist nämlich gar nicht ohne das Zuhandensein einer nicht-euklidischen zu verstehen. Ueberall herrscht die Gravitation, also eine RIEMANNsche Geometrie. Nur der ,,Glücksfall'', dass ihre Struktur den Näherungsfall der euklidischen Geometrie in einem Punkt erlaubt, macht überhaupt in der Natur die Homogenität und Isotropie der Raumzeit im Lokalen möglich. Wir haben bisher keinen Beweis, dass sich dieses Abhängigkeitsverhältnis zu noch höheren Geometrien fortsetzen lässt, wenn man die allgemeine Feldtheorie ausklammert. Es könnte aber sein, dass alle bekannten physischen Situationen nur möglich sind, weil eine maxi-

---

[1] Die Trägheit, als Widerstand gegen eine Kraft verstanden, nimmt natürlich an Wechselwirkungen teil. Im Gegensatz zu allen übrigen Wechselwirkungs-Konstanten ist aber dieser Widerstand der durch sie selbst erzeugten Massenanziehung numerisch äquivalent und Richtungs-entgegengesetzt.

mal reiche Geometrie oder eine andere abstrakte Struktur die Situationen als ihre Limesfälle enthält.

Das bedeutet aber nichts anderes, als dass die Natur von einem maximal komplizierten Steuerungsmechanismus beherrscht wird. Dies wiederum ist nur denkbar, wenn ein übermenschlicher, maximal struktursetzender Geist diesen Steuerungsmechanismus entwirft. Die physische Natur evolutioniert in ihren Strukturen (ausgenommen vielleicht kosmisch) eben *nicht* vom Einfachen zum Schwierigen, sondern verwirklicht von Anfang an das Schwierigste.

Analog gibt es auch für die Noosphäre zwei entgegengerichtete Ordnungen. Logisch steht auch hier die reichste Struktur an erster Stelle, wie wir oben sahen. Heuristisch beginnen wir indes mit der ärmeren Struktur, wie die Physik- und Geometriegeschichte zeigt. Im Denken müssen wir erst erwachsen werden, um von den strukturärmsten Theorien, den embryonalen, zu den strukturreicheren vorzustossen. Das eine können wir die Ordnung des Meisters, das zweite die Ordnung des Schülers nennen. Die Natur kennt denselben Unterschied: Aus der Hand des Meisters empfängt sie sozusagen die allgemeinste und reichste Struktur. Als Lernende ist sie genötigt, mit der ärmsten und speziellsten Struktur, der homogenisotropen Raumzeit, jeweils zu beginnen. Wir können daher abstrakt sowohl beim Physiker als bei der Natur einen Lernvorgang annehmen, der die immer aufgegebene, maximal schwierige Struktur von der einfachsten Teilstruktur her aufrollt und bewältigt.

7. DIE ABLEITUNG DER INERTIALBEWEGUNG AUS DEN FELDGLEICHUNGEN

Im vorigen Abschnitt leiteten wir die reine Möglichkeit von Inertialbewegungen aus den geometrischen Bedingungen des Teilchenverhaltens ab, also in U_4^k. Dabei machten wir die unausgesprochene Annahme, dass es genügt, die Geometrie einer Ereigniskonfiguration zu kennen, um ihren Bewegungszustand abzuleiten. Diese geometrische Heuristik ist indes nicht rein. Zu den expliziten Voraussetzungen der aRT gehört die Existenz träger Massen, anderenfalls das Aequivalenzprinzip ohne Sinn wäre. Die Trägheit geht auch als implizite Grundannahme in die sRT ein, indem diese von Trägheitsbewegungen ausgeht. Solche Bewegungen sind aber Bewegungen von etwas: Wir nennen es träge Masse. Dabei soll offen bleiben, ob diese ihrerseits nach dem MACHschen Prin-

zip, das neuerdings wieder von SCIAMA, COCCONI und SALPETER [1] aufgenommen wurde, auf die geometrische Wirkung der kosmischen Körper zurückgeht. Zu den Annahmen der sRT und aRT gehört diese
Forderung logisch nicht, wenngleich sie auch historisch für die aRT
wirksam war.

Um *die Existenz von IS* zu begründen, müssen wir also von den
EINSTEINschen Feldgleichungen ausgehen, die den Zusammenhang
zwischen der Massenkonfiguration und der Metrik ausdrücken. M.a.W.
wir gewannen bisher nur die *Möglichkeit* von Inertialbewegungen durch
die Erzeugung von Geodäten im ebenen Raum. Jetzt gilt es, die IS
selbst einzusetzen. Auch dazu benutzen wir eine Idealisierung. Hier
zeigt sich das gleiche wie vorher. Historisch wurde die Geodätengleichung unabhängig von den Feldgleichungen gefunden, logisch geht sie
aber aus diesen hervor. Die Natur folgt dem logischen Weg: Dass freie
Massen überhaupt in einer bestimmten Konfiguration sich auf Geraden
bewegen, setzt ihr Zuhandensein als Limeswert gravitierender Mas-
sen voraus; während wir oben zum Limes $\Gamma^{\sigma}_{\mu\nu} \to 0$ übergingen, gehen
wir jetzt von einer kontinuierlich verteilten Massendichte zu Punktmassen über und lassen ihre Gravitationswechselwirkung nach Null
gehen.

Zur Ableitung müssen wir deshalb die rechte Seite der Feldgleichungen spezifizieren. Wir suchen eine den Feldgleichungen entsprechende
Form des Wirkungsintegrals, die jenem bei Ableitung der Geodäten
analog ist. Dazu nehmen wir eine kontinuierlich verteilte Masse an.
Wir gehen dann zum Limes der Punktmassen über. Beide Annahmen
widersprechen der Realität und sind Idealisierungen. Wenn sie trotzdem zu vernünftigen Bewegungsgleichungen führen, so nur, weil ihnen
in σ^{π}_0 Teilstrukturen entsprechen, die das Verhalten von Massen steuern, obwohl diese weder punktförmig noch kontinuierlich verteilt sind.
Für das folgende gilt Anhang III.[2]

In dieser Ableitung wurden folgende Pseudo-Ω-Sätze gemacht:

(1) Die Massen sind als Kontinuum verteilt. Es gilt die Kontinui-
     tätsgleichung. Wir formulieren das Wirkungsintegral.

(2) Wir heben Annahme (1) auf und gehen zur Punktmasse über.
     Damit widersprechen wir unserer eigenen Annahme, verlangen
     aber nichtsdestoweniger, dass wir auf eine vernünftige Gleichung
     kommen. Weshalb? Weil die Natur dies offenbar erlaubt. Sie ge-

[1] S. *Phys. Rev. Lett.* 4 (1960), 176–177.
[2] S. 418.

stattet natürlich keine logische Absurdität, sondern enthält die Strukturüberlagerung:

(61) $\sigma_0^\pi = \ldots\ldots \sigma_0^\pi \text{ (cont)} + \sigma_0^\pi \text{ (discr)} + \ldots \sigma_0^\pi \text{ (?)}$

(3) Die Diskretheit wird ihrerseits durch einen neuen Widerspruch belastet: Die Massendichte soll trotz der Punktförmigkeit endlich bleiben. Das ist aber nur möglich, wenn die Masse nicht punktförmig verteilt ist. Der Widerspruch löst sich, wenn wir annehmen, dass in U_0^p Strukturen vorhanden sind, die nicht-punktförmige Bewegungen von Teilchen so steuern, als seien diese punktförmig, obwohl ihre Masse endlich bleibt. Die Punktartigkeit der Teilchen ist daher eine *Protostruktur*.

INFELD spricht dies deutlich aus: EINSTEIN nahm immer an, dass man anstelle der Feldgleichung

(48a) $R_{\mu\nu} - \tfrac{1}{2}Rg_{\mu\nu} = -\varkappa T_{\mu\nu}$

die Gleichung für den leeren Raum

(48b) $R_{\mu\nu} - \tfrac{1}{2}Rg_{\mu\nu} = 0$

benutzen muss, da wir nicht wissen, was $T_{\mu\nu}$ eigentlich repräsentiert und wir die geometrische linke Seite der Gleichung mit der physikalischen rechten Seite mischen. Er suchte daher nach einer einheitlichen Feldtheorie, in der diese Mischung aufgehoben ist. FOCK benutzt hingegen (48a). INFELD hält diesen Unterschied nicht für wesentlich, „da wir die wahre Materieverteilung nicht kennen. Keine dieser Methoden stellt die Wirklichkeit richtig dar". Die Methode EINSTEIN-INFELD nimmt an, dass wenn zwei Körper sehr weit voneinander entfernt sind, man das ihnen zukommende Schwerefeld in der Nähe des jeweiligen Körpers als zentralsymmetrisch betrachten kann und eine genaue Information über das Aussehen der Dichte innerhalb des Körpers unwesentlich wird. Ausserhalb der Körper gilt dann (48b).[1]

8. DIE ERZEUGUNG DER INERTIALITÄT

Wie „lernt" die Natur die Inertialität? Wir lernten als Physiker, die Inertialität als Näherungsfall einer allgemeineren Gravitationsstruktur aus U_4^k mithilfe von U_5^k abzuleiten. Dieser Prozess spielte sich aber nur in k ab und hat noch keine Bedeutung für p. Das proto-

---

[1] L. INFELD, *Rev. Mod. Phys.*, 29, 398–411 (1957). Für das folgende siehe Anhang IV. S. 428.

physische Problem ist nun, jene „Ableitung" in der Kosmosphäre zu finden, die aus der allgemeineren Struktur die speziellere erzeugt. Es geht nicht an, sie als schlechthin gegeben anzunehmen. Kant und seine Nachfolger definierten die Erfahrung als „aufgegeben", in moderner Sprache als einen Lernprozess des Verstandes, aus den rohen Sinnesdaten das zu erzeugen, was wir die „erfahrene Wirklichkeit" nennen. Dazu seien Aprioris notwendig, hörten wir. Wir sahen gerade am Beispiel der Inertialstruktur, dass diese Aprioris in echte, nämlich Glaubenssätze, und technische, nämlich die Axiome der Riemannschen Geometrie, zerfallen.

Es wäre nun ein reines Wunder, wenn die Kosmosphäre nicht solcher Aprioris bedürfte, sondern sich selbst als eine schlechthin gegebene, originäre, produzierte. Wäre dem nämlich so, dann bedeutete der Lernvorgang des Physikers über die Glaubenssätze und die Mathematik einen im Grunde unnötigen Umweg, um die Inertialität als Bewusstseinsdatum zu erzeugen. Einen Umweg, der für einen absoluten Super-Physiker entfiele, denn er wüsste schon beim Ansehen der Inertialbewegung, was sie eigentlich ist. Dieses Was muss aber einen in sich gegliederten Inhalt, mit anderen Worten eine Struktur, aufweisen, wenn anders es nicht die Platonsche und Aristotelische Washeit des blossen Eidos, des nackten Urbilds der Inertialität sein soll. Wir sehen hier deutlich die Scheidung von metaphysischem und protophysischem Denken. Das erstere fragt nach der „Idee" der Inertialität, das zweite nach der Struktur. Die Idee ist nicht operativ aufweisbar, wohl aber die Struktur. Damit zeigt sich die ganze Unfruchtbarkeit klassisch-metaphysischen Denkens, denn es vermag im Grunde gegenüber der nackten Abstraktion von allen Erfahrungen mit einer inertialen Datenverknüpfung nichts Neues zu finden. Es führt also nicht zu neuem Wissen, sondern nur zu neuen Worten. Indem der Geist des Menschen die Suche nach Worten verwarf und den Lernvorgang der Struktur entdeckte, entdeckte er zugleich die Wissenschaft von der Natur.

Das Ziel der Metaphysik wird also durch ihre Methode widerlegt. Wenn es ihr erklärtes Ziel ist, neues Wissen von den Ereignissen zu finden, und zwar Wissen von dem, was „hinter den Ereignissen" steht, wenn sie wahre Meta-Physik sein will, dann, so sagen wir, muss sie notgedrungen die Washeit der Inertialität nicht in ihrer *Idee*, sondern in ihrer *Idealität* als Ergebnis eines objektiv idealen Lernvorgangs der Natur selbst suchen. Noch deutlicher: Was Kant für das Aufgegeben-Sein der Erfahrungsdaten in Bezug auf den erfahrenden Menschen feststellte, das behaupten wir nun für das Aufgegeben-Sein der Inertialität in Bezug auf die Natur. Anders ausgedrückt: Die Inertialität ist nicht originär, nicht an sich gegeben, nicht autogen und autonom, sondern ein opus. Wir behaupten sogar als einen nie beweisbaren Glaubenssatz:

$\Omega^{\pi}(110)$: KEIN SEIENDES DER KOSMOSPHAERE IST VON SOLCHER NATUR, DASS ES KEIN OPUS EINES ANDEREN SEIENDEN WAERE.

Anders formuliert:

$\Omega^{\pi}(110')$: ES GIBT KEINE AUTOGENEN NATURWESENHEITEN.

Dieser Satz ist aufgrund eines Induktionsschlusses zu behaupten. In der Tat ist es das Ziel der Naturwissenschaft, jedes Seiende der Natur als das Werk anderer Seiender nachzuweisen, anderenfalls die Naturwissenschaft eine Scheinwissenschaft wäre. Dieses Werk kann entweder kausal oder objektiv-rational erzeugt sein, d.h. entweder energetisch oder als Resultat von Strukturen oder als beides. So ist die Inertialbewegung energetisch durch die Teilchengenerierung am Ursprung der Inertialbewegung erzeugt, rational durch

a) die geometrische Zuordnung zu einem anderen IS
b) die algebraische Zuordnung zu einer linearen Bewegungsgleichung $d^2x/dt^2 = 0$ im euklidischen Raum
c) die logische Zuordnung zum sRP (gleicher Ablauf aller Vorgänge in allen IS).

Wenn wir aber die Inertialität als opus annehmen (wozu wir freilich nur durch den Glauben an die Induktion genötigt sind), so müssen wir notgedrungen nach den Operatoren, Operationen und operanda suchen, welche zusammen die Inertialität erzeugen. Dies Erzeugen vollzieht sich natürlich nicht in der Kosmosphäre selbst, denn dort gibt es nur energetisches Hervorbringen. Nicht die Inertialität, sondern nur die IS werden energetisch erzeugt.

Nun ist es naheliegend anzunehmen, dass nicht die gleichen Operatoren, Operationen und operanda dieses Werk vollbringen wie in der Ableitung des theoretischen Physikers. Es folgt dies aus dem Ω-Satz von der Existenz einer bewusstseinstranszendenten Ereigniswelt. Die in Ziff. 4–7 des vorliegenden Kapitels gefundenen Erzeugungen (Ableitungen) wurden vom Menschen vollzogen. Glauben wir aber an eine aussermenschliche Inertialität, so müssen wir die aussermenschlichen Mechanismen suchen, denen sie ihr Zuhandensein verdankt. Wir sag-

ten „Zuhandensein", denn wir glauben, dass die Inertialität bereit-
liegt, ehe sie von einer Ereigniskonfiguration verwirklicht wird; anderenfalls müsste jedes Ereignis die Inertialität erst neu lernen, wozu
ihm aber der Intellekt fehlt. Was die Ereignisse „lernen", ist vielmehr
eine bereits ausserhalb der Kosmosphäre bereitliegende Struktur. Diese
haben sie nicht gemacht, wohl aber werden sie von ihr gesteuert, und
zwar in jenem Sinn, dass sie sich diese „zu eigen machen": Es ist die
ihnen immanente Struktur ihres Verhaltens. Nur in einem abstrakten
Sinn lässt sich das Sein in Verhalten und seine Strukturen auseinandernehmen. Das heisst nicht, dass dies Auseinandernehmen unsinnig oder
nur scheinsinnig wäre. Im Gegenteil, es ist die notwendige und bewusstseinstranszendente Vorbedingung für das Verhalten selbst.

Wir stellen damit den grundlegenden Glaubenssatz auf, ohne den
wir die Natur nicht verstehen könnten:

$\Omega^{\pi}(111)$: WAS FÜR DAS MENSCHLICHE ERKENNEN DIE APRIORIS DER
ANSCHAUUNG UND DES VERSTANDES SIND, DAS SIND FÜR DAS VERHAL-
TEN DER EREIGNISSE DIE BEREITLIEGENDEN STRUKTUREN.

Damit müssen wir aber zu den modi p und k noch einen dritten
modus hinzufügen. Wir nannten ihn π. Für die Inertialität heisst dies:
Es gibt eine transzendente, aussermenschliche Noosphäre der Natur,
in der die Strukturen des Verhaltens in der Kosmosphäre entschieden
werden. Anders formuliert:

$\Omega^{\pi}(111')$: DIE VERHALTENSMECHANISMEN DER NATUR SIND DIE π-STRUK-
TUREN DER OBJEKTIVEN NOOSPHAERE.

Wir unterscheiden also künftig eine objektive und eine subjektive
Noosphäre. Die erstere trage das früher ungeklärt benutzte Zeichen π,
die zweite das Zeichen k. Wir wissen, dass die k-Sphäre (die subjektive
Noosphäre) aus Konstruktionen des Menschen besteht. Wessen Konstruktion die π-Sphäre ist, lassen wir offen. Wir setzen nur als vorläufigen Glaubenssatz: Der Operator der π-Sphäre ist Θ.

Nun können wir über den π-Mechanismus der Erzeugung der Inertialität nie und nimmer etwas wissen. Alles, was wir *wissen*, ist Erzeugnis des Menschen, gehört also zu k. Alles, was wir *erleben*, ist ein
Produkt aus der k- und der p-Sphäre. Wir wissen nur, was wir *machen*.
Anders gesagt: Nur diejenigen Operationsmechanismen sind uns beweisbar, die wir selbst bewusst anwenden; nur diese durchschauen wir
vollkommen. Die Einschränkung „bewusst" ist notwendig, denn die
Mechanismen des Unbewussten sind uns fast noch dunkler als die der

Kosmosphäre, denn wir beherrschen nicht ihre logischen Strukturen, sofern sie überhaupt von solchen kontrolliert werden.

Trotzdem ist die Suche nach den π-Mechanismen der Erzeugung der Inertialität nicht notwendig sinnleer. Sie ist es nur, solange wir den Glauben ablehnen, dass zwischen der k- und der π-Sphäre eine Entsprechung herzustellen ist. Dafür gibt es aber gute Gründe: Wenn die k-Strukturen nicht in den Ereignissen unmittelbar zu finden sind, andererseits daraus Prognosen über künftige Ereignisse ableitbar sind, auf die wir keinen Einfluss haben, so liegt es nahe, eine solche Entsprechung anzunehmen. Wir formulieren daher als notwendige Bedingung für die nächsten Schritte unseres Lernvorgangs der Inertialität:

$\Omega^{k\pi}(112)$: DER MENSCH LERNT AUF DIE GLEICHE WEISE DIE STRUKTURELLEN BEDINGUNGEN FUER PHYSISCHES VERHALTEN WIE DIE EREIGNISSE.

Anders formuliert:

$\Omega^{k\pi}(112')$: DIE HEURISTIK DES MENSCHEN IST DER HEURISTIK DER NATUR AEQUIVALENT.

Dagegen erhebt sich sogleich ein Bedenken: Der Mensch lernt nur dank eines logisch-mathematisch verfahrenden Intellekts. Die Ereignisse ermangeln eines solchen offenkundig. Nun sollen sie aber dennoch lernen, wie die Inertialität in der π-Sphäre zustandekommt. Dies ist nur möglich, wenn ihnen eine Starthilfe von aussen gegeben wird. Nun ist der menschliche Intellekt als Kommunikator zwischen der k- und der π-Noosphäre die notwendige Vorbedingung für deren Uebersetzung in aktuelle k-Operationen. Dieser Intellekt ist dem Menschen inhärent, er ist – wenn auch auf eine noch ungeklärte Weise – an seine Gehirntätigkeit gebunden. Es liegt nun nahe, auch für die Ereignisse einen Intellekt anzunehmen, der die Verknüpfung zwischen der π-Noosphäre und der Kosmosphäre herstellt. Das Schema ist also

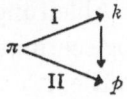

Uebersetzung I scheint uns durchsichtig, denn die mathematischen Strukturen (die k-opera c_5^k) liegen offenbar in der gleichen Form als reine Möglichkeit bereit, wie wir sie konstruieren. In den Ereignissen finden wir aber keine solchen Strukturen direkt vor. Also muss die

Uebersetzung II anderer Art sein als I. Was im Theoretiker beisammen ist, muss für die Natur als getrennt angenommen werden. Dort sind Energie und Struktur nicht verschmolzen, und sie könnten es auch gar nicht sein, denn das intentionale Objekt des Menschen ist gar kein energetischer Vorgang und auch nicht durch Energie erzeugt (wenngleich unter der Energie der Gehirnströme als Bedingung). Die π-Strukturen können nicht das intentionale Objekt der Ereignisse sein, denn sie verfügen über kein Bewusstsein. Dennoch muss es eine Uebersetzung II geben, wenn anders sie sich nach den Strukturen richten sollen. Wir sind also genötigt, einen *protokosmischen Intellekt* anzunehmen, der Uebersetzung II herstellt. Wir wollen ihn im Gegensatz zum Intellekt des Menschen lógos kosmikós nennen. Den menschlichen Intellekt nennen wir entsprechend lógos ánthropos. Bewusst für den zweiten Term nicht das Adjektiv, sondern das Substantiv benutzend, denn beide Terme vertreten Operatoren, während für den lógos kosmikós nur der erste Term einen Operator vertritt, der zweite aber dessen Zustand spezifiziert.

Als Glaubenssatz formuliert, heisst dies:

$\Omega^{k\pi}$(113): DIE RATIONALE ERZEUGUNG VON p-EREIGNISSEN AUS DEN π-STRUKTUREN IST DAS WERK EINES HYPOTHETISCHEN LÓGOS KOSMIKÓS, DIE ERZEUGUNG VON k-STRUKTUREN AUS DEN π-STRUKTUREN DAS WERK EINES UNS UNMITTELBAR GEWISSEN LÓGOS ÁNTHROPOS.

Wir haben den Operator der k-Operationen durch $\underline{C}$ bezeichnet. $\underline{C}$ ist also der lógos ánthropos. Wir haben mehrfach bereits einen hypothetischen Operator $\underline{\Theta}$ eingeführt. Wir nehmen nun an, dass überall, wo $\underline{\Theta}$ bisher auftrat, damit der lógos kosmikós gemeint war. Wir setzen daher

Hypothetischer Operator $\underline{\Theta}$ ≡ lógos kosmikós.

Wir haben jetzt die Bedingung, um den nächsten Schritt zu vollziehen: Wie lernt ein IS mithilfe von $\underline{\Theta}$ seine Inertialität? Antwort: Indem $\underline{\Theta}$ genau jene Strukturen als mögliche Verhaltens-Schematismen bereitstellt, die $\underline{C}$ bei der Ableitung der Inertialität herstellt. Mit anderen Worten, $\underline{\Theta}$ operiert logisch-mathematisch.

Nun könnte ein naives Gemüt einwenden, die π-Strukturen seien in den Ereignissen immanent vorhanden, sozusagen in re. Wir werden aber sogleich zeigen, dass dies schon inhaltlich nicht der Fall sein kann, von der Verkennung der modalen Pluralität ganz zu schweigen. Die Struktur der IS findet sich nämlich überhaupt nicht in der Kosmosphäre, sondern allein in der (subjektiven und, wie wir glauben, auch

objektiven) Noosphäre. Die Bedingungen, an die die Inertialität in
k geknüpft ist, widersprechen den beobachtbaren Ereignissen. Sie sind
nur in k rein herzustellen, in p aber angenähert. Was in k legitime
Näherung bzw. limes-Konstruktion ist, findet in p kein Gegenstück.

Wir führen den Nachweis zunächst für die MINKOWSKI-Struktur von
M_4^k. Wir nannten sie $\sigma(0)$. Dabei lassen wir den modalen Index fort,
weil wir auf Grund von $\Omega^\pi(104)$ annehmen, dass $\sigma(0)$ nicht nur in k
konstruiert, sondern in π vor jeder Konstruktion konstruier*bar* ist.
Der Uebergang von π nach k heisse dann ,,*Konstruktion*'', der Uebergang von π nach p ,,*Realisierung*''. Wir nehmen an, dass die Realisierung zur Konstruktion in einer Zuordnungs-Aequivalenz steht; immer, wenn also ein IS realisiert wird, ist dessen Verhalten durch die
Konstruktion einer Struktur $\sigma(0)$ zu erklären.

Wir nennen ferner die den Ereignissen entsprechende totale Struktur $\sigma(N)$. Darunter verstehen wir den Grenzwert einer konvergieren-
den Reihe von Strukturen, von denen eine jede nur eine Näherung an
die totale Struktur darstellt. Der Satz ,,Ein IS wird durch $\sigma(0)$ gesteuert'' ist dann zwar keine Näherung, sondern gilt exakt; aber eben
deshalb trifft er überhaupt keine realen p-Ereignisse, denn diese sind
niemals kräftefrei herstellbar. Er gilt nur für die k-Sphäre und entsprechend unserem Ω-Satz (104) auch für die π-Sphäre. Es ist also
hier nicht von einem IS_0^p, sondern von einem IS_5^k bzw. einem IS_{50}^π die
Rede. Der Satz ,,Eine reale Ereigniskonfiguration wird durch $\sigma(0)$ gesteuert'' bezieht sich dann wohl auf p-Ereignisse, aber nur als Näherung: p-Ereignisse werden nur in einem nie erreichbaren Grenzfall ver-
schwindender Störung inertial und daher allein durch $\sigma(0)$ kontrolliert.
Wir wollen dies ,,*differentieller Grenzfall*'' nennen. Das Zuhandensein
einer Inertialstruktur $\sigma(0)$ ist somit ein differentieller Grenzfall, und
die Behauptung, er treffe auf p-Ereignisse zu, ist eine Näherung. Die
Näherung besteht jeweils in folgendem: Lassen wir die Reihe der sich
überlagernden Strukturen, die eine p-Situation steuern, mit dem Glied
v' abbrechen, so setzen wir die folgenden Glieder, die ,,höheren'' Wechselwirkungen entsprechen, gleich Null. Im Fall einer Inertialstruktur
sind alle Wechselwirkungsterme der Reihe gleich Null gesetzt. Die totale Reihe aller solcher differentiellen Grenzfälle (limes-Strukturen) ist
ein *integraler Grenzfall*, der die logische Existenz aller darin beschlos-
sener limes-Strukturen voraussetzt. Diesen integralen Grenzfall haben
wir bisher in der Physik nicht erreicht, denn sonst wüssten wir bereits
alle Strukturen, die uns eine künftige Physik bescheren kann; mit anderen Worten, der integrale Grenzfall ist dem Menschen nur dann er-

reichbar, wenn die Anzahl der differentiellen Grenzfälle klein oder zum mindesten endlich ist.

Wir hatten ein IS als störungsfreies System definiert. Um alle Störungen auszuschliessen, muss auch jene Störung verschwinden, die durch die Metrik der Raumzeit selbst verursacht wird. Wir verstehen auch darunter eine Störung, denn sobald die Metrik von Ort zu Ort wechselt, gibt es ein Mehr oder Weniger an Beeinflussung der Ereigniskonfigurationen. Nur wenn die Beeinflussung durch die Raumzeit immer und überall die gleiche ist, kann sie überhaupt nicht mehr beobachtet werden und muss daher als gegen Null gehend angenommen werden. Damit wird die objektive π-Bedingung für die p-Existenz von IS die Findung einer konstanten Metrik in U_4^π. Diese Findung vollzieht sich, so glauben wir, genau in den gleichen Schritten wie die Findung in U_4^k durch den Physiker. Jedenfalls haben wir keinen Hinweis, dass die Natur es besser machen könnte. Sie wird es u.U. eleganter, d.h. einfacher machen, aber die Aufgabe ist auch für sie, aus dem Sollwert „konstante Metrik" durch Operationen in U_4^π über einer nächsthöheren Struktur den Istwert „konstante Metrik" zu lernen. Wir können dies metaphorisch so ausdrücken: Der Lernprozess ist ein Integral mit dem Sollwert und Istwert als Integrationsgrenzen. Der Integrationsweg ist für den Wert des Integrals irrelevant. Natur und Physiker operieren also in einem Feld. Der lógos kosmikós geht, so glauben wir, dabei den kürzesten Weg, der Physiker nur im Idealfall. Dies erklärt auch, weshalb verschiedene Autoren verschiedene Beweise benutzen, die vom gleichen Problem zum gleichen Ziel führen. Wir können aber a priori nicht ausschliessen, dass auch der lógos kosmikós diese Pluralität sich gegenseitig vertretender Beweise realisiert, und wäre es nur als Reserve für mögliche Situationen, die gerade jenen Weg verlangen.

Nun müssen wir die RIEMANNsche Struktur $\sigma(0 + 1)$ als gegeben voraussetzen. Wir nehmen an, dass sie für den lógos kosmikós – den wir jetzt einfach durch $\underline{\Theta}$ bezeichnen – gleichfalls aufgegeben ist als opus eines Lernvorgangs, der von $\sigma(0 + 2)$ nach $\sigma(0 + 1)$ führt. $\sigma(0 + 2)$ könnte z.B. durch $g_{\mu\nu} = s_{\mu\nu} + a_{\mu\nu}$ nach Gleichung (5) [1] bezeichnet werden. Nun wissen wir natürlich nicht, ob $\underline{\Theta}$ in π die Struktur $\sigma(0 + 1)$ durch π-Wesen wie metrische Koeffizienten, Koeffizienten des affinen Zusammenhangs und Krümmungstensoren ausdrückt. Wir müssen nur annehmen, dass $\underline{\Theta}$ eine bestimmte Geometrie benutzt, um die Massenanziehung zu erzeugen. Es liegt aber, solange die aRT mit der Erfahrung übereinstimmt, kein Grund vor zu zweifeln, dass

---

[1] S. 257, Anm. 1.

dies gerade die RIEMANNsche Geometrie ist. Dann sind die $g_{\mu\nu}$, $\Gamma^{\mu}_{\nu\rho}$, $R^{\sigma}_{\mu\nu\rho}$ und die Operationen an ihnen zum mindesten mögliche Objekte von $\underline{\Theta}$ in R^k_4. Um verschwindende $\Gamma^{\mu}_{\nu\rho}$ zu finden, ist daher zum mindesten der in Ziff. 4 beschriebene Lehrprozess auch für $\underline{\Theta}$ möglich. Ueberhaupt ist das einzige, was wir für den transzendenten Lernvorgang sagen können, seine Möglichkeit. Damit bleibt immer ein Rest an Geheimnis in allen Aussagen über π: Wir wissen darüber gerade so viel, als wir selbst in k machen. Wir wissen hingegen – sofern wir $\Omega^{\pi}(104)$ annehmen – dass $\underline{\Theta}$ wenistens einen der möglichen Lernwege für die p-Ereignisse anbietet.

Die Erzeugung der Inertialstruktur kann dabei in π über folgende Operationen erfolgen, wenn der unter Ziff. 7 beschriebene Weg überhaupt ein mathematisch möglicher ist:

I. Die p-Ereignisse suchen eine Koordinatentransformation mit dem Ziel, dass in den neuen Koordinaten die (von den Koordinaten abhängigen) $\Gamma^{\mu}_{\nu\rho}$ verschwinden. Einwand: Die p-Ereignisse bedürfen keiner Koordinaten, denn sie beschreiben nicht sich selbst, sondern sie suchen den Steuerungsmechanismus, der ihnen erlaubt, als IS zu existieren. Antwort: Jedes Teilchen verwirklicht ein Eigen-BS. Es erlebt die Welt nur bezogen auf dieses Eigen-BS. Seine Erlebnisse sind anders als die jedes anderen Teilchens. Die Relativität ist also eine der Teilchen-Existenz inhärente Form seines Welt-Erlebens. Haben die $\Gamma^{\mu}_{\nu\rho}$ eine mögliche Bedeutung für die Gravitations-Wechselwirkung, so ist ihr p-Korrelat vom Eigen-BS des erlebenden Teilchens abhängig. Es ist also mindestens für ein Atom sinnvoll, ein p-Korrelat von Koordinaten anzunehmen, nämlich ein mögliches lokales Dreibein aus chemisch mit ihm verbundenen Atomen mit einer ,,Uhr'' in jedem Atom in Form seiner Grundfrequenz. In diesem Fall liessen sich ankommende Daten durch chemische Reaktionen an das Ausgangs-Atom als Ursprung seines raum- zeitlichen BS signalisieren. Nur dass es diese Daten nicht in mathematische Objekte übersetzen kann, denn ihm fehlt ja gerade der lógos ánthropos, und $\underline{\Theta}$ ist nach Voraussetzung nicht mit dem Atom identisch. Wohl aber könnte ein $\Gamma^{\mu}_{\nu\rho}$ ein π-Wesen c^{π}_{45} sein, das für den Lernvorgang der $\sigma(0)$-Findung relevant ist. Es wäre dies eine Art WHITEHEAD'sches ,,eternal object''.

Wir sahen nun unter Ziff. 4, dass die entsprechende Koordinaten-Transformation nur in einem Punkt, und zwar in einem mathematischen Punkt durchgeführt werden kann, höchstens aber für eine geodätische Punktreihe. Dies wird durch das Zeichen ,,0'' in Gleichung (13) angedeutet. Die Transformation (13) gilt also überhaupt nur in

U_{45}^{π} und hat niemals ein direktes Korrelat in U_0^p, weil es dort keine Korrelate mathematischer Punkte gibt. Der Grundmechanismus für die Erzeugung der Inertialität ist also wohl gefunden, aber nur in π, denn er funktioniert nicht für p. Es ist, als stünde das Atom vor einem Schaufenster, in dem der Schlüssel seiner Freiheit ausgestellt ist, aber es fehlen ihm die Mittel, ihn zu erwerben. Das Atom kann sich den Schlüssel auch nicht erschleichen.

Der Gebrauchs-Physiker kümmert sich wenig um logische Präzision; er macht den Sprung über den logischen Abgrund und verkündet schlicht, das astronomische Gebiet, welches durch den Punkt P_0 repräsentiert ist, könne von den Ausmassen eines Sonnensystems sein, denn hier mache sich die Raumkrümmung nirgends praktisch bemerkbar. Wenn dem aber so ist, dann muss ein anderen Mechanismus als der durch Gleichung (13) für die Inertialstruktur verantwortlich sein, denn dieser gilt nach Voraussetzung nur für den mathematischen Punkt. Gälte er für endliche Gebiete, so liesse sich im Widerspruch zu den Grundannahmen der aRT die Gravitation nämlich auch in endlichen Gebieten wegtransformieren. Dann wäre die Gravitation ein reiner Koordinaten-Effekt analog den LT. Nun ist sie aber nur in frei fallenden lokalen Systemen näherungsweise abzuschalten (sofern die Feldlinien des Schwerefelds homogen verlaufen). In endlichen Bereichen ist die Gravitation aber gerade im Gegensatz zu elektromagnetischen Kräften nicht abschirmbar. Gleichung (13) darf also gar nicht in endlichen Gebieten gelten, wenn sie für U_0^p relevant sein soll.

Der Pragmatiker beruft sich auf die experimentell erwiesene euklidische Struktur endlicher astronomischer Gebiete, die u.U. Ausmasse von einigen Lichtjahren haben können. Wir müssen diesen Einwand ernst nehmen, nicht nur als pragmatischen Kompromiss, sondern als fundamentale Struktureigenschaft des Kosmos. Der mathematische Punkt c_4^k wird also durch ein astronomisches Gebiet c_{04}^π repräsentiert. Wie ist das möglich, ohne in einen Widerspruch zu unserem Glaubenssatz zu verfallen, dass Gleichung (13) eine mögliche π-Struktur abbildet, die ihrerseits p-Ereignisse steuert?

Die Antwort liegt in der Operation der Näherung. Gleichung (13) gilt in k exakt; wir haben zu ihrer Findung keine Glieder weggelassen. Der durch die mathematische Operation $\partial/\partial x_i$ vorausgesetzte Grenzwert ist ein legitimes mathematisches Objekt, wenn auch in U_1^k, U_2^k und U_3^k nicht erzeugbar. Wir setzen aber jetzt den grundlegenden Glaubenssatz:

$\Omega^{\pi}(114)$: DIE p-EREIGNISSE REALISIEREN DIE π-STRUKTUREN ZWAR EXAKT, ABER NUR, INDEM SIE DEREN LOGISCHE VORAUSSETZUNGEN ANGENAEHERT VERWIRKLICHEN.

In unserem Fall: Obwohl in einem astronomischen Gebiet selbst bei Fehlen von gravitierenden Massen der von (13) vorausgesetzte Grenzübergang gar nicht durchgeführt werden kann, so lässt sich doch innerhalb eines physikalischen Systems von relativ grosser Ausdehnung die Gravitation abschalten unter der Voraussetzung, dass das System (1) keine eigenen merklichen Gravitationskräfte entwickelt (was z.B. für einen Schwarm von Neutrinos zutrifft) und (2) nur der Metrik des betreffenden Raumzeitgebiets folgt.

Wohlgemerkt: Nur für Vorgänge innerhalb des Systems ist die Gravitation abschaltbar, ist also die Metrik konstant; das System als ganzes kann jedoch niemals exakt der Gravitation entrinnen. Was also für Vorgänge innerhalb des Systems exakt gilt, gilt für das System als solches nur angenährt, und zwar eben weil das astronomische Gebiet nur näherungsweise als ,,eben'' (mit verschwindenden $\Gamma^{\mu}_{\nu\rho}$) angesehen werden kann.

Dies ist höchst merkwürdig, ja bedenklich. Sollte unser Mechanismus (13) in π überhaupt kein Gegenstück haben und die p-Sphäre einem anderen, ihr exakt entsprechenden Mechanismus folgen? In diesem Fall wäre die aRT, die ja eine Form der Differentialgeometrie ist, ihrerseits nur eine Näherung an jene noch nicht entdeckte, ,,absolute'', d.h. der Kosmosphäre absolut adäquate π-Geometrie. Das gleiche gälte dann für jede Art mathematischer Beschreibung der Ereignisse, die mit Differentialen operiert. Dann aber würde die Grundform der Naturgesetze, die Differentialgleichung, – wie etwa die Bewegungsgleichung des kräftefreien Körpers $m\ddot{x} = 0$ oder die SCHRÖDINGERgleichung $-\dfrac{h}{2\pi i}\dot{\psi} = \hat{H}\psi$ – nur eine Näherung darstellen.

Damit würde das Verhältnis $p : k$ gerade umgekehrt: Nicht die Ereignisse realisieren dann eine Näherung an die exakten Gleichungen, sondern die Gleichungen beschreiben eine Näherung an die Ereignisse. Nun treffen aber die aus den Gleichungen abgeleiteten Prognosen im Rahmen der unvermeidbaren experimentellen Ungenauigkeit exakt ein. Also liegt es nahe, anzunehmen, dass es eine exakte Entsprechung der Gleichungen in π gibt, aber dieser ihrerseits die p-Welt nur im Rahmen einer angenäherten und niemals exakten Entsprechung gegenüber den Voraussetzungen der Gleichungen genügt. Für unser Bei-

spiel: Eine rigorose Ausmessung der $g_{\mu\nu}$ in einem astronomischen Gebiet ohne Massen würde immer den Einfluss entfernter Massen feststellen und damit zu nicht-GALILEIschen $g_{\mu\nu}$ führen. Eine rigorose
Ausmessung der $\Gamma^\mu_{\nu\rho}$ innerhalb eines antriebsfreien Satelliten in diesem
Gebiet würde zeigen, dass auch innerhalb des Satelliten die Massenanziehung nicht zu vernachlässigen ist, also die $\Gamma^\mu_{\nu\rho}$ nicht nach Null
transformiert werden können, weil eben der Satellit kein mathematischer Punkt ist. Wie weit dies für ein System aus (massenfreien) Neutrinos der Fall ist, sei hier nicht diskutiert. In Strenge ist also der
durch Gleichung (13) beschriebene Mechanismus zur Erzeugung einer
konstanten Metrik in U^p_0 nicht realisierbar.

Trotzdem verhalten sich praktisch antriebsfreie Satelliten, die nur
dem Schwerefeld folgen, als wären sie Inertialsysteme. Alle inneren
Vorgänge folgen praktisch einer euklidischen Raumzeit. Dies entspricht einer Annahme, die wir als „unerlässliche Ueberforderung der
Natur" bezeichnen können. Sie besteht hier genau in folgender Operation: Die Forderung aus Gleichung (13) ist nur in U^π_{45} zu verwirklichen. Nun fordern wir in U^π_4, dass (13) auch in einem endlichen Gebiet gilt. Damit wird die MINKOWSKImetrik für endliche Gebiete erzeugt. Für U^p_0 ist die letztere Forderung schon deshalb nicht erfüllbar,
weil ein endliches Gebiet nicht aus mathematischen Punkten aufgebaut ist, Gleichung (13) aber zunächst wenigstens in einem Punkt
gelten *muss* und erst dann in einem endlichen Gebiet gelten **kann**.
Abgesehen davon ist für kein endliches Gebiet in U^p_0 die Gravitation
durch frei fallende Systeme abzuschalten. Wenn wir also unsere Forderung aus U^π_4 auf U^p_0 übersetzen, so würde die Kosmosphäre vor eine
unerfüllbare Aufgabe gestellt: Die Teilchen können nicht lernen, was
ihnen hier aufgegeben ist. Trotzdem verhalten sie sich erfahrungsgemäss, als hätten sie es gelernt – aber nur angenähert. Sie müssen
sozusagen ihre Aufgabe nur innerhalb einer festlegbaren Toleranz
lösen, um das Ziel zu erreichen. Das Ziel ist klar: Kräftefreies Verhalten. Die Operation der unerlässlichen Ueberforderung ist also nur
statthaft, wenn ihr eine Toleranz vorausgeht. Die „Note" für den
Lernprozess ist dann eben in keinem Fall „hervorragend", wohl aber
wenistens „befriedigend". Die Teilchen verhalten sich kräftefrei, wenn
sie nur „hinreichend genau" in einem Gebiet mit MINKOWSKImetrik
sich bewegen. In diesem Fall tritt dann ein zusätzlicher Lernvorgang
ein: Die Funktionen ϕ müssen Lösungen von (16) sein und ihre dritten
Ableitungen müssen übereinstimmen; daraus folgt das Verschwinden
des Krümmungstensors $R^\sigma_{\mu\nu\rho}$. Während wir also für einen mathemati-

schen Punkt das Verschwinden von $\Gamma^{\mu'}_{\nu\rho}$ forderten, verlangen wir jetzt
auch das Verschwinden der nächst höheren Ableitung der $g_{\mu\nu}$, nämlich
der $R^{\sigma}_{\mu\nu\rho}$.

Erst jetzt haben wir die MINKOWSKImetrik erzeugt, aber höchstens
in U^{π}_4, mit Sicherheit in U^k_4. Die Mittel des Lernvorgangs – die Ueber-
gänge zu den Differentialen in einem Punkt und das Verschwinden
der Ableitungen der $g_{\mu\nu}$ nach den Koordinaten – sind aber nicht nur
modal, sondern auch inhaltlich in der Kosmosphäre nicht einzusetzen.
Wenn wir nun gemäss unserem Glaubenssatz $\Omega^{\pi}(104)$ annehmen, dass
es die Natur möglicherweise ebenso macht wie der Mensch, dann müssen wir auch mit der Möglichkeit rechnen, dass sie sich der gleichen
Mittel bedient. Damit wird sie jedoch überfordert. Also kann sie die
Aufgabe in eigener Instanz ohne fremde Hilfe gar nicht durchführen,
sie bedarf dazu ihres Meisters: er hat ihr ja die Aufgabe gestellt, er
wird ihr auch helfen. Dies tut $\underline{\Theta}$, indem $\underline{\Theta}$ in höherer Instanz die Aufgabe löst und den Teilchen das Toleranz-Schema ihres Verhaltens be-
reitstellt. Damit aber die Rationalität gewahrt bleibt, also keine Widersprüche inhaltlicher Art zwischen Ziel und Mittel eintreten, gibt es nur
den bereits gezeigten Ausweg: Die durch Gleichung (13) und (21) formulierten Forderungen werden durch die absolute Nullstruktur $\sigma(0)$
repräsentiert; $\sigma(0)$ geht aber nicht allein, sondern immer zusammen
mit den höheren Strukturen in die Totalstruktur des Teilchenverhaltens ein. $\sigma(0)$ ist mit anderen Worten keine absolut wirkliche, sondern
nur eine protowirkliche, eine wirklichkeitsermöglichende Struktur. $\sigma(0)$
trägt also das modale Zeichen π und nicht p.

Damit haben wir aber erst den „Raum" der Existenz von IS, den
Inertialraum M^{π}_{40} gewonnen. Was haben die IS darin zu tun? Wie verhalten sie sich, wenn sie in einem Inertialraum vorhanden sind? Wir
nehmen wieder den Null-Fall an: Sie unterliegen keinen äusseren Störungen. NEWTONS Antwort war: Sie ruhen oder sind gleichförmig gerade bewegt. Wir wissen seit EINSTEINS sRT, dass diese Aussage nur
sinnvoll unter Annahme eines BS zu formulieren ist. Aber nicht das
BS interessiert uns jetzt, sondern der Raum. Durch die aRT wissen
wir, dass Störungsfreiheit noch nicht Inertialbewegung bedeutet, sofern wir die reine Raumeinwirkung nicht als Störung bezeichnen. Wir
wissen durch künstliche Satelliten, dass ein Gebiet mit nicht verschwindendem Krümmungstensor auf einen Körper eine bahnkrüm-
mende Wirkung ausübt, auch wenn er antriebs- und stossfrei bewegt
ist. Die NEWTONsche Antwort ist daher doppelt ungenügend. Wir
haben somit eine neue Lösung zu suchen. Wir zeigten sie unter Ziffer 5

und 7. Hier liegt nun die gleiche Situation wie für die Erzeugung der MINKOWSKImetrik vor, es gilt also mutatis mutandis das gleiche.

Folgende Besonderheiten treten aber noch hinzu. Die Gleichungen (13) und (21) erzeugen nur die Möglichkeit der raumzeitlichen Relationen zwischen den Ereignissen. Exakt, die Messung räumlicher und zeitlicher Abstände zwischen den Punkten der Weltlinie eines IS folgt diesen Gleichungen. Wir bezeichneten solcher Art Kommunikation als eine Grundkategorie der Ω-Analyse. Es fehlt uns zur Erzeugung einer realen physischen Ereignisfolge jedoch (1) das IS selbst, also der Existor, und (2) die Transkreation seiner raumzeitlichen Zustände. Den Existor kann keine Operation in der Noosphäre erzeugen. Die Transkreation – die wir mit dem Zeichen γ bezeichneten – ist das opus der raumzeitlichen Zuordnung des IS zu einem anderen als BS genommenen IS. M.a.W. sie ist selbst das opus einer Kommunikation β. Um ein Maximum an Invarianz zu erreichen, formulieren wir das γ-Gesetz (das Bewegungsgesetz) statt in den drei Koordinaten des Raums und der einen Koordinate der Zeit jetzt durch die Definitionsgleichung $u^\mu = dx^\mu/ds$ gemäss (36) als Vierergrösse. Wir gehen also zum Verhältnis der relativen Grösse dx^μ zur absoluten Grösse ds über.[1] Indem wir dies tun, transzendieren wir den Bereich der direkten Messbarkeit, denn das Linienelement $\Delta s^2 = c^2 (t_1 - t_2)^2 - (x_1 - x_2)^2 - (y_1 - y_2)^2 - (z_1 - z_2)^2$ ist direkt nicht zu messen, sondern nur aus den gemessenen einzelnen Termen zu errechnen.[2] Welche Bedeutung kann also eine c-Operation für die Kosmosphäre haben, wenn ihr operandum gar nicht in U_3^k, also wahrscheinlich auch nicht in U_0^p vorkommt? Nun ist aber das opus der Konstruktion einer Geodäte in Beobachtungen übersetzbar. Also muss die Kosmosphäre wiederum von einer π-Operation gelenkt werden, der inhaltlich in ihr nichts entspricht. Naiv gesprochen: Es „gibt" in der Natur keine Vierergeschwindigkeiten und Raumzeitintervalle, sondern nur Dreiergeschwindigkeiten und Dreier- bzw. (zeitliche) Einer-Intervalle. Also müssen Ausdrücke wie ds und u^μ in der π-Sphäre ein Korrelat besitzen. Wir setzen als Folge eines entsprechenden Glaubenssatzes

$$c_{45}^k \doteqdot c_{45}^\pi$$

In Worten: Die Natur wird von protophysischen Operationen an protophysischen operanden gelenkt.

---

[1] Dadurch werden Nullinien und mögliche Bewegungen im raumartigen Bereich ausgeschlossen, wo $ds^2 \leq 0$, sofern wir die Signatur $(+ - - -)$ zugrundelegen.

[2] In Strenge ist auch das Quadrat eines Intervalls nicht messbar, also kein c_3^k, aber dies ist hier sekundär.

Die Operationen selbst sind protophysisch. So gehört die durch (32) formulierte Operation der Variation des Integrals von ds

$$\delta \int ds = 0$$

nicht der Kosmosphäre an, denn ihr entspricht keine Messoperation. Wenn es also wahr sein soll, dass durch (32) in k eine Geodäte konstruiert ist und entsprechend in π eine Geodäte wenigstens konstruiert werden kann, so ist es auch wahr, dass Gleichung (32) einer c_5^π-Operation entspricht. Die Teilchen eines IS werden sie niemals erlernen, ehe sie ihre Bewegung durchführen. c_5^π ist ihnen nicht auf-, sondern eingegeben. Aufgegeben ist sie nur dem lógos kosmikós im Problem der Inertialbewegung. Aber er hat es sich selbst gestellt und zugleich die Lösungen bereitgehalten, indem er die Operation der Variation eines Integrals als reine Möglichkeit setzte. Sie wird freilich jedesmal dann reine Vor-Wirklichkeit, wenn sie einer wirklichen Inertialbewegung eingegeben ist. Diese Eingabe – die WHITEHEAD als ,,ingression'' bezeichnen würde – ist eine Art charismatischer Akt, der einem IS eine bestimmte Klasse von Verhaltensweisen ermöglicht, nämlich gerade jene, die durch die Geodätengleichung beschrieben wird.

Zugleich durchschauen wir jetzt einen neuen Mechanismus zur Erzeugung der Nullstruktur. Wir hatten vorher das Verschwinden des RIEMANNschen Krümmungstensors als $\sigma(0)$ bezeichnet. Nun lassen wir $\sigma(0)$ als Operation auf die Bewegungsgleichung längs einer Geodäten wirken und finden als opus die Inertialbewegung im MINKOWSKIraum. M.a.W. die Inertialbewegung ist einfach ein Sonderfall der Geodätenbewegung. Das Besondere wird erzeugt durch Nullsetzung des Terms mit $\Gamma_{\mu\beta}^\sigma$ in der Bewegungsgleichung

$$(39) \qquad \frac{du^\sigma}{ds} + \Gamma_{\mu\beta}^\sigma u^\mu u^\beta = 0$$

Wer setzt diesen Term gleich Null? Die Teilchen sicherlich nicht, ebensowenig der Mensch. Wenn also (39) eine mögliche π-Operation sein soll, dann muss es einen Operator geben, der sie vollzieht. Wir nannten ihn $\underline{\varTheta}$. Die Näherung, die durch das Nullsetzen des 2. Terms erzielt wird, erzeugt also eine Inertialbewegung. Sie ist also eine Art Annihilierung des Gravitationsterms, exakt eine Nullsetzung. Wir haben damit eine Grundoperation in k und – wie wir glauben – auch in π gefunden. Sie ermöglicht das Vorhandensein von Inertialbewegungen. Geben wir ihr das Symbol ,,n'' (von nihil, Null), so gilt

$$n_6^{k \doteq \pi} . c_{54}^{k \doteq \pi} \Rightarrow \text{Steuerungsmechanismus der Inertialbewegung.}$$

Noch durchsichtiger wird das Zuhandensein von π durch die Ableitung der Bewegungsgleichung aus dem LAGRANGE-Formalismus. Es ist klar, dass ebenso wie s auch die Grösse $L = T - U$ nicht direkt messbar ist, sondern nur aus Messungen an der kinetischen und der potentiellen Energie errechnet werden kann. Das gleiche gilt, wenn wir $L = \sqrt{g_{\mu\nu}\dot{x}_\mu\dot{x}_\nu}$ setzen. Der Mechanismus der LAGRANGE'schen Gleichungen 2. Art kann daher in U_0^p gar kein direktes Gegenstück haben. Die Setzung $L = \sqrt{g_{\mu\nu}\dot{x}_\mu\dot{x}_\nu}$ ist zudem völlig willkürlich, denn sie hat mit der ursprünglichen Bedeutung von L als $T - U$ nichts zu tun. Nur indem wir $T = mv^2/2$ und $U = m/r$ künstlich in Entsprechung zu $dx_\mu/dp . dx_\nu/dp$ setzen, indem wir also eine neue Deutung von L vollziehen, kommen wir zu den Geodätengleichungen aus dem LAGRANGE-Mechanismus. In π muss also nicht nur ein rein mathematischer Mechanismus, sondern auch noch ein rein logischer: die Uebersetzung von L (kM) $\rightarrow$ L (aRT), funktionieren. Dabei ist bemerkenswert, dass der Koeffizient m in der relativistischen Form von L nicht mehr auftritt. m vertritt aber gerade die Existenz des IS. Wir haben also jetzt das reine Verhaltensschema eines physischen Etwas erzeugt, ohne nach seiner Existenz zu fragen. Dieses liegt jetzt bereit, ein fertiges opus, das der lógos kosmikós den IS anbietet. Hier ist der inhaltliche Unterschied zwischen der Kosmo- und der Noosphäre nicht mehr allein in der Näherung zu finden, sondern bereits in den Mechanismen, welche die ungenäherte Realstruktur exakt beschreiben: Hier in der Geodätengleichung für die Gravitation. Nicht nur die Näherungen innerhalb von U_{45}^π, sondern die Mechanismen von U_{45}^π selbst sind bereits inhaltlich durch eine unüberschreitbare Schranke von U_0^p geschieden. Trotzdem folgen die realen Ereignisse exakt diesen Mechanismen. Das bedeutet, dass die mathematischen und logischen Mechanismen der Noosphäre für die Verhaltensweisen der Existoren der Kosmosphäre notwendig sind. Notwendig, nicht im logischen Sinn einer Ableitung, sondern einer Bedingung. Die Noo-Mechanismen, wie wir sie jetzt nennen, sind die notwendigen, transzendent-apriorischen Bedingungen für die Möglichkeit von Inertialbewegungen und damit von Inertialsystemen selbst.

Leiten wir die Bewegungsgleichung aber aus den Feldgleichungen ab, so gewinnen wir wohl durch die Einführung der invarianten Massendichte ρ^* eine inhaltliche Nähe des Noo-Mechanismus zum Kosmo-Vorgang, aber um den Preis einer inhaltlich absolut unzulässigen neuen Näherung. Der π-Mechanismus $V_\mu(R_{\mu\nu} - \frac{1}{2}Rg_{\mu\nu})$ führt nur dann zu den Bewegungsgleichungen für Teilchen, wenn wir den Mechanismus der Kontinuitätsgleichung $V_\nu(\rho^* u^\nu) = 0$ nur zeitweilig einführen, um dann vom Modell einer Flüssigkeit zu räumlich umgrenzten Teilchen überzugehen, indem wir im Wirkungsintegral (52) den Grenzübergang durchführen. Hier besteht bereits innerhalb von U_5^k ein inhaltlicher Unterschied zwischen den Grundannahmen und der Behauptung eines daraus aufgebauten Folgesatzes. Diesem Grenzübergang entspricht nichts in U_0^p, denn nicht die Kondensation einer Flüssigkeit oder eines Gases zu räumlich umgrenzten Teilchen bewirkt dort die Geodätenbewegung, sondern ein reiner π-Mechanismus. Dieser enthält aber wenigstens als eine Möglichkeit den genannten Grenzübergang in sich selbst. Damit wird ein logisch und physikalisch anfechtbares Verfahren innerhalb der Noosphäre verantwortlich für die Geodätenbewegung in Gravitationsgebieten. Nun kann man natürlich einwenden, hier mache sich eben das Ungenügen des Menschen bemerkbar, dem bisher noch kein logisch sauberes Verfahren gelungen sei. Das ist wahr. Aber wir müssen doch mit der Möglichkeit rechnen, dass ein solcher Grenzübergang in der Natur der Dinge selbst verankert ist. Wenn dem so wäre, dann wären die Teilchen selbst nur „unrein" von ihrer räumlichen Umgebung geschieden und stellten eine Art Zwischending zwischen einem Kontinuum und einem Diskretum dar, wobei beide Extreme ihrerseits nur als Idealfälle in π Gültigkeit hätten, während das Reale eine Näherung an beide wäre. Darüber sagt aber die aRT nichts, und wir haben diese Frage erst im Rahmen der folgenden Theorien, also der QM und QFT, zu entscheiden.

Abschliessend können wir feststellen: Durch die hier aufgewiesenen Operationen in k erzeugten wir die Bedingungen für die Gültigkeit der sRT. Darin ist insbesondere die Gültigkeit der LT eingeschlossen, denn sie gelten nach Voraussetzung nur für IS in ebenen Raumzeit-Gebieten. Nun gilt aber die sRT bewusstseinstranszendent innerhalb der von ihr angenommenen physischen Situationen, also in U_0^p (sRT). Damit wird U_0^p (sRT) eine Funktion der über U_{45}^k (aRT) vollzogenen Operationen, die wir hier diskutierten. Indem wir nun U_0^p (sRT) eine transzendente Existenz zuschreiben, sind wir gezwungen, wenigstens die Möglichkeit zuzulassen, dass in einer transzendenten π-Sphäre die gleichen Operationen, nur nicht vollzogen vom Menschen, die transzendenten Bedingungen für die Existenz und das Verhalten von IS erzeugen. Wer also beispielsweise die Gültigkeit der LT behauptet, muss transzendente π-Mechanismen zugeben, die jene π-Bedingungen erzeugen, unter denen überhaupt eine LT Gültigkeit haben kann.

9. ONTOLOGIE DER NULL-STRUKTUR

Die Inertialstruktur haben wir mit $\sigma_0^\pi(0)$ bezeichnet. Wir wollen nun präzis formulieren, was die einzelnen Symbole hier bedeuten. Der Ausdruck „Struktur", der durch „σ" bezeichnet wird, bedeutet eine geordnete Mannigfaltigkeit nicht-energetischer Relationen. Als energetische Relationen bezeichnen wir die Wechselwirkungen. Wir behaupten: Die Relationen zwischen Teilchen sind entweder Wechselwirkungen oder Strukturen. Die sRT untersucht mögliche Wechselwirkungen vom Standpunkt ihrer Strukturen aus. Die von ihr untersuchten Strukturen enthalten als Grundrelationen

a) die Gleichzeitigkeit I und II
b) die Gleichortigkeit
c) die zeitliche Distanz
d) die räumliche Distanz
e) die Veränderung der Gleichortigkeit und Gleichzeitigkeit I (Bewegung) längs einer Weltlinie
f) die nicht-energetische Zuordnung eines Ereignisses auf ein Relationensystem aus den Elementen (a) bis (e), das heisst auf ein BS
g) die Beziehung (e) zwischen BS und BS′ (Bewegung von BS zu BS′)
h) die Beziehung zwischen (f) und (f′), wenn (f′) die Beziehung eines Ereignisses auf BS′ bedeutet.

Es gelten die Transformationsgleichungen für die zeitliche Distanz

$$(68) \qquad t' = \frac{t - vx/c^2}{\sqrt{1 - v^2/c^2}},$$

die räumliche Distanz

$$(69) \qquad x' = \frac{x - vt}{\sqrt{1 - v^2/c^2}},$$

die träge Masse m

$$(70) \qquad m = \frac{m_0}{\sqrt{1 - v^2/c^2}}$$

und das elektrische Feld (hier gilt $v_x = v$, $v_y = v_z = 0$) und das magnetische Feld

$$\mathfrak{E}'_x = \mathfrak{E}_x \qquad\qquad\qquad \mathfrak{H}'_x = \mathfrak{H}_x$$

$$(71) \qquad \mathfrak{E}'_y = \frac{\mathfrak{E}_y - v\mathfrak{H}_z/c}{\sqrt{1 - v^2/c^2}} \qquad\qquad \mathfrak{H}'_y = \frac{\mathfrak{H}_y + v\mathfrak{E}_z/c}{\sqrt{1 - v^2/c^2}}$$

$$\mathfrak{E}'_z = \frac{\mathfrak{E}_z + v\mathfrak{H}_y/c}{\sqrt{1 - v^2/c^2}} \qquad\qquad \mathfrak{H}'_z = \frac{\mathfrak{H}_z - v\mathfrak{E}_y/c}{\sqrt{1 - v^2/c^2}}.$$

Immer geht als Parameter nur v bzw. v^2/c^2 ein, also selbst wieder die Struktur (e). Die Gleichungen selbst enthalten die Struktur (f), indem auf der linken Seite die gestrichenen und auf der rechten die ungestrichenen Zuordnungen der Messwerte auf ein BS stehen. Das Gleichheitszeichen drückt die Transformation der Messwerte von BS nach BS' aus und enthält damit die Struktur (h).

Wir sehen daran, dass in U_0^p (sRT) die bezugsabhängigen Messwerte allein aus Strukturen erzeugt werden und mit Wechselwirkungen nichts zu tun haben. Verantwortlich für die Messwerte t, x, m, $\mathfrak{E}_i$ und $\mathfrak{H}_i$ ist nicht die Wechselwirkung zwischen dem BS und dem Teilchen bzw. der Teilchenkonfiguration, sondern gerade jene rein raumzeitliche Signalisierung, die den Zustand des Teilchens und des BS nicht stört. Deshalb ist auch die Signalisierung des Teilchens an ein BS rein raumzeitlicher Art und hat nichts mit Energieübertragung zu tun, sofern diese den Zustand des Teilchens oder von BS stören würde. Wir sahen unter Ziff. 2, dass diese an sich physikalisch paradoxe Annahme zu den Grundbedingungen der sRT gehört. Wir bezeichnen diese Idealisierung als σ_4^k ($E \to 0$). Damit ist folgendes gesagt: Die idealisierende Uebersetzung realer Signale in rein raumzeitliche führt zu einer geometrischen Struktur. Sie wird ausgedrückt durch die exakten, beliebig scharfen Messwerte v, t, x, m, $\mathfrak{E}_i$ und $\mathfrak{H}_i$ und die daraus gebildeten Werte p_i und E. Dabei ist angenommen, dass die Signalisierungsenergie vernachlässigt werden kann und die reine *Nachricht* übrig bleibt. Wir bezeichnen diese Idealisierung daher als *Informations-Idealisierung*.

Sie bildet ihrerseits die Voraussetzung für eine rein raumzeitliche Diskussion der Messwerte. Anderenfalls ginge in die LT ausser den rein raumzeitlichen Parametern v, v^2 und c^2 auch die verantwortliche Distanz ein gemäss der allgemeinen Struktur des Potentials

$$(72) \qquad\qquad \varphi \sim A/r$$

Das Fehlen dieser Wechselwirkungs-Bestimmenden ist formal dafür verantwortlich, dass die Effekte der sRT distanzunabhängig sind. Die Masse eines Protons im Zyklotron nimmt um denselben Betrag zu, wie bei gleichem v^2/c^2 die Masse eines Protons in der Erdatmosphäre oder in einer Galaxis.

Unter einer Struktur σ_0^π verstehen wir nun eine Struktur der realen Teilchen und Ereignisse. Sie ist ein Element von U_0^p. Die unter (a) mit (h) aufgezählten und in den Gleichungen (68) mit (71) mathematisch festgelegten Strukturen werden von der Intention des Physikers als bewusstseinstranszendent angenommen. Intentionsgemäss steuern sie daher reale Ereignisse. Das einzige, was aber mit Sicherheit von ihnen bekannt ist, ist, dass sie Konstruktionen des Menschen darstellen. Was ihnen in U_0^p bewusstseinstranszendent entspricht, darüber wissen wir unmittelbar nur, dass die in (68) bis (71) enthaltenen Prognosen eintreffen. Ebenfalls gewiss ist, dass es in U_0^p keine menschlichen Konstruktionen wie Koordinatenwerte und auf Koordinaten projizierte Massen, Impulse, Energien, elektrische und magnetische Felder gibt. Gerade das berechtigt uns dazu, zu erwarten, dass die Ereignisse und Wechselwirkungen von Teilchen durch prinzipiell nicht erlebbare, nicht konstruierbare, aber dennoch reale Strukturen gesteuert werden. Diese bezeichnen wir als σ_0^π. Insofern es sich im Universum der sRT um reine raumzeitliche Strukturen handelt, ergänzen wir den unteren Index zu $\sigma_{0,4}^\pi$. Dies ist das Symbol für reine raumzeitliche Beziehungen zwischen Teilchen und Ereignissen.

Es bleibt nun der Tatsache Rechnung zu tragen, dass $\sigma_{0,4}^\pi$ durch $\underline{C}$ niemals erfahren oder erkannt wird, sondern lediglich durch die freie Konstruktion einer bestimmten geometrischen Struktur intendiert werden kann. Der Kosmos noetós ist *von uns* konstruiert oder er ist *für uns* nichts. Dies ist eine Erweiterung des Glaubenssatzes der sRT, dass alle relativen Merkmale von U_0^p entweder durch die Angabe eines BS definiert werden können oder gar nicht. Nur dass der Kosmos noetós nicht *nur* konstruiert ist. Er wird auch als erkenntnistheoretisch invariant = = bewusstseinstranszendent geglaubt. Dies eben ist der π-Kosmos noetós. Aber als Invariante ist er *für uns* gänzlich nicht-seiend. Was wir erleben, sind nur die Resultate von Steuerungen der Ereignisse durch den π-kosmos noetós. Wenn wir sie richtig durch unsere Konstruktionen voraussagen, so nehmen wir eine besondere Art der Entsprechung zwischen der $\sigma_{0,4}^\pi$ und der Konstruktion σ_4^k an. Wir drücken sie aus durch

(73) $$\sigma_{0,4}^\pi \doteq \sigma_4^k$$

Dies ist der Inhalt eines fundamentalen Satzes, den wir unter

$\Omega^\pi(104)$ formuliert haben. Er bildet die Voraussetzung der geometrischen Physik.

Wir sagten, Strukturen steuern das Teilchenverhalten. Dies ist in U_0^p präzis in folgendem Sinn gemeint: Es gibt Feldgleichungen, aus denen die Bewegungsgleichungen jener Teilchen eindeutig abzuleiten sind, welche für die in die Feldgleichungen eingehenden Messgrössen verantwortlich sind. Wenn nach (53) $T^{\mu\nu}$ durch die invariante Massendichte ρ^* und die Vierergeschwindigkeiten $u^\mu u^\nu$ festgelegt ist, dann führen die Feldgleichungen $R_{\mu\nu} - \frac{1}{2}R g_{\mu\nu} = -\varkappa T^{\mu\nu}$ über das Verschwinden der Divergenz von $T^{\mu\nu}$ zu den Bewegungsgleichungen für Teilchen, die nur der Gravitation oder nicht einmal dieser unterliegen. Die Feldgleichungen sind also zusammen mit dem Extremalprinzip und dem LAGRANGE-Formalismus der Steuerungsmechanismus für die Teilchenbahnen.

Nun gibt es eine absolute untere Grenze für die Anzahl der Terme auf der linken Seite der Geodätengleichung (35). Man kann den Term $\Gamma_{\nu\sigma}^\mu$ wegfallen lassen, aber nicht den Term d^2x^μ/ds^2, ohne dass die Gleichung ihren Sinn verliert. Entfällt der Term mit $\Gamma_{\nu\sigma}^\mu$, so ist dies eine Vereinfachung der algebraischen Struktur σ_5^k. Dem entspricht in U_4^k die Entzerrung der Metrik zur ebenen Geometrie mit konstanten $g_{\mu\nu}$. In U_6^k entspricht dem die Definition der Teilchenbahn ohne den expliziten Einfluss der Geometrie. In U_3^k entspricht dem die Messung von Position und Geschwindigkeit freier Teilchen mithilfe von IS. In U_1^k entspricht dem die Ausschaltung der Gravitation auf alle Lebensvorgänge. In U_0^p entspricht dem die Existenz von IS.

Damit ist die Existenz von Inertialsystemen durch die absolute, das heisst nicht mehr unterschreitbare Struktur des euklidischen Raums bzw. der MINKOWSKI-Raumzeit ermöglicht. Wieder stossen wir auf den Raum. Wir stellen fest, dass der euklidische Raum den Ermöglichungsgrund für gerade Teilchenbahnen darstellt. Da wir in U_0^p (sRT) die Zeitkoordinate dem Raum hinzufügen, finden wir somit

$$(74) \qquad\qquad \sigma_0^\pi(0) \doteqdot M_{04}^\pi \doteqdot M_4^k$$

Dazu noch eine Bemerkung: In R_4^k gibt es keine Parallelen. Also hat der Ausdruck „Relativgeschwindigkeit" für Teilchen, die räumlich nicht zusammenfallen, überhaupt keinen Sinn. Jeder Vektor erleidet bei seiner Verschiebung längs einer Geodäte zwischen den beiden Teilchen eine Richtungsänderung, also auch v. In Strenge können wir daher die existenziellen Bedingungen der sRT, nämlich eindeutig bestimmte Relativgeschwindigkeiten für Teilchen beliebiger Entfernung, nicht verwirklichen. Damit wird die sRT nicht nur von der Existenz der IS her, sondern auch in ihrem Grundparameter v zu einer protophysikalischen Theorie. Aehnliches gilt für die Lichtgeschwindigkeit. Sie ist, wie die Lichtablenkung in Sonnennähe zeigt, nicht mehr raumzeitlich konstant. Daher gibt eine Signalisierung von Teilchen mithilfe des Lichts oder von Funksignalen keine eindeutigen Werte für Zeit und Entfernung. Um die sRT auch von diesen Voraussetzungen her existenziell zu ermöglichen, muss R_4^k einen korrekten Uebergang zu M_4^k gestatten. Dies ist aber, wie wir sahen, nur lokal möglich. Die Geschwindigkeiten von Teilchen und Photonen beziehen sich aber grundsätzlich auf Entfernungen zwischen Teilchen und BS, die nicht lokal sind. Wir messen Position und Geschwindigkeit von Raumsonden, die Hunderte von Millionen km von uns entfernt sind. Wir beobachten Relativgeschwindigkeiten von Sternassoziationen in einer Entfernung von Millionen von Lichtjahren. Soll daher die sRT für Mega-Bereiche ihre Gültigkeit verlieren? Das widerspricht ihren Intentionen, denn ihr U_0^p (sRT) ist grundsätzlich unendlich. Auch besteht kein Anlass zur Annahme, dass sie in astronomischen Entfernungen ungültig wird.

Hier müssen wir einen neuen Typ von Näherungen annehmen. Es gibt in R_4^k für den nicht-lokalen Bereich keinen korrekten Uebergang zu M_4^k. Gäbe es ihn, so wäre die Gravitation ein Scheineffekt, der nicht der Metrik, sondern der Wahl krummer KS entspringt. Wenn dennoch die sRT auch dort gilt, wo die aRT nicht aufzuheben ist, so haben wir anzunehmen, dass es einen Typus von Näherungen der Art gibt

$$(75) \qquad\qquad g_{\mu\nu} = g_{\mu\nu}^0 + h_{\mu\nu} \,^1$$

Tatsächlich benutzt EINSTEIN diesen Typus für die Ableitung der Wellengleichung. Auch in KOHLERS doppelter Massbestimmung ist dieser Typus enthalten. Der Unterschied zum Typus der Idealisierung ist folgender: Die Idealisierung enthält eine empirisch nicht korrekte Annahme wie etwa den Massenpunkt, kommt aber zu korrekten Folgerungen, wie das lokale Verschwinden des Krümmungstensors. Mathematisch ist also die Inertialität korrekt möglich, jedoch nicht empirisch – so können wir die Paradoxie der Idealisierung formulieren.

Anders bei der doppelten Massbestimmung. Hier treiben wir bereits mathematisch eine Näherung, wenn wir die Metrik zerreissen. Ob eine solche „Separierung" in einzelne Terme möglich ist, muss erst bewiesen werden. Zunächst sind die $g_{\mu\nu}$ ungedeutete Koeffizienten. Der mathe-

---

^{1} Hier ist $g_{\mu\nu}^0 = \delta_{\mu\nu}$ und repräsentiert die MINKOWSKI-Metrik, $h_{\mu\nu}$ ist klein von 1. Ordnung und repräsentiert die Gravitation.

matischen Näherung haftet daher das Odium des Provisorischen an. Tatsächlich ist die daraus ableitbare Existenz von Gravitationswellen offen. Auch die Näherungen, die zur eindeutigen Bestimmung des Energieinhalts eines Raumstücks in R_4^k führen sollen, sind noch problematisch.[1]

Trotzdem müssen wir für die Gültigkeit der sRT zusätzlich noch diesen Näherungstypus annehmen. Sie soll nämlich auch dort gelten, wo kein Uebergang zur M_4^k möglich ist. Hier tritt der Widerspruch auf: Die sRT gilt, wo sie nicht gilt. Der erste Teil des Satzes ist unbedingt wahr, der zweite jedoch nur bedingt. Genauer, die Abweichungen der Gravitationsmetrik von der GALILEIschen (der Inertialmetrik) sind auch im Grossen so gering, dass sie das Verhalten von Uhren und Maßstäben nur unwesentlich beeinflussen. Aber auch dort, wo sie dies tun – etwa innerhalb schwerer Sterne – werden die Vorgänge so von der $R_{0,4}^\pi$ gesteuert, dass die sRT absolut gilt. So ist auch innerhalb eines Sterns mit grossem Gravitationsradius die Eigenzeit eines schnell bewegten Teilchens länger als die jedes anderen zu ihm bewegten.

Wir bezeichnen diesen Näherungstyp als Ueberlagerung von Strukturen ohne strengen mathematischen Uebergang, d.h. als Ueberlagerung II.

Wir haben damit eine neue Form der Deklination gefunden. In Kapitel 3 diskutierten wir die imperiale Deklination; sie führte uns zu den verschiedenen Zeiten $t_0, t_1, \ldots t_6$. Die Zeiten t_1 bis t_6 sind reine Konstruktionen und tragen daher den Index k. Die Ereignisse selbst tragen den Index p. Nun müssen wir aber die Merkmale der p-Ereignisse mit einem neuen Index, nämlich π, ausstatten, sobald sie in jene π-Korrelate der hier diskutierten Operationen eingehen, welche zur Erzeugung des Inertialverhaltens führen. Solche Merkmale sind z.B. der Krümmungstensor $R_{\mu\nu\rho}^\sigma$, die Koeffizienten $g_{\mu\nu}$, die $\Gamma_{\nu\rho}^\mu$, die invariante Massendichte ρ^* und die Vierergeschwindigkeit u^μ, aber auch die Koordinaten und die Weltlinienintervalle. M.a.W. es ist der gesamte mathematische Apparat, der zur Erzeugung von IS erforderlich ist. Darunter fällt auch die Zeitkoordinate x_0 bzw. x^0 und die Raum-Koordinaten x_i bzw. x^i.

Indem wir nun annehmen, dass es einen transzendenten mathematischen und logischen Mechanismus gibt, der für die Möglichkeit von IS verantwortlich ist, müssen wir auch den darin vorkommenden Merkmalen der realen Ereignisse den Index π geben. Wir müssen also ausser

---

[1] Siehe z.B. D. IVANENKO, „Vstupitel'naja stat'ja" (Vorwort), zu „Noviejšie problemy gravitacii", *Izd. Inostr. lit.*, Moskau 1961, S. 3.

einer k-Zeit und der erlebbaren intendierten p-Zeit (den Uhrzeiger-
stellungen) auch eine π-Zeit annehmen. Es ist dies genau jene Zeit,
die z.B. in den transzendenten Mechanismus für die IS eingeht, etwa
in der Form

$$(55) \qquad \frac{d}{dt} \int \rho^* u^0 \sqrt{-g} \, dx_1 \, dx_2 \, dx_3 = 0$$

Hier müsste das Zeichen dt, sofern es auch in π einen Sinn haben
soll, den Index π tragen. Zugleich nehmen wir an, dass es in π mindestens geometrische, algebraische und logische Gegenstücke der k-
Universa gibt. Sicher entfällt das Gegenstück zu U_3^k, vermutlich das
Gegenstück zu U_2^k, möglicherweise aber nicht das Gegenstück zu U_1^k.
Wir können nämlich alle „Erfahrungen", die ein Teilchen mit seiner
Umgebung macht, als opus einer Mannigfaltigkeit transzendenter Mechanismen betrachten, die für das Zustandekommen der Erfahrung
verantwortlich sind. Es könnte dies etwa analog zu den Sinnesorganen
des Menschen eine für das Teilchen typische Wechselwirkungsfähig-
keit sein. So lässt sich etwa die Masse oder elektrische Ladung als
Reaktions-Organ (als Wechselwirkungskonstante) auffassen. Sie wäre
das notwendige transzendente Apriori der Teilchen-Erlebnisse und
ginge stets als Konstituante in sie ein.

Wir wollen nun alle Merkmale einer Ereignis-Konfiguration durch
das Symbol μ bezeichnen. μ ist die Abkürzung von „Merkmal". Dann
müssen wir auf μ mindestens drei Operationen wirken lassen, nämlich
k, p und π. Im abstrakten Ω-Raum sind dies die Dimensionen, auf die
der Absolutwert μ projiziert. Wir können daher formal als Skalarprodukt zweier Vektoren diese Projektionen definieren durch (p, μ),
(k, μ) und (π, μ). Die Opera sind dann, ausführlich geschrieben, durch
die drei Tabellen zu kennzeichnen:

$$\mu_0^p \qquad\qquad \begin{matrix} \mu_0^\pi \\ \mu_4^\pi \\ \mu_5^\pi \\ \mu_6^\pi \end{matrix} \qquad\qquad \begin{matrix} \mu_1^k \\ \mu_2^k \\ \mu_3^k \\ \mu_4^k \\ \mu_5^k \\ \mu_6^k \end{matrix}$$

Ordnen wir die Tabelle so, dass alle gleichen unteren Indices in einer
Zeile stehen, so finden wir für p 6 Nullstellen, für π höchstens 3 und
für k eine, nämlich 0. Wir können N als die Zahl der besetzten Stellen
definieren, μ als Einheitsgrösse; dann wird die Anzahl der besetzten

Stellen bezeichnet als opus der Einwirkung der Operationen p, π und k auf μ nach

$$p.\mu = N^p.\mu = 1$$
$$\pi.\mu = N^\pi.\mu = 4$$
$$k.\mu = N^k.\mu = 6$$

$N^p + N^\pi + N^k = 11$. M.a.W. jedes Merkmal spaltet in mindestens 11 imperial und modal geschiedene Stellen im abstrakten Merkmalraum auf. So müssen wir beispielsweise für die Zeit annehmen, dass es ausser der ablesbaren Uhrzeit noch mindestens 4 π-Zeiten und 6 k-Zeiten gibt. Die π-Zeiten sind dabei verantwortlich für die Möglichkeit eines den Gang der Uhr steuernden transzendenten Mechanismus in der π-Sphäre.

Damit setzen wir uns in einen gewissen Gegensatz zu CASSIRER, der in seiner sonst so bedeutenden Raum- und Zeit-Lehre [1] sich den Standpunkt KANTS zu eigen macht, wonach Raum und Zeit nicht Inhalte, sondern nur Formen der Erfahrung sind. Sie seien also nicht experimentell habhaft zu machende Gegenstände, sondern die Bedingung der Möglichkeit des Experiments selbst. Wörtlich: ,,Das 'ideale' Sein, das Raum und Zeit 'im Gemüte' besitzen, schließt also irgendeine Art von Sonderexistenz, die sie vor den Dingen und unabhängig von ihnen etwa besitzen sollen, so wenig in sich, dass es sie vielmehr ausdrücklich verneint...'', womit die MINKOWSKI-Welt geradezu KANT bestätige.[2]

Nun ist gewiss wahr, dass die Nullstruktur, welche mit der ebenen Raumzeit gegeben ist, kein empirischer Gegenstand ist, sondern vielmehr genau jene Bedingung, unter der wir allein inertiale Geräte zur Messung von Ereignisverknüpfungen herstellen können. Sie ist damit zunächst eine Bedingung unserer physikalischen Erkenntnis. Indem aber diese Geräte (die IS als Empfängersysteme aufgefasst) wenigstens angenähert ihren Zweck erfüllen und *zugleich* dies niemals idealiter tun **können**, da es gar keine idealen IS in U_0^p gibt, so ist die Nullstruktur über ihr Zuhandensein als Bedingung der Erkenntnis hinaus auch eine Bedingungung des physischen Seins von *angenähert inertialen BS*. Anderenfalls könnten wir ja nicht Maßstäbe und Uhren herstellen, die wenigstens lokal und in praktisch guter Näherung störungsfrei funk-

---

[1] E. CASSIRER, *Zur modernen Physik*, Teil I ,,Zur Einsteinschen Relativitätstheorie'', Cassirer Oxford 1957, insbesondere S. 70 f., S. 86 f. Derselbe, *Das Erkenntnisproblem in der Philosophie und Wissenschaft der neueren Zeit von Hegels Tod bis zur Gegenwart*, Band 4, Kohlhammer Stuttgart 1957.
[2] CASSIRER, *Zur modernen Physik*, S. 86.

tionieren. Indem also die Tauglichkeit von menschlich verfertigten
Uhren und Maßstäben angenommen wird, behaupten wir notwendig
zugleich das Zuhandensein einer objektiven Nullstruktur, welche dafür
verantwortlich zeichnet. Das subjektive Apriori funktioniert also nur,
weil es einem objektiven zuzuordnen ist, und das letztere eben nennen
wir ein π-Apriori. Das konnte KANT deshalb noch nicht sehen, weil
ihm allein die NEWTONsche Mechanik mit ihrer Annahme von kräftefreien Massenpunkten im absoluten Raum zugänglich war. Sobald man
aber eine davon abweichende Mechanik benutzt, hat man nach dem
Grund für die Brauchbarkeit der NEWTONschen Mechanik zu fragen,
und dann müssen wir das Problem der Näherung diskutieren. Die
NEWTONsche Mechanik als Näherung der relativistischen (bei $v \ll c$
und $g_{\mu\nu} \rightarrow \eta_{\mu\nu}$) impliziert dann die Annahme einer objektiven Struktur-
Hierarchie jenseits des konstruierenden Bewusstseins und eben dieser
gaben wir den modalen Index π.

Nun heisst dies nicht, dass der Nullstruktur und damit der ebenen
Raumzeit eine Existenz in jenem Sinne zukäme, wie sie für physische
Gegenstände angenommen wird. Darüber gibt es keine Diskussion,
können wir doch die Nullstruktur als die Bedingung der Messung
nicht ihrerseits messen. Sie soll ja nach unserer Voraussetzung keine
absolute Gültigkeit in U_0^p besitzen, sondern nur eine angenäherte. Die
Differenz zwischen dem Ideal und der Näherung ist ihrerseits nicht
messbar, sondern nur glaubbar. Dazu kommt prinzipiell, dass Strukturen gar nicht Gegenstand einer Messung sein können, denn diese erreicht nur die Relata der Relationsterme, also im Universum der sRT
die Ereignisse und ihre Koinzidenzen mit Markierungen der Messapparatur. Strukturen müssen konstruiert werden. Auch die Struktur der
ebenen Raumzeit ist ein constructum. Nichtsdestoweniger soll sie eine
Bedingung des konstruierenden Operierens, eben der Messung, sein.
Wie ist diese Paradoxie vermeidbar? Nur indem wir eben die Null-
Struktur zum Beispiel, die wir zugleich mit der ebenen Raumzeit konstruieren, in einer transzendenten π-Sphäre als die objektive Bedingung für die physischen IS und damit als die Bedingung für die eindeutige Meßbarkeit von Ereigniszusammenhängen annehmen. M.a.W.,
gerade der Einwand von KANT-CASSIRER gegen die objektive Idealität (die natürlich keine empirische ist) der Raumzeit, dass die Bedingung des Gegenstands nicht gleichzeitig der Gegenstand sein könne,
zwingt uns, die Nullstruktur weder in der k- noch der p-Sphäre sondern in einer beide ermöglichenden π-Sphäre zu suchen. Nimmt man
nur p und k an, so haben KANT und CASSIRER recht, dann aber hinterlassen sie eine unaufhebbare Paradoxie.

8. KAPITEL

DIE EXISTENZIALE PLURALITÄT: EIGENSEIN, KOMMUNIKATION UND TRANSKREATION

1. PROBLEMSTELLUNG

Bisher zeigten wir, aufgrund welcher Glaubenssätze der Inertialzustand möglich ist. Dies lieferte uns das geometrische Schema für die Generierung gerader Teilchenbahnen im MINKOWSKIraum. Wir bezeichneten ihn als Nullstruktur des physischen Geschehens. Damit stützen wir uns bei der Begründung der sRT auf die geometrischen Pfeiler der fundamentalen Dualität Wechselwirkung: Struktur, die zusammen erst das intendierte Universum der sRT ausmachen. Solange jedoch die sRT nur Geometrie treibt, ist sie noch keine physikalische Theorie. Sie wird es erst durch eine empirische Interpretation ihrer Sätze und Grundbegriffe. Die Ω-Analyse stellt nun die Frage: Was ist das irreduzible, das eigentlich Seiende der Objektwelt der sRT? Damit ist gemeint: Wovon handelt die sRT in letzter Instanz? Was ist im Sinne der alten Philosophie die „Substanz" des Universums der sRT?

Nun besteht sofort ein traditionelles Missverständnis, dem auch wir uns im bisherigen Sprachgebrauch angeschlossen haben. M_4^k ist eine metrische Punktmannigfaltigkeit. Ihre Punkte werden als Ereignisse in U_0^p, die zeitartigen Linien als abstrakte Bewegungen (als Generierung der genidentischen Ereignisse) und die raumartigen Geraden als rein räumliche Distanzen zwischen Ereignissen gedeutet. So kam man zum Missverständnis, das Letzte der sRT sei die Ereigniswelt. Bestärkt wurde man dadurch, dass alle Messung letztlich auf der Koinzidenz von Ereignissen mit Markierungen der Messgeräte beruht; daher die Benutzung raumzeitlicher BS zur Grundlegung einer Raumzeit-Theorie des Messgrössen.

Nun zeigte sich aber rein formal, dass die Bewegungsgleichungen der aRT nur durch eine empirische Deutung des Tensors $T_{\mu\nu}$, der die invariante Massdichte und das Produkt ihrer Vierergeschwindigkeiten

vertritt, aufgestellt werden können.[1] Ferner geht die Annahme von
Massenpunkten implizite schon in die Ableitung der Geodäten in R_4^k
ein, und zwar durch die Verwendung des LAGRANGE-Formalismus für
das Extremalproblem. Wäre die sRT nur eine Theorie der Ereignisse,
so hätte für sie der Ausdruck „Bewegungsgleichung" keinen Sinn.
Historisch entstand sie als Elektrodynamik bewegter Körper, nicht
als Ereignis-Theorie. Die elektrische Ladung ist also zunächst der existenzielle „Brocken", den ihr die Wirklichkeit aufgibt. Sie wurde trotzdem keine Elektronentheorie, denn sie gilt universal, also auch für
nicht geladene Körper. Die Elektrodynamik erwies sich nur als eines
ihrer Operationsgebiete neben der Mechanik und der Thermodynamik
(die allerdings erst durch PLANCK später eingebaut wurde [2]). Die Elektrodynamik bleibt aber Grundbestandteil der sRT, schon durch die
Verwendung von Lichtsignalen für die Beobachtung und (was damit
zusammenhängt) durch das Eingehen der Invarianten c in ds^2. Darin
kommt aber die Struktur von M_4^k zum Ausdruck, nicht eine Wechselwirkung. Erst die Quantenelektrodynamik untersucht die Wechselwirkungen der Photonen mit dem Stoff. So blieben im Grunde die
Elektronen für die sRT immer ein Fremdkörper. Erst die DIRACsche
relativistische QM vereinte die sRT mit der Theorie des Elektrons.

Das Grundelement der sRT, das, wovon ein beobachtbares Verhalten ausgesagt wird, ist die träge Masse. Sie geht in alle Effekte implizit
oder explizit ein: Die Geschwindigkeit v in v^2/c^2 ist zu verstehen als
Relativgeschwindigkeit eines Teichensystems zu einem BS aus trägen
Massen mit Uhren, die gleichfalls durch träge Massen repräsentiert
werden. Als Ganzes soll das BS nach Voraussetzung nur der Trägheit
unterliegen, da ja sonst der Inertialzustand gestört wird. BS ohne Ruhmasse kennt die sRT nicht, etwa als BS aus Laserstrahlen im Weltraum, wo die Signale durch Photonen hergestellt werden, die mit den
Photonen der koordinatenartig gekreuzten Laserstrahlen in Wechselwirkung treten.[3] Die LT setzen also implizit die Existenz von trägen
Ruhmassen voraus. Aber auch in den Folgesätzen ist von der trägen
Masse die Rede. Die wichtigsten Effekte der sRT sind die Relativität
der Masse und ihre Umwandelbarkeit in Energie. Damit trägt die sRT
wesentlich zur Aufhellung des Massenbegriffs bei. Sie kann dies nur,

---

[1] Siehe Anhang III.
[2] M. PLANCK, *Anm. d. Phys.* 26, 1 (1908).
[3] Ob das quantentheoretisch möglich ist, (Streuung von Photonen an Photonen!) sei hier
nicht diskutiert. Die Uhrzeiten könnte man durch regelmässige Laserimpulse vom Ursprung
des *BS* aus markieren, etwa alle Nanosekunde. Nur wären dann die „Uhren" in verschiedenen
Stellen des „*BS*" nicht mehr synchron zu stellen.

weil die träge Masse implizit als Grundparameter bereits in ihre Voraussetzungen eingeht. Von diesen ist aber hier die Rede. Die kräftefreie Bewegung von Massensystemen ist die Möglichkeitsbedingung für die Gültigkeit des Relativitätsprinzips und damit der LORENTZ-Kovarianz und der LORENTZ-Relativität. Kräftefreiheit ist das Synonym für einen Zustand, der nur der Trägheit folgt. Da wir die Rotationsbewegung nach Voraussetzung ausscheiden (hier treten Fliehkräfte auf und die Lichtgeschwindigkeit ist nicht invariant), so bleibt nur die Translationsträgheit. Eben diese bekundet sich als physikalische Freiheit bzw. als Widerstand gegen deren Störung von aussen. Gäbe es keine träge Ruhmasse, so könnte ein Trägheitszustand nicht realisiert werden und damit auch kein Inertialsystem (IS).

Nun haben auch Photonen eine träge Masse und realisieren trotzdem kein IS. An sich liesse sich ein kartesisches KS am besten durch ein konstantes Strahlungssystem herstellen. Nur wäre darauf nicht mehr die Voraussetzung des Inertialzustands anwendbar, und wir hätten folglich nicht die Möglichkeit, die Relativbewegung von IS zu IS′ zu untersuchen. Nach Voraussetzung soll ja $c' = c$ sein. Wir sind also auf Teilchensysteme mit Unterlichtgeschwindigkeit und träger Ruhmasse angewiesen.

Hier setzt nun die sRT eine Idealisierung besonderer Art voraus. Wir nennen sie „Abstraktion von der Wechselwirkung". Die Massensysteme, durch die ein IS hergestellt wird, sollen nämlich in keinen äusseren Wechselwirkungen stehen. Nun sind sie aber Systeme von Massen, also unterliegen sie nach Voraussetzung der Gravitation. Dies ist ja gerade der Grund, weshalb wir die Annahme der Existenz von IS als eine in U_0^p nie vorkommende Idealisierung bezeichneten. Indem wir träge und folglich auch gravitierende Massen zur Herstellung von BS benutzen müssen, zerstören wir bereits die Voraussetzungen unserer eigenen Theorie. Die sRT unterschlägt diesen Sachverhalt, indem sie einfach nicht von der Gravitation redet. EINSTEINs intellektuelle Redlichkeit zwang ihn jedoch, auch eine relativistische Theorie der Gravitation aufzustellen, um so dieses Versäumnis nachzuholen. Hier zeigte sich nun, wie wir sahen, dass frei fallende BS lokal und angenähert immer hergestellt werden können, deren innere Vorgänge ebenso ablaufen wie für IS. Aber eben nur die inneren Vorgänge und eben nur für lokale BS. IS sind aber nach Voraussetzung prinzipiell unendlich erstreckbar und gestatten die Registrierung von Ereignissen ausserhalb ihrer eigenen Erstreckung. Hier aber lässt sich die Gravitationswechselwirkung nicht wegtransformieren. Deshalb ist auch die korrigierte sRT die speziellere Theorie gegenüber der aRT: Sie ist deren Sonderfall und wird von dieser erst eigentlich ermöglicht.

Dieser Typ der Idealisierung ist exakt eine logische Wegtransformierung der Wechselwirkung aus dem Massenbegriff. Sie scheint deshalb legitim, weil der Massenbegriff ohnehin aus mehreren Bestandteilen komponiert ist. Wir haben im Universum der RT folgende Massenbegriffe:

$$
\begin{array}{lll}
\text{In } U_0^p \text{ (sRT):} & \text{Invariante träge Ruhmasse} & m_\mathrm{I} \\
& \text{relative träge Masse} & m_\mathrm{II} \\
& \text{invariante Ruhmassenenergie} & m_\mathrm{III} \\
& \text{relative Massenenergie} & m_\mathrm{IV} \\
\text{In } U_0^p \text{ (aRT):} & \text{Passive Gravitationsmasse} & m_\mathrm{V} \\
& \text{aktive Gravitationsmasse} & m_\mathrm{VI}
\end{array}
$$

Das ergibt insgesamt sechs Massenbegriffe. Davon hängen m_I und m_II durch die Transformationsgleichung $m = m_0/\sqrt{1 - v^2/c^2}$ sowie m_I und m_III durch $E = mc^2$ zusammen. Trotz Dimensionsgleichheit [4] und numerischem Zusammenhang handelt es sich aber um Massenbegriffe, die eventuell durch verschiedene Wirkungen definiert werden.

Die träge Masse ist aus ihrem Widerstand gegen eine äussere Kraft zu erschliessen, die Massenenergie aus ihren thermischen Wirkungen und ihrer Strahlung, die passive Gravitationsmasse ist Empfänger von Gravitationswirkungen, die aktive ist Emittor. Nach der MACH'schen Auffassung müsste es zudem eine aktive träge Masse der Gestirne geben, die für die Trägheitswirkungen verantwortlich ist.

Ferner setzt die Benutzung von m_II auch innerhalb der sRT die Existenz von m_I voraus: Man kann immer zum Eigen-BS und damit zu m_I übergehen. Darin kommt ein grundlegender Sachverhalt der Natur zum Vorschein: Relative Ruhe im Inertialzustand ist möglich; es existiert eine physische Verhaltensweise, die sich der Störung dieser Ruhe widersetzt.

Wir werden daher zunächst den Grundbegriff der Ruhmasse diskutieren.

2. DUALER MASSENBEGRIFF

Unser Problem ist: Wie ist träge Masse als physisches Merkmal möglich? Wir betrachten die sRT als hypothetisch-deduktives System.[2] Es besteht aus

---

[1] Wenn man $c = 1$ und damit $m = E$ setzt.
[2] Siehe E. NAGEL, *The Structure of Science*, New York 1961.

1. dem nicht-interpretierten (formalen) syntaktischen Zeichensystem: Grundterme in U_6^k, Postulate und Ableitungsregeln in U_7^k, Gleichungen und deren Ableitungen in U_5^k, geometrischen Operationen in U_4^k;
2. Regeln der empirischen Deutung in U_7^k: Zuordnung von Messergebnissen in U_3^k zu einer Klasse von Termen in (1);
3. der semantischen Interpretation: Klärung des Sinngehalts der Terme von (1) aus der syntaktischen Struktur von (1): Erzeugung von U_6^k (sRT).

Am Beispiel des Massenbegriffs, wie er in der sRT benutzt wird, zeigt sich nun folgendes:

(a) Jedem U_i^k als intentionalem Objekt der sRT entspricht ein besonderer Massenbegriff. Der Sinngehalt der Massenbegriffe ist also eine schöpferische Konstruktion.

(b) Ueber die Masse als Element von U_0^p wissen wir nur, was Messergebnisse in U_3^k, zugeordnet zu den konstruierten Massenbegriffen, aussagen.

(c) Die formale Gleichsetzung der verschiedenen Massenbegriffe in U_4^k, U_5^k und U_6^k ist für die Ableitung der sRT unerlässlich. Sie ermöglicht die Aufstellung von Gleichungen, in die ein einheitlicher Massenbegriff mit dem Zeichen „m" eingeht, obwohl es einen für verschiedene Imperien einheitlichen Massenbegriff nicht gibt. Dies beruht auf einem Vertrauen des Physikers in die imperiale Invarianz des Massenbegriffs bei Deklination in verschiedenen Imperien. Wir formulieren daher:

Ω^k(115): BEI DER IMPERIALEN DEKLINATION BLEIBT DER SINNGEHALT EINER ENTSPRECHEND KONSTRUIERTEN BEDEUTUNG DES ZEICHENS INVARIANT. DIES ERMOEGLICHT GEOMETRISCHE, ALGEBRAISCHE UND LOGISCHE OPERATIONEN MIT EIN UND DEMSELBEN ZEICHEN IN VERSCHIEDENEN IMPERIEN.

Satz Ω^k(115) ist nicht trivial. Wohl verfügen wir bei Generierung des Sinns von „m", dass dieser für die verschiedenen Imperien invariant bleiben soll. Aber zunächst bedeutet „m" in U_6^k ein logisches Objekt, z.B. in der Definition $m = $ Df..... (Definitionsgleichung für m in der Sprache der Logistik). In U_5^k bedeutet „m" eine dimensionierte Zahl, in U_4^k eine invariante Strecke. Dass verschiedene Operationen wie die qualitative Untersuchung von m in U_6^k, die quantitative in U_5^k und die geometrische in U_4^k das gleiche Ergebnis liefern, ist

dabei nicht a priori abzusehen und nur möglich, wenn diese Operationen ihrerseits aufeinander 1–1-deutig abzubilden sind.

(d) Historisch wird der Massenbegriff aus einem komplexen Geflecht verschiedener empirischer und spekulativer Elemente entwik-
kelt.[1] Der Physiker übernimmt intuitiv einen noch ungeklärten Massenbegriff. Er korrigiert ihn anhand von Theorien, die empirisch gedeutet werden. Nachfolgende Physiker übernehmen intuitiv einen kor-
rigierten Massenbegriff, der aber weiterer Korrekturen fähig ist. Jede
Theorie hat ihren eigenen Massenbegriff, sofern sie ihn explizit diskutiert. EINSTEIN übernahm den Massenbegriff der späten klassischen
Mechanik als „Trägheitsmass", nicht hingegen den der klassischen
Mechanik NEWTONS als „Materiemenge". Er gab im Gegensatz zur
Gleichzeitigkeitsdefinition keine operationelle Definition der Masse.
Deshalb lässt sich die Relativität der Masse nicht unmittelbar qualitativ in U_6^k ableiten, sondern nur indirekt: Wenn die Gleichzeitigkeit
entfernter Ereignisse relativ ist, dann gilt auch die Relativität der
Zusammensetzung von Geschwindigkeiten (Additionstheorem der Geschwindigkeiten). Also kann kein stofflicher Körper je Lichtgeschwindigkeit erreichen ($v_1 + v_2 < c$), also muss seine Trägheit bei fort-
dauerndem Kraftaufwand gleichfalls steigen, so dass sie schliesslich
bei Annäherung an die Lichtgeschwindigkeit unendlich wird. Dies ist
aber kein exakter qualitativer Beweis: Das Additionstheorem folgt
nicht aus einer Diskussion der Trägheit, sondern der Struktur der
Raumzeit. Einen Trägheitszuwachs als Grund für die Relativität der
zusammengesetzten Geschwindigkeiten anzunehmen, heisst im Grunde,
ein fremdes Element hineinbringen. Wer die Wechselwirkung zwischen
träger Masse und beschleunigender Kraft zur Ursache macht, handelt
analog, als würden wir für die LORENTZ-Kontraktion nicht die Raumzeit-Struktur, sondern besondere elektrische Kräfte verantwortlich
machen. Die Effekte der sRT sind universal (d.h. von der Ladung
unabhängig), weil sie die universalste Struktur der U_6^n-Welt, die Raumzeit, verantwortlich machen. Wenn also trotzdem die Begründung des
Additionstheorems durch die Relativität der Trägheit möglich ist, so
vermutlich nur deshalb, weil die Trägheit selbst ein Raumzeit-Effekt
ist, wie sich ja aus der Identität von Trägheit und Gravitation in der
aRT dann auch erweist (von der hypothetischen Einwirkung entfernter Körper des Alls auf die Trägheit wollen wir jetzt absehen).

Da die sRT nicht explizit ihren Massenbegriff definiert, müssen wir
gleich mit der geometrischen Masse m_4^k beginnen. Der Grund: Primär

---

[1] Siehe Max JAMMER, Der Begriff der Masse in der Physik, Darmstadt 1964.

operiert die sRT immer in M_4^k, da der Einfluss von Zuordnungen eines Ereignismerkmals zu geometrischen BS ihr Thema ist. Die sRT assoziiert nun mit den geometrischen Objekten wohl eine ungeklärte empirische Intuition, unterwirft sie jedoch nach Ableitung der Effekte dem empirischen Test. Es könnte ja sein, dass eine ganz andere Masse sich als relativ erweist, als es die sRT meint, z.B. nicht die träge Masse, sondern die passive Gravitationsmasse. Die numerische Aequivalenz beider ist ja gerade das Problem der aRT.

Der naive Menschenverstand, (dessen „Gesundheit" die eines Barbaren ist,) sträubt sich dagegen, in der Masse ein Strukturelement der Geometrie zu sehen. Es ist das materialistische Misstrauen gegen die Geometrisierung der physischen Existenz: „Die Materie verschwindet, es bleiben nur die Gleichungen". Dazu ist zu sagen: Die sRT als eine Theorie raumzeitlicher Strukturen der Ereignisse *kann* überhaupt nur mit geometrischen Objekten operieren; Algebra, Logik und Experimente spielen dabei eine instrumentale Rolle. Sie muss also Messergebnisse in geometrische Objekte und Operationen transkreieren. Diese Operation nenne ich *„Geometrisierung"* und bezeichne sie mit $\gamma^k(U_0^p \to U_4^k)$. U_0^p steht hier für das intendierte Universum der sRT: Nicht der beobachtete Photofleck des Massenspektrographen, sondern die intuitiv intendierte Trägheit (also etwas anderes als die Photoflecke!) wird geometrisiert. Dies setzt folgenden $\Omega^{\pi k}$-Satz für die Masse voraus:

$\Omega^{k\pi}(116)$: ES IST MOEGLICH, DIE INTENDIERTE MASSE DER U_0^p-WELT IN DIE INTENTIONALE MASSE DER FREI KONSTRUIERTEN U_4^k-WELT ZU TRANSKREIEREN. OPERATIONEN AN DEN LETZTEREN FUEHREN DANN ZU TESTBAREN SAETZEN UEBER DIE ERSTERE. NUR DURCH DIESE TRANSKREATION SIND UEBERHAUPT ERKENNTNISSE UEBER DIE RAUMZEITLICHE STRUKTUR DER MASSEN MOEGLICH.

Das Gelingen der Geometrisierung liegt die Vermutung nahe, dass wir durch sie aus U_0^p genau jene Merkmale durchsichtig machen, die bewusstseinstranszendent geometrischer Natur sind. Was wir also durch die Geometrisierung über die Masse an Einsichten gewinnen, ist genau, was an geometrischen Strukturen im empirischen Korrelat des Massenbegriffs enthalten ist. Die instrumentale Berechtigung der Geometrisierung beruht dann – sofern unsere Annahme stimmt – auf einer ontischen: Masse ist ihrer physikalischen Natur nach etwas Geometrisches. Exakt: Genau jene Strukturen, welche die sRT mithilfe der geometrisierten Masse in U_0^p vorfindet, sind in σ_0^π bewusstseinstranszendent vorhanden.

Nun ist aber die Masse sicher ein Wechselwirkungsterm, und zwar
explizit als E/c^2, implizit als träge Masse, d.h. als Widerstand gegen
eine Kraft. Wir sahen, dass U_0^p dual aus Strukturen und Wechselwirkungen aufgebaut ist. Was U_0^p erst physische Existenz verleiht,
ist die Wechselwirkung. Strukturen wirken nicht, sie gelten. Wäre mit
der Masse nur eine Struktur gemeint, so wäre die Realwelt nur Geometrie. Sie ist aber auch – und zwar primär! – Geschehen, also Wechselwirkung, Ereignismannigfaltigkeit, schöpferisch. Es haftet also an
der Masse ein Irreduzibles, nicht Geometrisierbares, ein Erlebbares,
ein wirkend Wirkliches, nicht nur geltend Wirkliches. Ich ordne daher
der geometrisierbaren Struktur der Masse eine *Geltungswirklichkeit* zu,
der nicht geometrisierbaren schöpferischen Masse eine *Wirkungswirklich-
keit*. Die erste ist nur geschaffen, die zweite schaffend. Die erste ist nur
opus, die zweite Operator. Ich bezeichne daher die Massen in U_0^p, soweit sie Wirkungen ausüben oder empfangen, als Operatoren der Phy-
sik, in Zeichen $\underline{m}$: Sie unterliegen ebenso wie $\underline{C}$ bestimmten Strukturen,
die ihr Verhalten steuern. Die durch die Geometrisierung der Masse
konstruierte Struktur nenne ich *Trägheits- oder Inertialstruktur*, den
speziellen Operator, der von ihr gesteuert wird, *Inertor*. Wir können
dann in einem exakten Sinn sagen: Die Inertialstruktur ist das Wesen
(die Washeit) der Inertoren. Sie ist das, was sie zu dem macht, was
sie sind. Wir haben damit das Wesen der Metaphysik auf eine Struktur zurückgeführt – eine Einsicht, die wir GALILEI verdanken, als er
erstmals die Suche nach den qualitates und substanciae durch die
Struktur von Räumen und Zahlen ersetzte.

3. DIE KONSTRUKTION DER NOO-MASSE

Um zu erkennen, was die erlebte Masse denn nun eigentlich sei,
müssen wir sie ,,machen''. Nur das von uns Gemachte ist uns total
bekannt. Wir setzen dabei zugleich als Grundannahme, die dieses
Machen rechtfertigt:

$\Omega^{k\pi}(117)$: ES GIBT EINE CHANCE FUER DIE VON UNS GEMACHTEN MERK-
MALE UND STRUKTUREN DER KOSMOSPHAERE, DASS IHNEN DORT ENT-
SPRECHUNGEN ZUZUORDNEN SIND.

Wir wollen die von uns gemachten, also konstruierten Merkmale und
Strukturen als Noo-Merkmale bzw. Noo-Strukturen bezeichnen, ihre
Korrelate in der Kosmosphäre als Kosmo-Merkmale bzw. Kosmo-
Strukturen. Dann können wir den obigen Satz auch so formulieren:

$\Omega^{k\pi}(117')$: EINIGE DER NOO-MERKMALE UND -STRUKTUREN BESITZEN KORRELATE IN U_0^p.

Dies ist aber nur möglich, wenn ihnen eine Auswahl von π-Merkmalen bzw. π-Strukturen zuzuordnen ist. Dass die von uns gemachte Masse beispielsweise ein Korrelat in U_0^p besitzt, wäre sonst nicht zu rechtfertigen, denn wir haben auf die Gestalt der Kosmosphäre – abgesehen von den Artefakten – nicht den geringsten Einfluss. Die Zuordnungen unterliegen also folgendem Schema:

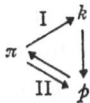

Dabei können wir mit π beginnen und über k zu p gehen und von dort wieder zu π zurückkehren. Dann bedeutet der Pfeil $\pi \to k$: π ermöglicht die Er-Findung k, indem k ein π nur findet. Der Pfeil $k \to p$ bedeutet: k ermöglicht die Findung von Merkmalen und Strukturen in p, die wir ja in der Erfahrung als solcher nicht vorfinden. Der Pfeil $\pi \to p$ bedeutet: π ermöglicht die Realisierung von Merkmalen und Strukturen in p, denn die Existoren erzeugen ihre abstrakten mathematischen Strukturen offenbar nicht selbst. Der Pfeil $p \to \pi$ bedeutet: Indem wir die gemachten Merkmale und Strukturen in p finden, sind wir zur Annahme berechtigt, dass sie das opus eines logisch-mathematischen, abstrakten und transzendenten Steuerungsmechanismus der Welt sind.

Dabei beginnt der heuristische Weg notwendig mit k. Wohl haben wir in der Noosphäre ein Reservoir von gespeicherten Daten aus p, ohne das wir überhaupt keine Konstruktionen mit einer möglichen Deutbarkeit in p machen könnten. Aber auch dieses Reservoir ist ja als Information im Gedächtnis (in den Büchern) gespeichert, also ein k-Wesen. Mithilfe intuitiv ausgewählter Daten aus dem Speicher konstruieren wir dann neue Daten mit der Absicht, sie in p zu testen und damit die p-Sphäre besser zu durchblicken.

Darin liegen zwei Kreationen verborgen: Erstens die richtige Auswahl. Zu ihr gibt es keinen logischen Weg von den bereitliegenden Speicherdaten zu den Ziel-Werten der neuen k-Wesen. Hier hilft nur die Intuition, also eine Art Vor-Wissen um die richtige Lösung. Beim Schachspiel gibt es ja auch für die nächsten 10 Züge Milliarden von Varianten. Der Spieler müsste länger leben, als der Kosmos existiert, um sie durchzurechnen. Wenn er dennoch nach langer Uebung daraus

nur die wenigen überhaupt in Frage kommenden auswählt, so leitet
ihn eine Art Vor-Wissen. Es wird freilich nur dem Geübten zuteil.
Diese Art strategischer Prophetie ist das Ergebnis eines langen Lern-
prozesses, aber sie kann ihrerseits nicht erlernt werden. Also wird sie
durch den Lernvorgang nur mobilisiert. Sie wird geweckt, nicht erzeugt.

Genau so ist es wahrscheinlich mit der Auswahl der in Frage kommenden Gedächtnisdaten, um die richtigen k-Wesen zu konstruieren,
die wir zur Transparenz der Erfahrungssphäre U_{13}^k benötigen. Die Findung dieser Daten ist ein schöpferischer Prozess in genau jenem Sinn,
dass wir die richtige oder auch nur engere Auswahl nicht entdecken,
sondern nur erzeugen können. Sie ist nicht erlernbar, sondern nur
durch lange Uebung zu erleichtern. Anderenfalls würde der gelernte
Physiker bereits ein glänzender Theoretiker sein. Die meisten werden
dies trotz aller Uebung zeit ihres Lebens nie. Es fehlt ihnen der
,,Funke'', das Zündende. Was heisst dies anderes, als dass ihnen genau
jener Kontakt mit der wissenschaftlichen Zukunft mangelt, der die
wenigen Auserwählten instand setzt, eben diese Zukunft zu machen?

Die zweite Schöpfung liegt natürlich in der Herstellung der neuen
k-Wesen. Wir haben die alten mehr oder minder richtig gewählt. Aber
die einen liefern uns nur die richtige Problemstellung und die anderen
nur ein mögliches Modell, um daran die neuen k-Wesen abzulesen.

Ein klassisches Beispiel dieser Struktur des Schöpferischen in der
Noosphäre ist nun die Findung der Masse. Zunächst haben wir in U_{45}^k
die Noo-Masse zu konstruieren. In der Tat, in U_{13}^k finden wir ebenso
wie bei der Zeit nur die Zeigerausschläge eines Trägheitsmessers oder
die Einschlagpunkte der Teilchen auf dem Massenspektrographen.
Zeigerausschläge und Flecke sind aber nicht, was wir intuitiv unter
,,Masse'' verstehen, nämlich die Trägheitswirkung eines Körpers. Wir
sind also genötigt, die Masse erst einmal selbst zu konstruieren, um
sie dann an der Erfahrung zu testen. Dabei müssen wir sofort den
Glaubenssatz annehmen:

$\Omega^{k\pi}(118)$: DIE TECHNIK DER HERSTELLUNG EINES PHYSISCHEN MERK-
MALS IN DER k-SPHAERE IST MOEGLICHERWEISE AEHNLICH GEBAUT WIE
DIE TECHNIK DER HERSTELLUNG DES MERKMALS IN DER π-SPHAERE.

Dieser allgemeinen Struktur entspricht nun ein von FOCK einge-
schlagener Weg, die Noo-Masse zu konstruieren. Zielwert ist die
LORENTZ-kovariante Formulierung der Naturgesetze, in welche die
Masse eingeht. Mobilisierbar sind folgende Daten:

1. der klassische Massenbegriff
2. die klassischen Erhaltungssätze
3. die MINKOWSKIWelt.

Zielwert plus mobilisierte Daten ermöglichen folgende Intuition: Es sollen die neuen Erhaltungssätze zunächst rein formal ohne physikalische Deutung in L-kovarianter Form aufgestellt werden. Die einfachste Methode ist die Formulierung in Tensoren, da wir aus U_5^k wissen, dass eine Gleichung, die links und rechts durch Tensoren ausgedrückt wird, die einfachste L-Kovariante für den Zusammenhang dynamischer Variablen darstellt. Die Tensoren repräsentieren noch unbekannte dynamische Variablen, von denen wir lediglich fordern, dass sie mindestens indirekt 1–1-deutig Messergebnissen zuzuordnen sind. Die Messergebnisse sind notwendig durch klassische Verhaltensmodelle zu interpretieren, damit wir den Anschluss an die gewohnte Erlebnissphäre finden, da anderenfalls keine Imaginierung in U_2^k möglich ist. Also bereits auf dieser Stufe tritt das BOHR'sche Postulat ins Spiel, alle c_5^k-Grössen durch klassische Verhaltensmerkmale zu interpretieren.

Die Formulierung der Erhaltungssätze in Tensoren soll eine der klassischen Form möglichst ähnliche Gestalt haben, damit wir die einzelnen Terme deuten können. Dabei müssen wir uns stets bewusst bleiben, dass die neuen dynamischen Variablen, die Tensoren, nicht mit den klassischen, dreidimensional aufgebauten identisch sein können, denn die letzteren gestatten keine L-kovariante Formulierung, genügen also nicht der realen Struktur der Raumzeit. Die neuen Variablen sollen diese Struktur besser abbilden. Sie tun dies aber um den Preis eines neuen Verständnisses für den Sinn der in die Tensoren eingehenden Begriffe. Dieser Sinn ist nur im Grenzfall von $v \ll c$ für die kM angenähert durch den klassischen Sinngehalt zu ersetzen; in der Elektrodynamik auch dann nicht, denn hier führt bereits eine kleine Relativgeschwindigkeit zur Aufspaltung des elektromagnetischen Feldtensors in eine elektrische und magnetische Komponente.

Wir gehen von den 3-dimensional formulierten Bewegungsgleichungen der klassischen Kontinuum-Mechanik aus. Diese Annahme ist zulässig, denn wir haben keinen Grund, in der sRT ein kontinuierlich verteiltes Medium auszuschliessen. Nur werden wir dann analog wie bei der Ableitung der Bewegungsgleichungen aus den Feldgleichungen der aRT wieder einen Grenzübergang machen müssen; dieser stellt dann wieder eine Idealisierung dar, der in U_0^p nichts entspricht. Der Leser findet die Ableitung in Anhang V.[1]

---

[1] S. 422.

Damit erzeugten wir die noetische Tensor-Masse. Wir gewannen zwei wichtige Einsichten:

1. Es gibt keinen Weg, um vom Massenbegriff der klassischen Mechanik zum Massenbegriff der sRT zu kommen. Wir müssen vielmehr den umgekehrten Weg gehen: Zuerst bauen wir entsprechend dem sRP eine LORENTZ-kovariante Form der Erhaltungssätze auf, in denen auch ein Satz für die (relative) Masse gilt, genommen als Aequivalent der Energie. Dann zeigen wir, dass die neue Form der Erhaltungssätze mit den klassischen Erhaltungssätzen übereinstimmt, wenn man sie entsprechend deutet und die relativistischen Korrekturen vornimmt. Der heuristische Weg beginnt also mit dem sRP in U_7^k, dann folgt die schöpferische Erzeugung einer Tensorgleichung in U_5^k, und schliesslich wird mithilfe der kM in U_5^k festgestellt, dass die äussere Struktur der neuen und alten Erhaltungssätze die gleiche ist. Erst jetzt haben wir das Recht anzunehmen, dass T^{ik}, genauer $\int T^{00}\, dV$, die Masse darstellt. Wir sind also auf eine Neuschöpfung der Masse in U_5^k angewiesen. Dies ist keine Transkreation der klassischen Masse, sondern eine totale Kreation, die erst nachträglich durch Strukturvergleich mit früheren Kreationen assoziiert wird.

2. Die durch $\int T^{00}\, dV$ repräsentierte Masse ist nicht die gleiche wie die der kM. Jene wird durch einen Skalar dargestellt, diese durch eine Tensorkomponente. Wohl können wir zur „gewöhnlichen Schreibweise'' übergehen, indem wir nach (15) $T^{00} = \rho_0(1 - v^2/c^2)^{-1}$ setzen und damit den Tensorcharakter unterdrücken. Für die Viererform der Erhaltungssätze muss jedoch die skalare Ruhmasse in einen Tensorausdruck transkreiert werden, damit sie der LORENTZ-Kovarianz genügt. Die sRT transkreiert grundsätzlich alle Kennzeichen physischer Ereignisse, um sie der LORENTZ-Kovarianz zu unterwerfen. Diese erweist sich somit als eine Vorschrift an $\underline{C}$, eine neue Physik zu bauen.

Damit ist aber der neue Massenbegriff trotz – ja gerade wegen! – seiner mathematischen Abstraktheit wirklichkeitsnäher als der klassische. Dieser genügte der Kovarianzforderung nicht. Die klassische Bewegungs- und Kontinuitätsgleichung versagt, sobald man zu relativistischen Geschwindigkeiten übergeht. Dann nimmt die Ruhmasse $\int \rho_0\, dV$ wegen des Faktors $\sqrt{1 - v^2/c^2}$ von BS' aus zu, so dass die Erhaltung nur dann gilt, wenn wir die korrigierte Masse berücksichtigen. Tatsächlich gilt für ein Teilchen, das vor und nach der Beschleunigung im Zyklotron gemessen wird, die Massenerhaltung nicht, solange wir nicht bedenken, dass es sich nur um einen perspektischen

Effekt handelt, der in der vierdimensionalen Tensorform der Erhaltungssätze verschwindet. Die Massenzunahme durch den Faktor $\sqrt{1 - v^2/c^2}$ ist also keine creatio ex nihilo. Sie ist vielmehr ein rein raumzeitlicher (perspektivischer) Effekt. Er ist deswegen nicht minder real, wie die Trägheitszunahme gegenüber dem beschleunigenden Feld zeigt.

Die im Tensor T^{00} dargestellte Masse müssen wir daher als eine besondere Masse m(sRT) bezeichnen[1]. Sie ist ein Element in U_5^k (sRT) und kommt im Zahlenuniversum der vorrelativistischen Theorien nicht vor. Wir haben sie streng von den übrigen Massen der anderen Imperien zu unterscheiden. So ist T^{00} zunächst kein Trägheitsmass, also nicht das definiens des Massenbegriffs in U_6^k. Wir unterscheiden daher eine U_5^k-Masse von anderen Massen und bezeichnen sie als Tensormasse m_5^k.

Dabei besteht zwischen der mathematischen Generierung eines Tensors und der logischen Generierung des Massenbegriffs, wie er in der Physikgeschichte entstand, überhaupt kein Zusammenhang. Wie wir wissen, entstand der Massenbegriff aus dem Ringen um die quantitas materiae und der Erfahrung mit dem Trägheitswiderstand.[2] NEWTON benutzte ihn in Gestalt eines Beschleunigungskoeffizienten für die implizite Definition der Kraft. Ein Tensor kommt aber durch die Operation der Transformation zustande: Seien die α_{ik} die cosinus der Winkel zwischen den alten und den neuen Achsen eines kartesischen KS im euklidischen Raum. Sei ferner der Vektor A eine Gesamtheit von Grössen, die sich bei KS $\rightarrow$ KS' nach dem Gesetz

$$(20) \qquad A_i' = \sum_{k=1}^{3} \alpha_{ik} A_k$$

transformieren. A hänge ferner mit dem Vektor B nach dem Gesetz

$$(21) \qquad B_i = \sum_{k=1}^{3} T_{ik} A_k$$

zusammen (hier liegt im Gegensatz zu (20) keine Achsendrehung vor!). Nun drehen wir das KS und erhalten

$$(22) \qquad B_i' = \sum_{k=1}^{3} T_{ik}' A_k'$$

Gehen wir von B_i' zu B_i über und ersetzen in (21) A_i durch A_i', so

---

[1] Genau genommen ist T^{00} die Massendichte und $\int T^{00}\, dV$ die Masse. Wir werden aber der Einfachheit halber auch T^{00} dem Massenbegriff zuordnen.

[2] M. JAMMER, a.a.O.

erhalten wir durch Vergleich der Transformationskoeffizienten

(23) $$T'_{ik} = \sum_{j,1=1}^{3} \alpha_{ij}\alpha_{kl}T_{jl}$$

Die Komponenten eines Tensors transformieren sich also wie die Produkte $x_i\xi_k$ der Koordinaten zweier Punkte (x_1, x_2, x_3) und (ξ_1, ξ_2, ξ_3). Die Punkte können auch zusammenfallen. Heuristisch gehen wir also von einer Vektorfunktion aus und formulieren dann das Transformationsgesetz jener Grössen, die aus einem Vektor A den Vektor B erzeugen. Die Tensoren sind daher durch zwei Kennzeichen bestimmt:

(1) Sie generieren aus dem Vektor A den Vektor B. Ich nenne sie „Generierungs-Operatoren" in U_5^k.

(2) Sie werden selbst transformiert, wenn eine Transformation BS → BS′ stattfindet. Dies nenne ich „Transformations-Operation". Die Vektoren bleiben hier invariant, wohl aber ändern sich ihre Komponenten; deshalb geht auch T_{ik} in T'_{ik} über.

Was entspricht dem in U_0^p? Antwort: Nichts. Dort gibt es keine Vektoren und Komponenten, keine KS und deren Transformation und daher auch kein Korrelat der Tensoren. Den Tensor können wir als solchen nicht messen, sondern nur, was nach der Intention der sRT in U_0^p dadurch intendiert ist. Das ist nicht trivial. Vielmehr haben wir zu fragen, ob wenigstens indirekt den mathematischen Eigenschaften von T^{00} Beobachtungsdaten entsprechen. Antwort: Die raumzeitliche *Struktur* der Masse. Die beobachteten Daten der Ruhmasse genügen einer Erhaltung, sofern keine Umwandlung in Energie stattfindet und vice versa. Die Erhaltung (trotz der perspcktivischen Relativität der Masse!) geht auf eine geometrische Struktur der Wechselwirkungen zurück, nämlich gerade auf jene, die durch $\Delta w\, T^{ik} = 0$ ausgedrückt ist. Es ist diese „Substanzialität" der Masse im Sinne von DESCARTES und KANT, die uns zwingt, die Masse als Tensor in M_4^k darzustellen. Damit wird die Invarianz der Ruhmasse erst verständlich: Aus einem metaphysischen Postulat wird diese zum durchsichtigen Folgesatz einer mathematischen Struktur. Obwohl die Messdaten immer nur die relative Masse von Teilchen liefern, sofern diese zum Laboratorium bewegt sind, so gestattet die Tensorform der Massenerhaltung doch stets, zur invarianten Ruhmasse überzugehen, ohne dass die Form der Erhaltungsgesetze dadurch geändert würde. Damit können wir Teilchenstösse anhand der Ruhmassen der reagierenden Teilchen beurteilen, ja diese erst aus den Erhaltungsgesetzen errechnen. Erhaltung und Invarianz der Ruhmasse werden also erst durch die Tensorgestalt zu ihrer Wahrheit gebracht: m_5^k ist die wahre Masse des physikalischen Universums der sRT.

4. KONSTRUKTIONSMASSE UND WIRKMASSE

Die Konstruktion von $m_5^k \doteq T^{00}$ muss indes zu testbaren Voraussagen über die Gleichungen führen, in die T^{00} eingeht. Es muss also eine Masse m_0^p geben. Da es die sRT nur mit trägen Massen zu tun hat, können wir sofort m_0^p als Masse$_I$ deuten bzw. mit c^2 multipliziert als Masse$_{III}$. Ich nenne künftig Masse$_I$,,Trägheitsmasse'' und Masse$_{III}$,,Energiemasse''. Wir wissen ferner, dass T^{00} eine relative Tensorkomponente ist; also können wir unter m_0^p sowohl die invariante Ruhmasse wie auch die relative Masse verstehen.

Aber wie finden wir m_0^p? Antwort: Indem wir lernen, m_0^p unter den Verhaltensmerkmalen physischer Ereignissysteme wiederzuerkennen. Hier greift nun das PLATONsche ,,Erinnern'' ein. Wir haben bereits in T^{00} ein Θ^{00} wiedererkannt und in Θ^{00} ein strukturelles Analogon zur klassischen Massendichte ρ. Wenn es nun gelingt, in einem Verhaltensmerkmal der Kosmosphäre die genauen Korrelate der ,,Verhaltensweisen'' von T^{00} zu finden, so können wir T^{00} nach einem speziellen Glaubenssatz als Korrelat von m_0^p bezeichnen. Der Glaubenssatz heisst:

$\Omega^{k\pi}(119)$: WENN WIR IN DER KOSMOSPHAERE MITHILFE VON MESSUNGEN EIN MERKMAL ENTDECKEN, DAS GENAU DEN VERHALTENSWEISEN EINES KONSTRUKTUMS DER NOOSPHAERE ENTSPRICHT, SO SIND WIR BERECHTIGT, DARIN DIE BEDEUTUNG DIESES KONSTRUKTUMS WIEDERZUERKENNEN.

Um m_0^p zu finden, müssen wir also einen Lernprozess anwenden. Er vollzieht sich in folgenden Schritten:

I. Wir suchen nach den Verhaltensweisen von p-Wesen, die jenen von T^{ik} entsprechen.

II. Wir sondern jene ,,Verhaltensweisen'' von T^{ik} aus, die rein noetischer Natur sind. Dazu gehören (a) die Genesis aus den Gleichungen (20) bis (23), (b) das Verhalten unter der Operation V_k. Fassen wir den in (a) enthaltenen mathematischen Operator als T und den in (b) enthaltenen als D, so sehen wir sofort, dass T und D in U_0^p kein Gegenstück haben können, denn KS-Transformationen und Differentiation sind nur an noetischen operanda vorzunehmen. T und D bezeichnen Mechanismen, die allein in der Noosphäre vorkommen.

III. Die opera der Operationen T und D haben indes ein Gegenstück in U_{03}^{pk}. Für T ist dies das Verhalten der gemessenen Merkmale eines Systems beim Wechsel des Beobachters: Es entspricht genau dem Verhalten von T^{ik} bei der Transformation $T.T^{ik} \Rightarrow T^{ik'}$. Für D ist es die beobachtete Erhaltung der Korrelate der Komponenten T^{ik}. Es sind dies wegen der Analogie von T^{ik} zu (2), (3) und (10):

$$
\begin{aligned}
T^{00} &\doteq S \quad \text{oder } \rho = \text{Energiedichte bzw. Massendichte} \\
T^{0k} &\doteq S_k \qquad\quad = \text{Energie- bzw. Massenstromdichte} \\
T^{ik} &\doteq p_{ik} \qquad\quad = \text{Spannungen} \\
T^{k0} &\doteq S_{ik} \qquad\quad = \text{Impulsstromdichte}
\end{aligned}
$$

Die klassischen Erhaltungssätze lassen sich daher zur einheitlichen Form

(12a) $\nabla_k T^{ik} = 0;$ $i, k = 0, 1, 2, 3$

zusammenfassen.

IV. Dies berechtigt uns zum Pseudo-Glaubenssatz:

T^{ik} repräsentiert die klassischen Verhaltensweisen der Merkmale „Masse", „Energie" und „Impuls" der kM. Wir haben die entsprechenden Ausdrücke in Anführungszeichen gesetzt, um anzudeuten, dass die von T^{ik} genau repräsentierten Kosmo-Merkmale mit denjenigen der kM *nicht identisch* sind. Sie sind ihnen vielmehr nur analog gebaut; die Analogie besteht genau in der ähnlichen Form der Erhaltungssätze für sRT und kM. Hauptunterschiede beider Merkmale sind indes

a. die Erhaltungssätze der kM sind nicht L-kovariant, die der sRT sind es;

b. die Merkmale der kM sind nicht zu einem einheitlichen Merkmal zusammenzufassen, die der sRT sind unter dem Tensor T^{ik} gleichnamig zusammengefasst und erscheinen jetzt als Komponenten dieses Tensors;

c. die klassischen Merkmale sind daher absolut, die der sRT relativ: Jeder Tensor bedarf zu seiner Konstruktion eines KS; seine Komponenten sind daher stets auf ein bestimmtes KS bezogen. Auch die klassischen Merkmale sind exakt nur unter Angabe eines BS zu formulieren;[1] man hielt indes die Existenz eines absoluten BS für möglich und unterdrückte daher diesen Sachverhalt.

Es wäre ein Irrtum, sich damit zu begnügen. Der Naive könnte

---

[1] Für den Impuls ist dies wegen dx/dt selbstverstän_ulich; die Massendichte bedarf zu ihrer Definition des Ausdrucks Volumen $V = xyz$; die kinetische Energie des Ausdrucks $(dx/dt)^2$ und die potentielle des Ausdrucks $1/r$.

nämlich sagen: Wir haben glücklicherweise das klassische Korrelat von T^{ik} gefunden; seien wir zufrieden, wir benutzen zwar einen neuen und etwas komplizierteren Ausdruck, aber im Grunde hat sich nichts verändert. Das wäre ähnlich, als wollte man den Quantenimpuls $p_x = = -i\hbar(\partial/\partial x)$ als klassischen Impuls deuten, nur weil auch für p_x ein Erhaltungssatz gilt. Aber $[p_x, x] \neq 0$! Aehnlich ist S_{ik} seinem mathematischen Verhalten nach nicht mit der Impulsstromdichte T^{k0} identisch, denn S_{ik} ist invariant, T^{k0} nicht. Der Impuls, die Energie und die Masse sind daher im Universum der sRT nur dem Namen nach jenen im Universum der kM gleich, aber inhaltlich verschieden. Wir haben hier einen typischen Fall von *Homonymie*.

Der Mechanismus, welcher das Verhalten physischer Massen steuert, wird daher durch Tensoren aufgebaut, nicht aus Skalaren. Analog ist es beim Uebergang von den Vektoren, Skalaren und Tensoren zu Operatoren in der QM bzw. Quantenfeldtheorie. Was bedeutet das modal? Etwas Grundlegendes, nämlich, dass wir in π Steuerungsmechanismen für physisches Verhalten anzunehmen haben, welche dem mathematischen Apparat der Tensorrechnung im MINKOWSKIraum entsprechen. Früher hatten wir die MINKOWSKI-Struktur der raumzeitlichen Gebiete für IS gefunden, dann ihre Bewegungsgleichungen in solchen Gebieten. Jetzt fanden wir die Tensor-Apparatur für Wechselwirkungen von Existoren in diesen Gebieten. M.a.W. wir fanden die relativistische Dynamik.

Ausschlaggebend ist der Lernvorgang. Wir sahen, dass der entscheidende Schritt ein Wiedererkennen der klassischen Verhaltensweisen in den neugefundenen Konstruktionen ist. Unsere Schöpfungen werden nun gleich den Naturdingen durch Adam mit N a m e n belegt. Nun wissen wir erst, was wir unter unseren eigenen Erzeugnissen zu verstehen haben. Zugleich erleiden die Namen eine neue inhaltliche Interpretation. Sie wird festgelegt ausschliesslich durch die Verhaltensweisen der designata in der Noosphäre und ihrer Korrelata in der Kosmosphäre. Daraus ergibt sich ein Zweifaches:

In der π-Sphäre muss es ein Reservoir von Merkmalen geben, dessen Elemente wir wiedererkennen, sobald wir in einem noetischen Merkmal ein kosmisches wiedererkennen. PLATON hat zur Hälfte recht: Physikalisches Erkennen ist Wiedererkennen. Nur dass es nicht durch Erinnern an einen vorgeburtlichen Zustand der Seele im Schoss der Götter geschieht, sondern indem wir selbst zum Demiurgen noetischer Schöpfungen werden. Erkennen ist daher an zwei Stufen gebunden: Erschaffen und Erinnern. PLATON sah nur das Erinnern. Ferner erinnern wir uns nicht an Ideen, sondern an Tatsachen: Die p-Welt. Die π-Merkmale bekommen wir überhaupt niemals in die Hand; sie können wir nur aus der Zuordnung noetischer Konstruktionen zu kosmischen Erlebnissen und Messungen erschliessen. Wir haben damit zwei grundlegend verschiedene Typen des Wiedererkennens: Das naturwissenschaftliche, welches von k nach p geht und von dort wieder zurück nach k, und das philosophische = protophysikalische, welches an diesen Weg einen neuen Weg anschliesst, nämlich von k nach π. Für den Naturwissenschaftler ist π nur Inhalt eines (meist unbewussten) Glaubenssatzes, für den Philosophen ist die Schranke von k nach π aufhebbar, denn er *sieht*, was der Naturwissenschaftler nur *glaubt*. Der Schritt von k nach π ist also eine Erweiterung unseres Wissens in den Bereich des Glaubens.

Aber auch der Philosoph greift nicht die π-Merkmale und Strukturen. Er schaut wohl visionär das gelobte Land, aber er betritt es nicht. Alles, was intentionaler Gegenstand ist, gehört per constructionem zu k. Wir haben hier ein seltsames Gegenstück zu p. Alles, was intentionaler Gegenstand des Erlebens ist, gehört bereits zu k und nicht mehr zu p. Ebenso wie die p-Sphäre dem Menschen in Strenge nur als erschliessbar = erzeugbar zugänglich ist, so auch die π-Sphäre. Und doch gibt es einen fundamentalen Unterschied: p wirkt auf den Menschen durch energetische Signale. π verharrt in ewiger und unaufhebbarer Isolierung: Von dort dringt keine Information zu uns, denn π ist Energie-los, schwerelos und göttlich.

Was wir fanden, war bisher die Tensor-Masse m_5^k. Die in U_0^p gedeutete Tensor-Masse bezeichnen wir als m_{50}^k. Ihr messbares Korrelat sei dann m_0^p. Ihr entspricht, wie wir glauben, eine bewusstseinstranszendente Tensor-Masse m_5^π als Möglichkeitsbedingung der Konstruktion von immanenten Tensor-Massen. Insofern nun m_5^π die wirkenden Massen der Kosmosphäre gleichfalls ermöglicht, bezeichnen wir sie mit m_{50}^π. Wir setzen

$$T^{00} = m_{50}^k \div m_{50}^\pi \div m_0^p$$

Die Bedingung, dass wir T^{00} in U_0^p deuten können, ist also die Zuordnungsäquivalenz des physischen Verhaltensmerkmals „Trägheitswiderstand" zu einem protophysischen Noo-Merkmal „Tensor-Masse".

5. DAS EIGEN-SEIN UND DIE ERZEUGUNG
DER KOORDINATEN-MASSE

Wir konstruierten die Tensor-Masse in U_5^k. Eine Theorie der Raumzeit muss nun m_5^k in m_4^k übersetzen, um das geometrische Verhalten der Masse zu beurteilen und seine Korrelate in U_0^p zu prognostizieren. Nun ist die Masse fraglos kein raumzeitliches Wesen: Sie lässt sich wohl an raumzeitlich erlebbaren Zeigerausschlägen ablesen, aber ist nicht unmittelbar einer Distanz zuzuordnen. Wir müssen also durch eine Uebersetzung von $m_5^k \to m_4^k$ eine geometrische Masse konstruieren. Dies geschieht auf folgende Weise:

Wir sahen, dass die Erhaltungsgesetze die Form der LORENTZ-kovarianten Tensorgleichung

$$(24) \qquad V_k T^{ik} = \Delta w \, T^{ik} = 0$$

annahmen. In diesen c_5^k-Ausdruck gehen Elemente von U_4^k ein: Die Ableitung wird nach den räumlichen Grössen x, y, z und nach der Zeit t vorgenommen; T^{ik} ist gemäss (23) durch seine geometrischen Transformationseigenschaften beim Wechsel des KS und durch die Vektorkomponenten A^i und B^k festgelegt (k wird über 0 bis 3 summiert). Wir sagen: T^{ik} hat seinen Schwerpunkt in U_5^k, partizipiert aber an U_4^k. Es ist ein opus $c_{5,4}^k$.

Wir fragen nun nach dem Verhalten der Ruhmasse unter rein geometrischen Gesichtspunkten. Sollwert: Man finde den invarianten Zusammenhang zwischen Masse, Energie und Impuls. Dazu müssen wir auf U_4^k zurückgreifen, da dieser Zusammenhang wegen der Grundannahmen der sRT eine Folge der LT sein muss: Addieren sich z.B. die Geschwindigkeiten nach einem noch hypothetischen Gesetz (tanh ist der tangens hyperbolicus im LOBATSCHEWSKI-Raum)

$$(25) \qquad v_1 + v_2 = \tanh(\varphi_1 + \varphi_2) = \frac{\tanh \varphi_1 + \tanh \varphi_2}{1 + \tanh \varphi_1 \, \tanh \varphi_2},$$

dann sind für Ruhmassen Lichtgeschwindigkeiten unmöglich, und wir können annehmen, dass Masse, Impuls und Energie eines Teilchens einem raumzeitlichen Transformationsgesetz unterliegen. Da die Raumzeit universal ist, glauben wir an ein gemeinsames Transformationsgesetz und einen durch die Transformationseigenschaften bestimmten Zusammenhang dieser Grössen. Es liegt daher nahe, sie in U_4^k als Vek-

torkomponenten eines invarianten Grundvektors aufzufassen. Dies
alles sind erste kreative Tastversuche.

Wir müssen nun die Invarianz kategorial orten. Dazu brauchen wir
den Grundmechanismus der Operationen im geometrischen Universum
der sRT. Er ist gegeben durch den Aufbau einer invarianten Grösse
aus ihren relativen Komponenten.

Wir gehen aus vom Ruhsystem eines Körpers. Alle darin gemessenen Werte bezeichnen wir als Eigengrössen. Wir definieren: Unter
Eigensein verstehen wir jenen Zustand eines Existenten („Existors"),
der von seinem Eigen-BS aus erfahren wird: Die Welt unter dem Aspekt der Erfahrbarkeit. Sie ist das Eigentliche des Existors, das, was
ihm und nur ihm zukommt. Denn die Welt präsentiert sich jedem
anderen Existor in einer anderen Gesamtheit von erfahrenen Zu-
standsgrössen. Wir geben dem Eigensein das Zeichen α. Damit haben
wir eine neue kategoriale „Dimension" eröffnet.

Jene Grundgrösse der sRT, welche die Metrik festlegt (der alle anderen Grössen folgen) ist ds^2. Das Weltlinienelement verbindet in invarianter Weise die Ereignisse A und B, und zwar durch Genidentität
für zeitartige, durch mögliche Zeitidentität für raumartige Weltlinien.
Bei zeitartigen Weltlinien lässt sich im mitbewegten KS der räumliche
Abstand $\overline{AB}$ wegtransformieren, es bleibt nur das Eigenzeitintervall
$\Delta\tau$. Wir bezeichnen es kategorial durch t_α. Für raumartige Weltlinien
lässt sich durch Uebergang zum Eigen-BS das Zeitintervall wegtransformieren, es bleibt nur der rein räumliche Abstand $\Delta x = x_\alpha$. Diese
Grössen sind für jedes andere BS invariant: Die Erfahrung mit Zeiten
und Abständen im Eigen-BS ist nicht dadurch aufzuheben, dass die
gleichen Merkmale von einem anderen BS aus anders beurteilt werden.
Mein Eigenes, meine Welt, ist invariant. Das gleiche gilt mutatis mutandis für jedes andere BS, sofern es ein IS ist. Ich bezeichne dies als
Invarianz erster Art oder α-Invarianz.

Wir können nun eine zweite Invarianz aufstellen, indem wir verlangen, dass eine bestimmte Komposition aus relativen räumlichen
und zeitlichen Abständen invariant sei. Dies gilt z.B. für die Komponenten von s^2. Nun sind die relativen Komponenten durch die Kommunikation zwischen ihrem Träger und dem BS festgelegt. Die Kommunikation bezeichneten wir früher durch das Zeichen β. Relative
Zeitabstände nennen wir also t_β, relative Raumabstände x_β. Dann
wirkt auf t_β und x_β eine mathematische Operation, welche eine invariante Komposition aus ihnen erzeugt. Sie lautet für die Gleichung

(26) $$t^2 - x^2 = s^2 = \text{inv.}^1$$

(27) $$(\alpha.\beta).(x, t) \Rightarrow s^2 = \text{Invariante}$$

Die in Klammern gesetzten Operationen erzeugen dann durch Rück-übersetzung von $x_{5\beta}$ und $t_{5\beta}$ in $x_{4\beta}$ und $t_{4\beta}$ eine Hyperbel, also ein opus in U_4^k.

In welchem Sinn ist nun die Bilinearform s^2 des Weltlinienelements ein α-Wesen? Antwort: Nicht als Merkmal eines einzigen Existors allein, sondern der ∞^{10}-fachen Menge aller inertialen Existoren. Alle freien Existoren (alle IS) besitzen mindestens ein gemeinsames α-Merkmal, nämlich s^2. Die ∞^{10}-fache Menge aller IS kommt durch die 10 Parameter der LT zustande, nämlich

4 Parameter, für die Verlegung des Ursprungs des KS

3 Parameter, die eine Drehung des KS ausdrücken

3 Parameter, die die Relativgeschwindigkeit von KS gegen KS′ ausdrücken.

Alle bauen das Weltlinienelement eines Existors gemeinsam in gleicher Weise aus den erlebten räumlichen und zeitlichen Abständen eines Existors auf. Dieser Vorgang wird symbolisch durch eine unendlich fortlaufende Gleichung ausgedrückt

(28) $$\text{Invariante} = s^2 = t^2 - x^2 = t'^2 - x'^2 = t''^2 - x''^2 = \ldots = \ldots\ldots$$

In das abstrakteste Universum, den Ω-oder „Kategorialraum" U_9 (sRT), haben wir nun eine neue Dimension eingezogen. Die Invarianz setzt definitionsgemäss das Vorhandensein von Transformationen voraus. Wir sahen, dass die Gleichzeitigkeit unter der LT nicht invariant bleibt. Merkmale, die sich unter einer Transformation, gleich welcher Art, ändern, ohne dass ein anderer Grund als eben diese Transformation verantwortlich wäre, wollen wir β-Merkmale nennen. Darunter verstehen wir genau folgendes: Die Herstellung von reinen raumzeitlichen Beziehungen Δt und Δx zwischen den Ereignissen A und B durch Signale erfolgt durch raumzeitliche Nachrichten-übertragung $=$ *Kommunikation* zwischen A und B. So steht ein Flugzeug durch Funkfeuer und Sprechverbindung in Kommunikation mit der Bodenstation. Abstrakt bezeichnen wir auch die Signalisierung der Zeit und der Position eines Teilchens A an den Emp-

---

1 Wir setzen im folgenden $c = 1$.

fänger B als Kommunikation. B kann eine Mannigfaltigkeit von Atomen sein, die Signale aufnehmen und registrieren, z.B. durch Strahlungsaufnahme und Ionisierung in der Nebelkammer. Die relative Zeit und der relative Abstand sind also β-Merkmale. Hier liegt keine energetische, eigentlich physische Generierung neuer Abstände und Zeiten vor, sondern lediglich ihre perspektivische (deshalb nicht minder reale) Transformation.

Gibt es nun eine geometrische Darstellung für eine invariante Ruhmasse? Wenn dies der Fall ist, dann ist der Beweis für die Möglichkeit des Existenzmerkmals für physisches Eigensein erbracht. Daran hängt das ganze Problem, ob überhaupt physische Existenz ein sich selbst Gehörendes ist. Wir wissen a priori nicht, ob sich die Welt nicht gänzlich in Relationen auflöst, ohne dass substanzielle relata übrig bleiben. Wie sehr dies auch dem „gesunden Menschenverstand" widerspricht, so können wir doch diese Möglichkeit nicht ausschliessen. Gibt es so etwas wie eine Urform der menschlichen Person, ein Eigenseiendes, ein Selbst? Für die Protophysik ist diese Frage von höchster Bedeutung. Die Tensordarstellung der Masse brachte uns nur die Erhaltungssätze. Erhaltung aber bedeutet noch nicht Eigensein: Es kann ja auch in einem Relationengeflecht von Wechselwirkungen die Masse bzw. die Energie erhalten bleiben, wobei das Geflecht nicht aus „Knoten" besteht, die ohne Wechselwirkung eine Existenz besitzen.

Wenn wir also eine invariante Ruhmasse fordern, so verlangen wir damit im Grunde, dass alle mit Ruhmasse ausgestatteten Existoren einen harten ontischen Kern besitzen, der sie auch dann als existent zulässt, wenn sie jeder raumzeitlichen Kommunikation bar sind. Es wäre dies die buchstäblich nackte Existenz.

Um nun die invariante geometrische Masse zu konstruieren, müssen wir einen heuristischen Umweg machen. Die Form (28) sagt uns nichts über Merkmale, die nicht selbst räumlicher oder zeitlicher Art sind. Das Einfachste wäre, eine Gleichung zu suchen, in der s^2 durch m^2 ersetzt wird. Das ist aber zunächst unmöglich, denn die Masse ist nicht durch irgendeine Operation auszumessen, die der Messung von raumzeitlichen Abständen zuzuordnen ist. Im Massenspektrographen beobachten wir wohl die Ablenkung von geladenen Massenteilchen in Feldern, aber die Masse (der Trägheitswiderstand) macht sich nur als Krümmung der Weltlinie eines vorher kräftefreien Teilchens bemerkbar und nicht als Korrelat eines Weltlinienelements.

Es ist daher zu vermuten, dass wenn überhaupt eine geometrische Form für m^2 zu finden ist, sie erst nach Fixierung einer Geometrie

erfolgt, in der ausser der Zeit und dem Raum noch die Geschwindigkeit als Grundmerkmal der Existenz dargestellt wird. Nach dem 2.
NEWTONschen Gesetz wird ja träge Masse als Beschleunigungskoeffi-
zient ($\dot{v} = dv/dt$)

$$(29) \qquad\qquad m = K/\dot{v}$$

definiert. Hier tritt also die zeitliche Ableitung der Geschwindigkeit
auf. Die Geschwindigkeit ist andererseits der Grundparameter der LT.
Es liegt also nahe, sich auf die Geschwindigkeit zu konzentrieren.
Wenn die Geschwindigkeit in der MINKOWSKI-Raumzeit durch den
Tangens des Neigungswinkels der Weltlinie einer Raumachse dargestellt wird, so bedeutet dies, dass durch eine beschleunigende Kraft
die Weltlinie wegen $\dot{v} \neq 0$ mit der Zeit verbogen wird. Ist nun die
Masse der Quotient aus Kraft und Beschleunigung, so ist bei gleicher
Kraft die Verbiegung umso kleiner, je grösser der Trägheitswiderstand der Masse ist. Von hier führt ein Weg über das Additionstheorem der Geschwindigkeiten zur relativen Masse;[1] wir wollen ihn aber
noch zurückstellen, um den direkten Weg zur Erzeugung der invarianten geometrischen Masse zu finden. Jedenfalls scheint es nicht unmöglich, dass sie mit der Richtung der Weltlinie in einen Zusammenhang
gebracht werden kann. Wenn dem so wäre, so könnte man die Masse
statt durch einen Skalar wie in der kM oder durch einen Tensor wie
in U_5^k (sRT) durch einen invarianten Vektor darstellen.

6. UMWEG ÜBER DIE LORENTZ-GEOMETRIE: MASSE UND ZEIT[2]

Um das Verhalten der geforderten invarianten Koordinaten-Masse
unter den LT zu untersuchen, müssen wir sie erst einer geometrischen
Grösse zuordnen. Dazu müssen wir aber die Geometrie kennen, in der
diese Invarianz möglich ist. So ist $s^2 = t^2 - x^2$ keine Invariante der
RIEMANN'schen Geometrie, denn dort gibt es in endlichen Gebieten,
wie wir sahen, keine ebene Geometrie, also auch nicht die quadratische Form für s^2. Hier müssen die ,,Interferenzglieder'' $g_{ik} dx_i dx_k$ eingeführt werden. $s^2 = t^2 - x^2$ ist auch keine Invariante der euklidi-

---

[1] Man sieht sofort, dass bei Annäherung der Weltlinie an die Nullinie des Lichts keine
noch so grosse Kraft einen endlichen Geschwindigkeitszuwachs erzeugen kann, also der Quotient aus Kraft und Beschleunigung unendlich wird.

[2] Für das folgende siehe E. F. TAYLOR and J. A. WHEELER, *Spacetime Physics*, W. H.
Freeman and Comp. San Francisco and London, 1966.

schen Geometrie, denn hier ist nach dem Pythagoräischen Satz nicht die Differenz der Quadrate, sondern ihre Summe invariant.

Der Grund für die Annahme dieser Metrik gegenüber der euklidischen ist folgender: Die klassische Mechanik nimmt eine invariante Entfernung $r^2 = x^2 + y^2$ zweier Massenpunkte *eines starren körperlichen Systems* an. Wie wir wissen, ist jedoch r^2 aufgrund der LT keine Invariante. Die sRT sucht daher nach dem invarianten Ausdruck für das raumzeitliche Intervall zweier *Ereignisse* in einer Raumzeit mit *starrer Metrik*. Die sRT nimmt daher die Massenpunkte in ihrer schöpferischen Entfaltung, nicht als mögliche starre Punkte eines körperlichen Systems. In der *klassischen Mechanik ist der Massenpunkt das Objekt*, in der *sRT das durch den Massenpunkt generierte Ereignis*. Die Hereinnahme der Zeit gebietet sich durch die Relativität der Zeit als Grundannahme der sRT. Das invariante Intervall

$$ds^2 = dt^2 - dx^2$$

ist jedoch keine räumliche Distanz (selbst wenn wir durch Setzung von $x_0 = ict$ die Metrik$++++$einführen), sondern eine Distanz von Ereignissen, zugleich dargestellt in einer abstrakten 4-dimensionalen LORENTZgeometrie. Das Abstrakte in U_4^k ist also gerade das Konkrete in U_0^p. Deshalb kann ds^2 auch negativ oder Null sein, was im euklidischen Raum bei endlichen Projektionen auf ein KS nicht möglich ist. Während also alle Punkte mit $r^2 = x^2 + y^2$ in KS und KS' auf einem Kreis liegen, wenn KS' gegen KS um den gleichen Ursprung gedreht ist, liegen z.B. alle Punkte der Kurve

(30) $$t^2 - x^2 - r^2 = +1$$

auf einer Hyperbel. Das Licht breitet sich also, wie man zeigen kann, nur im Eigen-BS vom Ursprung des BS als Kugelwelle aus, gegenüber einem dazu bewegten BS nicht mehr.

Wir können natürlich auch die Form von ds^2 euklidisch machen, wenn wir die Zeitwerte rein imaginär setzen nach

(31) $$x_0 = ict$$

so dass

(32) $$dx_0^2 = -c^2 dt^2$$

Aber physikalisch ist dieser rein mathematische Kunstgriff ohne Bedeutung. Vielmehr zeigt sich die experimentell bestätigte Zeit-Verlangsamung beim Uebergang vom Eigen-BS zu einem dazu bewegten BS' unmittelbar nur, wenn wir unserer Geometrie die Form

$$(33) \qquad ds^2 = dt^2 - (dx^2 + dy^2 + dx^2) = \text{inv.}$$

geben. Damit erhält die Metrik dieser Raumzeit die Signatur $(+ - - -)$. Statt des Pythagoräischen Lehrsatzes

$$(34) \qquad r^2 = x^2 + y^2$$

erhalten wir nun für das Quadrat eines Vektors als Funktion seiner Projektionen auf ein rechtwinkliges KS

$$(35) \qquad r^2 = y^2 - x^2,$$

so dass auch Nullvektoren $r^2 = 0$ bei nicht verschwindenden Komponenten möglich werden. Es sind dies alle Vektoren mit $y^2 = x^2$. In der neuen Geometrie gilt dies für alle Weltlinien von Photonen im Vakuum, sofern wir nur die Ereignisse in einer Raumzeit-Geometrie mit kartesischen KS beschreiben. Wir wollen diese Geometrie LORENTZ-Geometrie, in Zeichen L_4^k, nennen.

Unser nächster Schritt ist eine Intuition. Wir glauben nämlich, dass auch die Grundmerkmale der physischen Existenz mit der Zeit zusammenhängen. Existenz präsentiert sich uns immer in schöpferischem Geschehen: Nur was sich ereignet, ist in der Kosmo-, Bio- und Psychosphäre. Auch die in den Gehirn-Neuronen gespeicherten Daten des Gedächtnisses ereignen sich fortwährend als molekulare Strukturen des bewegten physischen Protoplasmas. Alle Grundmerkmale physischer Existoren, so glauben wir also, sind folglich Indikationen des Sich-Ereignens. Für den Spin und damit die Statistik ist dies evident. Für die elektrische Ladung ist es gleichfalls leicht einzusehen, wenn wir bedenken, dass es praktisch keine total abgeschirmten Teilchenladungen gibt und daher alle geladenen Teilchen dank der Einwirkung elektrischer und magnetischer Kräfte bewegt sind. Die sRT nimmt nun dank einer besonderen Grund-Intuition die träge Masse zum Objekt; offenbar weil sie als Theorie von Inertialbewegungen deren Grundparameter, die träge Masse, diskutieren muss. Wenn nun die Trägheit einem IS inhärent ist und ferner ein IS durch ein kartesisches KS in L_4^k darzustellen ist, so bietet sich die kühne Spekulation an, auch die Masse zu einem Koordinatenwert zu machen. Nun sind alle realen Weltlinien zeitartig. Es liegt also nahe, die Masse als Grundindex der physischen Existenz mit der Zeit-Koordinate in Zusammenhang zu bringen. Wir sagen: „Darauf zu projizieren", denn die Weltlinie projiziert ja auf Zeit und Raum.

Wir wollen also zunächst die Relativität der Zeit noch einmal möglichst durchsichtig machen. Wir folgen im weiteren der wundervollen Darstellung von TAYLOR und WHEELER:[1]

Wir wissen aus dem 6. Kapitel, dass die Masseinheiten für Längen- und Zeitintervalle durch die Schnittpunkte eines schiefwinkligen KS mit dem Hyperbelpaar

$$(36) \qquad\qquad t^2 - x^2 = \pm 1$$

festgelegt sind. Grundlegend ist dabei nach der Ableitung der sRT die Zeiteinheit. Diese wandert längs des oberen Hyperbelastes je nach dem Neigungswinkel φ der Geraden $t' = x_4 = \beta x_1$ zur t-Achse.[2] Fällt t' mit t zusammen ($\varphi = 0$), so legen alle Uhren in KS' = KS kürzere Zeiteinheiten zurück als in jedem anderen KS. Mit zunehmendem φ nimmt die Zeiteinheit zu, bis sie im limes für die Asymptoten

$$(37) \qquad\qquad t^2 - x^2 = 0$$

unendlich wird (siehe Zeichnung). Je grösser die Zeiteinheit, desto langsamer gehen die Uhren: Von einem Photon aus stehen alle stofflichen Uhren still. Der ein Ereignis darstellende Punkt in L_4^k wandert also mit der Zuordnung zu verschiedenen KS auf einer Hyperbel.

Schema XI[3]

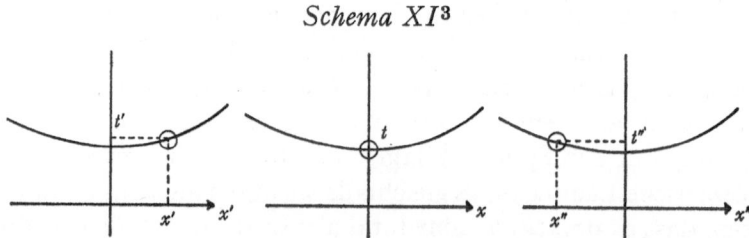

Die Zeit t gilt hier für ein Laboratorium, t' für eine Rakete und t'' für eine superschnelle Rakete. Für jede Zeichnung gilt die Hyperbelgleichung $t^2 - x^2 = t'^2 - x'^2 = t''^2 - x''^2 = +1$.

Wegen des Verbots der Ueberlichtgeschwindigkeit ist jede Ereignisdistanz eine positiv definite Grösse. Wir nennen sie

$$(38) \qquad\qquad \Delta\tau = \sqrt{\Delta t^2 - \Delta x^2}.$$

---

[1] a.a.O., p. 27 f. Von dort stammen auch die folgenden Zeichnungen (leicht verändert).
[2] Eine Verwechselung von $\beta = v/c$ mit dem kategorialen Zeichen β ist wohl ausgeschlossen. Im folgenden setzen wir $c = 1$.
[3] S. a.a.O. p. 27.

Im Eigen-BS verschwindet $-\Delta x^2$, und die Invariante $\Delta\tau$ bezeichnet das Eigenzeit-Intervall zwischen zwei genidentischen Ereignissen im Eigen-BS. Wir nennen daher $\Delta\tau$ die α-Zeit und bezeichnen sie mit t_α. Dementsprechend bezeichnen wir

$$(39) \qquad \Delta\sigma = \sqrt{\Delta x^2 - \Delta t^2}$$

als α-Raum, in Zeichen x_α.

Insofern die euklidische Geometrie das rein räumliche und das rein zeitliche Intervall invariant lässt, nennen wir sie α-Geometrie. Da L_4^k diese Intervalle nicht invariant lässt, nennen wir sie β-Geometrie. Insofern in der RIEMANNschen Geometrie die Masseinheiten der Intervalle durch variable metrische Koeffizienten (durch die Gravitation) transkreiert werden, nennen wir diese Geometrie γ-Geometrie[1]. Die geschichtliche und zugleich kategoriale Bewegung der Physik von der NEWTONschen zur EINSTEINschen Physik verlief also nach dem Schema

$$\alpha \to \beta \to \gamma.$$

Die Invarianz, oder wie wir künftig sagen, das Eigensein, wird also eingeschränkt. Eine weitere Einschränkung bringt die aRT: Hier gelten (33) und (35) nur lokal, da im allgemeinen Fall Interferenzglieder $g_{\mu\nu}$ mit $\mu \neq \nu$ auftreten. Der Uebergang zu den invarianten Ausdrücken $\Delta\tau$ und $\Delta\sigma$ ist also nur für die lokale Diagonalmatrix

$$(40) \qquad \begin{vmatrix} 1 & & & \\ & -1 & & \\ & & -1 & \\ & & & -1 \end{vmatrix} = \text{LORENTZmetrik}$$

möglich.

Im Gegensatz zur euklidischen Geometrie nimmt nun die zwischen den Ereignissen A und B verflossene Eigenzeit umso mehr ab, je schneller ein BS′ zum Laboratorium bewegt ist.[2]

Es ist also so, dass in der euklidischen Geometrie die Abweichung einer Linie von der y-Achse ein Mehr an rein räumlichen Intervallen bringt, während in L_4^k die gleiche Abweichung der Weltlinie von der t-Achse ein Weniger an Eigenzeit-Intervallen bringt. Je schneller also ein Teilchen gegenüber dem Laboratorium bewegt ist, desto langsamer laufen alle mit dem Teilchen verbundenen periodischen Vorgänge ab.

---

[1] Damit ziehen wir vorläufig in den Kategorialraum eine neue Dimension, die Transkreation γ, ein. Siehe Seite 267.

[2] Die Eigenzeit wird jetzt von BS′ aus beurteilt, ist also eine „Fremd-Zeit". Nur das im Eigensystem beurteilte Eigen-Zeit-Intervall ist invariant, denn diese Beurteilung muss auch von BS′ „respektiert" werden.

Schema XII zeigt das Modell für den Uhrenvergleich mit einer zur
Erde zurückkehrenden Rakete. Dabei werden beim Start die Uhren
gleichgestellt und bei der Rückkehr die Erdzeit $t = 16$ mit der Ra-
ketenzeit $t' = 13$ verglichen. Beide Eigenzeiten sind Invarianten: Dass
im Erd-BS 16 Zeiteinheiten vergingen, bis die Rakete zurückkehrte, im
Raketen-BS aber nur 13 Einheiten, kann durch keine KS-Transformation aus der Welt geschafft werden. Hingegen ergibt die *Projektion* der
invarianten 16 Erdzeiteinheiten auf das Eigen-BS der Rakete entsprechend den LT nur 13 Einheiten.

Welches ist nun der Zusammenhang zwischen träger Masse und der
Verbiegung einer Weltlinie? Damit münden unsere zunächst rein geometrischen Untersuchungen in den logischen Kontakt zwischen Masse
und Geometrie. Er geht noch nicht so weit, die *physische* Existenz der
Masse aus der Geometrie abzuleiten, enthält also keine Feldtheorie.
Auch die aRT postuliert nur eine feed-back-Wirkung der Metrik auf
die Massen, welche ihrerseits einen bestimmten metrischen Mechanismus auslösen. Vielmehr fragen wir hier nur nach der Masse als einer
Möglichkeit in U_{40}^{π}, noch nicht nach einer Wirklichkeit in einem
geometrisch geordneten Feld U_{04}^{p}. In dieser Formulierung haben wir
die Geometrie als einen protophysischen, über der Kosmosphäre liegenden Mechanismus, in Zeichen U_{40}^{π}, angenommen, das Feld hingegen als
ein Element der Kosmosphäre, das direkt einem geometrischen Mechanismus unterliegt, daher in Zeichen U_{04}^{p}. In der sRT mussten wir
die Metrik $(+ - - -)$ unabhängig von den Massen entwickeln. Wir
fragen daher unmittelbar nach dem Einfluss der Metrik auf die Massen, ohne ein feed back von den Massen auf die Metrik anzunehmen.
Hier ist also die Geometrie das logisch Frühere gegenüber der Masse,
diese aber das ontisch Vorhergehende: Sie existiert gewissermassen
vor jeder Metrik.

Dies ist indes ein Trugschluss: Die Trägheit soll sich nun als Widerstand gegen die Verbiegung der Weltlinie äussern. Dann aber ist die
gerade Weltlinie der einzig aufweisbare Ausdruck der kräftefreien
trägen Masse. Das Zuhandensein gerader Weltlinien setzt aber logisch
das Zuhandensein einer metrischen Geometrie voraus, die solche Weltlinien zulässt. Damit wird der Kreis der für die Trägheitsdarstellung
verfügbaren Geometrien eingeschränkt. Durch die Invarianzforderun-
gen gegenüber den LT wird er fast eindeutig auf L_4^k festgelegt. Diese
Forderungen und nicht das NEWTONsche Trägheitsgesetz legen also
die Geometrie für U_0^p (sRT) fest. Die träge Masse findet also bereits „ihre" Geometrie vor, ehe sie „handelt". Im U_0^p (sRT) herrscht

damit eine unaufhebbare *Dualität* von träger Masse und Geometrie.

Freilich herrscht auf dieser Stufe noch ein Uebergewicht der Geometrie, denn L_4^k ermöglicht das Trägheitsverhalten der Massen, nicht
aber ermöglichen diese L_4^k. Auch in einem massenfreien Raum, ja gerade in diesem hätten wir L_4^k anzunehmen. Diese Asymmetrie führt
dann logisch zur aRT. In EINSTEINS allgemeiner Feldtheorie wird sie
dann wieder eingeführt: Dort sind die Massen Singularitäten des Feldes. Freilich tritt dabei ein Bedeutungswandel des Ausdrucks „Geometrie" von U_{40}^π nach U_{04}^p ein, denn die Massen sind nicht Singularitäten einer menschlichen Konstruktion oder seines protophysischen
Korrelats, sondern eines realen Feldes.

Definieren wir die eine Weltlinie verbiegende Kraft mit WHEELER
als „a form of interaction". Dann haben wir im Prinzip immer *zwei*
sich wechselseitig verbiegende Weltlinien.

Schema XII

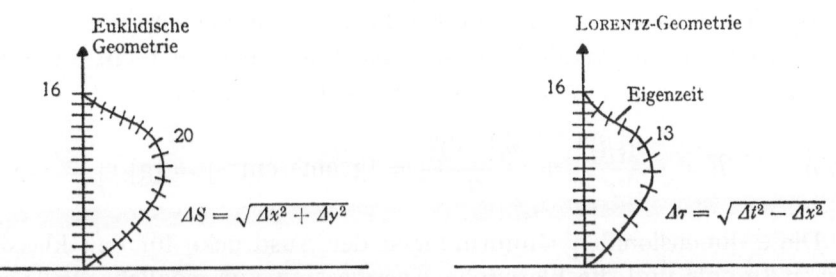

(nach TAYLOR-WHEELER).

Nach dem Ende der Wechselwirkung haben wir gleiche und entgegengerichtete Impulsänderungen der Teilchen A und B nach

(41) $$P_A = -P_B$$

Nächster Schritt: Wir suchen den Impuls in Masseneinheiten auszudrücken, damit das geometrische Verhalten des Impulses eine Information über das Verhalten der Masse gibt nach der klassischen Gleichung

$$p = m.v.$$

Dies setzt folgenden Ω-Satz voraus:

$\Omega^k(120)$: DIE STRUKTUR DER PHYSIK ALS EINER MOEGLICHEN WISSEN-
SCHAFT IST HOMOGEN.

Dies ist eines der stärksten heuristischen Prinzipien.

[1] S.a.a.O. p. 33.

Messen wir die Zeit s' in Lichtmetern (= die Zeit, welche ein Photon
zur Zurücklegung eines Meters braucht = ca 3 Nanosekunden) [1] und
übernehmen aus der klassischen Mechanik die Definition des Impulses,
so wird der Impuls in Masseneinheiten gemessen nach

$$(42) \qquad p = m.s/t = m.s/s' = [\text{g.cm.cm}^{-1}] = [\text{g}]$$

Durch Multiplizierung mit der Lichtgeschwindigkeit c können wir
immer zur NEWTONschen Definition des Impulses zurückkehren.

Wir wissen ferner, dass gemäss (24) der relativistische Impuls erhalten wird. Nun ist aber der durch (42) definierte Impuls keine Tensorkomponente. Also müssen wir T^{ik} so umformen, dass wir den
relativistischen Impuls in L_4^k darstellen können. Nun ist T^{io} mit
$i, = 1, 2, 3$ die zeit-räumliche Komponente des Massentensors. Es
liegt also nahe, den geometrischen Impuls als rein räumliche Komponente eines Vierer-Vektors P anzusehen.[2] Da nun die Energie T^{00}
die rein zeitliche Komponente des Tensors ist, so wollen wir versuchsweise die relativistische Energie als die Zeit-Komponente von P auffassen. Definieren wir die kinetische Energie wieder in Licht-Metern,
so wird E gleichfalls in Masseneinheiten gemessen nach

$$(43) \qquad E = \frac{m(s/t)^2}{2} = \frac{m(s/s')^2}{2} = [\text{g.cm}^2.\text{cm}^{-2}] = [\text{g}]$$

Diese dimensionalen Umformungen der Ausdrücke für den klassischen Impuls und die klassische Energie sind nur möglich, weil wir
in der Lichtgeschwindigkeit eine konstant gehende Uhr finden. Die
Homogenität und Isotropie von Raum und Zeit erzeugen also die Möglichkeit, die Ausdrücke für Impuls und kinetische Energie auf die
Masse zu reduzieren.

Wir nahmen eine imperiale Uebersetzung der Struktur von T^{ik} aus
U_5^k auf U_4^k vor. Wieder versuchen wir, das Verhalten der Komponenten von P durch die Erhaltungssätze zu finden. Unser Sollwert lautet:
Man finde das Erhaltungsgesetz für die Komponenten P^μ unter der
Forderung der Invarianz von P! Dieser Sollwert ist reine Konstruktion. Dann liegt der Einwand KANTs nahe, dass wir in der Definition
von Energie und Impuls als Vektor-Komponenten bereits deren Er-

---

[1] Wir bringen in einer Entfernung von $\frac{1}{2}$ m je einen Spiegel an und lassen ein Lichtsignal
zwischen den Spiegeln hin- und herwandern. Diese Vorrichtung kann dann als Uhr dienen;
die Zeiteinheit ist das Licht-Meter, gemessen in Raumeinheiten.
[2] In der Literatur heisst P ,,Energie-Impuls-Vektor" und hat die Komponenten $P^\mu =$
$= m_0 u^\mu$, wo m_0 die Ruhmasse und u^μ die Vierergeschwindigkeit $dx^\mu/d\tau$ bedeutet ($c = 1$).
Es gilt $P^i = \int T^{io} dV$.

haltung implizit voraussetzen. M.a.W. dass wir der Natur die Erhaltungssätze vorschreiben, weil wir die Erhaltungsgrössen bereits entsprechend definierten. Wenn aber unser Glaube an die Harmonie zwischen dem geometrischen Mechanismus und dem Teilchenverhalten berechtigt ist, dann haben wir mit der Definition des Viererimpulses und der Viererenergie mehr als nur eine Konstruktion erzeugt, sondern vielmehr eine transzendente π-Struktur der den Vektorkomponenten zugeordneten Verhaltensweisen der realen Teilchen. Dann gilt – wenn überhaupt – die Erhaltung nach WHEELER-TAYLOR ,,by the inner workings of the world's machinery".[1]

Was ist das Erhaltungsgesetz wert, wenn wir den Impuls gerade so definieren, dass er invariant erhalten bleibt? Sind die Folgesätze nicht bereits in der Definition enthalten?, kann man hinzusetzen. Antwort: Wenn wir bei einer Teilchenreaktion bereits die Impulse aller Teilchen kennen, dann wird die Impulserhaltung – wenn sie gilt – nicht per definitionem, sondern ,,by the inner workings of the world's machinery" aufrechterhalten. Ich füge hinzu: Der Weltmechanismus ist die Geometrie L_4^k! Es folgen WHEELERs und TAYLORs tiefsinnige Worte: ,,All the laws and theories of physics have this deep and subtile character, in that they both define for us the needfull concepts and make statements about these concepts... How far out of date is that view of science which used to say: 'Define your terms before you proceed!' The truely creative nature of any forward step in human knowledge is such that theory, concept, law and method of measurement – forever inseperable – are born in the world in union."[2]

Wir benötigen daher – immer nach TAYLOR-WHEELER – je eine Klasse von Experimenten zur Definition der Erhaltungsgrösse und zur Bestätigung der Erhaltung selbst.

Wir stützen uns bei der Definition des Impulses auf das Verhalten bei Teilchenstössen und den dabei auftretenden Messgrössen. Ziehen wir dann zum Test der Erhaltung eine andere Versuchsklasse, etwa Versuche mit Makrokörpern, heran, so gewinnen wir eine hohe Glaubwürdigkeit, dass wir in die Definition nicht bereits die Erhaltung hineinlegten. Dann aber müssen Definition und Erhaltung einen Counterpart in der π-Sphäre besitzen, der gerade das Verhalten von Teilchen und Körpern steuert. Neu ist hier gegenüber der operativen Zeit-Definition, dass der Impuls und die Energie gerade nicht primär auf mögliche Beobachtungen zurückgeführt werden, sondern *zuerst* als

---

[1] a.a.O., p. 102.
[2] *dto.*

mathematische und geometrische Objekte konstruiert werden und erst nachträglich der physikalische Sinn dieser Definitionen durch einen Struktur-Test ihrer Erhaltung bestätigt wird. Ich möchte daher dieses Verfahren konstruktiv-operationell nennen.

Wir legen nun die Richtung der Invariante P fest. Heuristisch bietet sich die Richtung von ds an, da ja auch $ds =$ inv. ist und aus einer rein räumlichen und einer rein zeitlichen Komponente aufgebaut wird. Wir behaupten als Pseudo-Ω-Satz: Das absolute Verhaltensmerkmal eines Teilchens wird in U_4^k durch einen invarianten Vektor in Richtung der Tangente an die Teilchen-Weltlinie erzeugt. Wir gehen von einem IS aus. Dann ist die Weltlinie, wie wir sagen, eine Gerade in L_4^k. Wir können also für die Verschiebung von A nach B den invarianten Verschiebungsvektor $AB = (dt^2 - dx^2)^{\frac{1}{2}} = d\tau$ konstruieren:

Schema XIII

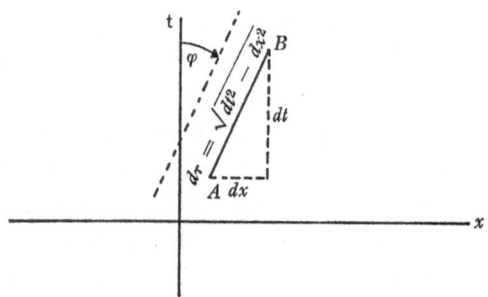

(nach TAYLOR-WHEELER)[1]

Seine Komponenten sind dt, dx. Wir dividieren AB durch das Eigenzeitintervall $d\tau$ und erhalten den Einheitsvektor **1** in Richtung des Weltlinienelements $ds = AB$. Seine Komponenten sind

$$dt/d\tau = \frac{1}{\sqrt{1 - \tanh^2\varphi}} = \cosh\varphi \text{ und } dx/d\tau = \frac{\tanh\varphi}{\sqrt{1 - \tanh^2\varphi}} = \sinh\varphi,$$

mit $\dfrac{dt}{dx} = \tanh\varphi$ und $\varphi =$ Neigungswinkel der Weltlinie zur t-Achse.

Nun haben wir das Recht, rein formal den Einheitsvektor mit einem Skalar m zu multiplizieren. Dadurch wird die Länge des Vektors festgelegt, während seine Richtung durch die „Geschwindigkeit" in L_4^k bestimmt ist (also nicht durch die reale Geschwindigkeit im 3-dimensionalen Bezugsraum eines Laboratoriums!). Wir bezeichnen $m.\mathbf{1} =$

[1] S. a.a.O., p. 111.

$= m.d\tau/d\tau$ als invarianten Vierervektor der Masse, kurz als ,,Massen-vektor'' $M \equiv P$. Wir erkennen im Energie-Impulsvektor P jetzt den Massenvektor M.[1] Aber haben wir dazu das Recht? Zunächst ist die Grösse m nur ein Symbol ohne physikalische Deutbarkeit. Um m zu deuten – also in m die beobachtbaren Trägheitswiderstände wiederzu-erkennen – müssen wir ähnlich wie bei T^{ik} die arithmetische Struktur seines Verhaltens testen. Nun nehmen aber bei Teilchenreaktionen zueinander bewegte Eigen-BS teil, also können wir auch die Kom-ponenten $m.dt/d\tau$ und $m.dx/d\tau$ deuten. Wir behaupten aufgrund einer Information aus U^k_5 in Analogie zu T^{ik}, dass

$$(44) \qquad \left. \begin{array}{l} m.dt/d\tau \doteq \text{Energie} \\ m.dx/d\tau \doteq \text{Impuls.} \end{array} \right\}$$

Dann gilt die Grundgleichung

$$(45) \qquad m^2 = E^2 - p^2$$

Indem wir also die Invariante P als $m.d\tau/d\tau$ deuten, deuten wir auch die relativen Komponenten. Nun können wir in U^k_4 (sRT) keine Erhaltungssätze ableiten, denn hier finden wir nur den Aufbau von geometrischen Objekten, nicht von arithmetischen. Hingegen können wir an L^k_4 unmittelbar die Messwerte von P^μ und seinen Komponenten ablesen und aufgrund einer Uebereinstimmung mit den c^k_3-Werten den Schluss ziehen:

Wenn sich die Werte c^k_4 ebenso verhalten wie die Werte c^k_3, so bezeichnen die c^k_4 ihnen entsprechende Verhaltensmerkmale in U^p_0. Dieser Satz ist eine Anwendung von $\Omega^k(120)$. Er wird notwendig von jedem Physiker angenommen, der in dem Zeichen ,,m'' unserer Vektor-Ausdrücke ein Verhaltensmerkmal von physischen Existoren erkennt.

Nun zeigt die ganze Physik, dass die in (44) formulierten Entsprech-ungen durch die Messwerte der Komponenten von P gerechtfertigt sind. Die relativistischen Werte folgen genau dem Faktor

$$\frac{dt}{d\tau} = \frac{1}{(1 - \tanh^2\varphi)^{\frac{1}{2}}} = \frac{1}{\sqrt{1 - v^2/c^2}}.$$

Ferner zeigt sich in U^k_3, dass die Grösse

$$(46) \qquad M^2 = (m.d\tau/d\tau)^2 = m^2 = E^2 - (p_x^2 + p_y^2 + p_z^2)$$

eine Invariante ist und in einem System reagierender Teilchen für E und

---

[1] $P^0 = m.dx^0/d\tau$. Im Eigen-BS wird $x^0 = \tau$ und $P^0 = m.d\tau/d\tau$, $P^k = 0$ mit $k = 1, 2, 3$.

p_x, p_y, p_z Erhaltungssätze gelten. Damit ist m in U_0^p als invariante Ruhmasse eines Teilchens oder Teilchensystems identifiziert.

Man kann fragen: Wozu der Aufwand? Antwort: Wir haben in $m.1 = M$ eine neue Masse gefunden. Sie unterscheidet sich von der klassischen durch ihre Verknüpfung mit der Eigenzeit und durch die Zerlegung in die relativen Komponenten Energie und Impuls. In der kM gab es diesen Zusammenhang nicht; Energie, Impuls und die in den Impuls eingehende Bewegungsmasse waren invariant. Es ist nicht die Masse des Universums der kM, die wir hier wiedererkennen, sondern nur ihr homonymes Analogon. Die neue Masse ist eine geometrische Wesenheit, keine originär physische. Und zwar erzeugt durch eine von der euklidischen abweichende Geometrie L_4^k mit der Signatur $(+ - - -)$ statt $(+ + +)$ wie in der Geometrie der kM.

Den einfachsten Test liefert die Findung der Triton-Masse m_3 aus der Reaktion [1]

H^2 (1.808 MeV) + H^2 (ruhend) → H^1 (sehr schnell) + H^3 (schnell)
nach der Vektorgleichung

$$(47) \qquad (M_3)^2 = m_3^2 = \bar{E}_3^2 - (\bar{p}_3^x)^2 - (\bar{p}_3^y)^2 - (\bar{p}_3^z)^2$$

(die gestrichenen Zeichen bedeuten die Werte nach der Reaktion).

Der beobachtete Wert ist demgegenüber nur um 2.10^{-6} verschieden. Die LORENTZ-geometrische Erzeugung der Ruhmasse ist also mit einer Genauigkeit von zwei Millionsteln getestet! Mit eben dieser Genauigkeit ist es erlaubt, die Ruhmasse als die Realisierung eines invarianten Vektors $M = m.d\tau/d\tau$ anzusehen.

Ein besonders einleuchtender Aufweis für die LORENTZgeometrie mit $m^2 = E^2 - p^2$ ist übrigens das Verschwinden von m^2 bei $v/c = 1$ aus $p = E$ für Photonen und Neutrinos (möglicherweise auch Gravitonen).

Die Findung der Tritonmasse durch das o.g. Verfahren in der Noosphäre entspricht einer echten Erzeugung. Nehmen wir nämlich das Gesamtsystem der reagierenden Teilchen, so können wir es als den Ablauf eines abstrakten Mechanismus betrachten, in dem aus einer vorhandenen Anfangslage $(H^2 + H^2)$ eine Endlage $(H^3 + H^1)$ erzeugt wird. Dann ist die Tritonmasse kein „unangreifbares Merkmal", sondern das opus einer Generierung durch eben jene Gleichungen (45) bis (47). Natürlich erzeugt nicht der Mensch die Tritonmasse. Was er erzeugt, ist nur das Symbol m_3^2 und der ihm intentional zugeschriebene Sinn. Aber wir müssen annehmen, dass ein abstrakter π-Mechanismus

---

[1] Nach a.a.O., p. 126 f. Siehe Anhang VI.

für den beobachteten Wert von m_3^2 verantwortlich ist. In ihn geht, wie immer er auch beschaffen sein mag, die metrische Grundform

$$ds^2 = dt^2 - dx^2$$

ein.

WHEELER und TAYLOR geben einen eindrücklichen Hinweis für die rein geometrische Erzeugung der Tritonmasse [1]: Aehnlich wie wir bei Kenntnis einer bestimmten Geometrie eine Strecke r berechnen können, wenn ihre Projektionen auf die x- und y-Achse bekannt sind, so lässt sich auch die Tritonmasse rein geometrisch berechnen. Dabei werden nur die Erhaltungssätze, der LORENTZ-Raum und die Fundamentalform zur Berechnung der Ruhmasse herangezogen.

Hier gehen folgende Informationsströme aus:

Schema XIV

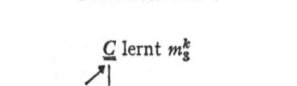

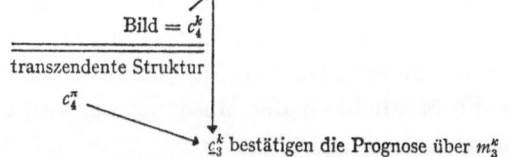

WHEELER spricht diesen Sachverhalt lapidar aus: ,,Every application on the law of conservation of momentum and energy is a statement about a polygon built of 4-vectors in spacetime." [2]

7. VOM WESEN DER MASSE

PLATON hätte das Wesen der Masse in ihrem anschaulichen Urbild gesehen, dem sie nachgebaut ist. Wir müssen diesen Mechanismus einer philosophischen Deutung reformieren. Einmal ist die Masse als Messwert der unanschauliche Trägheitswiderstand. Sie ist erst in U_4^k anschaulich zu *machen*. Dann freilich ist sie einem geometrischen Bild, dem Vektor P, zuzuordnen. Aber hier zeigt sich eben die ganze Problematik der PLATONschen ,,Teilhabe", der methexis. Zunächst ist die Masse als Verhaltensindex nicht nur einem, sondern mindestens zwei ,,Ideen" nachgebildet, nämlich T^{00} in U_5^k und P in U_4^k. Beide ,,Ideen"

---

[1] a.a. O., p. 129 Fig. 93.
[2] a.a.O., p. 131.

sind gegenseitig nicht austauschbar, also nicht synonym, sondern entspringen völlig verschiedenen Operationen des Menschen. Und hier liegt der dritte Unterschied zu PLATON. T^{00} und P sind gerade nicht im metaphysischen Gedächtnis vorgefunden, sondern bewusst konstruiert. Wir haben den Gang der Erzeugung in der Noosphäre verfolgt. Nun würde PLATON einwenden: Sie führen nur zu getesteten Prognosen, weil ihnen transzendente Ideen entsprechen. Hier hätte er recht. Die Masse ist, so glauben wir, diesseits aller menschlichen Konstruierbarkeit als reine, aber bestimmte Möglichkeit für die Teilchen zuhanden, damit diese überhaupt ein Trägheitsverhalten und unter genau jenen Strukturen zeigen können, wie sie von den obigen Gleichungen vorausgesagt werden. Wir müssen also zur k-Masse noch eine π-Masse hinzudenken – freilich nur als Forderung, denn im aktuellen Sinne zu denken ist die π-Masse nach Voraussetzung nicht.

Wenn wir nun vom Wesen der Masse sprechen, so meinen wir genau m_4^k und m_5^k. Auf m_4^k verweist ein Vektor in L_4^k, auf m_5^k ein Tensor der MINKOWSKIwelt. Nun ist das noch eine sehr einfache Zuordnung der k-Masse zur postulierten, unerreichbaren π-Masse. Wir können innerhalb von k nach den Strukturen und Merkmalen suchen, die genauere Hinweise auf π ermöglichen. Dabei zeigt sich zunächst folgendes: Verantwortlich für die Möglichkeit der Masse ist der LORENTZ-Raum L_4^k. Da T^{00} durch seine Transformationseigenschaften definiert ist, müssen wir auch T^{00} dem Raum zuordnen. Damit wird auch für die Erzeugung von T^{00} in letzter Instanz der Raum verantwortlich. Der Raum erweist sich somit nicht nur für die Möglichkeit der Inertialbewegung, sondern auch der *Existenz* von IS als notwendige Bedingung. Wenn wir hier von ,,Raum'' sprechen, so meinen wir genau das transzendente, geometrische Universum U_5^π der sRT.

Alle Eigenschaften der Masse folgen letztlich aus der homogen-isotropen Struktur des LORENTZ-Raums. Diese ist also die transzendente Bedingung für die speziellen Strukturen, denen die Masse folgt. Dies ist der Inhalt eines Glaubenssatzes

$\Omega^{k\pi}(121)$: FUEHRT DIE ERZEUGUNG EINES ELEMENTS IN EINEM SPEZIELLEN U_4^k ZU GETESTETEN VORAUSSAGEN UEBER DAS PHYSICHE KORRELAT VON DESSEN GEOMETRISCHEM VERHALTEN, SO SIND WIR BERECHTIGT ANZUNEHMEN, DASS EIN KORRELAT VON U_4^k IN DER π-SPHAERE DAS ENTSPRECHENDE VERHALTEN IN DER KOSMOSPHAERE ERMOEGLICHT UND STEUERT.

Daraus folgt sofort ein Satz über die Homogenität der Physik, soweit sie die gleiche Geometrie benutzt:

$\Omega^k(122)$: DIE STRUKTUR DER PHYSIKALISCHEN THEORIEN GLEICHER
GEOMETRIE IST HOMOGEN.

Das heisst in unserem Fall: Wenn L_4^k als ein transzendenter Apparat
c_4^π die Ereignisse steuert, dann folgen alle Merkmale der Ereignisse, die
durch Komponenten invarianter Objekte darzustellen sind, den gleichen Transformationen wie die Koordinaten, denen sie zugeordnet
sind. Haben wir also einmal die LT für die räumliche und die zeitliche
Koordinate gefunden, so unterliegen auch E und p_x, p_y, p_z den gleichen LT, und zwar in eben der gleichen Weise wie die ihnen zugeordneten Koordinaten t, x, y und z. Das ist gar nicht selbstverständlich
und nicht beweisbar, denn zunächst hat ja der Impuls mit den räumlichen Koordinaten und die Energie mit der Zeit nichts zu tun. Ihre
Erzeugung als Vektorkomponenten, genau als Projektionen der invarianten Ruhmasse auf Raum und Zeit, ist reine Kreation und aus
der Erfahrung vor dem Test nicht zu rechtfertigen. $\Omega^k(122)$ wird also
von Gleichung (44) vorausgesetzt: Energie und Impuls folgen geometrischen Operationen, nämlich die Energie der Operation $[dt/d\tau =$
$= \cosh \varphi].m$ und der Impuls der Operation $[dx/d\tau = \sinh \varphi].m$. Auf
die Invariante m wirken also eine Art „Operatoren" ähnlich den Her-
miteschen Operatoren der QM auf ψ. Dabei entsprechen den „Operatoren" in U_4^k(sRT) sogar „Eigengrössen", nämlich die im BS (x, y, z, t)
beobachtbaren Messwerte von E und p_x, p_y, p_z. Natürlich sind wegen
$[p_x, x] = 0$ und $[H, t] = 0$ in U_5^k(sRT) alle Werte für Energie und
Impuls erlaubt. Verantwortlich für die Relativität von Energie und
Impuls ist also ihre geometrische Zuordnung zur Masse. Man kann
auch sagen: Ihre Relativität wird durch eine bestimmte Operationsfolge in L_4^π erzeugt. Damit erweist sich die π-Geometrie als von demi-
urgischer Kraft gegenüber den Verhaltensweisen des Kosmos und
seiner Teilchen.
    Dabei ist für die quantitative Abweichung des LORENTZ-Ausdrucks
für den Impuls vom NEWTONschen Ausdruck allein der Unterschied
zwischen der Eigenzeit τ und der Bezugszeit t des Beobachters verantwortlich. Statt des klassischen Ausdrucks

haben wir jetzt $\qquad$ Impuls $=_{Df} m.dx/dt$

$\qquad$ Impuls $=_{Df} m.dx/d\tau$ mit $dt \neq d\tau$ ausser im Eigen-BS.

    Wieder einmal zeigt sich die Zeit als Grund-Mass physischen Ver-
haltens.

Einstein fasste die Masse noch nicht als invarianten Vierervektor auf, sondern unterwarf sie ebenso wie räumliche und zeitliche Abstände der LT nach

$$(50) \qquad m = \frac{m_0}{\sqrt{1 - v^2/c^2}}$$

Hier wird aber der geometrische Grund für die Relativität von Impuls und Energie verdrängt, und man hat den Eindruck, die Masse sei eo ipso eine relative Grösse, eine Funktion von v^2. In diesem Fall wird dann der Impuls definiert durch

$$(51) \qquad p_x = m_{\text{korrigiert}}(dx/dt)$$

mit

$$(50^a) \qquad m_{\text{korrigiert}} = m(dt/d\tau) = m(1 - v^2/c^2)^{-\frac{1}{2}}$$

Dies ist rechnerisch natürlich korrekt und millionenfach getestet. Aber wir können als Sollwert eine geometrische Operationsfolge unter maximaler Benutzung von Invarianten aufstellen. Setzen wir $m = $ inv. und benutzen statt dt jetzt die Invariante $d\tau$, so kommen wir sofort zu den relativistischen Formeln für E und p_x als opus der Zeitverschiebung $dt \to d\tau$. Damit werden die Gründe für die Relativität von Impuls und Energie vereinfacht.

Kategorial folgt daraus aber eminent Wichtiges: Die Eigenmasse jedes störungsfreien Teilchens ist eine Invariante, die durch alle Positionen, Zeiten und Perspektiven hindurchgetragen wird. Damit ist das Teilchen mit Ruhmasse ein Sich-selbst-Gehörendes, Eigenseiendes, durch keine Perspektive oder Raumzeit-Metrik beeinflussbar. Auch in der aRT bleibt die Ruhmasse invariant. Die Eigenmasse erweist sich damit als Indikator der irreduziblen physischen Existenz, als der eigentliche Kern des „Stoffs".

Wir haben damit die „Materialisierung" der Welt bis zum Extrem vorgetrieben. Aber nur, um sofort wieder zu den Strukturen umzukehren. Die Ruhmasse – oder wie wir sagen werden: die α-Masse – ist nur eine Invariante, weil sie geometrisch mit dem Eigenzeitelement $d\tau$ verknüpft wird. Die Verantwortung für die Invarianz trägt ja L_4^k. Invarianz ist nur unter Angabe der Transformationen sinnvoll auszusagen, denen gegenüber sie erhalten bleibt. Die Ruhmasse ist zunächst nur L-invariant. Dies ist das inverse Gegenstück zur bezugsabhängigen Definition ihrer relativen Komponenten. Die Möglichkeit eigenseiender, physischer Existenz ist eine Folge der Geometrie.

Die Ruhmasse ist also kategorial der Energie und dem Impuls über-legen. Aber sie verdankt diese Ueberlegenheit nicht sich selbst, son-dern der Struktur einer Geometrie. Ihre Ueberlegenheit ist delegiert. Eigensein ist kein esse per se, sondern ein esse per geometriam. Sollte man versucht sein, auf die Ruhmasse den aristotelischen Substanzbe-griff anzuwenden, so wäre dies falsch: was von ihr als ihr „Eigentli-ches" ausgesagt wird, ist gerade etwas Geometrisches, nicht den phy-sischen „Substanzen" als solchen Zugehöriges.

Aber was heisst: Die Energie ist eine Komponente von m? Folgen wir den Operationen in U_4^k, so heisst dies genau: m projiziert auf t und erzeugt E. In einer nicht-technischen Sprache: E ist m in der Projek-tion von m auf t. Wir können dies formal durch das Skalarprodukt $E = (m, t)$ ausdrücken, wenn wir auch t als Einheitsvektor auffassen. Damit wird die Energie als reine Möglichkeit in U_4^k erzeugt: Ohne das gäbe es in U_0^p kein Merkmal Energie.

Die Folge dieser Art Erzeugung der Energie als Möglichkeit ist ein tatsächlicher, nicht nur möglicher Zusammenhang zwischen Masse und Energie: Ueberall, wo in U_0^p Masse auftritt, ist ihr nach (44) ein Energiebetrag zuzuordnen. Da kein Teilchen aus dem Lichtkegel ent-weichen kann, hat es stets eine zeitartige Weltlinie, also fortlaufende Eigenzeit und damit Energie. Analoges gilt für den Impuls. Die räum-lichen Projektionen von m sind jedoch im Eigen-BS wegtransformier-bar. Die Energie eines Teilchens ist durch keine Transformation auf-zuheben, wohl aber sein Impuls.

Entwickeln wir E in eine Reihe, so erhalten wir

$$(52) \qquad E = m(1 - \beta^2)^{-\frac{1}{2}} = m(1 + \beta^2/2 + 3\beta^4/8 + \dots)$$

$m(1 - \beta^2)^{-\frac{1}{2}}$ ist aber der bekannte Ausdruck für die korrigierte (relati-vistische Masse). Damit ist die perpektivische Masse als eine Projek-tion der Eigenmasse erklärt und zugleich der Ausdruck für die Energie: Die relative Masse ist Energie!

Wir deuten den zweiten Term als kinetische Energie und den ersten als Ruhenergie (in konventioneller Schreibweise $E_0 = mc^2$). Dass ein Teilchen auch im Eigen-BS eine der Masse äquivalente Energie besitzt, ist eine Einsicht, die nicht aus der „Natur" der Masse fliesst, sondern aus der Natur der Geometrie. Die Erhaltungsgesetze sind nur kovari-ant, wenn wir auch die Ruhenergie mc^2 einbeziehen: Nach der Kern-fusion einer H-Bombe würde anderenfalls die Zerstrahlung von Ruh-masse das Energieerhaltungsgesetz verletzen. Aus $E_0 = m$ folgt wieder-um der relativistische Ausdruck für die kinetische Energie

(53) $E_{\text{kin}} = E - E_0 = m\cosh\varphi - m = m(\cosh\varphi - 1) =$

$\qquad = m[1/(1 - \beta^2)^{\frac{1}{2}} - 1],$

woraus wiederum folgt, dass bei ständiger Beschleunigung die kinetische Energie schliesslich über alle Maßen wächst, so dass keine noch so grosse Energie dem Teilchen eine höhere Geschwindigkeit verleihen kann.

8. ALPHA-STRUKTUR UND ENERGIE

Wir können nun das Reich U_9 näher umgrenzen. Es gelte der Ω-Satz:

$\Omega^\pi(123)$: ES GIBT EIN TRANSZENDENTES REICH DER MAXIMAL ABSTRAKTEN STRUKTUREN, WELCHE DIE ERMOEGLICHUNGSGRUENDE UND ZUGLEICH DIE STEUERUNGSMECHANISMEN DER PHYSISCHEN EXISTENZ LIEFERN.

Dabei zeigt sich folgendes: Der Grundmechanismus der Erzeugung physischer Existenz als reiner Möglichkeit ist die Inertialstruktur des LORENTZ-Raums

$$(54) \qquad g_{ik} = \begin{vmatrix} +1 & & & \\ & -1 & & \\ & & -1 & \\ & & & -1 \end{vmatrix} = \eta_{\mu\nu}$$

Ich bezeichne diese Form als Inertialstruktur oder α-Struktur. Ohne sie gäbe es keine spezielle Relativität, ohne diese keine Aequivalenz aller IS und damit überhaupt kein Eigensein von mehr als höchstens einem physischen System, dem Substrat des absoluten Raums. Wir wollen die Aequivalenz in Bezug auf die Gültigkeit der Naturgesetze als *nomologische Aequivalenz* bezeichnen, kurz *Nomo-Aequivalenz*. Dann ist die Nomo-Aequivalenz verantwortlich für die Pluralität der Eigen-BS. Dies ist der genaue Sinn von ,,Eigen-Sein''.

Verantwortlich dafür ist in letzter Instanz die RIEMANN-Metrik mit lokaler Transformationsmöglichkeit

$$g_{\mu\nu} \to \eta_{\mu\nu}$$

Wir haben das Eigensein mit α bezeichnet. α ist weder ein imperialer noch modaler modus und bezeichnet damit eine neue ,,Dimension'' in U_9. Erst jetzt haben wir in die imperiale und modale Analyse das physische O b j e k t eingeführt. Die Erzeugung des physischen Objekts als reiner Möglichkeit ist daher psychologisch primär, ontologisch kommt sie spät. Das hängt damit zusammen, dass erst die Strukturen bereitliegen müssen, welche das physische Eigensein ermöglichen. Strukturen sind daher gegenüber dem Existenten ontisch vorgeordnet; ein ontisches Apriori, würden wir sagen. Nun ist die physische Existenz als konkretes Objekt zweifellos mehr als ihre reine Möglichkeit. Dieses Mehr wird genau durch die Wirkfähigkeit ausgedrückt: Strukturen wirken nicht, sie ermöglichen und steuern.

Dabei ist es in hohem Mass bedeutsam, dass die gleichen raumzeitlichen Strukturen, welche das Verhalten von IS steuern, zugleich ihre Existenz ermöglichen. Die Natur geht hier den einfachsten Weg, indem sie den gleichen Mechanismus mit mehreren Funktionen ausstattet. Der Unterschied zur Steuerung des Verhaltens ist nun der, dass die steuernden Strukturen der Raumzeit (die Bewegungs- und Erhaltungsgesetze) zu ihrer Geltung keiner Energie bedürfen, während die Existenz der IS selbst ohne die sie generierende Energie ihrer Vorgänger-Systeme nichts ist. Der letzte Kern der physischen Existenz ist daher dual aus Struktur plus Energie komponiert. Die Energie bedarf der Möglichkeit des Eigenseins, um sich als Trägheitswiderstand und damit als ein Sich-Selbst-Behauptendes zu manifestieren. Umgekehrt bedarf die Möglichkeit, die in den reinen Strukturen (54) festgelegt ist, der Energie, um sich zu verwirklichen.

Bereits hier sehen wir die Struktur des Grund-Mechanismus der Existenz:

$$(55) \qquad \sigma_4^\pi(0) . E_0^p \equiv E_0^p . \sigma_4^\pi(0) \Rightarrow \alpha_0^p$$

σ und E sind also in U_9 vertauschbar: Es ist gleichgültig, ob wir sagen, die Struktur müsse auf die Energie wirken, um Eigensein zu erzeugen, oder die Energie auf die Struktur. Beide sind ohneeinander ohnmächtig: Energie und Struktur sind gleicherweise „ungeboren". Es ist, als stünden beide in einem polaren Verhältnis wie die Elternteile der Bio-Sphäre. Nur dass ihr „Kind" kein von ihnen Geschiedenes, sondern die Verwirklichung beider durch ihre gegenseitige Verschmelzung ist. Genau dies ist, was ich als physische *Selbst-Verwirklichung* bezeichnen möchte.

Wir sehen am Mechanismus (54), wie unrecht HEGEL hatte, als er die Konkretisierung des Logischen über den Weg seines Ausser-sich-Seins postulierte. Der Mechanismus $\pi \to p$ vollzieht sich nicht über eine Selbst-Entfremdung des Logischen, wenn wir einmal vom Unterschied zwischen Hegels Begriff des Logischen und unserem Begriff der

Raumzeit-Struktur absehen. Die Struktur (54) entfremdet sich nicht, wenn sie in die Energie „eingeht" im Sinne der WHITEHEAD'schen „ingression" der eternal objects. Im Gegenteil, sie *verwirktlich* sich. Nur geht sie dabei in die „Tiefe". Sie ist nicht mehr unmittelbar an den Ereignissen abzulesen, sie „geht in ihnen auf", verbirgt sich und steuert sie von innen. Wenn wir die Struktur (54) als das aktive Element auffassen, so dringt es in das passive, die Energie, ein und durchdringt sie von innen. Erst so kann die physische Existenz als ein opus beider zustandekommen. Dabei vollzieht sich zugleich eine neue Wertung beider Komponenten: Während HEGEL im Logischen das Primäre sieht, worin er der PLATONschen Tradition folgt, müssen wir in Struktur und Energie zwei gleichwertige Komponenten des Seienden sehen. Damit haben wir einen grundlegenden Schritt sowohl vom Idealismus als auch vom Materialismus weg zu einer Wert-Gleichheit der Seins-Komponenten vollzogen. Ebenso wie Mann und Frau nicht zueinander primär sein können, weil keines ohne den anderen ein Ganz-Wirkliches ist, so auch nicht Struktur und Energie: Erst beide zusammen zeugen Existenz. Damit wird aber eine neue Wertung der kosmischen Welt selbst vollzogen: Jeder Existor und jedes von Existoren erzeugte Ereignis ist eben schon komponiert, ist schon Energie plus Struktur, genauer: Energie in Kommunikation mit Struktur.

Denn damit Struktur mit Energie sich vereint, bedarf es einer Kommunikation zwischen beiden. Auch Mann und Frau würden nicht eine Familie bilden können, gäbe es nicht das Prinzip der Familie. Mit anderen Worten, der schöpferische Eros als ein die Struktur und die Energie verknüpfendes Prinzip wird von der Erzeugung der Existenz vorausgesetzt.

Was ist er nun? Weder Struktur, denn diese setzt ihn voraus, noch Energie, denn diese bedarf der Struktur. Wir haben also ein konkret wirkendes Etwas anzunehmen, das Struktur und Energie ebenso verknüpft wie der Schöpfer in Mann und Frau den ziel-suchenden Eros legte. Es ist der abstrakte Eros, der den Menschen auf ein Ziel hin richtet. Wo immer schöpferisches Tun sich vollzieht, sei es in der Bio-, Psycho- oder Noosphäre, dort ist Hoffnung und Ziel-Wollen am Werk. Ihm verdankt das Sein die Erzeugung neuen Seins. Diese Ziel-Gerichtetheit ist nun kein personales Etwas wie Mann und Frau selbst; es gibt keinen Gott „Eros". Vielmehr hat der letzte Ursprung von Mann und Frau in beide eine Richtung gelegt, auf die hin sie ihr Hoffen und Wünschen richten. Diese Richtung ist ihnen beiden grundeigentümlich. Sie finden nicht Ruhe, bis sie sich auf den Weg machen, um dem Ziel nachzugehen. Aehnlich können wir annehmen, dass Struktur und Energie nicht sich selbst genügend bestehen können, sondern nur aufeinander gerichtet mit dem Ziel, die physische Existenz zu erzeugen. Die π- und p-Sphären haben also kein absolut autonomes Sein, sondern ein gerichtetes. Ihre Autonomie ist nur provisorisch, ähnlich wie bei Mann und Frau. Andererseits hebt auch ihre Verschmelzung in der Existenz ihre provisorische Autonomie nicht gänzlich auf, denn es gibt – wenigstens für uns – keinen Mechanismus, der uns erlaubte, in einem Existor oder Ereignis Struktur und Energie als identisch anzusehen. Anderenfalls könnten wir direkt die Mathematik im Experiment erleben. Wir alle wissen schmerzlich, dass dies nicht der Fall ist.

Ich nenne nun den schöpferischen Eros der Naturwirklichkeit keinen Gott, kein personales concretum, sondern ein opus Gottes. Es ist genau die Ziel-Gerichtetheit von Struktur und Energie, ihr Aufeinander-Angewiesensein, das sie in der Existenz zu ihrer Erfüllung drängt. Struktur und Energie sind gewissermassen keine ewigen, sich selbst genügenden Ideen, sondern immer schon dynamisch, geladen, gerichtet, sich selbst aufbrechend zur Verschmelzung. Aber eben dieses Gerichtet-Sein kann nicht wieder aus ihnen selbst abgeleitet werden. Sie selbst sind dafür nicht verantwortlich, sondern ein anderes. Wieder stossen wir auf den lógos kosmikós als den Schöpfer der abstrakten Vereinigung von Struktur und Energie. Er setzt das Prinzip, das wir den Eros der Welt nennen wollen. Wohlbewusst, dass darunter kein neuer Gott, sondern eine spezifische Schöpfungsweise des einen Gottes zu verstehen ist.

Das Zusammenwirken von Alpha-Struktur und Energie in U_9 besitzt nun einen direkten Niederschlag in U_4^k. Wenn wir nämlich wieder die Ruhmasse als α-Masse bezeichnen, dann lässt sich zeigen, dass im Ruhsystem α-Masse und Energie zusammenfallen. Was in U_9 durch den schöpferischen „Eros" als Grundoperation des lógos kosmikós bewirkt wird, zeigt sich in U_{40}^k direkt als Identität. Aber nur in U_{40}^k, denn Trägheitswiderstand und latente Zerstrahlungsenergie sind eben nur numerisch gleich (bei $c = 1$), nicht aber in ihrer Weise, erlebt zu werden. Sonst wäre ja die stoffliche Welt Strahlung und die Strahlung Stoff. Also bleibt in U_0^p die Eigenart beider Partner bewahrt.

9. DIE KATEGORIALE AUFSPALTUNG
VON MASSE, ENERGIE UND IMPULS

Die Raumzeit ist selbst bei fixierter Metrik kein statisches Gebilde. Auch sie unterliegt schöpferischen Operationen. Es sind dies die Erzeugung von BS und die mit ihrer Hilfe vorgenommenen Operationen der Transformation. Wer vollzieht sie? Wer begründet sie? Auch hier können wir annehmen, dass nicht menschliche Koordinaten und Transformationen Impuls und Energie als Projektionen der Ruhmasse hervorbringen, sondern der lógos kosmikós. Hingegen kennen wir den Mechanismus, der die eigenseiende Existenz zu ihrer vollen Konkretisierung bringt. Es ist die Projektion der Ruhmasse auf ein bestimmtes – und nur immer ein bestimmtes – rein räumliches Koordinatensystem (KS), welche den Impuls erzeugt und die Projektion auf die Zeitkoordinate, welche die Energie erzeugt. Dabei fallen Ruhenergie und Ruhmasse im Eigen-BS zusammen. Nun haben wir jede Information über eine invariante Grösse als opus einer Signalisierung = Kommunikation erkannt. Die Kommunikation bezeichneten wir durch das Symbol β. Dann ist die α-Masse immer nur dank einer Kommunikation erfahrbar. Jede α-Masse ist also auf die Kommunikation angewiesen, um sich zu manifestieren. Hierin können wir einen weiteren Grundmechanismus in U_9 erblicken: β muss auf α wirken, um das erlebbare, das eigentlich wirkende α zu erzeugen. Damit wird aber die α-Masse zugleich einer ∞^{10}-fachen Auffächerung in ihre Projektionen auf ∞^{10} mögliche IS unterworfen. β ist also eine Art Spektral-Mechanismus oder kurz Projektions-,,Operator''.

In U_0^p erfährt ein Teilchen die Wechselwirkungsenergie ,,am eigenen Leib'', etwa in der WILSON-Kammer durch Ablenkung im Magnetfeld. Dazu bedarf es nur der Zeit, nicht aber des Raums. Entfernungen, Positionen und damit auch die Geschwindigkeiten anderer Teilchen kann unser Teilchen nur in unmittelbarer Absorption und Emission von Nachrichten erfahren. Da es über keinen Sinnesapparat verfügt, vermag es auch nicht ein räumliches Bild seiner Umwelt zu rekonstruieren. Es ist sozusagen blind, aber nicht ohne Tastempfindung. Es ähnelt einem Blinden, der die Umwelt durch seine Haut wahrnimmt. Im Universum des Teilchens gibt es daher keinen Raum. Wohl aber eine Zeit, denn es erfährt Veränderungen an sich selbst, insofern es sich überhaupt als eine Selbst-Identität zu erfahren vermag. Erst mit dem Leben tritt die Fähigkeit zur Konstruktion von Positionen, Entfernungen und Geschwindigkeiten auf. Der entscheidende Schritt ist die Entwicklung des Auges: Erst jetzt „wird es Raum" im dreidimensionalen und geometrisch geordneten Sinn. Aber noch ist der Uebergang von BS nach BS' verschlossen. Dazu bedarf es der Imagination. Sie wird erst von der theoretischen Physik durch die Konstruktion von räumlichen Transformationen geleistet. Die Fähigkeit zu räumlichen Transformationen tritt daher erst in der Noosphäre auf, und zwar in einer Vereinigung von U_4^k und U_5^k als rechnerischer Ausdruck für die Verlegung des KS.

Anders ausgedrückt: Die Nachrichten, die in absorbierten Lichtsignalen über räumlich entfernte Teilchen enthalten sind, sagen dem Empfängerteilchen nichts. Sie werden unentschlüsselt von ihm nur als Wechselwirkungen verstanden. Dem Auge sagen sie etwas, aber nur so viel, als sie das Bewusstsein innerhalb seines Eigen-BS imaginieren kann. Erst dem mathematischen Geist sagen die in U_3^k ankommenden Signale, was sie eigentlich an Nachrichten enthalten: Eine unter den ∞^{10} gleichberechtigten Perspektiven der Welt.

Die Projektionen von m auf ein nicht mitbewegtes BS kommen daher in U_1^k, U_2^k und U_3^k gar nicht vor. Sie sind erst in U_4^k möglich. Das Teilchen erfährt die Welt nur im Eigensystem, ebenso das Lebewesen und ein Instrument. Nehmen wir den Autoführer: Zum Verhängnis wird ihm, dass er sich nicht mit dem anderen Autofahrer identifizieren kann, der zu ihm nicht mitbewegt ist. Er nährt die Illusion, als habe dieser weder eine kinetische Energie noch eine Eigenmasse noch einen Impuls. Seine eigene Trägheit, Bewegungsenergie und Bewegungsmenge vermag er zum anderen Fahrer nicht hinreichend abzuschätzen, obwohl er über die Gabe der Imagination verfügt. Da er zu seinem eigenen Auto ruht und gegen den Wind geschützt ist, glaubt er sich im Grunde absolut ruhend. Je mehr sein Bewegungszustand einem IS nahe kommt, desto mehr verdichtet sich die Illusion, er fahre im Grunde überhaupt nicht und folglich könne ihm nichts passieren. Es ist die Grundillusion des Eigenseins, jedes Eigenseins, dass es durch nichts erschüttert werden kann. Die Welt bricht erst zusammen, wenn wir erfahren, dass der je andere die gleiche Illusion besitzt und die Welt-Verkennung beider im Zusammenprall zum Selbstverhängnis wird. Kurz gesagt: Ein inertialer Beobachter erlebt weder seinen eigenen Impuls noch seine Bewegungsenergie. Erst in der Kollision, also der Aufhebung des Inertialzustandes, werden Energie und Impuls erlebbar.

Dies ist einer der stärksten Nachweise, dass erst die sRT Masse,

Impuls und Energie zu ihrer Wahrheit bringt. Wiederholen wir es noch einmal: Ausser der Masse $E = m$ ist keine dieser Kennzeichnungen physischen Seins im Eigensystem erfahrbar. Betreffen die Kennzeichen aber andere Teilchen, so erhalten wir zwar Nachrichten davon, aber ohne die sRT können wir sie nicht entschlüsseln – wir wissen also nichts von ihnen. Geometrie und Algebra sind also keine Beschreibungsmittel, – es gibt nichts für das Eigen-BS zu beschreiben! – sondern ,,Photoentwickler'' für eine Aufnahme der Wirklichkeit, die sonst nicht zu lesen wäre. Sie bringen die Ur-Schrift des Palympsests der Natur zu ihrer Sichtbarkeit. Das Buch der Natur ist, wie schon GALILEI wusste, nur für den Mathematiker geschrieben.

Aber damit sind E und p noch immer nicht gänzlich bestimmt. Wir müssen vielmehr ein *bestimmtes* BS annehmen. Wir gehen vom Eigen-BS aus. Dann ist jede Bestimmung durch eine Transformation von den Eigen-Grössen in die ,,gestrichenen'' = auf ein Fremd-BS projizierten Werte zu vollziehen. ,,Bestimmen'' heisst also hier ,,projizieren und transformieren''. Tatsächlich werden dadurch n e u e Werte der Verhaltensmerkmale eines Existors erzeugt. Dabei ist $m_0' = m_0$, aber erlebt in *verschiedenen* BS. Wir müssen also auf m noch γ wirken lassen, um das fertige, das endgültig bestimmte Verhaltensmerkmal zu erzeugen. Dies geschieht durch den Mechanismus

$$(\gamma . \beta . \alpha) . m \Rightarrow m_{\text{relativ}}.$$

Der genaue Operationsweg ist dabei folgender: Die Ruh- oder α-Masse ist die total isolierte Masse. So hat ein Körper, der durch keine Kommunikation (Signalisierung) mit den übrigen Körpern des Alls in Verbindung steht, trotzdem eine Ruhmasse. Nur kann ein mit diesem Körper starr verbundener Beobachter sie durch keine Operation erleben. Sie ist also ein im Wirklichen noch-nicht-seiende Masse, wohl aber eine der Möglichkeit nach erlebbare. Sie ist noch nicht ,,fertig'' in einem operativen Sinn: Es gibt noch keine Operation, sie zu erleben.

Die β-Masse ist Nachricht eines Signals, das der Körper aussendet. Dies kann etwa bei der Zerstrahlung eines Positron-Elektron-Paars geschehen, wobei deren Ruhmasse abgestrahlt wird. Die Strahlungsenergie der Photonen gibt dann eine Nachricht über die Grösse der verbrauchten Ruhmassen. Wir nehmen aber an, dass noch kein Empfängersystem existiert, das diese Strahlung absorbieren kann. Die Masse liegt sozusagen nur zum Empfang bereit wie etwa ein Funksignal ohne Empfänger. Das gilt auf jeden Fall, solange das Signal sich noch auf dem Weg vom Sender zum Empfänger befindet, auch wenn schon ein Empfänger vorhanden ist. Dann ist die Masse noch nicht bestimmt, sondern nur der Möglichkeit nach aufgefächert in ∞^{10} verschiedene Werte, das heisst ebensoviele, als es mögliche Bezugssysteme (Empfängersysteme) gibt: Die Masse ist reine Nachricht.

Nun werde das Signal (Photon 1 u. 2) von zwei zueinander bewegten Empfängern absorbiert. Obwohl die Photonen zu beiden die gleiche Geschwindigkeit c im Vakuum haben, wird durch die Relativbewegung der Strahlungsquelle (das System, wo die Annihilierung stattfand) zu jedem der Empfänger je nach der Relativgeschwindigkeit nach dem DOPPLEReffekt eine Frequenzänderung der Signale eintreten. Beide Empfänger werden also, wenn sie mit denkenden Menschen gekoppelt sind, zu einer verschiedenen Beurteilung der Energie der abgestrahlten Photonen Anlass geben. Nach der Gleichung $E = mc^2$ wird aber die Ruhmasse der annihilierten Teilchen nach dieser Energie beurteilt werden. Wir erhalten demnach erst die bestimmte Beurteilung dieser Ruhmasse und zwar eine je nach dem Empfängerssystem verschiedene. Es tritt eine Transkreation der Ruhmasse in bestimmte Werte ein. Erst jetzt haben wir die ,,wahre'' Masse, das heisst die als bestimmte Nachricht erfahrene Masse: Die *erhaltene Nachricht*. Sie ist zugleich gegenüber der Ruhmasse transformiert und zwar genau nach den LT. Das ist es, was wir als γ-Masse bezeichneten. Die γ-Masse ist tatsächlich eine neue Masse gegenüber der α-Masse. Sie ist quantitativ eine andere, und zugleich die ursprüngliche α-Masse in ihrer kategorialen Entfaltung als die operativ erfahrene Masse. Sie ist die ,,wirkliche'' Masse, wenn wir unter ,,wirklich'' die erfahrene Masse verstehen. Wir sehen sogleich, dass mutatis mutandis das gleiche für Energie und Impuls gilt. Auch die Energie spaltet auf in die Eigen-oder α -Energie, die signalisierte, aber noch nicht absorbierte β-Energie und die absorbierte und jetzt erst bestimmte γ-Energie. Das gleiche gilt für den Impuls, jedoch mit einer Ausnahme: Es gibt im Ruhsystem eines Teilchens keinen Eigen-Impuls, denn seine Geschwindigkeit zu sich selbst ist Null. Der α-Impuls ist also immer Null. Impuls ist eine wesenhaft kommunikative Grösse, denn der Faktor v in $m.v$ ist wesenhaft auf die Bewegung eines Systems zu einem BS bezogen. Andererseits wird der Impuls nur dann bestimmt, wenn das Empfänger-BS, etwa als stossendes Teilchen, auch existiert. Wir haben daher einen β-Impuls als noch unbestimmt signalisierten und einen γ-Impuls als bestimmten, in der aktuellen Wechselwirkung auftretenden Impuls, anzunehmen.

10. DIE B- UND Γ-MASSE

Aber noch haben wir die Erzeugung von Impuls und Energie aus der Masse nicht kategorial verstanden. Wohl wurden beide als Projektionen des invarianten Massenvektors M erkannt. Aber das vollzog sich lediglich in U_4^k und U_5^k. Nun gilt es, auch kategorial eine Ableitung zu geben. Hierbei ist eine Bemerkung nachzuholen. Wir sprachen verschiedentlich von Kategorien. Wir haben bisher diesen terminus nicht näher definiert, um erst einmal „phänomenologisch" die dafür in Betracht kommenden Besonderungen zu sammeln. Wir bezeichnen nun Eigensein, Kommunikation und Transkreation als *existenzielle Kategorien*. Entsprechend nennen wir die modi π, p und k gleichfalls Kategorien und zwar modale. Wir fordern nun, dass diese Kategorien sich auf die Dimensionen eines abstrakten Raums abbilden lassen, den wir Kategorialraum nennen. Indem wir an das Zuhandensein solcher Kategorien glauben, bildet der Kategorialraum einen Teilraum des Gesamtraums aller Gedanken physikalischer Glaubenssätze.

Nun sahen wir, dass Masse, Energie und Impuls in kategorial verschiedene Werte aufspalten. Diese haben aber eine kategoriale Invariante, nämlich den jeweiligen terminus „Masse", „Impuls", „Energie". Wir können im Kategorialraum also Eigensein, Kommunikation und Transkreation als Achsen annehmen, auf welche die jeweilige Invariante, nämlich ein Ausdruck wie „Masse", „Impuls", „Energie" projiziert. Wir sprechen dann von kategorialer Invarianz und kategorialer Relativität. Sie ist ein Abbild der geometrischen, denn die α-Werte sind grössenmässig und geometrisch-konstruktiv von den γ-Werten verschieden. Die β-Werte können dann als die geometrisch und arithmetisch nicht fassbaren unbestimmten, weil noch nicht auf ein bestimmtes BS bezogenen Werte aufgefasst werden. Es liegt also eine Teil-Isomorphie zwischen den kategorialen und der physikalischen Relativität vor.

Nun können wir diese Isomorphie noch weiter treiben. Wir sahen ja, dass der invariante Massenvektor M dank der Projektion auf die Raum- und Zeitachse in die relative Energie und den relativen Impuls aufspaltet. (Nur die Ruhenergie mc^2 ist invariant). Indem die invariante Ruhmasse also auf Raum und Zeit projiziert, erzeugt sie zugleich neben ihren eigenen relativen Werten Energie und Impuls. Dieses Projizieren setzt nämlich das Zuhandensein eines raumzeitlichen Koordinatensystems voraus, denn nur in einem solchen haben überhaupt

Raum und Zeit erfahrbare Positionen und Abstände. Indem also der Massenvektor M einem BS unterworfen und daher relativiert wird, wird er zugleich einer bestimmten Aufspaltung in Raum und Zeit unterworfen. Aus $M = m.(d\tau/d\tau)$ wird jetzt $m.(dx/d\tau) = p_x$ und $m.(dt/d\tau) = E$. Die Projektion von M erzeugt also *geometrisch*, nicht kategorial, Energie und Impuls.

Nun vermittelt aber der Raum die Kommunikation zwischen physikalischen Sender- und Empfängersystemen. Jede Signalisierung setzt zunächst den Raum voraus, der von einem Signal durchlaufen wird. Raum und Signalisierung hängen zusammen wie ontisches Apriori und Aposteriori. Die Signalisierung als eine Besonderung der Kommunikation trägt das kategoriale Zeichen β. Insofern können wir die geometrische Projektion auf den Raum mit einer kategorialen Projektion auf β in Korrespondenz setzen. Um jedoch eine Verwechslung mit der Relativität zu vermeiden (die freilich damit zugleich impliziert wird) bezeichnen wir die geometrische Projektion einer Invarianten auf den Raum schlechthin durch einen grossen Buchstaben, nämlich B. Diese Projektion setzt aber immer schon das Zuhandensein eines BS voraus. Indem wir die Projektion auf das letztere durch β bezeichneten, können wir sagen: Die Operation B setzt die Operation β voraus.

Nun ist der Impuls das Erzeugnis der Operation B. Wir wissen, dass das operandum die invariante Ruhmasse ist. Wir wollen daher den Impuls als B-Masse bezeichnen.

Nicht ganz das nämliche gilt nun für die Energie. Die Projektion der Ruhmasse auf die Zeit ist noch keine Transkreation wie der Empfang des Signals ,,Masse'' durch ein bestimmtes BS. Hier ist also keine Korrespondenz zwischen der Kategorie γ und der Projektion von M auf t herzustellen. Vielmehr müssen wir dazu einen neuen Begriff der Transkreation einführen. Bisher sprachen wir von einer Transformation der Werte für Masse, Energie und Impuls durch die Wahl des BS. Diese Transformation ist also eine Operation in U_5^k, abbildbar auf U_4^k. Nun bedeutet die Zeitlichkeit des Geschehens, dass es einen imperial deklinierten Begriff der Transformation gibt, nämlich in U_0^p. Hier bedeutet er dann das Erzeugen neuer Ereignisse, Operatoren, opera und operanda. Die Erzeugung neuer Ereignisse längs einer Weltlinie wollen wir nun gleichfalls als Transkreation bezeichnen. Nun verlaufen alle Weltlinien im zeitartigen Bereich. Indem nun die Energie aus der Projektion von M auf die Zeit-Achse hervorgeht, können wir die Energie mit der Transkreation in Zusammenhang bringen, nur nicht mit der in U_5^k erfolgenden, also der LT, sondern mit jener in U_0^p.

Die Projektion auf die Zeit-Achse wollen wir daher – nicht ganz symmetrisch zu B – als Γ bezeichnen. Dann ist die Energie die Γ-Masse.

Dabei zeigt sich, dass das Eigensein nicht in eine kategoriale und mathematische Projektion aufzuspalten braucht, es ist ja seiner Natur nach unprojiziert. Wir haben daher keinen Grund, dem kategorialen Eigensein ein anderes Zeichen als dem mathematischen zu geben. Nur formal setzen wir

$$\alpha \equiv A$$

Daraus folgt, dass die Ruhmasse sowohl eine Invariante ist, also durch m_α bezeichnet werden muss, wie auch eine noch nicht in Energie und Impuls zerlegte Grösse, also durch m_A symbolisiert wird. Im Grunde enthält dieser Satz eine Tautologie, denn „Invarianz" ist ja gerade „Nicht-Zerlegung in Raum und Zeit". Die unzerlegte Masse können wir daher auch als Raumzeit-Masse bezeichnen, den Impuls als Raum-Masse und die Energie als Zeit-Masse (siehe weiter unten). Von der Identität $\alpha \equiv A$ werden wir später noch Gebrauch machen.

Es gibt nun drei Wege, um Impuls und Energie aus der Masse zu erzeugen. Der erste basiert auf der geometrischen Darstellung durch ein Dreieck im LORENTZraum, der zweite auf einer Betrachtung des Raumbegriffs und der dritte auf einer kategorialen Analyse. Alle drei hängen logisch eng zusammen, stellen aber doch besondere Wege des Denkens dar. Der erste operiert wie folgt:[1]

Schema XV

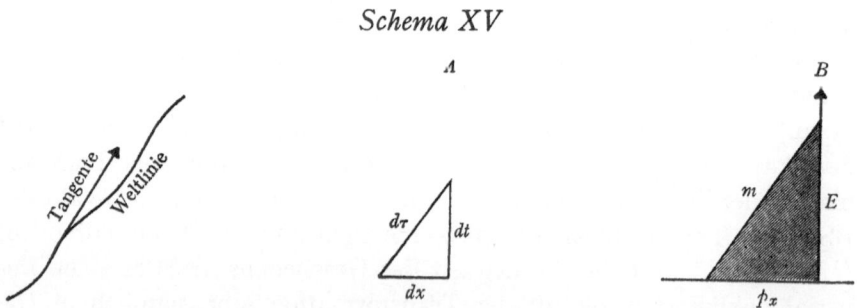

Aus dieser Zeichnung ergibt sich sofort $m^2 = E^2 - p_x^2$. Diese Gleichung lässt sich sowohl nach E als auch nach p auflösen. Für E erhalten wir beispielsweise

(56)
$$E = (m^2 + p^2)^{\frac{1}{2}}$$

[1] a.a.O., p. 117 f.

und für den Impuls

(57) $$p_x = (E^2 - m^2)^{\frac{1}{2}}$$

Die Impulserzeugung ist also zunächst eine geometrische, nämlich die einfache Folge der Dreiecksstruktur der Projektionen von m auf Raum und Zeit: Sind zwei Seiten und ein Winkel bekannt, so auch p_x, bzw. p_y oder p_z. Da die E-Seite auf der p_x-Seite senkrecht steht, ist p_x immer zu finden. Die Ausrechnung der Grössen erfolgt dann aus der Algebra nach (57).

Das Dreieck B ist per constructionem dem Dreieck A ähnlich. Also verhalten sich die Grössen von E und p_x zu m ebenso wie dt und dx zu $d\tau$. E und p_x unterliegen also den gleichen Transformationen wie dt und dx.

Aus der Dreiecksstruktur folgt ferner sofort: Ist die Weltlinie stark zur x-Achse geneigt, also v^2/c^2 sehr gross, so wird p_x gross im Vergleich zu m, und wir erhalten aus der Näherungsreihe

(56a) $$E = p(1 + m^2/p^2)^{\frac{1}{2}} \approx p + (m^2/2p) + (m^4/8p^3) \ldots$$

die Gleichung

(58) $$p \approx E$$

Hier hat die Ruhmasse m praktisch keinen Einfluss mehr auf die Relation $p : E$. Dies ist der Extremfall des Lichts. Ist p klein gegen m, so gilt die Näherungsreihe

(59) $$E = m(1 + p^2/m^2)^{\frac{1}{2}} \approx m + (p^2/2m) + (p^4/8m^3) \ldots$$

Daraus folgt

(60) $$E \approx m + p^2/2m$$

Die Relation Energie: Impuls für Photonen ist also ein Grenzfall der Näherungsreihe (56a) mit Vernachlässigung aller Glieder der Ordnung m^2 und höher. Die Relation Energie: Impuls für den nicht-relativistischen Fall ist demgegenüber ein Grenzfall von (59) unter Vernachlässigung der Terme mit p^4 und höheren Potenzen. Die klassischen Gleichungen (60) – worin m die Ruhenergie und $p^2/2m$ die kinetische Energie darstellt – und (58) sind also der Mechanismus für die Erzeugung des nicht-relativistischen Stoffs und der genuin relativistischen Photonen. Damit erweisen sich beide Grundzustände der Welt nur als Extremfälle, zwischen denen die reale Welt-Situation pendelt.

Die Vernachlässigung der Terme $m^2/2p$ bzw. $p^4/8m^3$ bedeutet, dass im 1. Fall $p \gg m$ und im zweiten Fall $m \gg p$. In der euklidischen Geometrie wäre dies unmöglich. Auch hier sehen wir einen Beweis für die Gültigkeit der LORENTZgeometrie L_4^k. L_4^k ist also direkt für die Erzeugung der beiden Grundzustände der Welt verantwortlich nach

$m \gg p \to E = m + E_{kin}$	Alpha-Zustand der Welt
$p \gg m \to E = p$	Gamma-Zustand der Welt

Beide Zustände erweisen sich daher als limes-Fälle.

Der Grenzfall für Licht lässt sich exakt ableiten aus der relativistischen Formel für p und E

$$\text{(61)} \qquad\qquad p = \frac{m\beta}{(1 - \beta^2)^{\frac{1}{2}}} \quad^1$$

$$\text{(62)} \qquad\qquad E = \frac{m}{(1 - \beta^2)^{\frac{1}{2}}}$$

woraus

$$\text{(63)} \qquad\qquad p = \beta E$$

Geht β nach 1, so wird Gleichung (58) exakt erfüllt. Aber auch hier müssen wir ,,ungenau'' operieren: Bei $\beta = 1$ werden die Gleichungen (61) und (62) sinnlos. Dies ist ein typischer Fall, wo wir das Gerüst für eine Grundrelation abwerfen können, ohne dass im limes die Relation ihre Berechtigung einbüsst. Es ist klar, dass dies Inhalt des folgenden Glaubenssatzes ist:

$\Omega^{\pi}(124)$: EINE GRUNDSTRUKTUR DER PHYSISCHEN WELT KANN UNTER UMSTAENDEN AUCH DANN IHRE GUELTIGKEIT BEWAHREN, WENN DIE STRUKTUREN, AUS DENEN SIE ABGELEITET WURDE, IHREN SINN EINBUESSEN.

Wie stark dieser Satz in der π-Sphäre begründet ist, sehen wir aus der Folge von (63): Wird E gleich p ,so verschwindet nach (45) die Ruhmasse m. Bei $dt = dx$ wird also eine Nullinie erzeugt, der die Bewegung einer Null-Ruhmasse mit Lichtgeschwindigkeit entspricht.

Es bleibt nun, den Impuls kategorial zu orten. Wir beginnen mit

---

[1] $\beta = v/c$ bzw. bei $c = 1$, $\beta = v$.

dem Licht. Die Ruhmasse verschwindet, es gilt

(64) $$M^2 = E^2 - p^2 = 0$$

Das bedeutet in U_9

$$\alpha = 0$$

Licht hat also kein Eigensein. Wie ist dies möglich? Wir definierten Eigensein als Widerstand gegen die Störung. Nun widersetzt sich auch das Licht einer Verbiegung seiner Weltlinie, wie der Streuvorgang mit Impulsabgabe im COMPTON-Effekt zeigt. Photonen folgen in der aRT geodätischen Null-Linien und werden daher in der Nähe gravitierender Massen von der euklidischen Geraden abgelenkt, als hätten sie eine schwere Masse und eine ihr äquivalente träge Masse.[1] Diese Trägheit entfällt aber im Eigen-BS des Photons und wird daher nur in der Projektion seiner Null-Welt-Linie auf die x- und t-Achsen eines nicht mitbewegten BS manifest. Energie ist dann die einzige, dem Photon zukommende Trägheit. Nun sind aber E^2 und p^2 numerisch gleich, wenn auch auf verschiedenen Koordinaten x und t abzutragen. Also haben Photonen nur je eine numerisch gleiche, aber auf verschiedene Raumzeit-Achsen projizierte Zeit- und Raummasse. Ihre Masse besteht nur aus den Komponenten, nur aus den Projektionen auf Raum und Zeit.

Wir nannten die Zeitmasse auch Γ = Masse, weil sie die reine Kreativität bezeichnet. Zeit ist ja der Grund-Indikator des Schöpferischen in U_0^p. Dabei wurde die Bedeutung von ,,Transkration'' bzw. ,,Kreation'' von U_{45}^k nach U_0^p verschoben. Nun besteht die Kreativität des Lichts im Universum der sRT zunächst in der Signalisierung von Daten an ein Empfänger-BS. Damit wird das Licht zur Bedingung der Kommunikation zwischen Daten-Sender und -Empfänger. Aufgrund der Gleichheit

(63a) $$E = p$$

müssen wir daher sagen: Die Kreativität des Lichts ist seine Kommunikation:

$$\Gamma = B$$

---

[1] Vielmehr verschwindet der Unterschied zwischen Schwere und Trägheit nach dem Aequivalenzprinzip in der *aRT*

Schreiben wir formal

$$E = p$$
$$\| \quad \|$$
$$\Gamma = B$$

so finden wir

$$p \doteq B$$

Der zweite Weg geht auf den ersten zurück und beruht auf einer Diskussion des Raums. Jede Kommunikation in U_0^p setzt den Raum als ihre Bedingung voraus. Dies gilt für Kommunikationen verschiedener Stärke in

U_0^p (sRT):[1] $\beta(0)$ = Signalisierung ohne Wechselwirkung

U_0^p (aRT): $\beta(0 + 1)$ = Signalisierung mit Gravitations-
                                    Wechselwirkung

U_0^p (QM): $\beta(0 + 2)$ = Signalisierung durch Reduktion des
                                    Wellenpakets

U_0^p (kM): $\beta(0 + 3)$ = Signalisierung durch Stossprozesse,
                                    Druck und Zug

U_0^p (ED): $\beta(0 + 4)$ = Signalisierung durch Feldwirkungen
                                    mit Wechselwirkung

U_0^p (TD): $\beta(0 + 5)$ = Signalisierung durch Wärmeaustausch

U_0^p (QFT): $\beta(0 + 6)$ = Signalisierung durch Streuvorgänge,
                                    Teilchenerzeugung und -Vernichtung.

Wir können den Raum geradezu als die Grundbedingung der physischen Kommunikation definieren, als Kommunikator. Die Zeit nennen wir dementsprechend die Grundbedingung der physischen Transkreation, den Transkreator. Andererseits besteht wegen $c \neq \infty$ keine physische Kommunikation für raumartige Ereignisse; sie sind voneinander völlig isoliert. Für zeitlich aufeinanderfolgende Raumzeitpunkte ist aber jede Signalisierung an eine Entfaltung raumartiger Distanzen gebunden, sofern die Signalisierung nicht längs einer genidentischen Ereignismenge erfolgt. Eine derartige Signalisierung ist aber technisch gar nicht herzustellen: Ein Teilchen kann nicht in U_0^p (sRT) mit sich selbst in Signalaustausch treten. Dies wird erst in der QFT durch die Emissions- und Reabsorptionsvorgänge virtueller Teilchen anders. Also setzt jede Kommunikation notwendig den Raum zusätzlich zur Zeit voraus. Genauer gesagt, nur das Mittel der Sig-

---

[1] Die Klassifizierung ist weitgehend provisorisch.

nale ist zeitartig (die Weltlinie des Signals), nicht aber ist es ihr Inhalt, nämlich der signalisierte räumliche Abstand zwischen Sender und Empfänger. Wenn also der Impuls die rein räumliche Projektion der Masse ist, so können wir ihn auch als Kommunikationsmasse bezeichnen.

Hier trat ein Bedeutungswechsel von „Kommunikation" ein. „β" bezeichnete ja bisher die physische Kommunikation als Signalisierung. Diese ist notwendig *als Mittel* zeitartig und raumartig, also raumzeitartig und nur *als Nachricht* u.U. rein raumartig. Nun verstehen wir unter „Kommunikation" die Nachricht eines Signals in U_0^p (sRT). Diese Nachricht bezeichnen wir als Impuls. Wenn wir daher von Impuls-Austausch reagierender Teilchen sprechen, so meinen wir die Nachricht über ihren räumlichen Bewegungszustand, die sie einandeɪ vermitteln. Analog verstehen wir unter Energie jetzt die Nachricht über den zeitlichen Kreativitätsgehalt. Da nach Gleichung (61) die Relativität der Masse aus jener des Impulses folgt, so verstehen wir jetzt, weshalb wir früher die relative Masse als m_β bezeichneten: Auch m_β ist eine Nachricht, die durch die Signalisierung des Impulses übermittelt wird.

Der dritte Weg zur Deutung des Impulses ist ein kategorialer und vollzieht sich in U_9. Physische Existenz im Universum der sRT ist gekennzeichnet durch

1. die letzte Ursache für Wirkungen, das „Was" des physischen Etwas: Das Eigensein. Sein Ausdruck in U_0^p (sRT) ist die träge Masse als Voraussetzung der Resistenz von IS;

2. durch das Eigensein in seiner rein raumzeitlichen Kommunikation v. „$p = m.v$" ist eine Nachricht über die Kommunikation des Existors;

3. durch das Eigensein in seiner kreativen Macht, also in Transkreation. Ihr physikalischer Ausdruck ist die Energie. „E" ist eine Nachricht über die Transkreation. Dabei fallen für das Licht (2) und (3) quantitativ zusammen, für den Stoff sind sie verschieden.

Ich nenne daher die physische Existenz eine *Triade aus Eigensein, Kommunikation und Transkreation.*

Dabei fallen alle signalisierten Verhaltensmerkmale unter die Kategorie „Nachricht". Sie bekunden stets den Existor in Kommunikation mit anderen Existoren. Wir setzen daher (wenn wir das Eigensein aus Symmetriegründen gleichfalls mit einem grossen Buchstaben bezeichnen):

Existenz-Tafel des Universums der sRT

U_0^p	U_3^k	U_4^k	U_5^k	U_6^k	U_9	Raum-zeit
Widerstand gegen äussere Kräfte	Position im Massenspektrographen	Vektor M	Zahl m	Ruhmasse	A	ds
Bewegungsmenge	Rückstoss bei elastischem Stoss	Vektorkomponenten p_x, p_y, p_z	Zahlen p_x, p_y, p_z	Impuls	B	dx dy dz
Formen der Energie	Temperaturaufnahme u. -abgabe, Massendefekt, Annihilierung, Paarerzeugung usw.	Vektorkomponente E	Zahl E	Energie	Γ	dt

Wir können diese Aufspaltung der Masse auch als imperiale und existenziale Deklination bezeichnen. Fügen wir noch die modale hinzu, so finden wir als Zusammenfassung und Erweiterung unserer Existenz-Tafel, wenn wir zu Matrizen übergehen (bei U lassen wir den modalen Index fort),

$$\text{Existenz} = \begin{vmatrix} m_9 \end{vmatrix} \cdot \begin{vmatrix} A \\ B \\ \Gamma \end{vmatrix} \cdot \begin{vmatrix} p \\ \pi \\ k \end{vmatrix} \cdot \begin{vmatrix} U_0 \\ U_1 \\ U_2 \\ U_3 \\ U_4 \\ U_5 \\ U_6 \\ U_7 \\ U_8 \\ U_9 \end{vmatrix}$$

Dies ergibt insgesamt 57 verschiedene kategoriale Projektionen der physischen Existenz, zusammengefasst zur Masse als ihrem Ursprung 1. Wir können auch sagen: Die Masse ist ein kategorialer Vektor, der auf insgesamt 16 Dimensionen im Kategorialraum projiziert, nämlich auf 3 existenziale, 3 modale und 10 imperiale.

Keine dieser Projektionen ist zu vernachlässigen, wenn wir die ganze physische Existenz verstehen wollen. Für die existentialen Projektionen ist dies unmittelbar einsichtig, desgleichen für die p- und k-Masse. Die π-Masse müssen wir postulieren, damit der Mechanismus der Erzeugung einer Masse als Möglichkeit der physischen Existenz vor aller menschlichen Tätigkeit vorhanden sein kann. Es muss zugleich vor aller Naturtätigkeit eine bestimmte Struktur der Masse geben, nämlich unter den anderen Strukturen genau jene, die wir in der sRT konstruieren. Damit wird auch die imperiale Auffächerung der Masse unmittelbar einsichtig: Masse muss mit Sicherheit auf U_0^p projizieren, gleichzeitig aber auch als Trägheitswiderstand, Bewegungsmenge und Energie erlebbar, messbar und mathematisch-begrifflich rekonstruierbar sein. Wir könnten dies einfach aus der Tatsache schliessen, dass sie es faktisch ist. Konstruiert aber der lógos kosmikós die Masse von vornherein im Hinblick sowohl auf die Existenz der Natur wie auf die Erfahrung des Menschen, so muss sie auch auf die k-Sphäre und damit auf die k-Imperien projizieren. Umgekehrt: Wenn sie dies erfahrungsgemäss tut, so haben wir auch Grund anzunehmen, dass die imperialen Projektionen keine Verschwendung der Schöpferkraft des lógos kosmikós darstellen, sondern notwendig in die Konstruktion der Masse eingehen, damit sie ein Instrument der allgemeinen Sinngebung der Welt wird. So ist die Masse notwendig auch ein begriffliches Wesen, denn nur als Begriff wird z.B. der beobachtete Rückstoss zur Bewegungsmenge. Die U_0^p- und die U_6^k-Projektion müssen daher inhaltlich, wenn auch nicht modal, zusammenfallen. Masse *ist* aber auch ein Prinzip, nämlich die Bedingung für die Gültigkeit des sRP: Ohne Ruhmasse kein IS, also auch kein sRP. Ferner ist Masse ein Sollwert. Sie ist das Ziel, auf das jede physische Existenz zusteuert, sobald sie ins Leben gerufen wird: Jeder Existor hat Masse, Impuls und Energie, ist also notwendig auf diese Ziele hin konstruiert. Schliesslich projiziert die Masse auf den abstrakten Raum der Kategorien: Das Ergebnis der gegenwärtigen Analyse.

---

1 p wird nur mit U_0 gekoppelt, π und k nur mit U_1 bis U_9. Dabei ist U_9^k das re-konstruierte Universum der Ω-Sätze.

11. GRUNDBEWEGUNGEN DER KREATIVITÄT

Damit haben wir einen möglichen Mechanismus zur Erzeugung grundlegender Verhaltensmerkmale physischer Existoren gefunden. Wir behaupten nicht, dass er der beste noch dass er der einzige sei. Aber ebenso wie in einer Landschaft verschiedene Wege zum gleichen Gipfel führen, weil die Topologie der Landschaft dies erlaubt, so ist in der π-Sphäre offenbar auch eine Auswahl verschiedener Mechanismen möglich, um ein und dasselbe opus zu erzeugen.

Es gibt einen elementaren Beweis, dass in unserem Fall die Erzeugung rein in der π-Sphäre abläuft: Um m auf ein BS zu projizieren, um also m zu erleben, bedarf es keiner energetischen Einwirkung auf m. Gerade diese ist per constructionem ausgeschlossen, denn wir wollen das unverfälschte m in seinen Projektionen erleben. Nun ist für die Kommunikation wohl Energie nötig, aber sie dient als Vehikel der Information, nicht als Generator der Projektionen von m. Dieser Generator ist vielmehr ausschliesslich die Raumzeit und ihre Struktur. Damit erweist sich der obige Mechanismus als rein zur π-Sphäre gehörig. Die Projektionen von m sind daher gleichfalls reine Projektionen und nicht kausal, sondern rational generiert. Verantwortlich für die Relativität von Energie und Impuls sind also nicht energetisch wirkende Ursachen, sondern der lógos kosmikós, der die Raumzeit eben so konstruiert, dass sie den obigen Mechanismus enthält.

Zugleich zeigt uns dieser Mechanismus, was wir unter der „wahren'' Masse zu verstehen haben. Die invariante Ruhmasse ist noch nicht fertig im ontischen Sinn, denn sie ist noch völlig unerlebt. Beweis: Ein Körper hat ohne Wechselwirkung mit Feldern keine Gelegenheit, seine Trägheit zu demonstrieren. Seine Ruhmasse ist, als ob sie nicht wäre: Wir können sie nicht beobachten und messen. Auch die in der Wechselwirkung signalisierte Masse ist nur halb fertig, denn solange Signale nur vom Körper ausgehen, ohne von einem bestimmten Empfangsgerät aufgenommen zu werden (solange wir oder andere Körper sie nicht erleben), ist seine Masse noch unbestimmt. Sie ist nur bestimm*bar*. Haben wir aber ein bestimmtes Empfangsgerät gewählt, so müssen wir zugleich von den im Eigen-System erlebbaren Werten zu den in unserem Eigen-BS erlebbaren übergehen, das heisst die ungestrichenen Werte transformieren. Das transformierte, erlebte Merkmal ist erst das wahre Merkmal.

HEGELS Mechanismus, wie die Welt zu ihrer Wahrheit kommen

solle, findet hier seinen Niederschlag. Dort sollte das Bewusstwerden
der dialektischen Bewegung im sich selbst reflektierenden subjektiven
Geist des Philosophen erst das Logische zu seiner Wahrheit bringen.
Auch hier entfremdet sich die Masse gewissermassen in ihre Projektionen und kann erst über diese erlebt und bewusst gemacht werden.
Auch hier liegt eine triadische Bewegung von dem noch völlig unbestimmten Sein (der Ruhmasse) zu dessen Negation (der Aufhebung
des Eigen-BS durch das Fremd-BS) und von dort zum dreifach „aufgehobenen" Werden als dem wahren Sein (den gestrichenen Werten)
vor. „Aufgehoben" bedeutet auch hier sowohl „verneint", als auch
„konserviert" und „hinaufgehoben": Die unbestimmte Masse wird
durch die Projektion verneint (nämlich verändert), bewahrt (nämlich
als ungestrichener Wert) und hinaufgehoben, nämlich erst erlebbar gemacht. Auch ist die erlebbare Masse in einem gewissen Sinn erst die
am Werden teilhabende, denn jetzt tritt die Masse erst in Wechselwirkung und damit in das Geschehen ein.

Und doch zeigt sich gerade hier der fundamentale Unterschied zu
HEGELS Mechanismus des Zu-sich-selbst-Kommens: Die invariante
Masse ist nicht das Logische, sondern ein bereits der Kosmosphäre
Zugehörendes. Nur in ihrem dualen Anteil an der Struktur ist sie
überkosmischer Herkunft. Aber auch die Struktur kommt nicht in
der erlebten Masse zu ihrer Wahrheit, sondern sie steuert die „Mechanik", welche die unerlebte Masse in die erlebte transformiert. Hier bedarf es im eigentlichen Sinn nirgends einer Negation, einer Selbst-
Entfremdung und Aufhebung, also auch keiner Negation der Negation.
Das kosmisch-noetische Sein ist weder revolutionär noch evolutionär,
sondern kompositorisch und schöpferisch. Die kategoriale Bewegung
von der invarianten Ruhmasse zur erlebten Masse setzt einen komplexen Mechanismus aus Energie und Raumzeit-Strukturen in Gang.
Wir können sie auch als den out-put einer Denkmaschine ansehen,
deren Ziel die erlebte Masse ist, deren Bau durch die Struktur der
Raumzeit festgelegt wird und deren Programm in der U_9-Aufgabe

$$\alpha \quad \to \quad \beta \quad \to \quad \gamma$$
$$\| \qquad \qquad \| \qquad \qquad \|$$

Eigenmasse → Signal → transformierte Masse

besteht.

Darin zeigt sich gerade die fundamentale Bedeutung der Raumzeit.
Sie ist als ganze verantwortlich für

1) die Möglichkeit der Ruhmasse m_α

2) die Möglichkeit von Projektionen β

3) die Möglichkeit von Transformationen γ

4) Die Auffächerung der Merkmale in rein räumliche Projektionen und eine rein zeitliche Projektion.

Der Raum als solcher ist verantwortlich für die Möglichkeit des Impulses, die Zeit für die Möglichkeit der Energie. Dies ist wohl eine der erstaunlichsten Einsichten der sRT: Ohne den Raum kein Impuls, ohne die Zeit keine Energie. Ohne die LORENTZ-Homogenität der Raumzeit keine Impuls- und Energieerhaltung.[1] Verantwortlich für die Existenz kosmischer und atomarer Energien ist also die Zeit, verantwortlich für die Existenz einer Bewegungsgrösse in allen Wechselwirkungen also der Raum. Wir kommen damit zu einer neuen Sicht von Raum und Zeit.

Aus der U_9-Erzeugung der Masse und ihrer Projektionen folgen einige bemerkenswerte Sachverhalte. Wir lassen auf die Invarianten entsprechend den LT bestimmte mathematische Operationen wirken. Wir definierten die Energie = Zeitmasse durch

$$(65) \quad E = m(dt/d\tau) = m(1 - v^2/c^2)^{-\frac{1}{2}} = m(1 - \beta^2)^{-\frac{1}{2}} = m \cosh \varphi$$

Wir nehmen eine Näherung vor: Für kleine v entwickeln wir E in eine Reihe ($c = 1$)

$$(66) \qquad E = m(1 - \beta^2)^{-\frac{1}{2}} = m(1 + \frac{\beta^2}{2} + \tfrac{3}{8}\beta^4 + \ldots)$$

Wir gehen nun zum Grenzfall

$$(67) \qquad\qquad E = m \qquad \text{mit} \qquad \beta \to 0$$

über. Damit haben wir aus der Menge aller möglichen BS genau jenes erzeugt, in dem die Zeitmasse eines Körpers oder Teilchens in seinem Eigen-BS erlebt wird. Der Grenzübergang ist eine c_5^k-Operation, dem in U_9 die Erzeugung des Eigen-BS oder α-BS entspricht. Wie soll aber die Masse sich selbst erleben? Antwort: Durch eben diesen Grenzübergang wird in der π-Sphäre ein Mechanismus möglich, der es gestattet, „sich selbst zu reflektieren", mit sich selbst in Kommunikation zu treten. Dazu sind aber keine Signale möglich; denn würde ein Körper Signale emittieren, so könnte er sie doch nicht selbst auffangen.[2] In

---

[1] Nach dem NOETHER'schen Theorem.

[1] Durch die Emission und Reabsorption von virtuellen Teilchen können keine Nachrichten im Sinne der sRT übertragen werden, da diese Teilchen nicht direkt beobachtbar sind.

der Hohlraumstrahlung können nur die Wände miteinander in Kommunikation treten, diese müssen also dann als die räumlich verschiedenen, wenn auch zueinander ruhenden Bezugskörper angesehen werden.[1] Dann aber gehört die Selbst-Signalisierung der Masse nicht zu p, sondern als in p unerreichbarer Grenzfall zu π. Von einer invarianten Ruhmasse können wir also überhaupt nur bezogen auf π sprechen.

Daraus folgt ein Grund-Sachverhalt. Durch den Grenzübergang (67) wird die Zeitmasse mit der Raumzeitmasse identisch.

Wir haben ihren räumlichen Anteil wegtransformiert. Nicht hingegen können wir im Mechanismus (67) ihren zeitlichen Anteil wegtransformieren: m ist nach Konstruktion immer zeitartig. Was also im Eigen-BS bleibt, ist immer die Zeit (alle Uhren gehen auch im Eigen-BS) und damit auch die Zeitmasse. Damit manifestiert sich die Raumzeitmasse unaufhebbar auf die Zeit projiziert. Masse ist also in U_9 gemäss U_{54}^k stets schon Energie.

Nun sahen wir aber, dass die Raumzeitmasse nur für π als Merkmal auszusagen ist. Also muss auch die durch sie vertretbare Zeitmasse, die Energie, nur in Bezug auf π auszusagen sein. Hier zeigt sich nun die ganze Stärke unserer modalen Einteilung des Seins: Wäre nämlich die Raumzeit-Masse bereits in p Energie, so wäre kein stabiles stoffliches Gebilde möglich: Die Welt bestünde aus Strahlung ohne Ruhmasse. Tatsächlich haben Photonen deshalb keine Ruhmasse, weil hier Raumzeitmasse und Zeitmasse *immer* zusammenfallen: Jedes BS erlebt die Nullinien des Lichts wegen $v = c$ als invariante Projektion. M.a.W. ein Photon hat keine Ruhmasse, weil es gar nicht ruhen *kann*. Die Existenz einer stofflichen Welt zusätzlich zur Strahlungswelt ist eine direkte Folge der modalen Unterscheidung von p und π. Nur als reine Möglichkeit, nur latent ist die Ruhmasse der stofflichen Teilchen Energie. Aber auch nicht weniger: Denn zum mindesten latent ist eben jedes stoffliche Teilchen Energie! Sobald wir es mit seinem Antiteilchen zusammenbringen und damit notwendig das BS des Antiteilchens hinzuziehen, zeigt sich die latente Energie aktuell, also in p. Der Zerstrahlungsvorgang läuft also ab nach dem modalen Mechanismus in U_9

$$[\pi \to p] = [\text{latente Zeitmasse} \to \text{aktuelle Zeitmasse}] =$$

$$= [\text{Raumzeitmasse} \to \text{Energie}] \Rightarrow \text{Strahlung}$$

---

[1] Dies ist eine im Sinne der *sRT* makroskopische Betrachtung. In Wahrheit müssen wir eine grosse Zahl zu einander bewegter Miniatur-Oszillatoren annehmen, wie dies PLANCK bei der Einführung des Wirkungsquants h tat.

Es ist bemerkenswert, dass dieser Vorgang auch umgekehrt ablaufen kann. Die Inverse bringt damit den Uebergang $p \to \pi$ zum Vorschein: Zeitmasse kann durch „Materialisierung" zu invarianter Raumzeitmasse werden und somit wirkende Teilchen mit Ruhmasse erzeugen.

Nun können wir die Energie als Kreationsmacht bezeichnen. Der Energieinhalt eines physikalischen Systems bezeichnet genau seine *Möglichkeit*, neues physikalisches Geschehen zu erzeugen. Zwei Beispiele im Universum der sRT: Die Signalisierung erfolgt durch Abgabe und Aufnahme von Strahlungsenergie. Der Gang einer Uhr ist das Erzeugnis von Spannungsenergie. In beiden Fällen wird neues Geschehen erzeugt. Energie ist das Mass physischer Kreativität. Damit erweist sich das Mass des physischen Eigenseins, und zwar für den Stoff in π und für das Licht in p als Mass der physischen Kreativität. Dies ist wohl die weittragendste Einsicht, die EINSTEINS sRT brachte. Sie ist ebenso bedeutend für die Physik wie für die Technik und die Geschichte. Philosophisch zwingt sie uns, die Kategorien neu zu überdenken.

Dies geschieht, indem wir das physische Eigensein seiner Wahrheit nach als Kreativität definieren. Wenn wir die Kreation als eine Weise der Transkreation (Transformation) ansehen, so müssen wir ihr das Symbol γ_0^p geben. Wir wollen wie oben jedoch die physische Kreation von der rein mathematischen Transformation unterscheiden. Deshalb sei die Energie mit dem Zeichen $\Gamma \equiv \gamma_0^p$ bezeichnet. Dann ist die Zeitmasse durch das Symbol m_Γ zu bezeichnen. Die Explikation der A-Masse als Γ-Masse folgt also einem extrem allgemeinen Gesetz in U_9

$$\alpha \equiv A \cong \Gamma$$

Das Zeichen $\cong$ bedeutet: „... ist in Wahrheit ..." Wir können dementsprechend zwei Grundzustände der Kosmosphäre annehmen, den stofflichen mit Ruhmasse und den rein energetischen ohne Ruhmasse. Wir bezeichnen den ersten als A-Zustand, den zweiten als Γ-Zustand. Es gilt daher die spektrale Auffächerung

$$\text{Kosmos} = \begin{vmatrix} A\text{-Zustand} \\ \\ \Gamma\text{-Zustand} \end{vmatrix}$$

Die Welt ist somit ähnlich einer FOURIERzerlegung des Grundzustands in zwei Teilzustände zu verstehen nach

$$\Psi \Big\langle \begin{array}{l} \psi A \\ \psi \Gamma \end{array}$$

Wir finden diese Struktur auf Schritt und Tritt. So wird beim Prozess

(68) e^- (sehr schnell) $+ e^-$ (ruhend) $\rightarrow e^- + e^- + e^- + e^+$

aus der kinetischen Energie des stossenden Elektrons ein zweites, neues Teilchenpaar (e^-, e^+) erzeugt. Dieser Vorgang folgt dem modalen Uebergang

$$\begin{array}{ccc} \Gamma & \rightarrow & A \\ \| & & \| \\ E_{kin} & \rightarrow & \text{Ruhmasse} \end{array}$$

Aber schon beim nicht-elastischen Stoss nimmt die Ruhmasse eines Teilchensystems durch Energieaufnahme (Wärmezufuhr plus innere Strukturumwandlung) zu. Eine aufgezogene Uhr hat eine grössere Ruhmasse als eine nicht aufgezogene. Eine heisse Kochplatte ist schwerer als eine kalte. Der inverse Vorgang lautet, etwa für die Zerstrahlung,

(69) $e^+ + e^- \rightarrow \gamma + \gamma \doteq \left\{ \begin{array}{ccc} \Gamma & \leftarrow & A \\ \| & & \| \\ E_{kin} & \leftarrow & \text{Ruhmasse} \end{array} \right\}^1$

Es gibt also eine Aequivalenz der Kategorien A und Γ. Sie verhalten sich wechselseitig wie das Wesen zu seinem Phänomen. Für die Erzeugung von Ruhmasse aus Energie könnte man in traditioneller Sprechweise sagen: Masse ist wesensmässig Energie. Für die Inverse gälte dann: Energie ist wesensmässig Masse. Wir sehen hier sofort, dass die herkömmlichen Schemata von Wesen und Phänomen versagen. Vielmehr ist der exakte Sinn der Operationen (68) und (69) durch folgendes Schema ausdrückbar

$$A \leftrightharpoons \Gamma$$

In Worten ausgesprochen: Die Ruhmasse als Realisierung des Eigenseins lässt sich in Energie als Realisierung der Kreation umwandeln. Entsprechendes gilt für die Inverse. Ruhmasse und Energie sind also in U_9 spiegelsymmetrisch. Es ist immer nur die Frage, welches das Original und welches der Spiegel ist. Für den Stoff ist der Spiegel die

---

[1] γ bezeichnet hier ein Photon.

Energie, für die Strahlung der Stoff. Somit stellen die dualen Grundzustände der Welt gewissermassen einen Gesamtzustand in der komplexen Ebene der Kategorien dar, dessen rein imaginärer Anteil in die dualen Zustände $+Z$ und $-Z$ aufspaltet. Dann können wir den Zustand A als Z^+, den Zustand Γ als Z^- auffassen. Somit erhalten wir einen einzigen Gesamtzustand $Z^{\pm}$. Die jeweiligen Einzelzustände der physischen Existoren sind dann nur lokale Schwankungen Z^- und Z^+, Fluktuationen auf dem Ozean des Kosmos.

Es ist im Grunde ebenso überraschend, dass die Energie Trägheit besitzt, wie dass die Trägheit Energie besitzt. Nur dass uns psychologisch die Trägheit weniger erschüttert als die Energie. Die Antwort ist einfach: Eigensein ist abstrakter und im Grunde schwieriger zu verstehen als die uns überall begegnende Energie. Protophysisch gesehen ist beides Anlass zum Staunen: Das Eigensein, weil es die Existenz der Welt ermöglicht, und die Energie, weil sie die Kreativität ermöglicht.

Freilich, was wir bisher für die Trägheit des Stoffs hielten, diese ganze sogenannte ,,Materie'', ist in Wahrheit schöpferische Macht. Die physische Welt ist ebenso Eigensein, ist ebenso sie selbst, wie immense Schöpfungsgewalt. Diese umwälzende Einsicht verdanken wir der LORENTZstruktur der Welt. Sie garantiert die Identität des Schöpferischen mit dem Sich-selbst-Bewahren. Die Erschaffung neuer Atomkerne in den Sternen, die Zerstrahlung von Wasserstoff zu Licht, ja vielleicht die Entstehung ganzer Sternsysteme ruht in der Geometrie des LORENTZraums. Welche Vision und zugleich – welche Klarheit!

EINSTEIN selbst erkannte schon dieses kürzeste und zugleich tiefste Gesetz der Welt: Die Aequivalenz von Masse und Energie. Es ist eine schlichte Folge der geometrischen Komposition der Ruhmasse aus Impuls und Energie. In der Tensorrechnung wird dies noch nicht klar, sondern muss sachfremd aus der speziell abgeleiteten Formel $E = mc^2$ hinzugenommen werden. In der LORENTZraum-Darstellung ist es eine direkte Folge der Struktur der Welt. Dass Eigensein in Schöpfung übergeht und diese in Eigensein, brachte eine andere Sicht der Welt. Mit Recht beginnt damit ein neues Zeitalter. Wir nennen es das atomare. Es müsste das kreative heissen.

9. KAPITEL

DER RAUM DES SCHÖPFERISCHEN

1. DIE QUELLEN

Die bisherige Untersuchung vermochte noch keine Theorie der Ω-Sätze zu geben. Sie beschränkte sich vornehmlich auf eine Beschreibung des Phänomens und die Formulierung der einzelnen Sätze des physikalischen Glaubens. Im folgenden sei versucht, ein *System* dieses Glaubens zu entwerfen. Dabei werden auch die Genesis, die Ziele und Tragfähigkeit der Ω-Sätze zu klären sein. Hier entfernen wir uns notwendigerweise vom Phänomen und begeben uns auf das Gebiet der theoretischen Hypothese. Wir handeln hier nicht anders als der Physiker, der erfahrungsfrei ein Axiomensystem entwirft und erst nachträglich die Effekte der Theorie daraus ableitet. Nur dass unsere „Effekte" so allgemein sein müssen, dass sie die Physik als ganze umfassen. Wir kehren also zur Frage des ersten Kapitels zurück: Wie ist Physik als Wissenschaft möglich?

DESCARTES machte die *Gewissheit* zum ersten Problem seiner Philosophie. Seine Antwort ist bekannt: Es schien ihm, als sei das Ich in seiner denkenden Existenz unbezweifelbar. Daraus folgerte er, dass dieses Ich eine Substanz sei, deren ganze Natur ausschließlich im Denken bestehe und die zu ihrer Existenz nicht des Körpers bedürfe. DESCARTES beging damit zwei Mißverständnisse. Zum ersten gründete er seine Gewissheit auf die reflektive Existenz des Ich. Nun wissen wir aber sehr wohl, wie sehr das menschliche Denken von den Gehirnvorgängen abhängt. Die denkende „Substanz" ist also eine durchaus körperliche. Daraus ergibt sich sofort, dass eine Blockierung oder Erkrankung der zum Bewusstsein erhöhten Gehirnprozesse – sei es der Schlaf oder die Geistesgestörtheit – die Existenz des Ich nicht aufhebt, sofern man nur unter dem Ich nicht das Ich-*Bewusstsein* sondern das Ganze des Individuums versteht. Das Denken erfasst also nur einen Teilraum der menschlichen Existenz. Zum zweiten gründete sich die kartesische Gewissheit nicht auf eine unmittelbare Einsicht, sondern auf reinen *Glauben*. Im Akt des Zweifelns an der Gewissheit aller irgendwie gegebenen Realität glaubte DESCARTES die Gewissheit der Realität des Ego als eines zweifelnden (und folglich denkenden) unmittelbar wahrzunehmen. Nun ist der Zweifel sicherlich eine eminente Bekundung des Denkens, denn die Kritik des Scheins ist keinem undenkenden Wesen, etwa den niederen Lebewesen, zugänglich. Ja in unserer Zeit wird Kritik und Denken weitgehend in eins gesetzt.

Nun lässt sich aber der Zweifel nur dann an der Schwelle des zweifelnden Ich aufhalten, wenn man eine Barriere errichtet, die das Ich vor der Selbst-Bezweiflung schützt. Dies kann nicht wieder der Zweifel sein, denn die Reihe der zu bezweifelnden Objekte hat vor dem Ich abzubrechen. Wohlgemerkt, hier handelt es sich nicht um ein logisches, sondern ein psychologisches Problem. Versuche mit langanhaltender künstlicher Isolierung von Menschen zeigen, dass hier psychische Störungen auftreten können, die in der Nähe von Bewusstseinsspaltungen liegen. Die Frage ist also, ob der radikale Zweifel das Ich noch intakt übrig lässt.

Die kartesische Gewissheit kann also nicht jene der Naturwissenschaft oder der Mathematik sein: Die erste gründet sich auf die unmittelbare und intersubjektiv prüfbare Wahrnehmung eines Beobachtungsdatums, die zweite auf die Ableitungsregeln, die gleichfalls auf intersubjektiver Konvention beruhen. Die Intersubjektivität entfällt aber bei DESCARTES nach Voraussetzung. Er definiert seinen Gewissheitsbegriff durch: ,,Wahr ist alles, was ich ganz klar und deutlich einsehe''. Dabei meint er, auch die Existenz des zweifelnden Ich sei solcherweise einzusehen. Das ist aber gerade nicht der Fall, denn der Zustand des radikalen Zweifels gestattet überhaupt kein klares und deutliches Einsehen mehr. DESCARTES machte aus dem psychologischen Problem der Gewissheit fälschlicherweise ein logisches Problem der Wahrheit. Dann aber ist in der Setzung des Zweifelns auch das zweifelnde Subjekt mitgesetzt. Welcher Art dieses Subjekt sei, insbesondere, ob es denn ein menschliches Ich mit Reflexionsvermögen sei, das ist damit noch gar nicht ausgemacht.

Und doch vollzog DESCARTES eine denkwürdige und irreversible Wende. Er hörte auf, nach der objektiven ἀϱχή der Metaphysik zu suchen und verlegte die Begründung seiner Washeits-Philosophie in das denkende Ich. Denn dieses sollte ja – was ihm selbstverständlich erschien – eine Substanz sein. Damit übernahm er die ganze vielschichtige Tradition der Substanz-Kategorie. Das Ich eine denkende Substanz – das sollte nun fortan die neue Urheit, die ἀρχή, des modernen philosophischen Denkens werden. Und wie man sich dreht und wendet, sie wurde es bis auf den heutigen Tag. Sie ist es in der KANT-schen Ableitung der Kategorien aus dem Ego, sie ist es bei FICHTE und MACH und in der Philosophie der Existenz.

Die Protophysik der Relativitätstheorie zeigte, wie fruchtbar dieser Ansatz auch für eine künftige Philosophie der Physik sein wird. In der Tat geht die Konstruktion der Reiche, der Axiome, Grundbegriffe und die ganze heuristische Wanderung vom Zeiterlebnis bis zur Kreation der Masse auf die schöpferische Tätigkeit des Ego zurück. Das Ego des Physikers ist also die theoriensetzende Instanz und nur indem es dies tut, vermag es die Wirklichkeit zu erfassen. Darin hat sich also an der kartesischen Wende nichts geändert.

Und doch müssen wir einen Schritt weitergehen. Wir haben zu fragen, welches denn das Ur-Erlebnis des Physikers sei, das am Anfang aller Wissenschaft steht. Wir werden dabei keine Reflexion auf eine Ich-Instanz voraussetzen noch überhaupt irgendeine Differenzierung dieses Ur-Erlebens vornehmen. Wir werden es in seiner undifferenzierten und unreflektierten, schlechthin gegebenen Totalität und Ursprünglichkeit aufzuweisen suchen. Dieses Aufweisen kann daher kein logisches sein, sondern nur ein psychologisches. Was ist uns als physikalisch operierenden Wesen denn als das Erste und Unabweisbare gegeben? Ich sage absichtlich nicht „bewusst", denn das Bewusstsein davon würde schon eine Reflektierung einschliessen. Ich sage auch nicht „unbewusst", denn dann könnte es uns nicht gegeben sein. Ich nehme hier eine Weise des Gegebenseins an, die noch *vor* diesen Unterscheidungen liegt. Sie muss gänzlich im unbestimmten Bereich des menschlichen Existierens liegen, ja sie muss dieses Existieren in seiner unmittelbaren Wucht selbst sein.

Es ist dies, wenn wir von allen Besonderheiten und von allen Erzeugnissen der Reflexion absehen, das Ur-Erlebnis des eigenen *schöpferischen Tuns*. Indem ich hier an dieser Stelle, mit allen Fäden an das Universum geknüpft, mit allen Adern dem eigenen Ich verbunden, dieses hier niederschreibe, kann ich von all diesen Fäden und Adern absehen. Ich kann die Wurzeln meines Ego in Gedanken für einen Augenblick abschneiden. Dann bleibe ich als ein schöpferisch Handelnder übrig, als jener, der diese Gedanken mit diesen Zeichen auf dem Papier und zu diesem Ziel hingeordnet niederlegt. Ich bleibe als ein Mensch, der Neues zu schaffen versucht. Ich bin mir nicht mehr mit

all meinen Besonderheiten der Person gegenwärtig, sondern ganz auf
das Schaffen dieses Neuen gerichtet, ganz in ihm allein zentriert, ganz
Mittelpunkt, der mich selbst als das Ego zum Mittel macht. Aus der
Peripherie des Umkreisens dieser allein wichtigen Mitte strebe ich dem
Nie-Dagewesenen zu als der eigentlichen Bestätigung meines Selbst.
Ich lasse die Sorge und die Schwermut, die Angst und die Eitelkeit,
ja alle körperlichen, geistigen und personal-geschichtlichen Bekun-
dungen meiner selbst, jetzt völlig zurück. Ich werde ganz und gar nur
das Tun des Noch-nicht-Getanen. Das eben ist Schöpfertum. Und
indem ich es tue, in eben dieser Aktivität, bin ich mir meiner selbst
gewiss. Nicht mehr als eines Denkenden oder Zweifelnden, sondern
lediglich als eines Schaffenden. Denn ich bräuchte ja nicht zu denken,
ich könnte ebenso ein Experiment aufbauen, eine Musik hören und im
Hören nachentwerfen, ein Auto bändigen oder einen Berg ersteigen.
In all dem bin ich nichts anderes als schöpferisches Tun, das setzt,
was noch nicht ist.

Dieses Tun ist zugleich *Expansion*. Es lässt zurück, was bisher nicht
war: Zeichen auf dem Papier, Spuren in den Gedächtnismolekülen,
Kilometer auf dem Kilometerzähler, Daten im Experimentiergerät,
den zurückgelegten Weg im Gebirge. Schöpferisches Tun breitet sich
seiner inneren Notwendigkeit nach aus; es lässt die Dinge nicht, wie
sie sind, es verändert, baut auf oder zerstört und setzt sich von dort
zu neuem schöpferischem Tun fort. Es gleicht dem Radium, das nicht
anders kann, als zu zerfallen, um in einem neuen Element wieder auf-
zutauchen. Gleich den radioaktiven Elementen bildet es die Wärme
des Seins, das Umgestaltende, nie zu Bändigende. Aber sein oberstes
Gleichnis ist der Kosmos: Gleich ihm befindet es sich dank einem ursprünglichen Elan in ständiger Dynamik. Seine Grundbewegung ist
die Expansion seiner selbst, das Nicht-bei-sich-bleiben-Können. Das
Schöpferische ist notwendig in permanenter Umgestaltung seiner selbst
und doch eben darin erhalten. Nur indem es expandiert, *ist* es überhaupt. Wir umreissen das Ur-Erlebnis des Physikers daher als *schöpferische Expansion*.

Äusserer Aufweis: Die exponentiell anwachsende Informationslawine
der Naturwissenschaft. Unser Wissen von der Welt expandiert seit den
Uranfängen der Menschheit und zwar mit einem seinerseits wachsenden Koeffizienten. Die ,,HUBBLE''-Konstante des wissenschaftlichen
Wissens ist ihrerseits also zeitabhängig. Unser wissenschaftliches Tun
ist einem All vergleichbar, das von unbekannten Anfängen minimaler
Ausdehnung mit bestürzender Zunahme in einen noch nicht zuhande-

nen Raum expandiert. Denn was vor ihm liegt, ist noch nicht geglie-
dert, hat noch keine Struktur, es ist sozusagen noch kein Raum des
Wissens, sondern erst dessen unbestimmte Möglichkeit.

Wir können die Ur-Gegebenheit des schöpferischen Tuns auch mit
einer *Quelle* vergleichen. Gleich ihr kommt es aus dem Unergründlichen und bezeugt sich in ständiger Selbsterneuerung. Gleich der
Quelle durchtränkt es alles Seiende, denn dies wäre nichts ohne Schöpfertum. Es strömt aus dem Unbekannten ins Unbekannte. In diesem
Aufströmen erzeugt es neues Sein. Zugleich entdecken wir rasch, dass
es viele solcher Quellen gibt: Gleich uns viele Physiker, gleich den
menschlichen Individuen viele tierische und pflanzliche Individuen,
gleich diesen viele Elementarteilchen. Nur im Grössten scheint die
Reihe mit dem Universum, diesem einmaligen Individuum kosmischer
Gestalt, abzubrechen. Es ist noch nicht hinreichend geklärt, welche
Form die Reihe im Kleinsten annimmt, dort wo die Teilchen in die
Felder als deren Anregungszustände übergehen. Im Universum der
sRT ist diese Frage jedenfalls noch nicht entscheidbar.

Wir werden daher die schöpferische Expansion des einzelnen Ego
als eine unter vielen anderen Expansionen annehmen, die alle von ähnlicher Grundstruktur sind. Wir nennen sie „*Quellen*". Unser erster
Glaubenssatz ist also:

ES GIBT EINE MEHRHEIT SCHÖPFERISCHER EXPANSIONEN.

In einer anderen Formulierung lautet er: ES GIBT QUELLEN.

Damit haben wir nicht das Ereignis der MINKOWSKIWELT oder das
event WHITEHEADS zum Ursprung unseres Systems von Glaubens-
annahmen gemacht, sondern die Quelle. Das Ereignis ist immer schon
ein Erzeugnis, ein opus des schöpferischen Tuns. Es kann daher nicht
die Ur-Gegebenheit sein. Auf der anderen Seite des gedanklichen Ab-
tastens der Möglichkeiten von Ur-Gegebenheiten steht BERGSONS élan
vital. Er ist gewissermassen der Antrieb des Schöpferischen, setzt also
schon dessen differenzierte Struktur voraus. Freilich haben die Lebens-
philosophen das Grundlegende daran erfasst: „Es liegt mehr im Werden als im Sein" ist ein berühmter Ausspruch BERGSONS, der schon
das Prinzip des Schöpferischen vorwegnimmt (obgleich bereits HEGEL
im Werden die Synthese von Sein und Nicht-Sein erblickte und es zur
ersten „vollen" Kategorie machte). Auch SCHOPENHAUER tat bereits
durch seine These vom Willen als der Grundwesenheit der Welt den
Schritt zur aktualistischen Sicht. Auch die Idee der Evolution konnte
nicht anders als in Richtung einer kreativ-organismatischen Philosophie wirken. Aber schon bei KANT und erst recht den Neukantianern

wird die phänomenale Welt durch schöpferisches Tun des transzendentalen Subjekts hervorgebracht: Erkennen ist nicht Ergreifen, sondern Erschaffen. Freilich ist es nicht als psychologische Tätigkeit aufzufassen, sondern als rein apriorische Verknüpfung von Begriffen.

Wir wollen diese Abhebung vom individuellen und der Zeit unterworfenen Schöpfertum des Ich noch nicht vollziehen, sondern sprechen erst zunächst von der Ur-Gegebenheit des individuellen Erlebens des Physikers. Indem jedoch durch intersubjektive Verständigung die gleiche Ur-Gegebenheit für alle möglichen Physiker bewusst gemacht werden kann (indem also die Leser dieses Buchs sich selbst daraufhin befragen), lässt sich von der Ur-Gegebenheit eines Über-Ich sprechen. Darunter sei verstanden: Es gibt eine allen Ego's gemeinsame Struktur, in der die Ur-Gegebenheit des schöpferischen Tuns zuhanden ist, ehe dieses Tun sich individuell bekundet und unabhängig davon.

Damit unterscheiden wir uns grundlegend von der Lebensphilosophie: Unser Modell des Schöpferischen ist noch nicht die évolution creatrice [1] der Biologen, sondern die Expansion des physikalischen Universums. Die Physik soll sich also das eigene Modell für die schöpferische Tätigkeit des Physikers liefern. Zum zweiten ist für BERGSON die von der Wissenschaft angenommene Zeit verräumlicht, denn nur der Raum wird gemessen; erst in uns selbst entdecken wir die durée als ein unmeßbares Werden. Der intelligence wird daher nur die räumliche Materie als Objekt zugewiesen; sie wandelt sie in die Werkzeuge des technisch operierenden Menschen um. Die durée ist ihr unzugänglich, dazu bedarf es der intuition als dem Organon des homo sapiens; aber hier gibt es keine kartesischen Prinzipien des klaren und distinkten Denkens: Die Rationalität des Seins geht verloren.

Wir anerkennen die ersten Schritte, nicht aber die letzten. Das Ur-Erlebnis des Schöpferischen ist gewiss keine Sache des Verstandes, sondern ist selbst die Voraussetzung jeder Verstandestätigkeit. Indem jedoch die Analyse einen Gegenstandskomplex in seiner inneren Differenziertheit durchsichtig macht, nimmt auch sie an dessen Erschaffung teil. Nicht nur die Synthese, sondern auch die verstandesmässige Zergliederung ist daher kreativ. Aber noch mehr: Wie dunkel auch die Genesis des Schöpferischen im Tun des Physikers sein mag, seine *Ziele* liegen ganz und gar im Rationalen. Der Physiker baut die Welt nicht aus suggestiven Bildern auf, sondern aus logisch durchsichtigen Strukturen. Das nur intuitiv fassbare Ur-Erlebnis des eigenen schöpferi-

---

[1] Siehe das gleichnamige Buch von Henry BERGSON, 1907.

schen Tuns ist eine Quelle, deren Ursprünge in der Tiefe liegen, deren Ziel aber die Erhellung einer zunächst chaotischen Erlebniswelt ist. Die Intuition ist für uns daher nur eines unter vielen Instrumenten des Kreativen. Nicht die Evolution des Lebens, sondern der Erkenntnis ist das Ziel der Physik. Das Schöpferische bleibt hier nicht auf der Stufe des Biologischen stehen, sondern bedient sich seiner, um zum rein Rationalen aufzusteigen. So steigt der Geist seinem eigenen Leib gewissermassen auf die Schultern, um an Höhe zu gewinnen. Gewiss ist die Rückwirkung der Physik auf das biologische Dasein der Menschen enorm, man denke nur an die Medizin und die Technik. Aber dies ist nicht das Ziel der Erkenntnis, sondern ein sekundärer Induktionseffekt, ähnlich dem Wechselsstrom in der Sekundärspule. Die Grundbewegung der Erkenntnis ist demnach ein schöpferischer Strom von der Tiefe zur Klarheit.

2. DIE SYNTAX DES SCHÖPFERISCHEN

Es ist Aufgabe der Analyse, das schöpferische Tun aufzuspalten in seine syntaktischen Dimensionen. Noch haben wir ja kein individuelles Subjekt als seinen Träger; wir setzten das Ich vielmehr noch ganz amorph als genau jene Instanz voraus, dem das Schöpferische als Ur-Gegebenheit begegnet, und zwar in ihm selbst, als sein Eigenes. Wir hätten daher die Quelle auch als schöpferisches Ich bezeichnen können. Aber diese Indentifikation ist bisher noch nicht vollzogen.

Nun wollen wir das tun. Wir behaupten zunächst: Jeder Quelle kommt ein Operator zu, der schöpferisches Tun vollbringt. Ja nur indem er schöpferisches Tun vollbringt, *ist* er überhaupt Operator. Jene Instanz, die Experimente entwirft und darüber Theorien aufbaut, nennen wir einen empirischen Wissenschaftler. Handelt es sich um Experimente, in welche eine bestimmte Klasse von Merkmalen eingeht, so sprechen wir entweder vom Physiker oder vom Biologen, Psychologen, empirischen Soziologen und so fort. Dies alles sind Operatoren schöpferischen Tuns. Ihre Wirklichkeit als eben diese Wissenschaftler ist allein durch dieses Operator-Sein gegeben. Ausserhalb dessen handelt es sich nicht um Wissenschaftler, sondern nur um Menschen im allgemeinen Sinn.

Nun behaupten wir: Auch die von der Physik untersuchten Gegenstände sind Operatoren. Dies ist eine ausschliesslich auf Glauben gegründete Annahme. Denn alles, was wir wissen können, ist im Grunde nur die Sphäre des eigenen individuellen Erlebens und die von uns konstruierte Struktur der inner- und aussermenschlichen Ereignisse. Die sRT leistete jedoch den Aufbau spezieller Strukturen, deren Folgen an den Effekten getestet werden. Wir können also fragen, ob die von der sRT angenommene MINKOWSKIwelt nicht jene Struktur enthält, die auch dem Operator der sRT, dem Physiker, zukommt. Hier finden wir nun Ereignisse und deren Verknüpfung durch Weltlinien in einem Raumzeit-Kontinuum. Man könnte versucht sein, die Ereignisse als die Operatoren anzusehen, denn sie sind es, die ihre Weltlinien abwandern, durch Genidentität auseinander hervorgehen oder durch Lichtsignale miteinander in Kommunikation stehen. Wenn auch die MINKOWSKIwelt nur Punktmannigfaltigkeiten enthält, so sind die Punkte doch als physische Ereignisse zu deuten. Eine Weltlinie wird etwa durch ein ausdehnungsloses Teilchen verwirklicht, eine Weltröhre durch einen Körper. Jeder raumzeitliche „Ort" in einem bestimmten Bezugssystem ist dann ein Ereignis dieses Teilchens oder Körpers. Aber hier zeigt sich sofort, dass die Deutung der Raumzeit als Ereigniswelt die Annahme der Teilchen und Teilchensysteme voraussetzt. Das Verbot von raumartigen Weltlinien hätte ja keinen Sinn, wenn es nicht um reale Teilchen (Systeme) ginge, die dem Verbot der Überlichtgeschwindigkeit unterliegen.

Diese Teilchen und ihre Systeme wollen wir nun gleichfalls als Operatoren im obigen Sinn bezeichnen. Sie sind die Grundkomponenten des schöpferischen Tuns. Das Tun selbst (die Quellen) erscheinen in der MINKOWSKIwelt als die Weltlinien von Teilchen und Lichtstrahlen. Wir können sagen: Die Weltlinien bezeichnen die schöpferische Aktivität von Teilchen und Strahlen. Die letzteren werden ja im Universum der Quantenmechanik gleichfalls als Teilchen, nämlich als Photonen, verstanden. Rückblickend auf die menschlichen Operatoren, die Physiker, sind diese dann die Individuen einer besonderen Klasse schöpferischer Operationen. Die Operationen selbst sind dann solche der Genidentität und der Kommunikation: Die erstere ist mit der permanenten Existenz des Physikers über seine von ihm erzeugten Ereignisse hinweg gleichzusetzen, die letztere mit seiner Identität im Gewebe seiner Kommunikationen mit der Umwelt. Die Weltlinien von Unterlicht-Teilchen enthalten also eine Chiffre für die Identität des Physikers gegenüber dem eigenen schöpferischen Tun, die Nullinien eine Chiffre für seine Identität gegenüber dem schöpferischen Tun aller anderen Operatoren einschliesslich der physischen Welt.[1]

---

[1] Wir sprechen von Signalen, die zwischen Unterlicht-Teilchen ausgetauscht werden. Die Signale als solche enthalten eine Nachricht, die in der MINKOWSKIwelt unverändert vom

Wir können die Operatoren in der Syntax des Schöpferischen als die Subjekte der Kreativität bezeichnen. Wir distanzieren uns damit von einem kreationistischen Monismus. Wir glauben an die Pluralität dieser Subjekte, zunächst im menschlichen Bereich, dann aber auch aufgrund der Erfahrung mit relativ individuierbaren Teilchen und deren Systemen an die Pluralität der physischen Subjekte. Im Universum der sRT entspricht dem die Annahme eines Punkt-Kontinuums, in dem jeder Raumzeitstelle innerhalb eines bestimmten Bezugssystems nur ein Koordinatenquadrupel zukommt. Jeder Ort ist genau individuierbar; eine Weltlinie wird durch ein physisches Individuum erzeugt. Freilich sind diese Subjekte keine Personen, denn soweit wir wissen, geht ihnen das Ichbewusstsein ab. Aber insofern sie doch relativ ausgezeichnete Komplexe von Eigenschaften mit einer bestimmten Lebensdauer darstellen [1], können wir sie als eine Art Proto-Personen bezeichnen. Die Struktur des Menschen ist also personalistisch, jene der physischen Welt proto-personalistisch.

Schöpferisches Tun hat sein Objekt. Wir bezeichnen es als operandum. So ist das operandum im Universum der sRT zunächst das Bezugssystem. Es empfängt Signale, die an bestimmten Stellen und daran befindlichen Zeitgebern ankommen und dort Spuren hinterlassen. Jeder Signalempfänger ist also ein operandum schöpferischer Operationen, eben der Signalisierung. Nun muss das Bezugssystem seinerseits Signale zum Menschen emittieren, anderenfalls wir nichts von den Spuren der uns interessierenden Signale wüssten. Es fungiert also gleichzeitig als Operator. Operatoren können damit zugleich operanda sein, ebenso wie ein Substantiv der Umgangssprache je nach dem Satzbau als Subjekt oder Objekt auftreten kann. In jede Wechselwirkung gehen Operatoren ein, die zugleich operanda sind. Es gibt also eine Art syntaktischen Austauschs zwischen Operatoren und operanda. Er wird in einem sehr abstrakten Sinn durch die physikalischen Austauschkräfte vorweggenommen, wo etwa die Bindung der Nukleonen im Atomkern durch den Austausch der π-Mesonen zwischen dem Proton und dem Neutron erfolgt. [2]

Schliesslich gibt es das jeweilige opus einer schöpferischen Opera-

---

Emissions- zum Absorptionsort wandert. Die Nullinien der ebenen Raumzeit sind damit eine Chiffre für die Identität von Nachrichten.

[1] Die Lebensdauer der Elementarteilchen liegt in den Grenzen von 10^{-16} sec und ∞.

[2] Das Proton verwandelt sich unter Absorption eines negativen Mesons in ein Neutron und das Neutron unter Emission eines negativen Mesons wieder in ein Proton. Nimmt ein positives Meson teil, so werden Absorption und Emission vertauscht. Die laufende Umwandlung kann als Austausch beider Teilchen aufgefasst werden.

tion. Es ist das Produkt, wie es in der syntaktischen Grundform „A erzeugt B" an der Stelle von B auftritt. In der MINKOWSKIwelt sind die Ereignisse die Produkte schöpferischer Operationen: An jeder Stelle einer Weltlinie liegt ein Ereignis, ja jede Stelle des Kontinuums *ist* als Ereignis zu deuten. Eine Ereignis-Philosophie ist daher eine Philosophie der opera schöpferischer Operationen. Die opera anderer Universa als der sRT können anderer Art sein; so ist das Grund-opus im Universum der Quantenmechanik der Zustand. Die Universa der Physik unterscheiden sich daher zunächst durch ihre opera, aber auch durch ihre Operatoren, wie etwa der Unterschied zwischen den Massenpunkten der klassischen Punktmechanik und den Elementarteilchen der Quantenmechanik zeigt. Die Merkmale der Operationen, Operatoren und opera sind dabei samt und sonders opera. Sie alle sind durch schöpferische Operationen erzeugt. Dies gilt beispielsweise für die Grundmerkmale der Objekte der sRT, die räumliche und zeitliche Lokalisierung, die Geschwindigkeit, die raumlichen und zeitlichen Abstände. Sie alle werden durch Signalaustausch der Träger dieser Merkmale mit einem Bezugssystem erzeugt. Daher ihre Relativität als Ausdruck des Erzeugt-Seins mithilfe zueinander bewegter Bezugsysteme. Wir sagten früher, dass die Merkmale Informationen seien: Jede Information ist aber ein opus der Operation „Informieren".

Damit gewinnen wir ein Grundschema, das sowohl auf menschliches wie aussermenschliches Tun zutrifft. Wir können das schöpferische Tun (die Quelle) als Vektor in einem abstrakten Raum auffassen. Mit dem Vektor hat es die Richtung gemein: Es ist stets auf ein Ziel gerichtet, nämlich das opus, solange es noch nicht verwirklicht ist. Als Betrag der schöpferischen Operation bezeichnen wir ihre „Leistung": Das verwirklichte opus. Im Universum der sRT lässt sich dies auf Zahlen abbilden, etwa als Geschwindigkeit. Für die menschliche Kreativität gibt es gleichfalls Maßstäbe der Leistung, die zuweilen sogar in Zahlen ausdrückbar sind, es aber nicht sein müssen.

Wir nehmen nun einen abstrakten Raum an, in dem die Kreations-Vektoren in ihre syntaktischen Komponenten zerlegbar sind. Das Tun selbst wird damit als das Ganze und Invariante aufgefasst; es projiziert auf drei Achsen und erzeugt dort seine Komponenten Operator, opus und operandum. Ebenso wie die Weltlinie eines Teilchens in invariante Stücke zerlegt werden kann, die auf vier Achsen projizieren, so kann auch das schöpferische Tun (die Quelle) in relative Komponenten zerlegt werden. Wir sahen beispielsweise, dass ein Operator je nach der syntaktischen Stelle auch als opus oder operandum auftritt. So ist ein

Teilchen das opus von Teilchenumwandlungen, es wirkt aber seinerseits in der Wechselwirkung auf ein anderes Teilchen und ist zugleich in eben dieser Wechselwirkung ein operandum.

Wir ziehen nun eine Restriktion in die möglichen Projektionen des Kreationsvektors ein. Wir fordern nämlich, dass wir den Vektor nicht so drehen können, dass er mit einer der Achsen zusammenfällt. Das heisst: Die Welt kann niemals nur aus Operatoren oder nur aus opera oder nur aus operanda bestehen. Sie ist immer schon das Ganze aus diesen Komponenten, aber sie gestattet auch nie die Beseitigung von einer aus ihnen. Wir bezeichnen diese Restriktion als *operationelle Pluralität*. Sie tritt neben die in Abschnitt 1 genannte Pluralität der Operatoren, Operationen, operanda und opera. Unsere Welt ist weder personal bzw. protopersonal noch operationell-syntaktisch nach dem Denkmodell des Monismus gebaut. Sie ist genuin pluralistisch.

Die syntaktische Komposition des Schöpferischen ist kein Zufall. Sie folgt einem inneren Gesetz. Analysieren wir die Ur-Gegebenheit „Quelle". Wir kennen nicht den Ursprung dieses Drängens nach Wirklichkeit. Er kommt weder aus dem Nichtsein, denn das Wirkliche kann nicht dem Nichtsein entspringen, wohl aber dem Noch-nicht-Sein. Noch kommt er aus dem wirklichen Sein, denn was wirklich ist, genügt sich selbst und hat keinen Anlass, sich selbst zu verneinen. Es muss also eine besondere Sphäre des Vor-Wirklichen geben, aus dem alle Verwirklichung entspringt. Vielleicht gibt es ein physisches Analogon in den hypothetischen Protosternen, aus denen die eigentlichen Sterne entstehen. Sie sind – wenn es sie gibt – weniger als wirklich und mehr als unwirklich. Es sind die ungeborenen Sterne. Um aus dem Vorwirklichen in das Wirkliche zu treten, muss jeder Schöpfungsvollzug zunächst einen Krıstallisationspunkt erzeugen („erzeugen" in einem extrem abstrakten Sinn), um den herum sich Wirkliches versammeln kann. Denn die Barriere zwischen dem Wirklichen und dem Vorwirklichen ist eben unüberwindlich. Damit dieser Gedanke hier, der noch ungeboren in mir schlummert, zur Wirklichkeit der Schriftzeichen werde, muss bereits Wirkliches vorhanden sein, um im modalen Feld der physischen Energie die Zeichen zu bilden.

Im Universum der sRT gibt es nur Nahewirkungen. Dies ist ein Modell für unsere Forderung, dass keine Wirkung, die aus dem Vorwirklichen kommt, auf Wirkliches wirken kann. Nur im NEWTONschen Universum war dies möglich: Hier übersprang etwa die Massenanziehung momentan den Raum zwischen Sonne und Erde; und was von der Sonne her auf die Erde wirken sollte, war nicht die wirkliche Sonne, sondern ein modales Zwischending zwischen den Wirklichkeiten Sonne und Erde. Heute nehmen wir an, dass auch Gravitationswirkungen sich mit Lichtgeschwindigkeit kontinuierlich im Raum ausbreiten. Im Universum der sRT sind die Lichtsignale evident Energieausbreitungen, die mit den Streuungs- und Absorptionszentren in Wechselwirkung treten. Erst in der Quantenmechanik geht dieser Begriff der Wirklichkeit teilweise verloren. Das Universum der sRT ist eine Welt aus realen Teilchen und Feldern, deren Zustand jederzeit genau fixiert und für künftige Fälle vorausgesagt werden kann.

Ebenso können wir annehmen, dass alle schöpferische Bewegung einen Operator erfassen muß, ehe sie neue Wirklichkeit zeugt. Ihre Weise zu wirken, ist eine andere als jene der energetischen Wechselwirkungen des Kosmos. Auch eine andere als das Konstruieren einer neuen Gleichung. Sie zwingt nicht, sie erzeugt nicht unmittelbar, sie lässt sich nicht ergreifen, sondern sie führt im Verborgenen. Um zu wirken, bedient sie sich der Wirklichen, die schon zuhanden sein müssen. Es ist wie bei der Erzeugung einer Nachricht im Bezugssystem der Uhr: Auch eine Uhr spricht zum Menschen nicht unter Überspringung der beide trennenden Wirklichkeit, sondern durch Aussendung (Streuung) realer Signale. Die schöpferische Bewegung, deren Zielpunkt die Bewusstmachung einer Nachricht „21.36 Uhr'' in diesem meinem Bewusstsein hier ist, setzt mit einer realen Zeigerstellung ein und endet mit der Verarbeitung des übermittelten Sinnesdatums im Gehirn. Dies ist nur ein Beispiel dafür ,dass alle schöpferische Bewegung einer Inkarnation bedarf, um neue Wirklichkeit zu erzeugen. Das Vorwirkliche ist also auf das Wirkliche angewiesen. Die Quelle muss sichtbar werden, um neues Leben zu befruchten. So muss auch der unergründliche schöpferische Drang ans Licht der wirkenden Wesen treten, um auf wirkende Wesen zu wirken. Er sucht sich den Operator, hinter dem er sich verbirgt.

Dieser Operator ist aber noch nicht vorhanden. Denn wäre er dies, so bedürfte er seinerseits nicht des Schöpferischen, um zu erzeugen. Denn nur insoweit er sich dem Schöpferischen übergibt, macht er von seiner Wirklichkeit Gebrauch, *ist* er wirklich. Seine Wechselwirkung mit dem Schöpferischen ist daher nicht mit jener zwischen wirklichen Partnern zu vergleichen, sondern besonderer Art. Es ist das Verhältnis von Führung und Geführtem. Die erste Bewegung des Schöpferischen ist also die Führung des Operators. Es muss sich hinter ihm verbergen; denn um das Noch-nicht-Wirkliche wirklich zu machen, bedarf es einer grundlegenden *Teilung* des Schöpferischen. Bliebe es ganz bei sich, so könnte keine Expansion sein. Es ist wie bei der Zelle: Wachstum vollzieht sich nur durch Teilung. Die Urteilung des Schöpferischen ist jene in Vor-Wirklichkeit und Wirklichkeit. Die erste wird vom undifferenzierten und damit unwirklichen Schöpferischen beherrscht, die zweite von den individuierten Operatoren.

Nun ist es aber nicht so, als gäbe das Schöpferische dem jeweiligen Operator nur einen ersten Anstoss und der Operator folge dann einer immanenten Dynamik. Der hier aufgezeigte Mechanismus des Schöpferischen folgt nicht dem Modell der Mechanik. Es gibt keine sich selbst überlassene Trägheitsbewegung der Operatoren. Vielmehr werden sie zu jedem Moment ihrer Expansion von den verborgenen Quellen des Schöpferischen gespeist, um überhaupt expandieren zu können. Wirklichkeit ist ganz und gar und auf jedem Schritt an die Vor-Wirklichkeit gebunden und jene wieder in jedem Akt der Expansion an die Wirklichkeit.

Die modale Dualität von Quelle und Operator ist noch nicht die perfekte Expansion. Nehmen wir das Modell der Relativität. Das Schöpferische ist hier die LORENTZtransformation: Sie erzeugt im Feld des Vorwirklichen bereits alle überhaupt möglichen Werte der trägen Masse, beginnend mit der Ruhmasse im Eigensystem bis zur Masse unendlich in einem mit Lichtgeschwindigkeit bewegten Bezugssystem. Aber diese Expansion ist hilflos ohne die Realität der Bezugssysteme, auf die Signale von eben der gefragten Masse eintreffen. Erst zusammen mit den realen Operatoren starrer Gerüste mit Uhren an allen Kreuzungspunkten und durch reale Photonen vermag die LORENTZtransformation etwas auszurichten. Diese wieder sind gänzlich auf sie angewiesen, denn ohne sie wäre das eintreffende Signal nicht als Nachricht „Masse $m = m_0(1 - v^2/c^2)^{-\frac{1}{2}}$" zu entziffern.

Diese Nachricht wird aber erst erzeugt, indem ein duales Verhältnis von Nachrichtengeber – und Empfänger hergestellt wird. Nur indem der Operator „Signal" auf den Operator „Bezugssystem" wirkt – und zwar energetisch = real – kann dieser eine Nachricht empfangen. Dies Empfangen ist der Prototyp des biologischen Empfangens und macht den Operator „Bezugssystem" zum operandum. Erst jetzt kann dem Noch-nicht-Seienden eine Bahn gegeben werden; denn bliebe das Bezugssystem ein reines Gebersystem, so wäre nichts darauf zu beziehen, denn es empfinge keine Signale. Indem es zum Empfänger wird, öffnet es sich für die Umformung zu einem Neuen, noch nicht Seienden: Es wird das informierte System, zum operator operandus.

Aber damit schliesst sich die Menge syntaktichen Dimensionen: Der operator operandus, das informierte System in unserem Fall, ist schon das umgeformte Ausgangssystem, ist schon operator operatus und damit das opus der schöpferischen Bewegung. Er ist nicht mehr der gleiche wie zuvor. Am deutlichsten ist das Modell eines angeregten Atoms. Auch hier die Nachricht „Energiezufuhr", die den Ausgangszustand verändert. Auch hier die schöpferische Spannung bis zur Entladung als Licht-Emission. Und sofort beginnt der Zyklus von neuem: Schöpferischer Drang → Operator → operator operandus → operator operatus = opus. Mit dem opus wird die Bewegung zu ihrem kategorialen Stillstand gebracht, um sofort wieder zu zerfallen und zu neuen Zyklen Anlass zu geben.

Dieser Zyklus trifft auch auf das theoretische Schöpfertum zu. Das Schöpferische lag gewissermassen seit dem MICHOLSON versuch 1887 in der Luft. Es suchte seinen Operator, der die neue Theorie schuf. Dies Suchen ist natürlich kein reales, sondern zunächst nur metaphorisches. Und doch war es kein irreales, sonst hätte es nie den Operator EINSTEIN gegeben. In einem verborgenen Prozess der Hingabe an das Schöpferische kommt jene Dualität von Führung und Geführtem zustande, die man gemeinhin Intuition nennt. EINSTEIN vertraute sich einem geheimnisvollen Lernprozess an, dessen Ziel und Methode ihm unbekannt waren. Es war, als tränke er aus einer Quelle, die andere nicht fanden, weil sie sich ihnen verbarg, indem sie sie gar nicht suchten. EINSTEIN allein machte sich auf den Weg; zuerst schlaftrunken vom alten Dunkel der ungelösten Frage, dann immer rascher und zielstrebiger sich einen Weg durch das Unbekannte bahnend. Bis ihn das Schöpferische traf und erleuchtete. Es konnte nicht direkt die neue Theorie aufstellen, denn Theoretiker stehen nur mit ihresgleichen in Kontakt. Es bedurfte des Menschen EINSTEIN – keines anderen. Nur er trug das Siegel der Auserwähltheit.

Aber auch er konnte die Theorie nicht erzeugen, ohne zuvor sich selbst als Lernender zum operator operandus zu machen. Er wurde zum Empfänger all jenes Wissens, das ihm zu seinem Werk fehlte. Der Lernvorgang jedes Wissenschaftlers ist nichts als die Projektion des Schöpferischen auf die Dimension des operandums. Andererseits werden die empfangenen Information auf dem Wege der Durchdenkung, also der Datenverarbeitung, ihrerseits zu operanda. In diesem Abtausch der Projektionen des Schöpferischen vollzieht sich die Expansion des Wissens.

Schliesslich kam das opus ans Licht: Die neue Theorie. Seither löste sie sich ab von ihrem Operator EINSTEIN und wurde zum zuhandenen operandum all jener Operatoren, die ihrerseits an ihr lernen, um wieder neue Erkenntnis zu erzeugen. So löst ein kreativer Zyklus den anderen ab und zerfällt seinerseits, um neuen Zyklen Raum zu geben. Hier wurden die Zyklen zugleich als zeitliche Abläufe sichtbar, das ist aber nicht immer notwendig. Vielmehr können wir in einem extrem abstrakten Raum eine Entfaltung des Schöpferischen annehmen, die sich allein im ausserzeitlich-Kategorialen abspielt. Ja dies ist sogar der Grund-Mechanismus aller zeitlichen Entfaltung schöpferischer Expansion, die ihm nur zu seiner Realisierung verhilft.

3. DIE DIMENSIONEN DER EXISTENZ

Das Schöpferische, sagten wir, ist Verwirklichung des Noch-nicht-Seienden zum Wirklichen. In die Syntax von Operatoren, operanda, opera und ihrer Invarianten, der Operation, ging der grundlegende Übergang vom Noch-nicht-Wirklichen zum Wirklichen ein. Untersuchen wir ihn näher, so ergibt sich sofort eine weitere Dimensionierung des Schöpferischen. Wir wollen die neuen Dimensionen gleichfalls als die Achsen eines Raums bezeichnen, auf die das Schöpferische projiziert. Damit erhalten wir einen zweiten Teilraum; wir bezeichnen ihn als *Existenz-Raum*, kurz E-Raum. Dementsprechend wollen wir den Raum der Syntax als syntaktischen Raum, kurz S-Raum, bezeichnen. Beide ranken sich um einen gemeinsamen Ursprung wie die Zweige am Stamm einer Pflanze. Oder um ein noch plastischeres Bild zu gebrauchen: Sie hängen wie Trauben an der Rebe, die im Verlauf der kategorialen Entfaltung ihrerseits expandiert. Wir werden daher den Raum des Schöpferischen als *Traubenraum* bezeichnen.

Im letzten Kapitel sahen wir, dass die Grundformen der physischen Existenz Eigensein, Kommunikation und Transkreation sind. Wir wollen nun dieses Schema auf das gesamte Sein einschliesslich der menschlichen Kreativität erweitern. Zugleich sei eine Ableitung der existenziellen Dimensionen aus dem Schöpferischen versucht.

Wenn Schöpferisches Verwirklichung ist, dann bedarf es bereits des Wirklichen, um im Felde der realen Wirkungen zu operieren. Daher die Annahme der Operatoren. Das Schöpferische ist also gewissermaßen in seiner Bewegung umgeleitet, ähnlich einer Quelle, die senkrecht nach oben steigt und an der Erdoberfläche waagrecht weiterströmt. Hier das Bild:

Wirklichkeit der Operatoren, operanda und opera

Vor-Wirklichkeit

Indem die Quelle sich dem Wirklichen eingibt, um es von innen zu führen, kommen die Operatoren zustande. Sie sind kategorial aufgebaut aus der Dualität von Wirklich und Vor-wirklich. Noch präziser: Indem und nur indem sich ein möglicher Operator dem vorwirklich führenden Schöpfertum hingibt, *wird* er wirklich. Das Sein des Operators ist also das Werden des Operators. Er ist nur, indem er wirkt. Ausserhalb seines Wirkens fällt er in die reine Möglichkeit zurück. So ist im Universum der sRT ein Körper nur insoweit wirklich, als er mithilfe von Signalen von sich Kunde gibt. Ein absolut isolierter Stern im All hätte für niemand Wirklichkeit, er wäre nur der reinen Möglichkeit nach existent. Nur indem er Signale emittiert, indem er also neue Wirklichkeit erzeugt, wird er wirklich. Wirkung ist also wesentlich Selbst-Verwirklichung. Das Selbst der wirkenden Operatoren ist ganz und gar auf ihre Hingabe an das Schöpfertum angewiesen. Ohne dieses ist kein Selbst.

Durch eben diese Hingabe wird aber auch Selbst erzeugt. Von der Rebe des Traubenraums spaltet also eine neue Dimension ab, das *Eigensein*. Wir definieren es als Hingabe an die Vorwirklichkeit des Schöpferischen. Das Eigensein ist die sichtbare Quelle, das zutagetretende Verlangen nach Schöpfertum. Damit ist es mehr als Verlangen, es ist bereits das Schöpferische selbst. In den eigenseienden Operatoren *wird* das Schöpferische erst, was es ist, nämlich ein Selbst-Sein. Als reiner Drang ist es noch kein Selbst, denn es hat nur eine Richtung, aber noch keine Bahn. Es drängt nach Verwirklichung, aber es hat noch keine Wirkung. Es ist ein reines Wollen, aber noch ohne Leib. Erst im Selbst der Operatoren schafft es sich einen Leib, mit des es sich umkleidet wie Fleisch und Knochen das Wollen des Menschen. Und doch ist der Operator nur sein Leib, nicht das eigentliche Selbst. Indem das Schöpferische sich im Operator inkarniert, bleibt es dessen Selbst: Es *ist* sein einziges Selbst. Die Inkarnation ist also die Verselbstung des vorher erst bereitliegenden, aber noch toten Leibes. Das Selbst des wirklich gewordenen Schöpfertums ist wie eine Seele, die den bereitliegenden Leib des noch nicht fertigen Operators belebt. Beide sind gänzlich aufeinander angewiesen, um zu wirken. Beide sind nur die dualen Aspekte des Schöpferischen, keine Substanzen im klassischen Sinn, also nicht zu einer substanziellen Dualität des Seins Anlass gebend. Es sind die Dimensionen eines abstrakten Raums, nicht die Stufen einer zeitlichen Entfaltung oder gar getrennte Klassen von Gegenständen. Wer solchermaßen unsere Analyse des Schöpferischen verstünde, hätte das Wesen des Raums weder in der Physik noch im Bereich der Kategorien durchschaut.

Die Bewegung zum Wirklichen ist also eine solche zum Selbst. Nur Selbste sind wirklich. Ja die Definition des Wirklichen ist, dasjenige zu sein, was im Wirken sich selbst verwirklicht. Wirklich ist also nur, was wirkt; und nur in der Weise seines Wirkens wird es überhaupt ein Eigenes. Die Individuierung ist also identisch mit der Selbstverwirklichung. So kann ein Körper im Universum der sRT nur bestimmte Koordinaten annehmen, wenn er Signale zu einem Bezugssystem sendet. Das Anlegen eines Meterstabs an einen Baum macht diesen wirklich, indem die Moleküle des Stamms durch Koinzidenz mit den Enden des Meterstabs in Signalaustausch treten. Anderenfalls wäre es nicht möglich, von einer Länge zu sprechen. Das Vakuum hat keine ausgezeichneten Stellen, die wir physikalisch auf ein Bezugssystem projizieren. Jede physikalische Projektion ist eine Signalisierung und diese eine Form der Wechselwirkung. Ein physisches Etwas ohne fixierte Koordinaten ist aber im Universum der sRT ohne Wirklichkeit.

Analog wird sich der Mensch seines Selbst nur in seinem schöpferischen Tun oder Erleiden bewusst. Das letztere können wir, insofern es das Tun anderer Operatoren voraussetzt, als die Inverse der Kreativität bezeichnen. Sie wirkt sich als Beeinträchtigung des Selbst aus, reizt aber zugleich zur Selbst-Erhärtung. Die Selbst-Bestätigung erfahren wir erst im freien eigenen Vollzug unseres Willens. Ja Freiheit ist nichts anderes als dieser Selbstvollzug, ist reines Schöpfertum ohne die Inverse zur Kreativität, ohne das Erleiden der Kreativität anderer. Freiheit und Spontaneität sind daher synonym. EINSTEIN wurde erst EINSTEIN, indem er die sRT und später eine Reihe anderer Theorien aufstellte. Alles, was wir unter dem Namen „EINSTEIN" verstehen, ist nur sein schöpferisches Werk. Seine persönlichen Schicksale ergreifen uns nur, weil sie den Leib der theoretischen Kreativität bilden, sonst liessen sie uns gleichgültig. Ein Mann ist nur, was er hervorbringt.

Darin zeigt sich auch das Wesen der Frau: Sie ist nur Frau, indem sie
neues Leben erzeugt. In der Kreativität des Biologischen wird sie erst,
was sie ist. Das hindert nicht, dass sie die theoretische Kreativität des
Mannes übernimmt, nur ist sie dann auf dieser Ebene nicht Frau, sondern Theoretiker. Die Vielschichtigkeit der menschlichen Kreativität
ist damit gerade ein signum, dass Selbst-Verwirklichung immer an die
Kreativität gebunden ist.

Hier entsteht eine grundsätzliche Schwierigkeit. Sie gab zu mannig-
fachen Mißverständnissen in der Tradition Anlass. Es könnte scheinen, als sei das Schöpferische als reiner Drang bereits ein Eigenseiendes, wie die Alten sagten, eine Substanz. Seit der stoischen Weltseele geistert dieses Missverständnis durch die Philosophie, zuletzt in
HEGELs Weltgeist, im Materialismus mit seiner (nicht hinreichend klar
formulierten) These von der schöpferischen Materie. Ja sogar in Sa-
muel ALEXANDERS Raumzeit als dem stuff der Welt, in WHITEHEADS
creativity und in BERGSONs élan vital klingt noch eine Hypostasierung
des Schöpferischen nach. Wir wollen daher ausdrücklich hervorheben,
dass keine Personifizierung oder Substanzialisierung des Schöpferischen denkbar ist. Das Schöpferische ist zunächst ein Prinzip und
liegt daher überhaupt nicht auf der Seinsebene der wirkend Wirklichen. Prinzipien wirken in einer anderen Weise als Operatoren. So
treibt nicht das Prinzip des Raketenantriebs das Raumschiff zum
Mond, sondern die Energie des Treibstoffs. Nicht das Prinzip der Relativität schuf die sRT, sondern der Mann EINSTEIN.

Aber wir sprachen vom schöpferischen Drang. Hier liegt die Wurzel
der Mißverständnisse. In der Tat ist das Schöpferische mehr als ein
Prinzip. Es ist mehr als der *Mechanismus* des schöpferischen Operierens. Die Mechanismen lernen wir in der Wissenschaft von der Natur
und dem Menschen kennen. Es ist vielmehr ein echter Antrieb, ein
Drang, ein Wollen im allgemeinsten Sinn. Nicht das Prinzip drängt
zur Wirklichkeit sondern das Verlangen. Wir entdecken es unmittelbar in uns selbst, vornehmlich im Antrieb zur Erkenntnis. Wir können annehmen, dass ein ähnlicher Drang auch die aussermenschliche
Wirklichkeit antreibt. Es ist die schöpferische Dynamik, die sogar das
All zur Expansion treibt. Daher sprachen wir eingangs von der Expansion der Quellen.

Es könnte daher naheliegen, diesen Drang als ein von den Gedräng-
ten abgehobenes Selbst anzunehmen. Gerade das ist der Irrtum aller
Monismen, auch desjenigen von SCHOPENHAUER. Auch NIETZSCHE
verfiel im Willen zur Macht diesem Mißverständnis. Der Antrieb ohne

den Getriebenen ist nichts. Kein Drang ohne Gedrängte, kein Wille ohne Wollende, keine Kreativität ohne schöpferische Operatoren. Es wäre sonst ganz unverständlich, wie zuerst das Eine sein soll und dann erst das Viele. Wie könnte sich der eine schöpferische Drang als ein Eigenseienes ohne die Vielheit der Schaffenden behaupten? Antwort: Nur im abstrakten Raum der Dimensionen des Schöpferischen, nicht aber als ein concretum. Schöpferischer Drang ist realiter immer schon gedrängter schöpferischer Operator. Ist immer schon Teilchen, Atom, Molekül, Körper, Plasma, Gestirn, Lebewesen, Person. Anders gesagt: Das Schöpferische ist den Operatoren immanent, nicht transzendent. Es ist seiner Natur nach nur als Eigensein möglich.

Aber damit haben wir das Problem nur von einer neuen Seite aus aufgetürmt. Wir begriffen das Viele im Einen, aber noch nicht das Eine im Vielen. Die Welt der sRT ist kein disparates Auseinanderfallen atomarer Operatoren. Gerade am Modell der Atome zeigt sich die Lösung des Problems. Gewiss, wir erkannten die Operatoren als eine Art unteilbarer Individuen, die im Akt der Selbstverwirklichung ihre genaue Stelle in einem raumzeitlichen oder historischen oder sonstwie gearteten Bezugssystem einnehmen. Aber die Raumzeit selbst verbindet sie zu einem Ganzen. Die Raumzeit ist der Integrator der atomaren Operatoren.

Damit gewinnen wir am Stamm des Traubenraums als neue Dimension die *Kommunikation*. Auch der Operator ist noch nicht das Ganze des Schöpferischen, HEGEL würde sagen, noch nicht das zu seiner Wahrheit gebrachte Schöpferische. Was wäre die Sonne ohne die Wesen, denen sie Licht und Teilchenströme zuschleudert? Das Atom, das ein Photon emittiert, spaltet sich auf in ein zurückbleibendes System und das abgetrennte. Erst dadurch wird es aber für den Empfänger des Photons zur Wirklichkeit. Der Physiker ist erst Physiker, indem er in der intersubjektiven Kommunikation mit anderen Physikern steht. EINSTEIN ohne die Mitwelt seiner Kollegen wäre nicht der ganze EINSTEIN geworden. Dies gilt sowohl für die Genesis der Kreation wie für ihre Folgen. Die sRT entstand aus dem Nährboden der vorhergehenden Theorien und mitgehenden Ideen. Sie wirkte erst durch die Publikation. Diese ist also das Mittel, deren sich die Kommunikation bedient. Der Physiker muss ein öffentliches Wesen sein, um zu seiner Wirklichkeit zu gelangen. Wir erweitern sofort diesen Grundsatz auf alle Operatoren, gleich welcher Natur, und formulieren: Der Operator ist seinem Wesen nach öffentlich. Öffentlich, das heisst geöffnet für die Mit-Operatoren. Im Universum der sRT ist das Bezugssystem wesentlich offen für die Aufnahme von Nachrichten und ihre Weitergabe an den Beobachter. Das Teilchen, das eine Weltlinie realisiert, ist offen gegenüber seiner eigenen Zukunft, die immer schon wieder ein Teilchen ist: Nicht das gleiche wie im vorhergehenden Augenblick, sondern eben jenes neue Teilchen im folgenden. Das Abwandern der eigenen Weltlinie ist damit durch die fundamentale, wenn auch abstrakte Kommunikation des asymmetrischen, transitiven und irreflexiven Vorhergehens und Nachfolgens gekennzeichnet. Es ist dies eine der Grundrelationen der sRT und kommt in der Struktur ,,Ereignis A wirkt auf Ereignis B'' zutage. Nur dass dies ,,wirkt auf'' präzis nicht einem Ereignis sondern dem Operator Teilchen zukommt. Die zweite Grundrelation wird durch ,,Bezugssystem X erhält vom Ereignis A eine Nachricht und gibt sie an den Beobachter B weiter'' gegeben. Bezugssysteme sind also ihrer technischen Intention nach kommunikativ. Anderenfalls wären sie keine Bezugssysteme: Es ist ihre Funktion, Beziehungen herzustellen zwischen sich und den beobachteten Objekten. Ein raumzeitliches Bezugssystem ist aber an das Zuhandensein einer Raumzeit gebunden.[1] Damit wird diese zum Kommunikator der physischen Operatoren: Alle Signalisierung erfolgt ,,durch den Raum'' und ,,nach der Zeit''. Die Raumzeit ist das ontische Apriori der Wechselwirkung.

Analog gibt es auch für die Kreativität der Physiker eine Art Raumzeit über-physischer Art. Es ist dies die menschliche *Sprache*. Sie bildet das Generalschema, dessen Struktur bereits alle mögliche Kommunikation der Physiker untereinander festlegt. Ebenso wie es künstlich aufgebaute Räume verschiedener Metrik und Topologie gibt, so auch künstliche Sprachen, die verschiedene Strukturen der Kommunikation vorwegnehmen. So ist die Sprache der Geometrie selbst eine unter möglichen Sprachen. Was wir durch graphische Darstellungen in Koordinaten ausdrücken, ist dem Mit-Physiker sofort verständlich, aber es legt der übermittelten Nachricht eine bestimmte Struktur auf. Die sRT benutzt genuin eine Koordinaten-Sprache, in der die Transformation von Zahlenquadrupeln den Grundinhalt der intersubjektiven Kommunikation bildet. Sie wird durch die Sprache der imaginären Drehungen eines Achsensystems ausgedrückt: Diese Drehung ist eine Chiffre für die Transformation.

Eine weitere Sprache ist jene der Algebra. Aber missverstehen wir uns nicht: Auch die LORENTZtransformationen, wie sie in mathemati-

---

[1] Im ordo essendi. Im ordo cogitandi brauchen wir zuerst ein *BS*, um räumliche und zeitliche Positionen und deren Beziehungen festzustellen.

schen Zeichen hingeschrieben werden, setzen ihrerseits einen Raum voraus: Jenen der abstrakten Ausdrücke für Zahlen und Operationen an Zahlen. Indem diese Ausdrücke durch die Operationen verändert werden, müssen wir zu diesem „Raum" auch eine „Zeit" im abstrakten Sinn hinzufügen.

Wir können sofort diese These verallgemeinern. Was die Sprache der Koordinaten und Zahlen für den Theoretiker, das ist die Umgangssprache für den Menschen schlechthin. Sie bildet das unerlässliche Schema jeder Verständigung und legt dieser eine vorgegebene Struktur auf. Was wir auf Französisch mit unwiederholbarer Eleganz ausdrücken können, das lässt sich auf Deutsch nur selten wiederholen. Die Grammatiken der Sprachen sind ebenso verschieden wie die Metriken der verschiedenen Geometrien. So können wir in einem allgemeinen Sinn sagen: Die Sprache der Natur im Universum der sRT ist die Raumzeit; die Sprache des Physikers, der dieses Universum intendiert, ist die Mannigfaltigkeit der Koordinatensysteme, Zahlenquadrupel und Grundbegriffe der sRT. Die Verständigung zwischen Natur und Physiker erfolgt durch die Raumzeit, diejenige der Physiker untereinander durch Koordinaten, Zahlen und Begriffe. Ohne sie ist keine schöpferische Operation im Bereich der Theorienbildung möglich. Auf die Natur übersetzt: Ohne die Raumzeit gibt es keine Signalisierung und Genidentität.

Damit steht der Operator Physiker ebenso wie der Operator physikalisches System in sprechender Kommunikation mit anderen Operatoren. Der eigenseiende Operator ist immer schon in Kommunikation: Das Unsprechende wirkt nicht, der Stumme hat keine Welt. Welt wird erst durch die Kommunikation der Eigenseienden. Das Wirkliche ist immer schon ein Mit-Wirkendes, ist Emittor und Empfänger von Signalen, ist Knoten im unübersehbaren Netz von Wechselwirkungen. Der Austausch von Wirkungen ist die Voraussetzung, dass etwas wirke: Wirklichkeit ist ihrer Natur nach Kommunikation.

Sofort haben wir dieser zweiten Dimension der Existenz eine dritte hinzuzufügen: Die *Transkreation*. Die Kommunikation zwischen dem Sender- und Empfängersystem hinterlässt nach dem Ende der Wechselwirkung beide in einem neuen Zustand. Analog führt das Gespräch zwischen zwei Physikern – sei es als gesprochenes Wort, sei es als geschriebenes – zu einem neuen Zustand von Sender und Empfänger: Der erste hat sich mitgeteilt und dadurch sich selbst in der Kommunikation mit dem Mit-Physiker transformiert, der zweite ist um eine Nachricht reicher. Die Nachrichten-Mitteilung zwischen den Gelehrten zählt zu den wenigen Kommunikationen, die alle Partner bereichert. Eine Nachricht kann man nicht einbüssen; Sender und Empfänger werden in gleicher Weise beschenkt. Geben ist hier wirklich mindestens ebenso selig wie Nehmen.

Die Kommunikation enthält eine echte Neuschöpfung. Sender und Empfänger sind nicht mehr die gleichen; noch mehr, sie wurden reicher an schöpferischer Begegnung. Die vergangene Zeit während der Wechselwirkung ist ein Index für dieses Reicherwerden: Was sie an Zeit verlieren, gewinnen sie an schöpferischem opus. Die aufsteigende Weltlinie wird immer länger, das empfangende Bezugssystem um Nachrichten reicher, der nachrichtenspendende Emittor verlor wohl an Signalenergie, aber gewann an Kommunikation. Beispiel: Eine unbemannte Raumsonde sendet Signale über ihren Zustand an die Bodenstation. Dadurch wird die Kontrolle über die Raumsonde ermöglicht, sie ist nicht mehr ein einsames Objekt im All. Obwohl ihr das als einem Nicht-Lebewesen gleichgültig sein muss, ist doch ihr Schicksal davon abhängig. Bemannen wir die Sonde, so wird deutlich, welche Vor-Formen der für das Überleben entscheidenden Transkreation bereits die unbemannte Sonde aufweist.

Transkreation, sagten wir. Das bedeutet nicht allein eine Neuschöpfung und nicht allein eine Transformation, sondern beides zusammen. Die Identität des Operators geht nicht völlig verloren, aber bleibt auch nicht völlig erhalten. Im Universum der sRT haben wir noch keine Teilchengenerierung, diese tritt erst in der relativistischen Quantenmechanik auf. Auch im Universum der klassischen aRT werden die Sterne noch nicht aus dem metrischen Kontinuum erzeugt, sondern stehen mit diesem nur über die Feldgleichungen in einem abstrakten Austauschverhältnis: Die rechte Seite der Gleichungen spricht den Einfluss der Massenverteilung auf die Metrik aus, die linke den Einfluss der Metrik auf die Bewegung der Massen, wenn man die Bewegungsgleichungen als in den Feldgleichungen vorgegeben annimmt. Grob gesprochen: Bei gegebener Metrik kann die Massenbewegung nicht willkürlich gewählt werden und bei gegebener Massenverteilung nicht die Metrik. Für die sRT bleiben also die Bezugssysteme und die Emittoren in ihrer Identität erhalten, aber nicht restlos. Eine Uhr, deren Zeiger mit einem Lichtblitz zeitlich zusammenfällt, wird zwar dadurch unter Umständen in ihrem weiteren Gang nicht gestört, aber sie ist von jetzt an „das Gerät, das den Lichtblitz zur Zeit t zu registrieren erlaubte". Ein Radarschirm, der die Position des Raumschiffs mit den Koordinaten x, y, z zur Zeit t registriert, ist wohl noch für weitere Registrierungen zu benutzen, aber von t an „der Radarschirm, der die Position des Raumschiffs registrierte". Selbst wenn wir von den physischen Spuren eines registrierten Ereignisses im Bezugssystem absehen (was wir in der sRT implizit tun), so hinterlässt das Ereignis eine Spur im abstrakten Sinn, denn das Gerät wurde um eine Nachricht reicher. Genau diese Weise der partiellen Identität bei zeitlicher Anreicherung durch reale oder abstrakte Spuren von Wechselwirkungen ist es, was wir mit dem so glücklichen Ausdruck von Leibniz als Transkreation bezeichnen wollen.

In der Transkreation kommt nun die Kreation erst zu ihrer ganzen Wahrheit, kommt sie, wie Hegel sagen würde, wieder zu sich selbst zurück. Dies ist freilich kein dialektischer, sondern ein organismatischer Prozess. Keine der vorgenannten Bestimmungen verneint die vorhergehende, sondern ergänzt sie. Die Aspaltung ist eine Auffächerung der noch unentwickelten Kreation nach ihren immanenten Komponenten. Das Modell der Evolution des Kreativen – der Kreativität der Kreativität selbst – ist also nicht die Hegelsche Dialektik, sondern die Zerlegung einer invarianten Grösse in ihre relativen Komponenten. Anders gesagt: Die Geometrie der sRT ist das Modell der Kreativität, dank derer sowohl die sRT selbst zustandekommt als auch jedes von ihr intendierte physische opus. Ebenso wie wir ein Weltlinienelement erst durch seine Projektionen auf die zeitliche und die räumlichen Achsen beobachten können, so können wir das Schöpferische erst durch seine Zerlegung in die Komponenten verstehen. Das verstandene Schöpferische ist damit das ganze, das wahre Schöpferische: Es ist immer schon Eigensein, Kommunikation und Transkreation.

Dabei liegen diese Komponenten nicht gleichgültig nebeneinander, sondern sie gehen in einem Ur-Vorgang der Erschaffung des Schöpferischen selbst aus dem embryonalen Schöpferischen hervor, entfalten sich sukzessive und gelangen am Ende eines jeweiligen Teilvorgangs wieder zum Ausgang zurück. Wir übernehmen also weithin das *Prinzip* der Hegelschen Entfaltung, nicht aber deren *Mechanismus*.

Jetzt erst verstehen wir auch die vorhergehende Aufspaltung in die syntaktischen Komponenten. Operatoren haben nur ein Sein als die eigenseienden letzten Bezugspunkte von Transkreationen und Kommunikationen. Das Eigenseiende ist immer Operator, ein Selbst kommt nur den operierenden Wesen zu. Operanda setzen immer die Kommunikation voraus zwischen dem Operator und seinem Objekt. Opera setzen die Transkreation voraus, denn sie sind deren Produkt. Dies ist der Grund, weshalb sich die Dreidimensionalität des S-Raums im E-Raum wiederholt: Die Dimensionen des E-Raums sind die entfalteten und damit die verstandenen Dimensionen des S-Raums.

Wir setzen nun zunächst formal einen Faktor Θ, der folgende Merkmale aufweist:

1. Θ ist reiner Operator ohne Projektionen auf die Dimensionen operandum, opus. Der Vektor des Schöpferischen fällt mit der Dimension Operator zusammen. Θ ist also seinerseits ungeschaffen und ungewirkt, reiner operator operans.
2. Θ ist reines Eigensein ohne Projektionen auf die Dimensionen Kommunikation und Transkreation. Θ ist damit sowohl in einem physischen wie abstrakten Sinn überräumlich und überzeitlich.

Nun definieren wir: Welt = Df die Gesamtheit aller schöpferischen Akte, die in der oben angegebenen Weise auf die 3×3 Dimensionen des Kreationsraums projizieren. Eine solche Welt bezeichnen wir durch das Zeichen M. Dann gehört Θ nicht zur Welt in dem genannten Sinn. Θ ist also überweltlichen Charakters.

Hat Θ Existenz? Ehe wir diese Frage entscheiden, müssen wir die Analyse noch einige Schritte weiter treiben. Erst wenn wir den Kreationsraum ganz aufgebaut haben, wird das Problem durchsichtig. Vorläufig sei als Grundrelation zwischen Θ und der Welt ein System folgender Asymmetrien angegeben:

1. M ist das opus von Θ, Θ aber nicht das opus von M .
2. M ist das permanente und in jedem schöpferischen Akt präsente operandum von Θ, dieses aber nicht von M.
3. M hat das Eigensein seiner Operatoren nur aus dem Eigensein von Θ entliehen, dieses aber trägt sein Eigensein in sich.

Der Leser versteht wohl, dass von Gott die Rede ist. Wir erinnern uns an die wiederholten Hinweise auf das Gottesproblem im Laufe unserer Untersuchung. Wir identifizieren daher die Bedeutung des Zeichens Θ mit jener des Zeichens Θ in der früheren Untersuchung. Wir lassen jetzt den Doppelstrich unten weg, da wir ja Θ eindeutig als Operator definierten und eine Abwandlung in ein operandum oder opus für das gleiche Zeichen daher ausgeschlossen wird. Wir führten bereits an dieser Stelle den Faktor Θ ein, um die weitere Analyse zu erleichtern. Irgendwelche Existenzaussagen über Θ sind damit noch nicht vorweggenommen.

4. DIE ENTFALTUNG DER MODI

Wiederholt sprachen wir von der Grundbewegung des Schöpferischen aus dem Vorwirklichen zum Wirklichen. Das Wirkliche kann auf eine doppelte Weise auftreten: Als dem Bewusstsein transzendent und immanent. Damit eröffnen sich drei neue Dimensionen des Schöpferischen. Wir haben sie schon früher durch π, p und k symbolisiert. Jetzt gilt es, ihr Zuhandensein nicht deskriptiv sondern hypothetischdeduktiv zu erfassen. Das zu seiner Wahrheit gebrachte Schöpferische, sagten wir, ist die Transkreation. Sie ist das opus wirkender Operatoren. Nun kann aber zwischen dem Sein und dem Nicht-Sein des opus nur ein Abgrund liegen, über den keine Brücke führt. Auch die Zeit hilft nicht, denn Zeitlichkeit setzt ja bereits die Bewegung vom Nicht-Sein zum Sein eines opus voraus. Dass der Uhrzeiger von 20.00 Uhr zur Markierung 20.01 wandert, das ist die operativ definierte Zeit. Dieses Wandern selbst ist aber die Bewegung vom Nicht-Sein der Zeigerstellung 20.01 zum Sein in 20.01 Uhr. LEIBNIZ versuchte, diesem Geheimnis durch den Terminus der Transkreation auf die Spur zu kommen [1]. Er diskutiert nämlich in seiner „Grundphilosophie der Bewegung" (Pacidius an Philalethes, 1676) die Unmöglichkeit, dass etwas im Laufe seiner stetigen Bewegung an einem Punkt zugleich sei und nicht sei. Ebensowenig wie die Zustände Leben und Tod keine gemeinsame Grenze besitzen, sondern nur aneinander grenzen (contiguum, aber nicht continuum mit ARISTOTELES), so gibt es gar keinen Zustand der Veränderung, sondern Veränderung ist „die Berührung oder die Zusammensetzung zweier entgegengesetzter Zustände ... und in keiner Weise ein mittlerer Zustand oder ein Übergang von der Möglichkeit (potentia) zur Wirklichkeit (actus) oder von der Privatio zur Forma...". Die augenblickliche Bewegung ist daher „ein Zusammengesetztes aus zwei augenblicklichen Existenzen an zwei benachbarten Orten", die fortgesetzte Bewegung besteht also aus mehreren Existenzen. Und dann nach einer geometrischen Überlegung die grossartige Passage:

„PACIDIUS: Wer jene Sprünge annimmt, meint es nicht anders, als dass das bewegliche Ding E, nachdem es eine Zeitlang am Ort A gewesen ist, ausgelöscht und vernichtet wird und einen Augenblick später in B wieder hervorsteigt und neu erschaffen wird. Diese Art der Bewegung können wir TRANSKREATION nennen.

[1] G. W. LEIBNIZ, *Schöpferische Vernunft, Schriften aus den Jahren 1668–1686*, ediert von W. v. Engelhardt, Simons Marburg 1951, S. 148.

GALLUTIUS: Wenn man dies für bewiesen halten könnte, so hätten wir etwas sehr Bedeutendes gewonnen. Wir hätten nämlich einen Beweis für den Schöpfer der Dinge''.

Die Genidentität der aufeinanderfolgenden Ereignisse ein und derselben Weltlinie kann nach dem Denkmodell von LEIBNIZ interpretiert werden. Dann wird in jedem auf den Moment t unmittelbar folgenden Zeitpunkt t' ein neues Ereignis erzeugt und sogar in jedem beliebigen Intervall eine unendliche Menge von Ereignissen. Die Identität gilt also nur für jedes Einzelereignis zu einem beliebig scharf gefassten Intervall Δt. Es gibt also keine über dieses Intervall hinaus gefasste Identität der Ereignisträger.

Im Universum der sRT wird das ungewöhnlich schwierige Problem der Bewegung nicht gelöst. Die Bewegung wird vielmehr schlicht vorausgesetzt, um das spezielle Problem der Relativität zu lösen. Wir haben uns daher an die menschliche Kreativität zu wenden, um hier ein Modell zu finden, an dem wir eine Hypothese bilden können. Nun bietet dazu gerade die Entstehung der sRT selbst Anlass. EINSTEINS Vorläufer, HERTZ, LORENTZ, VOIGT und POINCARÉ, hatten die Lösung des Relativitätproblems für die Elektrodynamik schon so weit vorangetrieben, dass sogar die fertigen Formeln für die Zeitdilatation (VOIGT) und die Längenkontraktion (LORENTZ) bereitlagen. HERTZ hatte bereits 1890 die MAXWELLschen Gleichungen auf den Fall bewegter Bezugssysteme erweitert, freilich von vornherein auf eine Deutung des FRESNELschen Mitführungskoeffizienten für Licht verzichtet und konnte eine Reihe anderer Versuche, wie insbesondere den MICHELSONversuch nicht erklären. POINCARÉ hatte sogar die MINKOWSKI-Raumzeit in einem Vortrag in Palermo 1906 als Mittel zur Behebung der Schwierigkeiten vorweggenommen.[1] Aber VOIGT und LORENTZ sahen in den Transformationsgleichungen nur bequeme Rechenformeln. Sie erkannten nicht, dass räumliche und zeitliche Distanzen relativ sind, obwohl sie die richtigen Gleichungen in der Hand hatten. EINSTEIN hingegen durchhieb den Knoten bereits mit seiner ersten Arbeit ,,Zur Elektrodynamik bewegter Körper'' 1905, indem er die ganze Untersuchung mit der lapidaren Feststellung begann, dass nicht nur in der Mechanik, sondern auch in der Elektrodynamik keinerlei Eigenschaften der Erscheinungen dem Begriff der absoluten Ruhe entsprechen. Er machte damit das so erweiterte Relativitätsprinzip

---

[1] Siehe B. BAVINK, *Ergebnisse und Probleme der Naturwissenschaft*, 10. Auflage, Hirzel Zürich 1954, S. 736 Anm. 78. VOIGT hatte die Zeittransformation in einer Abhandlung über den DOPPLEReffekt bereits 1887 abgeleitet, W. VOIGT, *Göttinger Nachr.* 1887 S. 41.

ausdrücklich zur Voraussetzung und fügte ihm noch die Konstanz der Lichtgeschwindigkeit im Vakuum hinzu. Von hier gelangte er sofort zur Definition der Gleichzeitigkeit, aus der alles übrige folgt.

Aber wie kam EINSTEIN dazu? Durch die Verzweiflung! Er schildert ausführlich in „Autobiographisches" [1], wie er unter anderem durch die Arbeiten von PLANCK über Thermodynamik zur Einsicht kam, dass „weder die Mechanik noch die Elektrodynamik (ausser in Grenzfällen) exakte Gültigkeit beanspruchen können. Nach und nach verzweifelte ich an der Möglichkeit, die wahren Gesetze durch auf bekannte Tatsachen sich stützende konstruktive Bemühungen herauszufinden". Und dann die Wende: „Je länger und verzweifelter ich mich bemühte, desto mehr kam ich zur Überzeugung, dass nur die Auffindung eines allgemeinen formalen Prinzips uns zu gesicherten Ergebnissen führen könnte". EINSTEIN hatte wieder die Thermodynamik mit ihren Verboten des perpetuum mobile 1. und 2. Art im Auge. Er erinnerte sich an einen paradoxen Gedankenversuch, den er schon mit 16 Jahren vornahm: Man bewege sich mit einem Lichtstrahl im Vakuum. Dann muss man ihn als ruhendes, räumlich oszillatorisches elektromagnetisches Feld wahrnehmen. Das gibt es aber nicht. Intuitiv schien es EINSTEIN, dass von einem solchen Beobachter aus beurteilt alles nach den gleichen Gesetzen ablaufen müsse wie für einen zur Erde ruhenden Beobachter, denn wie sollte der erste Beobachter wissen, dass er bewegt ist? EINSTEIN stiess dabei auf die „unerkannt im Unbewussten verankerte" absolute Gleichzeitigkeit. Und schliesslich die Entscheidung: „Dies Axiom und seine Willkür klar erkennen bedeutet eigentlich schon die Lösung des Problems".

Wohl selten lässt sich der Mechanismus der Entdeckung so deutlich ablesen wie an diesem Beispiel, obwohl wir es aus einer zeitlich von der Entdeckung weit entfernten Reflexion ihres Schöpfers entnehmen müssen. Seine Phasen sind grosso modo:

1. Das Ansteigen der Verzweiflung über die Unexaktheit der bestehenden Physik.
2. Die Einsicht, dass nicht faktische Beobachtungen zur Lösung führen.
3. Der Glaube, dass die Lösung von einem Prinzip, und zwar einem allgemeinen, kommen wird: Die messianische Funktion des Prinzips.
4. Die Mobilisierung der Erinnerung an solche Prinzipien in einer

---

[1] SCHILPP, a.a.O., S. 1–35, besonders S. 19–21.

Theorie, die an sich mit dem Problem der Elektrodynamik wenig zu tun hatte, der Thermodynamik.

5. Die Mobilisierung eines Jugendgedankens, des Paradoxons mit dem Lichtstrahl, der von einem Beobachter begleitet wird, aber nach dem Relativitätsprinzip (das EINSTEIN von GALILEI übernahm) das gleiche Wellenbild zeigen muss wie für einen ruhenden Beobachter.

6. Die Enthüllung eines im Unbewussten verankerten falschen Glaubens: Der „Unhold" wird aus dem Dunkel ans Licht gezogen, wo er stirbt.

7. Der Tod des falschen Glaubens, sobald man ihn als unbewussten Begleiter erkannt hat, als Parasiten: Das Erkennen des Irrtums ist der Tod des Irrtums.

8. Die Hingabe an einen neuen, besseren Glauben: Die Nicht-absolute Gleichzeitigkeit.

Die Grundbewegung ist hier das Ansteigen der Verzweiflung über das Gegenwärtige und die Auferstehung neuen Glaubens durch den Tod des alten. Zwischen dem alten Glauben an die absolute Gleichzeitigkeit und dem neuen Glauben an das Relativitätsprinzip auch für die Optik liegt ein logischer Abgrund. Anderenfalls wäre EINSTEINS Verzweiflung nicht berechtigt gewesen. Dass er das Problem als ein solches des Glaubens erkannte, unterscheidet ihn von seinen Vorläufern und gab ihm die Erleuchtung. Tod und Geburt ist also der Mechanismus der Transkreation in der Theorienbildung, wenn wir das Modell EINSTEIN auf die ganze Physik erweitern. Der neue Glaube ist nicht der auferstandene alte, sondern ein in die geistige Wirklichkeit tretender ungeborener Glaube.

Ungeborenes, aber nicht un-seiendes Sein (man verzeihe die Paradoxie) geht also dem wirkenden Sein vorher. Seine Geburt erfolgt nahezu plötzlich, wenn auch nicht völlig. Logisch ist aber der Abgrund zwischen dem ungeborenen und dem geborenen Sein nicht auszufüllen. Dies ist ein zweiter Abgrund neben dem vorherigen zwischen altem und neuem Glauben. Der neue enthält die Verneinung des alten (hier gilt die HEGELsche Negation!) und kann daher in einer zweiwertigen Logik gar nicht stetig aus dem alten hervorgehen. Seine Geburt enthält einen logischen Quantensprung. Er betrifft die Wahrheit des Glaubens und gehört zur Aussagenlogik. Der zweite Abgrund ist indes ein modaler und betrifft den Übergang vom Ungeborensein zum Geborensein. Er ist daher ein ontischer, kein logischer.

Wir können ihn formal so fassen: Wenn A der ungeborene Glaube ist und A' der geborene Glaube des gleichen Inhalts, so ist A der *noch nicht* geltende Glaube, A' der geltende. Der Unterschied wird also durch die Setzung einer Zeit festgelegt: Solange nur A, noch nicht A' und sobald A', nicht mehr A.

Das psychische „Haben" von A tritt nun freilich erst nach schweren Konvulsionen und nicht völlig plötzlich ein. Ähnlich einer menschlichen Geburt kommt das neue Lebewesen nicht plötzlich zur Welt. Aber ist es einmal geboren, so besteht doch ein grundlegender Unterschied zum vorhergehenden Zustand: Es hat sich vom Mutterleib gelöst, wie sehr es auch noch auf die Mutter angewiesen ist. Ähnlich geht auch das Denken mit einer neuen Idee schwanger, bis es sie zur Welt bringt. Aber ist sie einmal da und vor allem, steht sie geschrieben auf dem Papier, so kann keine Macht der Welt diese Tatsache ungeschehen machen: Sie wurde Wirklichkeit. Solange dies nicht der Fall ist, kann man sie noch töten: Der Physiker vergisst sie, unterdrückt sie, er stirbt selbst. Das geschriebene Wort ist nicht mehr umzubringen. Dieses Nicht-mehr-umzubringen-Sein ist genau, was den neuen Glauben vom ungeborenen unterscheidet.

Wir wollen von der Theorienbildung aus auch im Universum der sRT eine modale Struktur einsetzen. Wir behaupten: Jedes zu einem Zeitpunkt t auf der Weltlinie eines Teilchens auftauchende Ereignis ist das opus eines neuen Teilchens, dem der modus der energetisch wirkenden Aktualität, in Zeichen p, zukommt. Es ist von allen zeitlich vorhergehenden Ereignissen und den sie erzeugenden Teilchen derselben Weltlinie der Existenz nach unterschieden, der Struktur nach identisch, solange die gleichen Merkmale vorliegen, die eine Teilchensorte auszeichnen, und solange sein Bewegungszustand nicht verändert wird. Der Existenz des neuen Teilchens und des von ihm erzeugten Ereignisses (das durch ein Zahlenquadrupel bezeichnet wird) geht aber der Seinsweise nach eben dieses neue Teilchen als ungeborenes vorher. Der Mechanismus ist also nicht Teilchen (t) $\rightarrow$ Teilchen (t') sondern das Teilchen zur Zeit t geht unter und an seiner Stelle entsteht ein bis dahin ungeborenes Teilchen zur Zeit t'. Damit haben wir zugleich den Mechanismus der kategorialen Generierung der Zeit selbst gewonnen: Zeit ist nichts anderes als der messbare Ausdruck, gewissermaßen die Chiffre, für den Übergang aus der Seinsweise des Ungeborenen in jene des Wirkenden. Damit wird die Grundbewegung des Schöpferischen jetzt verstanden als jene von π nach p [1].

---

[1] Wir haben das Problem rein kategorial, nicht physikalisch diskutiert. Daher ist das Modell der Quantenfeldtheorie mit ihren virtuellen Teilchen auf dieser Stufe der Erörterung noch nicht akut.

Drei Fragen entstehen:

(1) Welches ist der Mechanismus des modalen Übergangs von π nach p?
(2) Welches ist der ontische Ort von π?
(3) Welches ist die Genesis von π?

Frage (1) kann nur durch eine Hypothese beantwortet werden. Alle Beobachtungen an physischen Objekten enthalten bereits p-Objekte. Daher rührt die Illusion, als bestehe die Weltlinie aus den Raumzeit-Stellen ein und desselben Teilchens, als sei das Teilchen nur „bewegt". Wir sahen, dass der Begriff des bewegten Teilchens nicht zu halten ist, da er einen modalen Widerspruch enthält. Bewegtsein ist ständiges Geborenwerden, ist Wiedergeburt. Wir haben die Bewegung als Transkreation verstanden, wir können sie nun mit dem deutschen Wort *Wiedergeburt* bezeichnen. Was wir als identisches makroskopisches Teilchensystem wahrnehmen, ist in Wahrheit ein ständig wiedererzeugtes System. Die beobachtete Bewegung ist Wiedergeburt. Sie erfolgt nur als solche ausserzeitlich. Der modale Übergang von der ausserzeitlichen Ungeborenheit zur Geborenheit erzeugt ja gerade Zeit und kann daher nicht wieder in der Zeit erfolgen. Daher scheint es uns, als hätten wir das gleiche Teilchen vor uns. Es ist wie mit einem sehr rasch rotierenden Rad, wo wir die einzelnen Stellungen der Speichen gleichfalls als geschlossene Fläche wahrnehmen, da wegen der Kleinheit die zeitlichen Intervalle zwischen den verschiedenen Speichenstellungen nicht mehr vom Auge aufgelöst werden können. Der Übergang von π nach p ist aber überhaupt ausser der Zeit. Wir müssen also den Mechanismus der Verwirklichung als einen ausserzeitlichen ansehen. Das kann aber nur ein rein ausserphysischer sein.

Solche Mechanismen finden wir in der Logik, Mathematik, Ästhetik und Heuristik. Die Ableitung des Satzes S aus S' erfolgt nur für die aktuelle Ableitungsoperation des Menschen nach der Zeit, setzt aber das ausserzeitliche Zuhandensein einer solchen Ableitung voraus: Nur das Mögliche kann Wirklichkeit werden. Dieses Mögliche ist durchaus strukturiert, ist genau bestimmt durch die Regeln der Ableitung und die Gegebenheit von Satz S'. Ist S im Feld logischer Operationen möglich, so ist S zugleich in eben diesem Feld auch wirklich. Es bedarf nicht der menschlichen Operation, um diese rein logische-nicht psychologische–Wirklichkeit von S zu erzeugen. Beispiel: Es gelte „Immer wenn eine elektrische Ladung gegenüber einem nicht mitbewegten Beobachter bewegt ist, so kann dieser ein zu dieser Ladung gehörendes Magnetfeld beobachten". Nun beobachten wir, dass eine Ladung zu uns bewegt ist. Dann wissen wir auch ohne Hinschauen, dass ein Magnetfeld vorhanden ist. Weshalb? Weil der Satz S im reinen Felde des Logischen wahr ist, gleich ob wir ihn faktisch deuten oder nicht und gleich ob wir ihn abgeleitet haben oder nicht. Mit anderen Worten: Das Faktische richtet sich nach einem Logischen, es entnimmt von ihm seine Struktur. Dazu bedarf es nicht des Umwegs über die menschliche Ableitungsoperation. Jeder, der an die Gültigkeit eines Naturgesetzes glaubt, muss auch diese Thesen annehmen. Dann aber ist die Ableitung von S aus S' keine der Zeit nach erfolgende, sondern eine ausserzeitliche. Einfach formulierte: Die Natur folgt einer ausserzeitlichen Struktur.

Sie tut dies auf dem Wege über eine Formel, welche genau den Wert des auftretenden Magnetfelds bei gegebenem elektrostatischem Feld der ruhenden Ladung und bei gegebener Relativgeschwindigkeit der Ladung zum Beobachter angibt.[1] Das Auftreten des magnetischen Felds bei der Bewegung der Ladung ist aber nicht durch ein zeitliches Intervall vom Nichtauftreten für den mitbewegten Beobachter geschieden, sondern *wenn* einmal die Ladung bewegt ist, ausserzeitlich durch die Formel erzeugt. Gleichwohl muss es als ungeborene Wirklichkeit zuhanden sein, wenn anders die Formel überhaupt eine Prognose erlauben soll: Wir brauchen nicht zu warten, bis das Magnetfeld auftritt, wenn die Ladung zu uns bewegt ist, sondern wissen es im voraus, auch wenn noch gar keine bewegte Ladung existiert. Ähnlich ist der Übergang vom Notenzeichen eines Musikstücks zu der ihm konventionell beigelegten Bedeutung als Chiffre für einen Ton ausserzeitlich, obgleich sowohl die Erzeugung des Tons aufgrund des gesehenen Zeichens als auch die Entwicklung der Notenschrift als eines Zeichensystems für Töne der Zeit unterliegen. Hat aber das Zeichen einmal eine bestimmte Bedeutung, so ist der Übergang vom Zeichen zum designatum ausserzeitlich. Das gleiche gilt für die Niederschrift eines Gedichts oder ein Gemälde: Sie alle stellen eine strukturierte Möglichkeit dar, was sie ausdrücken sollen, in den Zustand der Wirklichkeit zu überführen, und zwar unabhängig davon, ob ein Betrachter sie wahrnimmt oder nicht. Dieser Übergang gehört also selbst zur reinen Möglichkeit und ist nicht zeitbestimmt.

Der Mechanismus $\pi \to p$ gehört damit selbst zu π. Er muss zuhanden

---

[1] Siehe Kapitel 6, 14, S. 235 Gleichung (37) und (38).

sein, ehe überhaupt Wirkliches entsteht. Es ist wie bei der Geburt eines neuen Menschen: Ehe sie erfolgt („ehe" im logischen, nicht zeitlichen Sinn!), kennt die Medizin die Gesetze ihres Ablaufs. Diese sind aber ihrerseits nicht der Zeit unterworfen. Ähnlich beim Lernvorgang: Wir speichern ein gehörtes Datum, etwa die LORENTZtransformationen, in den Gedächtnismolekülen, nachdem wir sie in das Netzwerk aller damit logisch zusammenhängenden Daten eingeordnet haben. Die verstandene Formel wird damit jederzeit wieder verfügbar, wenn eine bestimmte Problemsituation vor uns steht. Speicherung und Mobilisierung sind gewiss zeitliche Abläufe. Aber dass die Formel auf eine bestimmte Problemsituation anzuwenden ist und dessen Lösung festlegt, indem die Beobachtungswerte eingesetzt werden, gilt ausser jeder Zeit und ausserhalb jeder Gehirntätigkeit. Auch hier setzt der zeitliche Ablauf der Problemlösung bereits deren ausserzeitliche Struktur voraus.

Frage (2) ist damit zur Hälfte beantwortet: Der ontische Ort der π-Wesen ist kein raumzeitlich lokalisierbarer. Sie sind beispielsweise nicht mit dem bereits Wirklichkeit gewordenen Teilchen oder seinem Ereignis identisch, denn sie werden ja von ihm als dessen Möglichkeitsbedingung vorausgesetzt. Desgleichen sind sie-eben wieder darum nicht an die Speicherung im Gehirn gebunden, denn anderenfalls müsste das menschliche Gehirn die Wirklichkeit denken, ehe sie zustandekommt. Dann gäbe es überhaupt keine π-Welt, sondern nur eine mit der k-Welt identische π-Welt. Das wäre eine spezielle Form des Solipsismus, jedenfalls ein extremer Idealismus. Wir haben daher ausser der vom Menschen konstruierten k-Welt und der nicht-konstruierten, sondern nur intendierten p-Welt eine dritte Welt, die π-Welt, anzunehmen. Sie besitzt einen eigenen ontischen Ort. Danach zu fragen, ob sie den p-Elementen immanent sei, heisst das Problem nur verstellen: Gewiss ist das ungeborene Teilchen, die ungeborene Erkenntnis, das ungeborene Kunstwerk den geborenen immanent in jenem Sinn, dass beide die gleiche Struktur aufweisen. Aber beide sind durch eine scharfe und unüberbrückbare Trennung der modi geschieden. Das nur Mögliche ist noch nicht wirklich und das schon Wirkliche ist nicht mehr nur möglich, könnte man vereinfachend sagen.

Es muß also eine besondere *Instanz* geben, in der alle π-Wesen gespeichert sind, um jederzeit von p-Wesen bei ihrem Eintritt in die Wirklichkeit mobilisiert zu werden. Es ist dies ein *Vorrat an Wirklichkeit*, noch nicht die Wirklichkeit selbst. Dies ist, was wir zu Anfang als den unsichtbaren Ursprung der Quellen bezeichneten. Von dort her strömt das Schöpferische in die Wirklichkeit, wird es Wirklichkeit. Dieses Werden ist aber an ein un-werdendes Sein gebunden, das ihm erst Struktur und echte Möglichkeit gibt. Vor dem schöpferischen Werden liegt also in einem extrem abstrakten Sinn das schöpferische Sein als der unbegrenzte, unausschöpfliche und ausserzeitliche Vorrat des Werdens. Ich nenne daher die π-Elemente die *schöpferischen Gene der Welt*, die π-Welt auch die Gen-Welt. Diese Gen-Welt ist damit die verstandene π-Welt. Es ist der ein für allemal gegebene Vorrat an allen nur möglichen Existenzen der p-Welt und allen nur möglichen Konstruktionen der k-Welt und zugleich aller nur möglichen Informationen, die beiden immanent sind. Die Gen-Welt enthält alle Nachrichten die über p- und k-Welt, noch ehe (jetzt logisch und zeitlich!) beide in ihrer aktuellen Existenz zustandekommen. Die Gen-Welt ist die Bedingung des geborenen Seins. Es ist eine Art embryonale Wirklichkeit, noch nicht geboren, aber doch bereits vollkommen deren Struktur vorwegnehmend. Wie der Embryo von einem gewissen Stadium an bereits alle Organe des Neugeborenen enthält, so auch die Gen-Welt die Strukturen der Operatoren, ihrer Operationen, operanda und opera. Indem aber die schöpferischen Gene bereits diese Strukturen vorwegnehmen, steuern sie die Operatoren in ihrem schöpferischen Tun. Die π-Welt wird damit zum Führungsfeld der Wirklichkeit: Sie ist der schöpferische Raum der realen Ereignisse. Indem wir nun die Grundstrukturen des Schöpferischen aufbauen, zeichnen wir genau jenen Raum nach, in dem sich das Schöpferische entfaltet. Der Traubenraum des Schöpferischen erweist sich damit selbst als das π-Feld oder der Gen-Raum der Wirklichkeit.

5. *Der Traubenraum des Schöpferischen*

Wer hat ihn erzeugt? Diese letzte Frage ist die schwerste. Wir konnten bisher den Mechanismus der $\pi \rightarrow p$-Bewegung nur deshalb durchsichtig machen, weil wir ihn ständig parat haben müssen bei unserem eigenen schöpferischen Tun. Wir finden aber in uns notwendig keine Instanz, um ihn seinerseits zu erzeugen. Er ist uns zuhanden, ohne von uns gemacht zu sein. Denn dass Wirkliches sei, dafür ist das logisch und/oder zeitlich vorhergehende Vor-Wirkliche verantwortlich. Das zeitlich vorhergehende Vor-Wirkliche sind wir selbst in jeder Phase, die dem schöpferischen Tun zeitlich vorhergeht. Den schöpferischen Drang spüren wir in uns als Wille oder Trieb, ja wir haben ihm oft sogar Widerstand zu leisten oder fühlen seinen Widerstand, wenn ihm

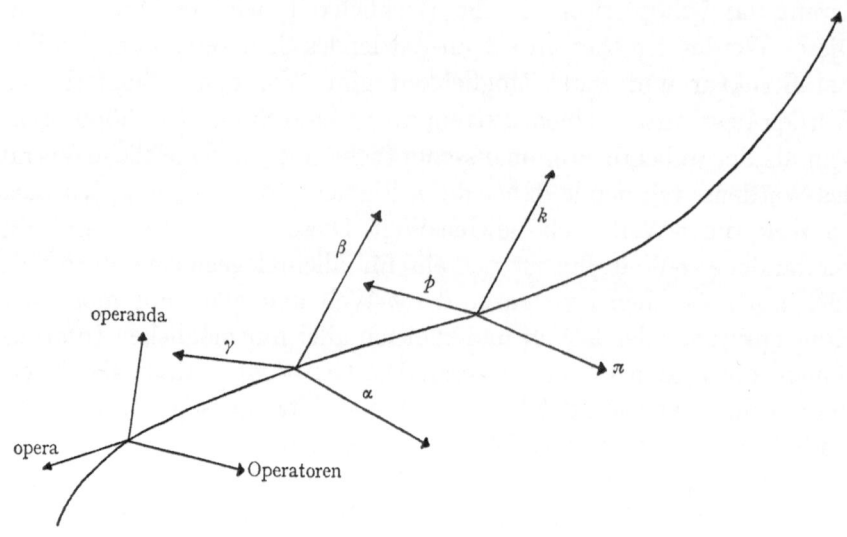

eine widrige Situation entgegentritt. Vom Willen sind wir so überzeugt, dass Schopenhauer ihn als das An Sich der Welt bezeichnen konnte.

Aber was geht dem Wirken dieses Drangs logisch vorher, damit er überhaupt Wirkliches schaffen kann? Speziell gesprochen: Enthält unser schöpferisches Unbewusstsein bereits alle Strukturen und Ereignisse der Wirklichkeit, angefangen vom (noch hypothetischen) Urknall des Universums bis zur menschlichen Vorgeschichte, allen gegenwärtigen Ereignissen auf der Erde oder irgendwo im Kosmos und hinausgreifend in alle Ereignisse der Zukunft? Dies ist eine Frage an die Psychologie. Wir haben hier jedoch die viel abstraktere Frage zu stellen: Selbst wenn eine innermenschliche Instanz alle Wirklichkeit und alle Strukturen der Geometrie, Mathematik, Kunst, Politik, Biologie und welcher Bereiche auch immer in einem embryonalen Zustand in sich enthielte, wenn also der Mensch ein im Grunde unendliches Gedächtnis aller noch ungeborenen oder zumindest unerfahrenen und unkonstruierten Strukturen und Ereignisse hätte-wenn dies so wäre, fragen wir: Hätte dann die Welt ausserhalb der menschlichen Existenz nicht gleichfalls ein solches Gedächtnis, um überhaupt operieren zu können? Die psychologische Frage wird damit sofort zur philosophischen.

Wenn es in abstracto ein solches Welt-Gedächtnis gäbe, so bliebe sofort zu fragen, wer es der Welt einpflanzte. Dies ist auch für den Menschen eine echte Frage und sie berührt die Anthropologie. Wohlgemerkt, es geht hier nicht unmittelbar um die klassische Frage nach dem Intellekt der Welt, nach einer Weltvernunft, einem Weltgeist. Eher schon nach einer Weltseele im Sinne der Stoa, aber als Speicher aller ungeborenen Daten verstanden, als schöpferisches Unbewusstsein. Es wäre dies eine Art Welt-Intuition. Wir wollen jedoch alle diese Hypothesen in den Bereich des Mythus verweisen. Wir sahen eingangs, dass alle Operatoren personal oder vor-personal gebildet sind. Es gibt kein schöpferisches „Es" der Welt, sondern nur einen Operator, den wir mit Θ bezeichneten. Wenn daher die Welt und der Mensch über einen Vorrat an ungeborenen Strukturen und Ereignissen verfügen, so muss er jedem individuellen Operator unmittelbar und ganz zur Verfügung stehen. Mit anderen Worten, jeder Mensch und jedes Lebewesen und jedes Elementarteilchen verfügt über einen unbegrenzten und unausschöpfbaren Vorrat an ungeborenem Wissen und Vollbringen. Jedes ist im Sinn der Vor-Wirklichkeit genetisch das Ganze des wirklichen Seins. Das Einzelwesen ist also einzeln im Feld der Wirklichkeit, aber Welt im Feld der Vor-Wirklichkeit. Dies ist der Grund, weshalb jedes Teilchen sich sofort in jeder physischen Situation zurechtfindet, wie neu auch die Situation sein kann. Mit anderen Worten, dies ist der Grund für die Rationalität der Welt. Der gleiche Grund setzt auch den Menschen instand, die Welt-Strukturen zu entwerfen, ohne sie zu erfahren: Er schöpft aus dem unergründlichen Vorrat an Strukturen, die er in sich selbst vorfindet, er ist dieser Vorrat in seinem vor-wirklichen Sein. Damit wird Physik als Erfahrungswissenschaft möglich. Damit ist auch die Prophetie des Wissenschaftlers, seine Prognose künftiger Versuche, ebenso möglich wie die Prophetie des Denkers, der künftige Ereignisse der Geschichte vorwegnimmt.

Aber wer gab den Operatoren den Gen-Vorrat ein? Befragen wir das Modell der Biologie. Hier werden die Gene praktisch vom Stoffwechsel unbeeinflusst von Generation zu Generation weitgehend unverändert weitergegeben. Die Frage nach dem letzten Ursprung der Gene bleibt damit aber im Dunkeln. Ähnlich können wir postulieren, dass auch der kreative Gen-Vorrat von Teilchen zu Teilchen, von Lebewesen zu Lebewesen und von Wissenschaftlergeneration – zu Generation weitergegeben wird. Dies ist nicht im Sinne des Erlernens zu verstehen, sondern im Sinne eines fertigen Vorrats am Vor-Wissen und Vor-Wirken, der als komplette Aussteuer jedem Individuum mit seiner Individualität zuteil wird. Ja das Individuum kann nur überleben, indem es über die Kommunikation am Wirken aller anderen umgebenden Individuen teilnimmt. Es wäre sonst zur totalen Isolierung und damit zum Un-

Wirken verurteilt. Nur indem die Individuen vom Teilchen bis zum Menschen die Welt als Vor-Wirklichkeit in sich tragen, sind sie überhaupt lebensfähig. Kommunikation und π-Welt hängen damit zusammen: Die erstere setzt die letztere als ihre Bedingung voraus.

Die gleiche Instanz, welche für die mögliche Existenz der Individuen verantwortlich ist, muss also auch für das Zuhandensein der Gen-Welt in jedem einzelnen von ihnen verantwortlich sein. Das kann aber nicht eine ausser-individuelle Macht sein, sondern wiederum nur ein Operator, der sowohl den Vorrat an Welt als auch die Möglichkeit von Existenz erzeugt. Wieder entdecken wir die geheimnisvolle Chiffre Θ, das Zeichen für Gott.

6. DER GLAUBE

Erst auf dieser Stufe wird uns die Funktion des physikalischen Glaubens durchsichtig. Es bleibt nämlich noch zu kären, wie der Physiker den π-Vorrat zur Erzeugung der k-Welt mobilisiert. Hier greift er nicht auf die gespeicherten Daten der Erinnerung zurück, denn die π-Daten sind ja gerade nicht schon einmal erlernt. Sie stellen das total Unzugängliche dar, denn sie haben im leiblichen Wirken des Menschen kein Sein, sind also nicht die Daten des psychischen Wirkens. Nicht die Erinnerung im PLATONschen Sinn kann also den Mechanismus der Mobilisierung der π-Daten abgeben. Dies sieht man schon daran, dass auch die aussermenschlichen Operatoren dem gleichen Mechanismus unterliegen würden, man ihnen also eine Seele im Sinne PLATONS zuschreiben müsste, die im Schoss der Gotheit vor der Geburt am Vorrat der Ideen teilhat. Auch haben wir die π-Daten nicht mit den PLATONschen Ideen gleichgesetzt, denn sie sind nicht die Urbilder der Operationen, Operatoren und opera, sondern diese selbst im Sein des Ungeborenen und zugleich deren Strukturen: Strukturierte Vorwirklichkeit. Aber das Modell des PLATON gibt uns doch einen Anhalt, in welcher Richtung wir zu forschen haben.

Wir müssen also nach einer Art Gedächtnis suchen, das den π-Vorrat für jeden Operator enthält. Seine Mobilisierung ist dann gleichfalls eine Art Erinnerung. Aber keine direkte, wie sie PLATON für die Seele in Bezug auf ihre Präexistenz annahm, sondern eine viel abstraktere. Auch sind unsere π-Daten viel spezieller als PLATONS Ideen, denn sie enthalten nicht nur die allgemeinsten Strukturen des Seins, sondern auch dessen besondere, wie sie von einer speziellen Wissenschaft vorausgesetzt werden. Darüber hinaus enthalten sie alle überhaupt möglichen Daten der wirklichen Ereignisse und Operatoren in ihrer unerschöpflichen Vielfalt, ja diese unwiederholbaren Operatoren und ihre Ereignisse selbst. Die π-Welt ist also auf der einen Seite das Allgemeinste und auf der anderen zugleich das Individuellste, sie ist das Eine und zugleich das Viele.

Daher muss die Art von Erinnerung, die wir annehmen wollen, eine andere sein als jene PLATONS. Wir haben sie in der obersten und zugleich allgemeinsten Sphäre des menschlichen Wirkens zu suchen, dort wo der Mensch die letzten Dinge berührt. Es ist der *Glaube*, der uns befähigt, den π-Vorrat zu mobilisieren. Glaube ist dann definiert als *Partizipation an den schöpferischen Genen des Seins*. Nehmen wir das Modell der ursprünglichen Glaubenserfahrungen, wie wir sie in der Religion, aber auch in allen anderen Lebensbereichen vorfinden. Um den Mechanismus der Glaubens zu klären, analysieren wir drei Beispiele. Der *religiöse* Glaube befähigt den Menschen

a) seinem eigenen Wirken, Leiden und Hoffen einen Sinn zu geben, der im Transzendenten liegt;
b) der Welt als Natur und Geschichte Ursprung, Gesetz und Ziel zu verleihen, die gleichfalls im Transzendenten liegen;
c) eine Wertpyramide anzunehmen, auf die eigenes und Welt-Wirken bezogen wird, und die ihren Ursprung im Transzendenten hat.

Der Glaube ist also die notwendige Bedingung für Sinngebung, Begreifbarkeit und Wertabhängigkeit eigener und fremder Existenz. Ich nenne ihn daher ein existenzielles Apriori des Menschen. Ein Mensch ohne Glauben – sofern dies technisch möglich sein sollte – ist nicht nur glaubenslos, er ist in dem angegebenen Sinn existenzlos; er ist nichts. Der Nihilismus wird hier definiert als die Preisgabe der eigenen und fremden Existenz-Aprioris.

Der *politische* Glaube, wie wir ihn im Sendungsbewusstsein geschichtlicher Persönlichkeiten zu allen Zeiten treffen, besitzt genau die gleiche Struktur wie der religiöse. Nur werden jetzt die transzendenten Ursprünge entweder durch immanente ersetzt (wie etwa bei nationalen und atheistischen Ideologien) oder so auf die Transzendenz bezogen, dass eine spezielle Person oder Gruppe von Personen als Bevollmächtigter der Transzendenz erscheint. Die Skala der Bezogenheit variiert dabei von der unmittelbaren Bevollmächtigung beim Propheten und Heiligen bis zur vorgetäuschten beim Usurpator.

Der *wissenschaftliche* Glaube, wie wir ihn in dieser Untersuchung kennen lernten, scheint den beiden aufgezeigten Glaubensformen gegenüber nur ein Rudiment zu sein. Er enthält zunächst keine Annahme der Transzendenz, keine messianische Berufung, keine Sinn- und Wertgebung, keine Annahme des Ursprungs und Ziels der Welt und des eigenen Schöpfertums. Ihm bleibt nur die Annahme von letzten Strukturen der physischen Welt und ihrer Beziehung zum schaffenden Menschen. Und doch ist er ein echter Glaube: Seine Annahmen sind unbeweisbar, nicht direkt testbar, keine Basissätze der Theorie und doch das notwendige Apriori der Theorienbildung. Nimmt man eine Theorie einmal als wahr an, dann ist eine Teilmenge der Glaubenssätze zugleich ein System von Annahmen über die notwendigen Apriories der Welt.

Der rudimentäre Charakter ist nur Schein. Hätte der Physiker nicht den Glauben an den Sinn seines Tuns und Leidens im Kampf gegen das Unbekannte, so wäre er nicht fähig, auch nur einen einzigen Versuch, eine einzige Formel herzustellen. Der Glaube an die Möglichkeit von Wissenschaft begleitet ihn vom ersten bis zum letzten Atemzug. Noch mehr, er muss das Bewusstsein einer Ermächtigung besitzen, das gerade ihn auserwählt, um gerade diese Aufgabe zu erfüllen. Er ist Missionar der Erkenntnis. Das Sendungsbewusstsein wird natürlich dank einer unausgesprochenen Konvention verdrängt: Der Stil einer physikalischen Abhandlung duldet keine Hinweise auf die Emotionen, Schicksale und existenziellen Bindungen des Verfassers. Aber gerade im Absehen von der eigenen Person, im kristallenen Selbst-Entzug der „*reinen*" Information liegt das messianische Apriori: Ohne den Selbst-Entzug kein wissenschaftliches Schöpfertum. Aber welche Instanz verlangt ihn? Die Sozietät der Physiker ist selbst nur ein opus, dessen Normgebung auf normsetzende Instanzen zurückgeht. Sich ihnen zu unterwerfen, heisst entweder anonymen menschlichen Gesetzgebern huldigen oder eine absolute Verbindlichkeit anzuerkennen, weil man der menschlichen Instanz entgehen will. Dann muss man aber eine aussermenschliche annehmen und diese eben bezeichne ich als transzendent. Kurz, das Kämpfen des schöpferischen Theoretikers und Experimentators wird als sinnvoll vorausgesetzt, ehe beide ihr Werk beginnen.

Der Glaube des Physikers ist also nicht nur echt, er ist auch vollständig. Nur vollzieht er eine radikale Abstinenz von der Person und damit logischerweise von allen messianischen Bezügen. Nicht die Person, sondern die Sache gilt jetzt als ermächtigt, Neues zu setzen: Der Glaube wird verdeckt, er taucht in die Sache unter, er wird ver-sach-licht. Ja das Prinzip der modernen Sachlichkeit ist nichts anderes als das opus eines auf Glauben ruhenden Selbst-Entzugs: Um die Sache zu erschaffen, wird das personale Selbst des Physikers aufgehoben, umgewandelt, in die Sache gepresst wie ein Wasserfall in die Turbine bei einem Kraftwerk: Die Energie der Person wird zur Energie der Sache. Aber gerade in diesem Wirken als Sache, als Theorie, als Hypothese, als Experiment, erschafft der Physiker sein Selbst. Was ihm an Anerkennung oder Scheitern zuteil wird, ist er selbst als zur Sache gewordene Person. Die versachlichte Person ist das opus des modernen Menschen – ein opus ohne Grenzen, denn der Sachen dieser Welt sind schier unendlich viele.

Der Physiker steht hier am anderen Extrem wie der Politiker. Jenem geht es – notwendig! – um die Macht, wenn anders er sein Ziel verwirklichen will. Denn er kann dies nur durch ständige Überwindung menschlicher Widerstände. So kommt es, dass die Sache, unter der er antritt, leicht für ihn zur Person wird, nämlich zu seinem eigenen Ich. Verfällt er der Versuchung, in der Brechung des Widerstands nicht das Mittel, sondern das Ziel der Sache zu sehen, so personifiziert er die Sache, täuscht sein eigenes Selbst als Sache vor, um die Macht zu rechtfertigen: Er wird die personifizierte Sache. Hier vollzieht sich denn auch der uralte und nimmer endende Konflikt zwischen dem Menschen der Macht und dem Menschen der Erkenntnis: Die versachlichte Person und die personifizierte Sache stehen sich als dialektische Extreme menschlicher Selbst-Erschaffung gegenüber. Wir können die eine als Ek-Stasis, die andere als En-Stasis bezeichnen. Die eine durchbricht das Selbst, um es in der Erkenntnis auferstehen zu lassen, die andere durchbricht die Erkenntnis, um sie verfälscht zum Mittel eben dieses Selbst zu machen. Die eine macht das Ich zum Mittel, die andere das Erkennen. Der Wissenschaftler steht daher in einem Jahrhundert der Usurpierung der Erkenntnis durch die Macht auf der Seite der Heiligen und Märtyrer, der Propheten und Entsager, nicht der Mächtigen dieser Welt. Er ist seiner Struktur nach der Welt entfremdet, in die er geboren wird, er darf nicht an ihr partizipieren, ohne sich korrumpieren zu lassen, er ist in diesem abstrakten Sinn eine anima naturaliter religiosa.

Nachdem wir das Phänomen festgestellt haben, gilt es die Mechanismen des physikalischen Glaubens zu analysieren. Drei Fragen stellen sich wie bei jedem Glauben: Woher, wie und wozu? Beginnen wir mit dem Wozu. *Der Sinn des Glaubens ist die Hoffnung.* Glaube befähigt den Menschen immer zu schöpferischem Tun. Ohne das Tun ist der Glaube nur ein Führwahrhalten und damit ein Apriori ohne das ihm notwendig zugeordnete Wozu. *Im Tun liegt die Wahrheit des Glaubens.*

Jedes Tun setzt aber Hoffnung voraus. Ein Noch-nicht-Seiendes soll in das Sein treten: Man *will* etwas. Der Weg des Physikers ist immer auf ein Ziel hin gerichtet. Das Ziel ist einfach zu formulieren: Erkenntnis der Weltstrukturen um jeden Preis. Um jeden Preis – das heisst auch um den Preis der Existenz des Physikers selbst. Er muss sich verzehren, um der Welt Erleuchtung zu bringen. Er ist daher der ständigen Verzweiflung anheimgegeben, er werde versagen, scheitern, eine falsche Hypothese aufstellen. Seine Theorie ist ständig von neuen Versuchen bedroht, sein Versuch durch ständig neue Theorien. MICHELSON wollte die absolute Erdtranslation nachweisen und kam zur Relativität. PLANCK wollte das Gesetz von RAYLEIGH-JEANS korrigieren und kam zu zu den Quanten. EINSTEIN wollte ein neues Strahlungsgesetz finden und gelangte entgegen seinem Willen zur probabilistischen Grundlegung der Quantenmechanik.

Aber diese fanden wenigstens. Und der Friedhof jener Hypothesen, die nichts entdeckten? Ungezählt ist das Massengrab ruhmlos hingesunkener Irrtümer. Die Wahrscheinlichkeit, eine neue Einsicht zu entdecken, ist gering angesichts des Ozeans an Unwissen. Es ist das Nichts, das den Erkennenden unaufhörlich bedrängt: Das Nichts, das er selbst ist angesichts seiner eigenen Unwürdigkeit; das Nichts, das ihm täglich aus den hohlen Augen seiner Feinde entgegenblickt, die ihn ver-nichten wollen; das Nichts, das die menschliche Natur ihm bereitet hat durch den langsamen Tod von der Geburt bis zum Ende; das Nichts, das ihm die eigene Angst, die Sorge und der Blick in den Abgrund entgegenhalten. Denn die Zukunft ist ein Abgrund, dem wir unaufhörlich entgegenschreiten und dennoch entrinnen, solange wir überleben. Das Schöpferische ist die Herausforderung des Nichts und dieses rächt sich, indem es das Schöpferische bedroht: Du bist ja selbst nur die Maskierung des Nichts; du verfällst der Zeit, die dich ver-nichtet; du verbrauchst den Menschen, der sich dir überlässt; du bist nur Schein, ähnlich den winzigen Sonnen im unendlichen Dunkel der Welt. Man sehe in die Atome: Das meiste in ihnen ist leerer Raum. Die Teilchen sind winzige Besonderheiten in einem Ozean von Nichts. So ist auch das schöpferische Tun nur ein Aufblitzen von momentaner Wirklichkeit im Nicht-Sein. Denn im Anfang war nicht Chaos, sondern das Nichts. Die Schöpfung ist die Antwort auf das Nichts, sie bestreitet es, verwirft und verneint es und muss in eben dieser Verneinung sich selbst dem Nichts überlassen. Will man daher schon eine HEGELsche Triade als Mechanismus des Werdens ersinnen, so muss sie nicht mit dem Sein, sondern dem Nicht-Sein anheben, dies ist das Erste und Überwältigende.

Das Schöpferische, jene einsame Flamme im Dunkel, ist daher seiner Struktur nach bedroht. Niemals wurde dies so deutlich wie im wissenschaftlichen Tun des modernen Physikers. Da ist die erste und unaufhörliche Drohung, unsere Erkenntnis komme an eine Grenze, wo sie abbricht. Nicht als ob alles schon erkannt sein könnte, wie noch PLANCKS Lehrer meinte. Nein, weil die Informationslawine den Einzelnen mit solcher Fülle von Nachrichten überschüttet, dass er sich heute schon der Maschine anvertrauen muss. Und wenn die Maschine versagt? Und wenn die vom Menschen selbst geschaffene Flut von Wissen sich verselbständigt und den Menschen nicht mehr trägt sondern verschlingt? Die Wissenschaft gerät zusehens selbst ausser Kontrolle; der Schöpfungsablauf wird in einem Maße beschleunigt, dass der Denkende zerrissen wird zwischen der Bewegung nach vorn und dem taumelnden Zurückweichen in das Selbstgenügen. Aber Stillstand ist schon Rückschritt; der Wahn des Siegs ist schon das Scheitern. Ständig hinaufgerissen zu neuer Erfahrung, muss das schwache menschliche Gefährt schliesslich zerschmelzen wie der Wagen des Phaeton.

Bedroht ist die Welt als Expansion gegen das Nichts. Denn das All als ganzes expandiert nicht in einen bereits fertigen Raum, sondern seine Expansion ist der Raum und die Zeit. Es bedrängt das Nichts durch die Erzeugung von ständig neuer Welt. Jeder Augenblick in jedem Eigen-Bezugssystem eines Teilchens sieht ein neues Teilchen. Zeit ist eine Chiffre, um die ständige Verschlingung des Nichts durch neues Sein zu bezeichnen und eben damit die Verschlingung des eben erst gewordenen Seins durch das Nicht-Sein.

Um den erkennenden Menschen ebenso wie die Welt als ganze und die Teilchen als einzelne in ihrem schöpferischen Tun zu rechtfertigen, bedarf es daher eines Glaubens. Er ist die Hoffnung gegen alle Hoffnung, der schöpferische Drang gegen das gähnende Un-Sein. Worauf anders sollte er sich stützen als auf die unbeweisbare Gewißheit eines von Anfang an seienden Herrschers über das Nichts? Eines Ursprungs, in dem das Nichts selbst seine einzige Legitimierung besitzt? Es muss also eine Instanz geben, die sowohl das Sein wie das Un-Sein erzeugt. Nur sie gibt Gewähr für den Erfolg des Schöpferischen, nur sie verleiht ihm den Triumph über das Un-Sein. Wir nennen diese Instanz wiederum Θ. Dann ist Θ der Ursprung sowohl des Schöpferischen als des Un-Schöpferischen, des Seins wie des Un-Seins.

Wie soll aber der gleiche Ursprung gegensätzliche Tendenzen in sich enthalten? Denn das Schöpferische verstanden wir ja als eine Tendenz,

eine Bewegung auf ein Ziel hin. Spiegelsymmetrisch müssen wir daher
das Un-Schöpferische gleichfalls als eine Tendenz bezeichnen. Dann
ist das Nichts nur eine Chiffre für eine gegenschöpferische Bewegung,
die das Schöpferische hemmt, bricht, zerstört. Dies ist der Sinn der
Mythen des Chaos, des Aufstands gegen die Mächte des Lichts. Die
Realität des zur Macht gewordenen Un-Seins zeigt sich der Gegenwart
in allen Ideologien, die den Menschen in seiner schöpferischen Freiheit
zerstören, sein Tun durch Gewalt einkerkern. Denn die Gewaltanwen-
dung gegen die schöpferische Leistung des Menschen ist das zur Macht
gewordene Un-Sein. Es sind aber nicht die gleichen Menschen, die
beide Bewegungen verkörpern. Hier läuft die Barriere zwischen Sein
und Un-Sein wohl durch die Brust des Einzelnen; aber sie scheidet
doch im Grunde jene, bei denen das Schöpferische dominiert, von jenen,
die sich dem Gegen-Schöpferischen preisgeben. Die erste Zwietracht
des Menschengeschlechts ist jene zwischen Kain und Abel und sie setzt
sich fort als der Grundwiderspruch unserer Zeit bis heute.

Wenn Θ also der Ursprung des Schöpferischen und des Gegen-
schöpferischen ist, so ist es doch nicht dieses selbst. Wir wollen sagen:
Im Prinzip des Schöpferischen ist das Nichts als die Voraussetzung des
Schaffens vorgegeben. Das Un-Sein ist das ontische Apriori des Seins
als schöpferische Operation. Aber nicht mehr. Es hat hier noch keine
akzentuierte Wirklichkeit, es ist nicht das seinerseits operierende Sein.
Es ist nicht mehr als eine reine Möglichkeit. Und als solche hat es
seinen Ursprung im Schöpferischen selbst. Die Chiffre dieses abstrakten
Mechanismus ist die Zeit. Ohne Noch-nicht-Sein keine Verwirklichung,
ohne Vergehen keine Auferstehung. Transkreation setzt das Un-Sein
als ihre Bedingung voraus.

Nun verleiht die oberste Instanz, die wir Θ nennen, jedem sich selbst
verwirklichenden Individuum vom All über die Elementarteilchen bis
zum erkennenden Menschen das Un-Sein und das wirkliche Sein als
komplementäre, einander bedingende Möglichkeiten. Es muss jedoch
einen Mechanismus geben, wo nicht nur das schöpferische Prinzip sondern auch das Un-Schöpferische, von ihm Vorausgesetzte, sich beide
zur Wirklichkeit steigern. Wir sagten ja, dass die Wirklichkeit immer
individuiertes Schöpfertum sei. Es scheint nun, dass spiegelsymmetrisch
dazu es auch individuiertes Gegenschöpfertum gibt. Das Un-Sein bedrängt dann das Schöpferische, indem es sich dessen Schöpfungsme-
chanismen entlehnt und es parasitär mit dessen eigenen Waffen be-
kämpft. So sehen wir überall in der Geschichte das Gegenschöpferische
als Schöpferisches verkleidet die Menschen im Namen des Schöpfer-

tums zur Sklaverei erziehen. Das hebt mit dem Bau der Pyramiden an und endet mit der Zwangsarbeit unseres Jahrhunderts. Das Gegenschöpferische bemächtigt sich also realer Individuen, es transvestiert sich in sie und *wird* erst eigentlich, was es ist. Denn ohne die Realität der schöpferischen Individuen könnte es nicht wirken, es ist ja seiner Natur nach das Un-Wirkliche. Dies ist die abstrakte und schwer zu begreifende Bewegung vom Vor-Wirklichen zum Gegen-Wirklichen, kurz zur Antiwelt der Zerstörung.

Von ihr sind wir im eigentlichen Sinne bedroht. Nicht der Übergang vom Vor-Wirklichen zum Wirklichen bedrängt uns, denn hier erfahren wir das göttliche Bewusstsein der Verwirklichung. Was uns gefährdet, ist nicht das *Prinzip* des Vor-Wirklichen, des Noch-nicht-Seins, sondern die *Realität des Nicht-sein-Dürfens*. Es ist der gehemmte Schöpfungsdrang, der gewürgte, erdrosselte. Die Strangulation des Schöpferischen durch das parasitäre Gegenschöpferische – das ist die reale Bedrohung eines jeden von uns.

Un hier ist die Stelle, wo wir einer positiv schaffenden Instanz Θ als der Garantiemacht bedürfen, dass unser Schöpfertum nicht zum Scheitern verurteilt ist. Nicht als ob es gegen das Scheitern im einzelnen irgendeine Garantie gäbe. Hier sind wir immer bedroht und dies notwendig, denn sonst wäre menschliches Schöpfertum ohne Freiheit. Aber es muss doch eine allgemeinste Gewähr vorhanden sein, dass schöpferisches Operieren *überhaupt* von Erfolg gekrönt ist. Kurz, wir müssen einen Grund unserer Hoffnung haben. Dies kann nur eine Instanz sein, die dem Gegenschöpferischen wohl die Macht verlieh, das Schöpferische zu bedrängen – indem es zum Individuum wird – nicht aber die Macht, das Prinzip des Schöpferischen aufzuheben. Mit anderen Worten: Der Widerstand gegen das Schöpferische im Menschen ist zugelassen, nicht aber seine Allmacht. Der Glaube hat also die primäre Funktion der Hoffnung auf die grundsätzliche Möglichkeit des Sieges.

In diesem Sinn können wir nun alle Ω-Sätze dieser Untersuchung als Mechanismen der Hoffnung bezeichnen. Sie tragen die Zuversicht des Sieges unserer Episteme gegen alle Realität des Absurden. Sie enthalten im Grunde samt und sonders den Glauben an die Rationalität des menschlichem Schöpfertums und der von ihm noch einmal entworfenen Welt. Unser physikalischer Glaube ist eine Zuversicht in die ratio des Physikers und seiner Welt. Wir haben daher, um die Struktur dieses Glaubens mit dem philosophischen Denken zu verknüpfen, auf die grossen Denker der Vernunft zurückzugreifen, auf DESCARTES,

SPINOZA, LEIBNIZ, NEWTON und PASCAL. Und genau besehen stellte
KANT, der das Vermögen der reinen Vernunft kritisierte, damit ihre
Macht wieder her. Denn eines ist sicher, dass in eben ihrer Selbst-
Kritik die Vernunft ihre eigenen Operationen durchsichtig macht und
wenn sie schon das Noumenon der Welt nicht mehr ergreift, so doch
das Noumenon ihres eigenen Tuns.

An dieser Stelle lässt sich nun auch das Wie des physikalischen
Glaubens durchsichtig machen. Glaube ist seiner Natur nach ein
Schauen des Unschaubaren. Ist Vision, Erleuchtung und Inspiration.
Ist Durchbrechen der Wand zwischen der erlebbaren In- und Um-Welt.
Von aussen dringt der Glaube in die Festung des eigenen Ich und entdeckt hier die verborgenen Schatzkammern, wo das schöpferische Vor-
Wissen gelagert liegt. Denn nur in uns selbst entdecken wir die Welt
noch einmal. Aber wie soll das geschehen? Antwort: Durch den
Raum der Strukturen. Es gibt einen maximal abstrakten Raum, in
dem die Struktur des Schöpferischen vorweggenommen ist. Es ist genau jener Raum, den wir bisher aufgezeigt haben. Ehe das Schöpferische sich in die Tat umsetzt, schafft es sich seinen Raum als die Zwi-
scheninstanz zwischen seinem Ursprung und den operierenden Individuen. Diese sind nicht unmittelbar mit dem Ursprung Θ konfrontiert,
sondern mit einem von Θ erzeugten Raum als dem notwendigen Mittler
zwischen Θ und den schöpferischen Operatoren. Damit Θ nicht im Sinne
SPINOZAS einziger Operator der Welt sei, sondern eine im limes unbegrenzte Menge von Operatoren zulässt, schuf Θ den Raum aller Strukturen
der Operationen. Seine Grund-Dimensionen lernten wir kennen. Er ist
das notwendige ontische Apriori des Konstruktiven ebenso wie des
energetischen Schaffens in der Welt. KANT sah im physikalischen
Raum das Apriori der Anschauung. Der Anschauungsraum ist aber
selbst ein opus des schöpferischen Tuns der Mathematiker. Es muss
also noch logisch vor ihm einen apriorischen Raum geben, der die Erzeugung des (im allgemeinen euklidischen) Anschauungsraums ermöglicht. Dies ist genau der in diesem Kapitel aufgewiesene Ω-Raum
aller Strukturen des Schöpferischen. Beweis: Alles Tun des Geometers
setzt das Zuhandensein von geordneten Möglichkeiten geometrischer
Operationen und opera voraus.

Aber wie gelangt der Geometer zu den speziellen Strukturen des
euklidischen Raums? Oder in unserem Fall, wie konnte MINKOWSKI
die ebene Raumzeit entwerfen, die er doch gar nicht in der Erfahrungs-
welt vorfand? Hätte er sie ex nihilo erschaffen, so wäre er ein Gott,
denn das Wesen Gottes ist unter Bezug auf das Schöpferische zu de-

finieren als jene und nur jene Instanz, die ohne Zuhandensein eines
schöpferischen Raums ihn selbst erst erschafft. Die Bewegung verläuft also wie folgt

$$\Theta \rightarrow \text{Raum} \rightarrow \text{Schöpfungsakt}.$$

Also muss MINKOWSKI in sich selbst eine Instanz vorgefunden haben,
in der die Raumzeit vorweggenommen wird, ohne jedoch bereits die
fertige Raumzeit zu sein. Dazu genügt es nicht, dass der Raum des
Schöpferischen zuhanden ist, denn dieser enthält bisher nur die allgemeinsten Strukturen. Aus ihnen folgt noch nicht unmittelbar die
Möglichkeit ebener Raumzeit, wenn sie auch darin angedeutet ist.
Dazu bedarf es einer viel dichteren Verzweigung am Stamm des
Schöpferischen. Mit anderen Worten: Der Traubenraum muss spezifiziert werden. Da ist zunächst die imperiale Dimensionierung, die
gleich 9 weitere Dimensionen bringt, beginnend mit dem p-Universum
U_0^p und endend mit dem Universum der Werte U_8^k. Was nun das Universum der Ω-Sätze U_9 betrifft, so enthält es alle bisherigen Dimensionen in sich: U_9 ist nichts anderes als der von uns aufgewiesene
Traubenraum. Wenn dem aber so ist, dann muss der Traubenraum –
den wir fortan als Ω-Raum bezeichnen – auch alle jene Strukturen enthalten, als die wir die Gedanken der Ω-Sätze entschlüsselten. Der
Ω-Raum wird damit von ungewöhnlichem Reichtum an Dimensionen
und den möglichen Operationen in ihm. Die Grundkategorien des
Schöpferischen sind sicher einfach. Geht es aber in die konkreten
Strukturen der physischen Welt, so müssen wir etwa im Universum
der sRT alle Grundbegriffe der sRT als Dimensionen des Ω-Raums
auffassen. Alle Operationen der sRT sind dann Operationen in einen
speziell strukturierten Ω-Raum der Kategorien der sRT. Die MIN-
KOWSKIWELT wird zum opus von Operationen im Ω-Raum. Kurz gesagt, der Ω-Raum der physikalischen Glaubenssätze der sRT ist identisch mit dem Kreationsraum der sRT: Glauben ist die direkte Bedingung des Erzeugens.

Indem der Physiker einem bestimmten Glauben Ω folgt, gehorcht er
damit einer Art Führungsfeld. Der Ω-Raum wird zum Führungsfeld
des Physikers. Es ist analog wie bei der Raumzeit selbst: Sie führt die
freien Teilchen auf gerade Weltlinien, garantiert die Relativität der
Merkmale und die Kovarianz der Grundgleichungen. Nicht, als ob sie
Teilchen, Merkmale und Gleichungen erzeugte, sondern weil sie deren
schöpferische Bedingung darstellt. Das ist der Sinn des ontischen
Apriori der Raumzeit gegenüber den Ereignissen und ihrer Struktur.
Die Raumzeit ist das Apriori der Kausalität, nicht aber wirkt sie

ihrerseits kausal. Die Zeit ist die Bedingung der Relation „A vor B",
aber nicht diese Relation selbst. Die Raumzeit gehört daher nicht zur
Menge der Ereignisse, sondern wird von ihnen vorausgesetzt. Sie ist
nicht physischer, sondern protophysischer Natur. Ebenso ist nun der
Ω-Raum nicht das Schaffen der Theorien selbst, sondern deren Bedingung. Haben die Teilchen nun gemäss ihrem Anfangszustand, der
durch p, q im Phasenraum gekennzeichnet ist, eine bestimmte Wahl
getroffen, so liegt ihre weitere Bahn fest, solange durch neue Kräfte
nicht eine neue Wahl erfolgt. Ebenso liegt die Theorienbildung bei
gegebenen „Anfangsparametern" – der Problemstellung, dem experimentellen Befund, den zuhandenen Begriffen, Vorstellungen und
Axiomen – in einem gewissen Sinn fest. Nicht als ob etwa die sRT,
wie manche meinen, auch ohne EINSTEIN mit logischer Notwendigkeit
erschaffen worden wäre. Sondern nur deshalb, weil EINSTEIN sich einem bestimmten Glauben anvertraute, den er selbst formulierte, wie
wir sahen. Er liess sich insbesondere vom Glauben an die Gültigkeit
eines Universalprinzips leiten. Dieses Sich-leiten-Lassen ist genau, was
wir als einen tätigen Glauben bezeichnen wollen. Aktivität ist die andere Seite des Glaubens. Indem der Physiker einer Idee folgt, vertraut
er sich einem Führungsfeld an. Dieses führt ihn zuweilen, wohin er
nicht will. Man denke nur an EINSTEINS Strahlungstheorie, die ihn
entgegen seinem Glauben an den Determinismus in der Welt zu einer
von ihm niemals nachvollzogenen probabilistischen Theorie führte.
Das Verhältnis des Ω-Raums zum Physiker ist also jenes von Fhürungs-
instanz und Geführten. Dabei schenken beide in einer sakramentalen
communio sich selbst: Das Führungsfeld sich dem Glaubenden, indem
es ihm seine Strukturen übereignet, jener sich diesem, indem er ihm
seinen Weg anvertraut. Es ist also genau das Verhältnis von Bahn
und Geführtem.

Niemand erkannte diesen Mechanismus tiefer als Lao Tse. Das Tao,
das eigentlich „Weg" bedeutet, ist nach unserer Sicht eine Chiffre für
das Führungsfeld aller schöpferischen Operationen. Es ist dem Wasser
vergleichbar, das sich schwach zeigt, aber von unüberwindlicher
Stärke ist. „Unnambarkeit ist das Wesen des Allüberall, Nambarkeit
ist das Werden des Einzelnen", heisst es im ersten Spruch des Tao Teh
King. Wir haben versucht, dem Führungsfeld der Welt Namen zu
geben, indem wir Dimensionen und Strukturen einzogen. Aber streng
besehen, liegt es noch vor jeder Namengebung, es ist die Bedingung der
Bezeichnung aller Dinge, indem es sie in ihrer protowirklichen Em-
bryonalität vorwegnimmt. Die Namen, die wir dem Ω-Raum geben,

sind daher anderer Natur als jene für wirkliche Operationen, Operatoren und opera. Das Ω-Feld ist keines von ihnen. Wenn wir ihm also Namen einziehen, so nicht von rückwärts, im regressus, von den wirklichen Operatoren, Operationen und opera her, sondern im Voraus, im progressus, von jeder Instanz Θ her, die ihrerseits die notwendige Bedingung für die Bedingungen selbst ist: Die erste aller Bedingungen, die Möglichkeit aller Möglichkeiten, das unräumlich Raum-Setzende, das unzeitlich Zeit-Setzende.

Damit endet unsere Untersuchung bei Gott. Vor jedem physikalischen Raum mussten wir einen bereits zuhandenen Proto-Raum der schöpferischen Strukturen annehmen. Von hier teilt sich die schöpferische Bewegung in den π-Raum möglicher Strukturen des Wirklichen und den k-Raum der Konstruktionen. Nur indem im Ω-Raum beide im Idealfall zusammenfallen, ist überhaupt Physik als Wissenschaft möglich. Der π-Raum enthält alle möglichen Strukturen physischer und gedanklicher Operationen und bereits embryonal deren opera. Die notwendige Bedingung des π-Raums ist seinerseits der Ω-Raum. Er hängt mit dem π-Raum genetisch in gleicher Weise zusammen wie die ersten Zweige eines Rebstocks mit den Trauben. Die Grunddimensionen des Schöpferischen sind die Verzweigungen vom Stamm des Schöpferischen. Dieser Stamm wächst weiter und bringt die Strukturen und proto-wirklichen Wesen des π-Raums hervor. Die Bewegung verläuft also von Ω zu den zwei grossen Ästen der π- und der k-Welt. Indem sowohl die menschlichen Konstruktionen als auch die physischen Ereignisse gänzlich auf Glaube angewiesen sind, ruhen π- und k-Raum in Ω: Der Ω-Raum umfasst sie alle, er ist die eigentliche und wahre Welt. Alles Sein ist im Grunde Glaube und nur im Glauben schöpferisches Tun.

Damit kommen wir zur ersten Bedingung des Glaubens selbst. Ist er nach voraus die Bedingung allen schöpferischen Tuns, so bedarf er nach rückwärts wieder selbst der Bedingung, dass die Teilnahme der Operatoren an der π-Welt auch wirklich von Erfolg gekrönt ist. Es muss also eine Instanz geben, die den Operatoren nicht nur den Glauben an ihre Möglichkeiten, sondern auch diese Möglichkeiten selbst einpflanzte und zugleich die Möglichkeit des Sieges über das Un-Sein. Dies ist ein Operator, der nicht seinerseits des Glaubens an seine Möglichkeiten bedarf, denn er ist ihr Herr.

In Θ wird also die Möglichkeit zur Wirklichkeit und der Glaube zum Wissen. Das ist nur in einem alles umgreifenden Maß denkbar, wo auch nicht der geringste Rest eines Differenz zwischen den Partnern dieser Komplemente übrig bleibt. Gott ist damit seiner Natur nach allwissend und all-wirklich.

Indem nun der Mensch und alle aussermenschlichen Operatoren sich dem Glauben an ihre Möglichkeiten anvertrauen, indem sie also überhaupt existieren, partizipieren sie an Gott als dem Herrn des Glaubens. Das Wirken Gottes erstreckt sich damit auf jeden schöpferischen Akt und ist zugleich vor ihm verborgen. Er lässt ihn frei genug, um ein Eigenes zu sein und gibt ihm daher die Gefahr des Scheiterns und das Glück des Sieges. Ja Glück ohne Freiheit ist nicht denkbar und Sieg nicht ohne Gefahr. Die Gefahr ist also das Merkmal alles aussergöttlichen Schaffens. Und zugleich ist Gott der Herr und im Grunde der einzige Sieger über die Gefahr. Denn Physik ist in einemt iefen Sinn eine Fahrt ins Ungewisse, in die reissende Flut der Zukunft. Der Physiker gleicht dem Weltentdecker, der die Säulen des Herakles hinter sich lässt. Er besitzt keinen Kompass als die Sterne über ihm, jene uralten Chiffren der Vorsehung. Er vermag das neue Ufer nur zu erreichen, weil er es bereits in sich trägt als eine unwiderlegbare Hoffnung.

DER ÜBERGANG VON DER RIEMANNSCHEN ZUR EBENEN RAUMZEIT [1]

Operation I: c_5^k wird auf den Sollwert „quadratische Grundform mit konstanten Koeffizienten $g_{\mu\nu}$" eingestellt. Dann müssen die ersten Ableitungen der $g_{\mu\nu}$ und damit auch die CHRISTOFFEL-Symbole

$$(8) \qquad \Gamma_{\alpha\beta}^{\nu} = \tfrac{1}{2} g^{\mu\nu} \left(\frac{\partial g_{\alpha\mu}}{\partial x_\beta} + \frac{\partial g_{\beta\mu}}{\partial x_\alpha} - \frac{\partial g_{\alpha\beta}}{\partial x_\mu} \right)$$

verschwinden.

Operation II: Es lässt sich zeigen, dass dies in einem Punkt P_0 der Fall ist, in dem die Transformationsgleichungen für die Koordinaten folgender Bedingung genügen

$$(9) \qquad \left(\frac{\partial^2 x_\sigma'}{\partial x_\mu \partial x_\nu} \right)_0 - (\Gamma_{\mu\nu}^{\rho})_0 \left(\frac{\partial x_\sigma'}{\partial x_\rho} \right)_0 = 0$$

Beweis: Die Grössen

$$(10) \qquad \varphi_{;\mu\nu} = \frac{\partial^2 \varphi}{\partial x_\mu \partial x_\nu} - \Gamma_{\mu\nu}^{\alpha} \frac{\partial \varphi}{\partial x_\alpha}$$

bilden nach den Regeln der Tensorrechnung einen Tensor. Das bedeutet, dass für jede Funktion φ und für jede Koordinatentransformation die Gleichungen

$$(11) \qquad \frac{\partial^2 \varphi}{\partial x_\mu \partial x_\nu} - \Gamma_{\mu\nu}^{\rho} \frac{\partial \varphi}{\partial x_\rho} = \left\{ \frac{\partial^2 \varphi}{\partial x_\sigma' \partial x_\beta'} - (\Gamma_{\alpha\beta}^{\sigma})' \frac{\partial \varphi}{\partial x_\sigma'} \right\} \frac{\partial x_\alpha'}{\partial x_\mu} \frac{\partial x_\beta'}{\partial x_\nu}$$

gelten, wobei $(\Gamma_{\alpha\beta}^{\sigma})'$ die im gestrichenen KS gebildeten CHRISTOFFEL-Symbole sind. Setzen wir darin $\varphi = x_\sigma'$, so erhalten wir

$$(12) \qquad \frac{\partial^2 x_\sigma'}{\partial x_\mu \partial x_\nu} - \Gamma_{\mu\nu}^{\rho} \frac{\partial x_\sigma'}{\partial x_\rho} = -(\Gamma_{\alpha\beta}^{\sigma})' \cdot \frac{\partial x_\alpha'}{\partial x_\mu} \cdot \frac{\partial x_\beta'}{\partial x_\nu}$$

---

[1] Nach V. FOCK, a.a.O., S. 171–176.

für das gesuchte Transformationsgesetz. Das Auftreten des Terms mit der zweiten Ableitung zeigt, dass $(\Gamma^{\sigma}_{\alpha\beta})'$ kein Tensor ist (also wegtransformiert werden kann). Ist die Transformation linear, so fällt dieser Term fort, die $\Gamma^{\rho}_{\mu\nu}$ verhalten sich also gegenüber linearen Transformationen wie ein Tensor.[1] Wir suchen nun die Transformation der Koordinaten, in der die $(\Gamma^{\sigma}_{\alpha\beta})'$ verschwinden. Im Punkt P_0 sollen die $\Gamma^{\rho}_{\mu\nu}$ die Werte $(\Gamma^{\rho}_{\mu\nu})_0$ haben. Dann verschwinden die $(\Gamma^{\sigma}_{\alpha\beta})'$ in P_0 im KS', wenn die KS in KS' transformiert werden durch

$$(13) \qquad \left(\frac{\partial^2 x'_{\sigma}}{\partial x_{\mu}\partial x_{\nu}}\right)_0 - (\Gamma^{\rho}_{\mu\nu})_0\left(\frac{\partial x'_{\sigma}}{\partial x_{\rho}}\right)_0 = 0$$

Dies ist z.B. der Fall, wenn

$$(14) \qquad x'_{\sigma} = x_{\sigma} - x^0_{\sigma} + \tfrac{1}{2}(\Gamma^{\sigma}_{\mu\nu})_0(x_{\mu} - x^0_{\mu})(x_{\nu} - x^0_{\nu})$$

ist.

Für diese Transformation wird

$$(15) \qquad \left(\frac{\partial x'_{\sigma}}{\partial x_{\rho}}\right)_0 = \delta^{\sigma}_{\rho}$$

Die Komponenten eines beliebigen Tensors in P_0 haben hier in (x) und (x') den gleichen Wert. Damit ist auch $g'_{\mu\nu} = g_{\mu\nu}$ und $(\partial g_{\mu\nu}/\partial x_{\mu\nu})_0 = 0$. Es lässt sich zeigen, dass auch längs einer gegebenen Kurve die ersten Ableitungen der $g_{\mu\nu}$ zum Verschwinden gebracht werden können.[2]

Operation III: Lassen sich in einem endlichen Gebiet die ersten Ableitungen der $g_{\mu\nu}$ zum Verschwinden bringen, so liegt die MINKOWSKI-metrik vor. Gibt es ein KS, in dem dies der Fall ist, so gibt es auch eine Lösung der Gleichungen

$$(16) \qquad \frac{\partial^2 \varphi}{\partial x_{\mu}\partial x_{\nu}} - \Gamma^{\rho}_{\mu\nu}\frac{\partial \varphi}{\partial x_{\rho}} = 0,$$

denn ihnen genügen die Funktionen

$$(17) \qquad \varphi = x'_0; \qquad \varphi = x'_1; \qquad \varphi = x'_2; \qquad \varphi = x'_3.$$

Für die Verträglichkeit des Gleichungssystems (16) ist es notwendig,

---

[1] Die Transformation eines Tensors lautet in kovarianter Form

$$T'_{\mu\nu} = \frac{\partial x_{\alpha}}{\partial x'_{\mu}} \cdot \frac{\partial x_{\beta}}{\partial x'_{\nu}}\, T_{\alpha\beta}.$$

Sie enthält also nur die ersten Ableitungen nach den Koordinaten. Durch eine *LT* lässt sich der Einfluss der Gravitation auf die Bewegung eines Teilchens also nicht wegtransformieren.

[2] T. Levi Civita, *The Absolute Differential Calculus*, London 1927.

dass die aus den verschiedenen Gleichungen des Systems berechneten Ausdrücke für die dritten Ableitungen übereinstimmen. Wir haben

$$(18) \qquad \frac{\partial}{\partial x_\alpha}\left(\frac{\partial^2 \varphi}{\partial x_\mu \partial x_\nu}\right) = \frac{\partial}{\partial x_\alpha}\left(\Gamma^\rho_{\mu\nu}\frac{\partial \varphi}{\partial x_\rho}\right)$$

$$\frac{\partial}{\partial x_\nu}\left(\frac{\partial^2 \varphi}{\partial x_\mu \partial x_\alpha}\right) = \frac{\partial}{\partial x_\nu}\left(\Gamma^\rho_{\mu\alpha}\frac{\partial \varphi}{\partial x_\rho}\right)$$

Da die linken Seiten übereinstimmen, müssen es auch die rechten tun. Das ergibt wegen (16)

$$(19) \qquad \left(\frac{\partial \Gamma^\rho_{\mu\nu}}{\partial x_\alpha} - \frac{\partial \Gamma^\sigma_{\mu\alpha}}{\partial x_\nu} + \Gamma^\sigma_{\mu\nu}\Gamma^\rho_{\sigma\alpha} - \Gamma^\sigma_{\mu\alpha}\Gamma^\rho_{\sigma\nu}\right)\frac{\partial \varphi}{\partial x_\rho} = 0$$

Wegen (17) und

$$(20) \qquad D = \frac{\partial(x_0', x_1', x_2', x_3')}{\partial(x_0, x_1, x_2, x_3)} \neq 0$$

müssen alle Koeffizienten von $\partial \varphi / \partial x_\rho$ verschwinden, d.h. alle Ausdrücke

$$(21) \qquad 0 = R^\rho_{\mu\nu\alpha} = \frac{\partial \Gamma^\rho_{\mu\nu}}{\partial x_\alpha} - \frac{\partial \Gamma^\rho_{\mu\alpha}}{\partial x_\nu} + \Gamma^\sigma_{\mu\nu}\Gamma^\rho_{\sigma\alpha} - \Gamma^\sigma_{\mu\alpha}\Gamma^\rho_{\sigma\nu}$$

Operation IV: Mithilfe einer etwas längeren Rechnung lässt sich nun zeigen, dass (21) nicht nur die notwendige, sondern auch die hinreichende Bedingung für die Existenz der Lösung von (16) ist. Hier nehmen dann die $g_{\mu\nu}$ die Form

$$(22) \qquad g_{\alpha\beta} = \sum_{k=0}^{3} e_k \frac{\partial x_k'}{\partial x_\alpha}\frac{\partial x_k'}{\partial x_\beta}$$

an, mit $e_0 = 1$, $e_1 = e_2 = e_3 = -1$ an, s.d. wir die MINKOWSKIsche Form des invarianten Ausdrucks für ds^2

$$(23) \qquad ds^2 = (dx_0')^2 - (dx_1')^2 - (dx_2')^2 - (dx_3')^2$$

erhalten. In einem solchen Gebiet haben wir den Sonderfall der ebenen Geometrie. Ein Teilchen kann sich längs einer geraden Weltlinie, gemessen von einem kartesischen KS aus, bewegen, wenn es keinen anderen Einflüssen ausgesetzt ist, als sie die Geometrie selbst ausübt. Ein solches Teilchen heisse

„frei in nullter Näherung".

ABLEITUNG DER BEWEGUNGSGLEICHUNG FÜR EINEN KRÄFTEFREIEN MASSENPUNKT IM GALILEIRAUM [1]

Werden die Eigenschaften des Raums völlig durch (31) bestimmt, so ist der Raum entweder euklidisch oder RIEMANNisch. Die Geodäten in R_4^k nennen wir Extremal-Linien.[2] Für sie hat das Linienintegral von ds einen stationären Wert nach dem Extremalprinzip c_7^k

(32)
$$\delta \int ds = 0$$

Es gilt wegen (31)

(33) $\quad 2\,ds\,(\delta\,ds) = (\delta g_{\mu\nu})\,dx^\mu\,dx^\nu + g_{\mu\nu}(\delta\,dx^\mu)\,dx^\nu + g_{\mu\nu}\,dx^\mu\,(\delta\,dx^\nu)$

Daraus folgt, zusammen mit (32)

(34) $\quad 0 = \delta \int ds = \dfrac{1}{2} \int \left[\dfrac{\partial g_{\mu\nu}}{\partial x^\rho} \delta x^\rho \dfrac{dx^\mu}{ds} \cdot \dfrac{dx^\nu}{ds} + g_{\rho\nu} \dfrac{dx^\nu}{ds} \cdot \dfrac{d\delta x^\rho}{ds} + \right.$

$$\left. + g_{\mu\rho} \dfrac{dx^\mu}{ds} \cdot \dfrac{d\delta x^\rho}{ds} \right] ds$$

Integriert man nach Teilen und setzt an den Integrationsgrenzen $\delta x^\rho = 0$, so erhalten wir daraus nach einigen Rechnungen die Gleichung für die Geodäte

(35)
$$\dfrac{d^2 x^\mu}{ds^2} + \Gamma^\mu_{\nu\sigma} \dfrac{dx^\nu}{ds} \cdot \dfrac{dx^\sigma}{ds} = 0$$

Die mathematische Existenz der Geodäten in R_4^k ist der Ermöglichangsgrund für die geodätische Bewegung:

Schreiben wir

(36)
$$\dfrac{dx^\mu}{ds} = u^\mu$$

---

[1] Für das folgende: TONNELAT, a.a.O. Teil IV. Kap. 15 § 11.
[2] Ist die Metrik $(+\ -\ -\ -)$, so ist das Extremum für zeitartige Intervalle ein Maximum, für raumartige weder ein Maximum noch Minimum (v. FOCK, a.a.O., S. 150).

so gilt wegen (35)

(37)
$$\frac{du^\sigma}{ds} + \Gamma^\sigma_{\mu\nu}u^\mu u^\nu = 0$$

Die kovariante Differentiation von u^σ lautet

(38)
$$\nabla u^\sigma = du^\sigma + \Gamma^\sigma_{\mu\nu}u^\mu\, dx^\nu$$

und wir schreiben

(39)
$$\frac{\nabla u^\sigma}{ds} = \frac{du^\sigma}{ds} + \Gamma^\sigma_{\mu\nu}u^\mu u^\nu = 0$$

Es gilt also

(40)
$$\frac{dx^\rho}{ds}\,\frac{\nabla u^\sigma}{dx^\rho} = 0$$

woraus wir erhalten

(41)
$$u^\rho \nabla_\rho u^\sigma = 0$$

Gehen wir zu Gebieten mit verschwindendem Krümmungstensor $R^\rho_{\sigma\mu\nu}$ über und benutzen kartesische KS, so erhalten wir konstante $g_{\mu\nu}$. Dann verschwinden die $\Gamma^\mu_{\nu\sigma}$ in (37) und alle du^σ/ds werden Null, d.h. alle $u^k = $ const.

Setzen wir $u^p = (v^p/c)u^0$ und $u^0 = c(dt/ds)$, so erhalten wir die Konstante v^p. Wir deuten sie als konstante Geschwindigkeit eines Teilchens im GALILEIraum:

(42)
$$v^p = \frac{dx^p}{dt} = \text{const}$$

Daraus erhalten wir

(43)
$$x^p = v^p t + a^p$$

Dies ist die Gleichung einer Geraden in einem kartesischen KS. Damit haben wir die kräftefreie Bahn eines Teilchens auf die Gerade des GALILEIraums abgebildet.

ABLEITUNG DER BEWEGUNGSGLEICHUNG EINES FREIEN MASSENPUNKTS AUS DEN FELDGLEICHUNGEN DER aRT

Wir folgen der Beweisführung von FOCK [1]:

Aus den Feldgleichungen

(48) $$R^{\mu\nu} - \tfrac{1}{2}Rg^{\mu\nu} = -\kappa T^{\mu\nu}$$

folgt wegen des aus der Tensoranalysis ableitbaren Satzes

$$V_\mu(R^{\mu\nu} - \tfrac{1}{2}Rg^{\mu\nu}) = 0$$

mit

(49) $$V_\nu T^{\mu\nu} = \frac{\partial T^{\mu\nu}}{\partial x_\nu} + \Gamma^\mu_{\rho\nu}T^{\rho\nu} + \Gamma^\nu_{\rho\nu}T^{\mu\rho}$$

die Gleichung

(50) $$V_\mu T^{\mu\nu} = 0$$

Ist ρ^* die invariante Massendichte und u^ν die Vierergeschwindigkeit, so gilt die Kontinuitätsgleichung

(51) $$V_\nu(\rho^* u^\nu) = 0$$

Es lässt sich zeigen, dass das Wirkungsintegral

(52) $$S = \int c^2 \rho^* \sqrt{-g}\,(dx)$$

dem Massentensor

(53) $$T^{\mu\nu} = \frac{1}{c^2}\,\rho^* u^\mu u^\nu$$

entspricht. In dem Wirkungsintegral (52) führen wir den Grenzübergang durch: Nur in der Umgebung eines einzigen Raumpunkts sei ρ^* von Null verschieden. Das Integral der Dichte, erstreckt über ein Volumen, das diesen Punkt enthält, bleibe endlich. Die Kontinuitäts-

---

[1] V. FOCK, a.a.O., S. 269 ff.

gleichung lässt sich in der Form

(54) $$\frac{\partial}{\partial x_\nu} (\sqrt{-g}\, \rho^* u^\nu) = 0$$

schreiben. Multiplizieren wir (54) mit $dx_1\, dx_2\, dx_3$ und integrieren über ein Volumen der genannten Art, so erhalten wir wegen des Verschwindens von ρ^* an den Integrationsgrenzen

(55) $$\frac{d}{dt} \int \rho^* u^0 \sqrt{-g}\, dx_1\, dx_2\, dx_3 = 0$$

Das Integral hat also den konstanten Wert

(56) $$\int \rho^* u^0 \sqrt{-g}\, dx_1\, dx_2\, dx_3 = mc$$

Da nach Voraussetzung ρ^* nur in der Umgebung eines einzigen Punktes von Null verschieden ist, so können wir den Faktor

(57) $$u^0 = \frac{dt}{d\tau} = \frac{c}{\sqrt{g_{00} + g_{0i}\dot{x}_i + g_{ik}\dot{x}_i\dot{x}_k}}$$

vor das Integral ziehen.

Das ergibt

(58) $$\int \rho^* \sqrt{-g}\, dx_1\, dx_2\, dx_3 = m\sqrt{g_{00} + g_{0i}\dot{x}_i + g_{ik}\dot{x}_i x_k}$$

Multipliziert man dies mit $c^2\, dt$ und integriert über die Zeit, so erhält man das Wirkungsintegral

(59) $$S = mc^2 \int\limits_{t^{(0)}}^{t} \sqrt{g_{00} + g_{0i}\dot{x}_i + g_{ik}\dot{x}_i\dot{x}_k}\,.\,dt = mc^3 \int d\tau$$

Nun hatten wir aber auf S. 269 die Geodäte durch Variation des Integrals der LAGRANGEfunktion $L = +\sqrt{g_{00} + 2g_{0i}\dot{x}_i + g_{ik}\dot{x}_i\dot{x}_k}$ abgeleitet.

Gleichung (59) unterscheidet sich von dem dort benutzten Integral

(44) $$s = \int\limits_{p_1}^{p_2} L\, dp$$

nur um einen konstanten Faktor. Damit führt das Variationsprinzip

(60) $$\delta S = 0$$

auf die geodätische Bewegung eines freien Massenpunkts. Gehen wir von hier zur starren Metrik über, so fällt die Bewegungsgleichung mit jener NEWTONS für den freien Massenpunkt zusammen.

ZWEITE ABLEITUNG
DER BEWEGUNGSGLEICHUNG [1]

Wir gehen gleich von der Divergenzfreiheit von $T^{\mu\nu}$ aus. Ferner erhalten wir direkt die Gleichungen der Geodäten. Trotzdem wird auch hier die Massenverteilung punktartig angenommen. Die Pseudo-Ω-Sätze (2) und (3) bleiben also in Kraft.

Hier die Ableitung: [1]

Die Divergenzfreiheit von $T^{\mu\nu}$ lautet ausführlich geschrieben

$$(62) \qquad \frac{\partial}{\partial t} (\sqrt{-g}\, T^{0\nu}) + \frac{\partial}{\partial x_i} (\sqrt{-g}\, T^{i\nu}) + (\sqrt{-g}\, \Gamma^{\nu}_{\alpha\beta} T^{\alpha\beta} = 0$$

Da $T^{\mu\nu}$ nach Voraussetzung an den Grenzen des Integrationsgebiets verschwindet, so ergibt das Volumenintegral von (62)

$$(63) \qquad \frac{d}{dt} \int \sqrt{-g}\, T^{0\nu}\, dx_1\, dx_2\, dx_3 + \int \sqrt{-g}\, \Gamma^{\nu}_{\alpha\beta} T^{\alpha\beta}\, dx_1\, dx_2\, dx_3 = 0$$

Ersetzen wir $T^{\mu\nu}$ nach (53) durch $(1/c^2)\rho^* u^\mu u^\nu$ und multiplizieren mit c^2, so erhalten wir

$$(64) \qquad \frac{d}{dt} \int \rho^* u^0 u^\nu \sqrt{-g}\, dx_1\, dx_2\, dx_3 + \int \Gamma^{\nu}_{\alpha\beta} \rho^* u^\alpha u^\beta \sqrt{-g}\, dx_1\, dx_2\, dx_3 = 0$$

Wegen (63) gilt, wobei alle Grössen nur auf den Punkt bezogen sind, in dem sich das Teilchen befindet,

$$(65) \qquad \int \rho^* u^0 u^\nu \sqrt{-g}\, dx_1\, dx_2\, dx_3 = mc u^\nu$$

$$(66) \qquad \int \Gamma^{\nu}_{\alpha\beta} \rho^* u^\alpha u^\beta \sqrt{-g}\, dx_1\, dx_2\, dx_3 = \frac{mc}{u^0}\, \Gamma^{\nu}_{\alpha\beta} u^\alpha u^\beta$$

[1] V. Fock, a.a.O., S. 271.

Ersetzen wir dt durch $u^0 \, d\tau$ und dividieren durch den gemeinsamen Faktor mc/u^0, so erhalten wir aus (64), wenn wir die Vierergeschwindigkeit u^ν durch $dx_\nu/d\tau$ ersetzen,

$$(67) \qquad \frac{d^2 x_\nu}{d\tau^2} + \Gamma^\nu_{\alpha\beta} \frac{dx_\alpha}{d\tau} \, \frac{dx_\beta}{d\tau} = 0$$

Wir können also den in U^k_6 widersprüchigen Annahmen (2) und (3) nicht entgehen.

DIE ERZEUGUNG DER TENSORMASSE [1]

Die Bewegungsgleichung des Mediums lautet:

$$(1) \qquad \rho \frac{dv_i}{dt} = \rho F_i + \sum_{k=1}^{3} \frac{\partial p_{ik}}{\partial x_k} \qquad (i = 1, 2, 3)$$

und die Kontinuitätsgleichung:

$$(2) \qquad \frac{\partial \rho}{\partial t} + \sum_{i=1}^{3} \frac{\partial(\rho v_i)}{\partial x_i} = 0$$

Gleichung (2) ist dem Vorgang als Sollwert aufgeprägt. Wir nehmen hier ein kontinuierliches Medium an, deuten ρ als seine Dichte, v_i als die Geschwindigkeit eines Massenelements, F_i als Komponente der äusseren Kraft pro Masseneinheit, ρv_i als Dichte des Massenstroms und p_{ik} als Spannungstensor. Wir benutzen also eine anschaulich verstehbare Gleichung, in der jeder Grösse direkt ein Messergebnis zuzuordnen ist. (1) und (2) sind also in U_2^k imaginierbar. (2) drückt die Erhaltung der Masse aus. Mit Hilfe von (2) schreiben wir (1) daher

$$(3) \qquad \frac{\partial(\rho v_i)}{\partial t} + \sum_{k=1}^{3} \frac{\partial}{\partial x_k} (\rho v_i v_k - p_{ik}) = 0$$

Wir interpretieren (3) als Impulserhaltung, entsprechend $\rho v_i v_k - p_{ik} = S_{ik}$ als Dichte des Impulsstroms und ρv_i als Impulsdichte. [2] Diese Grössen sind bereits nicht mehr direkt durch Messergebnisse an mechanischen Medien zu interpretieren, sondern vorerst als Konstruktionen. Umov führte 1874 den Begriff des Energiestroms ein. [3] Wir

---

[1] Siehe V. Fock, a.a.O., S. 104 ff.

[2] Es ist bezeichnend, dass wir statt von den „Substanzen" Masse, Energie und Impuls von den Dichten ausgehen, also der Relation „Substanz"/Raum. Damit wird der Raum von Anfang an in die „Substanz" begrifflich hineingezogen.

[3] N. A. Umov, *Uravnenija dviženija energii v telach*, Odessa 1874. Zit. Fock, a.a.O., S. 106.

deuten den Skalar

(4)
$$S = \tfrac{1}{2}\rho v^2 + \rho \varPi$$

als die räumliche Energiedichte mit $\tfrac{1}{2}\rho v^2$ als Bewegungsenergiedichte und $\rho\varPi$ als Dichte der potentiellen Energie. Ferner deuten wir den Vektor mit den Komponenten

(5)
$$S_i = v_i S - \sum_{k=1}^{3} p_{ik} v_k$$

als Energiestrom. In einem elastischen kompressiblen Medium ohne äussere Kräfte bedeutet $\varPi$ die potentielle Energie der Masseneinheit und durch ist der Spannungstensor p_{ik} auszudrücken. Damit haben wir die drei „Existoren" Massenstrom, Impulsstrom und Energiestrom als Noo-„Existoren" aufgebaut. Dies sind die ersten Umrisse auf der noch leeren Leinwand unseres künftigen Welt-Gemäldes. Alle Ausdrücke wie „Massenstrom", „Impulsstrom" und „Energiestrom" tragen bisher eine rein noetische Bedeutung; sie sind nur psychologisch-akustisch, nicht logisch mit Erfahrungsdaten assoziierbar.

Zur Deutung in der Kosmosphäre mobilisieren wir nun noetische „Variable" aus kM. Es bieten sich wegen ihrer Abstraktheit und ihres Eingehens in die sehr allgemeinen LAGRANGE'schen Gleichungen 2. Art LAGRANGE-Variable an. Sind a_1, a_2, a_3 LAGRANGE-Variable, etwa die Anfangskoordinaten der Teilchen, so sind die Koordinaten eines Teilchens zur Zeit t

$$x_i = x_i(a_1, a_2, a_3, t) \qquad (i = 1, 2, 3)$$

Die Deformation des Mediums ist gekennzeichnet durch die Grössen

(6)
$$A_{mn} = \sum_{i=1}^{3} \frac{\partial x_i}{\partial a_m} \frac{\partial x_i}{\partial a_n}$$

$\varPi$ ist eine Funktion der Deformation. Wir „setzen" frei kreativ

(7)
$$d\varPi = \frac{1}{2\rho} \sum_{m,\,n=1}^{3} P^{mn} \, dA_{mn} \qquad (P^{mn} = P^{nm})$$

Dann gilt

(8)
$$p_{ik} = \sum_{m,\,n=1}^{3} P^{mn} \frac{\partial x_i}{\partial a_m} \frac{\partial x_k}{\partial a_n}$$

Daraus folgt

(9)
$$\rho \frac{d\varPi}{dt} = \rho\left(\frac{\partial \varPi}{\partial t} + \sum_{i=1}^{3} v_i \frac{\partial \varPi}{\partial x_i} \right) = \sum_{i,\,k=1}^{3} p_{ik} \frac{\partial v_i}{\partial x_k}$$

Zusammen mit (1) und (2) lässt sich zeigen, dass

(10)
$$\frac{\partial S}{\partial t} + \sum_{1=0}^{3} \frac{\partial S_i}{\partial x_i} = 0$$

(10) wird als Energieerhaltung interpretiert. Damit haben wir für die drei „Substanzen" je einen Erhaltungssatz gewonnen.

Wir nehmen nun als Pseudo-Ω-Satz an: Auch in M_4^k herrschen Erhaltungsgesetze für irgendwelche Noo-Merkmale; sie werden gleichfalls durch die Ableitungen nach den Koordinaten und der Zeit ausgedrückt, jedoch so, dass ihre Form LORENTZ-kovariant ist. Wir müssen sie daher in Tensorform ausdrücken. Zugleich gehen wir von der Voraussetzung eines kontinuierlichen Mediums ab und verlangen, dass die Formeln allgemein gelten. Dies ist eine Idealisierung in Form einer Verallgemeinerung: Das Modell des Kontinuums wird illegal auf alle Existoren erweitert. Wir setzen versuchsweise wiederum rein *kreativ*: Für irgendwelche Tensoren T_{ik} ($i, k = 0, 1, 2, 3$) gelten die Gleichungen

(11)
$$\frac{\partial T^{00}}{\partial x_0} + \sum_{k=1}^{3} \frac{\partial T^{0k}}{\partial x_k} = 0$$

(12)
$$\frac{\partial T^{i0}}{\partial x_0} + \sum_{k=1}^{3} \frac{\partial T^{ik}}{\partial x_k} = 0$$

$$\Big\} \equiv T^{ik}{}_{,k} \equiv V_k T^{ik} = 0$$
$$i, k = 0, 1, 2, 3$$

Von diesen Gleichungen wissen wir zunächst nur, dass sie LORENTZ-kovariant sind, also dem sRP genügen. Sie sind analog gebaut wie die Erhaltungssätze der klassischen Merkmale im euklidischen Raum. Was stellen aber die Grössen T^{ik} in U_2^k (sRT) dar? Wir testen sie nach dem Prinzip von trial and error durch Vergleich mit sicher gedeuteten Gleichungen.[1] Nehmen wir den einfachsten Fall einer inkohärenten Materie[2]: Die Teilchen haben keine Wechselwirkung, entsprechen also dem Inertialzustand, ihre Geschwindigkeiten sind kontinuierlich verteilt. Wir können dies als Modell einer Mannigfaltigkeit zueinander bewegter IS ansehen. Wir geben jedem Teilchen ein Ruhsystem. Dann sei seine invariante Ruhmasse m_0 und die invariante Ruhmassendichte ρ_0.

---

[1] Siehe V. FOCK, a.a.O., S. 114 ff.
[2] Wir schalten in U_3^k vom Modell des kohärenten, kompressiblen Mediums um auf das Modell einer inkohärenten Teilchenmenge. Ferner schalten wir um von Dreiervariablen auf Vierer-Variable.

Der Vektor der Vierergeschwindigkeit sei

$$u^i = \frac{dx^i}{d\tau} = \frac{v_i}{\sqrt{1 - v^2/c^2}} \; ; \qquad u^0 = \frac{c}{\sqrt{1 - v^2/c^2}}.$$

Wir setzen formal (die Heuristik verlangt als Analogie zum Tensor T^{ik} einen Tensor; da wir die Masse suchen, müssen wir ρ_0 hineinkomponieren):

$$\Theta^{ik} = \frac{1}{c^2} \rho_0 u^i u^k$$

(13) $$\Theta^{00} = \frac{1}{c^2} \rho_0 u^0 u^0 = \frac{\rho_0}{1 - v^2/c^2}$$

Wir wissen aus den KAUFMANN'schen Versuchen (1902–1906),[1] dass in BS' gilt

(14) $$\rho = \rho_0 (1 - v^2/c^2)^{-\frac{1}{2}}$$

Wir wissen ferner aus der Teilchengenerierung, dass auch die kinetische Energie einer Masse entspricht; dabei beträgt die Dichte der Gesamtmasse einschliesslich jener der kinetischen Energie

(15) $$\frac{\rho}{\sqrt{1 - v^2/c^2}} = \frac{\rho_0}{1 - v^2/c^2} = \Theta^{00}$$

Die übrigen Komponenten von $\Theta^{\mu\nu}$ lauten in 3-dimensionaler Schreibweise (durch den Faktor $1/c$ bzw. $1/c^2$ sind sie klein gegen Θ^{00}, solange $c \gg v$ ist):

$$\Theta^{0i} = \frac{1}{c} \frac{\rho_0 v_i}{1 - v^2/c^2} = \frac{1}{c} \frac{\rho v_i}{\sqrt{1 - v^2/c^2}}$$

(16) $$\Theta^{ik} = \frac{1}{c^2} \frac{\rho_0 v_i v_k}{1 - v^2/c^2} = \frac{1}{c^2} \frac{\rho v_i v_k}{\sqrt{1 - v^2/c^2}}$$

Wir zeigen nun das Verschwinden der Divergenz von Θ^{ik}:

(17) $$\sum_{k=0}^{3} \frac{\partial \Theta^{ik}}{\partial x_k} = \frac{1}{c^2} u^i \sum_{k=0}^{3} \frac{\partial (\rho_0 u^k)}{\partial x_k} + \frac{\rho_0}{c^2} \sum_{k=0}^{3} u^k \frac{\partial u^i}{\partial x_k}$$

---

[1] Endgültig erst aus den Versuchen von GUYE und LAVANCHY 1921. Siehe *Mém. Soc. de physique de Genève 39*, 315 (1921).

Setzen wir

(18) $$Q^* = \sum_{k=0}^{3} \frac{\partial(\rho_0 u^k)}{\partial x_k} = \frac{\partial \rho}{\partial t} + \operatorname{div}(\rho v)$$

sowie als Viererbeschleunigung

(19) $$w^i = \sum_{k=0}^{3} u^k \frac{\partial u^i}{\partial x_k} = \frac{1}{\sqrt{1 - v^2/c^2}} \left(\frac{\partial u^i}{\partial t} + \sum_{k=1}^{3} v_k \frac{\partial u^i}{\partial x_k} \right) =$$

$$= \frac{1}{\sqrt{1 - v^2/c^2}} \cdot \frac{du^i}{dt}$$

mit

$$\frac{du^i}{dt} = \frac{\partial u^i}{\partial t} + \sum_{k=1}^{3} v_k \frac{\partial u^i}{\partial x_k}$$

Da Q^* wegen (2) verschwindet und nach Voraussetzung die Teilchen kräftefrei sind, also auch die Viererbeschleunigung w^i verschwindet, ist für unser Modell auch div $\Theta^{ik} = 0$. Damit ist gezeigt, dass die Bedingungen (11/12) durch einen Tensor von der Form (13) erfüllt werden, dessen Nullkomponente der relativen Massendichte porportional ist und im Eigen-BS (wo $v = 0$) als invariante Ruhmassendichte interpretiert werden kann. Es lässt sich ferner auch die Form des Tensors T^{ik} für eine ideale Flüssigkeit und einen elastischen Körper angeben.[1]

---

[1] Fock, a.a.O.S. 116–119.

ERRECHNUNG DER TRITONMASSE[1]

Es gelten die Erhaltungssätze für die Komponenten von $\boldsymbol{P}$

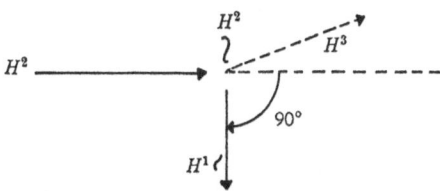

$$\begin{aligned}
E_2 + m_2 &= \bar{E}_1 + \bar{E}_3 \\
\not{p}_2^x + 0 &= 0 + \not{p}_3^x \\
0 + 0 &= \not{p}_1^y + \not{p}_3^y \\
0 + 0 &= 0 + \not{p}_3^z
\end{aligned}$$

(48)

Wir haben hier für Masse und Energie ein gemeinsames Erhaltungsgesetz angenommen, da im Eigensystem der Impuls verschwindet und die Energie gleich der invarianten Ruhmasse m, multipliziert mit einem Faktor c^2 wird, sobald wir zu konventionellen Zeiteinheiten übergehen. Setzen wir die Ausdrücke aus (48) in (47) ein, so erhalten wir, wenn wir noch die relativistische Energie $E = m + T$ setzen mit $T =$ kinetische Energie, nach einigen Umrechnungen

(49) $$m_3^2 = m_1^2 + 2(m_2 + m_2 + T_2)(m_2 - m_1 - \bar{T}_1)$$

Da die Werte aller Ausdrücke auf der rechten Seite bekannt sind, so erhalten wir aus (49) einen theoretischen Wert der Tritonmasse von

$$m_3 \doteq 3.016056 \pm 0.000015 \, u$$

$$C^{12} = 12.0000 \ldots \, u = \text{Standardmasse.}$$

[1] Nach TAYLOR-WHEELER, a.a.O. p. 126–127.